高等院校土木工程专业教材

高层建筑结构设计

第二版

主　编　裴星洙

副主编　秦蓁蓁　王　飞　马　剑

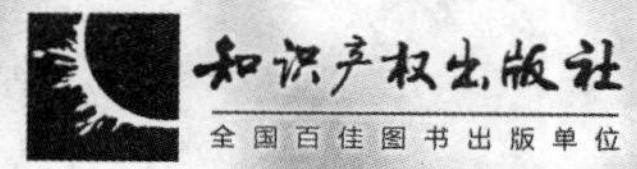

图书在版编目（CIP）数据

高层建筑结构设计 / 裴星洙主编．—2 版．—北京：知识产权出版社，2014.8

高等院校土木工程专业教材

ISBN 978-7-5130-2742-7

Ⅰ.①高… Ⅱ.①裴… Ⅲ.①高层建筑—结构设计 Ⅳ.①TU973

中国版本图书馆 CIP 数据核字（2014）第 105638 号

内容提要

本书是按照我国现行有关规范与规程，参考同类优秀教材，并结合我国高层建筑发展状况而编写的。全书共分 11 章，主要内容包括：高层建筑结构的发展，高层建筑结构体系与布置原则，高层建筑结构荷载及其效应组合，框架结构内力与位移计算，钢筋混凝土框架结构设计，剪力墙结构的内力与位移计算，钢筋混凝土剪力墙结构设计，框架-剪力墙结构内力与位移计算，框架-剪力墙结构设计和构造，高层建筑动力时程分析基础，高层建筑动力时程分析实例。附录还详细介绍了 FORTRAN 语言的相关知识，并结合实例介绍了质点系层模型地震响应弹塑性时程分析方法。

全书深入浅出，在强调基本概念和基本理论的基础上，力求理论联系实际。为帮助读者学习，本书采用了很多图表和例题，并附有思考题与习题。本书还详细介绍了 FORTRAN 语言源程序，为读者今后提高利用程序解决问题的能力提供了很好的学习资源。

本书可以作为土木工程专业全日制本科生或土建类成人高等教育的教材，也可供土木工程专业工程技术人员参考使用。

责任编辑： 张　冰　　**责任校对：** 董志英

封面设计： 王　鹏　　**责任出版：** 刘译文

高等院校土木工程专业教材

高层建筑结构设计 第二版

主　编　裴星洙

副主编　秦蓁蓁　王　飞　马　剑

出版发行： 知识产权出版社有限责任公司　　**网　　址：** http：//www.ipph.cn

社　　址： 北京市海淀区马甸南村 1 号　　**邮　　编：** 100088

责编电话： 010－82000860 转 8024　　**责编邮箱：** zhangbing@cnipr.com

发行电话： 010－82000860 转 8101/8102　　**发行传真：** 010－82000893/82005070/82000270

印　　刷： 北京富生印刷厂印刷　　**经　　销：** 各大网络书店、新华书店及相关专业书店

开　　本： 787mm×1092mm　1/16　　**印　　张：** 24

版　　次： 2014 年 8 月第 2 版　　**印　　次：** 2014 年 8 月第 3 次印刷

字　　数： 551 千字　　**定　　价：** 48.00 元

ISBN 978-7-5130-2742-7

第二版前言

本教材第一版自2007年12月出版以来，受到广大教师和学生的欢迎。第二版教材主要依据《高层建筑混凝土结构技术规程》(JGJ 3—2010) 和《建筑抗震设计规范》(GB 50011—2010) 等新规范和新规定进行了修订，依然保持了原作编写的思想、特点和风格。

本教材由江苏科技大学裴星洙制定大纲和统稿。全书共11章，第1章、第2章和第3章由江苏科技大学秦蓁蓁撰写，第5章、第6章和第7章由江苏科技大学王飞撰写，第4章、第8章和第9章由江苏科技大学马剑撰写，第10章、第11章和附录由裴星洙撰写。

本教材在编写过程中参考了大量国内外文献，并引用了一些学者的资料，其中高层建筑照片均来自百度网站，此点已于书后的参考文献中列出，在此对文献作者表示感谢！

对给予本教材出版大力支持的知识产权出版社有限责任公司及张冰编辑表示由衷的谢意。

限于编者水平，书中不妥和疏漏之处在所难免，敬请读者批评指正。

裴星洙

2014年5月

第一版前言

随着我国经济的快速发展，高层建筑有了很大的发展，许多大中城市建造了大量包括住宅、宾馆、办公楼在内的各种类型的高层建筑。20世纪90年代以来，我国高层建筑发展的特点是平面与立面的体型越来越复杂，建筑物的功能越来越综合与全面，结构型式越来越多样化。

随着新设计方法和新施工技术以及新建筑材料的应用发展，我国高层建筑的各种新体系还将继续发展。高层建筑的发展要求计算理论与设计方法与之相适应，本书正是为适应这一要求而编写的。

本书的编写，一是依照《高层建筑混凝土结构技术规程》(JGJ 3—2002)、《建筑地基基础设计规范》(GB 50007—2002)、《建筑结构荷载规范》(GB 50009—2001)、《混凝土结构设计规范》(GB 50010—2002)、《建筑抗震设计规范》(GB 50011—2001) 等有关国家规范或规程进行编写；二是符合我国土木工程专业本科培养方案中《高层建筑结构设计》的基本要求；三是结合作者多年的教学和科研实践，并吸收了国内外的一些研究成果。本书主要介绍高层建筑结构的理论计算方法和设计方法，主要内容有：高层建筑结构的发展概况和今后发展趋势，高层建筑结构体系与布置原则，高层建筑结构荷载及其效应组合，框架结构、剪力墙结构以及框架-剪力墙结构内力、位移计算和设计，高层建筑动力时称分析等。全书内容深入浅出，在强调基本概念和基本理论的基础上，力求理论联系实际，为帮助读者学习理解，书中采用了大量的图表和例题，并且各章均附有思考题与习题。

目前由于计算机技术的发展以及各种结构设计软件的出现，绝大部分高层建筑结构设计都是通过设计软件来完成的，然而大量的工程结构设计经验告诉我们，着手结构设计之前，把拟建造结构简化为多质点系层模型以后进行弹塑性地震响应时程分析，得到一些结构动力特性和相关参数更为重要。第10、11章和附录较详细介绍多质点系层模型弹塑性地震响应时程分析方法和相关的计算机程序，在鼓励学生积极主动上机操作，提高动手能力和创新能力的同时，通过实际体验掌握最基本的高层建筑动力时程分析基础知识，为今后学习和运用结构分析通用程序打下良好的基础。

本书由江苏科技大学裴星洙和西安交通大学张立共同编写。其中，第1、2、3、5、7章由张立执笔，第4、6、8、9、10、11章和附录由裴星洙执笔。

本书可以作为土木工程专业全日制本科生或土建类成人教育的教材，也可供土木工程专业其他工程技术人员作为参考用书。

本书在编写过程中得到江苏科技大学土木系研究生黎雪环的帮助，在此深表谢意。

由于编者水平有限及编写时间仓促，书中不妥和疏漏之处在所难免，敬请读者批评指正。

编　者

2007年8月

目　录

第 1 章　概论……1

1.1　高层建筑的发展概况……1

1.2　高层建筑结构设计特点……8

1.3　高层建筑结构发展趋势……11

1.4　高层建筑结构分析方法简介……16

1.5　本课程的主要内容和基本要求……22

思考题……23

第 2 章　高层建筑结构体系与布置原则……25

2.1　高层建筑的承重单体与抗侧力结构单元……25

2.2　高层建筑的结构体系……25

2.3　高层建筑结构布置原则……34

思考题……50

第 3 章　高层建筑结构荷载及其效应组合……51

3.1　水平荷载作用下结构简化计算原则……51

3.2　竖向荷载……52

3.3　风荷载……53

3.4　地震作用……62

3.5　荷载效应组合……77

思考题与习题……81

第 4 章　框架结构内力与位移计算……84

4.1　概述……84

4.2　分层计算法……85

4.3　反弯点法……88

4.4　D 值法……91

4.5　多层多跨框架在水平荷载作用下侧移的近似计算方法……103

思考题与习题……109

第 5 章　钢筋混凝土框架结构设计……112

5.1　延性框架的概念……112

5.2　框架内力调整……116

5.3　框架梁的设计……117

5.4　框架柱的设计……122

5.5　梁柱节点 …………………………………………………………………………… 128
思考题……………………………………………………………………………………… 131

第 6 章　剪力墙结构的内力与位移计算…………………………………………… 132
6.1　剪力墙结构的工作特点 ………………………………………………………… 132
6.2　整体墙的计算 …………………………………………………………………… 135
6.3　小开口整体墙的计算 …………………………………………………………… 140
6.4　双肢剪力墙的计算 ……………………………………………………………… 145
6.5　多肢墙的计算 …………………………………………………………………… 158
6.6　壁式框架的计算 ………………………………………………………………… 166
思考题与习题……………………………………………………………………………… 170

第 7 章　钢筋混凝土剪力墙结构设计……………………………………………… 171
7.1　剪力墙结构概念设计 …………………………………………………………… 171
7.2　墙肢设计 ………………………………………………………………………… 175
7.3　连梁设计 ………………………………………………………………………… 186
7.4　高层剪力墙结构设计例题 ……………………………………………………… 190
思考题……………………………………………………………………………………… 252

第 8 章　框架-剪力墙结构内力与位移计算 ……………………………………… 254
8.1　框架-剪力墙结构协同工作的基本原理………………………………………… 254
8.2　框架-剪力墙结构的抗侧刚度…………………………………………………… 257
8.3　框架-剪力墙结构的内力与位移计算…………………………………………… 262
8.4　刚度特征值 λ 对框架-剪力墙结构受力、位移特性的影响……………… 271
8.5　高层框架-剪力墙结构计算实例………………………………………………… 273
思考题与习题……………………………………………………………………………… 281

第 9 章　框架-剪力墙结构设计和构造 …………………………………………… 283
9.1　框架-剪力墙结构中剪力墙的合理数量………………………………………… 283
9.2　框架-剪力墙结构中剪力墙的布置和间距……………………………………… 286
9.3　框架-剪力墙结构中框架内力的调整…………………………………………… 287
9.4　有边框架-剪力墙设计和构造…………………………………………………… 287
9.5　框架-剪力墙结构房屋设计要点及步骤………………………………………… 288
思考题……………………………………………………………………………………… 294

第 10 章　高层建筑动力时程分析基础 …………………………………………… 295
10.1　高层建筑结构层模型及其振动微分方程……………………………………… 295
10.2　利用柔度法计算侧移刚度矩阵………………………………………………… 297
10.3　利用静力弹塑性分析方法计算层剪切刚度…………………………………… 306
10.4　层模型地震响应弹塑性时程分析主程序……………………………………… 322

第11章　高层建筑动力时程分析实例 …… 323
11.1　算例模型 …… 323
11.2　利用反弯点法和 D 值法计算层剪切刚度 …… 324
11.3　利用静力弹塑性分析方法计算层剪切刚度 …… 324
11.4　算例模型地震响应时程分析 …… 331
附录A　求逆矩阵源程序 …… 333
A1　程序功能、使用方法及源程序 …… 333
A2　求逆矩阵实例 …… 336
附录B　FORTRAN77 语言简介 …… 337
B1　FORTRAN77 语言概述 …… 337
B2　FORTRAN 数据类型与赋值 …… 343
B3　输入与输出 …… 350
B4　分支结构 …… 360
B5　循环结构与数组 …… 364
B6　主程序与子程序 …… 367
B7　公用语句（COMMON 语句） …… 370
主要参考文献 …… 374

第1章　概　　论

1.1　高层建筑的发展概况

一方面，随着工业化、商业化、城市化进程的加快，城市人口急剧增长，造成城市生产和生活用房紧张，地价昂贵，迫使建筑物不得不向高空发展。另一方面，钢铁和水泥的应用，电梯的发明，机械化、电气化的不断进步等因素的结合，促成了高层建筑的诞生和发展。但是，随着建筑高度的增加，高层建筑的技术问题、建筑艺术问题、投资经济问题、社会效益问题以及环境问题等逐渐变得复杂、严峻。因此，高层建筑已成为衡量一个国家建筑科学技术水平的重要标准，更是检验一个国家建筑结构技术成熟程度的标尺。

1.1.1　国外高层建筑的发展

1.1.1.1　国外高层建筑发展的三个阶段

1. 近代（形成期）

1801 年，美国曼彻斯特 7 层棉纺厂房，厂房内部采用铸铁框架承重。

1819 年，美国芝加哥 16 层蒙纳德诺克大厦（Monadnock Building），砖承重墙体系，底部 8 层砖墙 1.8m 厚。

1851 年，电梯系统的发明使人们建造更高的建筑成为可能。高层建筑也从最初采用的铸铁框架发展到钢框架，建筑的高度也随之增加。

1854 年，美国长岛黑港采用熟铁建造灯塔。

1886 年，芝加哥家庭保险公司大楼（Home Insurance Building），11 层，高 55m，采用铸铁框架承重结构，标志着一种区别于传统砌体结构的新结构体系诞生（见图 1.1）。

1889 年，美国 Second Rand Merally 大楼，9 层全钢框架结构，是世界第一栋采用全钢框架承重的高层建筑。

1898 年，纽约派克罗大厦（Park Row Building），30 层，118m，是 19 世纪世界上最高的建筑（见图 1.2）。

2. 现代（发展期）

20 世纪，钢铁工业的发展和钢结构设计技术的进步，使高层建筑逐步向上发展，并在结构理论方面有所突破，在框架中设置竖向支撑或剪力墙来增加高层建筑的侧向刚度的理论被提出。

1903 年，美国辛辛那提建造的因格尔斯大楼，16 层，高 64m，是世界上最早的钢筋混凝土框架结构高层建筑（见图 1.3）。

1905 年，在纽约建造了 50 层的大都会人寿保险集团大楼（Metropolitan Life Insurance Company Tower)。

1907 年，在纽约建造的辛尔大楼，47 层，高 187m，为第一栋超过金字塔高度的高层建筑。

图 1.1　家庭保险公司大楼

图 1.2　纽约派克罗大厦

图 1.3　因格尔斯大楼

1913 年，纽约建造的沃尔沃斯（Woolworth）大楼，60 层，高 234m。

1923 年，纽约又建造了高 319m 的克莱斯勒大厦（Chrysler Building），该大厦至今仍被认为是世界最高的砖造建筑物。

1931 年，在纽约曼哈顿建造的著名的帝国大厦，102 层，381m，采用平面结构理论，用钢量为 206kg/m^2，它保持世界最高建筑达 41 年之久（见图 1.4）。

图 1.4　纽约帝国大厦

这一时期，虽然高层建筑有了比较大的发展，但受到设计理论和建筑材料的限制，结构材料用量较多、自重较大，且仅限于框架结构，建于非抗震区。

3. 第二次世界大战结束后（繁荣期）

随着第二次世界大战结束后世界经济的复苏和繁荣，再一次兴起了高层建筑的建设和研究热潮。由于在轻质高强材料、抗风抗震结构体系、施工技术及施工机械等方面都取得了很大进步，以及计算机在设计中的应用，高层建筑由此得到飞跃发展。至 1962 年，采用钢筋混凝土结构建造的纽约美洲旅馆高达 50 层。20 世纪 60 年代中期，筒体结构设计概念的出现，使结构体系发展到了一个新的水平。20 世纪 60 年代末至 70 年代初，美国的高层建筑发展到了顶峰时期，建成了一批这一时期的代表性建筑物，有些至今仍处于世界最高建筑物之列。

图 1.5 世界贸易中心

1973 年，纽约世界贸易中心（World Trade Center）双塔楼，北楼高 417m，南楼高 415m，均 110 层，该工程当时在规模和技术方面进行了多项创新。然而不幸的是，2001 年 9 月 11 日世界贸易中心突遭恐怖分子毁灭性袭击，造成两座大楼先后相继崩塌，这次事件对全世界高层建筑的发展产生了很大的影响（见图 1.5）。

1974 年，美国在芝加哥又建成了当时世界最高的西尔斯大厦（Sears Tower），110 层，高 443m，钢框架束筒结构体系（立体结构-框筒束体系），用钢量 161kg/m^2，与帝国大厦相比减少 20%（见图 1.6）。

1998 年，马来西亚首都吉隆坡的佩重纳斯大厦，88 层，高 452m，框架-筒体结构（见图 1.7）。

图 1.6 西尔斯大厦

图 1.7 佩重纳斯大厦

图 1.8 哈利法塔（迪拜塔）

2010 年，阿拉伯联合酋长国迪拜的哈利法塔（原名迪拜塔），162 层，高 828m，采用了一种具有挑战性的单式结构，由连为一体的管状多塔组成，具有太空时代风格的外形，基座周围采用了富有伊斯兰建筑风格的几何图形——六瓣的沙漠之花。哈利法塔为建筑科技掀开新的一页。为巩固建筑物结构，哈利法塔动用了超过 31 万立方米的强化混凝土及 6.2 万吨的强化钢筋，并史无前例地把混凝土垂直泵上逾 606m 的地方，它目前是世界第一高楼，也是世界第一高建筑（见图 1.8）。

20 世纪 90 年代以后，由于亚洲经济的崛起，西太平洋沿岸的国家也陆续建造了高度超过 200m、300m、400m 的高层建筑，中国等亚洲国家也必将成为继美国之后新的高层建筑中心。

1.1.1.2 国外高层建筑发展的主要特点

(1) 40 层以上的超高层建筑，采用钢结构居多，40 层以下高层建筑一般都采用现浇钢筋混凝土结构。对 100 栋高层建筑分析表明，钢结构占 66%，型钢混凝土结构（劲性混凝土结构）占 18%，钢筋混凝土仅占 16%。

(2) 混凝土强度等级不断提高。如美国旧金山于 1983 年建成的一栋高层建筑，柱的混凝土强度达到 45.7MPa。高强钢筋也在建筑中广泛应用，尤其是在预应力混凝土构件中。这就使高层建筑中的梁、柱断面尽可能地减小，而建筑空间和有效使用面积尽可能增加。

(3) 在现浇钢筋混凝土结构高层建筑中，普遍采用了板柱体系，从而简化了大梁和楼板的施工工艺。同时，为了降低板柱体系的建筑用钢量，提高板、柱的刚度和抗裂性能，加大结构的跨度，常采用无黏结预应力楼板，其效果也非常好。

(4) 大型超高层建筑大多采用筒中筒结构或多筒结构体系，其刚度大、侧移小。

(5) 地基与基础的处理技术比较复杂，按补偿式基础设计要求和建筑整体稳定性，一般高层建筑均设多层地下室。如“世界贸易中心”大楼设地下室 7 层，其中有 4 层是汽车库，可停放 2000 辆小汽车，其余为商场和地铁车站。

1.1.2 国内高层建筑的发展

1.1.2.1 国内高层建筑的发展史

1. 我国古代高层建筑的发展

我国是高层建筑的真正“故乡”和“发源地”，有着悠久的历史。例如，公元 509 年，在河南建造嵩岳寺塔，15 层，高 50m，砖砌单筒结构（见图 1.9）；公元 652 年，在西安建造了大雁塔，7 层，总高 64m，砖木结构（见图 1.10）；公元 1055 年，在河北定县建造了料敌塔，11 层，高 82m，砖砌双筒结构（见图 1.11）；公元 1056 年，在山西应县建造了木塔（见图 1.12），9 层，高 67m，木结构，堪称世界木结构的奇迹。

图 1.9 嵩岳寺塔

图 1.10 大雁塔

图 1.11 料敌塔

图 1.12 应县木塔

这些古代高塔建筑不仅在建筑艺术上具有很高水平，在结构体系、施工技术和施工方法上也具有很高水平，并经受住了若干次大地震的考验。

2. 我国近代高层建筑的发展

我国近代高层建筑起步较晚，在新中国成立前为数极少。仅在上海、天津和广州等少数城市建有高层建筑，其中最高的是上海国际饭店，地下 2 层，地上 22 层，高度为 82.51m，而且是外国人设计的。

1958～1959 年，北京的十大建筑工程推动了我国高层建筑的发展，我国开始自行设计高层建筑。例如，1959 年建成的北京民族饭店，12 层，高 47.4m。到 20 世纪 60 年代，我国高层建筑有了新的发展，1964 年建成了北京民航大楼，15 层，高 60.8m；1966 年建成了广州人民大厦，18 层，高 63m；1968 年建成了广州宾馆，27 层，高 88m。

20 世纪 70 年代，我国高层建筑有了较大的发展，1973 年在北京建成了 16 层的外交公寓；1974 年建成的北京饭店东楼，19 层，高 87.15m；1976 年在广州建成的白云宾馆，33 层，高 114.05m，它标志着我国的高层建筑已突破 100m 大关。在此时期，北京、上海建成了一批 12～16 层的钢筋混凝土剪力墙结构住宅（北京前三门住宅一条街，上海漕溪路）。

20 世纪 80 年代是我国高层建筑发展的繁荣期，建筑层数和高度不断地被突破，功能和造型越来越复杂，分布地区越来越广泛，结构体系也日趋多样化。据统计，仅 1980～1983 年这 3 年中所建的高层建筑就相当于自 1949 年以来 30 多年中所建造高层建筑的总和。这一时期，北京、广州、深圳、上海等 30 多个大中城市建造了一大批高层建筑。例如，1987 年在北京建造的中央电视台彩色电视中心，27 层，高 136.5m；1988 年建成的上海锦江饭店分馆，43 层，高 153.52m；1988 年建造的深圳发展中心大厦，43 层，高 165.3m。

20 世纪 90 年代以来，高层建筑和超高层建筑的发展更加迅猛，建筑物层数和高度不断增加，我国已建成了多座 200m 以上的高层建筑。如上海金茂大厦，88 层，结构高度 383m，建筑高度 420.5m，正方形筒体-框架结构（见图 1.13）；深圳信兴广场，81 层，结构高度 324.8m，桅杆高度 383.95m（见图 1.14）；广州中天广场，80 层，结构高度 322m（见图 1.15）。

图 1.13　上海金茂大厦

图 1.14　深圳信兴广场大厦

图 1.15　广州中天广场

21 世纪，高层建筑进入一个飞跃发展的阶段，目前正处于改革开放以来高层建筑发展的第二个高潮，除北京、上海、深圳、广州等沿海城市外，内地（包括西部地区）其他大、中城市高层建筑也在迅速发展。

2004 年在中国台北建成的 101 大厦，地上 101 层，地下 5 层，建筑高度 508m（见图 1.16）。2008 年建成的上海环球金融中心，地上 101 层，地下 2 层，高 492m，是目前世界最高的平顶式大楼（见图 1.17）。

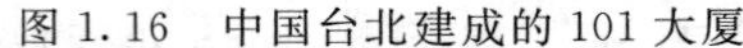

图 1.16 中国台北建成的 101 大厦

图 1.17 上海环球金融中心

1.1.2.2 国内高层建筑发展的特点

（1）层数增多，高度增加，积极参与国际高层建筑竞争。结构高度不断增加，通过高度（体量）可显示地区或国家的实力，建筑高度成为追求的目标。为了争取第一（地区、国内甚至世界），各地高层建筑高度不断增加。

（2）结构体型复杂，平面、立面多样化。为了体现个性、追求新颖，使高层建筑的平面、立面体型均极其特殊，结构的复杂程度和不规则程度为国内外前所未有，为结构设计带来极大挑战。平面形状包括矩形、方形、八角形、多边形、扇形、圆形、菱形、弧形、Y 形、L 形等。立面出现各种类型转换，外挑、内收、大底盘多塔楼、连体建筑、立面开大洞等复杂体型的建筑。

（3）筒体或筒束结构在各类高层建筑中已得到广泛应用。作为高层建筑结构体系一般采用框架、框架-剪力墙、剪力墙、底层大空间剪力墙、框架和筒体（包括筒中筒与成束筒）、巨型结构及悬挑结构；作为超高层建筑结构体系一般采用框架-筒体结构、筒中筒结构、框架-支撑体系。

（4）高层以钢筋混凝土结构为主，但钢-混凝土混合（组合）结构应用较多（尤其是超高层）。

（5）钢结构高层建筑正在崛起。

1.1.3 世界十大高楼名次

按 2013 年统计，世界十大超高建筑如下：

（1）阿联酋哈利法塔：这座 162 层的摩天大楼高达 828m。

（2）沙特麦加皇家钟塔：建筑高度 601m，共 95 层。

（3）美国纽约世贸中心自由塔：高度约为541m，成为北美第一高楼。

（4）中国台北101大楼：楼高508m，地上101层，地下5层。

（5）中国上海环球金融中心：楼高492m，地上101层，是目前世界最高的平顶式大楼。

（6）中国香港环球贸易广场：118层，实际高度达484m。

（7）马来西亚吉隆坡石油双子塔：88层，高度为452m。

（8）中国南京紫峰大厦：地上89层，地下3层，整体设计高度达450m。

（9）美国芝加哥西尔斯大厦：建筑高度为443m，总高度达527.3m，共110层。

（10）中国深圳京基金融中心：楼高441.8m，共100层。

随着技术的进步，人们不断地向超高层进军，相信以上排名很快就会发生变化，例如在建的中国上海中心大厦，总高632m，结构高度580m，建成后将成为世界第二高楼。

1.1.4　高层建筑的结构类型、技术特点及分类

1.1.4.1　高层建筑的结构类型

1. 钢筋混凝土结构

钢筋混凝土结构存在以下优点和不足。

优点：造价较低，材料来源丰富，可浇筑成各种复杂断面形状，可以组成多种结构体系。节省钢材，承重能力较强，经过合理设计，可获得较好的抗震性能。

缺点：构件断面大，占用面积大，自重大。

2. 钢结构

钢结构存在以下优点和不足。

优点：强度高，韧性大，抗震性能好，易于加工，能缩短现场施工工期，施工方便。

缺点：用钢量大，造价很高，耐火性能差。

3. 组合结构

组合结构存在以下优点：在钢筋混凝土结构基础上，充分发挥钢结构优良的抗拉性能以及混凝土结构的抗压性能，进一步减轻结构重量，提高结构延性。

常见的组合结构包括以下类型：

（1）用钢材加强钢筋混凝土构件。

（2）钢骨钢筋混凝土构件。

（3）钢管钢筋混凝土构件。

（4）一部分抗侧力结构用钢结构，另一部分采用钢筋混凝土结构（或部分采用钢骨钢筋混凝土结构）。

1.1.4.2　高层建筑结构主要技术特点

高层建筑结构主要技术特点如下：

（1）结构加强层。加强部分水平层的刚度，从而提高结构整体刚度，减少核心筒弯矩及侧移。

（2）转换层。将梁式、预应力大梁、桁架式和箱式转换层用于上层为剪力墙、下层为框架大空间结构，其高度可达两三层楼高。

(3) 钢管钢骨混凝土结构。利用钢和混凝土的各自优点，减小柱面积，缩短工期。

1.1.4.3 高层建筑的结构分类

在不同的国家和不同的时期，高层建筑的定义不同。在美国，24.6m或7层以上的建筑被视为高层建筑；在日本，31m或8层及以上的建筑被视为高层建筑；在英国，等于或高于24.3m的建筑被视为高层建筑；在德国，22m及以上的建筑被视为高层建筑。如此等等，不一而论。

根据联合国教科文组织所属的世界高层建筑委员会的建议，一般将高层建筑划分为以下四类：

第一类，9～16层（高度不超过50m）。

第二类，17～25层（高度不超过75m）。

第三类，26～40层（高度不超过100m）。

第四类，40层以上（高度超过100m）。

根据我国目前高层建筑的现状，我国现行行业标准《高层建筑混凝土结构技术规程》(JGJ 3—2010)［以下简称《高规》(JGJ 3—2010)］中指出，高层建筑为10层及10层以上或房屋高度大于28m的住宅建筑和房屋高度大于24m的其他高层民用建筑。我国现行国家标准《高层民用建筑设计防火规范》(GB 50045—1995，2005年版）和现行行业标准《高层民用建筑钢结构技术规范》(JGJ 99—1998）中规定10层及10层以上的民用建筑和总高度超过24m的公共建筑及综合性建筑为高层建筑，而把9层以下或高度不超过24m的建筑称为中高层建筑（7～9层）、多层建筑（4～6层）和低层建筑（小于或等于3层）。

目前国际上把高度在100m以上并且层数在30层以上的高层建筑称为超高层建筑。

1.2 高层建筑结构设计特点

1.2.1 水平荷载是设计的主要因素

高层结构总是要同时承受竖向荷载和水平荷载作用。荷载对结构产生的内力和位移随着建筑物的高度增加而变化。当建筑物高度较低时，整个结构是以竖向荷载为设计的主要依据，而水平荷载的影响相对较小，同时整个结构的水平位移也较小。

随着建筑物高度的增加，水平荷载（风荷载和地震作用）产生的内力和位移迅速增大。通过把建筑物看成一个竖向悬臂构件这样简单的例子（见图1.18）来看，可得出以下结果。

荷载效应的最大值（轴力 N、弯矩 M 和位移 Δ）可用式（1.1）～式（1.5）表达。

竖向荷载作用下，轴力与高度成正比：

$$N=WH=f(H) \tag{1.1}$$

水平荷载作用下，弯矩与高度二次方成正比：

$$M=\frac{qH^2}{2}=f(H^2) \quad \text{（均布荷载）} \tag{1.2}$$

$$M=\frac{qH^2}{3}=f(H^2) \quad \text{（倒三角形分布荷载）} \tag{1.3}$$

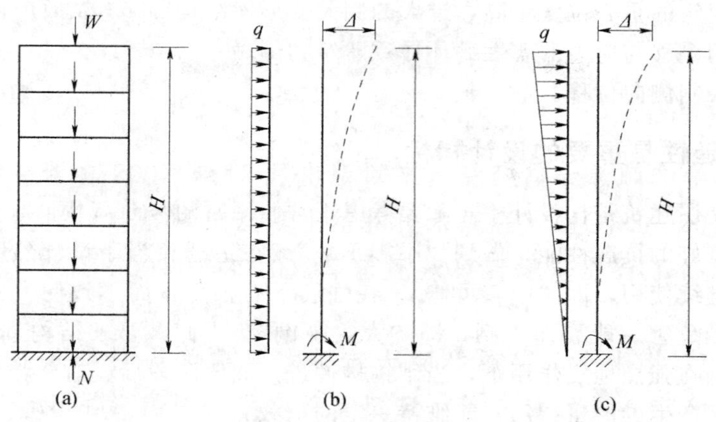

图 1.18　建筑物受力示意图

水平荷载作用下，侧向位移与高度的四次方成正比：

$$\Delta=\frac{qH^4}{8EI}=f(H^4)\qquad（均布荷载）\tag{1.4}$$

$$\Delta=\frac{11qH^4}{120EI}=f(H^4)\qquad（倒三角形分布荷载）\tag{1.5}$$

式中　q 和 W——分别为高楼每米高度的水平荷载和竖向荷载，kN/m。

因此，从这个简单的例子中可以看出，高层建筑中水平荷载成了结构设计的主要因素。而且，当建筑物高度增加时，水平荷载对结构起的作用将越来越大。除了结构内力将明显加大外，结构的侧向位移增加更快，它们可以表示为高度 H 的函数（见图 1.19）。在高层建筑中，水平荷载对结构设计起着决定性作用。

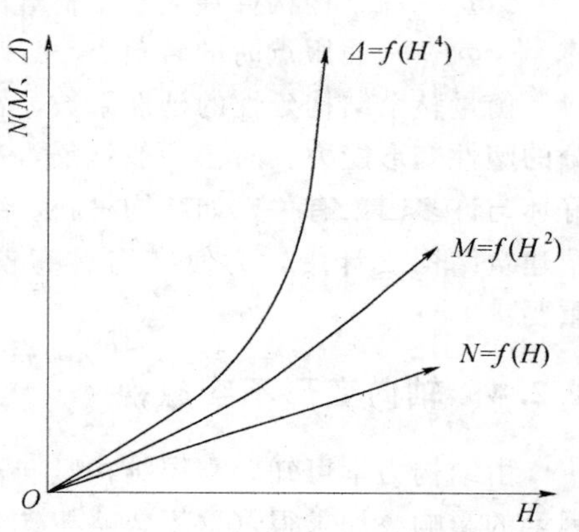

图 1.19　建筑物高度 H 对内力和位移的影响

1.2.2　侧向位移是结构设计控制因素

从上述例子中可以看出，与较低建筑不同，结构侧向位移已成为建筑结构设计中的关键因素。随着建筑高度的增加，水平荷载作用下结构的侧向变形迅速增大，结构顶点位移 Δ 与建筑高度 H 的四次方成正比。设计高层建筑结构时要求结构不仅要具有足够的强度，还要具有足够的抗推刚度，使结构在水平荷载下产生的侧移被控制在规定的范围之内。这是因为高层建筑的使用功能及安全与结构侧移的大小密切相关：

(1) 结构在强阵风作用下的振动加速度超过 $0.015g$ 时，就会影响建筑内使用人员的正常工作和生活。在地震作用下，如果侧移过大，更会增加人们的不安全感或导致惊慌。

(2) 层间相对侧移量过大会使填充墙或一些建筑装修部位开裂或损坏。此外，顶点总位移 Δ 过大，也会使电梯因轨道变形而不能正常运行以及机电管道受到破坏。

（3）高层建筑的重心位置较高，过大的侧向变形使结构因 $p-\Delta$ 效应而产生较大的附加应力，甚至因侧移与应力的恶性循环导致建筑物倒塌。

因此，要限制侧向位移。

1.2.3 结构延性是重要的设计指标

地震区的高层建筑结构设计中，除要考虑正常使用时的竖向荷载、风荷载以外，还必须使结构具有良好的抗震性能，做到“小震不坏”。在遭遇相当于设计烈度的地震时，经一般修理仍能继续使用，即“中震可修”。在强震下有损坏，而不致使人民生命财产和重要生产设备遭受危害，能裂而不倒，即“大震不倒”。为此，要求结构具有较好的延性，也就是说，结构在强烈地震作用下，当结构构件进入屈服阶段后具有较强的变形能力，能吸收地震作用下产生的能量，结构能维持一定的承载力。

结构的延性采用延性系数来表达，有两种表达方式：

（1）以位移表示： $\mu=\frac{\Delta_\mu}{\Delta_y}$ （整体结构） （1.6）

（2）以转角表示： $\mu_\Phi=\frac{\Phi_\mu}{\Phi_y}$ （结构构件） （1.7）

式中 Δ_μ——结构最大荷载点相应位移；

Δ_y——屈服点的位移；

Φ_μ——结构构件最大水平荷载时相应转角；

Φ_y——屈服点时的转角。

衡量整个结构延性的延性系数，常用顶点位移的比值来表示，它综合反映了结构各部分的塑性变形能力。对于一般钢筋混凝土结构，要求延性系数 μ 值在 3～5。结构延性的好坏与许多因素有关，如结构材料、结构体系、总体布置、节点连接、构造措施等。在高层建筑结构设计中，为使结构具有较好的抗震性能，在一定意义上构造设计比计算更重要。

1.2.4 轴向变形不容忽视

由结构力学可知，高层结构竖向构件的变形是由弯曲变形、轴向变形及剪切变形三项因素的影响叠加求得（这里忽略扭转变形），其计算公式如下：

$$\delta_{ij}=\int\left(\frac{M_iM_j}{EI}\right)\mathrm{d}s+\int\left(\frac{N_iN_j}{EA}\right)\mathrm{d}s+\int\left(\frac{\mu Q_iQ_j}{GA}\right)\mathrm{d}s \tag{1.8}$$

目前，在计算多层建筑结构内力和位移时，因为轴力项影响很小，只考虑弯曲变形（剪力项一般可不考虑）。但对于高层建筑结构，情况就不同了，由于层数多，高度大，轴力值很大，再加上沿高度积累的轴向变形显著，轴向变形会使高层建筑结构的内力数值与分布产生明显的变化。

图 1.20 中的框架结构，在各层相等楼面均布荷载作用下，不考虑轴向变形时，各横梁的弯矩大致相等，梁端有较大负弯矩。实际上，由于中柱轴力比边柱要大，因此中柱轴向压缩变形也大于边柱，相当于梁的中支座沉陷，中支座上方梁端负弯矩自下而上逐层减少，到上部楼层还可能出现正弯矩，所以，高层建筑结构不考虑墙、柱轴向变形会使计算

结果产生显著的偏差。构件轴向变形（墙、柱轴力大）与剪切变形（截面高度大）对结构内力和位移影响不可被忽略，墙肢和柱的轴向变形对内力和位移的影响，因荷载作用方向和结构形式的不同而有较大的区别。

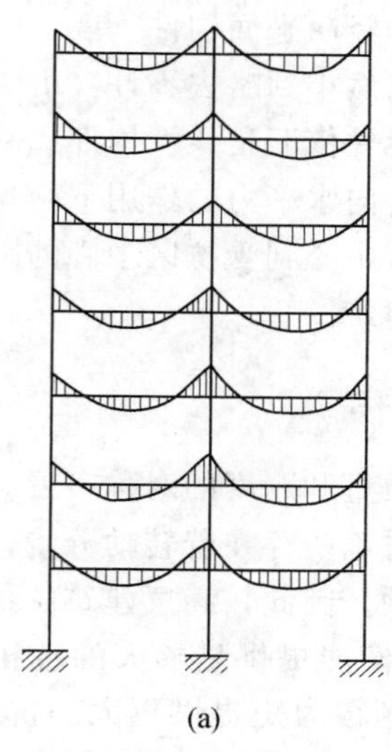
(a)

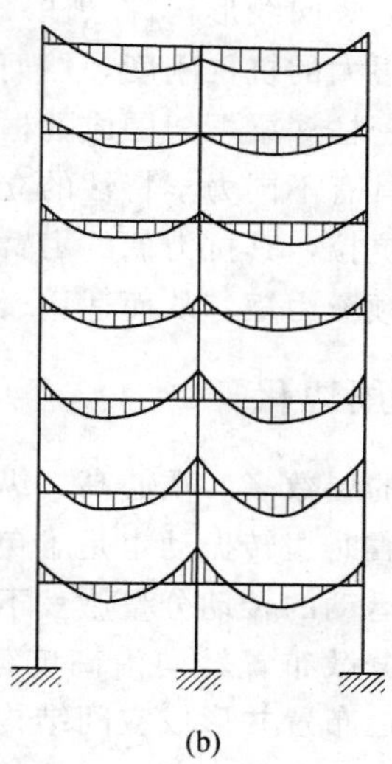
(b)

图 1.20 框架结构在均布荷载作用下的弯矩图
(a) 不考虑柱轴向变形；(b) 考虑柱轴向变形

1.2.5 减轻高层建筑自重比多层建筑更重要

减轻自重这一特点要从以下两个方面考虑。

1. 地基承载力

如果在同样的地基强度下，减轻自重意味着可以多建几层。假如，$q=15\text{kN/m}^2$ 可建10层，如减为 $q=10\text{kN/m}^2$ 则可建15层。例如，美国休斯敦贝壳广场大厦（双筒体结构，52层，高218m），采用了容重为 18.2kN/m^3 轻质混凝土，若采用普通钢筋混凝土（容重为 25kN/m^3），只能建为35层。

2. 地震作用

众所周知，地震效应是与建筑重量成正比。减轻自重，即减小了竖向荷载作用下构件的内力，也减小了地震作用下的构件内力，使结构构件截面变小，不但能节省材料，降低造价，还能增加使用空间。

1.3 高层建筑结构发展趋势

随着城市人口的不断增加和建设可用地的减少，高层建筑继续向着更高发展，结构所需承担的荷载和倾覆力矩将越来越大。在确保高层建筑物具有足够可靠度的前提下，为了进一步节约材料和降低造价，高层建筑结构及其构件正在不断更新，设计理念也在不断进步。

1.3.1 构件立体化

高层建筑在水平荷载作用下，主要靠竖向构件提供抗推刚度和强度来维持稳定。在各类竖向构件中，竖向线形构件（柱）的抗推刚度很小，竖向平面构件（墙或框架）虽然在其平面内具有很大的抗推刚度，然而其平面外的刚度依然小到略去不计。由 4 片墙围成的墙筒或由 4 片密柱深梁框架围成的框筒，尽管其基本元件依旧是线性构件或平面构件，但它已经转变成具有不同力学特性的立体构件，在任何方向水平力的作用下，均有宽大的翼缘参与抗压和抗拉，其抗力偶的力臂，即横截面受压区中心到受拉区中心的距离很大，能够抗御很大的倾覆力矩，从而适用于层数很多的高层建筑。

1.3.2 布置周边化

高层建筑的层数多，重心高，纵然设计时应注意质量和刚度的对称布置，由于偶然偏心等原因，地震时扭转振动也是难免的。更何况地震时确实存在着转动分量，即使是对称结构，在地面运动的转动分量激发下也会发生扭转振动。因此，高层建筑的抗推构件正在从中心布置和分散布置转向沿高度建筑周边布置，以便能提供足够大的抗扭转力偶。此外，构件沿周边布置并形成空间结构后，还可以抵抗倾覆力矩提供更大的抗力偶。同时，避免了因竖向构件分散布置而影响使用，为建筑平面提供了更大的使用灵活性。

1.3.3 结构支撑化

支撑化的实质就是以轴向体系（axial system）代替弯曲体系（flexural system），这是未来超高层建筑结构向高度发展的主导趋势。当结构体系的各组成部分在风力及地震作用下，首先以产生张力和压力为主时，它就属轴向体系；当结构体系是由垂直和水平物件组成，在风力和地震作用下主要引起受弯的应力时，它就属弯曲体系。芝加哥的汉考克大厦以其具有建筑个性的巨大的暴露的斜向支撑而成为轴向体系的经典之作；而芝加哥的西尔斯大厦连同纽约世贸中心双塔则分别以它们的束筒和筒中筒体系成为弯曲体系的代表作。一般来讲，轴向体系比弯曲体系受力更有效。因为在荷载作用下，结构的传力路线越短，越直接，结构的工作效能就越高，轴向体系结构处于承受直接应力状态，其传力路线短而直接。对弯曲体系而言，当建筑高度达到 40 层以上，如果考虑到开窗对柱子和外框架截面尺寸的限制就必须加大材料的用量，所以弯曲体系的效率就会降低，在这一领域，轴向体系就会变得更有意义并占据主导地位。框筒是用于高层建筑的一种高效抗侧力构件，然而，它固有的剪力滞后效应，削弱了它的抗推刚度和水平承载力。特别是当高层建筑平面尺寸较大，或者因建筑功能需要而加大柱距时，剪力滞后效应就更加严重，致使翼缘框架抵抗倾覆力矩的作用大大降低。为使框筒能充分发挥潜力并有效地用于更高的高层建筑，在框筒中增设支撑或斜向布置的抗剪墙板，已成为一种框筒的有力措施。

若把在抵抗倾覆力矩中承担压力或拉力的杆件，由原来的沿高层建筑周边分散布置改为向房屋四角集中，在转角处形成一个巨大柱，并利用交叉斜杆连成一个立体支撑体系，这是高层建筑结构中的又一发展趋势。由于巨大角柱在抵抗任何方向倾覆力矩时都具有最大的力臂，从而比框筒更能充分发挥结构和材料的潜力。典型的例子是 1989 年落成的香港中国银行大厦（见图 1.21）就是采用了桁架筒体结构，并将全部竖向荷载传至周边结构，它们的单位面积用钢量都仅约为 $150kg/m^2$。预计这种结构体系今后在 300m 以上的超高层建筑中将会得到更广泛的应用。

图 1.21 香港中国银行大厦

1.3.4 体型多样化

为了体现个性、追求新颖，使高层建筑的平面、立面体型均极其特殊，结构的复杂程度和不规则程度为国内外前所未有，为结构设计带来极大挑战。平面形状有矩形、方形、八角形、多边形、扇形、圆形、菱形、弧形、Y 形、L 形等。立面出现各种类型转换、外挑、内收、大底盘多塔楼、连体建筑、立面开大洞等复杂体型的建筑。

诺曼·福斯特设计的东京拟建的千年大厦（ Millennium Tower）采用圆锥状体型，底面周长 600m（见图 1.22），高 840m、170 层，可容纳 5 万居民，是曼哈顿摩天大楼平均高度的 4 倍，选址在东京湾，距离海岸 2km。它将成为一个小型的垂直城镇，在规模上相当于东京的银座或纽约的第五大道，拥有旅馆、商店、公寓以及办公场所。此建筑被构思为一根巨大的“定海神针”，包裹在螺旋线形的金属框架内，矗立于游艇码头之中。该超高层建筑每隔若干层设置一个透空层，可以减少设计风荷载。日本竹中工务店设计的“空中城市－1000”，高 1000m，采用平面为环形、立面为双曲线形的截头圆锥体。每隔 14 层设置一个 4 层高的透空层。

图 1.22 东京千年大厦

圆锥形高层建筑的优点如下：

（1）具有最小的风荷载体型系数。

（2）上部逐渐缩小，减少了上部的风荷载和地震作用，从而缓解了超高层建筑的倾覆问题。

（3）倾斜外柱轴力的水平分力，可以部分抵消水平荷载。

上述两栋超高层建筑也采用支撑框筒作为结构抗侧力体系，进一步说明结构支撑化已成为超高层建筑的发展方向。

1.3.5 材料高强化

随着建筑高度的增加，结构面积占建筑使用面积的比例越来越大，为了改善这一不合理状况，采用高强钢和高强混凝土已势在必行。随着高性能混凝土材料的研制和不断发展，混凝土的强度等级和韧性性能也不断得到改善。强度等级为 C80 和 C100 的混凝土已经在超高层建筑中得到实际应用，其可以减小结构构件的尺寸，减少结构自重，必将对高层建筑结构的发展产生重大影响。例如，美国芝加哥市的74层、高262m的水塔广场大厦，就是采用C70级高强混凝土建造的。

高强度且具有良好的可焊性的厚钢板将成为今后高层建筑结构的主要用钢材料，而耐火钢材FR钢的出现为钢结构的抗火设计提供了方便。采用FR钢材制作的高层钢结构，其防火保护层的厚度可大大减小，从而降低钢结构的造价，使钢结构更具有竞争性。

1.3.6 建筑轻量化

建筑物越高，自重越大，引起的水平地震作用就越大，对竖向构件和地基造成的压力也越大，从而带来一系列的不利影响。因此，目前在高层建筑中已开始推广应用轻质隔墙、轻质外墙板，以及采用陶粒、火山渣等为骨科的轻质混凝土材料，以减轻建筑物自重。例如，美国于1971年采用容重18.2kN/m^3的轻质高强混凝土，成功地建造了52层，高218m的贝壳广场大厦。减轻自重的另一个办法是减小楼板的折实厚度，通常采用密肋楼盖、无黏结预应力平板或空心板。采用后张无黏结预应力平板，不仅可以减轻楼板自重20%，同时可以使房屋降低层高30cm左右，并使吊顶和设备管线布置更加灵活，值得在我国推广。

1.3.7 组合结构化

采用组合结构可以建造比钢筋混凝土结构更高的建筑。在强震国家日本，组合结构高层建筑发展迅速，其数量已超过混凝土结构的高层建筑。目前应用较为广泛的有外包混凝土组合柱、钢管混凝土组合柱以及外包混凝土的钢管混凝土双重组合柱等多种组合结构。特别是由于钢管内混凝土处于三轴受压状态，能提高构件的竖向承载力，从而可以节省大量钢材。

新型的内藏钢桁架混凝土组合巨型梁柱框架，内藏钢桁架混凝土组合巨型柱，呈空间筒状，角柱中的型钢与型钢斜支撑、钢筋斜支撑构成钢桁架，钢筋斜支撑和型钢斜支撑在巨型柱中呈空间螺旋形。内藏钢桁架混凝土组合巨型梁的边框梁中设置型钢梁，型钢梁、型钢斜支撑与钢筋斜支撑组合，在混凝土剪力墙内部形成钢桁架。这种新型的内藏钢桁架混凝土组合巨型柱比普通巨型柱有更好的抗扭能力，且具有很大的强度和抗侧力刚度。内藏钢桁架混凝土组合巨型梁比普通巨型梁承载能力高，承载力和刚度衰减较慢，剪切滑移破坏减轻。

图1.23 香港汇丰银行大厦

随着混凝土强度的提高以及结构构造和施工技术上的改进创新，组合结构在高层建筑中的应用将进一步扩大。巨型框架结构柱体系以其刚度大，在内部便于设置大空间等优点，也将得到更广泛地应用，例如，上海证券大厦和香港汇丰银行大厦（见图1.23）。而多束筒结构体系在适应建筑场地，丰富建筑造型，满足多种功能和减少剪力滞后效应等方面具有诸多的优点，未来也将在超高层建筑结构实际工程中得到广泛的应用。

目前，我国高层建筑中已大量应用的现浇钢-混凝土组合框架-剪力墙结构体系，是一种优化组合结构体系。采用钢框架结构替代钢-混凝土框架结构与混凝土剪力墙结构组合，将使框架-剪力墙结构体系进一步优化，提高竖向承载能力，增强抵抗风和地震作用影响的抗侧能力。在钢筋混凝土结构基础上，充分发挥钢结构优良的抗拉性能以及混凝土结构的抗压性能，进一步减轻结构重量，提高结构延性。

钢-混凝土组合结构体系中的主要组合结构构件有劲性混凝土（型钢混凝土）梁柱（见图 1.24）、管柱（见图 1.25）、片式及筒式剪力墙和预应力楼板及钢-混凝土组合板（见图 1.26）。这些使我们从一般的高层建筑结构设计迈向超高层建筑结构设计。

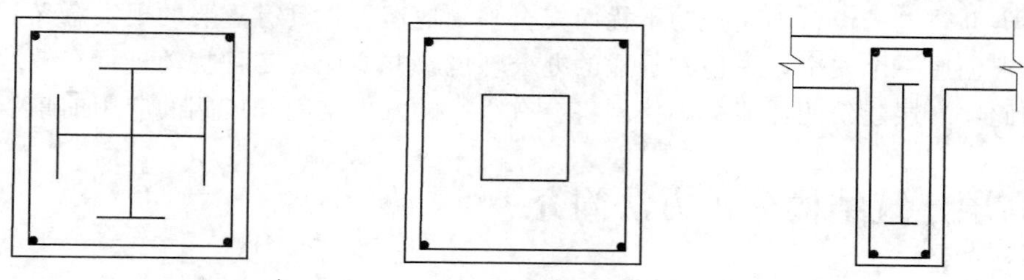

图 1.24　劲性混凝土（型钢混凝土）梁柱

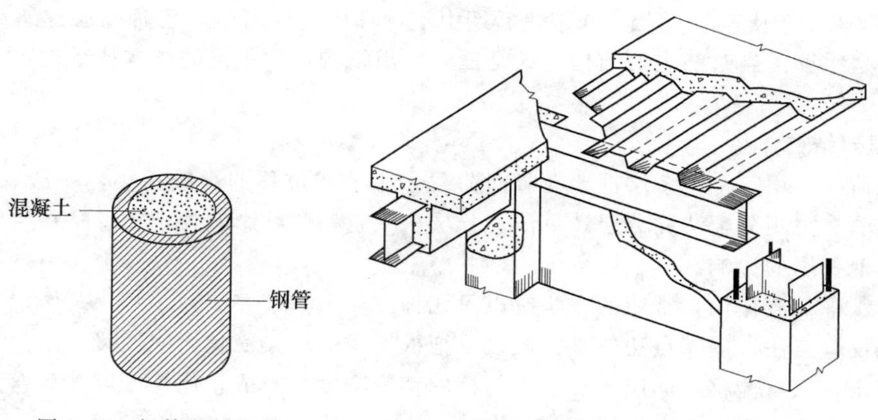

图 1.25　钢管混凝土柱

图 1.26　钢-混凝土组合板

1.3.8　结构耗能减震化

超高层建筑总是避免不了侧移问题，除了加强结构本身的刚度外，一般还要安装各种阻尼器，以达到减震目的。建筑结构的减震有主动耗能减震和被动耗能减震（有时也称为主动控制和被动控制）。在高层建筑中的被动耗能减震有耗能支撑、带竖缝耗能剪力墙、被动调谐质量阻尼器以及安装各种被动耗能的油阻尼器等。主动减震则是由计算机控制的，由各种驱动器驱动的调谐质量阻尼器对结构进行主动控制或混合控制的各种作用过程。结构主动减震的基本原理是：通过安装在结构上的各种驱动装置和传感器，与计算机系统相连接，计算机系统对地震动（或风震）和结构反应进行实时分析，向驱动装置发出信号，使驱动装置对结构不断地施加各种与结构反应相反的作用，以达到在地震（或风）作用下减小结构反应的目的。

目前，在美国、日本等国家，各种耗能减震（振动）控制装置已在高层建筑结构中得以应用。日本鹿岛设计的DIB－200就是一座动力智能大厦，除了采用巨型框架外，还在结构上安装了由传感器、质量驱动装置、可调刚度体系和计算机组成的主动控制系统，当台风和地震作用时，安装在建筑内外的各个传感器把收到的结构振动信号传给计算机，经过计算机分析判断，启动安装在结构各部位的地震反应控制装置，来调整建筑的重心以保持平衡。据对比计算分析，安装主动控制系统后，结构地震侧移得以消减40%左右。在中国也有部分高层建筑工程中应用了这种技术。随着人类进入信息时代，计算机、通信设备以及各类办公电子设备不受振动干扰而安全平稳地运行，具有重要的现实意义。与此同时，就要求创造一个安全、平稳和舒适的办公环境，并要能对各种扰动进行有效地隔振和控制。因此，高层建筑的耗能减震控制将会有很大的发展空间和广阔的应用前景。

1.4 高层建筑结构分析方法简介

1.4.1 以手算为基础的近似计算方法

20世纪50年代至20世纪70年代后期由于计算机条件所限，各种高层建筑结构设计基本上都是手算。当时的主要结构形式是三大常规结构，而不同的结构体系决定了不同的计算方法。

1. 框架结构体系

竖向荷载作用，多跨多层框架在竖向荷载作用下线位移的影响很小，一般忽略不计。常用的方法有力矩分配法和分层计算法。分层法除忽略侧移影响外，还忽略每层梁的竖向荷载对其他各层的影响。

对于水平荷载作用，常用的方法有以下几种：

(1) 反弯点法。反弯点法的基本假设是把框架中的横梁简化为刚性梁，因而框架节点不发生转角，只有侧移，同层各柱剪力与柱的移侧刚度系数成正比，所以，反弯点法亦可称为剪力分配法。反弯点法多用于初步设计。

(2) 广义反弯点法——D值法。广义反弯点法在推导反弯点高度比和侧移刚度时要考虑节点转角的影响，修改后的侧移刚度改用D表示，故称为D值法。用D值法计算结构内力、位移简单而精度较高，有相应的表格可以查用。

(3) 无剪力分配法。无剪力分配法的应用条件是刚架中除两端无相对线位移的杆件外，其余杆件都是剪力静定的，它多用于单跨对称刚架，对于多跨符合倍数关系的刚架也可以用无剪力分配法。

(4) 迭代法（又称为卡尼法）。它可以用在刚架同层内各柱高度不等，柱有铰支座，存在有连续柱的复杂刚架中。

对于框架结构，在上述计算方法中应用最广泛的还是竖向荷载下的分层法和水平荷载下的D值法。D值法物理概念清楚，计算简单，精度较好，受到工程设计人员欢迎。

随着高层建筑层数和总高度的增加，在风力大的沿海地区或地震设防烈度较高地区，水平力在高层建筑结构设计中会上升为起控制作用的因素。由于框架结构抗侧移刚度小，当建筑物高度大时框架结构不易满足变形要求，因此在工程设计中框架结构受到高度限制。

2. 剪力墙结构体系

理论分析与实验研究表明，剪力墙的工作特点取决于开孔的大小。《高规》（JGJ 3—2010）给出了各类剪力墙的划分判别式。当墙整体系数 $\alpha>10$，墙肢一般不会出现反弯点时，可按整体小开口墙算法计算；当 $\alpha<10$，墙肢不（或很少）出现反弯点时，按多肢墙算法计算；当$\alpha>10$，较多墙肢出现反弯点时，按壁式框架法计算。关于 α 的定义详见本书第 6 章。

整体小开口剪力墙可按材料力学方法略加修正进行计算。双肢（或多肢）剪力墙一般采用连续化方法，以沿竖向连续分布的连杆代替各层连梁的作用，用结构力学力法原理，以连梁跨中剪力为基本未知量，由切口处位移协调条件建立二阶常微分方程组。华南理工大学梁启智教授把解微分方程组法应用于多肢墙，并把此方法推广到空间剪力墙结构。中国建筑科学研究院赵西安教授在引入各墙肢在同一水平上侧向位移相等，且在同一标高处转角和曲率也相等的假设条件后，把多肢墙的微分方程组合并为一个方程来求解。

3. 框架-剪力墙结构体系

框架-剪力墙结构手算方法通常采用连续化建立常微分方程的方法。假设楼板在自身平面内的刚度无限大，房屋体型规整，剪力墙布置对称均匀，忽略水平力作用下房屋沿竖轴的扭转。这时可将结构单元中所有的剪力墙合并为弯曲刚度为 EI 的总剪力墙，将所有框架合并为剪切刚度为 G_F 的总框架，把框架视为剪力墙的“弹性地基”，按弹性地基梁的概念建立四阶微分方程求解。相应的计算图表已编制完成，供初步设计时查用。

4. 底层大空间剪力墙结构体系

底层为部分框肢的剪力墙结构是为适应底层大开间要求而采用的一种结构形式，称为底层大空间剪力墙结构。这种结构由于上部墙体与底层框架的性质不同，给计算带来一定的困难。清华大学包世华教授采用混合法求解，对上层剪力墙部分（包括壁式框架），仍可采用普通剪力墙计算中采用的假定，连梁用连续连杆代替，取连续连杆的剪力为基本未知量，在连续连杆切口方向建立变形连续方程（方法方程）；在底层框架部分采用了同层各节点水平位移相等、同层各节点转角相同的假定，取底层框架的节点位移为基本未知量，对框架节点的位移方向建立相应的平衡方程（位移法方程），用混合法求解，方法简单，精度较好。

1.4.2 以杆件为单元的矩阵位移法

20 世纪 80 年代，计算机技术得到了迅速的发展，微型计算机进入到科研及工程设计单位。近年来，伴随计算机技术的迅猛发展，结构矩阵分析与程序设计也得到迅速发展。目前，微型计算机在高层建筑结构分析中已被普遍采用。

1.4.2.1 高层建筑结构协同工作分析法

为了适应国内中小型机及微型机内存不大的特点，1974 年对高层建筑常规三大结构体系提出了协同工作分析方法。协同工作分析法首先将结构划分为若干平面结构（框架或壁式框架），并视为子结构，然后引入楼板刚度无限大的假设，以平面杆件为单元，每个杆端有 3 个位移，并以楼板的 3 个位移（平移 u、ν 转角 θ）为基本未知量，建立与之相应的平衡方程（位移法基本方程），用矩阵位移法求解，得楼层位移，从而计算各片框架或剪力墙分配的水平力，最后进行平面结构分析求得各杆件内力。此法提出以后，得到了极为迅速的推广，是常用的三大结构体系分析中采用最多的方法。随后开发了考虑规范要求的第一代空间协同工作程序，并首先应用于上海大名饭店的设计，解决了小机器计算大工程的难题，为几百座高层建筑提供了计算手段，成为 20 世纪 70 年代后期至 20 世纪 80 年代中期解算三大常规结构体系的主力程序。

1.4.2.2 高层建筑结构空间结构分析法

协同工作分析法是人为地将空间的高层建筑结构划分为平面结构进行分析，该方法存在以下不足之处：

（1）适应范围受限制，只能用于平面较为简单规则，能划分为平面框架或平面剪力墙的结构。

（2）同一柱（墙）分别属于纵向或横向的不同框架，轴向力计算值各不相同，存在轴向力和轴向变形不协调问题。

进入 20 世纪 80 年代以后，国内高层建筑框筒和复杂体型结构增多，结构空间作用十分明显，必须考虑其空间的协调性，因而诞生了空间杆系（含薄壁杆）分析法。为了区别于空间协同工作分析法，通常称其为三维空间结构分析法。该方法以空间杆件为单位，以节点位移（3 个线位移，3 个角位移，对薄壁杆节点还多一个翘曲位移）为基本未知量，按空间杆结构建立平衡方程求解。空间杆系分析方法较少受形状、体系限制，应用面很广，但未知量极多，需要有大型、高速的计算机。为便于在工程中应用，仍保持楼板刚性的假定，用楼面公共自由度（平移 u、ν 转角 θ）代替层各节点相应的自由度，未知数可减少 30％以上。20 世纪 80 年代中期以前，空间杆系分析法主要用于大中型计算机，先后用于深圳国际贸易中心（50 层，高 160m）、北京中央电视台大楼（27 层，高 112m，9 度设防）的结构分析，并进行了电视台大楼的有机玻璃模型试验，验证了计算方法的可靠性。1987 年，实现了在 IBM－PC 系列微机上应用的三维空间分析程序。目前，它可以在微机上计算到近 100 层、少于 10 个塔的复杂平面与体型的高层建筑结构（每层可以达 800 根柱，1500 根梁），从而解决了高层建筑结构空间计算方法的普及问题。

这类程序目前已经商品化，代表性的微机程序如建研院结构所的 TBSA、TAT，建研院计算中心的 STW2，南京市建筑设计院的 504 分析程序及清华大学建筑设计研究院的 ADBW 程序等。ADBW 程序没有采用以往多数程序所采用的薄壁杆件剪力墙单元，而采用了另一种新型剪力墙单元，即每道剪力墙同一层内竖向将两端的柱和墙在交接处切开，上下层之间用一根平面内抗弯刚度无穷大、平面外抗弯刚度为零的特殊刚性梁连接，这种剪力墙单元在整体结构计算中显得较为合理。

商品化程序面向工程设计人员，全部汉字菜单操作，用几何图形输入结构数据，自动导入荷载，有严密的数据检查功能和防止误操作功能，并且有各种图形显示、输出功能，符合设计人员的习惯。其中 TBSA、TAT 程序的用户达 2000 余家，遍及全国大部分省

（市）及港澳地区，被评为1991年全国首届微机软件优秀产品。

三维空间结构分析法，因假设少、适应性广、精度高等特点，已成为当前高层建筑复杂体系分析的主流。为了推广薄壁杆件力学知识，包世华、周坚于1991年出版了《薄壁杆件结构力学》教材，为普及薄壁杆件力学起到了积极作用。

1.4.2.3 以解析、半解析方法为基础的常微分方程求解器方法

高层建筑结构分析除了发展离散化的方法之外，也应发展解析或半解析方法。这不仅是因为前者计算量大，有些复杂的剪力墙结构简化为一根杆，计算简图简化不尽合理外，还因为人们对高层建筑的解析方法曾经作过相当多的工作，有很好的基础。后来之所以没有发展下去的原因：一是解微分方程组困难；二是结构体系日益复杂，要求计算模型也复杂。现在国内外的研究者们已经开发研制了相当有效的常微分方程求解器（Ordinary Differential Equation Solver，ODES），功能很强，尤其是自适应求解，可以满足用户预先对解答精度所指定的误差限，即能给出数值解析解的精度，为发展解析解或半解析解提供了强有力的计算工具。从1990年开始，包世华及其研究集体在解析半解析微分方程求解器解法中，已经做了大量工作，在静力、动力、稳定和二阶分析诸方面都取得了开拓性的进展。

1.4.2.4 多种单元组合的优限元方法

近年来，我国高层建筑因功能出现多种要求，结构的平面布置和竖向体型也不规则，因而对结构分析提出了更高的要求。如高层建筑结构要考虑楼板变形（平面内、外）、复杂的剪力墙（尤其是开有不规则的洞口，平面复杂的芯筒）、框支剪力墙的墙-框交接区和厚板式转换层结构等，这些结构用单一杆件单元的计算模型已不能正确描述，应寻找更合理和符合实际的计算模型及计算方法，这就是多种单元组合的有限元法。有限元法将高层建筑结构离散为弹性力学的平面单元、墙元、板元和杆元的组合结构，组成未知数更多的大型方程组求解，从而得到更细致、更精确的应力分布。这些方法都有较高的学术价值，可以作为各种简化方法的依据，在具备大、中型计算机，并且工程有需要时可以采用。

为适应多种单元组合的有限元分析，针对不同的结构类型及计算要求，选用合适的通用或专用计算程序，对设计工作有着重要意义。目前，在高层建筑结构分析中，应用得较多、影响较大的包括引进的SAP系列程序等，现在都在进行改进和微机化移植，使之更便于应用。在接下来的1.4.3节和1.4.4节中，将对有代表性的通用或专用程序作简要介绍。

1.4.3 结构分析通用程序

结构分析通用程序是指可用于建筑、机械、航天等各部门的结构分析程序。其特点是单元种类多、适应能力强、功能齐全。

1. SAP程序系列

SAP2000是独立的基于有限元的结构分析和设计程序。它提供功能强大的交互式用户界面，带有很多工具，可以帮助用户快速和精确创建模型，同时具有分析复杂工程所需的分析技术。SAP2000是面向对象的，即用单元创建模型来体现实际情况，一个与很多单元连接的梁用一个对象建立。和现实世界一样，与其他单元相连所需要的细分由程序内部处理。分析和设计的结果对整个对象产生报告，而不是对构成对象的子单元产生报告，信息提供更容易解释并且和实际结构更一致。

2. ADINA 程序

ADINA 程序系统是基于有限元技术的大型通用分析仿真平台，可进行固体、结构、流体以及结构相互作用的复杂有元分析。美国麻省理工学院 K. J. 巴特（K. J. Bathe）教授是该公司的创始人及软件的领导者之一，他是国际有限元界的著名专家。该程序共有12种单元，能解决线性静力、动力问题，非线性静力、动力问题，以及稳态、瞬态温度问题等。

1.4.4 高层建筑结构专用程序

结构分析通用程序虽然可以用来对高层建筑进行静力和动力分析，但正因为它通用性强，反而不如专用程序针对性强。

1. ETABS 程序

ETABS 程序是高层建筑结构空间计算的专用程序，是在 TABS 程序的基础上增加了求解空间框架和剪力墙的功能，能在静载荷和地震作用下对高层建筑结构进行弹性计算的程序。柱子考虑弯曲、轴向和剪切变形的影响，梁考虑弯曲和剪切变形的影响，剪力墙可以用带刚域梁和墙板单元计算。扩大的功能包括：时程分析法计算结构总反应（包括楼层变位，层间位移、剪力、按钮和倾覆力矩）；在静力和动力分析中考虑 $p-\Delta$ 效应；在地震反应谱分析中考虑空间各振型的相互影响，采用完全二次型组合法进行组合（CQC法）；计算每个单元的应力比等。程序的功能比较齐全，并由清华大学土木工程系增加了符合我国规范的配筋计算。

2. TBFEM2.0 版程序及 SATWE 程序

TBFEM2.0 版程序是由中国建筑科学研究院高层建筑技术开发部开发的平面有限元应力分析、内力配筋程序。程序主要用于复杂开洞剪力墙和框支剪力墙设计，及对任意指定截面计算内力及配筋。SATWE 程序是中国建筑科学研究院 CAD 工程部为高层结构分析与设计而研制的空间组合结构有限元分析软件，其核心工作是在壳元基础上凝聚成墙元模拟剪力墙。

目前国内也正在研制一批大型组合结构计算程序。我国学者对有限元理论和技巧有众多的贡献，如高精度元、混合有限元、拟协调元和广义协调元等，这些高精度元在高层建筑结构分析中均可应用，并可提高结构分析的精度。

1.4.5 结构的动力特性及动力时程分析

结构动力特性分析的目的是求结构自振周期和振型，是计算地震作用和风振作用的主要参数。影响高层建筑自振周期的因素很多，由计算得到的结果往往与实测情况有较大出入。据统计，框架结构，计算周期平均为实测周期的1.5～3倍，对于框架-剪力墙结构约为1.5倍，对于填充墙很少的剪力墙结构，计算周期与实测周期相差较小。因此，计算值在应用时一般要加以修正。20世纪70年代和80年代我国已经对各种不同类型的建筑物进行了大量的基本周期实测工作。通过对已建成建筑物的自振周期实测，可以总结出各种类型建筑物自振周期检验公式，这些公式综合反映了各种因素的影响。实测资料的统计是理论计算修正系数的依据，对工程设计有较大实际意义。《高规》（JGJ 3—2010）给出了高层建筑基本周期的近似计算公式，以给设计人员一个参考的范围。目前，协同工作程序和空间分析程序都能利用频率方程直接计算出杆系结构的各阶周期和振型。为适应手算，近似计算方法也得到了发展。

框筒和筒中筒结构是空间超静定结构，它的频率、振型的计算工作量很大。直接输入地震波对高层建筑进行动力分析称为高层建筑结构时程分析法。它能够了解结构在强地震下，从弹性、开裂、屈服、极限直至倒塌的全部反应过程，能揭露出结构设计中的薄弱环节，从而对结构物实际抵御地震袭击的能力做出正确评估，可以有效地改进结构的抗震设计。使用实际结构不同的简化方法可以得到不同的结构振动模型，大致可分为以下三类：

（1）层模型。层模型将结构的质量集中于楼层处，用每层的刚度（层刚度）表示结构的刚度，又称为层间模型。层间模型又可分为剪切型层模型和剪弯型层模型及多串集中参数层模型。

（2）杆系-层模型。层的刚度由杆系形成，但每层考虑一个集中质量求解运动方程，得到某一时刻的总体位移后再回到杆系。它的特点是“静按杆系，动按层间，分别判断，合并运动”。

（3）杆系模型。将高层建筑结构视为杆件体系，结构的质量集中于各节点，动力自由度数等于结构节点线位移自由度数。弹塑性杆件的计算模型可分为吉伯森（M. F. Giberson）的单分量模型、克拉夫（R. W. Clough）的双分量模型和青山博之的三分量模型。

由于空间杆系模型计算工作量特别大，只有靠大型、高速计算机才能完成，有些技术问题还需进一步研究，目前还不能用在工程上。在工程设计中，当前应用较多的还是弹性反应分析的层模型。这一模型的优点是用机时少，能反映整体结构的弹性位移及层间位移。代表性的程序有中国建筑科学研究院结构所的 TBDYNA 系列及中国建筑科学研究抗震所的工程抗震设计软件 ERED。这种模型的缺点也是相当明显的，对于新建工程，用户对各层屈服内力、屈服后的刚度和退化规律都无法提供参数，因而很难进行弹塑性分析。此外，此模型无法判断每根杆件的工作状态，因而不能达到揭露薄弱杆件的需求。杆系-层模型兼有层模型和杆系模型的优点，克服了它们中的某些缺点，它是高层建筑结构真正进行杆件弹塑性动力分析的一种有发展前途的计算模型。但目前此模型多因前后处理不佳、规范结合不够、商业化程度不高或因没有经过鉴定，未能在工程中广泛应用，估计在不久的将来，杆系-层模型将成为时程分析法中的主导模型。

表达构件弹塑性性质的滞回线模型，目前采用退化双线型、三线型和四线型等几种形式，积分方法一般采用纽马克（Newmark）-β法或威尔逊（Wilson）-θ法。

通过弹塑性动力分析，比较弹塑性反应位移值与弹性反应位移的大小，研究从弹性反应位移预估弹塑性反应位移的方法，对结构的设计有积极的参考价值。

1.4.6 高层建筑力学分析近期进一步研究的课题

21世纪我国高层建筑将会有更显著的发展，因而高层建筑结构分析方法也将会有新的进步。下列课题应将获得进一步研究：

(1) 改进把剪力墙和筒体结构简化成杆件的不尽合理的计算简图，由空间杆件向空间组合结构发展。进一步提供计算复杂三维空间结构的计算方法和程序。

(2) 尽快开发钢结构和钢-混凝土结构计算方法其程序（程序中应包括：斜支撑、铰接单元，考虑节点区的剪切变形，计算温度应力，整体稳定、局部稳定及考虑 $p-\Delta$ 效应的二阶分析）。

(3) 筒体结构的简化计算方法，提出能用于施工图设计的手算方法，以便校验。

(4) 解析、半解析求解器方法的进一步完善和系列化，推出商品化的程序。

(5) 建立多维地震波钢筋混凝土空间复杂体型的杆系-层模型时程分析法及其程序，研究广义坐标下杆系-层模型的新计算理论，建立广义坐标下杆系-层模型时程分析应用程序。

(6) 改进现有多质点集中参数及多串质点并列集中参数层模型，科学地确定各种层参数，使其能够进行弹-塑性时程分析。

(7) 几何非线性及材料非线性结构的计算，其中包括研究结构的稳定理论及计算方法，载荷增量法研究变刚度结构的弹塑性计算。

(8) 对楼板开有大孔洞等复杂情况，如何评价楼板的整体刚度，楼板平面内与平面外刚度对结构的受力影响及其计算。

(9) CAD 系统的进一步完善，智能 CAD 系统的实用化。

(10) 高层建筑结构的专家系统及优化设计方法。

1.5 本课程的主要内容和基本要求

1.5.1 本课程的主要内容

高层建筑结构作为承受竖向与水平荷载的体系和建筑物的骨架，在高层建筑的发展中起着非常重要的作用。高层建筑结构作为一门学科，涵盖多个领域，包括钢结构、混凝土结构、钢-混凝土组合结构等各类高层建筑的性能及设计和施工方面的有关技术问题。

本书主要介绍高层建筑结构的理论计算方法和设计方法，主要内容包括：高层建筑结构的发展概况和今后发展趋势，高层建筑结构体系与布置原则，高层建筑结构荷载及其效应组合，框架结构、剪力墙结构以及框架-剪力墙结构的内力、位移计算和设计，高层建筑动力时称分析等。

本课程的主要任务是学习高层建筑结构理论计算和设计的基本方法。主要要求读者了解高层建筑结构的常用结构体系、特点以及应用范围；熟练掌握风荷载及地震作用计算方法；掌握框架结构、剪力墙结构、框架-剪力墙结构这三种基本结构内力及位移计算方法，理解这三种结构内力分布及侧移变形的特点及规律，学会这三种结构体系中所包含的框架及剪力墙构件的配筋计算方法及构造要求。

目前，由于计算机技术的发展以及各种结构设计软件的出现，绝大部分高层建筑结构设计都是通过设计软件来完成的。然而大量的工程结构设计经验告诉我们，着手结构设计之前，把拟建造结构简化为多质点系层模型以后进行弹塑性地震响应时程分析，得到一些结构动力特性和相关参数更为重要。本书的第 10 章、第 11 章和附录较详细地介绍了多质点系层模型弹塑性地震响应时程分析方法和相关的计算机程序，在鼓励学生积极主动上机操作提高动手能力和创新能力的同时，通过实际体验掌握最基本的高层建筑动力时程分析基础知识，为今后学习和运用结构分析通用程序打下良好的基础。

1.5.2 本课程的基本要求

本课程各部分内容的具体要求如下：

(1) 结构体系及布置。了解水平力对结构内力及变形的影响；了解不同结构体系的特点及适用范围；了解结构总体布置的原则及需要考虑的问题；了解各种结构缝的处理；地基基础选型等。

(2) 荷载作用与结构计算简化原则。熟练掌握总体风荷载和局部风荷载的计算，以及用反应谱方法计算等效地震作用的方法。理解地震作用两阶段设计的内容、方法、目的，以及多遇地震、罕遇地震和设防烈度的关系。掌握结构自振周期计算的实用方法，理解结构计算的平面结构假定。

(3) 荷载效应组合及设计要求。掌握荷载效应组合各种工况的区别应用，理解无地震组合及有地震组合时承载力验算与位移限值的区别。掌握确定结构抗震等级的方法，进一步理解两阶段抗震设计方法。

(4) 框架结构内力与位移计算。熟练掌握反弯点法、D 值法计算内力及位移方法。深入理解这两种方法的区别、应用范围及位移的影响因素、杆件弯曲变形及轴向变形对侧移的影响等。掌握竖向荷载作用下的分层法内力计算。

(5) 框架设计和构造。了解延性框架意义和实现延性框架的基本措施。掌握梁、柱、节点区的破坏形态，会区别抗震及非抗震情况下对配筋的要求。掌握梁、柱、节点区的配筋设计方法。掌握几个重要概念：延性框架、强柱弱梁、强剪弱弯、轴压比及箍筋作用。

(6) 剪力墙、框架-剪力墙结构内力与位移计算。理解开洞对剪力墙内力及位移的影响；理解不同近似方法的适用范围；深入理解连续化方法的基本假定、公式推导、公式图表应用等。熟练掌握用连续化方法计算简图的确定方法及带刚域杆件刚度的计算方法。理解框架与剪力墙协同工作的意义。能正确建立计算简图，掌握总框架、总剪力墙、总连梁刚度计算方法，会用公式计算内力及位移。掌握刚度特征值 λ 的物理意义及其对内力分配的影响，还要掌握框架-剪力墙结构内力分布及侧移特点。

(7) 剪力墙、框架-剪力墙结构设计和构造。了解剪力墙结构配筋特点及构造要求，掌握悬臂剪力墙及连肢剪力墙的截面配筋计算方法，了解影响剪力墙延性的因素。

(8) 质点系层模型弹塑性地震响应时程分析方法。理解利用反弯点法和 D 值法计算层模型刚度矩阵方法。深入理解利用非线性静力分析法计算层模型刚度矩阵方法。掌握质点系层模型弹塑性地震响应时程分析方法。

(9) 掌握高层钢筋混凝土结构的抗震设计原理及方法，能区别抗震设计与非抗震设计的不同要求。

思 考 题

1.1 高层建筑混凝土结构有哪几种主要结构体系？

1.2 高层建筑结构如按功能材料分，有哪几种主要结构类型?

1.3 高层建筑结构有哪些设计特点?

1.4 试述各种结构体系的优缺点及受力与变形特点。

1.5 高层建筑中，结构高度（H）对结构轴力（N）、弯矩（M）和位移（Δ）的影响大体上如何?

1.6 试述国内外高层建筑结构发展的主要特点。

1.7 试述世界高层建筑结构未来发展的趋势。

1.8 试述各高层建筑计算方法要点。

第 2 章　高层建筑结构体系与布置原则

2.1　高层建筑的承重单体与抗侧力结构单元

建筑结构是一个空间的结构整体，它的作用是承受建筑及结构本身的重量以及其他多种多样的荷载和作用。一般来说，建筑的上部结构由水平分体系和竖向分体系组成。水平分体系在能够承受局部竖向荷载作用的同时，尚需承受水平荷载并将荷载传给竖向分体系并保持其界面的结合形状。竖向分体系在传递整个恒荷载的同时，将水平剪力传给基础。竖向分体系必须由水平分体系联系在一起，以便有更好的抗弯和抗压曲能力。水平分体系作为竖向分体系的横向支撑将其连接起来，减少其计算长度并影响其侧向刚度及侧向稳定性。竖向分体系的间距也影响水平分体系的选型及布置。

建筑结构的基本构件有板、梁、柱、墙、筒体和支撑等。基本构件或其组合，如柱、墙、桁架、框架、实腹筒、框筒等是联系杆件和分体系的“桥梁”，是建筑结构的基本受力单元，如柱、墙等，但构件只有作为单独的一个基本的受力单元时才可称其为承重单体或抗侧力单元。例如，由梁柱组成的一榀平面框架，由 4 片墙围成的墙筒或由 4 片密柱深梁型框架围成的框筒，尽管其基本构件依旧是线型或面型构件，但此时它们已转变成具有不同力学特性的平面或空间抗力单元，考虑竖向荷载时它们是基本的承重单体，考虑侧向荷载时它们是基本的抗侧力单元。高层建筑结构体系通常也是按照其承重单体与抗侧力单元的特性来命名的，如基本的承重单体与抗侧力单元为框架、墙的，称其为框架或剪力墙结构；承重单体或抗侧力单元包含框筒的，称其为框筒结构。

竖向承重单体或抗侧力结构单元是竖向或水平分体系的基本组成部分，它们的抗力是高层建筑结构分体系的抗力的基本组成单元。高层建筑结构的竖向荷载比较大，但它作用在结构上引起的结构响应通常都能被较好地抵抗，因此竖向承重单体的问题较好解决。相比之下，风荷载与地震作用等水平力的作用要严重得多，其内力和挠度等都较大，需要用大量构件及材料来抵抗。高层建筑的抗侧力结构显得尤为重要，这就要求结构工程师在设计高层建筑结构时认真选择结构体系并布置好结构的抗侧力单元。

2.2　高层建筑的结构体系

结构体系是指结构受力与传力的结构组成方式。高层建筑结构的结构形式繁多，以材料来分，有配筋砌体结构、钢结构和钢-混凝土混合结构等。其中砌体结构强度较低、抗拉抗剪性能较差，难以抵抗水平作用产生的弯矩和剪力；钢筋混凝土结构强度较高、抗震性能较好，并具有良好的可塑性；钢结构强度较高、自重较轻，具有良好的延展性和抗震性能，并能适应大跨度、大空间的要求；钢-混凝土混合结构一般是钢架和钢筋混凝土筒体的结合体，结合了这两者的优点。

常见高层建筑的结构体系一般分为六大类，即框架结构体系、剪力墙结构体系、框架-剪力墙结构体系、筒体-框架结构体系、筒中筒结构体系、束筒结构体系。

随着层数和高度的增加，水平作用对高层建筑结构安全的控制作用更加明显，包括地震作用和风荷载作用。因此，高层建筑所采用的结构体系决定了高层建筑的承载能力、抗侧刚度、抗震性能、材料用量、造价比等。

2.2.1 框架结构

框架结构是由梁、柱等线型构件通过节点连接在一起构成的结构，其基本的竖向承重单体和抗侧力单元为梁、柱通过节点连接形成的框架。框架结构最理想的施工材料是钢筋混凝土，因为钢筋混凝土节点具有天然的刚性。框架结构体系也可以用于钢结构建筑中，但钢结构的抗弯节点处理费用相对较高。随着结构高度的增加，水平作用使得框架结构底部梁柱构件的弯矩和剪力显著增加，从而导致梁柱截面尺寸和配筋量增加，当到达一定程度时，会给建筑平面布置和空间处理带来困难，影响建筑空间的正常使用，在材料用量和造价方面也会趋于不合理。

如图 2.1 所示为一些框架结构的柱网布置图。钢筋混凝土框架结构按施工方法的不同，可以分为以下四种：

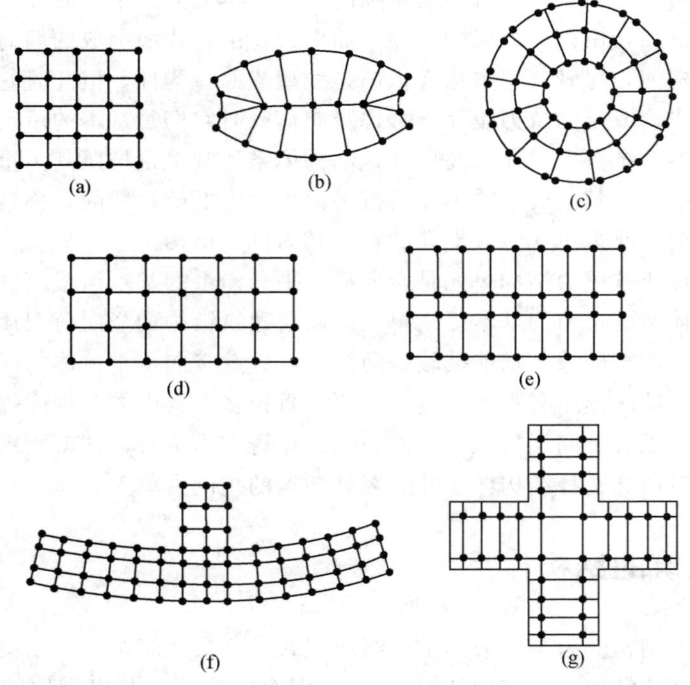

图 2.1 框架结构的柱网布置图

(a) 方形平面；(b) 鱼形平面；(c) 圆形平面；(d) 矩形平面；(e) 内廊式平面；(f) T 形平面；(g) 十字平面

（1）梁、板、柱全部现场浇筑的现浇框架。

（2）楼板预制，梁、柱现场浇筑的现浇框架。

（3）梁、板预制，柱现场浇筑的半装配式框架。

（4）梁、板、柱全部预制的全装配式框架等。

框架结构的抗力来自梁、柱通过节点相互约束的框架作用。单层框架柱底完全固结，单层梁的刚度也大到可以完全限制柱顶的转动，此时在侧向荷载作用下，柱的反弯点在柱的中间，其承受的弯矩为全部外弯矩的一半，另一半由柱子的轴力形成的力偶来抵抗。这种情况下的梁、柱之间的相互作用即为框架作用的理想状态——完全框架作用。一般来说，当梁的线刚度为柱的线刚度的 5 倍以上时，可以近似地认为梁能完全限制柱的转动，此时就比较接近完全框架作用。实际的框架作用往往介于完全框架作用与悬臂排架柱之间，梁、柱等线型构件受建筑功能的限制，截面不能太大，其线刚度比较小，故而抗侧刚度比较小。

在水平荷载的作用下，框架的侧移变形有两部分组成：一部分是梁和柱的弯曲变形使框架结构产生侧移，由于框架层间剪力是其上部水平荷载的合力，所以下大上小，导致下部层间变形大，上部变形小，侧移曲线呈剪切型（见图 2.2）；另一部分是柱的轴向变形产生的侧移，侧移曲线弯曲型，自下而上层间位移增大。第一部分侧移是主要的，因此框架结构的侧移曲线表现为剪切型（见图 2.3）。在完全框架作用情况下，柱子的弯曲尚需抵抗一半外弯矩，在普通的框架中，柱的弯曲需抵抗更多的外弯矩，这对比较柔的线型构件来说是比较难抵抗的。通过合理设计，框架结构本身的抗震性能良好，能承受较大的变形。但由于框架结构的构件截面较小，抗侧刚度较小，在强震作用下结构的整体位移和层间位移都比较大，这对结构构件以及非结构构件都是不利的，容易加重震害。此外，框架结构的节点的内力集中，受力非常复杂，是结构抗震设计的关键部位。

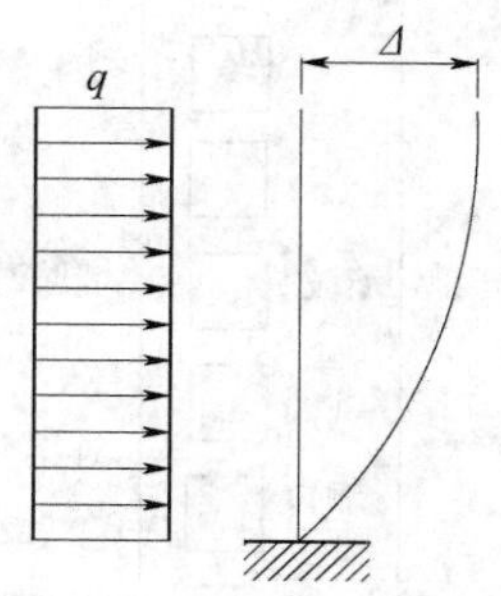

图 2.2　剪切型变形

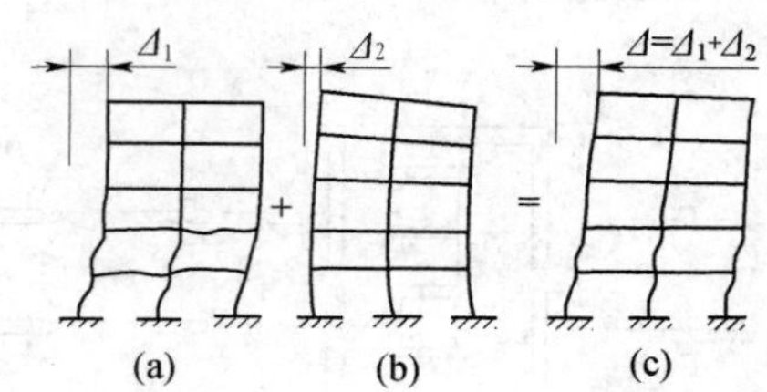

图 2.3　框架结构在侧向力作用下的侧移曲线

框架结构最主要的优点是：较空旷且建筑平面布置灵活，可做成具有较大空间的会议室、餐厅、办公室、实验室等，同时便于门窗的灵活设置，立面也可以处理的富于变化，以满足各种不同用途的建筑的需求。但由于框架结构抗侧移刚度较小，水平侧移较大，使得它的适用高度受到限制，一般高度多在 5～20 层。抗震设计的框架结构不宜采用单跨框架，宜采用轻质填充墙，以减轻自重。

2.2.2　剪力墙结构

由墙体承受全部水平作用和竖向荷载的结构体系称为剪力墙结构体系，在一般情况下剪力墙结构均做成落地形式。剪力墙结构按照施工方法的不同可以分为以下三种：

(1) 剪力墙全部现浇的结构。

(2) 全部用预制墙板装配而成的剪力墙结构。

(3) 部分现浇、部分为预制装配的剪力墙结构。

剪力墙结构是在框架结构的基础上发展而来的。框架结构中柱的抗弯刚度是比较小的，由材料力学的知识可知，构件的抗弯刚度与截面高度的三次方成正比。高层建筑要求结构体系具有较大的侧向刚度，故增大框架柱截面高度以满足高层建筑侧移要求的办法自然就产生了。但是由于它与框架柱的受力性能有很大不同，因而形成了另外一种结构构件。在承受水平作用时，剪力墙相当于一根悬臂深梁，其水平位移由弯曲变形和剪切变形两部分组成。在高层建筑结构中，框架柱的变形以剪切变形为主，而剪力墙的变形以弯曲变形为主，其位移曲线呈弯曲形，特点是结构层间位移随楼层的增高而增加。“剪力墙”这个术语有时并不太确切的原因也在于此。

相比框架结构来说，剪力墙结构的抗侧刚度大，整体性好，如图 2.4 所示。结构顶点水平位移和层间位移通常较小，能满足高层建筑对抵抗较大水平作用的要求，同时剪力墙的截面面积大，竖向承载力要求也比较容易满足。在进行剪力墙的平面布置时，一般应考虑能使其承担足够大的自重荷载以抵抗水平荷载作用下的弯曲拉应力，但是轴向荷载又不能太大，以致轴压比太大而大幅度降低本来就不高的剪力墙的延性。剪力墙可以在平面内布置，但为了能更好地满足设计意图、提高抗弯刚度和构件延性，经常设计成 L 形、T 形、I 形或 ⊏ 形等截面形式。

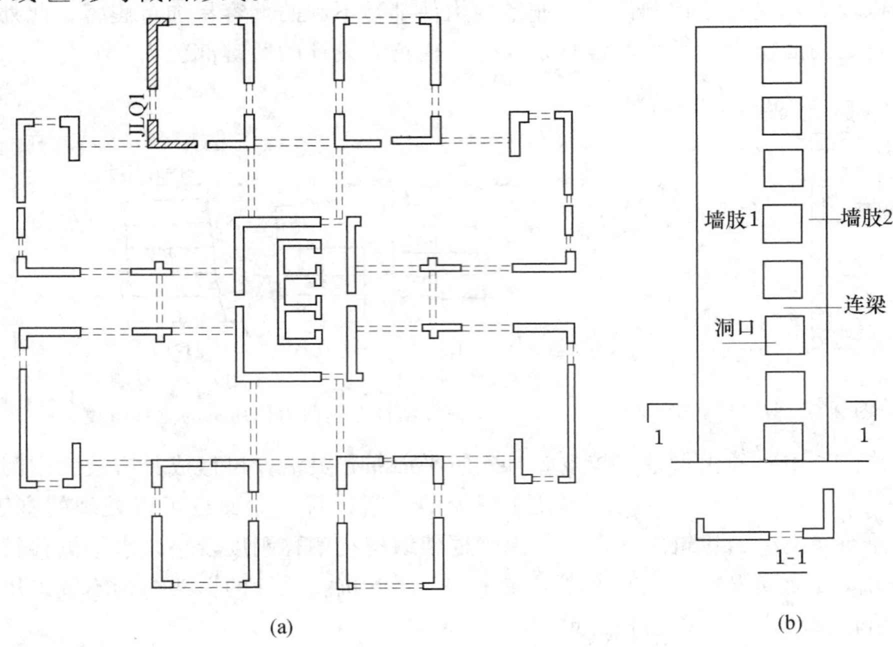

图 2.4 剪力墙结构平面及立面示意图

(a) 剪力墙结构平面；(b) 剪力墙结构立面

历次地震表明，经过恰当设计的剪力墙结构具有良好的抗震性能。采用剪力墙结构体系的高层建筑，房间内没有梁柱棱角，比较美观且便于室内布置和使用。但剪力墙是比较宽大的平面构件，使建筑平面布置、交通组织和使用要求等受到一定的限制。同时剪力墙的间距受到楼板构件跨度的限制，不容易形成大空间，因而比较适用于具有较小房间的公寓住宅、旅馆等建筑。

2.2.3　框架-剪力墙结构

框架-剪力墙结构体系是把框架和剪力墙两种结构共同组合在一起形成的结构体系，竖向荷载由框架和剪力墙等竖向承重单体共同承担，水平荷载则主要由剪力墙这一具有较大刚度的抗侧力单元来承担。这种结构体系综合了框架和剪力墙结构的优点并在一定程度上规避了两者的缺点，达到了扬长避短的目的，使得建筑功能要求和结构设计协调得比较好。它既具有框架结构平面布置灵活、使用方便的特点，又具有较大的刚度和较好的抗震能力，因而在高层建筑中应用非常广泛，如图 2.5 所示为框架-剪力墙结构，它与框架结构、剪力墙结构是目前最常用的三大常规结构。

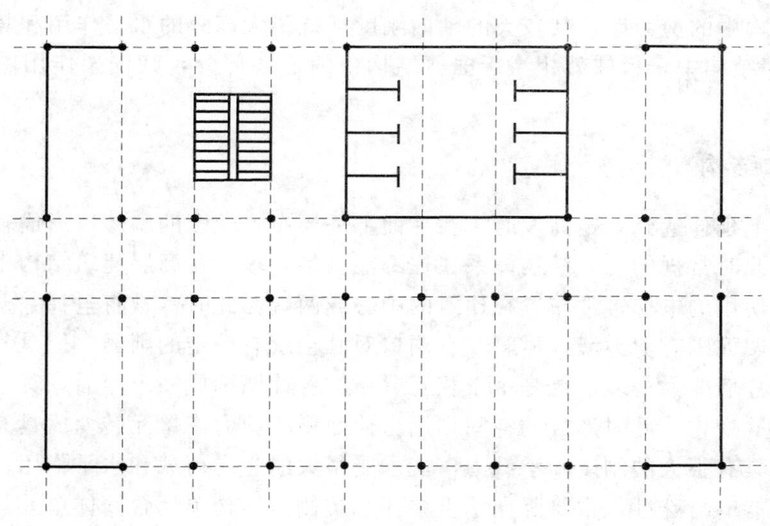

图 2.5　框架-剪力墙结构

剪力墙作为竖向悬臂构件，其变形曲线以弯曲型为主，越向上，侧移增加越快。而框架则类似于竖向悬臂剪切梁，其变形曲线为剪切型，越向上，侧移增加越慢。在同一层中，由于刚性楼板的作用，两者的变形协调一致。在框架-剪力墙结构中，剪力墙较大的侧向刚度使得它分担了大部分的水平剪力，这对减小梁柱的截面尺寸，改善框架的受力状况和内力分布非常有利。框架所承受的水平剪力较小且沿高度分布均匀，因此柱子的断面尺寸和配筋都比较均匀。越接近底部剪力墙所承受的剪力也就越大，这有利于控制框架的变形；而在结构上部，框架的水平位移有比剪力墙的位移小的趋势，剪力墙还承受框架约束的负剪力。框架-剪力墙结构很好地综合了框架的剪切变形和剪力墙的弯曲变形受力性能，它们的协同工作使各层层间变形趋于均匀，改善了纯框架或纯剪力墙结构中上部和下部楼层层间变形相差较大的缺点，其变形特征如图 2.6 所示。

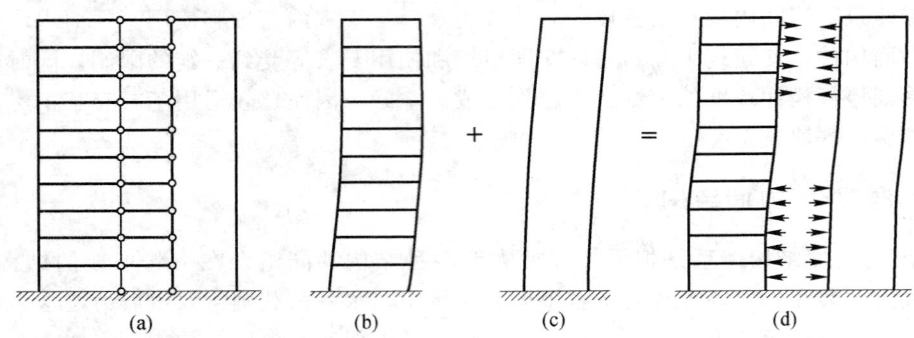

图 2.6 框架-剪力墙结构在侧向力作用下协同工作时的变形特征
(a) 计算简图；(b) 框架的变形；(c) 剪力墙的变形；(d) 框架剪力墙的变形

在实际应用中还有另外一些与框架-剪力墙的受力和变形性能相似的结构体系，如框架-支撑结构和板柱-剪力墙结构等。在框架-支撑结构中，支撑是轴向受力的杆件，作用类似于框剪结构中的剪力墙，其较大的轴向刚度抵抗了大部分的水平作用和竖向荷载；而在板柱-剪力墙结构中，板柱就相当于框剪结构中的框架部分，其框架作用由板、柱和板柱节点形成。

2.2.4 筒体结构

当建筑向上延伸达到一定高度时，在平面上需要布置较多的墙体以形成较大刚度来抵抗水平作用，此时常规的三大结构体系往往不能满足要求。在高层建筑结构中，作为主要竖向交通联系使用的电梯常常布置在建筑的中心或两端，此时常常将电梯井壁集中布置为墙体。电梯井四面围有剪力墙，尽管开有洞口对其刚度有一定的削弱，但是其整体刚度比同样的独立几片墙要大得多，这是由于相互联系的各片墙围成一个筒后，其整体受力与变形性能有很大的变化，此时形成的空间作用已使面型的剪力墙单元转变成具有空间作用的筒体单元，它具有很大的刚度和承载力，能承受很大的竖向荷载和水平作用。由于筒体结构单元受力性能的特殊性，常将竖向承重单体和抗侧力结构单元含筒体单元的结构体系称为筒体结构。

筒体结构的基本特征是主要由一个或多个空间受力的竖向筒体承受水平力。筒体可以由剪力墙组成，也可以由密柱深梁构成。筒体是空间整截面工作的，如同一个竖在地面上的箱形悬臂梁。框筒在水平力作用下，不仅平行于水平力作用方向的框架（腹板框架）起作用，而且垂直于水平力方向上的框架（翼缘框架）也共同受力。薄壁筒在水平力的作用下更接近于薄壁杆件，产生整体弯曲和扭转。

筒体结构类型很多，根据筒体的布置、组成和数量等可再分为筒体-框架、筒中筒、束筒三种结构。

1. 筒体-框架结构

筒体-框架结构，中心为抗剪薄壁筒，外围为普通框架所组成的结构（见图 2.7），一般在中央布置剪力墙薄壁筒。南京玄武饭店即采用这种结构。而框架-筒体结构与之正好相反，外围为密柱框筒，内部为筒体，两者通过楼板或者连梁相连。整体建筑主要由几大框筒承担重量，单元内的墙体不起承重作用，墙体可以随意改变，甚至整层都可以随意间隔，具有较高的抗侧移刚度，被广泛应用于高层建筑中。目前，我国已经投入使用的框筒结构建筑物有上海的金茂大厦（地面以上 88 层，高 420.5m）、深圳的信兴广场大厦（81 层，高 383.95m）、深圳的赛格广场（72 层，高 355.8m）、广州中信广场大厦（80 层，391m，见图 2.8）。

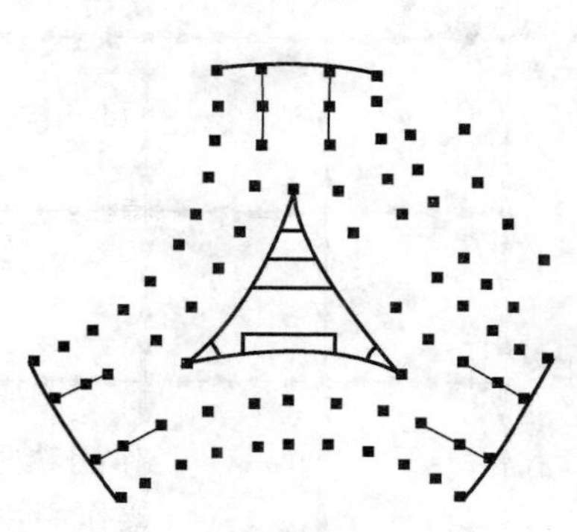

图 2.7　筒体-框架结构

图 2.8　广州中信广场大厦

2. 筒中筒结构

筒中筒结构由心腹筒、框筒及桁架筒组合，一般心腹筒在内，框筒或桁架筒在外，由内外筒共同抵抗水平力作用。由剪力墙围成的筒体称为实腹筒，在实腹筒墙体上开有规则排列的窗洞形成的开孔筒体称为框筒，筒体四壁由竖杆和斜杆形成的桁架组成称为桁架筒。深圳国际贸易中心（52 层，高 160m）即采用筒中筒结构，如图 2.9（a）所示；北京的中央彩色电视中心（24 层，高 107m）也采用了这种结构，如图 2.9（b）所示。图 2.10 所示为上海某八角形筒中筒结构，48 层，高 161.40m，8 个角部设置了由剪力墙围成的刚度较大的角柱或角筒，具有非常好的抗震和抗风性能。

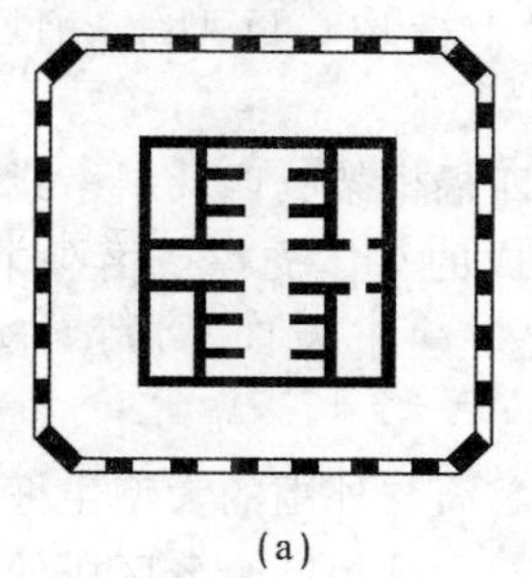

(a)

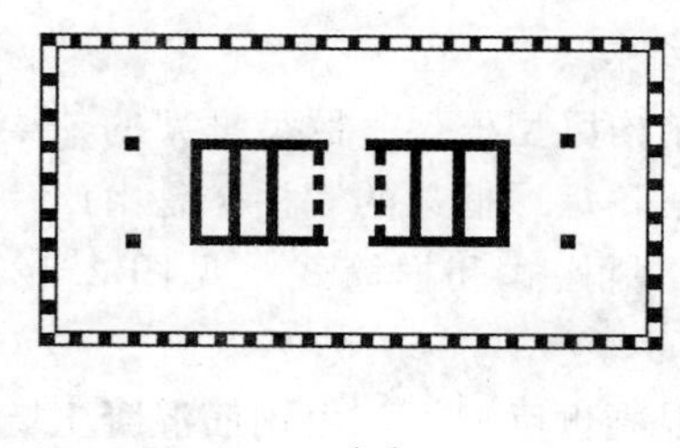

(b)

图 2.9　筒中筒结构

3. 束筒结构

束筒结构是由两个或两个以上的框筒（或其他筒体）排列在一起成束状，建筑平面较大时，为减小外墙在侧向力作用下的变形，将建筑平面按模数网格布置，使外部框架式筒体和内部纵横剪力墙（或密排的柱）成为组合筒体群。这样大大增强了建筑物的刚度和抗侧向力的能力。束筒结构中的每一个框筒可以是方形、矩形或者三角形，多个框筒可以组成不同的平面形状，其中任何一个筒可以根据需要在任何高度中止。因此，束筒结构可组成任何建筑外形，并能适应不同高度的体型组合需要，丰富了建筑的外观（见图 2.11）。美国芝加哥 110 层的西尔斯大厦就是采用了束筒结构。

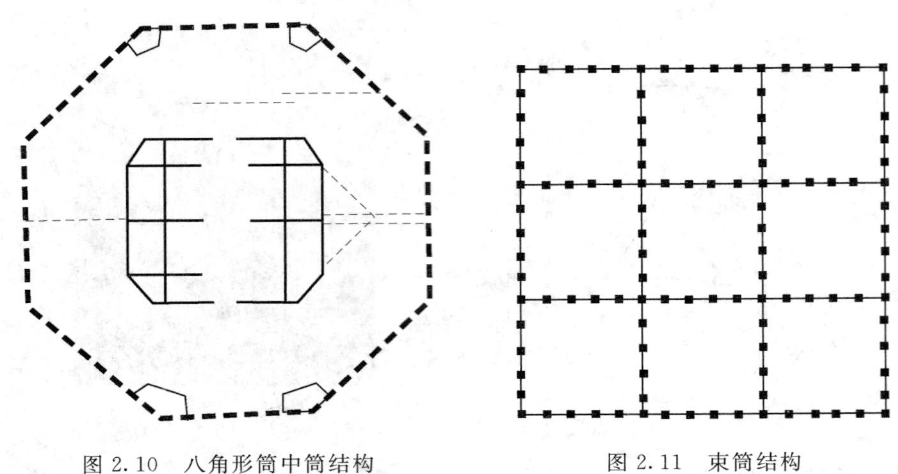

图 2.10 八角形筒中筒结构

图 2.11 束筒结构

2.2.5 巨型结构

巨型结构由两级结构组成，若干个巨大的竖向支撑结构（组合体、角筒体、边筒体等）与梁式或桁架式转换层结合，形成第一级结构，承受主要的水平和竖向荷载。普通的楼层梁柱为第二级结构，主要将楼面重量以及承受的水平力传递到第一级结构上去。这种由多级结构组成的结构体系就是巨型结构体系。巨型结构按主要受力体系形式可分为巨型桁架结构、巨型框架结构、巨型悬挂结构和巨型分离式结构；按材料可分为巨型钢筋混凝土结构、巨型钢骨混凝土结构、巨型钢-钢筋混凝土混合结构及巨型钢结构。

（1）纯钢结构巨型框架。巨型框架的“梁”是由四榀桁架、四片斜格式多重腹杆桁架围成的立体桁架，矩形框架的“柱”是由四片支撑围成的立体支撑或由一个小框筒构成。一般有桁架式、斜格式和框筒式（见图 2.12）。其代表建筑为日本神户 TC 大厦，如图 2.13 所示。

（2）钢筋混凝土巨型框，由钢筋混凝土墙围城的芯筒与外围的大型主框架和小型次框架组成。大型的主框架各层巨梁之间设置小型的次框架，承担各个分区段的若干楼层的竖向荷载。其代表建筑为厦门国际金融大厦，如图 2.14 所示。

（3）钢-混凝土组合结构巨型框架，其柱采用钢筋混凝土筒体，梁采用钢桁架。它综合利用了钢结构和混凝土结构各自的优点，具有较好的刚性和延性，且有较高承载能力。其代表建筑为新加坡华侨银行，如图 2.15 所示。

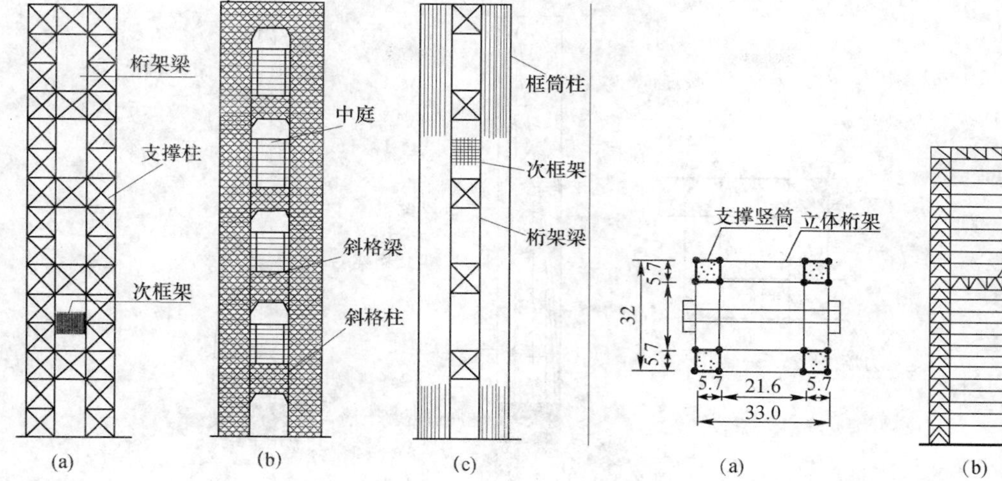

图 2.12　纯钢结构巨型框架结构的三个基本形式

（a）桁架式；（b）斜格式；（c）框筒式

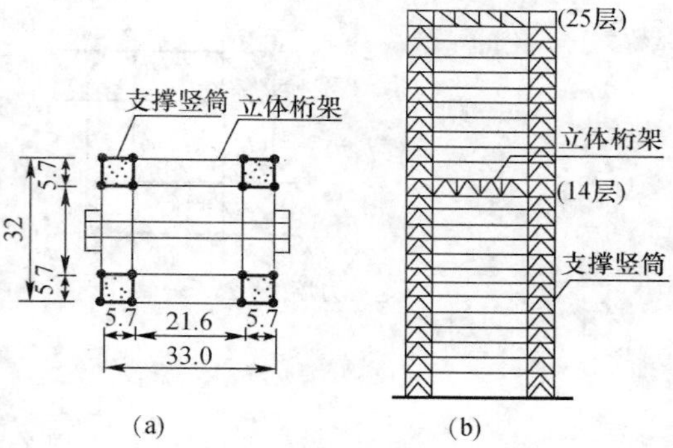

图 2.13　日本神户 TC 大厦结构示意图

（a）结构平面；（b）结构剖面

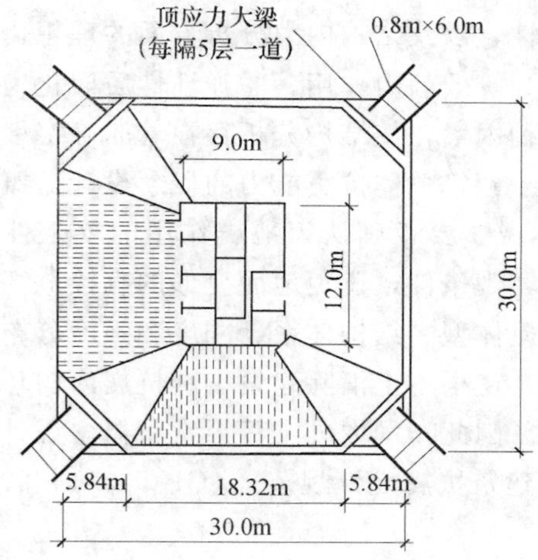

图 2.14　厦门国际金融大厦结构示意图

图 2.15　新加坡华侨银行

巨型结构的特点：从平面整体上看，巨型结构的材料使用正好满足了尽量开展的原则，可以充分发挥材料性能。从结构角度看，巨型结构是一种超常规的具有巨大抗侧刚度及整体工作性能的大型结构，是一种非常合理的超高层结构形式。从建筑角度看，巨型结构可以满足许多具有特殊形态和使用功能的建筑平立面要求，使建筑师们的许多天才想象得以实施。

如图 2.16 所示的巨型结构为上海环球金融中心结构图，结构体系由巨型柱、巨型斜撑和带状桁架的巨型框架构成，与核心筒、伸臂桁架共同对抗由风、地震荷载引起的倾覆弯矩。

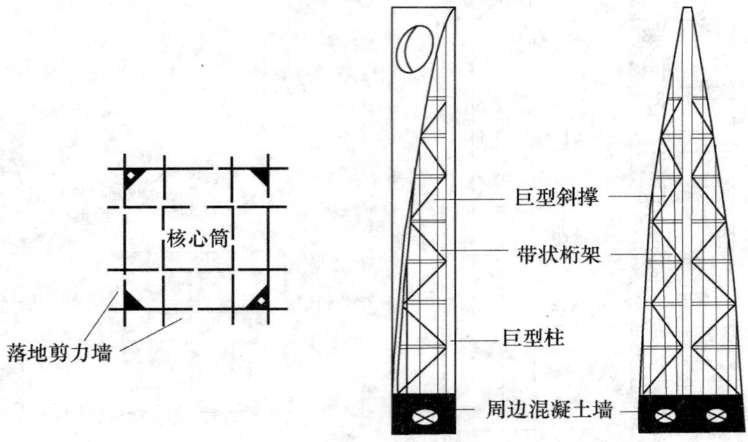

图 2.16 巨型结构

2.3 高层建筑结构布置原则

由于地震作用的随机性、复杂性和不确定性，以及结构内力分析方面的理想化，将结构的空间作用简化为平面结构，动力作用简化为等效静力作用，非弹性性质简化为弹性性质，而且未能充分考虑材料时效阻尼变化等各种因素，使结构分析存在着非确定性。要使结构抗震设计更好地符合客观实际，必须着眼于建筑总体抗震能力的概念设计。概念设计涉及的范围很广，要考虑的方面很多。具体地说，要正确认识地震作用的复杂性、间接性、随机性和耦联性，尽量创造减少地震动的客观条件，避免地面变形的直接危害和减少地震能量输入。在结构总体布置上，首先在房屋体型、结构体系、刚度和强度分布、构件延性等主要方面创造结构整体的良好抗震条件，从根本上消除建筑中的抗震薄弱环节。然后，再辅以必要的计算、内力调整和构造措施。因此，国内外工程界常将概念设计作为设计的主导，认为它比数值计算更为重要。在《建筑抗震设计规范》（GB 50011—2010）中所涉及的若干基本概念概述如下：

（1）预防为主、全面规划。

（2）选择抗震有利场地，避开抗震不利地段。

（3）规划建筑。

（4）多道抗震防线。

（5）防止薄弱层塑性变形集中。

（6）强度、刚度和变形能力的统一。

（7）确保结构的整体性。

（8）非结构构件的抗震措施。

2.3.1 最大适用高度

《高规》（JGJ 3—2010）划分了 A 级高度的高层建筑和 B 级高度的高层建筑。A 级高度的高层建筑是指常规的、一般的建筑。B级高度的高层建筑是指较高的，因而设计有更严格要求的建筑。《高规》(JGJ 3—2010) 没有采用定义不清晰的“超高层建筑”一词。

(1) A级高度钢筋混凝土高层建筑指符合表2.1高度的限值的建筑，也是目前数量最多、应用最广泛的建筑。当框架-剪力墙、剪力墙及筒体结构超出表2.1的高度时，列入B级高度高层建筑。B级高度高层建筑的最大适用高度不宜超过表2.2的规定，并应遵守《高规》(JGJ 3—2010) 规定的更严格的计算和构造措施，同时需经过专家的审查复核。

表2.1　A级高度钢筋混凝土高层建筑的最大适用高度

单位：m

结构体系		非抗震设计	抗震设防烈度				
			6度	7度	8度		9度
					0.20g	0.30g	
框架		70	60	50	40	35	—
框架-剪力墙		150	130	120	100	80	50
剪力墙	全部落地剪力墙	150	140	120	100	80	60
	部分框支剪力墙	130	120	100	80	50	不应采用
筒体	框架-核心筒	160	150	130	100	90	70
	筒中筒	200	180	150	120	100	80
板柱-剪力墙		110	80	70	55	40	不应采用

注　1. 表中框架不含异形柱框架。
2. 部分框支剪力墙结构指地面以上有部分框支剪力墙的剪力墙结构。
3. 甲类建筑，6度、7度、8度时宜按本地区抗震设防烈度，提高1度后符合本表的要求，9度时应专门研究。
4. 框架结构、板柱-剪力墙结构以及9度抗震设防的表列其他结构，当房屋高度超过本表数值时，结构设计应有可靠依据，并采取有效的加强措施。

表2.2　B级高度钢筋混凝土高层建筑的最大适用高度

单位：m

结构体系		非抗震设计	抗震设防烈度			
			6度	7度	8度	
					0.20g	0.30g
框架-剪力墙		170	160	140	120	100
剪力墙	全部落地剪力墙	180	170	150	130	110
	部分框支剪力墙	150	140	120	100	80
筒体	框架-核心筒	220	210	180	140	120
	筒中筒	300	280	230	170	150

注　1. 部分框支剪力墙结构指地面以上有部分框支剪力墙的剪力墙结构。
2. 甲类建筑，6度、7度时宜按本地区设防烈度，提高1度后符合本表的要求，8度时应专门研究。
3. 当房屋高度超过本表数值时，结构设计应有可靠依据，并采取有效的加强措施。

对于房屋高度超过A级高度高层建筑最大适用高度的框架结构、板柱-剪力墙结构以及9度抗震设计的各类结构，因研究成果和工程经验不足，在B级高度高层建筑中未予列入。

(2) 具有较多短肢剪力墙的剪力墙结构的抗震性能有待进一步研究和工程实践检验，《高规》(JGJ 3—2010) 第7.1.8条规定抗震设计时，高层建筑结构不应全部采用短肢剪力墙；B级高度高层建筑及抗震设防烈度为9度的A级高度高层建筑，不宜布置短肢剪力墙，不应采用具有较多短肢剪力墙的剪力墙结构。当采用具有较多短肢剪力墙的剪力墙结构时，房屋适用高度应比规定的剪力墙结构的最大适用高度适当降低，7度、8度（0.20g）和（0.30g）时应分别不大于100m、80m和60m。

（3）高度超出表2.2的特殊工程，应通过专门的审查、论证，补充多方面的计算分析，必要时需进行相应的结构试验研究，采取专门的加强构造措施，才能予以实施。

（4）框架-核心筒结构中，除周边框架外，内部带有部分仅承受竖向荷载的板柱结构时，不属于本条所说的板柱-剪力墙结构。

（5）在《高规》（JGJ 3—2010）最大适用高度表中，框架-剪力墙结构的高度均低于框架核心筒结构的高度。其主要原因是，《高规》（JGJ 3—2010）中规定的框架-核心筒结构的核心筒相对于框架-剪力墙结构的剪力墙较强，核心筒成为主要抗侧力构件。

2.3.2 高宽比限值

在多、高层建筑结构中，控制位移常常成为结构设计的主要矛盾，而且随着高度增加，倾覆力矩将迅速增大。因此，建造宽度很小的建筑物是不适宜的，一般应将结构高宽比H/B控制在5～8以下。高层建筑的高宽比，是对结构刚度、整体稳定、承载能力和经济合理性的宏观控制。由于高层建筑的逐渐增加，技术水平也在不断完善，《高规》（JGJ 3—2010）中不再分设A、B级高度高层建筑的高宽比限制，并将高宽比适当的放宽至8（见表2.3），从目前大多数常规高度高层建筑来看，这一限值是各方面都可以接受的，也是比较经济合理的。而国内高层建筑中，高宽比超过这一限制的是极个别的，例如深圳信兴广场大厦（81层，高383.95m）为8.8。

表2.3　钢筋混凝土高层建筑结构适用的最大高宽比

结构体系	非抗震设计	抗震设防烈度		
		6度、7度	8度	9度
框架	5	4	3	—
板柱-剪力墙	6	5	4	—
框架-剪力墙、剪力墙	7	6	5	4
框架-核心筒	8	7	6	4
筒中筒	8	8	7	5

在复杂体型的高层建筑中，如何计算高宽比是比较难以确定的问题。一般场合中，可按所考虑方向的最小投影宽度计算高宽比，但对突出建筑物平面很小的局部结构（如楼梯间、电梯间等），一般不应包含在计算高度内。对于不宜采用最小投影宽度计算高宽比的情况，应由设计人员根据实际情况确定合理的计算方法。对带有裙房的高层建筑，当裙房的面积和刚度相对于其上部塔楼的面积和刚度相对较大时，计算高宽比的房屋高度和宽度可按裙房以上部分考虑。

2.3.3 结构的抗震等级

抗震设计的钢筋混凝土高层建筑结构，根据设防烈度、结构类型和房屋高度区分为不同的抗震等级，采用相应的计算和构造措施。抗震等级的高低，体现了对结构抗震性能要求的严格程度。抗震等级是根据国内外高层建筑震害情况、有关科研成果和工程设计经验而划分的。特殊要求时则提升至特一级，其计算和构造措施比一级更严格。

在结构受力性质与变形方面，框架-核心筒结构与框架-剪力墙结构基本上是一致的，尽管框架-核心筒结构由于剪力墙组成筒体而大大提高了抗侧力能力，但周边稀柱框架较弱，设计上的处理与框架-剪力墙结构仍是基本相同的。对其抗震等级的要求不应降低，个别情况要求更严。框架-剪力墙结构中，由于剪力墙部分刚度远大于框架部分的刚度，因此对框架部分的抗震能力要求可以比纯框架结构适当降低。当剪力墙部分的刚度相对较少时，则框架部分的设计仍应按普通框架考虑，不应降低要求。

基于上述考虑，A 级高度的高层建筑结构，应按表 2.4 的规定确定其抗震等级。甲类建筑 9 度设防时，应采取比 9 度设防更有效的措施。乙类建筑 9 度设防时，抗震等级提升至特一级。B 级高度的高层建筑，其抗震等级有更严格的要求，应按表 2.5 的规定采用。

表 2.4　　A 级高度的高层建筑结构抗震等级

<table>
<tr><th colspan="3" rowspan="2">结构类型</th><th colspan="7">抗震设防烈度</th></tr>
<tr><th colspan="2">6 度</th><th colspan="2">7 度</th><th colspan="2">8 度</th><th>9 度</th></tr>
<tr><td colspan="3">框架</td><td colspan="2">三</td><td colspan="2">二</td><td colspan="2">一</td><td>一</td></tr>
<tr><td rowspan="3">框架-剪力墙</td><td colspan="2">高度/m</td><td>≤60</td><td>>60</td><td>≤60</td><td>>60</td><td>≤60</td><td>>60</td><td>≤50</td></tr>
<tr><td colspan="2">框架</td><td>四</td><td>三</td><td>三</td><td>二</td><td>二</td><td>一</td><td>一</td></tr>
<tr><td colspan="2">剪力墙</td><td colspan="2">三</td><td colspan="2">二</td><td colspan="2">一</td><td>一</td></tr>
<tr><td rowspan="2">剪力墙</td><td colspan="2">高度/m</td><td>≤80</td><td>>80</td><td>≤80</td><td>>80</td><td>≤80</td><td>>80</td><td>≤60</td></tr>
<tr><td colspan="2">剪力墙</td><td>四</td><td>三</td><td>三</td><td>二</td><td>二</td><td>一</td><td>一</td></tr>
<tr><td rowspan="3">框支剪力墙</td><td colspan="2">非底部加强部位剪力墙</td><td>四</td><td>三</td><td>三</td><td>二</td><td>二</td><td rowspan="3"></td><td rowspan="3"></td></tr>
<tr><td colspan="2">底部加强部位剪力墙</td><td>三</td><td>二</td><td>二</td><td>一</td><td>一</td></tr>
<tr><td colspan="2">框支框架</td><td colspan="2">二</td><td>二</td><td>一</td><td>一</td></tr>
<tr><td rowspan="4">筒体</td><td rowspan="2">框架-核心筒</td><td>框架</td><td colspan="2">三</td><td colspan="2">二</td><td colspan="2">一</td><td>一</td></tr>
<tr><td>核心筒</td><td colspan="2">二</td><td colspan="2">二</td><td colspan="2">一</td><td>一</td></tr>
<tr><td rowspan="2">筒中筒</td><td>内筒</td><td colspan="2" rowspan="2">三</td><td colspan="2" rowspan="2">二</td><td colspan="2" rowspan="2">一</td><td rowspan="2">一</td></tr>
<tr><td>外筒</td></tr>
<tr><td rowspan="3">板柱-剪力墙</td><td colspan="2">高度/m</td><td>≤35</td><td>>35</td><td>≤35</td><td>>35</td><td>≤35</td><td>>35</td><td rowspan="3"></td></tr>
<tr><td colspan="2">框架、板柱及柱上板带</td><td>三</td><td>二</td><td>二</td><td>二</td><td>一</td><td>一</td></tr>
<tr><td colspan="2">剪力墙</td><td>二</td><td>二</td><td>二</td><td>一</td><td>二</td><td>一</td></tr>
</table>

注　1. 接近或等于高度分界时，应结合房屋不规则程度及场地、地基条件适当确定抗震等级。
2. 底部带转换层的筒体结构，其转换框架的抗震等级应按表中框支剪力墙结构的规定采用。
3. 当框架-核心筒高度不超过 60m 时，其抗震等级应允许框架-剪力墙结构采用。

表 2.5 B级高度的高层建筑结构抗震等级

结构类型		抗震设防烈度		
		6度	7度	8度
框架-剪力墙	框架	二	一	一
	剪力墙	二	一	特一
剪力墙	剪力墙	二	一	一
框支剪力墙	非底部加强部位剪力墙	二	一	一
	底部加强部位剪力墙	一	一	特一
	框支框架	一	特一	特一
框架-核心筒	框架	二	一	一
	筒体	二	一	特一
筒中筒	外筒	二	一	特一
	内筒	二	一	特一

注 底部带转换层的筒体结构，其转换框架和底部加强部位筒体的抗震等级应按表中框支剪力墙结构的规定采用。

各抗震设防类别的高层建筑结构，其抗震措施应符合下列要求：

(1) 甲类、乙类建筑：应按本地区抗震设防烈度提高1度的要求加强其抗震措施，但抗震设防烈度为9度时应按比9度更高的要求采取抗震措施。当建筑场地为Ⅰ类时，应允许仍按本地区抗震设防烈度的要求采取抗震构造措施。

(2) 丙类建筑：应符合本地区抗震设防烈度的要求。当建筑场地为Ⅰ类时，除6度外，应允许按本地区抗震设防烈度降低1度的要求采取抗震构造措施。

(3) 建筑场地为Ⅲ、Ⅳ类时，对设计基本地震加速度为0.15g和0.30g的地区，宜分别按抗震设防烈度8度（0.20g）和9度（0.40g）时各类建筑的要求采取抗震构造措施。

(4) 当地下室顶层作为上部结构的嵌固端时，地下一层相关范围的抗震等级应按上部结构采用，地下一层以下抗震构造措施的抗震等级可逐层降低一级，但不应低于四级。地下室柱截面每侧的纵向钢筋面积除应符合计算要求外，不应少于地上一层对应柱每侧纵向钢筋面积的1.1倍。地下室中超出上部主楼范围且无上部结构的部分，其抗震等级可根据具体情况采用三级或四级。9度抗震设计时，地下室结构的抗震等级不应低于二级。

(5) 与主楼连为整体的裙楼的抗震等级不应低于主楼的抗震等级，除应按裙房本身确定外，相关范围不应低于主楼的抗震等级。主楼结构在裙房顶板上、下各一层应适当加强抗震构造措施。裙房与主楼分离时，应按裙房本身确定抗震等级。

(6) 甲、乙类建筑按第一条规定提高1度确定抗震措施时，或Ⅲ、Ⅳ类场地且设计基本地震加速度为0.15g和0.30g的丙类建筑按第二条提高1度确定抗震构造措施时，如果房屋高度超过提高1度后对应的房屋最大使用高度，则应采取比对应抗震等级更有效的抗震构造措施。

2.3.4 结构平面布置

高层建筑按外形的不同可以分为塔式和板式两大类。塔式建筑其平面长宽比L/B较小，是高层建筑的主要外形，如圆形、方形、正多边形、L/B 不大的长边形以及 Y 形、井字形等。塔式建筑比较容易实现结构在两个平面方向的动力特性相近。另一类是实际应用相对较少的板式高层建筑，其平面 L/B 相对较大，为了避免短边方向结构的抗侧刚度较小的问题，相应的抗侧力结构单元布置较多，有时也结合建筑平面将其做成折线或曲线形。高层结构平面布置应考虑下列问题：

(1) 高层建筑的开间、进深尺寸及构件类型规格应尽量少，以利于建筑工业化。

(2) 高层建筑结构高度越大，风荷载越来越成为主要荷载，平面宜选用风压较小的形状。对抗风有利的平面形状是如圆形、正多边形、椭圆、鼓形的凹凸面。对抗风不利的是凹凸较多的复杂平面，如 V 形、Y 形、H 形、弧形等平面。沿海地区的高层、超高层及对风荷载不利的平面形状要谨慎，同时应考虑邻近高层房屋对该房屋风压分布的影响，如表面有竖向线条的高层房屋可增加 5%风压，群体高层可增加高达 50%的风压。

(3) 有抗震设防要求的高层结构，平面布置应力求简单、规整、均匀、对称，长宽比不大并尽量减小偏心扭转的影响。大量宏观震害表明，布置不对称、刚度不均匀的结构会产生难以计算和难以处理的地震力（如应力集中、扭曲等），并引起严重后果。在抗震结构中，结构体型、布置、构造措施的好坏有时比计算精确与否更能直接影响结构的安全。建筑物平面尺寸过长，如板式建筑，在短边方向不仅侧向变形加大，而且会产生两端不同步的地震运动。较长的楼板在平面内既有扭转又有挠曲，与理论计算结果误差较大，因此平面长度 L 不应过大，突出部分也尽量小以接近塔式结构（对抗震有利的平面形式）。结构的承载力、刚度及质量分布均匀、对称，质量中心与刚度中心尽可能重合，并尽量增大结构的抗扭刚度。结构具有良好的整体性是高层建筑结构平面布置的关键。

(4) 结构单元两端和拐角处受力较大且为温度效应敏感处，在此处设置的楼、电梯间会削弱其刚度，故应尽量避免在端部与拐角处设置楼、电梯间，如必须设置应采用加强措施。

(5) 楼面削弱过大对高层结构十分不利，如楼板凹入较大、楼板有较大开洞等。楼电梯间因各楼层间无楼板支撑，相当于楼板开大洞。井字平面形状的建筑，外伸长度较大，楼电梯间又使楼板受到较大削弱，对抗震极为不利。开大洞时，洞口尺寸宜小于或等于 1/2 楼面宽度；开洞总面积宜小于或等于 30%楼板面积；扣除凹入或洞口后的最小宽度宜大于或等于 5m，且开洞后每边楼板净宽度宜大于或等于 2m。当楼板有较大削弱时，应采取以下加强措施：加厚洞口附近楼板，提高配筋率，采用双层双向配筋；洞口边缘设置边梁、暗梁；洞口角部配斜向钢筋；外伸段凹槽处设连接梁或连接板。

(6) 筒体结构采用正多边形、圆形、矩形和等边三角形时，对称轴尽可能多设，采用矩形平面时，$L/B \leqslant 2$。

2.3.5 结构的竖向布置

高层结构竖向除应满足高宽比限值外，还要考虑下面几个问题：

(1) 为保证建筑物在水平荷载作用下不倾覆，保证建筑物的整体稳定性，高层结构的 H/B 不宜过大。

(2) 结构的承载力和刚度自下而上宜逐渐减小，变化宜均匀、连续，避免突变。承载力和刚度突变的楼层，可能因为层间变形过大而形成软弱层或因形成塑性铰层而成为薄弱层，使地震力集中，层间位移过大，从而导致突变处发生严重破坏甚至倒塌。

A级高度高层建筑受剪承载力宜大于或等于上一层受剪承载力的80%，应大于或等于上一层受剪承载力的65%，而B级应大于或等于上一层受剪承载力的75%。建筑物刚度突变造成地震时因局部动力反应特大而发生破坏。设计时沿竖向因荷载减小而改变截面尺寸和混凝土强度等级，这种改变使结构的刚度发生变化应自下而上递减。从施工角度来说，改变的次数越少越好，从受荷角度来说，改变次数太少容易使刚度发生突变，所以竖向的变化一般综合考虑不超过4次为好，每次改变，梁、柱尺寸一般减少100～150mm，墙厚减少50mm，混凝土减少一个强度等级。尺寸减小与强度降低最好错开楼层，避免同层、同时改变。

(3) 竖向刚度的改变还可能有以下两个原因：

1) 抗侧力结构（框架、剪力墙、筒体等）突然改变布置。为保证结构竖向的规则性，竖向抗侧力构件宜上下连续贯通，若不能连续贯通，应按部分框肢剪力墙结构体系、框肢核心筒结构体系及复杂体系的特殊要求进行处理（见图2.17）。

2) 结构竖向体型突变：结构的竖向布置应尽量避免过大外挑造成“头重脚轻”，此时扭转效应明显加强，竖向地震震害明显加强，减小结构的扭转效应可限制结构在考虑偶然偏心影响下的扭转位移比和限制结构的扭转周期比。内收不宜过多、过急，收进尺寸应限制，局部立面收进尺寸小于或等于该方向尺寸的25%；楼层刚度大于或等于相邻上层刚度的70%或相邻上三层平均刚度的80%，且连续三层总刚度的降低不超过50%，力求竖向刚度和承载力的均匀渐变，避免产生应力集中。

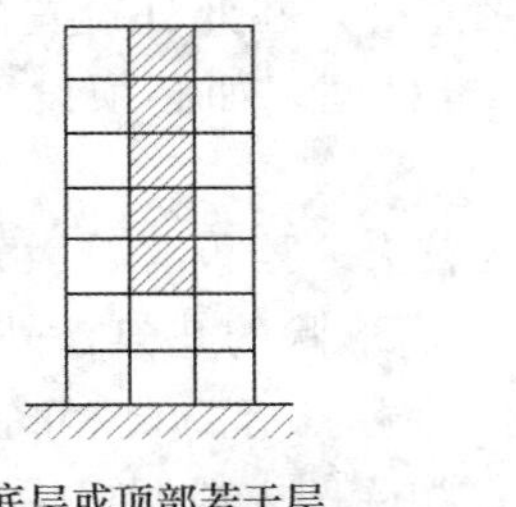

底层或顶部若干层
取消部分剪力墙或柱子

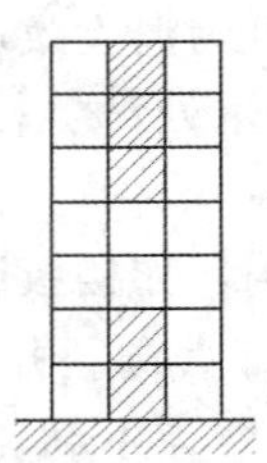

中间部分楼层因
功能取消部分剪力墙

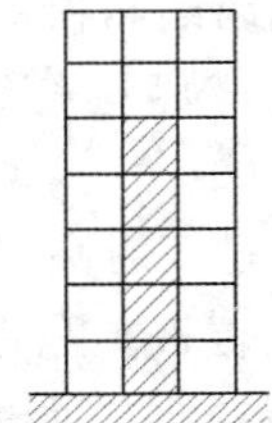

顶层设置大房间
取消部分剪力墙或内柱

图2.17 抗侧力结构改变布置

(4) 楼电梯间这种刚度很大的井筒不应布置在平面凹角部位和端部角区，若从功能上非设置不可，应考虑扭转对结构受力的不利影响。

(5) 体型复杂，或因使用功能和建筑要求使结构平面严重不规则的结构，为消除温度和收缩应力以及基础不均匀沉降给结构带来的不利影响，可在适当位置设置防震缝，用伸缩缝或沉降缝将结构划成多个相对规则的抗侧力单元，且抗震缝应有足够的宽度。

(6) 高层建筑突出屋面的塔楼必须具有足够的刚度和延性，避免将因高振型地震产生的鞭梢效应带来的地震作用放大，必要时可采用钢结构或型钢混凝土结构。

(7) 高层建筑宜设地下室，有一定埋深的地下室，可以保证上部结构的稳定，可以充分利用地下室空间，同时地基承载力还能得到补偿。

2.3.6　不规则结构

工程抗震经验表明：建筑结构体型的不规则性不利于结构抗震，甚至将遭受严重破坏或倒塌。因此，设计的建筑结构体型宜力求规则和对称。建筑结构体型的不规则性可分为两类：一类是建筑结构平面的不规则；另一类是建筑结构竖向剖面和立面的不规则。后一种不规则性的危害性更大。

2.3.6.1　建筑结构平面的不规则

平面不规则结构的不规则类型分为扭转不规则、凸凹不规则、楼板局部不连续三种。其相应规定详如表 2.6 所示。

表 2.6　　平面不规则的类型

不规则类型	定　义
扭转不规则	楼层的最大弹性水平位移（或层间位移），大于该楼层两端弹性水平位移（或层间位移）平均值的 1.2 倍
凹凸不规则	结构平面凹进的一侧尺寸，大于相应投影方向总尺寸的 30%
楼板局部不连续	楼板的尺寸和平面刚度急剧变化，例如，有效楼板宽度小于该层楼板典型宽度的 50%，或开洞面积大于该层楼面面积的 30%，或较大的楼层错层

建筑平面的长宽比不宜过大，一般小于 6 为宜，以避免因两端相距太远，振动不同步，产生扭转等复杂的振动而使结构受到损害。为了保证楼板平面内刚度较大，使楼板平面内部产生大的振动变形，建筑平面的突出部分长度 l 应尽可能小。平面凹进时，应保证楼板宽度 B 足够大。Z 形平面则应保证重叠部分 l' 足够长。此外，由于在凹角附近，楼板容易产生应力集中，要加强楼板的配筋。平面各部分尺寸（见图 2.18）以满足表 2.7 的要求为宜。

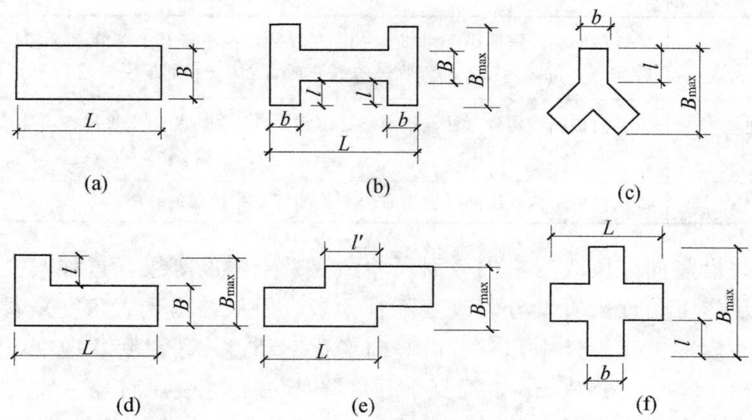

图 2.18　结构平面布置

（a）矩形平面；（b）工字形平面；（c）倒 Y 字形平面；（d）L 形平面；（e）倒工字形平面；（f）十字形平面

表 2.7 平面尺寸 L、l、l'的限值

设防烈度	L/B	L/B_{max}	l/b
6度、7度	≤6.0	≤0.35	≤2.0
8度、9度	≤5.0	≤0.30	≤1.50

在设计中，6度、7度设防时 L/B 数值最好不超过4；8度、9度设防时最好不超过3。l/b 的数值最好不超过1.0。当平面突出部分长度 l/b≤1 且 l/B_{max}≤0.3、质量和刚度分布比较均匀对称时，可以按规则结构进行抗震设计，如表2.7所示。

在规则平面中，如果结构平面刚度不对称，仍然会产生扭转。所以，在布置抗侧力结构时，应使结构均匀分布，令荷载作用线通过结构刚度中心，以减少扭转的影响。尤其是布置刚度较大的楼、电梯间时，更要注意保证其结构对称性。但有时从建筑功能考虑，在平面拐角部位和端部布置楼电梯间，则应采用剪力墙筒体等加强措施。

框架-筒体结构和筒中筒结构更应选取双向对称的规则平面，如矩形、正方形、正多边形、圆形。当采用矩形平面时，L/B 不宜大于1.5，不应大于2。如果采用了复杂的平面而不能满足表2.7的要求时，则应进行更细致的抗震验算，并采取加强措施。

2.3.6.2 建筑结构竖向不规则

建筑结构竖向不规则结构的不规则类型分为侧向刚度不规则、竖向抗侧力构件不连续以及楼层承载力突变三种类型。相应的定义如表2.8所示。

抗震设防的建筑结构竖向布置应使体型规则、均匀，避免有较大的外挑和内收，结构的承载力和刚度宜自下而上逐渐地减小。高层建筑结构的高宽比 H/B 不宜过大，如图2.19所示，宜控制在5～6以下，一般应满足表2.3的要求，高宽比大于5的高层建筑应进行整体稳定验算和倾覆验算。

表 2.8 竖向不规则类型

不规则类型	定义
侧向刚度不规则	该层的侧向刚度小于相邻上一层的70%，或小于其上相邻3个楼层侧向刚度平均值的80%；除顶层外，局部收进的水平向尺寸大于相邻下一层的25%
竖向抗侧力构件不连续	竖向抗侧力构件（柱、抗震墙、抗震支撑）的内力由水平转换构件（梁、桁架等）向下传递
楼层承载力突变	抗侧力结构的层间受剪承载力小于相邻上一楼层的80%

计算时往往沿竖向分段改变构件截面尺寸和混凝土强度等级，这种改变使结构刚度自下而上递减。从施工角度来看，分段改变不宜太多，但从结构受力角度来看，分段改变却宜多而均匀。在实际工程设计中，一般沿竖向变化不超过4段。每次改变，梁、柱尺寸减少100～150mm，墙厚减少50mm，混凝土强度降低一个等级，而且一般尺寸改变与强度改变要错开楼层布置，避免楼层刚度产生较大突变。沿竖向出现刚度突变还有下述两个原因。

1. 结构的竖向体型突变

由于竖向体型突变而使刚度变化，一般有下面几种情况：

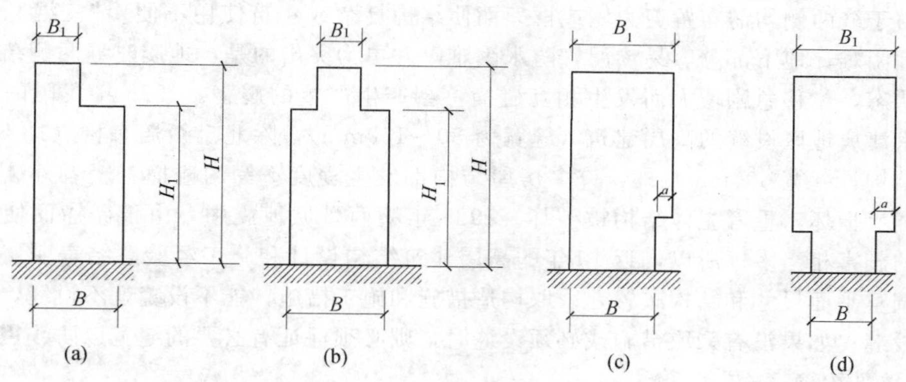

图 2.19　结构竖向收进和外挑示意图

(1) 建筑顶部内收形成塔楼。顶部小塔楼因鞭梢效应而放大地震作用，塔楼的质量和刚度越小地震作用放大越明显。在可能的情况下，宜采用台阶形逐级内收的立面。

(2) 楼层外挑内收。结构刚度和质量变化大，在地震作用下易形成较薄弱环节。为此，《高规》(JGJ 3—2010) 规定，抗震设计时，当结构上部楼层收进部分到室外地面的高度 H_1 与房屋高度 H 之比大于 0.2 时，上部楼层收进后的水平尺寸 B_1 不宜小于下部楼层水平尺寸 B 的 0.75 倍，如图 2.19 所示。

2. 结构体系的变化

抗侧力结构布置改变在下列情况下发生：

(1) 剪力墙结构或框筒结构的底部大空间需要，底层或底部若干层剪力墙不落地，可能产生刚度突变。这时应尽量增加其他落地剪力墙、柱或筒体的截面尺寸，并适当提高相应楼层混凝土等级，尽量使刚度的变化减少。

(2) 中部楼层部分剪力墙中断。如果建筑功能要求必须取消中间楼层的部分墙体，则取消的墙不宜多于 1/3，不得超过半数，其余墙体应加强配筋。

(3) 顶层设置空旷的大空间，取消部分剪力墙或内柱。由于顶层刚度削弱，高振型影响会使地震力加大。顶层取消的剪力墙也不宜多于 1/3，不得超过半数。框架取消内柱后，全部剪力应由外柱内箍筋承受，顶层柱子应全长加密配箍。

(4) 抗侧力结构构件截面尺寸改变（减小）较多，改变集中在某一楼层，并且混凝土强度改变也集中于该楼层，此时也容易形成抗侧力刚度沿竖向突变。

2.3.7　变形缝

变形缝包括沉降缝、伸缩缝和防震缝。在高层建筑中，为防止结构因温度变化和混凝土收缩而产生裂缝，常隔一定距离用温度-收缩缝分开。在结构平面狭长而立面有较大变化时，或者地基基础有显著变化，或者在高层塔楼与底层裙房之间，由于沉降不同，往往设沉降缝分开。对于有抗震设防的建筑物，当建筑的层数、质量、刚度差异过大，或有错层时，也可用防震缝分开。温度-收缩缝、沉降缝和防震缝将高层建筑划分为若干个结构独立的部分，成为独立的结构单元。

高层建筑设置“三缝”，可以解决产生过大变形和内力问题，但又产生许多新的问题。

例如，由于缝两侧均需布置剪力墙或框架而使结构复杂或建筑使用不便；“三缝”使建筑立面处理困难；地下部分容易渗漏，防水困难等。更为突出的是，地震时缝两侧结构进入弹塑性状态，位移急剧增大而发生相互碰撞，会产生严重的震害。1976 年我国的唐山地震中，京津唐地区设缝的高层建筑（缝宽为 50～150mm），除北京饭店东楼（18 层框架-剪力墙结构，缝宽 600mm）外，许多房屋结构都发生程度不等的碰撞。轻者外装修、女儿墙、檐口损坏，重者主体结构被破坏。1985 年墨西哥城地震中，由于碰撞而使顶部楼层破坏的震害相当多。所以，近 10 年的高层建筑结构设计和施工经验总结表明：高层建筑应当调整平面尺寸和结构布置，采取构造措施和施工措施，能不设缝就不设缝，能少设缝就少设缝；如果没有采取措施或必须设缝时，则必须保证有必要的缝宽以防止震害。

2.3.7.1　伸缩缝

伸缩缝也称为温度-伸缩缝。高层建筑结构不仅平面尺度大，而且竖向的高度也很大，温度变化和混凝土收缩不仅会产生水平方向的变形和内力，而且也会产生竖向的变形和内力。但是，高层钢筋混凝土结构一般不计算由于温度收缩产生的内力。因为一方面高层建筑的温度场分布和收缩参数等都很难准确决定；另一方面混凝土又不是弹性材料，它既有塑性变形，还有徐变和应力松弛，实际的内力要远小于按弹性结构得出的计算值。广州白云宾馆（33 层，高 112m，长 70m）的温度应力计算表明，温度-收缩应力计算值过大，难以作为设计的依据。曾经计算过温度-收缩应力的其他建筑也遇到类似的情况。因此，钢筋混凝土高层建筑结构的温度-收缩问题，一般由构造措施来解决。

当屋面无隔热或保温措施时，或位于气候干燥地区、夏季炎热且暴雨频繁地区的结构，可适当减少伸缩缝的距离；当混凝土的收缩较大或室内结构因施工而外露时间较长时，伸缩缝的距离也应减小。相反，当有充分依据，采取有效措施时，伸缩缝间距可以放宽。

目前已建成的许多高层建筑结构，由于采取了充分有效的措施，并进行合理的施工，伸缩缝的间距已超出了规定的数值。例如，1973 年施工的广州白云宾馆，其伸缩缝间距已达 70m。目前伸缩缝间距已超过 100m，例如，北京昆仑饭店（30 层剪力墙结构）伸缩缝间距达 114m；北京京伦饭店（12 层剪力墙结构）伸缩缝间距达 138m。

在较长的区段上不设伸缩缝要采取以下的构造措施和施工措施：

(1) 在温度影响较大的部位提高配筋率。这些部位是：顶层、底层、山墙、纵墙端开间。对于剪力墙结构，这些部位的最小构造配筋率为 0.25%，实际工程一般都在 0.3% 以上。

(2) 直接受阳光照射的屋面应加厚屋面隔热保温层，或设置架空通风双层屋面，避免屋面结构温度变化过于激烈。

(3) 顶层可以局部改变为刚度较小的形式（如剪力墙结构顶层局部改为框架-剪力墙结构），或顶层氛围长度较小的几段。

(4) 施工中留后浇带。一般每 30～40m 间距留有施工后浇带，后浇带宽 800～1000mm，混凝土后浇，钢筋搭接长度 $45d$（d 为钢筋直径，见图 2.20）。留出后浇带后，施工过程中混凝土可以自由收缩，从而大大减少了收缩应力。混凝土的抗拉强度有较多部分用来抵抗温度应力，提高结构抵抗温度变化的能力。

后浇带采用浇筑水泥的混凝土灌筑，必要时在水泥中掺入微量铝粉使其有一定的膨胀性，防止新老混凝土之间出现裂缝，一般也可采用强度等级提高一级的混凝土灌筑。后浇带混凝土可在主体混凝土施工后 60 天浇筑，后浇混凝土施工时的温度尽量与主体混凝土施工时的温度相近。

后浇带应通过建筑物的整个横截面，分开全部墙、梁和楼板，使得两边都可以自由收缩。后浇带可以选择受力影响较小的部位曲折通过。不要在一个平面内，以免全部钢筋都在同一平面内搭接。一般情况下，后浇带可设在框架梁和楼板的 1/3 跨处，设在剪力墙洞口上方连梁的跨中或内外墙连接处，如图 2.21 所示。由于后浇带混凝土后浇，钢筋搭接，其两侧结构长期处于悬臂状态，所以模板的支柱在本跨不能全部拆除。当框架主梁跨度较大时，梁的钢筋可以直通而不切断，以免搭接长度过长而产生施工困难，也防止悬臂状态下产生不利的内力和变形。

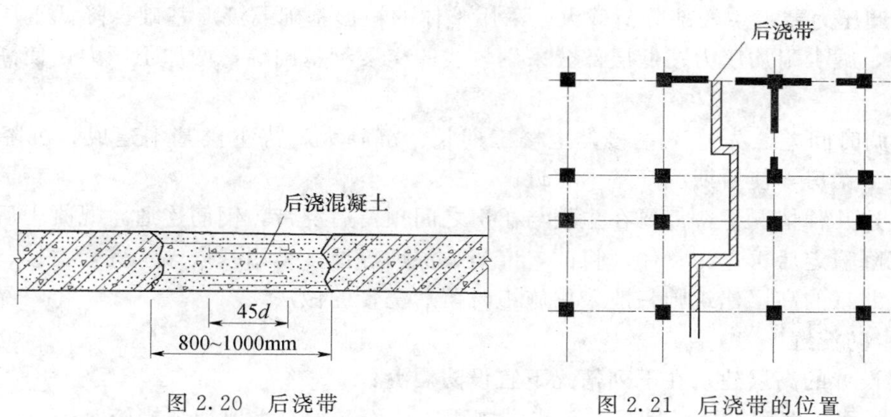

图 2.20　后浇带　　图 2.21　后浇带的位置

2.3.7.2　沉降缝

当同一建筑物中的各部分由于基础沉降不同而产生显著沉降差，有可能产生结构难以承受的内力和变形时，可采用沉降缝将两部分分开。沉降缝不仅应贯通上部结构，而且应贯通基础本身。通常，沉降缝用来划分同一高层建筑中层数相差很多、荷载相差很大的各部分，最典型的是用来分开主楼和裙房。

是否设缝，应根据具体条件综合考虑。设沉降缝后，由于上部结构须在缝的两侧均设独立的抗侧力结构，形成双梁、双柱和双墙，建筑、结构问题较多，地下室渗漏不容易解决。通常，建筑物各部分沉降差大体上有以下三种方法来处理：

(1)“放”——设沉降缝，让各部分自由沉降，互不影响，避免出现由于不均匀沉降时产生的内力。

(2)“抗”——采用端承桩或利用刚度较大的其他基础。前者由坚硬的基岩或砂卵石层来承受，尽可能避免显著的沉降差；后者则用基础本身的刚度来抵抗沉降差。

(3)“调”——在设计与施工中采取措施，调整各部分沉降，减少其差异，降低由沉降差产生的内力。

采用“放”的方法，似乎比较省事，而实际上如前所述，结构、建筑、设备、施工各方面均有不少困难。有抗震要求时，缝宽还要考虑防震缝的宽度要求。用设刚度很大的基础来抵抗沉降差而不设缝的做法，虽然在一些情况下能"抗"住，但基础材料用量多，不经济。采用无沉降的端承桩只能在有坚硬基岩的条件下实施，而且桩基造价较高。

目前许多工程采用介乎两者之间的办法，调整各部分沉降差，在施工过程中留后浇段作为临时沉降缝，等到沉降基本稳定后再连为整体，不设永久性沉降缝。采用这种"调"的办法，使得在一定条件下，高层建筑主楼与裙房之间可以不设沉降缝，从而解决了设计、施工和使用上的一系列问题。由于高层建筑的主楼和裙房的层数相差很远，在具有下列条件之一时才可以不留永久沉降缝：

(1) 采用端承桩，桩支承在基岩上。

(2) 地基条件较好，沉降差小。

(3) 有较多的沉降观测资料，沉降计算比较可靠。

在上述 (2)、(3) 两种情况下，可按"调"的办法采取以下措施：

(1) 调压力差。主楼部分荷载大，采用整体的箱形基础或筏形基础，降低土压力，并加大埋深，减少附加压力；低层部分采用较浅的交叉梁基础等，增加土压力，使高低层沉降接近。

(2) 调时间差。先施工主楼，主楼工期长，沉降大，待主楼基本建成，沉降基本稳定，再施工裙房，使后期沉降基本相近。

在上述几种情况下，都要在主楼与裙房之间预留后浇带，钢筋连通，混凝土后浇，待两部分沉降稳定后再连为整体。目前，广州、深圳等地多采用基岩端承桩，主楼、裙房间不设缝；北京的高层建筑则一般采用施工时留后浇带的做法。

2.3.7.3 防震缝

抗震设计的高层建筑在下列情况下宜设防震缝：

(1) 平面长度和外伸长度尺寸超出了规程限值而又没有采取加强措施时。

(2) 各部分结构刚度相差很远，采取不同材料和不同结构体系时。

(3) 各部分质量相差很大时。

(4) 各部分有较大错层时。

此外，各结构单元之间设置伸缩缝和沉降缝时，其缝宽应满足防震缝宽度的下列要求：

(1) 框架结构房屋，高度不超过 15m 时，防震缝宽度不应小于 100mm；超过 15m 时，6 度、7 度、8 度和 9 度分别每增加高度 5m、4m、3m 和 2m，防震缝宽度宜加宽 20mm。

(2) 框架-剪力墙结构房屋可按第 (1) 项规定数值的 70%采用，剪力墙结构房屋可按第 (1) 项规定数值的 50%采用，且二者均不宜小于 100mm。

防震缝两侧结构体系不同时，防震缝宽度应按不利的结构类型确定。防震缝两侧的房屋高度不同时，防震缝宽度可按较低的房屋高度确定。8 度、9 度抗震设计的框架结构房屋，防震缝两侧结构层高相差较大时，防震缝两侧框架柱的箍筋应沿房屋全高加密，并可根据需要沿房屋全高在缝两侧各设置不少于两道垂直于防震缝的抗撞墙。当相邻结构的基础存在较大沉降差时，宜增大防震缝的宽度。地下室、基础可不设防震缝，但在与上部防震缝对应处应加强构造和连接。结构单元之间或主楼与裙房之间不宜采用牛腿托梁的做法设置防震缝，低层屋面或楼面梁搁在牛腿上的做法，也不要用牛腿托梁的办法设防震缝，因为地震时各单元之间，尤其是高低层之间的振动情况是不相同的，连接处容易被压碎、拉断。例如，唐山地震中，天津友谊宾馆主楼（9层框架）和裙房（单层餐厅）之间的牛腿支承处被压碎、拉断，造成严重破坏。

因此，高层建筑各部分之间凡是设缝的，就要分得彻底；凡是不设缝的，就要连接牢固。绝不要将各部分之间设计的似分不分，似连不连，“藕断丝连”，否则连接处在地震中很容易被破坏。

2.3.7.4 《高规》(JGJ 3—2010) 中对伸缩缝、沉降缝和防震缝的有关规定

高层建筑结构伸缩缝的最大间距宜符合表2.9的规定。

表2.9 高层建筑结构伸缩缝最大间距

结构体系	施工方法	最大间距/m
框架结构	现浇式	55
剪力墙结构	现浇式	45

注 1. 框架-剪力墙的伸缩缝间距可根据结构的具体情况取表中框架结构与剪力墙结构之间的数值。
2. 当屋面无保温和隔热措施、混凝土的收缩较大或室内结构因施工外露时间较长时，伸缩缝间距应适当减小。
3. 位于气候干燥地区、夏季炎热且暴雨频繁地区的结构，伸缩缝的间距宜适当减小。

如有下列情况，表2.9中的伸缩缝最大间距宜适当缩小：

(1) 位于气候干燥地区、夏季炎热且暴雨频繁地区的结构或经常处于高温作用下的结构。

(2) 采用滑模类施工工艺的剪力墙结构。

(3) 材料收缩较大、室内结构因施工外露时间较长等。

对下列情况，如有充分依据和可靠措施，表2.9中的伸缩缝最大间距可适当增大：

(1) 土浇筑采用后浇带分段施工。

(2) 采用专门的预加应力措施。

(3) 采取能减少混凝土温度变化或收缩的措施。

当增大伸缩缝间距时，应考虑温度变化和混凝土收缩对结构的影响。

防震缝最小宽度应符合下列要求：

(1) 框架结构房屋，高度不超过15m的部分，缝宽可取70mm，超过15m的部分，6度、7度、8度和9度相应每增加高度5m、4m、3m和2m，缝宽宜加宽20mm。

(2) 框架-剪力墙结构房屋可按第(1)项规定数值的70%采用，剪力墙结构房屋可按第(1)项规定数值的50%采用，但二者均不应小于70mm。

防震缝两侧结构体系不同时，防震缝宽度应按不利的结构类型确定。防震缝两侧的房屋高度不同时，防震缝宽度应按较低的房屋高度确定。当相邻结构的基础存在较大沉降差时，宜增大防震缝的宽度。防震缝宜沿房屋全高设置。地下室、基础可不设防震缝，但在与上部防震缝对应处应加强构造和连接。结构单元之间或主楼与裙房之间如无可靠措施，不应采用牛腿托梁的做法设置防震缝。

抗震设计时伸缩缝、沉降缝的宽度均应符合防震缝最小宽度的要求。

2.3.8 楼盖结构设置原则

在目前高层建筑结构计算中，一般都假定楼板在自身平面内的刚度无限大，在水平荷载作用下楼盖只有位移而不变形。因此，在构造设计上，要使楼盖具有较大的平面内刚度。此外，楼板的刚性可保证建筑物的空间整体性能和水平力的有效传递。所以，房屋高度超过 50m 的高层建筑应采用现浇楼盖。顶层楼面应加厚并采用现浇，以抵抗温度变化的影响，并在建筑物顶部加强约束，提高抗风抗震能力。转换层楼面上部的剪力墙或较密的框架柱，下部转换为部分框架、部分落地剪力墙，转换层上部抗侧力构件的剪力要通过转换层楼板进行重分配，传递到落地墙和框支柱上去，因而楼板受很大的内力。因此，要采用现浇楼板，应采取加强措施。高层建筑楼面结构选型可按表 2.10 所列。

表 2.10 普通楼面结构选型

结构体系	高度	
	小于或等于 50m	大于 50m
框架	可采用装配式楼面（灌板缝）	宜采用现浇楼面
剪力墙	可采用装配式楼面（灌板缝）	宜采用现浇楼面
框架-剪力墙	宜采用现浇楼面，可采用装配整体式楼面（灌板缝加现浇面层）	应采用现浇楼面
板柱-剪力墙	应采用现浇楼面	—
框架-核心筒和筒中筒	应采用现浇楼面	应采用现浇楼面

当建筑物高度不超过 50m 时，8 度、9 度抗震设计时宜采用现浇楼盖结构；6 度、7 度抗震设计时允许采用装配整体式楼盖，而且现浇面层应满足较严格的构造要求，以保证其整体工作。

房屋的顶层，结构转换层，大底盘多塔楼结构的底盘顶层，平面复杂或开洞过大的楼层，作为上部结构嵌固部位的地下室楼层应采用现浇楼盖结构。一般楼层现浇楼板厚度不应小于 80mm，当板内预埋暗管时不宜小于 100mm；顶层楼板厚度不宜小于 120mm，宜双层双向配筋；普通地下室顶板厚度不宜小于 160mm；作为上部结构嵌固部位的地下室楼层的顶楼盖应采用梁板结构，楼板厚度不宜小于 180mm，应采用双层双向配筋，且每层每个方向的配筋率不宜小于 0.25%。

2.3.9 高层建筑基础

高层建筑上部结构荷载很大，因而基础埋置较深，面积较大，材料用量多，施工周期长。基础的经济技术指标对高层建筑的造价影响较大。例如，箱基的造价在某些情况下可达总造价的 1/3。因此，选择合理的高层建筑基础形式，并正确地进行基础和地基的设计和施工是非常重要的。

2.3.9.1 高层建筑基础设计中应注意的主要因素

高层建筑的基础和地基设计，应考虑以下要求：

(1) 基底压力不能超过地基承载力或桩承载力，不产生过大变形，更不能产生塑性流动。

(2) 基础的总沉降量、沉降差异和倾斜应在许可范围内。高层建筑结构是整体空间结构，刚度较大，差异沉降产生的影响更为显著，因此应更加注意主楼和裙房的基础和地基设计。计算地基变形时，传至基础底的荷载应按长期效应组合，不应计入风荷载和地震作用。

(3) 基础底板、侧墙和沉降缝的构造，都应满足地下室的防水要求。

(4) 当基础埋深较大且地基软弱，但施工场地开阔时，要采用大开挖。但要采用护坡施工，应综合利用各种护坡措施，并且采用逆向或半逆向施工方法。

(5) 如邻近建筑正在进行基础施工，必须采取有效措施防止对比邻房屋造成影响，防止施工中因土体扰动使已建房屋下沉、倾斜和裂缝。

(6) 基础选型和设计应考虑综合效果，不仅要考虑基础本身的用料和造价，而且要考虑使用功能及施工条件等因素。

2.3.9.2 高层建筑基础的埋深

高层建筑基础必须有足够的埋置深度，主要考虑以下因素：

(1) 基础的埋置深度必须满足地基变形和稳定性要求，以保证高层建筑在风力和地震作用下的稳定性，减少建筑的整体倾斜，防止倾覆和滑移。有足够的埋深，可以利用土的侧限形成嵌固条件，保证高层建筑的稳定。

(2) 增加埋深，可以提高地基的承载力，减少基础沉降。其原因首先是埋深增加，挖去的土体越多，地基的附加压力减小。其次，埋深加大，地基承载力的深度修正也加大，承载力也越高。再次，由于外墙土体的摩擦力，限制了基础在水平力作用下的摆动，使基础底面土反力分布趋于平缓。

(3) 高层建筑宜设置地下室，设置多层地下室有利于建筑物抗震。地震实践证明，有地下室的建筑地震反应可降低20%～30%。当基础落在岩石上时，可不设地下室，但应采用地锚等措施。

基础的埋深一般指从室外地面到基础底面的高度，但如果地下室周围无可靠侧限时，应从具有侧限的地面算起。采用天然地基时，高层建筑基础的埋置深度可不小于建筑高度的1/15；采用桩基时可不小于建筑高度的1/18。桩基的埋深指室外地面至承台底面的高度。桩长不计在埋置深度内。抗震设防烈度为6度或非抗震设计的建筑，基础埋置深度可适当减小。

2.3.9.3 高层建筑基础的选型

高层建筑基础的选型应根据上部结构情况、工程地质情况、施工条件等因素综合考虑确定。以基础本身刚度为出发点，从小到大可供选择的基础有条形基础、交叉梁式基础、片筏基础、箱形基础等。工程中还常常选择桩基础和岩石锚杆基础，独立基础在高层建筑中除岩石地基外很少采用。

高层建筑基础的选型，主要考虑以下因素：

(1) 上部结构的层数、高度、荷载和结构类型。主楼部分层数多，荷载大，往往采用整体式基础，甚至还要打桩；裙房部分有时可采用交叉梁式基础。

(2) 地基土质条件。地基土均匀、承载力高、沉降量小时，可采用刚度较小的基础，放在天然地基上。反之，则要采用刚性整体式基础，有时还要做桩基础。

(3) 抗震设计要求，水平力作用的大小。抗震设计时，对基础的整体性、埋深、稳定性及地基液化等，都有更高的要求。

(4) 施工条件和场地环境。施工技术水平和施工设备往往制约了基础形式的选择，地下水位对基础选型也有影响。

一般来说，设计中应优先采用有利于高层建筑整体稳定，刚度较大，能抵抗差异沉降，底面积较大，有利于分散土压力的整体基础，如箱形基础和筏形基础。上部荷载不大，地基条件较好的房屋也可以选择交叉梁式基础。只有当上部荷载较小，地基条件好(如基础直接支承在微风化或未风化岩层上) 的 6～9 层房屋可采用条形基础 (多在裙房中采用)，但必须加设拉梁。

当地下室可以设置较多的钢筋混凝土墙体，形成刚度较大的箱体时，按箱基设计较为有利；当地下室作为停车场、商店使用而必须有大空间导致无法设置足够墙体时，则只考虑基础底板的作用，按筏形基础设计即可。

思　考　题

2.1　高层建筑混凝土结构有哪几种主要体系？请对每种体系列举一两个实例。你还知道国内外高层建筑结构所采用的其他体系吗？

2.2　试述各种结构体系的优缺点，受力和变形特点、适用层数和应用范围。

2.3　在抗震结构中为什么要求平面布置简单、规则、对称，竖向布置刚度均匀？怎样布置可以使平面内刚度均匀，减小水平荷载引起的扭转？沿竖向布置可能出现哪些刚度不均匀的情况？以底层大空间剪力墙结构的布置为例，说明如何避免竖向刚度不均匀。

2.4　防震缝、伸缩缝和沉降缝在什么情况下设置？各种缝的特点和要求是什么？在高层建筑结构中，特别是抗震结构中，怎样处理好这三种缝？

2.5　高层建筑结构设计时如何选择楼盖的类型？

2.6　框架-剪力墙结构与框架-筒体结构有何异同？哪一种体系更适合建造较高的建筑？为什么？

2.7　框架-筒体结构与框筒结构有何区别？

2.8　高层建筑的基础都有哪些形式？在选择基础形式及埋置深度时，高层建筑与多层、低层建筑有什么不同？

第 3 章　高层建筑结构荷载及其效应组合

与所有结构一样，高层建筑结构也必须能抵抗各种外部作用，满足一定的使用要求，并具有足够的安全度。这些外部作用包括了建筑物自重、使用荷载、风荷载、地震作用以及其他如温度变化、地基不均匀沉降等。其中，前面两项为竖向荷载，风荷载为水平荷载，地震作用则包括水平荷载和竖向荷载。

3.1　水平荷载作用下结构简化计算原则

高层建筑结构是一个复杂的空间体系，作用在它上面的荷载很复杂。在设计计算时需要作一些简化假定，以便简化计算过程。

3.1.1　荷载作用方向

风荷载和地震作用方向都是随机的，在一般情况下进行结构计算时，假设水平荷载分别作用在结构的两个主轴方向。在矩形平面中，对正交的两个主轴 x、y 方向分别进行内力分析，如图 3.1（a）及图 3.1（b）所示。其他形状平面可根据几何形状和尺寸确定主轴方向。有斜交抗侧力构件的结构，当相交角度 $\alpha>15°$时，应分别计算各抗侧力构件方向的水平地震作用，如图 3.1（c）所示。

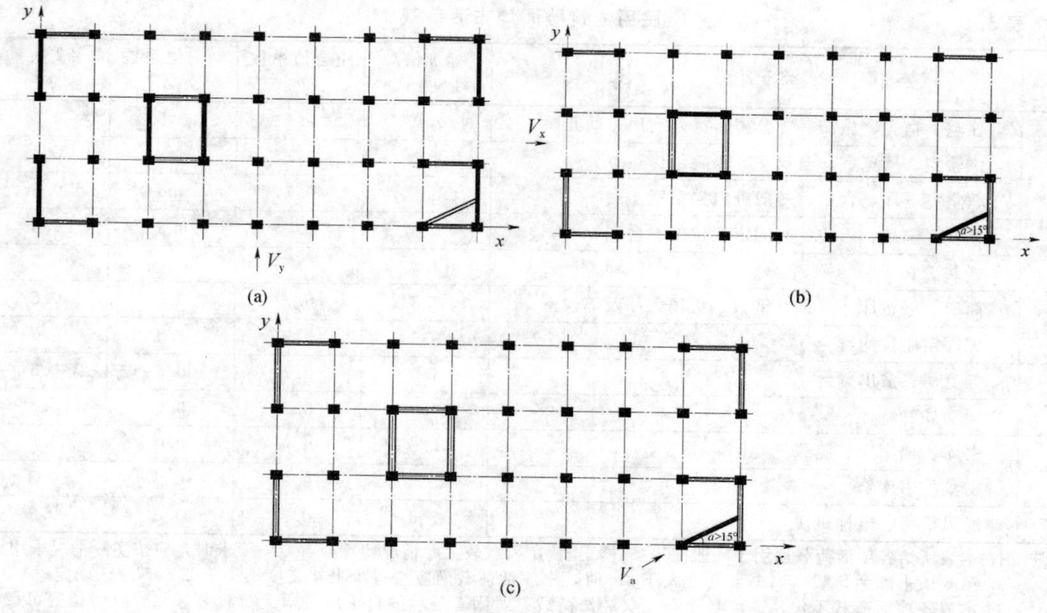

图 3.1　荷载作用方向

（a）水平荷载沿 y 方向作用；（b）水平荷载沿 x 方向作用；（c）水平荷载沿斜方向作用

3.1.2 平面化假定

荷载作用下的房屋结构都是空间受力体系，对框架结构、剪力墙及框架-剪力墙结构进行计算时，可以把空间结构简化为平面结构，并作以下两个假定：

(1) 每榀框架或剪力墙可以抵抗自身内的侧力，平面外刚度很小，可忽略不计，即不考虑框架（剪力墙）参与抵抗平面外的水平作用，当做只抵抗自身平面内水平作用的平面结构。

(2) 楼盖结构在自身平面内刚度无限大，平面外刚度很小，可忽略不计。

根据假定 (1)，可分别考虑纵向平面结构和横向平面结构的受力情况，即在横向水平分力作用下，只考虑横向框架（横向剪力墙）而忽略纵向框架（纵向剪力墙）的作用，而在纵向水平力作用下，只考虑纵向框架（纵向剪力墙）而忽略横向框架（横向剪力墙）的作用。这样可使计算大为简化。

根据假定 (2)，楼盖只做刚体运动，楼盖自身不产生任何变形，因此可使结构计算中的位移未知量大大减少。

3.2 竖向荷载

竖向荷载包括恒荷载、楼面及屋面活荷载、雪荷载。恒荷载由构件及装修材料的尺寸和材料重量计算得出，材料自重可查《建筑结构荷载规范》(GB 50009—2012) [以下简称《荷载规范》(GB 50009—2012)]。楼面上的活荷载可按《荷载规范》(GB 50009—2012) 采用，常用民用建筑楼面均布活荷载如表 3.1 所示。

表 3.1　　民用建筑楼面均布活荷载

项次	类　别	标准值/(kN/m^2)	组合值系数 ψ_c	频遇值系数 ψ_f	准永久值系数 ψ_q
1	住宅、宿舍、旅馆、办公楼、医院病房、幼儿园	2.0	0.7	0.5	0.4
	试验室、阅览室、会议室、医院门诊室	2.0	0.7	0.6	0.5
2	教室、餐厅、食堂、一般资料档案室	2.5	0.7	0.6	0.5
3	礼堂、剧场、影院、有固定座位的看台	3.0	0.7	0.5	0.3
	公共洗衣房	3.0	0.7	0.6	0.5
4	商店、展览厅、车站、港口、机场大厅及等候室	3.5	0.7	0.6	0.5
	无固定座位的看台	3.5	0.7	0.5	0.3
5	健身房、演出舞台	4.0	0.7	0.6	0.5
	运动场、舞厅	4.0	0.7	0.6	0.3
6	书库、档案库、储藏室	5.0	0.9	0.9	0.8
	密集柜书库	12.0	0.9	0.9	0.8
7	通风机房、电梯机房	7.0	0.9	0.9	0.8

注　1. 本表所给各项活荷载适用于一般使用条件，当使用荷载较大、情况特殊或有专门要求时，应按实际情况采用。
2. 第 6 项书库活荷载，当书架高度大于 2m 时，书库活荷载尚应按每米书架高度不小于 $2.5kN/m^2$ 确定。
3. 本表各项活荷载不包括隔墙自重和二次装修荷载。对固有隔墙的自重应按永久荷载考虑。当隔墙位置可灵活自由布置时，非固定隔墙的自重应取不小于 1/3 的每延米长墙重 (kN/m) 作为楼面荷载的附加值 (kN/m^2) 计入，且附加值不应小于 $1.0kN/m^2$。

现阶段国内高层建筑多为钢筋混凝土结构，构件截面尺寸较大，自重大，设计时往往先估算地基承载力和基础结构底部剪力，初步确定结构构件尺寸。根据大量工程设计经验，钢筋混凝土高层建筑结构竖向荷载，对于框架结构和框架-剪力墙结构大约为 12～14kN/m²，剪力墙和筒中筒结构约为 14～16kN/m²。

《荷载规范》（GB 50009—2012）规定：设计楼面梁、柱及基础时，考虑到活荷载各层同时满布的可能性极少，因此需要考虑活荷载的折减。而钢筋混凝土高层建筑的恒荷载较大，占竖向荷载的 85%以上；活荷载相对较小，占竖向荷载的 10%～15%。

大量的高层住宅、旅馆、办公楼的楼面活荷载较小，在 2.0kN/m² 左右。考虑到活荷载的不利布置对结构内力计算结果的影响很小，为节省计算工作量，设计时可不考虑活荷载的不利布置，按满布活荷载计算内力。当活荷载较大时，例如图书馆书库等，仍应考虑活荷载的不利布置。

3.3 风荷载

空气流动形成的风遇到建筑物时，会使建筑物表面产生压力或吸力，这种作用被称为建筑物所受到的风荷载。风的作用是不规则的，风压随风速、风向的变化而不断改变。实际上，风荷载是随时间波动的动力荷载，但设计时一般把它视为静荷载。长周期的风压使建筑物产生侧移，短周期的脉动风压使建筑物在平均侧移附近摇摆，风振动作用如图 3.2 所示。对于高度较大且较柔的高层建筑，要考虑动力效应，适当加大风荷载数值。确定高层建筑风荷载，大多数情况（高度 300mm 以下）可按照《荷载规范》（GB 50009—2012）规定的方法，少数建筑（高度大、对风荷载敏感或有特殊情况）还要通过风洞试验确定风荷载，以补充规范的不足。

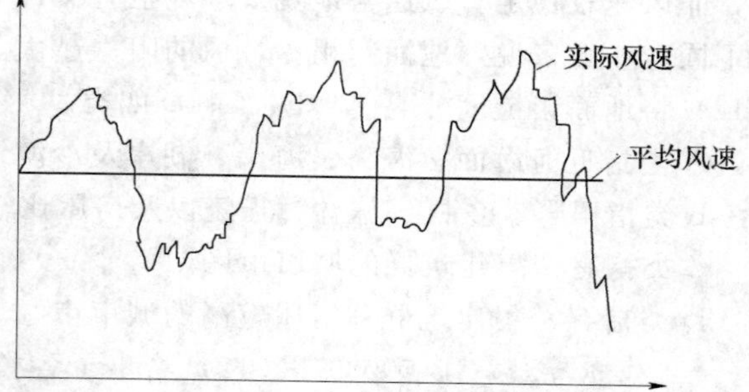

图 3.2　风振动作用

风载的大小主要与近地风的性质、风速、风向有关；也与该建筑物所在地的地貌及周围环境有关；同时与建筑物本身的高度、体型以及表面状况也有关。

3.3.1 风荷载标准值

《荷载规范》（GB 50009—2012）规定垂直于建筑物表面上的风荷载标准值 w_k，应按下述公式计算。

（1）计算主要受力结构时，应按下式计算：

$$w_k = \beta_z \mu_s \mu_z w_0 \tag{3.1}$$

式中　w_0——基本风压，kN/m²；

β_z——高度处 z 的风振系数；

μ_s——风荷载体型系数；

μ_z——风压高度变化系数。

(2) 计算围护结构时，应按下式计算：

$$w_k = \beta_{gz}\mu_{sl}\mu_z w_0 \tag{3.2}$$

式中 β_{gz}——高度 z 处的阵风系数；

μ_{sl}——风荷载局部体型系数。

1. 基本风压值 w_0

我国《荷载规范》(GB 50009—2012) 给出的基本风压值 w_0，应采用该规范规定的方法确定的50年重现期的风压，但不得小于 0.3kN/m^2。对于高层建筑、高耸结构以及对风荷载比较敏感的其他结构，基本风压的取值应适当提高，并应符合现行有关结构设计规范的规定。各城市的基本风压值按重现期为 50 年的风压值计算风荷载。当城市或建设地点的基本风压值没有时，根据基本风压的定义和当年最大风速资料，通过统计分析确定，分析时应考虑样本数量的影响。当地没有风速资料时，根据附近地区规定的基本风压或长期资料，通过气象和地形条件对比分析确定。

2. 风压高度变化系数 μ_z

风速大小与高度有关，由地面沿高度按指数函数曲线逐渐增大。上层风速受地面影响小，非风速较稳定。风速与地貌及环境也有关，不同的地面粗糙度使风速沿高度增大的梯度不同。一般来说，地面越粗糙，风的阻力越大，风速越小。《荷载规范》(GB 50009—2012) 将地面粗糙度分为 A、B、C、D 四类。

A 类指近海海面、海岛、海岸、湖岸及沙漠地区。

B 类指田野、乡村、丛林、丘陵以及房屋比较稀疏的乡镇。

C 类指有密集建筑群的城市市区。

D 类指有密集建筑群且房屋较高的城市市区。

《荷载规范》(GB 50009—2012) 给出了各类地区风压沿高度变化系数，如表 3.2 所示。位于山峰和山坡地的高层建筑，其风压高度系数还要进行修正，可查阅《荷载规范》(GB 50009—2012)。建在山上或河岸附近的建筑物，其离地高度应从山脚下或水面算起。

表 3.2 风压高度变化系数 μ_z

离地面或海平面高度/m	地面粗糙度类别			
	A	B	C	D
5	1.09	1.00	0.65	0.51
10	1.28	1.00	0.65	0.51
15	1.42	1.13	0.65	0.51
20	1.52	1.23	0.74	0.51
30	1.67	1.39	0.88	0.51
40	1.79	1.52	1.00	0.60
50	1.89	1.62	1.10	0.69
60	1.97	1.71	1.20	0.77
70	2.05	1.79	1.28	0.84

续表

离地面或海平面高度/m	地面粗糙度类别			
	A	B	C	D
80	2.12	1.87	1.36	0.91
90	2.18	1.93	1.43	0.98
100	2.23	2.00	1.50	1.04
150	2.46	2.25	1.79	1.33
200	2.64	2.46	2.03	1.58
250	2.78	2.63	2.24	1.81
300	2.91	2.77	2.43	2.02
350	2.91	2.91	2.60	2.22
400	2.91	2.91	2.76	2.40
450	2.91	2.91	2.91	2.58
500	2.91	2.91	2.91	2.74
≥550	2.91	2.91	2.91	2.91

3. 风载体型系数 μ_s

当风流经建筑物时，对建筑物不同的部位会产生不同的效果，迎风面为压力，侧风面及背风面为吸力。空气流动还会产生涡流，对建筑物局部会产生较大的压力或吸力。因此，风对建筑物表面的作用力并不等于基本风压值，风的作用力随建筑物的体型、尺度、表面位置、表面状况而改变。风作用力大小和方向可以通过实测或风洞试验得到，如图3.3所示为一个矩形建筑物风压分布的实测结果，图中的风压分布系数是指表面风压值与基本风压的比值，正值是压力，负值为吸力。如图3.3（a）所示为房屋平面风压也产生吸力，而且各面风作用力并不均匀。如图3.3（b）和图3.3（c）所示分别为房屋迎风面和背风面表面风压分布系数，表面沿房屋每个立面的风压值也并不均匀。但在设计时，采用各个表面风作用力的平均值，该平均值与基本风压的比值称为风载体型系数。值得注意的是，由风载体型系数计算的每个表面的风荷载都垂直于该表面。

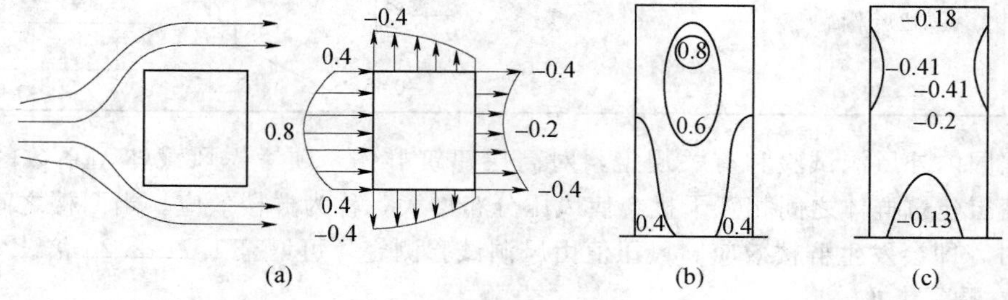

图3.3　风压分布

（a）房屋平面风压分布系数；（b）房屋迎风面表面风压分布系数；（c）房屋背风面表面风压分布系数

表 3.3 为一般高层建筑常用的各种平面形状、各个表面的风载体型系数，《高规》(JGJ 3—2010) 的附录 A 还给出了其他各种情况的风载体型系数，需要时可以查用。

表 3.3 **高层建筑体型系数**

序号	名称	体型及体型系数
1	正多边形平面	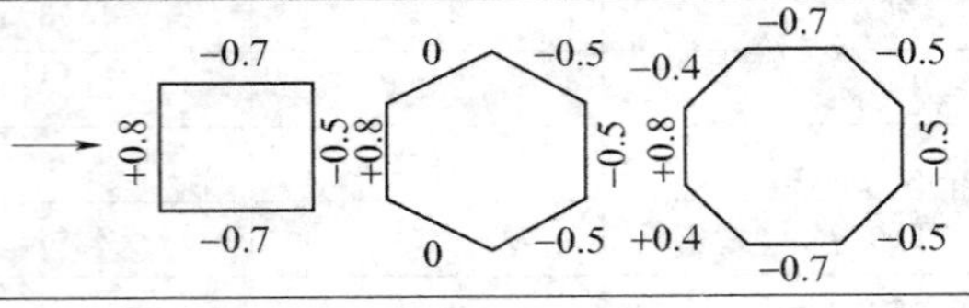 −0.7, +0.8, −0.5, −0.7; 0, −0.5, +0.8, −0.5, 0, −0.5; −0.7, −0.4, −0.5, +0.8, −0.5, +0.4, −0.5, −0.7
2	Y形平面	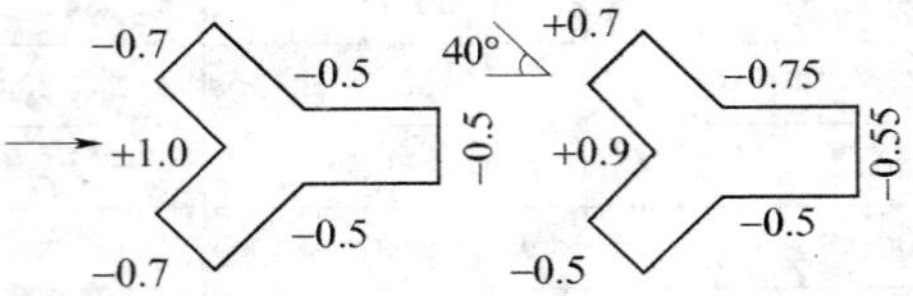 −0.7, −0.5, +1.0, −0.5, −0.5, −0.7; 40°, +0.7, −0.75, +0.9, −0.55, −0.5, −0.5
3	L形平面	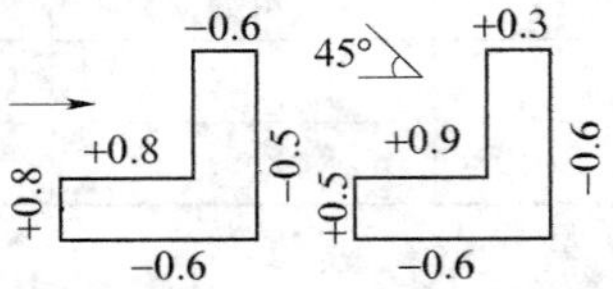 −0.6, +0.8, +0.8, −0.5, −0.6; 45°, +0.3, +0.9, −0.5, −0.6, −0.6
4	Π形平面	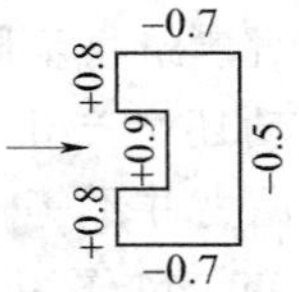 −0.7, +0.8, +0.9, +0.8, −0.5, −0.7
5	十字形平面	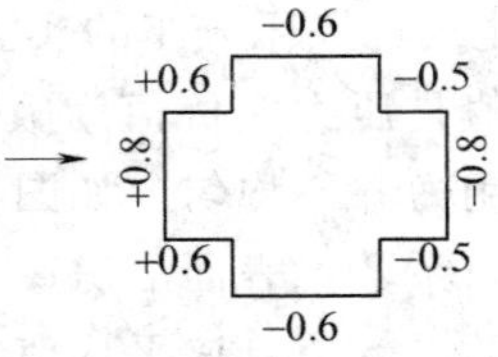 −0.6, +0.6, −0.5, +0.8, −0.8, +0.6, −0.5, −0.6
6	六边形平面	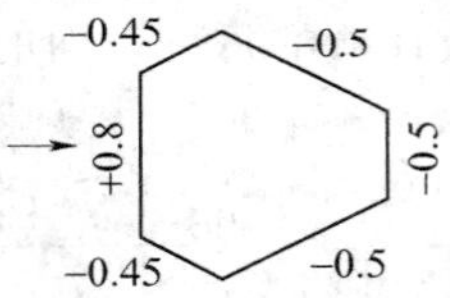 −0.45, −0.5, +0.8, −0.5, −0.45, −0.5

根据国内外风洞试验和有关规定，对高层建筑群体，须考虑风载体型系数的增大系数，即高层建筑群体之间相互干扰会使风压分布增大，称为群楼效应。当两楼之间的净距 $L<2B$ 时，即会发生群楼效应。风压值由风洞试验测定，可增至 1.7～2.25 倍。

4. 风振系数 β_z

风作用是不规则的。通常把风作用的平均值看成稳定风压，即平均风压，实际风压在平均风压附近上下波动。平均风压使建筑物产生一定的侧移，而波动风压使建筑物在该侧移附近左右或前后摇摆。如果周围高层建筑物密集，还会产生涡流现象。

这种波动风压会在建筑物上产生一定的动力效应。通过实测及功率谱分析可以发现，风载波动是周期性的，基本周期往往很长，它与一般建筑物的自振周期相比，相差较大。例如，一般多层钢筋混凝土结构的自振周期大约为0.4～1s，因而风对一般多层建筑造成的动力效应不大。但是，风载波动中的短周期成分对于高度较大或刚度较小的高层建筑可能产生一些不可忽视的动力效应，在设计中采用风振系数β_z来考虑这种动力效应。确定风振系数时要考虑结构的动力特性及房屋周围的环境，设计时用它加大风荷载，仍然按照静力作用计算风载效应。这是一种近似方法，把动力问题化为静力计算，可以大大简化设计工作。但是如果建筑物的高度很高（例如，超过200m），特别是对较柔的结构，最好进行风洞试验，用通过实测得到的风对建筑物的作用作为设计依据较为安全可靠。

对高度大于30m，且高宽比大于1.5的房屋，以及基本自振周期$T_1>0.25$s的各种高耸结构，均需考虑风压脉动对结构产生顺风向风振的影响。顺风向风振相应计算应按结构随即振动理论进行。对于一般竖向悬臂型结构，例如，高层建筑和构架、塔架、烟囱等高耸结构，均可仅考虑结构第一振型的影响，结构的顺风向风荷载可按《荷载规范》（GB 50009—2012）中规定风振系数β_z的计算公式计算。计算公式如下：

$$\beta_z=1+2gI_{10}B_z\sqrt{1+R^2} \tag{3.3}$$

式中 g——峰值因子，可取2.5；

I_{10}——10m高度名义湍流强度，对应A类、B类、C类和D类地面粗糙度，可分别取0.12、0.14、0.23和0.39；

R——脉动风荷载的共振分量因子；

B_z——脉动风荷载的背景分量因子。

脉动风荷载的共振分量因子可按下列公式计算：

$$R=\sqrt{\frac{\pi}{6\zeta_1}\frac{x_1^2}{(1+x_1^2)^{4/3}}} \tag{3.4a}$$

$$x_1=\frac{30f_1}{\sqrt{k_w\omega_0}},x_1>5 \tag{3.4b}$$

式中 f_1——结构第1阶自振频率，Hz；

k_w——地面粗糙度修正系数，对A类、B类、C类和D类地面粗糙度分别取1.28、1.0、0.54和0.226；

ζ_1——结构阻尼比，对钢结构可取0.01，对有填充墙的钢结构房屋可取0.02，对钢筋混凝土及砌体结构可取0.05，对其他结构可根据工程经验确定。

脉动风荷载的背景分量因子可按下列规定确定。

对体型和质量沿高度均匀分布的高层建筑和高耸结构，可按下式计算：

$$B_z=kH^{a_1}\rho_x\rho_z\frac{\phi_1(z)}{\mu_z} \tag{3.5}$$

式中 $\phi_1(z)$——结构第1阶振型系数；

H——结构总高度，m，对应A、B、C和D类地面粗糙度，H的取值分别不应大于300m、350m、450m和550m；

ρ_x——脉动风荷载水平方向相关系数；

ρ_z——脉动风荷载竖直方向相关系数；

k 和 a_1——系数，按表 3.4 取值。

表 3.4　　系数 k 和 a_1

粗糙度类别		A	B	C	D
高层建筑	k	0.944	0.670	0.295	0.112
	a_1	0.155	0.187	0.261	0.346
高耸结构	k	1.276	0.910	0.404	0.155
	a_1	0.186	0.218	0.292	0.376

对迎风面和侧风面的宽度沿高度按直线或接近直线变化，而质量沿高度按连续规律变化的高耸结构，式（3.5）计算的背景分量因子 B_z 应乘以修正系数 θ_B 和 θ_v。θ_B 为构筑物在 z 高度处的迎风面宽度 $B(z)$ 与底部宽度 $B(0)$ 的比值；θ_v 可按表 3.5 确定。

表 3.5　　修正系数 θ_v

$B(H)/B(0)$	1	0.9	0.8	0.7	0.6	0.5	0.4	0.3	0.2	≤0.1
θ_v	1.00	1.10	1.20	1.32	1.50	1.75	2.08	2.53	3.30	5.60

（1）竖直方向的相关系数可按下式计算：

$$\rho_z=\frac{10\sqrt{H+60e^{-H/60}-60}}{H} \tag{3.6}$$

式中　H——结构总高度，m，对 A、B、C 和 D 类地面粗糙度，H 的取值分别不应大于 300m、350m、450m 和 550m。

（2）水平方向相关系数可按下式计算：

$$\rho_x=\frac{10\sqrt{H+50e^{-B/50}-50}}{B} \tag{3.7}$$

其中
$$B\leqslant 2H$$

式中　B——结构迎风面宽度，m。

（3）对于迎风面宽度较小的高耸结构，水平方向相关系数可取 $\rho_x=1$。

振型系数应根据结构动力计算确定。

3.3.2　总风荷载与局部风荷载

1. 总风荷载

设计时，应使用总风荷载计算风荷载作用下结构的内力及位移。总风荷载为建筑物各个表面承受风力的合力，是沿建筑物高度变化的线荷载。通常，按 x、y 两个互相垂直的方向分别计算总风荷载。按下式计算的总风荷载标准值是 z 高度处的线荷载（kN/m²）。

$$W_z=\beta_z\mu_z w_0(\mu_{s1}B_1\cos\alpha_1+\mu_{s2}B_2\cos\alpha_2+\cdots+\mu_{sn}B_n\cos\alpha_n) \tag{3.8}$$

式中　n——建筑物外围表面积数（每一个平面作为一个表面积）；

B_1，B_2，…，B_n——分别为 n 个表面的宽度；

μ_{s1}，μ_{s2}，…，μ_{sn}——分别为各边面的平均风载体型系数，可查表 3.3；

α_1，α_2，…，α_n——分别为各表面法线与风作用方向的夹角。

当建筑物某个表面与风力作用方向垂直时，$\alpha_i=0°$，这个表面的风压全部计入总风荷载。当某个表面与风力作用方向平行时，$\alpha_i=90°$，这个表面的风压不计入总风荷载。其他与风作用成某一夹角的表面，都应计入该表面上压力在风作用方向的分力。要注意每个表面体型系数的正负号，即注意每个表面承受的是风压力还是风吸力，以便在求合力时作矢量相加。

各表面风荷载的合力作用点，即为总体风荷载的作用点。设计时，将沿高度分布的总体风荷载的线荷载换算成集中作用在各楼层位置的集中荷载，再计算结构的内力及位移。

2. 局部风载

由于风压分布不均匀，在某些风压较大的部位，有时需要验算表面围护构件及玻璃等强度或构件连接强度。在计算建筑突出部位如阳台、挑檐、雨篷、遮阳板等构件的内力时，要考虑由风产生的向上漂浮力。这些计算称为局部风荷载计算。

局部风荷载用于计算结构局部构件、围护构件以及围护构件与主体的连接，如水平悬挑构件、幕墙构件及其连接件等，其单位面积上的风荷载标准值的计算公式仍用式（3.1），但采用局部风荷载体型系数。对于檐口、雨篷、遮阳板、阳台等突出构件的上浮力，取 $\mu_s\geqslant-2.0$。设计建筑幕墙时，风荷载应按国家现行幕墙设计标准的规定采用。

对封闭式建筑物，内表面也会有压力或吸力，分别按外表面风压的正、负情况取－0.2或＋0.2。

【例 3.1】 某 10 层现浇框架-剪力墙结构办公楼，其平面及剖面如图 3.4 所示。当地基本风压为 0.7kN/m²，地面粗糙度为 A 类，求在图示风向作用下，建筑物各楼层的风力标准值。

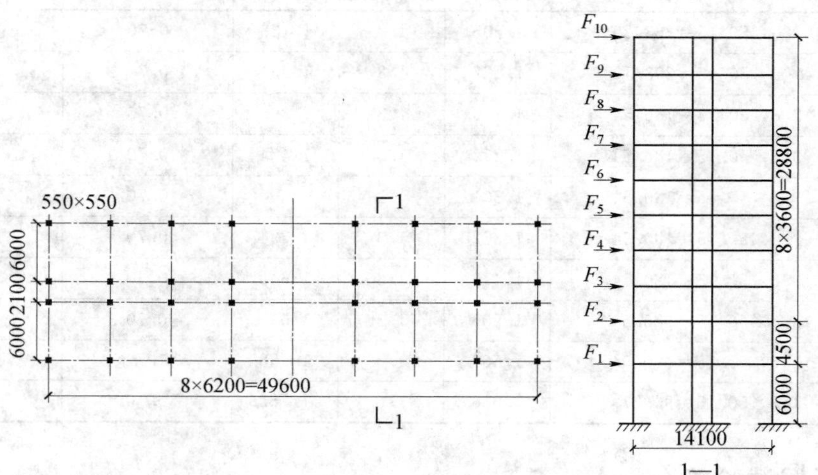

图 3.4　［例 3.1］示意图

解：结构宽度 14.1m，高度 39.3m，则结构高宽比为 2.787，大于 1.5。结构第一振型自振周期 T_1 为

$$T_1=0.06n=0.06\times10=0.6(\mathrm{s})$$

其频率为

$$f_1=1/T_1=1.667(\mathrm{Hz})$$

根据地面粗糙度 A 类和离地高度 H_i 查表 3.2，可得相应的 μ_z 值。各楼层位置处的风振系数计算结果如表 3.6 所示。

表 3.6　各楼层风振系数计算结果

楼层	楼面距地面高度 H_i/m	μ_z	ϕ_1 (z)	B_z	β_z
1	6.0	1.128	0.05	0.052	1.050
2	10.5	1.294	0.14	0.126	1.122
3	14.1	1.395	0.23	0.192	1.186
4	17.7	1.474	0.33	0.261	1.252
5	21.3	1.540	0.41	0.311	1.301
6	24.9	1.594	0.51	0.374	1.362
7	28.5	1.648	0.69	0.489	1.473
8	32.1	1.697	0.76	0.523	1.506
9	35.7	1.738	0.87	0.585	1.566
10	39.3	1.782	1.00	0.655	1.633

根据《高规》（JGJ 3—2010），高度比 $H/B\leqslant4$ 的，风荷载体型系数 $\mu_s=0.8+0.5=1.3$。

各楼层风力 $F_i=A_i\beta_{zi}\mu_s\mu_{zi}w_0$，计算结果如表 3.7 所示。

表 3.7　各楼层风力计算结果

楼层	受风面积 A_i/m²	β_z	μ_s	μ_z	w_0/(kN/m²)	F_i/kN
1	5.25×50.15=263.29	1.505	1.3	1.128	0.70	283.775
2	4.05×50.15=203.10	1.122	1.3	1.294	0.70	268.336
3	3.6×50.15=180.54	1.186	1.3	1.395	0.70	271.815
4	3.6×50.15=180.54	1.252	1.3	1.474	0.70	303.190
5	3.6×50.15=180.54	1.301	1.3	1.54	0.70	329.164
6	3.6×50.15=180.54	1.362	1.3	1.594	0.70	356.681
7	3.6×50.15=180.54	1.473	1.3	1.648	0.70	398.818
8	3.6×50.15=180.54	1.506	1.3	1.697	0.70	419.877
9	3.6×50.15=180.54	1.566	1.3	1.738	0.70	447.153
10	1.8×50.15=90.27	1.633	1.3	1.782	0.70	239.044

3.3.3 风洞试验简介

风是紊乱的随机现象，风对建筑物的作用十分复杂，规范中关于风荷载值得确定适用

于大多数体型较规则、高度不太大的单幢高层建筑。对体型复杂的高层建筑物的风作用，目前还没有有效的预测和计算方法，而风洞试验是一种测量在大气边界层（风速变化的高度范围）内风对建筑物作用大小的有效手段。摩天大楼可能造成很强的地面风，对行人和商店有很大影响，当附近还有别的高层建筑时，群楼效应对建筑物和建筑物之间的通道也会造成危害，这些都可以通过风洞试验得到对设计有用的数据。

风洞试验的费用较高，但多数情况会得到更安全而经济的设计，目前在国外应用较为普遍，而在我国的应用还不十分普遍。不过，针对高层建筑高度逐渐增加的情况，需要更加重视风洞试验。随着我国经济实力和技术水平的提高，国内已有一些可以对建筑物模型进行风洞试验的设备，今后国内风洞试验将会逐步增加。

我国现行行业标准《高规》（JGJ 3—2010）规定，有下列情况之一的建筑物，应按风洞试验确定风荷载：

（1）高度大于200m。

（2）高度大于150m，且平面形状不规则、立面形状复杂，或有立面开洞，或为连体建筑等情况。

（3）规范或规程中没有给出风载体型系数的建筑物。

（4）周围地形和环境复杂，邻近有高层建筑时，宜考虑互相干扰的群体效应，一般可将单个建筑物的体型系数乘以相互干扰增大系数。缺乏该系数时，宜通过风洞试验得出。

此外，风作用会引起建筑物摇晃，设计时要确保它的摇摆运动不会引起用户的不舒适感。随着高层建筑高度的加大，舒适度问题将会在设计中更加得到重视，而目前国内在这方面的研究还很少。

加拿大的达文波特首先提出舒适度与房屋顶层加速度关系，现在有一些计算建筑物顶层加速度的经验公式，但是常常还需要通过实测确定，这也是风洞试验的一个目的。建筑物的风洞试验要求在风洞中实现大气边界层内的平均风剖面、紊流和自然流动，即能模拟风速随高度的变化。大气紊流纵向分量与建筑物长度尺寸应具有相同的相似常数。模型风洞试验的相似性分析是以动力学相似性为基础的，包括时间、长度、速度、质量和力的缩尺等。例如，风压的相似比就是通过风压分布系数来反映的。其具体表达式为

原型表面风压/原型来流风速＝模型表面风压/模型来流风速

一般来说，风洞尺寸达到宽为2～4m、高为2～3m、长为5～30m时可满足要求。风洞试验必须有专门的风洞设备，模型制作也有特殊要求，量测设备和仪器也是专门的，因此高层建筑需要做风洞试验时，都委托风工程专家和专门的试验人员进行。

风洞试验采用的模型通常有刚性压力模型、气动弹性模型、刚性高频力平衡模型三类。

刚性压力模型最常用，建筑模型的比例大约取1∶500～1∶300，一般采用有机玻璃材料，建筑模型本身、周围建筑物模型以及地形都应与实物几何形状相似。与风流动有明显关系的特征如建筑外形、突出部分都应在模型中得到正确模拟。模型上布置大量直径为1.5mm的侧压孔，有时多达500～700个，在孔内安装压力传感器，试验时可量测各部分表面上的局部压力或吸力，传感器输出电信号，通过采集数据仪器自动扫描记录并转换为数字信号，由计算机处理数据，从而得到结构的平均压力和波动压力的量测值。风洞试验一次需持续60s左右，相应实际时间为1h。

这种模型是目前在风洞试验中应用最多的模型，主要是量测建筑物表面的风压力（吸力），以确定建筑物的风荷载，用于结构设计和维护构件设计。

气动弹性模型则可更精确地考虑结构的柔度和自振频率、阻尼的影响，因此不仅要求模拟几何尺寸，还要求模拟建筑物的惯性矩、刚度和阻尼特性。对于高宽比大于5的、需要考虑舒适度的高柔建筑采用这种模型更为合适。但这类模型的设计和制作比较复杂，风洞试验时间也长，有时采用刚性高频力平衡模型代替。

刚性高频力平衡模型是将一个轻质材料的模型固定在高频反应的力平衡系统上，也可得到风产生的动力效应，但是它需要有能模拟结构刚度的基座杆及高频力平衡系统。

3.4 地震作用

3.4.1 地震作用的特点

地震波传播产生地面运动，通过基础影响上部结构，上部结构产生的振动称为结构的地震反应，包括加速度、速度和位移反应。由于地震作用是间接施加在结构上的，不应称为地震荷载。

地震波可以分解为6个振动分量：2个水平分量，1个竖向分量和3个转动分量。对建筑结构造成破坏的分量主要是水平振动和扭转振动。扭转振动对房屋的破坏性很大，但目前尚无法准确计算，主要采用概念设计方法加大结构的抵抗能力，以减小破坏程度。地面竖向振动只在震中附近的高烈度区影响房屋结构，因此，大多数结构的设计计算主要考虑水平地震作用。8度、9度抗震设计时，高层建筑中的大跨度和悬臂结构应考虑竖向地震作用，9度抗震设计时应计算竖向地震作用。

地震作用和地面运动特性有关。地面运动的特性可以用三个特征量来描述：强度（由振动幅值大小表示）、频谱和持续时间。强烈地震的加速度或速度幅值一般很大，但如果地震时间很短，对建筑物的破坏性可能不大。而有时地面运动的加速度或速度幅值并不太大，而地震波的卓越周期（频谱分析中能量占主导地位的频率成分）与结构物基本周期接近，或者振动时间很长，都可能对建筑物造成严重影响。因此，强度、频谱和持续时间被称为地震动三要素。

地面运动的特性除了与震源所在位置、深度、地震发生原因、传播距离等因素有关外，还与地震传播经过的区域和建筑物所在区域的场地土的性质有密切关系。观测表明，不同性质的土层对地震波包含的各种频率成分的吸收和过滤效果不同。地震波在传播过程中，振幅逐渐衰减，在土层中高频成分易被吸收，低频成分振动传播得更远。因此，在震中附近或在岩石等坚硬土壤中，地震波中短周期成分丰富。在距震中较远的地方，或当冲积土层厚、土壤又较软时，短周期成分被吸收而导致以长周期成分为主，这对高层建筑十分不利。此外，当深层地震波传到地面时，土层又会将振动放大，土层性质不同，放大作用也不同，软土的放大作用较大。

建筑本身的动力特性对建筑物是否被破坏和破坏程度也有很大影响。建筑物动力特性是指建筑物的自振周期、振型与阻尼，它们与建筑物的质量和结构的刚度有关。质量大、刚度大、周期短的建筑物在地震作用下的惯性力较大；刚度小、周期长的建筑物位移较大，但惯性力较小。特别是当地震波的卓越周期与建筑物自振周期相近时，会引起类共振，导致结构的地震反应加剧。

3.4.2　抗震设防准则及基本方法

地震作用与风荷载的性质不同，结果设计的要求和方法也不同。风力作用时间较长，有时达数小时，发生的机会也多，一般要求风荷载作用下结构处于弹性阶段，不允许出现大变形，装修材料和结构均不允许出现裂缝，人不应有不舒适感等。而地震发生的机会小，作用持续时间短，一般为几秒到几十秒，但地震作用强烈。如果要求结构在所有地震作用下均处于弹性阶段，势必造成结构材料使用过多，不经济。因此，抗震设计有专门的方法和要求。

3.4.2.1　抗震设防的三水准目标

我国的房屋建筑采用三水准抗震设防目标，即“小震不坏，中震可修，大震不倒”。在小震作用下，房屋应该不需修理仍可继续使用；在中震作用下，允许结构局部进入屈服阶段，经过一般修理仍可继续使用；在大震作用下，构件可能严重屈服，结构破坏，但房屋不应倒塌、不应出现危及生命财产的严重破坏。也就是说，抗震设计要同时达到多层次要求。小震、中震、大震是指概率统计意义上的地震烈度大小。

小震，指该地区 50 年内超越概率约为 63%的地震烈度，即纵值烈度，又称为多遇地震。中震，指该地区 50 年内超越概率约为 10%的地震烈度，又称为基本烈度或设防烈度。大震，指该地区 50 年内超越概率约为 2%～3%的地震烈度，又称为罕遇地震。

各个地区和城市的设防烈度是由国家规定的。某地区的设防烈度，是指基本烈度，也就是指中震。小震烈度大约比基本烈度低 1.55 度，大震烈度大约比基本烈度高 1 度。

抗震设防目标和要求，是根据一个国家的经济实力、科学技术水平、建筑材料和设计、施工现状等综合制订的，并会随着经济和科学水平的发展而改变。

3.4.2.2　抗震设计的两阶段方法

为了实现三水准抗震设防目标，抗震设计采取两阶段方法。

第一阶段为结构设计阶段。在初步设计及技术设计时，就要按有利于抗震的做法去确定结构方案和结构布置，然后进行抗震计算及抗震构造设计。在此阶段，用相应于该地区设防烈度的小震作用计算结构的弹性位移和构件内力，并进行结构变形验算，用极限状态方法进行截面承载力验算，按延性和耗能要求进行截面配筋及构造设计，采取相应的抗震构造措施。虽然只用小震进行计算，但是结构的方案、布置、构件设计及配筋构造都是以三水准设防为目标，也就是说，经过第一阶段设计，结构应该实现“小震不坏，中震可修，大震不倒”的目标。

第二阶段为验算阶段。一些重要的或特殊的结构，经过第一阶段设计后，要求用与该地区设防烈度相应的大震作用进行弹塑性变形验算，以检验是否达到了大震不倒的目标。大震作用下，结构必定已经进入弹塑性状态，因此要考虑构件的弹塑性性能。如果大震作用下的层间变形超过允许值（倒塌变形限值），则应修改结构设计，直到层间变形满足要求为止。如果存在薄弱层，可能造成严重破坏，则应视其部位及可能出现的后果进行处理，采取相应改进措施。

3.4.2.3 抗震设防范围

我国现行《建筑抗震设计规范》(GB 50011—2010)[以下简称《抗震规范》(GB 50011—2010)]规定，在基本烈度为6度及6度以上地区内的建筑结构，应当抗震设防。现行《抗震规范》(GB 50011—2010)适用于设防烈度为6～9度地区的建筑抗震设计。10度地区建筑的抗震设计，按专门规定执行。我国设防烈度为6度和6度以上的地区约占全国总面积的60％。

某地区、某城市的建筑抗震设防烈度是国家地震局(1990年)颁发的《中国地震烈度区划图》上规定的基本烈度，也可采用抗震设防区划提供的地震动参数进行设计，《抗震规范》(GB 50011—2010)规定的抗震设防烈度和基本地震加速度值的对应关系如表3.8所示。

表3.8 抗震设防烈度和基本地震加速度值的对应关系

抗震设防烈度	6度	7度	8度	9度
基本地震加速度值	$0.05g$	$0.10\ (0.15)\ g$	$0.20\ (0.30)\ g$	$0.40g$

注 g为重力加速度。

我国《抗震规范》(GB 50011—2010)又按建筑物使用功能的重要性分为甲、乙、丙、丁四个抗震设防类别。甲类建筑是重大建筑工程和地震时可能发生严重次生灾害的建筑，按高于本地区设防烈度进行设计；乙类和丙类建筑均按本地区设防烈度进行设计，6度设防的Ⅰ～Ⅲ类场地上的多层和高度不大的高层建筑可不进行地震作用的计算，只需满足相关抗震措施要求。

3.4.3 抗震计算理论

计算地震作用的方法可分为静力法、反应谱方法(拟静力法)和时程分析法(直接动力法)三大类。我国《抗震规范》(GB 50011—2010)要求在设计阶段按照反应谱方法计算地震作用，少数情况需要采用时程分析法进行补充计算。规范要求进行第二阶段验算的建筑也是少数，第二阶段验算采用弹塑性静力分析或弹塑性时程分析方法。

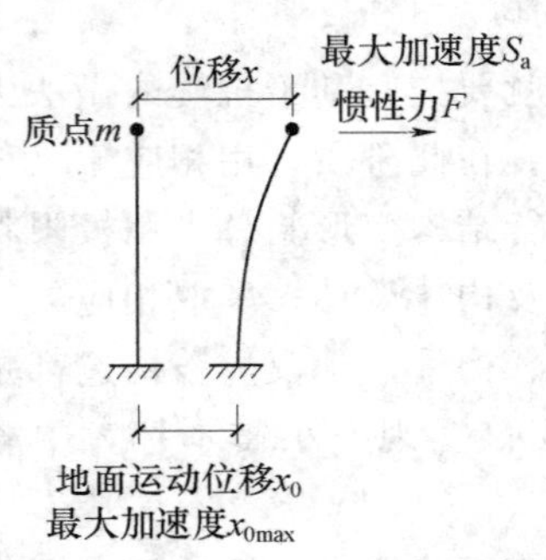

图3.5 单自由度弹性体系地震反应

1. 反应谱理论

反应谱理论是采用反应谱确定地震作用的理论。20世纪40年代开始，世界上结构抗震理论开始进入反应谱理论阶段，是抗震理论的一大飞跃，到20世纪50年代末已基本取代了静力理论。

反应谱是通过单自由度弹性体系的地震反应计算得到的谱曲线。如图3.5所示的单自由度弹性体系在地面加速度运动作用下，质点的运动方程如下：

$$m\ddot{x}+c\dot{x}+kx=-m\ddot{x}_0 \tag{3.9}$$

式中 m、c和k——分别为质点的质量、阻尼常数和刚度系数；

x、$\dot{x}$和$\ddot{x}$——分别为质点的位移、速度和加速度反应，是时间 t 的函数；

$\ddot{x}_0$——地面运动加速度，是时间 t 的函数。

运动方程可通过杜哈默积分或通过数值计算求解，计算结果是随时间变化的质点加速度、速度、位移反应。

S_a 与地震作用和结构刚度有关，若将结构刚度用结构周期 T（或频率 f）表示，用某一次地震记录对具有不同的结构周期 T 的结构进行计算，可求出不同的 S_a 值，将最大值 S_{a1}、S_{a2}、S_{a3}、…，在 S_a-T 坐标图上相连，做出一条 S_a-T 关系曲线，称为该次地震的加速度反应谱。如果结构的阻尼比 ζ 不同，得到的地震加速度反应谱也不同，阻尼比增大，谱值降低。

场地、震级和震中距都会影响地震波的性质，从而影响反应谱曲线形状，因此反应谱的形状也可反映场地土的性质，如图 3.6 所示为分别在不同性质土壤的场地上记录的地震波作出的地震反应谱。硬土中反应谱的峰值对应的周期较短，即硬土的卓越周期短，峰值对应周期可近似代表场地的卓越周期，卓越周期是指地震功率谱中能量占主要部分的周期。软土的反应谱峰值对应的周期较长，即软土的卓越周期长，且曲线的平台（较大反应值范围）较硬土大，说明长周期结构在软土地基上的地震作用更大。

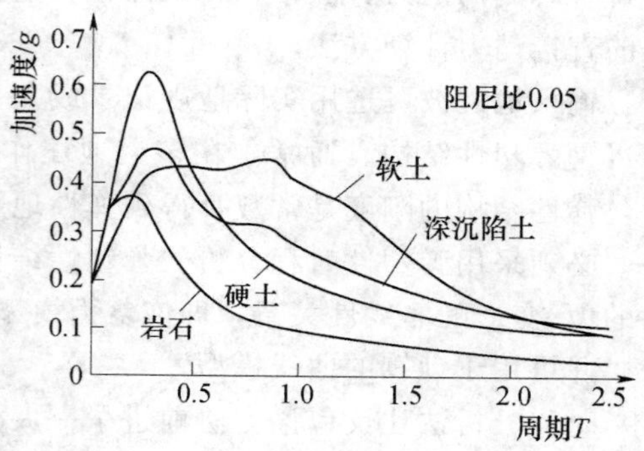

图 3.6　不同性质土壤的地震反应谱

目前我国抗震设计都采用加速度反应谱计算地震作用。取加速度反应绝对最大值计算惯性力作为等效地震荷载，即

$$F=mS_a \tag{3.10a}$$

将公式的右边改写成

$$F=mS_a=\frac{\ddot{x}_{0\max}}{g}\frac{S_a}{\ddot{x}_{0\max}}mg=k\beta G=\alpha G \tag{3.10b}$$

其中

$$\alpha=k\beta$$

$$G=mg$$

$$k=\ddot{x}_{0\max}/g$$

式中　α——地震影响系数；

G——质点的重量；

g——重力加速度；

k——地震系数，即地面运动最大加速度与 g 的比值。

β 是动力系数，$\beta=S_a/\ddot{x}_{0\max}$，即结构最大加速度反应相对于地面最大加速度的放大系数。β 与$\ddot{x}_{0\max}$、结构周期及阻尼比 ζ 有关，$\beta-T$ 曲线，称为 β 谱。通过计算发现，不同地震波得到的 $\beta_{\max}$ 值相差并不太多，平均值在 2.25 左右。因此，可以从不同地震波求出的

β-T 曲线取具有代表性的平均曲线作为设计依据，称为标准 β 谱曲线。我国设计采用 α 曲线，即 $k\beta$ 曲线，它可以同时表达地面运动的强烈程度。由于同一烈度的 k 值为常数，α 谱曲线的形状与 β 谱曲线形状是相同的，α 曲线又称为地震影响系数曲线。下面将详细介绍。

2. 直接动力理论（时程分析法）

时程分析法是一种动力计算方法，用地震波［加速度时程 $\ddot{x}_0(t)$］作为地面运动输入，直接计算并输出结构随时间而变化的地震反应。它既考虑了地震动的振幅、频率和持续时间三要素，又考虑了结构的动力特性。计算结果可以得到结构地震反应的全过程，包括每一时刻的内力、位移、屈服位置、塑性变形等，也可以得到反应的最大值，是一种先进的直接动力计算方法。

输入地震波可选用实际地震记录或人工地震波，计算的结构模型可以是弹性结构，也可以是弹塑性结构。通常，在多遇地震作用下，结构处于弹性状态，可采用弹性时程分析，弹性结构的刚度是常数，得到弹性地震反应；在罕遇地震作用下，结果进入弹塑性状态，必须采用弹塑性时程分析。弹塑性结构的刚度随时间而变化，因此计算时必须给出构件的力-变形的非线性关系，即恢复力模型。恢复力模型时在大量试验研究基础上归纳出来，并可用于计算的曲线模型。

时程分析法比反应谱方法前进了一大步，但由于种种原因，还不能在工程设计中普遍采用。《抗震规范》（GB 50011—2010）规定特别重要或特殊的建筑才采用时程分析法作补充计算。

3.4.4 设计反应谱

1. 反应谱曲线

我国制定《抗震规范》规定的反应谱时，收集了国内外不同场地上 255 条 7 度以上（包括少部分 6 度强）的地震加速度记录，计算得到了不同场地的 β 谱曲线，经过处理得到标准的 β 谱曲线，计入 k 值后形成 α 谱曲线，即规范给出的地震影响系数曲线，如图 3.7所示。由图可见，确定结构地震作用大小的地震影响系数 α 值分为 4 个线段，其直接变量为结构自振周期 T，由结构周期 T 确定 α 值，然后按式（3.7b）计算地震作用。

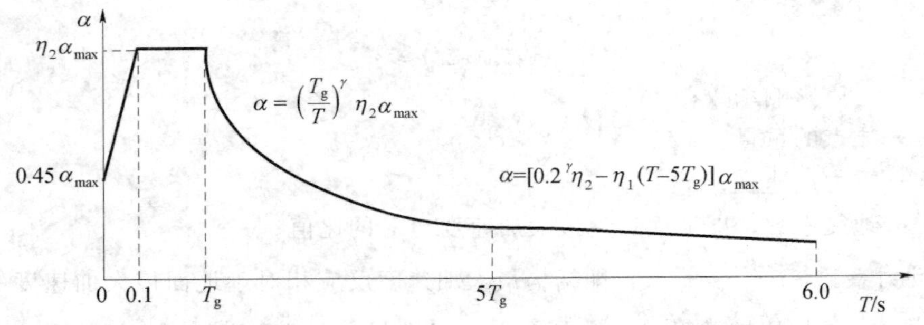

图 3.7　地震影响系数曲线

表 3.9　设防烈度对应的多遇地震和罕遇地震的 α_{max} 值

地震	设防烈度			
	6 度	7 度	8 度	9 度
多遇地震	0.04	0.08 (0.12)	0.16 (0.24)	0.32
设防地震	0.12	0.23 (0.34)	0.45 (0.68)	0.90
罕遇地震	0.28	0.50 (0.72)	0.90 (1.20)	1.40

(1) $T<0.1$s 的线段在设计时不要。

(2) $0.1<T<T_g$ 时，$\alpha=\eta_2\alpha_{max}$ 为平台段。α_{max} 只与设防烈度有关，表 3.9 给出了设防烈度 6 度、7 度、8 度、9 度对应的多遇地震和罕遇地震的 α_{max} 值。η_2 是与阻尼比有关的系数。

(3) $T>T_g$ 后，α 进入下降段，$5T_g$ 以前为曲线下降。

(4) $T>5T_g$ 以后按直线下降直至 6.0s。

在图 3.7 上分别给出曲线下降段和直线下降段的表达式，公式中各系数与阻尼比 ζ 有关。

γ 称为下降段的衰减指数，按下式计算：

$$\gamma=0.9+\frac{0.05-\zeta}{0.3+6\zeta} \tag{3.11}$$

η_1 称为直线下降段的下降斜率调整系数（小于 0 时取 0），按下式计算：

$$\eta_1=0.02+\frac{0.05-\zeta}{4+32\zeta} \tag{3.12}$$

η_2 称为阻尼调整系数，按下式计算：

$$\eta_2=1.0+\frac{0.05-\zeta}{0.08+1.6\zeta} \tag{3.13}$$

阻尼比 ζ 取定后，代入公式中计算系数，然后计算结构周期 T 对应的 α 值。一般钢筋混凝土结构取 $\zeta=0.05$，钢结构取 $\zeta=0.02$。在最常用阻尼比 $\zeta=0.05$ 时，衰减指数 $\gamma=0.9$，直线下降段斜率调整系数 $\eta_1=0.02$，阻尼调整系数 $\eta_2=1.0$。

2. 特征周期 T_g 与场地和场地土

影响 α 值大小的因素除自振周期和阻尼比外，还有场地特征周期 T_g。地震影响曲线上由最大值开始下降的周期称为场地特征周期 T_g，T_g 愈大，曲线平台段愈长，长周期结构的地震作用将加大。场地特征周期 T_g 与场地和场地土的性质有关，也与设计地震分组有关，如表 3.10 所示。

表 3.10　场地特征周期 T_g　单位：s

设计地震分组	场地类别				
	I_0	I_1	Ⅱ	Ⅲ	Ⅳ
第一组	0.20	0.25	0.35	0.45	0.65
第二组	0.25	0.30	0.40	0.55	0.75
第三组	0.30	0.35	0.45	0.65	0.90

我国将场地土划分为坚硬、中硬、中软和软弱四类，分别为Ⅰ类、Ⅱ类、Ⅲ类、Ⅳ四

类，场地类别综合考虑了场地土的性质，场地土是指场地范围内的地基土。

要综合考虑场地土的性质和覆盖层的厚度才能确定场地类别。对于高层建筑，要由岩土工程勘察得到场地土的剪切波速和覆盖层厚度，确定类别的具体方法参考表 3.11。场地土越软，软土覆盖层厚度越大，场地类别就越高，特征周期 T_g 越大，对长周期结构越不利。

表 3.11　建筑场地覆盖层厚度　单位：m

等效剪切波速/(m/s)	场地类别			
	Ⅰ	Ⅱ	Ⅲ	Ⅳ
$v_{se}>500$	0			
$500\geqslant v_{se}>250$	<5	≥5		
$250\geqslant v_{se}>140$	<3	3～50	>50	
$v_{se}\leqslant 140$	<3	3～15	>15～80	>80

设计地震分组反映了震中距的影响。在《抗震规范》(GB 50011—2010) 附录 A 中给出了我国主要城镇的抗震设防烈度、设计基本地震加速度和设计地震分组。调查表明，在相同烈度下，震中距离远近不同和震级大小不同的地震产生的震害是不同的。例如，同样是 7 度，如果距离震中较近，则地面运动的频率成分中短周期成分多，场地卓越周期短，对刚性结构造成的震害大，长周期的结构反应较小；如果距离震中远，短周期振动衰减比较多，场地卓越周期比较长，则高柔的结构受地震的影响大。《抗震规范》(GB 50011—2010) 用设计地震分组粗略地反映这一宏观现象。分在第三组的城镇，由于特征周期 T_g 较大，长周期结构的地震作用会较大。

3.4.5 水平地震作用计算

我国《抗震规范》(GB 50011—2010) 规定，设防烈度为 6 度及以上的建筑物必须进行抗震设计，而对于 7 度、8 度、9 度以及 6 度设防的Ⅳ类场地上的较高建筑应计算地震作用。

计算时要通过加速度反应谱将地震惯性力处理成等效水平地震荷载，按 x、y 两个方向分别计算地震作用。具体计算方法又分为反应谱底部剪力法和反应谱振型分解法两种方法。在少数情况下需采用弹性时程分析方法作补充计算。

3.4.5.1 反应谱底部剪力法

反应谱底部剪力法只考虑结构的基本振型，适用于高度不超过 40m，以剪切变形为主且质量和刚度沿高度分布比较均匀的结构。用底部剪力法计算地震作用时，将多自由度体系等效为单自由度体系，只考虑结构基本自振周期，计算总水平地震力，然后再按一定规律分配到各个楼层。

结构底部总剪力标准值为

$$F_{Ek}=\alpha_1 G_{eq} \tag{3.14}$$

其中 $G_{eq}=0.85G_E$

式中 α_1——相应于结构基本周期的地震影响系数值，由设计反应谱公式计算得出；

G_{eq}——结构等效总重力荷载；

G_E——结构总重力荷载代表值，为各层重力荷载代表值之和，重力荷载代表值是指100%的恒荷载、50%～80%的楼面活荷载和50%的雪荷载之和。

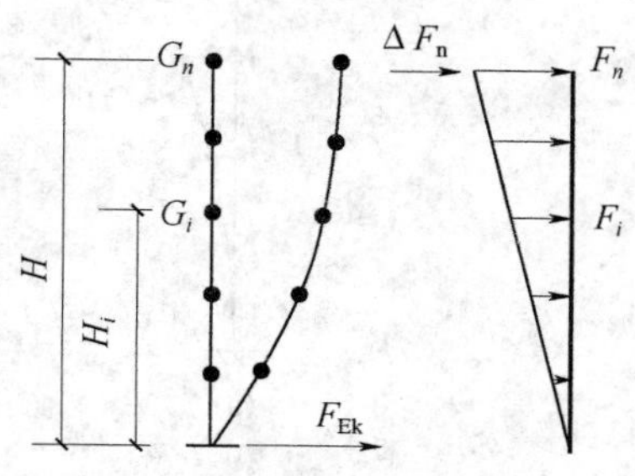

图3.8 水平地震作用沿高度分布

等效地震荷载分布形式如图3.8所示，i 楼层处水平地震力 F_i 按式（3.15）计算。

$$F_i=\frac{G_iH_i}{\sum_{j=1}^{n}G_jH_j}F_{Ek}(1-\delta_n) \tag{3.15}$$

式中 δ_n——顶部附加地震作用系数。

为了考虑高振型对水平地震力沿高度分布的影响，在顶部附加一集中水平力。顶部附加水平力如下：

$$\Delta F_n=\delta_n F_{Ek} \tag{3.16}$$

基本周期 $T_1\leqslant1.4T_g$ 时，高振型影响小，$\delta_n=0$；不考虑顶部附加水平力，基本周期 $T_1>1.4T_g$ 时，δ_n 与 T_g 有关，如表3.12所示。

表3.12 顶部附加地震作用系数 δ_n

T_g/s	$\delta_n(T_1>1.4T_g)$	$\delta_n(T_1\leqslant1.4T_g)$
≤0.35	$0.08T_1+0.07$	0.0
0.35～0.55	$0.08T_1+0.01$	
>0.55	$0.08T_1-0.02$	

3.4.5.2 振型分解反应谱法

较高的结构，除基本的影响外，高振型的影响比较大，因此一般高层建筑都要用振型分解反应谱法考虑多个振型的组合。一般可将质量集中在楼层位置，n 个楼层为 n 个质点，有 n 个振型。在组合前要分别计算每个振型的水平地震作用及其效应（弯矩、轴力、剪力、位移等），然后进行内力与位移的振型组合。

1. 结构计算模型

结构计算模型分为平面结构及空间结构。

（1）平面结构。平面结构振型分解反应谱如下：

按平面结构计算时，x、y 两个水平方向分别计算，一个水平方向每个楼层有1个平移自由度，n 个楼层有 n 个自由度、n 个频率和 n 个振型。平面结构的振型如图3.9所示。

平面结构第 j 振型，i 质点的等效水平地震力如下：

$$F_{ji}=\alpha_j\gamma_jX_{ji}G_i \tag{3.17}$$

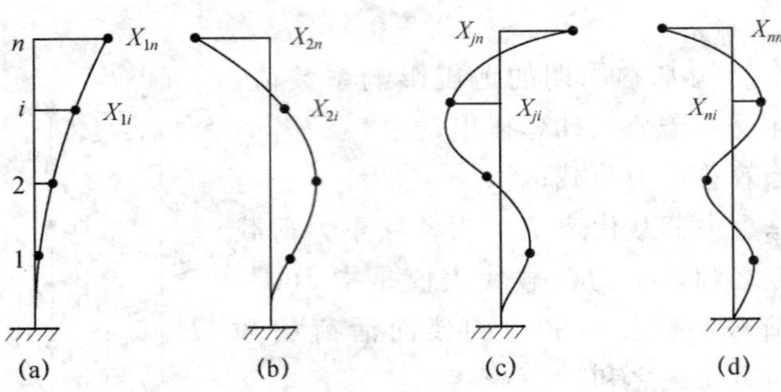

图 3.9　平面结构的振型图

(a) 第一振型；(b) 第二振型；(c) 第 j 振型；(d) 第 n 振型

其中

$$\gamma_j = \frac{\sum_{i=1}^{n} X_{ji} G_i}{\sum_{i=1}^{n} X_{ji}^2 G_i} \tag{3.18}$$

式中　α_j——相应于 j 振型自振周期 T_j 的地震影响系数；

X_{ji}——第 j 振型 i 质点的水平相对位移；

G_i——第 j 层（j 质点）重力荷载代表值，与底部剪力法中 G_E 计算相同；

γ_j——j 振型的振型参与系数。

每个振型的等效地震力与图 3.9 给出的振幅方向相同，每个振型都可由等效地震力计算得到结构的位移和各构件的弯矩、剪力和轴力。因为采用了反应谱，由各振型的地震影响系数 α_j 得到的等效地震力是振动过程中的最大值，其产生的内力和位移也是最大值。实际上，各振型的内力和位移达到最大值的时间一般并不相同，因此，不能简单地将各振型的内力和位移直接相加，而是通过概率统计将各个振型的内力和位移组合起来，这就是振型组合。因为总是前几个振型起主要作用，在工程设计时，只需要用有限个振型计算内力和位移。如果有限个振型参与的等效重量（或质量）达到总重量（或总质量）的 90%，就已经足够精确了。

对于规则的、假定为平面结构的建筑，一般取前 3 个振型进行组合；但如果建筑较高或较柔，基本自振周期大于 1.5s，或房屋高宽比大于 5，或结构沿竖向刚度很不均匀时，振型数应适当增加，一般要取 5 个或 6 个振型。若要求准确，可检验有效参与重量是否达到 90%。具体内容参见相关参考书。

对于平面结构，根据随机振动理论，地震作用下的内力和位移由各振型的内力和位移平方求和以后再开方的方法（Square Root of Sum of Square，简称 SRSS 方法）组合得到。

$$S_{Ek} = \sqrt{\sum_{j=1}^{m} S_j^2} \tag{3.19}$$

式中　m——参与组合的振型数；

S_j——由 j 振型等效地震荷载求得的弯矩（或剪力、轴力、位移）；

S_{Ek}——振型组合后的弯矩（或剪力、轴力、位移）。

采用振型组合法时，突出屋面的小塔楼按其楼层质点参与振型计算，鞭梢效应可在高振型中体现。

（2）空间结构。按空间结构计算时，每个楼层有2个平移、1个转动，即x、y、θ共3个自由度，n个楼层有$3n$个自由度、$3n$个频率和$3n$个振型，每个振型中各质点振幅有3个分量，当其两个分量不为零时，振型耦联。采用空间结构计算模型时，x、y两个水平方向地震仍然分别独立作用，但由于结构具有空间振型，如果振型耦联，每个方向地震作用会同时得到x、y方向作用及扭转效应。振型参与系数应考虑各空间振型，对于空间结构，还要考虑空间各振型的相互影响，采用完全二次方程法（简称CQC法）计算，具体方法可参考有关图书。SRSS方法是CQC方法的特例，只适用于平面结构。

2. 水平地震层剪力最小值法

《抗震规范》（GB50011—2010）还规定，无论用哪种反应谱方法计算等效地震力，结构任一楼层的水平地震剪力（i层剪力标准值）应满足下式要求：

$$V_{\mathrm{Ek}i} > \lambda \sum_{j=i}^{n} G_j \tag{3.20}$$

式中　G_j——第j层的重力荷载代表值；

λ——剪力系数，不应小于表3.13规定的楼层最小地震剪力系数，对竖向不规则结构的薄弱层，尚应乘以1.15的增大系数。

表3.13　楼层最小地震剪力系数

类别	6度	7度	8度	9度
扭转效应明显或基本周期小于3.5s的结构	0.008	0.016（0.024）	0.032（0.048）	0.064
基本周期大于5.0s的结构	0.006	0.012（0.018）	0.024（0.032）	0.040

注　1. 基本周期介于3.5～5.0s的结构，按线性插入法取值。
2. 7度、8度时括号内数值分别用于设计基本地震加速度为$0.15g$和$0.30g$的地区。

3.4.5.3　时程分析法

现行规范规定，下列情况下的房屋结构宜采用弹性时程分析法作为多遇地震作用下的补充计算：

（1）刚度与质量沿竖向分布特别不均匀的高层建筑。

（2）8度Ⅰ类、Ⅱ类场地和7度长度高度超过100m的房屋建筑。

（3）高度超过100m，以及8度Ⅲ类、Ⅳ类场地、高度超过80m和9度高度超过60m的房屋建筑。

弹性时程分析的计算并不困难，在各种商用计算程序中都可以实现，其困难在于选用合适的地面运动，这是因为地震是随机的，很难预估结构未来可能遭受到什么样的地面运动。因此，一般要选数条地震波进行多次计算。规范要求应选用不少于两组实际强震记录和一组人工模拟的地震加速度时程曲线（符合建筑场地类别和设计地震分组特点，它们的反应谱与设计采用的反应谱在统计意义上相符），并采用小震的地震波峰值加速度。时程分析所用多遇地震峰值加速度如表3.14所示。

表3.14　时程分析所用多遇地震峰值加速度　　单位：cm/s²

设防烈度	6度	7度	8度	9度
多遇地震	18	35（55）	70（110）	140

注　括号内数值分别用于设计基本地震加速度为$0.15g$和$0.30g$的地区。

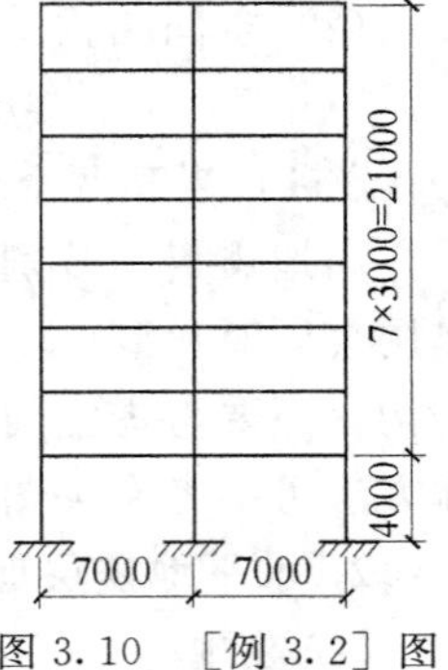

图 3.10 ［例 3.2］图

【例 3.2】 某工程为 8 层框架结构，梁柱现浇、楼板预制，设防烈度为 7 度，Ⅱ类场地土，地震分组为第二组，尺寸如图 3.10 所示。现已计算出结构自振周期 $T_1=0.58\text{s}$；集中在屋盖和楼盖的恒载为顶层 5400kN，2～7 层 5000kN，底层 6000kN；活荷载为顶层 600kN，1～7 层 1000kN，按底部剪力法计算各楼层地震作用标准值与剪力。

解：

（1）楼层重力荷载标准值：

顶　层：　$G_8=5400+0\times600=5400(\text{kN})$

2～7 层：　$G_{2\sim7}=5000+50\%\times1000=5500(\text{kN})$

1　层：　$G_1=6000+50\%\times1000=6500(\text{kN})$

总重力荷载代表值：

$$G=\sum G_i=5400+5500\times6+6500=44900(\text{kN})$$

（2）总地震作用标准值。根据地震分组和场地类别查表 3.10 得 $T_g=0.4\text{s}$；由 7 度设防查表 3.9 得$\alpha_{\max}=0.08$；钢筋混凝土结构的阻尼比 $\zeta=0.05$，则衰减指数 $\gamma=0.9$，$T_g<T_1=0.58\text{s}<5T_g$，故

$$\alpha_1=\left(\frac{T_g}{T_1}\right)^r\alpha_{\max}=\left(\frac{0.4}{0.58}\right)^{0.9}\times0.08=0.0573$$

结构等效总重力荷载代表值为

$$G_{eq}=0.85G_E=0.85\times44900=38165(\text{kN})$$

总地震作用标准值为

$$F_{Ek}=\alpha_1G_{eq}=0.0573\times38165=2186.85(\text{kN})$$

（3）各楼层地震作用标准值。由于 $T_1=0.58\text{s}>1.4T_g=1.4\times0.4=0.56$（s），应考虑顶部附加水平地震作用，查表 3.12 得

$$\delta_n=0.08T_1+0.01=0.08\times0.58+0.01=0.0564$$

$$\Delta F_n=\delta_nF_{Ek}=0.0564\times2186.85=123.34\ (\text{kN})$$

计算结果如表 3.15 和图 3.11 所示。

表 3.15　　各层水平地震作用计算结果

层	H_i/m	G_i/kN	G_iH_i	$\sum G_iH_i$	F_i/kN	V_i/kN
8	25	5400	13500	639500	435.61	558.95
7	22	5500	12100	639500	390.44	949.39
6	19	5500	104500	639500	337.20	1286.59
5	16	5500	88000	639500	283.95	1570.54
4	13	5500	71500	639500	230.71	1801.25
3	10	5500	55000	639500	177.47	1978.72
2	7	5500	38500	639500	124.23	2102.95
1	4	6500	26000	639500	83.90	2186.85

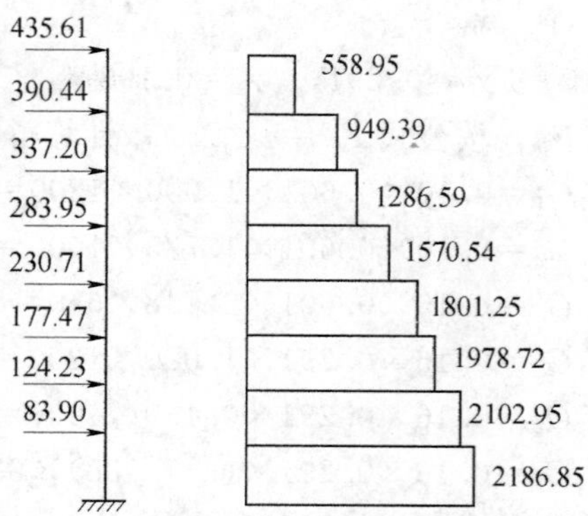

图 3.11　各楼层地震作用标准值及楼层剪力

【例 3.3】 如图 3.12 所示的 3 层钢筋混凝土框架结构，各部分尺寸如图 3.12（a）所示。各楼层重力荷载代表值为 $G_1=1200\text{kN}$，$G_2=1000\text{kN}$，$G_3=650\text{kN}$［见图 3.12（b）所示］，场地土Ⅱ类，设防烈度 8 度，地震分组在第二组。现算得前 3 个振型的自振周期为 $T_1=0.68\text{s}$，$T_2=0.24\text{s}$，$T_3=0.16\text{s}$，振型分别如图 3.12（c）至图 3.12（e）所示。试用振型分解反应谱法求该框架结构的层间地震剪力标准值。

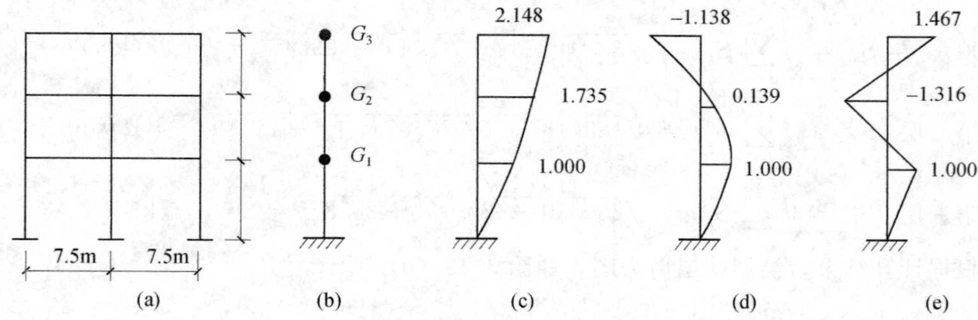

图 3.12　框架计算简图及振型示意图

（a）框架；（b）计算简图；（c）第一振型；（d）第二振型；（e）第三振型

解：

（1）计算各质点的水平地震作用。

各振型的地震影响系数：根据场地类型、设防烈度、地震分组，查表得 $T_g=0.40\text{s}$，$\alpha_{\max}=0.16$。钢筋混凝土结构的阻尼比 $\zeta=0.05$，则衰减指数 $\gamma=0.9$，$T_g<T_1=0.68\text{s}<5T_g$。根据各振型的自振周期 T_1、T_2、T_3，可以得到三种振型下的地震影响系数：

$$\alpha_1=\left(\frac{T_g}{T_1}\right)^r\eta_2\alpha_{\max}=\left(\frac{0.4}{0.68}\right)^{0.9}\times1\times0.16=0.10$$

$$\alpha_2=\alpha_3=\alpha_{\max}=0.16$$

各振型参与系数：

$$\gamma_1=\frac{\sum_{i=1}^{n}X_{ji}G_i}{\sum_{i=1}^{n}X_{ji}^2G_i}=\frac{1.000\times1200+1.735\times1000+2.148\times650}{1.000^2\times1200+1.735^2\times1000+2.148^2\times650}=0.601$$

同理可得

$$\gamma_2=0.291,\quad \gamma_3=0.193$$

各质点的水平地震作用 F_{ji}，按公式 $F_{ji}=\alpha_j\gamma_jX_{ji}G_i$ 计算得

$$F_{11}=\alpha_1\gamma_1X_{11}G_1=0.10\times0.601\times1.000\times1200=72.12(\text{kN})$$
$$F_{12}=\alpha_1\gamma_1X_{12}G_2=0.10\times0.601\times1.735\times1000=104.27(\text{kN})$$
$$F_{13}=\alpha_1\gamma_1X_{13}G_3=0.10\times0.601\times2.148\times650=83.91(\text{kN})$$
$$F_{21}=\alpha_2\gamma_2X_{21}G_1=0.16\times0.291\times1.000\times1200=55.87(\text{kN})$$
$$F_{22}=\alpha_2\gamma_2X_{22}G_2=0.16\times0.291\times0.139\times1000=6.47(\text{kN})$$
$$F_{23}=\alpha_2\gamma_2X_{23}G_3=0.16\times0.291\times(-1.138)\times650=-34.44(\text{kN})$$
$$F_{31}=\alpha_3\gamma_3X_{31}G_1=0.16\times0.193\times1.000\times1200=37.06(\text{kN})$$
$$F_{32}=\alpha_3\gamma_3X_{32}G_2=0.16\times0.193\times(-1.316)\times1000=-40.64(\text{kN})$$
$$F_{33}=\alpha_3\gamma_3X_{33}G_3=0.16\times0.193\times1.467\times650=29.45(\text{kN})$$

(2) 计算地震剪力。相应于前三个振型的剪力分布图如图 3.13 (a) 至图 3.13 (c) 所示。

楼层地震剪力按公式 $S_{\text{Ek}}=\sqrt{\sum_{j=1}^{m}S_j^{\,2}}$ 计算，得

顶　层: $S_3=\sqrt{\sum_{j=1}^{3}S_j^{\,2}}=\sqrt{83.91^2+(-34.44)^2+29.45^2}=95.38(\text{kN})$

第二层: $S_2=\sqrt{\sum_{j=1}^{3}S_j^{\,2}}=\sqrt{188.18^2+(-27.97)^2+(-11.19)^2}=190.58(\text{kN})$

第一层: $S_1=\sqrt{\sum_{j=1}^{3}S_j^{\,2}}=\sqrt{260.30^2+27.90^2+25.87^2}=263.07(\text{kN})$

根据计算结果，绘制楼层剪力图，如图 3.13 (d) 所示。

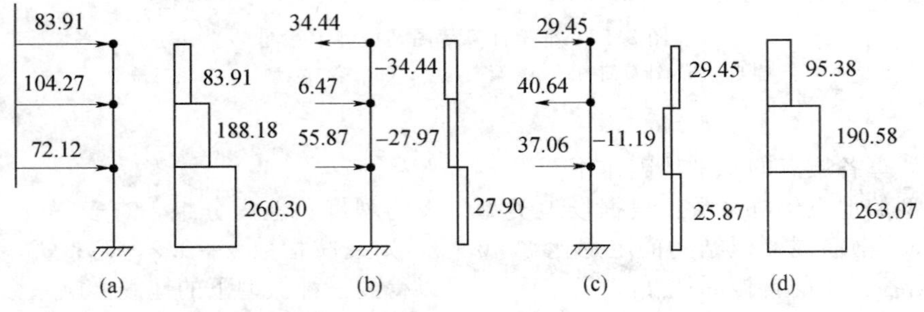

图 3.13　[例 3.3] 计算结果

3.4.6　结构自振周期计算

结构自振周期的计算方法可分为理论计算、半理论半经验公式和经验公式三大类。

3.4.6.1　理论计算及其修正系数

理论方法即采用刚度法或柔度法，用求解特征方程的方法得到结构的基本周期、振型

振幅分布和其他各阶高振型周期、振型振幅分布，又被称为结构动力性能计算。在采用振型分解反应谱法计算地震作用时，必须采用理论计算方法，一般都通过程序计算。理论方法适用于各类结构。

n 个自由度体系，有 n 个频率，直接计算结果是圆频率 ω，单位是 rad/s，各阶频率的排列次序为 $\omega_1<\omega_2<\omega_3<\cdots$；通过换算可得工程频率 $f=\omega/2\pi$，单位为 Hz，在设计反应谱上常用的是周期 T，$T=1/f=2\pi/\omega$，单位为 s，$T_1>T_2>T_3>\cdots$。实际上，工程设计中只需要前面若干个周期及振型。

理论方法得到的周期比结构的实际周期长，原因是计算中没有考虑填充墙等非结构构件对刚度的增大作用，实际结构的质量分布、材料性能、施工质量等也不像计算模型那么理想。若直接用理论周期值计算地震作用，则地震作用可能偏小，因此必须对周期值（包括高振型周期值）作修正。修正（缩短）系数 α_0：框架为 0.6～0.7，框架-剪力墙为 0.7～0.8（非承重填充墙较少时，为 0.8～0.9），剪力墙结构取 1.0。

3.4.6.2 半理论半经验公式

半理论半经验公式是从理论公式加以简化而来，并应用了一些经验系数。所得公式计算方便、快捷，但只能得到基本自振周期，也不能给出振型，通常只在采用底部剪力法时应用。常用的顶点位移法和能量法如下。

1. 顶点位移法

顶点位移法适用于质量、刚度沿高度分布比较均匀的框架、剪力墙和框架-剪力墙结构。按等截面悬臂梁作理论计算，简化后得到计算基本周期的公式：

$$T_1=1.7\alpha_0\sqrt{\Delta_T} \tag{3.21}$$

式中 Δ_T——结构顶点假想位移，即把各楼层重量 G_i 作为 i 层楼面的假想水平荷载，视结构为弹性，计算得到的顶点侧移，其单位必须为 m；

α_0——结构基本周期修正系数，与理论计算方法的取值相同。

2. 能量法

以剪切变形为主的框架结构，可以用能量法（又称为瑞雷法）计算基本周期。

$$T_1 = 2\pi\alpha_0\sqrt{\frac{\sum_{i=1}^{N}G_i\Delta_i^{2}}{\sum_{i=1}^{N}G_i\Delta_i}} \tag{3.22}$$

式中 G_i——i 层重力荷载；

Δ_i——假想侧移，是把各层 G_i 作为相应 i 层楼面的假想水平荷载，用弹性方法计算得到的结构 i 层楼面的侧移，假想侧移可以用反弯点法或 D 值法计算；

N——楼层数；

α_0——基本周期修正系数，取值同理论方法。

3.4.6.3 经验公式

通过对一定数量的、同一类型的已建成结构进行动力特性实测，可以回归得到结构自振周期的经验公式。这种方法也有局限性和误差：一方面，一个经验公式只适用于某类特定结构，对于结构变化，经验公式就不适用；另一方面，实测时，结构的变形很小，实测的结构周期短，它不能反映地震作用下结构的实际变形和周期。因此，在应用经验公式中，都将实测周期的统计回归值乘以 1.1～1.5 的加长系数。

经验公式表达简单，使用方便，但比较粗糙，而且也只有基本周期。因此，该公式常常用于初步设计，可以很容易地估算出底部地震剪力。经验公式也可以用于对理论计算值的判断与评价，若理论值与经验公式结果相差太多，有可能是计算错误，也有可能是所设计的结构不合理，结构太柔或太刚。

钢筋混凝土剪力墙结构（高度为 20～25m、剪力墙间距为 6m 左右）：

$$\left.\begin{aligned} T_{1横} &= 0.06N \\ T_{1纵} &= 0.05N \end{aligned}\right\} \tag{3.23}$$

钢筋混凝土框架-剪力墙结构：

$$T_1 = (0.06 \sim 0.09)N \tag{3.24}$$

钢筋混凝土框架结构：

$$T_1 = (0.08 \sim 0.1)N \tag{3.25}$$

钢结构：

$$T_1 = 0.1N \tag{3.26}$$

式中 N——建筑物层数。

框架-剪力墙结构要根据剪力墙的多少确定系数；框架结构要根据填充墙的材料和多少确定系数。

3.4.7 竖向地震作用计算

在设防烈度为 8 度、9 度的大跨度梁及悬臂结构中，应考虑竖向地震作用，它会加大梁内弯矩及剪力；设防烈度为 9 度的高层建筑，应考虑竖向地震作用，竖向地震作用引起竖向轴力。竖向地震作用可以用下述方法计算。

结构总竖向地震作用标准值：

$$F_{Evk} = \alpha_{vmax} G_{eq} \tag{3.27}$$

其中

$$G_{eq} = 0.75 G_E$$

第 i 层竖向地震作用：

$$F_{vi} = \frac{G_i H_i}{\sum_{j=1}^{n} G_j H_j} F_{Evk} \tag{3.28}$$

第 i 层竖向总轴力：

$$N_{vi} = \sum_{j=1}^{n} F_{vj} \tag{3.29}$$

式中 α_{vmax}——竖向地震影响系数，取水平地震影响系数（多遇地震）的 0.65 倍；

G_{eq}——结构等效总重力荷载；

G_E——结构总重力荷载代表值。

求得第 i 层竖向总轴力后，按各墙、柱所承受的重力荷载代表值大小，将 N_{vi} 分配到各墙、柱上。竖向地震引起的轴力可能为拉力，也可能为压力，组合时按不利值取用。

3.5　荷载效应组合

与一般结构相同，设计高层建筑结构时，要分别计算各种荷载作用下的内力和位移，然后从不同工况的荷载组合中找到最不利内力及位移，进行结构设计。

应当保证在荷载作用下结构有足够的承载力及刚度，以保证结构的安全和正常使用。结构抗风及抗震对承载力及位移有不同的要求，较高的抗风结构还要考虑舒适度要求，抗震结构还要满足延性要求等。

3.5.1　承载力验算

高层建筑结构设计应保证结构在可能同时出现的各种外荷载作用下，各个构件及其连接均有足够的承载力，即保证结构安全。我国《建筑结构可靠度设计统一标准》（GB 50068—2001）规定构件按极限状态设计，承载力极限状态要求采用由荷载效应组合得到的构件最不利内力进行构件截面承载力验算。结构构件承载力验算的一般表达式如下。

无地震组合作用时：

$$\gamma_0 S \leqslant R \tag{3.30}$$

有地震组合作用时：

$$S_E \leqslant R_E / \gamma_{RE} \tag{3.31}$$

式中　γ_0——结构重要性系数，按《荷载规范》（GB 50009—2012）采用；

R——无地震作用组合时结构抗力，即构件承载力设计值，如抗弯承载力、抗剪承载力等；

R_E——考虑地震作用组合时的结构抗力；

γ_{RE}——承载力抗震调整系数；

S——在不考虑地震作用时，由荷载效应组合得到的构件内力设计值；

S_E——考虑地震作用时，由荷载效应组合得到的构件内力设计值（各种荷载效应组合的内容及要求详见后述）。

地震作用对结构是随机反复作用，由试验可知，在反复荷载作用下承载力会降低，抗震时受剪承载力就小于无地震时受剪承载力。但是考虑到地震是一种偶然作用，作用时间短，材料性能也与在静力作用下不同，因此可靠度可略微降低。我国《抗震规范》（GB 50011—2010）采用了对构件的抗震承载能力调整的方法，将承载力略微提高。式（3.31）中系数 γ_{RE} 就是承载力抗震调整系数，规范给出的承载力抗震调整系数（见表 3.16）都小于 1.0，也就是说，该系数可提高承载力，是一种安全度的调整。受弯构件延性和耗能能力好，承载力可调整得多一些，γ_{RE} 值较小；而钢筋混凝土构件受剪和偏拉时延性差，γ_{RE} 较高，为 0.85；钢结构连接可靠度要求高，γ_{RE} 值也高。

表 3.16　构件承载力抗震调整系数

材　料	结构构件	γ_{RE}
钢筋混凝土	梁	0.75
	轴压比小于 0.15 的柱	0.75
	轴压比不小于 0.15 的柱	0.80
	剪力墙	0.85
	各类受剪、偏拉构件	0.85
钢	梁、柱	0.75
	支撑	0.80
	梁节点、螺栓	0.85
	连接焊缝	0.90

3.5.2　侧移变形验算

结构的刚度要求用限制侧向变形的形式表达，我国现行《抗震规范》（GB 50011—2010）主要限制层间位移，即

$$(\Delta u/h)_{\max} \leqslant [\Delta u/h] \tag{3.32}$$

3.5.2.1　使用阶段层间位移限制

在正常使用状态下，限制侧向变形的主要原因包括：防止主体结构开裂、损坏；防止填充墙及装修开裂、损坏；避免过大侧移造成使用者的不舒适感；避免过大侧移造成的附加内力（p-Δ 效应）。正常使用状态（风荷载和小震作用）下 $\Delta u/h$ 的限值按表 3.17 选用。

表 3.17　正常使用情况下 $\Delta u/h$ 的限制值

材　料	结构高度	结构类型	限制值
钢筋混凝土结构	≤150m	框架	1/550
		框架-剪力墙、框筒	1/800
		剪力墙、筒中筒	1/1000
	≥250m	框支层	1/1000
钢结构		各种类型	1/250

注　高度在 150～250m 的钢筋混凝土高层建筑，限制值按表 3.17 中的两类限制值插入计算。

3.5.2.2　罕遇地震作用下层间位移限制

在罕遇地震作用下，高层建筑结构不能倒塌，这就要求建筑物有足够的刚度，使弹塑性变形在限定的范围内，罕遇地震作用下的弹塑性层间位移限值按表 3.18 选用。对下列高层建筑结构应进行罕遇地震作用下薄弱层的弹塑性变形验算：

（1）7～9 度设防楼层屈服强度系数 ξ_y＜0.5 的钢筋混凝土框架结构。

（2）高度大于 150m 的钢结构。

（3）甲类建筑和乙类建筑中的钢筋混凝土结构和钢结构。

（4）采用隔震和消能设计的结构。

表 3.18 罕遇地震作用下的弹塑性层间位移限值

材 料	结构类型	限制值
钢筋混凝土结构	框架	1/50
	框架-剪力墙、框筒	1/100
	剪力墙、筒中筒	1/120
	框支层	1/120
钢结构	各种类型	1/70

在罕遇地震作用下，大多数结构已进入弹塑性状态，变形加大，限制结构层间弹塑性位移是为了防止结构倒塌或严重破坏，而结构顶点位移不必限制。

罕遇地震作用仍按反应谱方法，用底部剪力法或振型分解反应谱法求出楼层层间剪力，再根据构件设计配筋和材料强度标准值计算出楼层受剪承载力 V_y，将 V_y/V_i 定义为楼层屈服强度系数 ξ_y，具体说明参见《抗震规范》(GB 50011—2010)。

3.5.3 荷载效应组合

结构设计时，要考虑可能发生的各种荷载的最大值以及它们同时作用在结构上产生的综合效应，荷载效应是指结构在某种荷载作用下结构的内力，即弯矩、剪力、轴力及结构位移。各种荷载性质不同，发生的概率和对结构的作用也不同，《荷载规范》(GB 50009—2012) 规定了必须采用荷载效应组合的方法，一般先将各种不同荷载分别作用在结构上，逐一计算每种荷载下结构的内力和位移，然后用分项系数和组合系数加以组合。

$$S=\gamma_G S_{Gk}+\gamma_{Q1}\psi_{Q1}S_{Q1k}+\psi_W\gamma_W S_{Wk} \tag{3.33}$$

式中 S——荷载效应组合的设计值；

S_{Gk}、S_{Q1k} 和 S_{Wk}——分别为恒荷载、活荷载和风荷载标准值计算的荷载效应；

γ_G、γ_{Q1} 和 γ_W——分别为恒荷载、活荷载和风荷载效应分项系数；

ψ_{Q1}、ψ_W——分别为活荷载和风荷载的组合系数。

3.5.3.1 无地震作用时的效应组合

(1) 规范对应考虑的各种工况的分项系数和组合系数作如下规定：

1) 组合系数 ψ_{Q1} 要考虑两种情况：可变荷载控制的组合，取 $\psi_{Q1}=1.0$；永久荷载控制的组合，取 $\psi_{Q1}=0.7$。

风荷载取 $\gamma_W=1.4$。其组合系数：高层建筑取 $\psi_W=1.0$，多层建筑取 $\psi_W=0.6$。

2) 位移计算时，为正常使用状态，各分项系数均取 1.0。

(2) 根据式 (3.33) 表示的组合一般规律，高层建筑的无地震作用组合工况有以下两种：

1) 永久荷载效应起控制作用：

1.35×恒荷载效应+1.4×0.7×活荷载效应

2) 可变荷载效应起控制作用。当风荷载作为主要可变荷载，楼面活荷载作为次要可变荷载时：

1.2×恒荷载效应+1.4×0.7×活荷载效应+1.4×1.0×风荷载效应

当楼面活荷载作为主要可变荷载，风荷载作为次要可变荷载时：

1.2×恒荷载效应+1.4×1.0×活荷载效应+1.4×0.6×风荷载效应

3.5.3.2 有地震作用时的效应组合

一般表达式如下：

$$S_E = \gamma_G S_{GE} + \gamma_{Eh} S_{Ehk} + \gamma_{EV} S_{EVk} + \psi_W \gamma_W S_{Wk} \tag{3.34}$$

式中 S_E——有地震作用荷载效应组合的设计值；

S_{GE}、S_{Ehk}、S_{EVk}和S_{Wk}——分别为重力荷载代表值、水平地震作用标准值和竖向地震作用标准值、风荷载标准值的荷载效应；

γ_G、γ_{Eh}、γ_{EV}和γ_W——分别为上述各种荷载作用的分项系数；

ψ_W——风荷载的组合系数，与地震作用组合时取 0.2。

根据式（3.34）的一般表达式，对于高层建筑，有地震作用组合的基本工况如下。

（1）对于所有高层建筑：

1.2×重力荷载效应＋1.3×水平地震作用效应

（2）对于 60m 以上高层建筑增加此项：

1.2×重力荷载效应＋1.3×水平地震作用效应＋1.4×0.2×风荷载效应

（3）9 度设防高层建筑增加：

1.2×重力荷载效应＋1.3×竖向地震作用效应＋0.5×竖向地震作用效应

（4）9 度设防高层建筑增加：

1.2×重力荷载效应＋1.3×竖向地震作用效应

（5）9 度设防且为 60m 以上高层建筑增加：

1.2×重力荷载效应＋1.3×水平地震作用效应＋1.3×竖向地震作用效应＋1.4×0.2×风荷载效应

综上所述，荷载分项系数及荷载效应组合系数如表 3.19 所示。

表 3.19 荷载分项系数及荷载效应组合系数

<table>
<tr><th rowspan="2">类型</th><th rowspan="2">编号</th><th rowspan="2">组合情况</th><th colspan="2">竖向荷载（重力荷载）</th><th>水平地震作用</th><th>竖向地震作用</th><th colspan="2">风荷载</th><th rowspan="2">说　明</th></tr>
<tr><th>γ_G</th><th>γ_Q</th><th>γ_{Eh}</th><th>γ_{EV}</th><th>γ_W</th><th>ψ_W</th></tr>
<tr><td rowspan="2">无地震作用</td><td>1</td><td>恒荷载＋活荷载</td><td>1.2</td><td>1.4</td><td>0</td><td>0</td><td>0</td><td>0</td><td rowspan="2">永久荷载控制的组合取γ_G＝1.35，对结构有利时，取γ_G＝1.0</td></tr>
<tr><td>2</td><td>恒荷载＋活荷载＋风荷载</td><td>1.2</td><td>1.4</td><td>0</td><td>0</td><td>1.4</td><td>1.0</td></tr>
<tr><td rowspan="4">有地震作用</td><td>3</td><td>重力荷载效应＋水平地震效应</td><td colspan="2">1.2</td><td>1.3</td><td>0</td><td>0</td><td>0</td><td>—</td></tr>
<tr><td>4</td><td>重力荷载＋水平地震作用＋风荷载</td><td colspan="2">1.2</td><td>1.3</td><td>0</td><td>1.4</td><td>0.2</td><td>60m 以上高层建筑考虑</td></tr>
<tr><td>5</td><td>重力荷载＋水平地震作用＋竖向地震作用</td><td colspan="2">1.2</td><td>1.3</td><td>0.5</td><td>0</td><td>0</td><td>9 度设防时考虑，8 度、9 度时悬臂及大跨度构件考虑</td></tr>
<tr><td>6</td><td>重力荷载＋水平地震作用＋竖向地震作用＋风荷载</td><td colspan="2">1.2</td><td>1.3</td><td>0.5</td><td>1.4</td><td>0.2</td><td>60m 以上高层建筑 9 度设防时考虑</td></tr>
</table>

注 楼面活荷载一般情况下取 γ_{Q1}＝1.4，活荷载标准值大于或等于 4kN/m^2 时取 1.3。

3.5.4 抗震措施

结构在进行了多遇地震（小震）作用下的承载力及弹性变形验算，以及罕遇地震作用下弹塑性变形验算后，还要根据设防烈度采取相应的抗震措施。

在设防烈度（中震）下，允许结构的某些部位进入屈服状态，形成塑性铰，结构进入弹塑性阶段，通过结构塑性变形来耗散地震能量，而保持结构的承载力，确保结构不破坏，这种性能称为延性，即塑性变形能力的大小。延性愈好，抗震性能愈强。设计延性结构考虑的因素如下：

(1) 要选择延性材料。钢结构延性很好，钢筋混凝土结构经过合理设计，也可以有较好的延性。

(2) 从方案、布置、计算到构件设计、构造措施等每个步骤进行结构概念设计。

(3) 设计延性构件。

(4) 对钢筋混凝土结构采取抗震措施及划分抗震等级。我国《抗震规范》（GB 50011—2010）采用了对钢筋混凝土结构区分抗震等级的办法以从宏观上区别对结构的不同延性的要求。

决定结构的抗震等级主要考虑的因素有设防烈度、建筑物的结构类型、建筑物的高度、该结构在整个结构中的重要性。抗震等级划分为特一级、一级、二级、三级、四级。特一级要求最高，延性要求最好，按顺序要求依次降低。一般情况下，抗震设防烈度高，建筑物高度高，场地土较差，抗震等级也相应提高。同时，对于比较重要的建筑，抗震措施等级的设防烈度要相应提高。钢筋混凝土高层建筑结构的抗震设计应根据设防烈度、结构类型和房屋高度采用结构抗震等级，并应符合相应的计算和构造措施要求。在确定结构抗震等级时，应按表3.20的规定选用对应的设防烈度。钢筋混凝土高层建筑结构的抗震等级应按表3.20采用。

表3.20 确定抗震等级时的对应烈度

建筑类别		丙类				乙类			
设防烈度		6度	7度	8度	9度	6度	7度	8度	9度
场地类别	Ⅰ类	6度	6度	7度	8度	6度	7度	8度	9度
	Ⅱ～Ⅳ类	6度	7度	8度	9度	7度	8度	9度	9^{+}度

注 1. 9°设表示按9度设防时抗震措施可适当提高。
2. 甲类建筑应采用特殊抗震措施。

思考题与习题

3.1 把空间结构简化为平面结构的基本假定是什么？

3.2 计算总风荷载和局部风荷载的目的是什么？二者计算有何异同？

3.3 对图3.14所示结构的风荷载进行分析。在图中所示的风作用下，各建筑立面的风是吸力还是压力？结构的总风荷载是哪个方向？如果要计算与其成90°方向的总风荷

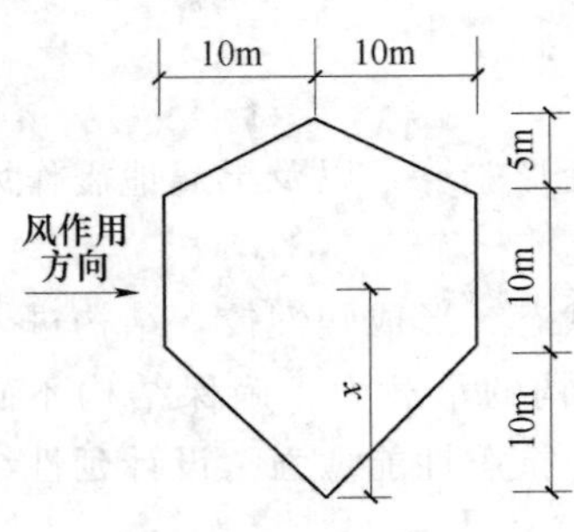

图 3.14　题 3.3、题 3.4 图

载，其大小与前者相同吗？为什么？

3.4　计算一个框架-剪力墙结构的总风荷载。结构平面即图 3.14 所示的平面，16 层，层高 3m，总高度为 48m。由现行荷载规范找出你所在地区的基本风压值，按 50 年重现期计算。求出总风荷载合力作用线及其沿高度的分布。

3.5　地震地面运动特性用哪几个特征量来描述？结构破坏与地面运动特性有什么关系？

3.6　什么是场地特征周期？

3.7　地震作用与风荷载各有什么特点？

3.8　什么是小震、中震和大震？其概率含义是什么？与设防烈度是什么关系？抗震设计目标要求结构在小震、中震和大震作用下处于什么状态？怎样实现？

3.9　什么是抗震设计的二阶段方法？为什么要采用二阶段设计方法？抗震计算中除了抗震计算外，还有哪些内容？

3.10　设计反应谱是通过什么样的结构计算模型得到的？阻尼比对反应谱有什么影响？钢筋混凝土结构及钢结构的阻尼比分别为多少？

3.11　什么是特征周期分组？对设计反应谱有什么影响？

3.12　地震作用大小与场地有什么关系？请分析影响因素及其影响原因。如果两栋相同的建筑，基本周期是 3s，建造地点都是属于第一组，分别建在Ⅰ类场地和Ⅳ类场地上，它们地震作用相差多少？如果它们的建造地点分别为第一组和第三组，都是建在Ⅳ类场地上，地震作用又相差多少？

3.13　计算水平地震作用有哪些方法？适用于什么样的建筑结构？

3.14　计算地震作用时，重力荷载怎样计算？各可变荷载的组合系数为多少？

3.15　用底部剪力法计算水平地震作用及其效应的方法和步骤如何？为什么在顶部有附加水平地震作用？

3.16　n 个自由度的结构有多少个频率和振型？如何换算频率和周期？计算结构的频率和振型有哪些方法？为什么计算和实测的周期都要进行修正？如何修正？

3.17　试述振型分解反应谱法计算水平地震作用及效应的步骤。为什么不能直接将各振型的效应相加？

3.18　平面结构和空间结构一般各取多少个振型进行组合？振型参与系数与振型参与等效重量公式有何区别？

3.19　某 12 层高层建筑剪力墙结构，层高均为 3.0m，总高度为 36.0m，已求得各层的重力荷载代表值如图 3.15（a）所示，第 1 和第 2 振型如图 3.15（b）、图 1.15（c）所示，对应于第 1、第 2 振型的自振周期为 $T_1=0.75s$、$T_2=0.2s$，抗震设防烈度为 8 度，Ⅲ类场地，设计地震分组为第二组。试采用振型分解反映谱法计算底部剪力和底部弯矩设计值。

3.20　承载力验算和水平位移限值为什么是不同的极限状态？这两种验算在荷载效应组合时有什么不同？

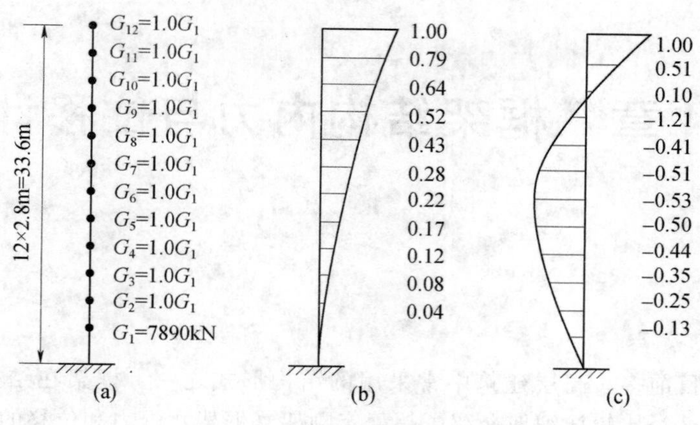

图 3.15　题 3.19 图

3.21　为什么抗震结构要具有延性？

3.22　为什么抗震设计要区分抗震等级？抗震等级与延性要求是什么关系？抗震等级的影响因素有哪些？

3.23　什么是荷载效应组合？

3.24　内力组合和位移组合的项目及分项系数、组合系数有何异同？为什么？

3.25　荷载组合要考虑哪些工况？有地震作用组合与无地震作用组合的区别是什么？抗震设计的结构为什么也要进行无地震作用组合？试分析一栋 30 层、99m 高、位于 7 度抗震设防区的结构需做哪几种组合？若该建筑位于 9 度抗震设防区，情况又如何？注意组合项和分项系数的变化。

第 4 章　框架结构内力与位移计算

4.1　概述

框架结构是目前多、高层建筑中常采用的结构形式之一。框架在结构力学中称为刚架，结构力学中已经比较详细地介绍了超静定刚架（框架）内力和位移的计算方法，比较常用的手算方法有全框架力矩分配法、无剪力分配法和迭代法等，均为精确算法。但在实用中大多已被更精确、更省人力的计算机分析方法（矩阵位移法）所代替。不过，其中有些手算近似计算方法由于其计算简单、易于掌握，又能反映刚架受力和变形的基本特点，目前在实际工程中应用较多，特别是在初步设计时的估算，手算的近似方法仍为设计人员所常用。

多、高层建筑结构在进行内力与位移计算中，为使计算简化，必须作出一些假定，以下将讨论一些结构计算中的基本假定：

（1）弹性工作状态假定。结构在荷载作用下的整体工作按弹性工作状态考虑，内力和位移按弹性方法计算。但对于框架梁及连梁等构件，可考虑局部塑性变形内力重分布。

（2）平面结构假定。任何结构都是一个空间结构，实际风荷载及地震作用方向是随意的、不定的。为简化计算，对规则的框架、框架-剪力墙、剪力墙结构体系及框筒结构，可将结构沿两个正交主轴方向划分为若干平面抗侧力结构-若干榀框架、若干片墙，以承受该框架、墙平面方向的水平力（风荷载及水平地震作用），框架、墙不承受垂直于其平面方向的水平力。

（3）刚性楼面假定。各平面抗侧力结构之间通过楼板相互联系并协同工作。一般情况下，可认为楼板在自身平面内刚度无限大，而楼板平面外刚度很小，可以不考虑。为保证楼面其自身平面内有足够的刚度，在设计中应采取相应的构造措施。但当楼面有大开孔，楼面上有较长的外伸段，底层大空间剪力墙结构的转换层楼面以及楼面的整体性较差时，宜对采用刚性楼面假定的计算结果进行调整或在计算中考虑楼面的平面内刚度。

在上述假定下，结构受侧向荷载及作用时，内力分析要解决两个问题：一是按各片抗侧力结构的相对刚度大小，分配水平荷载至各片抗侧力结构；二是计算每片抗侧力结构在所分到的水平荷载作用下的内力及位移。

本章主要介绍竖向荷载作用时的分层计算法、水平荷载作用时的反弯点法和 D 值法，多层多跨框架在水平荷载作用下侧移的近似计算方法。

4.2　分层计算法

4.2.1　适用范围

分层计算法主要用于计算多层多跨且梁柱全部贯通的均匀框架，当梁柱线刚度比值$\sum i_b/\sum i_c \geqslant 3$，或框架不规则时，分层计算法不适用。

分层计算法计算工作量较大，特别是层数多时，更为明显。

4.2.2　基本假定

根据结构力学分析可知：多层多跨框架在竖向荷载作用下，其侧向位移比较小，且每层梁的竖向荷载对本层杆件内力影响较大，而对其他各层杆件内力影响不大。为了简化计算，可作如下假定：

(1) 在竖向荷载作用下，计算框架内力时可忽略侧向位移的影响，作为无侧移框架按力矩分配法进行内力分析。

(2) 在计算时不考虑本层梁竖向荷载对其他各层杆件内力的影响，即将多层框架分解为一层一层的单层框架分别计算。

按照叠加原理，根据上述假定，多层多跨框架在多层竖向荷载同时作用下的内力，可以看成各层竖向荷载单独作用下的内力的叠加，如图 4.1 所示。

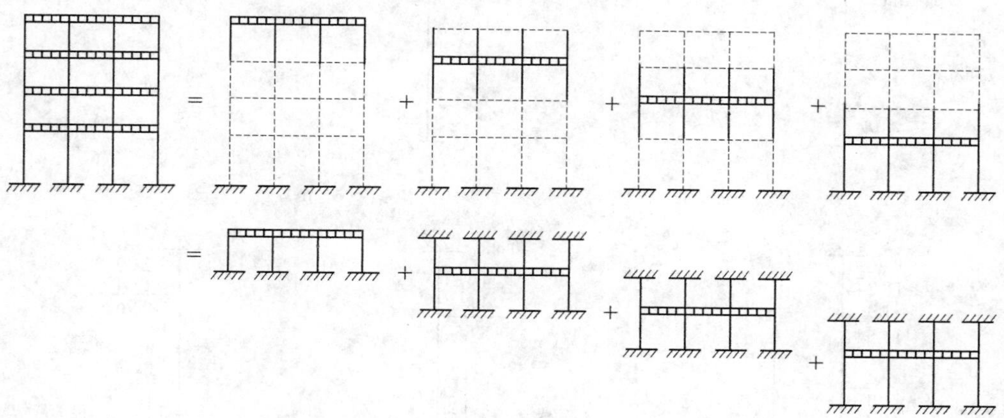

图 4.1　分层法计算简图

4.2.3　计算步骤

分层计算法的精确度一般能满足实用要求。分层计算法的主要计算过程如下：

(1) 将多层多跨框架分层，即每层梁与上下柱构成的单层作为计算单元，柱的远端为固定端，如图 4.1 下部分所示。

(2) 按弯矩分配法计算各单元计算内力：分层计算时，由于上层各柱的柱端实际为弹性支撑，故在计算中除底层以外须将上层各柱的线刚度乘以折减系数 0.9，以减少误差。

柱支座处的柱端弯矩为横梁处的柱端弯矩的 1/3，即传递系数取为 1/3；当柱支座处实际为完全固定（如底层）时，则为横梁处柱端弯矩的 1/2，即传递系数取为 1/2。

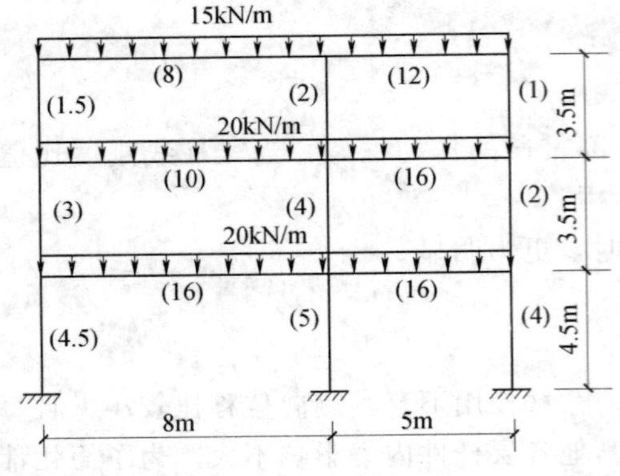

图 4.2 ［例 4.1］图

(3) 杆件的内力计算：横梁的实际弯矩即为分层计算所得的弯矩；柱同属于上下两层，所以柱的实际弯矩为将上下两相邻简单框架柱的弯矩叠加起来（底层柱除外）。

在节点处，最后算得的弯矩之和通常不等于零，欲进一步修正时，可再进行一次弯矩分配。

【例 4.1】 图 4.2 所示三层框架，用分层计算法做框架的弯矩图，括号内数字表示每杆线刚度的相对值。

解： 用力矩分配法进行计算，上层、中层、下层计算分别如图 4.3～图 4.5 所示。注意，

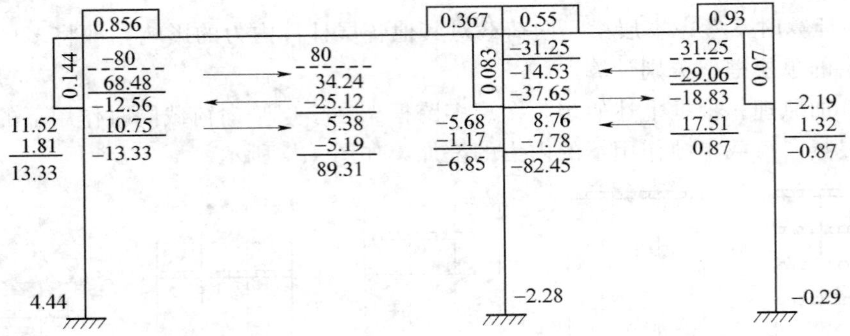

图 4.3 图 4.2 上层计算（单位：kN·m）

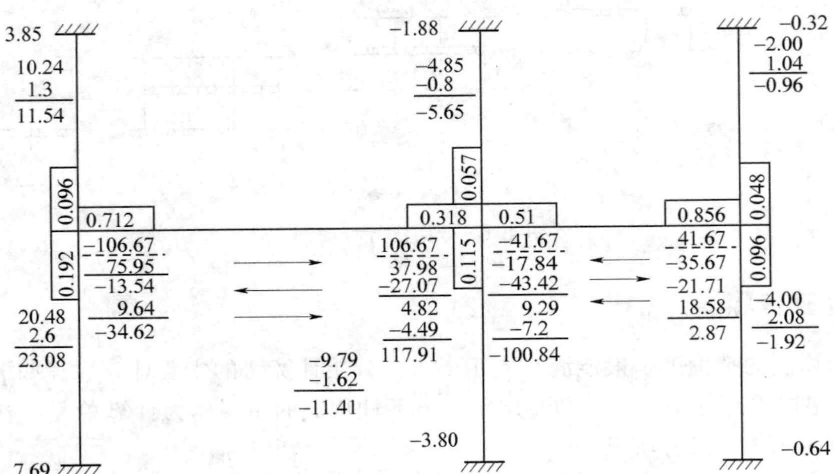

图 4.4 图 4.2 中层计算（单位：kN·m）

上层、中层（底层除外）各柱线刚度都要先乘 0.9，然后再计算各节点的分配系数。各杆分配系数写在杆端的长方框内。下画细虚线的数值是固端弯矩。上层、中层（底层除外）各柱远端弯矩等于各柱近梁端弯矩的 1/3（即传递系数为 1/3）。底层各柱远端弯矩为柱近梁端弯矩的 1/2（底端为固定，传递系数为 1/2）。将图 4.3～图 4.5 相应的柱端弯矩结果叠加，就得到各杆的最后弯矩图（见图 4.6）。可以看出，节点有不平衡情况。

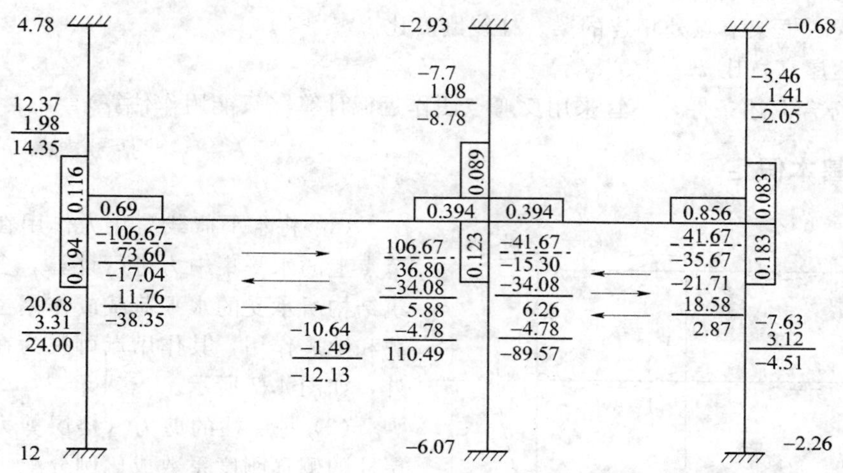

图 4.5　图 4.2 下层计算（单位：kN·m）

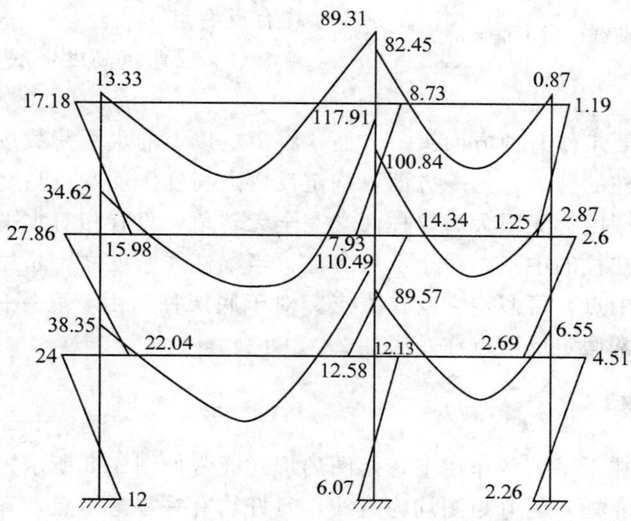

图 4.6　图 4.3～图 4.5 相应的柱、梁端弯矩结果叠加（单位：kN·m）

4.3 反弯点法

4.3.1 适用范围

反弯点法适用范围如下：

(1) 规则框架或近似于规则框架（即各层层高、跨度、梁、柱刚度变化不大）。

(2) 同一框架节点处相连的梁、柱线刚度比 $i_b/i_c \geqslant 3$。

(3) 房屋高宽比 $H/B < 4$。

若不符合上述条件，不宜采用反弯点法作近似计算（只能用作估算）。

4.3.2 基本假定

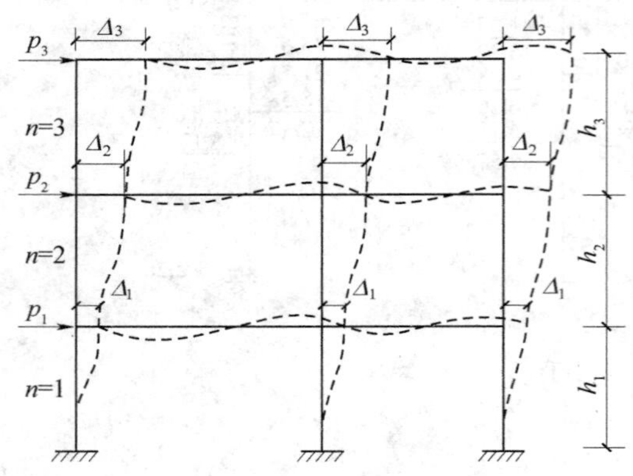

图 4.7 水平荷载作用下框架的变形

(1) 将水平荷载简化为作用在框架楼层节点上的水平集中力进行计算。多、高层建筑结构所承受的水平荷载或作用主要是风荷载和地震作用，其作用点可视为在楼面标高处，如图 4.7 所示。

(2) 每层柱的剪力（楼层剪力）按同一层柱的侧移刚度系数成比例分配。

(3) 横梁的刚度为无限大，柱上下节点转角相等。

(4) 各杆的弯矩图均为直线，每根杆件均有反弯点。

(5) 反弯点高度：底层距底端 $2h/3$，其他层取中点。

反弯点法的主要工作有两方面：一方面，将每层以上的水平荷载按某一比例分配给该层的各柱，求出各柱的剪力；另一方面，确定反弯点高度。反弯点高度为反弯点至柱下端的距离。当梁的线刚度为无限大时，柱两端完全无转角，只有相对水平位移，所以柱两端弯矩相等，反弯点在柱的中点。对于上层各柱，当梁柱线刚度之比超过 3 时，柱端的转角很小，反弯点接近中点，可假定它就在中点。对于底层柱，由于底端固定而上端有转角，反弯点向上移，通常假定反弯点在距底端 $2h/3$ 处。

4.3.3 计算步骤

多层多跨框架在水平荷载作用下弯矩图的形式通常如图 4.8 所示。图示弯矩图的特点是：各杆（包括梁、柱）的弯矩图均为直线，每杆均有一零弯矩点，零弯矩点两边的杆为不同侧受拉（弯曲方向不同），而零弯矩点是不同弯曲方向的分界点——反弯点，该点有剪力 V_1、V_2、V_3，如图 4.8 所示。如果能求出这些剪力（V_1、V_2、V_3）及其反弯点高度 $\bar{y}$，那么各柱端弯矩就可算出，进而可算出梁端弯矩。

4.3.3.1　公式推导

当梁的线刚度比柱的线刚度大得多时（如梁的线刚度与柱的线刚度之比大于 3），上述的节点转角很小，可近似认为节点转角均为零。这时的框架柱两端无转角只有相对水平位移。柱的剪力与相对水平位移的关系为

$$V=\frac{12i_c}{h^2}\delta \tag{4.1}$$

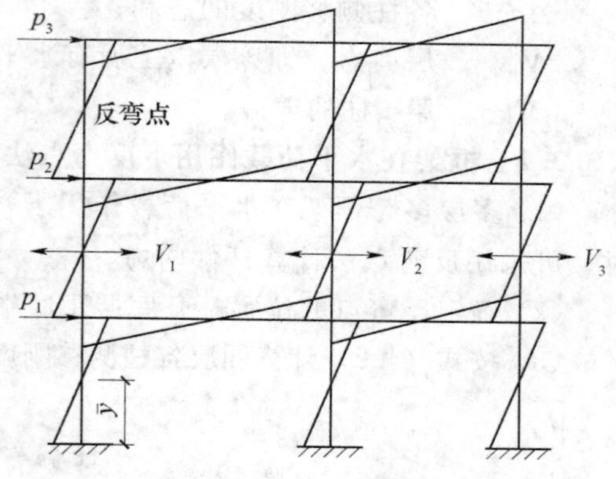

图 4.8　水平荷载作用下框架的弯矩图

因此，柱的侧移刚度为

$$d=\frac{V}{\delta}=\frac{12i_c}{h^2} \tag{4.2}$$

$$i_c=\frac{EI}{h} \tag{4.3}$$

式中　V——柱剪力；

δ——柱层间位移；

h——层高；

EI——柱抗弯刚度；

i_c——柱线刚度；

d——柱的侧移刚度。

侧移刚度的物理意义是柱上下两端有相对单位侧移时柱中产生的剪力。

设同层各柱剪力为 V_1，V_2，…，V_i，…，根据层剪力平衡，有

$$V_1+V_2+\cdots+V_i+\cdots=\sum p \tag{1}$$

由于同层各柱柱端水平位移相等，均为 δ，按柱侧移刚度 d 的定义，有

$$\left.\begin{aligned}V_1&=d_1\delta\\V_2&=d_2\delta\\&\vdots\\V_i&=d_i\delta\\&\vdots\end{aligned}\right\} \tag{2}$$

把式（2）代入式（1），得

$$\delta=\frac{\sum p}{d_1+d_2+\cdots+d_i+\cdots}=\frac{\sum p}{\sum d}$$

于是得到计算各柱剪力的公式：

$$V_i=\frac{d_i}{\sum d}\sum p=\mu_i V_p \tag{4.4}$$

$$\mu_i=\frac{d_i}{\sum d}$$

$$V_p=\sum p$$

式中　μ_i——剪力分配系数；

d_i——第 i 柱的侧移刚度；

$\sum d$——各柱侧移刚度的总和；

V_p——层剪力，即该层以上所有水平荷载总和；

V_i——第 i 柱的剪力。

4.3.3.2 框架在水平荷载作用下反弯点法的计算步骤

(1) 多层多跨框架在水平荷载作用下，当梁柱线刚度之比值大于或等于 $3(i_b/i_c \geqslant 3)$ 时，可采用反弯点法计算杆件内力。

(2) 确定反弯点的位置——底层距底端 $2h/3$，其他层取中点(即为 $h/2$)。

(3) 按式 (4.2) 计算同层各柱侧移刚度，按式 (4.4) 计算同层各柱分配到的剪力值。

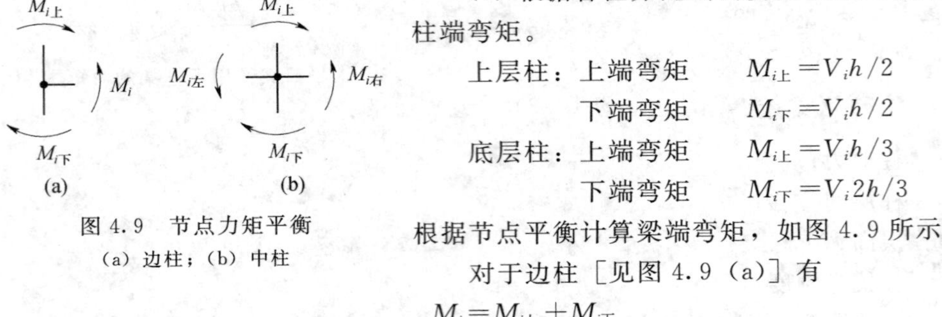

图 4.9 节点力矩平衡

(a) 边柱；(b) 中柱

(4) 根据各柱分配到的剪力及反弯点位置，计算柱端弯矩。

上层柱：上端弯矩 $M_{i上}=V_ih/2$

下端弯矩 $M_{i下}=V_ih/2$

底层柱：上端弯矩 $M_{i上}=V_ih/3$

下端弯矩 $M_{i下}=V_i2h/3$

根据节点平衡计算梁端弯矩，如图 4.9 所示。

对于边柱［见图 4.9 (a)］有

$$M_i=M_{i上}+M_{i下}$$

对于中柱［见图 4.9 (b)］，设梁的端弯矩与梁的线刚度成正比，则有

$$M_{i左}=(M_{i上}+M_{i下})\frac{i_{b左}}{i_{b左}+i_{b右}}$$

式中 $i_{b左}$——左边梁的线刚度；

$i_{b右}$——右边梁的线刚度。

由上述五个步骤可以画出框架的弯矩图，根据弯矩图以各杆为研究对象，可画出框架剪力图。再根据剪力图以节点为研究对象，画出框架轴力图。

综上所述，反弯点法的要点，一是确定反弯点高度 $\bar{y}$，二是确定剪力分配系数 μ_i。在确定它们时都假设节点转角为零，即认为梁的线刚度为无穷大。这些假设，对于层数不多的框架，误差不会很大。但对于高层框架，由于柱截面加大，梁柱线刚度比值相应减小，反弯点法的误差较大，这时一般采用 D 值法。关于 D 值法将在下一节详述。

【例 4.2】 作图 4.10 所示三层框架的弯矩图。图中括号内数字为每杆的相对线刚度。

解： 在用侧移刚度确定剪力分配系数时，因 $d=12i_c/h^2$，当同层各柱 h 相等时，d 可直接用 i_c 表示。计算过程如图 4.11 所示，高度单位为 m，弯矩单位为 kN·m。最后弯矩图如图 4.12 所示。

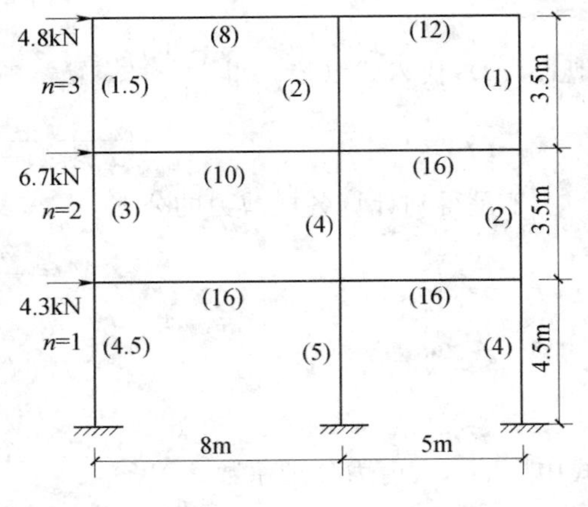

图 4.10 ［例 4.2］图

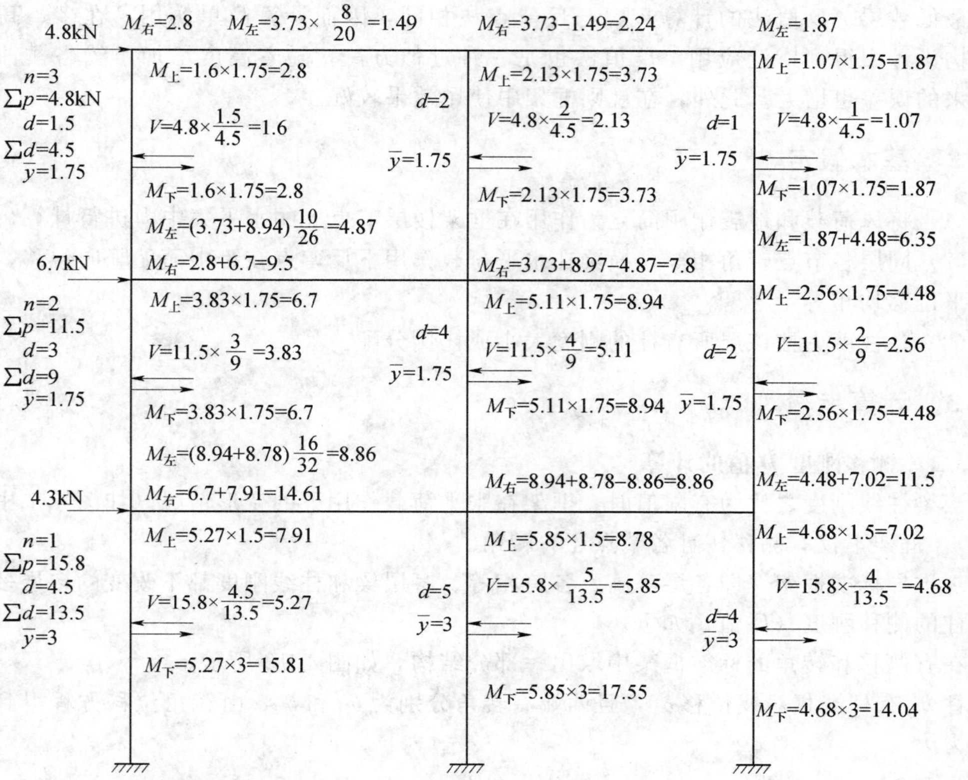

4.8kN　$M_{右}=2.8$　$M_{左}=3.73\times\frac{8}{20}=1.49$　$M_{右}=3.73-1.49=2.24$　$M_{左}=1.87$

$n=3$，$\sum p=4.8\text{kN}$，$d=1.5$，$\sum d=4.5$，$\bar{y}=1.75$

$M_{上}=1.6\times1.75=2.8$　$V=4.8\times\frac{1.5}{4.5}=1.6$　$M_{下}=1.6\times1.75=2.8$

$d=2$，$\bar{y}=1.75$　$M_{上}=2.13\times1.75=3.73$　$V=4.8\times\frac{2}{4.5}=2.13$　$M_{下}=2.13\times1.75=3.73$

$d=1$，$\bar{y}=1.75$　$M_{上}=1.07\times1.75=1.87$　$V=4.8\times\frac{1}{4.5}=1.07$　$M_{下}=1.07\times1.75=1.87$

$M_{左}=(3.73+8.94)\frac{10}{26}=4.87$　$M_{左}=1.87+4.48=6.35$

6.7kN　$M_{右}=2.8+6.7=9.5$　$M_{右}=3.73+8.97-4.87=7.8$

$n=2$，$\sum p=11.5$，$d=3$，$\sum d=9$，$\bar{y}=1.75$

$M_{上}=3.83\times1.75=6.7$　$V=11.5\times\frac{3}{9}=3.83$　$M_{下}=3.83\times1.75=6.7$

$d=4$，$\bar{y}=1.75$　$M_{上}=5.11\times1.75=8.94$　$V=11.5\times\frac{4}{9}=5.11$　$M_{下}=5.11\times1.75=8.94$

$d=2$，$\bar{y}=1.75$　$M_{上}=2.56\times1.75=4.48$　$V=11.5\times\frac{2}{9}=2.56$　$M_{下}=2.56\times1.75=4.48$

$M_{左}=(8.94+8.78)\frac{16}{32}=8.86$　$M_{右}=8.94+8.78-8.86=8.86$　$M_{左}=4.48+7.02=11.5$

4.3kN　$M_{右}=6.7+7.91=14.61$

$n=1$，$\sum p=15.8$，$d=4.5$，$\sum d=13.5$，$\bar{y}=3$

$M_{上}=5.27\times1.5=7.91$　$V=15.8\times\frac{4.5}{13.5}=5.27$　$M_{下}=5.27\times3=15.81$

$d=5$，$\bar{y}=3$　$M_{上}=5.85\times1.5=8.78$　$V=15.8\times\frac{5}{13.5}=5.85$　$M_{下}=5.85\times3=17.55$

$d=4$，$\bar{y}=3$　$M_{上}=4.68\times1.5=7.02$　$V=15.8\times\frac{4}{13.5}=4.68$　$M_{下}=4.68\times3=14.04$

图 4.11　反弯点法计算过程

4.4　*D* 值法

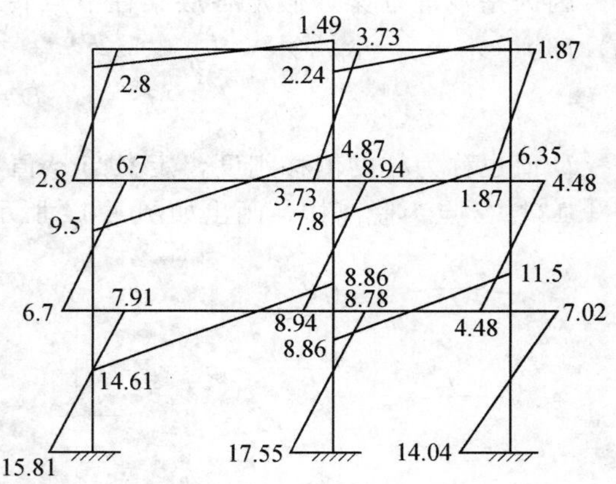

图 4.12　[例 4.2] 弯矩图

4.4.1　适用范围

由本章 4.3 节可知，反弯点法适用于框架层数较少（柱子轴力较小、柱子截面尺寸较小、柱子线刚度较小），梁柱线刚度之比大于或等于 3，且假定节点转角为零的情况。对于层数较多的框架，由于柱子轴力大，柱截面也随着增大，梁柱线刚度比较接近，甚至有时柱的线刚度反而比梁的线刚度大，节点转角较大，这与反弯点法的适用条件不符。日本武藤清教授在分析多层框架的受力特点和变形特点的基础上，对框架在水平荷载作用下的内力计算，提出了修正柱的侧移刚度和调整反弯点高度的方法。修正后的柱侧移刚度用 *D* 表示，故称为 *D* 值法。

D 值法主要用于计算层数较多的高层框架，用 *D* 值法比较接近实际情况，尤其是最

高和最低数层。D 值法的计算步骤与反弯点法相同，因而计算简单实用，在多、高层建筑结构设计中得到广泛应用。D 值法也是一种近似方法，随着高度增加，忽略柱轴向变形带来的误差也增大。此外，在规则框架中使用效果较好。

4.4.2 基本假定

（1）将风荷载和地震作用简化为作用在框架楼层节点上的水平集中力进行计算。

（2）同层各节点转角相等，横梁在水平荷载作用下反弯点在跨中而无竖向位移，各柱顶水平位移均相等。

（3）各柱剪力按该层所有柱的刚度大小成比例分配。

4.4.3 计算步骤

4.4.3.1 侧移刚度 D 值的计算

当梁柱线刚度之比为有限值时，框架在水平荷载作用下的变形情况（如图 4.7 中虚线所示），框架不仅有侧移，且各节点还有转角。

现推导标准框架（即各层等高、各跨相等、各层梁和柱线刚度都不改变的多层多跨框架）柱的侧移刚度（D 值）如下。

在有侧移和转角的标准框架中取出一部分结构，如图 4.13 所示。

柱 bc 有杆端相对线位移 δ_2，且两端有转角分别为 θ_1 和 θ_2，由转角位移方程得到其杆端剪力为

$$V=\frac{12i_c}{h^2}\delta_2-\frac{6i_c}{h}(\theta_1+\theta_2) \tag{4.5}$$

因为是标准框架，假定各层梁柱节点转角相等，即 $\theta_1=\theta_2=\theta_3=\theta$，各层层间位移相等，即$\delta_1=\delta_2=\delta_3=\delta$，令

$$D=\frac{V}{\delta} \tag{4.6}$$

D 值也称为柱的侧移刚度，定义与 d 值相同，但 D 值与位移 δ 和转角 θ 均有关。取图 4.13 中 c 点为脱离体，画出如图 4.14 所示的弯矩示意图。由平衡方程 $\sum M_c=0$，可得

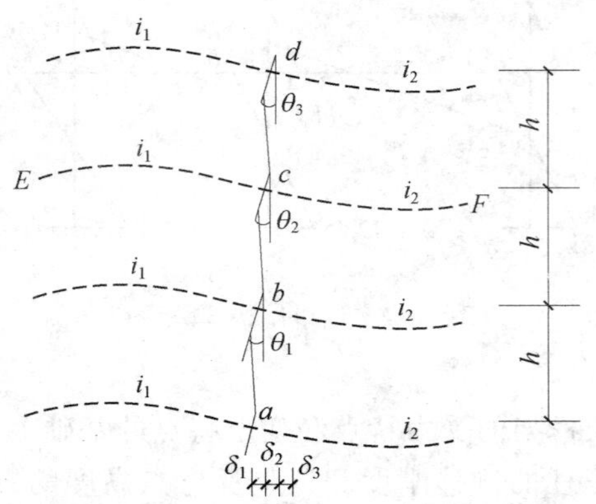

图 4.13 标准框架侧移与节点转角

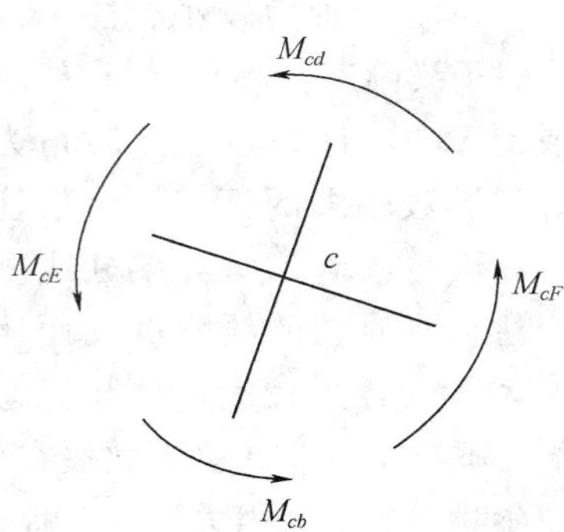

图 4.14 c 点的弯矩示意

$$M_{cE}+M_{cd}+M_{cF}+M_{cb}=0 \tag{1}$$

由转角位移方程知

$$M_{cE}=4i_1\theta+2i_1\theta=6i_1\theta \tag{2}$$

$$M_{cd}=4i_c\theta+2i_c\theta-6\,\frac{i_c}{h}\delta=6i_c\theta-6\,\frac{i_c}{h}\delta \tag{3}$$

$$M_{cF}=4i_2\theta+2i_2\theta=6i_2\theta \tag{4}$$

$$M_{cb}=4i_c\theta+2i_c\theta-6\,\frac{i_c}{h}\delta=6i_c\theta-6\,\frac{i_c}{h}\delta \tag{5}$$

将式（2）～式（5）代入式（1），整理得

$$\theta=\frac{2}{2+\dfrac{(i_1+i_2)}{i_c}}\frac{\delta}{h}$$

令

$$\frac{i_1+i_2}{i_c}=K$$

则

$$\theta=\frac{2}{2+K}\frac{\delta}{h} \tag{4.7}$$

式中　K——标准框架梁柱的线刚度比；

　　h——框架层高。

式（4.7）反映了转角与层间位移的关系，将式（4.7）代入式（4.5）和式（4.6），得到

$$D=\frac{V}{\delta}=\frac{12i_c}{h^2}-\frac{6i_c}{h^2}\times2\times\frac{2}{2+K}=\frac{12i_c}{h^2}\frac{K}{2+K}$$

令

$$\alpha=\frac{K}{2+K} \tag{4.8}$$

则

$$D=\alpha\,\frac{12i_c}{h^2} \tag{4.9}$$

在式（4.9）中，α 值表示梁柱刚度比对柱侧移刚度的影响。当 K 值无限大时，$\alpha=1$，所得 D 值与 d 值（利用反弯点法计算的柱子侧移刚度）相等；当 K 值较小时，$\alpha<1$，D 值小于 d 值。因此，α 称为柱侧移刚度修正系数。

在更为普遍（即非标准框架）的情况中，中间柱上下左右四根梁的线刚度都不相等，这时取线刚度平均值计算 K 值，即

$$K=\frac{i_1+i_2+i_3+i_4}{2i_c} \tag{4.10}$$

对于边柱，令 $i_1=i_3=0$（或 $i_2=i_4=0$），可得

$$K=\frac{i_2+i_4}{2i_c} \tag{4.11}$$

对于框架的底层柱，由于柱的底端为固定端支座，无转角，显然，在计算底层柱的 K 值及 α 值时，上述公式不适用，可采用类似的方法推导，过程从略。

为便于应用，现将框架中常见各种情况的 K 及 α 计算式列于表 4.1 中。

表 4.1　K 和柱侧移刚度修正系数 α 计算公式

楼　层	简　图	K	α
一般柱	i_2, i_c, i_4；i_1, i_2, i_c, i_3, i_4, h	$K=\frac{i_1+i_2+i_3+i_4}{2i_c}$	$\alpha=\frac{K}{2+K}$
底层柱	i_2, i_c；i_1, i_2, i_c, h	$K=\frac{i_1+i_2}{2i_c}$	$\alpha=\frac{0.5+K}{2+K}$

注　边柱情况下，式中 i_1、i_3 取零。

求得 D 值后，与反弯点法类似，假定同一楼层各柱的侧移相等，可得各柱剪力：

$$V_{ij}=\frac{D_{ij}}{\sum D_{ij}}V_{pj} \tag{4.12}$$

式中　V_{ij}——第 j 层第 i 柱的剪力；

D_{ij}——第 j 层第 i 柱的侧移刚度 D 值；

$\sum D_{ij}$——第 j 层所有柱 D 值总和；

V_{pj}——第 j 层由外荷载引起的总剪力。

4.4.3.2　确定柱反弯点高度比

影响柱反弯点高度的主要因素是柱上下端的约束条件。由图 4.15 可见，当两端固定或两端转角完全相等时，$\theta_{j-1}=\theta_j$，因而 $M_{j-1}=M_j$，反弯点在中点。两端约束刚度不同时，两端转角也不相等，$\theta_j\neq\theta_{j-1}$，反弯点移向转角较大的一端，也就是移向约束刚度较小的一端。当一端为铰接时（支承转动刚度为 0），弯矩为 0，即反弯点与该端铰重合。

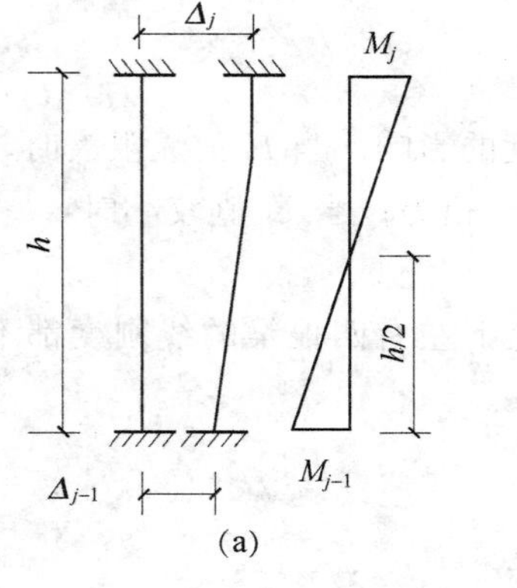

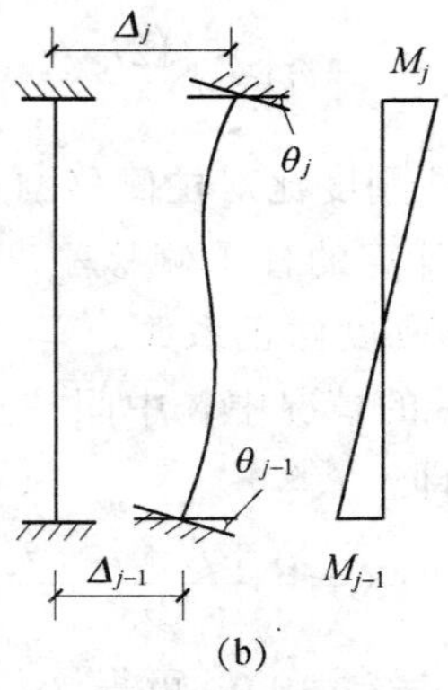

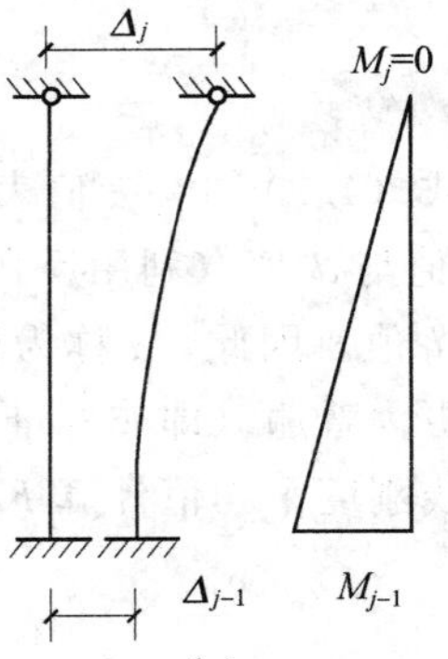

图 4.15　反弯点位置

影响柱两端约束刚度的主要因素如下：

(1) 结构总层数及该层所在位置。

(2) 梁柱线刚度比。

(3) 荷载形式。

(4) 上层与下层梁刚度比。

(5) 上、下层层高变化。

在 D 值法中，通过力学分析求得标准情况下的标准反弯点高度比 y_0（即反弯点到柱下端距离与柱全高的比值），再根据上、下梁线刚度比值及上、下层层高变化对 y_0 进行调整。

1. 柱标准反弯点高度比

标准反弯点高度比是各层等高、各跨相等、各层梁和柱线刚度都不改变的多层框架在水平荷载作用下求得的反弯点高度比。为使用方便，已把标准反弯点高度比的值制成表格。在均布水平荷载下的各层柱标准反弯点高度比 y_0 列于表4.2，在倒三角形荷载下各层柱标准反弯点高度比 y_0 列于表4.3。根据该框架总层数 n 及该层所在楼层 j 以及梁柱线刚度比 K 值，可从表中查得标准反弯点高度比 y_0。

表4.2　均布水平荷载下各层柱标准反弯点高度比 y_0

n	j	K													
		0.1	0.2	0.3	0.4	0.5	0.6	0.7	0.8	0.9	1.0	2.0	3.0	4.0	5.0
1	1	0.80	0.75	0.7	0.65	0.65	0.60	0.60	0.60	0.60	0.55	0.55	0.55	0.55	0.55
2	2	0.45	0.40	0.35	0.35	0.35	0.35	0.40	0.40	0.40	0.40	0.45	0.45	0.45	0.45
	1	0.95	0.80	0.75	0.70	0.65	0.65	0.65	0.60	0.60	0.60	0.55	0.55	0.55	0.50
3	3	0.45	0.20	0.20	0.25	0.30	0.30	0.30	0.35	0.35	0.35	0.40	0.45	0.45	0.45
	2	0.55	0.50	0.45	0.45	0.45	0.45	0.45	0.45	0.45	0.45	0.45	0.50	0.50	0.50
	1	1.00	0.85	0.80	0.75	0.70	0.70	0.65	0.65	0.65	0.60	0.55	0.55	0.55	0.55
4	4	−0.05	0.05	0.15	0.20	0.25	0.30	0.30	0.35	0.35	0.35	0.40	0.45	0.45	0.45
	3	0.25	0.30	0.30	0.35	0.35	0.40	0.40	0.40	0.40	0.45	0.45	0.50	0.50	0.50
	2	0.65	0.55	0.50	0.50	0.45	0.45	0.45	0.45	0.45	0.45	0.50	0.50	0.50	0.50
	1	1.10	0.90	0.80	0.75	0.70	0.70	0.6	0.65	0.65	0.60	0.55	0.55	0.55	0.55
5	5	−0.20	0.00	0.15	0.20	0.25	0.30	0.30	0.30	0.35	0.35	0.40	0.45	0.45	0.45
	4	0.10	0.20	0.25	0.30	0.35	0.35	0.40	0.40	0.40	0.40	0.45	0.45	0.50	0.50
	3	0.40	0.40	0.40	0.40	0.40	0.45	0.45	0.45	0.45	0.45	0.50	0.50	0.50	0.90
	2	0.65	0.55	0.50	0.50	0.50	0.50	0.50	0.50	0.50	0.50	0.50	0.50	0.50	0.50
	1	1.20	0.95	0.80	0.75	0.75	0.70	0.70	0.65	0.65	0.65	0.55	0.55	0.55	0.55
6	6	−0.30	0.00	0.10	0.20	0.25	0.25	0.30	0.30	0.35	0.35	0.40	0.45	0.45	0.45
	5	0.00	0.20	0.25	0.30	0.35	0.35	0.40	0.40	0.40	0.40	0.45	0.45	0.50	0.50
	4	0.20	0.30	0.35	0.35	0.40	0.40	0.40	0.45	0.45	0.45	0.45	0.50	0.50	0.50
	3	0.40	0.40	0.40	0.45	0.45	0.45	0.45	0.45	0.45	0.45	0.50	0.50	0.50	0.50
	2	0.70	0.60	0.55	0.50	0.50	0.50	0.50	0.50	0.50	0.50	0.50	0.50	0.50	0.50
	1	1.20	0.95	0.85	0.80	0.75	0.70	0.70	0.65	0.65	0.65	0.55	0.55	0.55	0.55

续表

n	j	K													
		0.1	0.2	0.3	0.4	0.5	0.6	0.7	0.8	0.9	1.0	2.0	3.0	4.0	5.0
7	7	−0.35	−0.05	0.10	0.20	0.20	0.25	0.30	0.30	0.35	0.35	0.40	0.45	0.45	0.45
	6	−0.10	0.15	0.25	0.30	0.35	0.35	0.35	0.40	0.40	0.40	0.45	0.45	0.50	0.50
	5	0.10	0.25	0.30	0.35	0.40	0.40	0.40	0.45	0.45	0.45	0.50	0.50	0.50	0.50
	4	0.30	0.35	0.40	0.40	0.40	0.45	0.45	0.45	0.45	0.45	0.50	0.50	0.50	0.50
	3	0.50	0.45	0.45	0.45	0.45	0.45	0.45	0.45	0.45	0.45	0.50	0.50	0.50	0.50
	2	0.75	0.60	0.55	0.50	0.50	0.50	0.50	0.50	0.50	0.50	0.50	0.50	0.50	0.50
	1	1.20	0.95	0.85	0.80	0.75	0.70	0.70	0.65	0.65	0.65	0.55	0.55	0.55	0.55
8	8	−0.35	0.15	0.10	0.10	0.25	0.25	0.30	0.30	0.35	0.35	0.40	0.45	0.45	0.45
	7	−0.10	0.15	0.25	0.30	0.35	0.35	0.40	0.40	0.40	0.40	0.45	0.50	0.50	0.50
	6	0.05	0.25	0.30	0.35	0.40	0.40	0.40	0.45	0.45	0.45	0.45	0.50	0.50	0.50
	5	0.20	0.30	0.35	0.40	0.40	0.45	0.45	0.45	0.45	0.45	0.50	0.50	0.50	0.50
	4	0.35	0.40	0.40	0.45	0.45	0.45	0.45	0.45	0.45	0.45	0.50	0.50	0.50	0.50
	3	0.50	0.45	0.45	0.45	0.45	0.45	0.45	0.45	0.50	0.50	0.50	0.50	0.50	0.50
	2	0.75	0.60	0.55	0.55	0.50	0.50	0.50	0.50	0.50	0.50	0.50	0.50	0.50	0.50
	1	1.20	1.00	0.95	0.80	0.75	0.70	0.70	0.60	0.60	0.65	0.55	0.55	0.55	0.55
9	9	−0.40	−0.05	0.10	0.20	0.25	0.25	0.30	0.30	0.35	0.25	0.45	0.45	0.45	0.45
	8	−0.15	0.15	0.25	0.30	0.35	0.35	0.35	0.40	0.40	0.40	0.45	0.45	0.50	0.50
	7	0.05	0.25	0.30	0.35	0.40	0.40	0.40	0.45	0.45	0.45	0.45	0.50	0.50	0.50
	6	0.15	0.30	0.35	0.40	0.40	0.45	0.45	0.45	0.45	0.45	0.50	0.50	0.50	0.50
	5	0.25	0.35	0.40	0.40	0.45	0.45	0.45	0.45	0.45	0.45	0.50	0.50	0.50	0.50
	4	0.40	0.40	0.40	0.45	0.45	0.45	0.45	0.45	0.45	0.45	0.50	0.50	0.50	0.50
	3	0.55	0.45	0.45	0.45	0.45	0.45	0.45	0.45	0.50	0.50	0.50	0.50	0.50	0.50
	2	0.80	0.65	0.55	0.55	0.50	0.50	0.50	0.50	0.50	0.50	0.50	0.50	0.50	0.50
	1	1.20	1.00	0.85	0.80	0.75	0.70	0.70	0.65	0.65	0.65	0.55	0.55	0.55	0.55
10	10	−0.40	−0.05	0.10	0.20	0.25	0.30	0.30	0.30	0.30	0.35	0.40	0.45	0.45	0.45
	9	−0.15	0.15	0.25	0.30	0.35	0.35	0.40	0.40	0.40	0.40	0.45	0.45	0.50	0.50
	8	0.00	0.25	0.30	0.35	0.40	0.40	0.40	0.45	0.45	0.45	0.45	0.50	0.50	0.50
	7	0.10	0.30	0.35	0.40	0.40	0.40	0.45	0.45	0.45	0.45	0.50	0.50	0.50	0.50
	6	0.20	0.35	0.40	0.40	0.45	0.45	0.45	0.45	0.45	0.45	0.50	0.50	0.50	0.50
	5	0.30	0.40	0.40	0.45	0.45	0.45	0.45	0.45	0.45	0.50	0.50	0.50	0.50	0.50
	4	0.40	0.40	0.45	0.45	0.45	0.45	0.45	0.45	0.45	0.50	0.50	0.50	0.50	0.50
	3	0.55	0.50	0.45	0.45	0.45	0.50	0.50	0.50	0.50	0.50	0.50	0.50	0.50	0.50
	2	0.80	0.65	0.55	0.55	0.55	0.50	0.50	0.50	0.50	0.50	0.50	0.50	0.50	0.50
	1	1.30	1.00	0.85	0.80	0.75	0.70	0.70	0.65	0.65	0.60	0.60	0.55	0.55	0.55

续表

n	j	K													
		0.1	0.2	0.3	0.4	0.5	0.6	0.7	0.8	0.9	1.0	2.0	3.0	4.0	5.0
11	11	−0.40	0.05	0.10	0.20	0.25	0.30	0.30	0.30	0.35	0.35	0.40	0.45	0.45	0.45
	10	−0.15	0.15	0.25	0.30	0.35	0.35	0.40	0.40	0.40	0.40	0.45	0.45	0.50	0.50
	9	0.00	0.25	0.30	0.35	0.40	0.40	0.40	0.45	0.45	0.45	0.45	0.50	0.50	0.50
	8	0.10	0.30	0.35	0.40	0.40	0.45	0.45	0.45	0.45	0.45	0.50	0.50	0.50	0.50
	7	0.20	0.35	0.40	0.45	0.45	0.45	0.45	0.45	0.45	0.45	0.50	0.50	0.50	0.50
	6	0.25	0.35	0.40	0.45	0.45	0.45	0.45	0.45	0.45	0.45	0.50	0.50	0.50	0.50
	5	0.35	0.40	0.40	0.45	0.45	0.45	0.45	0.45	0.45	0.50	0.50	0.50	0.50	0.50
	4	0.40	0.45	0.45	0.45	0.45	0.45	0.45	0.50	0.50	0.50	0.50	0.50	0.50	0.50
	3	0.55	0.50	0.50	0.50	0.50	0.50	0.50	0.50	0.50	0.50	0.50	0.50	0.50	0.50
	2	0.80	0.65	0.60	0.55	0.55	0.50	0.50	0.50	0.50	0.50	0.50	0.50	0.50	0.50
	1	1.30	1.00	0.85	0.80	0.75	0.70	0.70	0.65	0.65	0.65	0.60	0.55	0.55	0.55
12以上	自上 1	−0.40	−0.05	0.10	0.20	0.25	0.30	0.30	0.30	0.35	0.35	0.40	0.45	0.45	0.45
	2	−0.15	0.15	0.25	0.30	0.35	0.35	0.40	0.40	0.40	0.40	0.45	0.45	0.50	0.50
	3	0.00	0.25	0.30	0.35	0.40	0.40	0.40	0.45	0.45	0.45	0.50	0.50	0.50	0.50
	4	0.10	0.30	0.35	0.40	0.40	0.45	0.45	0.45	0.45	0.45	0.50	0.50	0.50	0.50
	5	0.20	0.35	0.40	0.40	0.45	0.45	0.45	0.45	0.45	0.45	0.50	0.50	0.50	0.50
	6	0.25	0.35	0.40	0.45	0.45	0.45	0.45	0.45	0.45	0.45	0.50	0.50	0.50	0.50
	7	0.30	0.40	0.40	0.45	0.45	0.45	0.45	0.45	0.50	0.50	0.50	0.50	0.50	0.50
	8	0.35	0.40	0.45	0.45	0.45	0.45	0.45	0.50	0.50	0.50	0.50	0.50	0.50	0.50
	中间	0.40	0.40	0.45	0.45	0.45	0.45	0.50	0.50	0.50	0.50	0.50	0.50	0.50	0.50
	4	0.45	0.45	0.45	0.45	0.50	0.50	0.50	0.50	0.50	0.50	0.50	0.50	0.50	0.50
	3	0.60	0.50	0.50	0.50	0.50	0.50	0.50	0.50	0.50	0.50	0.50	0.50	0.50	0.50
	2	0.80	0.65	0.60	0.55	0.55	0.50	0.50	0.50	0.50	0.50	0.50	0.50	0.50	0.50
	自下 1	1.30	1.00	0.85	0.80	0.75	0.70	0.70	0.65	0.65	0.55	0.55	0.55	0.55	0.55

表 4.3　倒三角形荷载下各层柱标准反弯点高度比 y_0

n	j	K													
		0.1	0.2	0.3	0.4	0.5	0.6	0.7	0.8	0.9	1.0	2.0	3.0	4.0	5.0
1	1	0.80	0.75	0.70	0.65	0.60	0.60	0.60	0.60	0.60	0.55	0.55	0.55	0.55	0.55
2	2	0.50	0.45	0.40	0.40	0.40	0.40	0.40	0.40	0.40	0.45	0.45	0.45	0.45	0.50
	1	1.00	0.85	0.75	0.70	0.70	0.60	0.65	0.65	0.60	0.60	0.55	0.55	0.55	0.55
3	3	0.25	0.25	0.25	0.30	0.30	0.35	0.35	0.35	0.40	0.40	0.45	0.45	0.45	0.50
	2	0.60	0.50	0.50	0.50	0.50	0.45	0.45	0.45	0.45	0.45	0.50	0.50	0.55	0.50
	1	1.15	0.90	0.80	0.75	0.75	0.70	0.70	0.65	0.65	0.65	0.60	0.55	0.55	0.55

续表

n	j	K													
		0.1	0.2	0.3	0.4	0.5	0.6	0.7	0.8	0.9	1.0	2.0	3.0	4.0	5.0
4	4	0.10	0.15	0.20	0.25	0.30	0.30	0.35	0.35	0.35	0.40	0.45	0.45	0.45	0.45
	3	0.35	0.35	0.35	0.40	0.40	0.40	0.40	0.45	0.45	0.45	0.45	0.50	0.50	0.50
	2	0.70	0.60	0.55	0.50	0.50	0.50	0.50	0.50	0.50	0.50	0.50	0.50	0.50	0.50
	1	1.20	0.95	0.85	0.80	0.75	0.70	0.70	0.70	0.66	0.65	0.55	0.55	0.55	0.50
5	5	−0.05	0.10	0.20	0.25	0.30	0.30	0.35	0.35	0.35	0.35	0.40	0.45	0.45	0.45
	4	0.20	0.25	0.35	0.35	0.40	0.40	0.40	0.40	0.40	0.45	0.45	0.50	0.50	0.50
	3	0.45	0.40	0.45	0.45	0.45	0.45	0.45	0.45	0.45	0.45	0.50	0.50	0.50	0.50
	2	0.75	0.60	0.55	0.55	0.50	0.50	0.50	0.50	0.50	0.50	0.50	0.50	0.50	0.50
	1	1.30	1.00	0.85	0.80	0.75	0.70	0.70	0.65	0.65	0.65	0.65	0.55	0.55	0.55
6	6	0.15	0.05	0.15	0.20	0.25	0.30	0.30	0.35	0.35	0.35	0.40	0.45	0.45	0.45
	5	0.10	0.25	0.30	0.35	0.35	0.40	0.40	0.40	0.45	0.45	0.45	0.50	0.50	0.50
	4	0.30	0.35	0.40	0.40	0.45	0.45	0.45	0.45	0.45	0.46	0.50	0.50	0.50	0.50
	3	0.50	0.45	0.45	0.45	0.45	0.45	0.45	0.45	0.45	0.50	0.50	0.50	0.50	0.50
	2	0.80	0.65	0.55	0.55	0.55	0.55	0.50	0.50	0.50	0.50	0.50	0.50	0.50	0.50
	1	1.30	1.00	0.85	0.80	0.75	0.70	0.70	0.65	0.65	0.65	0.60	0.55	0.55	0.55
7	7	−0.20	0.05	0.15	0.20	0.25	0.30	0.30	0.35	0.35	0.35	0.45	0.45	0.45	0.45
	6	0.05	0.20	0.30	0.35	0.35	0.40	0.40	0.40	0.40	0.45	0.45	0.50	0.50	0.50
	5	0.20	0.30	0.35	0.40	0.40	0.45	0.45	0.45	0.45	0.45	0.50	0.50	0.50	0.50
	4	0.35	0.40	0.40	0.45	0.45	0.45	0.45	0.45	0.45	0.45	0.50	0.50	0.50	0.50
	3	0.55	0.50	0.50	0.50	0.50	0.50	0.50	0.50	0.50	0.50	0.50	0.50	0.50	0.50
	2	0.80	0.60	0.60	0.55	0.55	0.55	0.50	0.50	0.50	0.50	0.50	0.50	0.50	0.50
	1	1.30	1.00	0.90	0.80	0.75	0.70	0.70	0.70	0.60	0.65	0.60	0.55	0.55	0.55
8	8	−0.20	0.05	0.15	0.20	0.25	0.30	0.30	0.35	0.35	0.35	0.45	0.45	0.45	0.45
	7	0.00	0.20	0.30	0.35	0.35	0.40	0.40	0.40	0.40	0.45	0.45	0.50	0.50	0.50
	6	0.15	0.30	0.35	0.40	0.40	0.45	0.45	0.45	0.45	0.45	0.50	0.50	0.50	0.50
	5	0.30	0.45	0.40	0.45	0.45	0.45	0.45	0.45	0.45	0.45	0.50	0.50	0.50	0.50
	4	0.40	0.45	0.45	0.45	0.45	0.45	0.45	0.50	0.50	0.50	0.50	0.50	0.50	0.50
	3	0.60	0.50	0.50	0.50	0.50	0.50	0.50	0.50	0.50	0.50	0.50	0.50	0.50	0.50
	2	0.85	0.65	0.60	0.55	0.55	0.55	0.50	0.50	0.50	0.50	0.50	0.50	0.50	0.50
	1	1.00	1.00	0.90	0.80	0.75	0.70	0.70	0.70	0.65	0.65	0.60	0.55	0.55	0.55

续表

n	j	K													
		0.1	0.2	0.3	0.4	0.5	0.6	0.7	0.8	0.9	1.0	2.0	3.0	4.0	5.0
9	9	−0.25	0.00	0.15	0.20	0.25	0.30	0.30	0.35	0.35	0.40	0.45	0.45	0.45	0.45
	8	0.00	0.20	0.30	0.35	0.35	0.40	0.40	0.40	0.40	0.45	0.45	0.50	0.50	0.50
	7	0.15	0.30	0.35	0.40	0.40	0.45	0.45	0.45	0.45	0.45	0.50	0.50	0.50	0.50
	6	0.25	0.35	0.40	0.40	0.45	0.45	0.45	0.45	0.45	0.50	0.50	0.50	0.50	0.50
	5	0.35	0.40	0.45	0.45	0.45	0.45	0.45	0.45	0.50	0.50	0.50	0.50	0.50	0.50
	4	0.45	0.45	0.45	0.45	0.45	0.50	0.50	0.50	0.50	0.50	0.50	0.50	0.50	0.50
	3	0.65	0.50	0.50	0.50	0.50	0.50	0.50	0.50	0.50	0.50	0.50	0.50	0.50	0.50
	2	0.80	0.65	0.65	0.55	0.55	0.55	0.55	0.50	0.50	0.50	0.50	0.50	0.50	0.50
	1	1.35	1.00	1.00	0.80	0.75	0.75	0.70	0.70	0.65	0.65	0.60	0.55	0.55	0.55
10	10	−0.25	0.00	0.15	0.20	0.25	0.30	0.30	0.35	0.35	0.40	0.45	0.45	0.45	0.45
	9	−0.05	0.20	0.30	0.35	0.35	0.40	0.40	0.40	0.40	0.45	0.45	0.50	0.50	0.50
	8	0.10	0.30	0.35	0.40	0.40	0.40	0.45	0.45	0.45	0.45	0.50	0.50	0.50	0.50
	7	0.20	0.35	0.40	0.40	0.45	0.45	0.45	0.45	0.45	0.50	0.50	0.50	0.50	0.50
	6	0.30	0.40	0.40	0.45	0.45	0.45	0.45	0.45	0.45	0.50	0.50	0.50	0.50	0.50
	5	0.40	0.45	0.45	0.45	0.45	0.45	0.45	0.50	0.50	0.50	0.50	0.50	0.50	0.50
	4	0.50	0.45	0.45	0.45	0.50	0.50	0.50	0.50	0.50	0.50	0.50	0.50	0.50	0.50
	3	0.60	0.55	0.50	0.50	0.50	0.50	0.50	0.50	0.50	0.50	0.50	0.50	0.50	0.50
	2	0.85	0.65	0.60	0.55	0.55	0.55	0.55	0.50	0.50	0.50	0.50	0.50	0.50	0.50
	1	1.35	1.00	0.90	0.80	0.75	0.75	0.70	0.70	0.65	0.65	0.60	0.55	0.55	0.55
11	11	−0.25	0.00	0.15	0.20	0.25	0.30	0.30	0.30	0.35	0.35	0.45	0.45	0.45	0.45
	10	−0.05	0.20	0.25	0.30	0.35	0.40	0.40	0.40	0.40	0.45	0.45	0.50	0.50	0.50
	9	0.10	0.30	0.35	0.40	0.40	0.40	0.45	0.45	0.45	0.45	0.50	0.50	0.50	0.50
	8	0.20	0.35	0.40	0.40	0.45	0.45	0.45	0.45	0.45	0.45	0.50	0.50	0.50	0.50
	7	0.25	0.40	0.40	0.45	0.45	0.45	0.45	0.45	0.45	0.50	0.50	0.50	0.50	0.50
	6	0.35	0.40	0.45	0.45	0.45	0.45	0.45	0.50	0.50	0.50	0.50	0.50	0.50	0.50
	5	0.40	0.45	0.45	0.45	0.45	0.50	0.50	0.50	0.50	0.50	0.50	0.50	0.50	0.50
	4	0.50	0.50	0.50	0.50	0.50	0.50	0.50	0.50	0.50	0.50	0.50	0.50	0.50	0.50
	3	0.65	0.55	0.50	0.50	0.50	0.50	0.50	0.50	0.50	0.50	0.50	0.50	0.50	0.50
	2	0.85	0.65	0.60	0.55	0.55	0.55	0.55	0.50	0.50	0.50	0.50	0.50	0.50	0.50
	1	1.35	1.50	0.90	0.80	0.75	0.75	0.70	0.70	0.65	0.65	0.60	0.55	0.55	0.55
12以上	自上1	−0.30	0.00	0.15	0.20	0.25	0.30	0.30	0.30	0.35	0.35	0.40	0.45	0.45	0.45
	2	−0.10	0.20	0.25	0.30	0.35	0.40	0.40	0.40	0.40	0.40	0.45	0.45	0.45	0.50
	3	0.05	0.25	0.35	0.40	0.40	0.40	0.45	0.45	0.45	0.45	0.45	0.50	0.50	0.50
	4	0.15	0.30	0.40	0.40	0.45	0.45	0.45	0.45	0.45	0.45	0.45	0.50	0.50	0.50
	5	0.25	0.30	0.40	0.45	0.45	0.45	0.45	0.45	0.45	0.45	0.50	0.50	0.50	0.50
	6	0.30	0.40	0.40	0.45	0.45	0.45	0.45	0.50	0.50	0.50	0.50	0.50	0.50	0.50
	7	0.35	0.40	0.40	0.45	0.45	0.45	0.50	0.50	0.50	0.50	0.50	0.50	0.50	0.50
	8	0.35	0.45	0.45	0.45	0.50	0.50	0.50	0.50	0.50	0.50	0.50	0.50	0.50	0.50
	中间	0.45	0.45	0.45	0.45	0.45	0.50	0.50	0.50	0.50	0.50	0.50	0.50	0.50	0.50
	4	0.55	0.50	0.50	0.50	0.50	0.50	0.50	0.50	0.50	0.50	0.50	0.50	0.50	0.50
	3	0.65	0.55	0.50	0.50	0.50	0.50	0.50	0.50	0.50	0.50	0.50	0.50	0.50	0.50
	2	0.70	0.70	0.60	0.55	0.55	0.55	0.55	0.50	0.50	0.50	0.50	0.50	0.50	0.50
	自下1	1.35	1.05	0.70	0.80	0.75	0.70	0.70	0.70	0.65	0.65	0.60	0.55	0.55	0.55

2. 上、下梁刚度变化时的反弯点高度比修正值 y_1

当某柱的上梁与下梁的刚度不等，柱上、下节点转角不同时，反弯点位置有变化，应将标准反弯点高度比 y_0 加以修正，修正值为 y_1，如图 4.16 所示。

当 $i_1+i_2<i_3+i_4$ 时，令 $\alpha_1=(i_1+i_2/i_3+i_4)$，根据 α_1 和 K 值从表 4.4 中查出 y_1，这时反弯点应向上移，y_1 取正值。

当 $i_3+i_4<i_1+i_2$ 时，令 $\alpha_1=(i_3+i_4/i_1+i_2)$，仍由 α_1 和 K 值从表 4.4 中查出了 y_1，这时反弯点应向下移，y_1 取负值。

对于底层，不考虑 y_1 修正值。

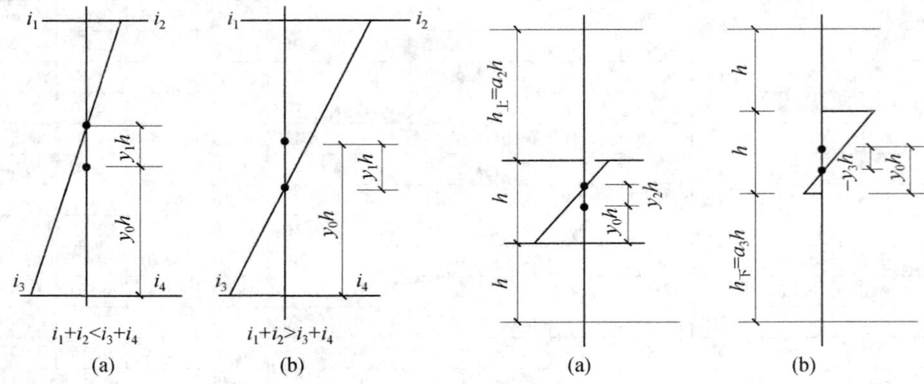

图 4.16 上、下梁刚度变化时的反弯点高度比修正

图 4.17 上、下层高变化时的反弯点高度比修正

表 4.4 上、下梁相对刚度变化时修正值 y_1

α_1	K													
	0.1	0.2	0.3	0.4	0.5	0.6	0.7	0.8	0.9	1.0	2.0	3.0	4.0	5.0
0.4	0.55	0.40	0.30	0.25	0.20	0.20	0.20	0.15	0.15	0.15	0.05	0.05	0.05	0.05
0.5	0.45	0.30	0.20	0.20	0.15	0.15	0.15	0.10	0.10	0.10	0.05	0.05	0.05	0.05
0.6	0.30	0.20	0.15	0.15	0.10	0.10	0.10	0.10	0.05	0.05	0.05	0.05	0.05	0.00
0.7	0.20	0.15	0.10	0.10	0.10	0.05	0.05	0.05	0.05	0.05	0.05	0.00	0.00	0.00
0.8	0.15	0.10	0.05	0.05	0.05	0.05	0.05	0.05	0.05	0.00	0.00	0.00	0.00	0.00
0.9	0.05	0.05	0.05	0.05	0.00	0.00	0.00	0.00	0.00	0.00	0.00	0.00	0.00	0.00

注 对于底层柱不考虑 α_1 值，所以不作此项修正。

表 4.5 上、下层柱高度变化时的修正值 y_2 和 y_3

α_2	α_3	K													
		0.1	0.2	0.3	0.4	0.5	0.6	0.7	0.8	0.9	1.0	2.0	3.0	4.0	5.0
2.0		0.25	0.15	0.15	0.10	0.10	0.10	0.10	0.10	0.05	0.05	0.05	0.05	0.00	0.00
1.8		0.20	0.15	0.10	0.10	0.10	0.05	0.05	0.05	0.05	0.05	0.05	0.00	0.00	0.00
1.6	0.4	0.15	0.10	0.10	0.05	0.05	0.05	0.05	0.05	0.05	0.05	0.05	0.00	0.00	0.00

续表

α_2	α_3	K													
		0.1	0.2	0.3	0.4	0.5	0.6	0.7	0.8	0.9	1.0	2.0	3.0	4.0	5.0
1.4	0.6	0.10	0.05	0.05	0.05	0.05	0.05	0.05	0.05	0.05	0.00	0.00	0.00	0.00	0.00
1.2	0.8	0.05	0.05	0.05	0.00	0.00	0.00	0.00	0.00	0.00	0.00	0.00	0.00	0.00	0.00
1.0	1.0	0.00	0.00	0.00	0.00	0.00	0.00	0.00	0.00	0.00	0.00	0.00	0.00	0.00	0.00
0.8	1.2	−0.05	−0.05	−0.05	0.00	0.00	0.00	0.00	0.00	0.00	0.00	0.00	0.00	0.00	0.00
0.6	1.4	−0.15	−0.05	−0.05	−0.05	−0.05	−0.05	−0.05	−0.05	−0.05	−0.05	0.00	0.00	0.00	0.00
0.4	1.6	−0.15	−0.10	−0.10	−0.05	−0.05	−0.05	−0.05	−0.05	−0.05	−0.05	0.00	0.00	0.00	0.00
	1.8	−0.20	−0.15	−0.10	−0.10	−0.10	−0.05	−0.05	−0.05	−0.05	−0.05	−0.05	0.00	0.00	0.00
	2.0	−0.25	−0.15	−0.15	−0.10	−0.10	−0.10	−0.10	−0.05	−0.05	−0.05	−0.05	−0.05	0.00	0.00

注　1. y_2 按 α_2 查表求得。上层较高时为正值。但对于最上层，不考虑 y_2 修正值。
2. y_3 按 α_3 查表求得，对于最下层，不考虑 y_3 修正值。

3. 层高度变化时反弯点高度比修正值 y_2 和 y_3

层高有变化时，反弯点也有移动，如图 4.17 所示。令上层层高 $h_上$ 与本层层高之比 $h_上/h=\alpha_2$，根据 α_2 和 K 值由表 4.5 可查得修正值 y_2。由表 4.5 可见，当 $\alpha_2>1$ 时，y_2 为正值，反弯点向上移；当 $\alpha_2<1$ 时，y_2 为负值，反弯点向下移。

同理，令下层层高 $h_下$ 与本层层高之比 $h_下/h=\alpha_3$ 根据 α_3，和 K 值由表 4.5 可查得修正值 y_3。

综上所述，各层柱的反弯点高度比由下式计算：

$$y=y_0+y_1+y_2+y_3 \tag{4.13}$$

【例 4.3】 图 4.18 所示为某三层框架结构的平面及剖面图。图 4.18（b）所示的框架楼层处的水平力，为同层全部 6 榀框架所有柱共同承受的水平力，括号内数字为各杆线刚度相对值。要求用 D 值法分析内力。

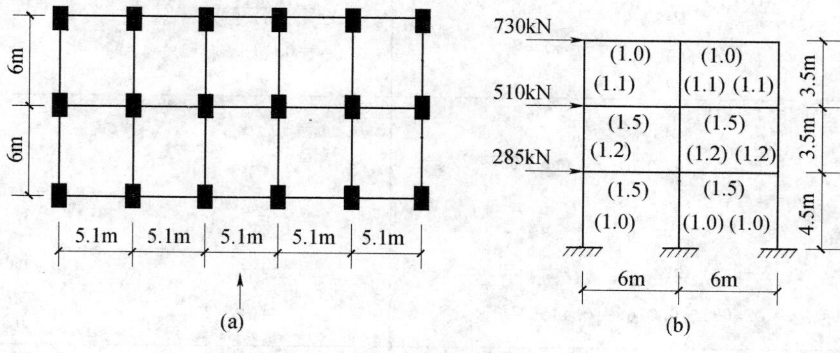

图 4.18　［例 4.3］图
（a）平面图；（b）剖面图

解：

（1）计算每根柱分配到的剪力如表 4.6 所示。

（2）由表4.3～表4.5查反弯点高度比，如表4.7所示。

（3）画弯矩图如图4.19所示。图4.19给出了柱反弯点位置和根据柱剪力及反弯点位置求出的杆端弯矩，根据节点平衡求出的梁端弯矩。根据梁端弯矩可进一步求出梁剪力（图中未给出）。

表4.6　每根柱分配到的剪力

层数	层剪力/kN	边柱 D 值	中柱 D 值	$\sum D$	每根边柱剪力/kN	每根中柱剪力/kN
3	730	$K=\frac{1+1.5}{2\times1.1}=1.14$ $D=\frac{1.14}{2+1.14}\times\frac{12}{3.5^2}\times1.1=0.391$	$K=\frac{2\times(1+1.5)}{2\times1.1}=2.27$ $D=\frac{2.27}{2+2.27}\times\frac{12}{3.5^2}\times1.1=0.573$	8.13	$V_3=\frac{0.391}{8.13}\times730=35.1$	$V_3=\frac{0.573}{8.13}\times730=51.5$
2	1240	$K=\frac{1.5+1.5}{2\times1.2}=1.25$ $D=\frac{1.25}{2+1.25}\times\frac{12}{3.5^2}\times1.2=0.452$	$K=\frac{4\times1.5}{2\times1.2}=2.5$ $D=\frac{2.5}{2+2.5}\times\frac{12}{3.5^2}\times1.2=0.653$	9.342	$V_2=\frac{0.452}{9.342}\times1240=60.0$	$V_2=\frac{0.653}{9.342}\times1240=86.7$
1	1525	$K=\frac{1.5}{1.0}=1.5$ $D=\frac{0.5+1.5}{2+1.5}\times\frac{12}{4.5^2}\times1.0=0.339$	$K=\frac{2\times1.5}{1.0}=3.0$ $D=\frac{0.5+3}{2+3}\times\frac{12}{4.5^2}\times1.0=0.415$	6.558	$V_1=\frac{0.339}{6.558}\times1525=78.8$	$V_1=\frac{0.415}{6.558}\times1525=96.5$

表4.7　由表4.3～表4.5查出的弯点高度比

层数	边柱	中柱
3	$n=3$　$j=3$ $K=1.14$　$y_0=0.407$ $\alpha_1=\frac{1.0}{1.5}=0.67$　$y_1=0.05$ $y=0.407+0.05=0.457$	$n=3$　$j=3$ $K=2.27$　$y_0=0.45$ $\alpha_1=\frac{1.0\times2}{1.5\times2}=0.67$　$y_1=0.041$ $y=0.45+0.041=0.491$
2	$n=3$　$j=2$ $K=1.25$　$y_0=0.4625$ $\alpha_1=1$　$y_1=0$ $\alpha_1=1$　$y_2=0$ $\alpha_3=\frac{4.5}{3.5}=1.29$　$y_3=-0.0169$ $y=0.4625-0.0169=0.4456$	$n=3$　$j=2$ $K=2.5$ $\alpha_1=1$　$y_0=0.5$ $\alpha_2=1$　$y_1=0$ $\alpha_3=\frac{4.5}{3.5}=1.29$　$y_2=0$ $y=0.5$　$y_3=0$
1	$n=3$　$j=1$ $K=1.5$　$y_0=0.575$ $\alpha_2=\frac{3.5}{4.5}=0.78$　$y_2=-0.0025$ $y=0.575-0.0025=0.5725$	$n=3$　$j=1$ $K=3.0$　$y_0=0.55$ $\alpha_2=\frac{3.5}{4.5}=0.78$　$y_2=0$ $y=0.55$

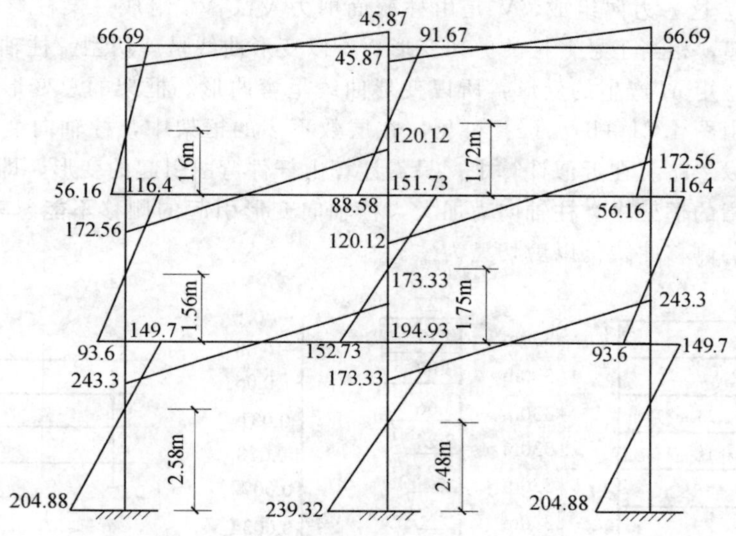

图 4.19　[例 4.3] 的弯矩图（单位：kN·m）

4.5　多层多跨框架在水平荷载作用下侧移的近似计算方法

框架侧移主要是由水平荷载引起的，如顶点位移过大，不仅影响正常使用，还可使主体结构出现裂缝或损坏；如层间相对侧移过大，将会使填充墙及建筑装修出现裂缝或损坏。因此，应计算出顶点位移及层间位移，并对它们加以限制。本节介绍框架侧移的近似计算方法。

一悬臂柱在水平均布荷载作用下，截面将产生弯矩和剪力，由弯矩和剪力引起的变形曲线的形状是不同的，如图 4.20 虚线所示。由弯曲引起的变形，愈到顶层相邻两点间相对变形愈大，当 q 向右时，曲线凹向右。由剪切引起的变形，愈到底层相邻两点间相对变形愈大，当 q 向右时，曲线凹向左。

现在再看框架的变形情况。图 4.21（a）所示一单跨 9 层框架，承受楼层处集中水平荷载。如果只考虑梁柱杆件弯曲产生的侧移，则侧移曲线如图 4.21（b）虚线所示，它与悬臂柱剪切变形的曲线形状相似，可称为剪切型变形曲线。如果只考虑柱轴向变形形成的侧移曲线，如图 4.21（c）虚线所示，它与悬臂柱弯曲变形形状相似，可称为弯曲型变形曲线。为了便于理解，可以把图 4.21（a）的框架看成一根空腹的悬臂柱，它的截面高度为框架跨度。如果通过反弯点将某层切开，空腹悬臂柱的弯矩 M 和剪力 V 如图 4.21（d）所示。M 是由柱

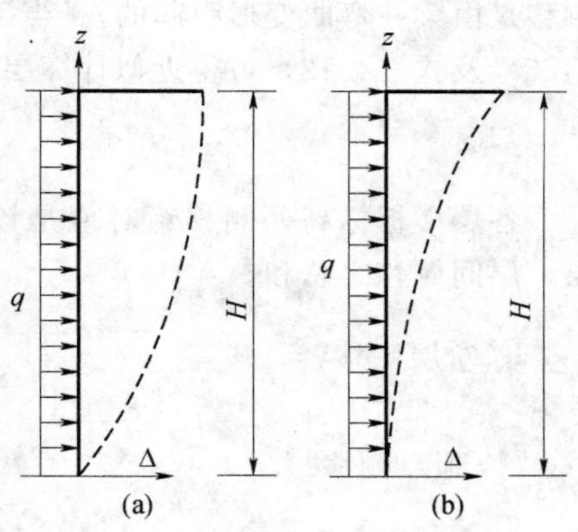

图 4.20　弯矩和剪力引起的变形

轴向力 N_A、N_B 这一力偶组成，V 是由柱截面剪力 V_A、V_B 组成。梁柱弯曲变形是由剪力 V_A、V_B 引起，相当于悬臂柱的剪切变形，所以变形曲线呈剪切型。柱轴向变形由轴力产生，相当于弯矩 M 产生的变形，所以变形曲线呈弯曲形。框架的总变形应由这两部分变形组成。但由图 4.21（b）、（c）可见，在层数不多的框架中，柱轴向变形引起的侧移很小，常常可以忽略。在近似计算中，只需计算由杆件弯曲引起的变形，即所谓剪切型变形。在高度较高的框架中，柱轴向力加大，柱轴向变形引起的侧移不能忽略。一般来说，二者叠加以后的侧移曲线仍以剪切型为主。

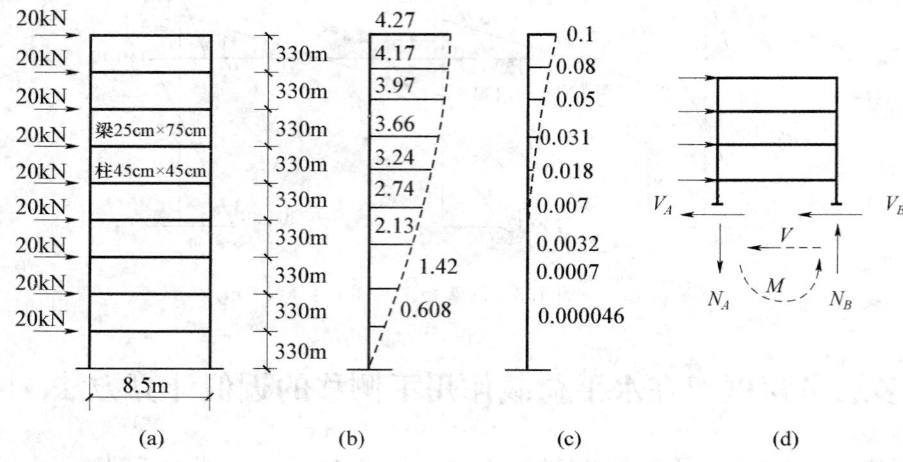

图 4.21　剪切型变形与弯曲型变形

（a）单跨 9 层框架；（b）梁柱杆件弯曲侧移曲线；（c）柱轴向变形的侧移曲线；（d）空腹悬臂柱的 M 和 V

在近似计算方法中，这两部分变形分别计算，可根据结构的具体情况，决定是否需要计算柱轴向变形引起的侧移。

4.5.1　梁柱弯曲变形产生的侧移

由式（4.6）可知，侧移刚度 D 值的物理意义是单位层间侧移所需的层剪力（该层间侧移是由梁柱弯曲变形引起的）。当已知框架结构第 j 层所有柱的 D 值及层剪力后，由式（4.6）及式（4.12）可得近似计算层间侧移的公式：

$$\delta_j^M = \frac{V_{pj}}{\sum D_{ij}} \tag{4.14}$$

各层楼板标高处侧移绝对值是该层以下各层层间侧移之和。顶点侧移即所有层（n 层）层间侧移之总和。

$$\left.\begin{aligned} &j\text{ 层侧移：} & \Delta_j^M &= \sum_{j=1}^{j} \delta_j^M \\ &\text{顶点侧移：} & \Delta_n^M &= \sum_{j=1}^{j} \delta_j^M \end{aligned}\right\} \tag{4.15}$$

【例 4.4】 求图 4.22 所示三跨 12 层框架由杆件弯曲产生的顶点侧移 Δ_n 及最大层间

侧移δ_j，层高$h=400\text{cm}$，总高$H=400\times12=4800$（cm），弹性模量$E=2.0\times10^4\text{MPa}$。各层梁截面尺寸相同，柱截面尺寸有四种，7 层及以上柱断面尺寸减小，内柱、外柱尺寸不同，详见图 4.22 中所注。

解：各层i_c、K、α、D、$\sum D_{ij}$及相对侧移δ_j^M，绝对侧移Δ_j^M计算如表 4.8 所示，计算结果绘于图 4.23。

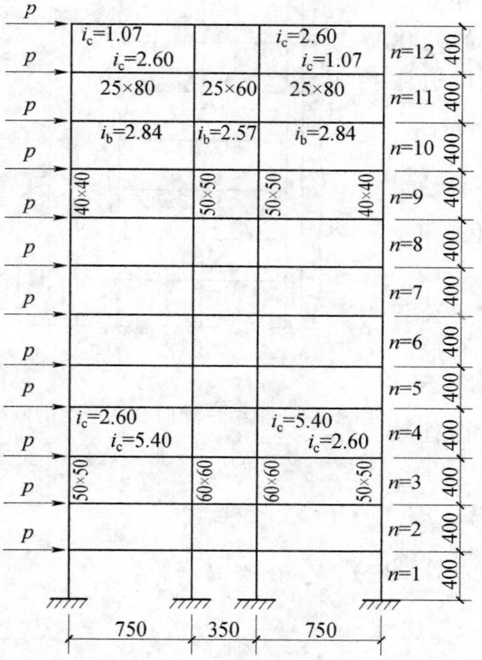

图 4.22　［例 4.4］图

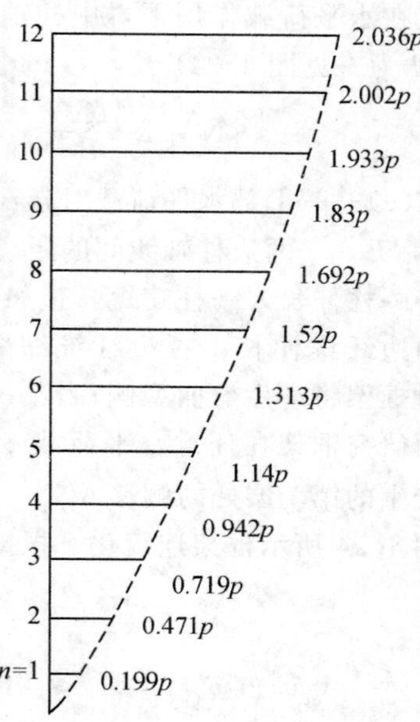

图 4.23　［例 4.4］计算结果（单位：$\times10^{-3}$mm）

表 4.8　i_c、k、α、D、$\sum D_{ij}$、δ_j^M及Δ_j^M计算结果

层数	i_c/（$\times10^{10}$N·mm）		K		α		D/（$\times10^3$N·mm）		$\sum D_{ij}$/（$\times10^3$）	V_j	δ_j^M/（$\times10^{-3}$mm）	Δ_j^M/（$\times10^{-3}$mm）
	边柱	中柱	边柱	中柱	边柱	中柱	边柱	中柱				
12	1.07	2.60	2.65	2.08	0.57	0.51	4.57	9.95	29.04	1p	0.034p	2.036p
11	1.07	2.60	2.65	2.08	0.57	0.51	4.57	9.95	29.04	2p	0.069p	2.002p
10	1.07	2.60	2.65	2.08	0.57	0.51	4.57	9.95	29.04	3p	0.103p	1.933p
9	1.07	2.60	2.65	2.08	0.57	0.51	4.57	9.95	29.04	4p	0.138p	1.830p
8	1.07	2.60	2.65	2.08	0.57	0.51	4.57	9.95	29.04	5p	0.172p	1.692p
7	1.07	2.60	2.65	2.08	0.57	0.51	4.57	9.95	29.04	6p	0.207p	1.520p
6	2.60	5.40	1.09	1.00	0.35	0.33	6.83	13.37	40.40	7p	0.173p	1.313p
5	2.60	5.40	1.09	1.00	0.35	0.33	6.83	13.37	40.40	8p	0.198p	1.140p
4	2.60	5.40	1.09	1.00	0.35	0.33	6.83	13.37	40.40	9p	0.223p	0.942p
3	2.60	5.40	1.09	1.00	0.35	0.33	6.83	13.37	40.40	10p	0.248p	0.719p
2	2.60	5.40	1.09	1.00	0.35	0.33	6.83	13.37	40.40	11p	0.272p	0.471p
1	2.60	5.40	1.09	1.00	0.51	0.50	9.95	20.25	60.40	12p	0.199p	0.199p

4.5.2 柱轴向变形产生的侧移

对于很高的高层框架，水平荷载产生的柱轴力较大，柱轴向变形产生的侧移也较大，不容忽视。

在水平荷载作用下，对于一般框架，只有两根边柱轴力（一拉一压）较大，中柱因其两边梁的剪力相互抵消，轴力很小。这样我们考虑柱轴向变形产生的侧移时，假定在水平荷载作用下，中柱轴力为 0，只两边柱受轴力 N 为（见图 4.24）

$$N=\pm\frac{M(z)}{B} \tag{1}$$

式中 $M(z)$——上部水平荷载对坐标 z 处的力矩总和；

B——两边柱轴线间的距离。

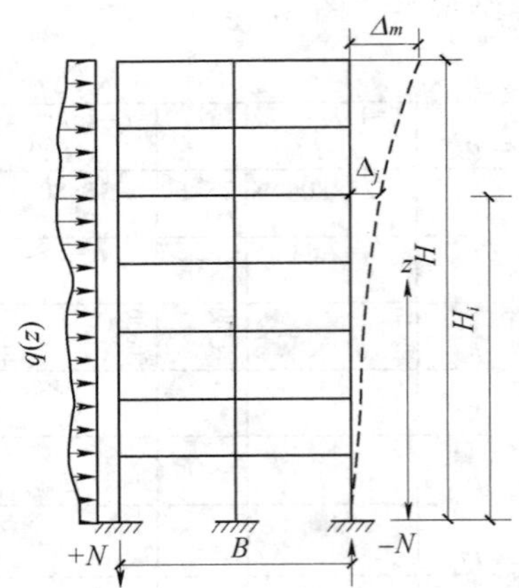

图 4.24 框架柱轴向变形产生的侧移

由于一柱伸长，一柱缩短，正如悬臂柱在水平荷载作用下左边纤维伸长、右边纤维缩短产生弯曲变形一样，这时框架将产生弯曲型侧移。

下面研究框架在任意水平荷载 $q(z)$ 作用下由柱轴向变形产生的第 j 层处的侧移 Δ_j^N。

把图 4.24 所示框架连续化，根据单位荷载法，有

$$\Delta_j^N = 2\int_0^{H_j}(\overline{N}N/EA)\mathrm{d}z \tag{2}$$

$$\overline{N}=\pm(H_j-z)/B \tag{3}$$

式中 $\overline{N}$——单位集中力作用在顶层时在边柱产生的轴力；

N——q（z）对坐标 z 处的力矩 M（z）引起的边柱轴力，是 z 的函数；

H_j——j 层楼板距底面高度；

A——边柱截面面积，是 z 的函数。

假设边柱截面面积沿 z 线性变化，即

$$A(z)=A_{底}\left(1-\frac{1-n}{H}z\right) \tag{4}$$

$$n=\frac{A_{顶}}{A_{底}} \tag{4.16}$$

式中 $A_{底}$——底层边柱截面面积；

n——顶层与底层边柱截面面积的比值。

将式（1）、式（3）、式（4）代入式（2），得

$$\Delta_j^N = \frac{2}{EB^2A_{底}}\int_0^{H_j}\frac{(H_j-z)M(z)}{1-(1-n)z/H}\mathrm{d}z \tag{5}$$

$M(z)$ 与外荷载有关，积分后得到的计算公式如下：

$$\Delta_j^N=\frac{V_0H^3}{EB^2A_{底}}F_{\mathrm{n}} \tag{4.17}$$

式中　V_0——基底剪力，即水平荷载的总和；

F_n——系数。

在不同荷载形式下，V_0 及 F_n 不同。V_0 可根据荷载计算，F_n 是由式（5）中积分部分得到的常数，它与荷载形式有关，在几种常用荷载形式下，F_n 的表达式有以下几种形式。

（1）顶点集中力：

$$F_n=\frac{2}{(1-n)^3}\left\{\left(1+\frac{H_j}{H}\right)\left(n^2\frac{H_j}{H}-2n\frac{H_j}{H}+\frac{H_j}{H}\right)-\frac{3}{2}-\frac{R_j^2}{2}+2R_j-\left[n^2\frac{H_j}{H}+n\left(1-\frac{H_j}{H}\right)\right]\ln R_j\right\} \tag{4.18}$$

（2）均布荷载：

$$\begin{aligned}F_n=\frac{1}{(1-n)^4}&\left\{\left[(n-1)^3\frac{H_j}{H}+(n-1)^2\left(1+2\frac{H_j}{H}\right)+(n-1)\left(2+\frac{H_j}{H}\right)+1\right]\ln R_j\right.\\&-(n-1)^3\frac{H_j}{H}\left(1+2\frac{H_j}{H}\right)-\frac{1}{3}(R_j^3-1)+\left[n\left(1+\frac{H_j}{2H}\right)-\frac{H_j}{2H}+\frac{1}{2}\right](R_j^2-1)\\&\left.-\left[2n\left(2+\frac{H_j}{H}\right)-\frac{2H_j}{H}-1\right](R_j-1)\right\}\end{aligned} \tag{4.19}$$

（3）倒三角形荷载：

$$\begin{aligned}F_n=\frac{2}{3}&\left\{\frac{1}{n-1}\left[\frac{2H_j}{H}\ln R_j-\left(\frac{3H_j}{H}+2\right)\frac{H_j}{H}\right]+\frac{1}{(n-1)^2}\left[\left(\frac{3H_j}{H}+2\right)\ln R_j\right]\right.\\&+\frac{3}{2(n-1)^3}\left[(R_j^2-1)-4(R_j-1)+2\ln R_j\right]\\&+\frac{1}{(n-1)^4}\frac{H_j}{H}\left[\frac{1}{3}(R_j^3-1)-\frac{3}{2}(R_j^2-1)+3(R_j-1)-\ln R_j\right]\\&\left.+\frac{1}{(n-1)^5}\frac{H_j}{H}\left[\frac{1}{4}(R_j^4-1)-\frac{4}{3}(R_j^3-1)+3(R_j^2-1)-4(R_j-1)+\ln R_j\right]\right\}\end{aligned} \tag{4.20}$$

其中

$$R_j=\frac{H_j}{H}n+\left(1-\frac{H_j}{H}\right) \tag{4.21}$$

n 由式（4.16）得到。F_n 可直接由图 4.25 查出，图中变量为 n 及 H_j/H。

由式（4.17）计算得到 Δ_j^N 后，用下式计算第 j 层的层间变形：

$$\delta_j^N=\Delta_j^N-\Delta_{j-1}^N \tag{4.22}$$

考虑柱轴向变形后，框架的总侧移为

$$\Delta_j=\Delta_j^M+\Delta_j^N \tag{4.23}$$

$$\delta_j=\delta_j^M+\delta_j^N \tag{4.24}$$

【例 4.5】 求图 4.22 所示的 12 层框架由于柱轴向变形产生的侧移。

解：

$$A_{顶}=40\times40=1600(\text{cm}^2)$$

$$A_{底}=50\times50=2500(\text{cm}^2)$$

$$n=A_{顶/A底}=1600/2500=0.64$$

$$V_0=12p,\ B=1850\text{cm},\ H=4800\text{cm}$$

$$E=2.0\times10^4\text{MPa}$$

由式（4.17）计算侧移变形，F_n 及 Δ_j^N、δ_j^N 列于表 4.9，F_n 查图 4.25（b）（均布荷载）。

表 4.9　　［例 4.5］表

层数	$\frac{H_j}{H}$	F_n	$\delta_j^N/(\times10^{-3}\text{mm})$	$\Delta_j^N/(\times10^{-3}\text{mm})$
12	1.000	0.273	0.025p	0.212p
11	0.917	0.241	0.024p	0.187p
10	0.833	0.210	0.023p	0.163p
9	0.750	0.180	0.624p	0.140p
8	0.667	0.150	0.022p	0.110p
7	0.583	0.121	0.021p	0.094p
6	0.500	0.094	0.020p	0.073p
5	0.417	0.068	0.019p	0.053p
4	0.333	0.044	0.015p	0.034p
3	0.250	0.025	0.009p	0.019p
2	0.167	0.013	0.006p	0.010p
1	0.083	0.005	0.004p	0.004p

$$\frac{V_0H^3}{EB^2A_{底}}=\frac{12p\times48000^3}{2\times10^4\times18500^2\times250000}=7.755\times10^{-4}p$$

由计算结果可见，柱轴向变形产生的侧移与梁、柱弯曲变形产生的侧移相比，前者占的比例较小，在本例中，总顶点位移为

$$\Delta_{12}=\Delta_{12}^M+\Delta_{12}^N=(2.036+0.212)\times10^{-3}p=2.248\times10^{-3}p$$

最大层间侧移产生在第 2 层，为

$$\delta_{max}=\delta_2^M+\delta_2^N=(0.272+0.006)\times10^{-3}p=0.278\times10^{-3}p$$

Δ_{12}^N在总位移中仅占 9.4%，δ_2^N 在 δ_{max}中所占比例更小。

柱轴向变形产生的侧移是弯曲型的，顶层层间变形最大，向下逐渐减小。而梁、柱弯曲变形产生的侧移则是剪切型的，底层最大，向上逐渐减小。由于后者变形是主要成分，两者综合后仍以底层的层间变形最大，故仍表现为剪切型变形特征。

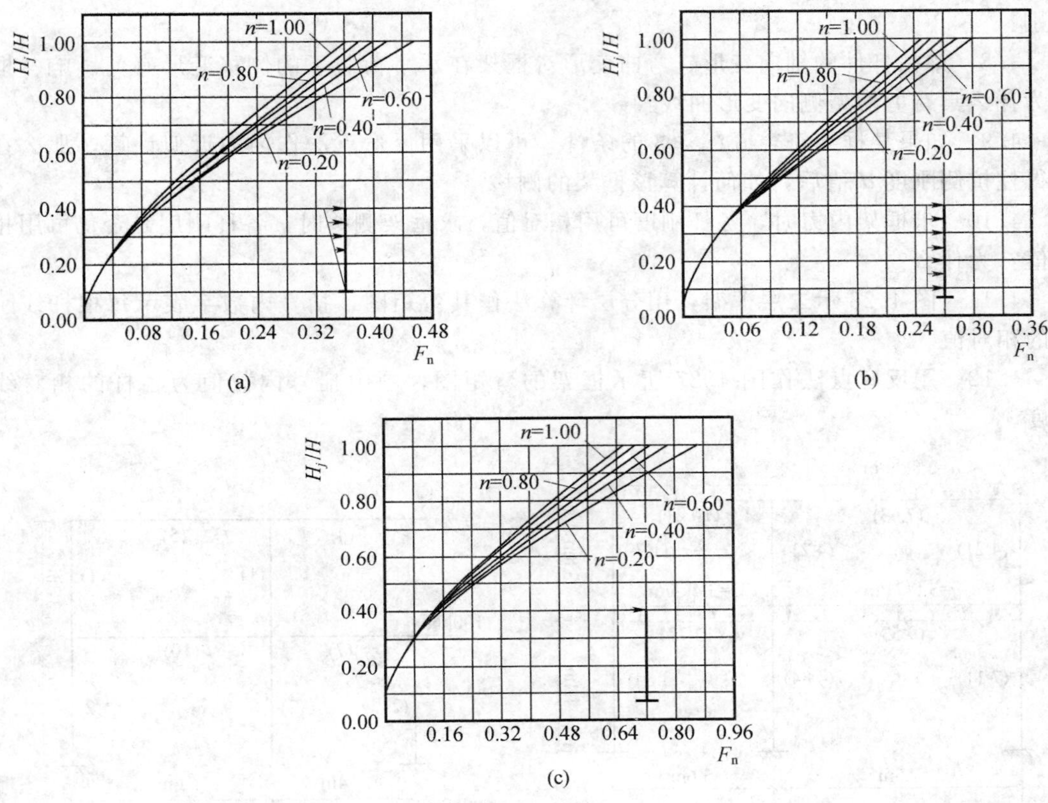

图 4.25　侧移系数 F_n

（a）倒三角形分布荷载；（b）均布荷载；（c）顶点集中荷载

思考题与习题

4.1　分别画出一榀三跨 4 层框架在垂直荷载（各层各跨都满布均匀荷载）和水平节点荷载作用下的弯矩图形、剪力图形和轴力图形（示意图）。

4.2　为什么说分层计算法、反弯点法和 D 值法是近似计算方法？分别都有哪些假设？

4.3　分别叙述分层计算法、反弯点法和 D 值法的计算步骤。

4.4　反弯点法和 D 值法的侧移刚度 d 和 D 值物理意义是什么？有何异同？两者在基本假定上有什么不同？分别在什么情况下使用？

4.5　影响水平荷载下柱反弯点位置的主要因素是什么？框架顶层和底层柱反弯点位置与中部各层反弯点位置相比，有什么变化？

4.6　应用 D 值法计算多层多跨框架在水平荷载作用下的内力时，边柱和中柱以及上层柱和底层柱 D 值的计算公式有什么区别？

4.7 式（4.12）和式（4.14）如何应用？在单榀框架和整栋框架结构中应用时有何区别？

4.8 梁柱杆件的轴向变形、弯曲变形对框架在水平荷载下的侧移变形有何影响？框架为什么具有剪切型侧向变形曲线？

4.9 如果某框架符合 $i_b/i_c \geqslant 3$ 的条件，可以采用反弯点法作内力近似计算，那么在求得柱抗侧刚度 d 值后，如何计算该框架的侧移？

4.10 求框架内力时，各杆刚度可用相对值，求框架侧移时，各杆刚度是否仍可用相对值？为什么？

4.11 图 4.26 示二层框架，用分层计算法作其弯矩图，括号内数字表示每根杆线刚度的相对值。

4.12 用反弯点法作图 4.27 所示框架的弯矩图，图中括号内数值为各杆的相对线刚度。

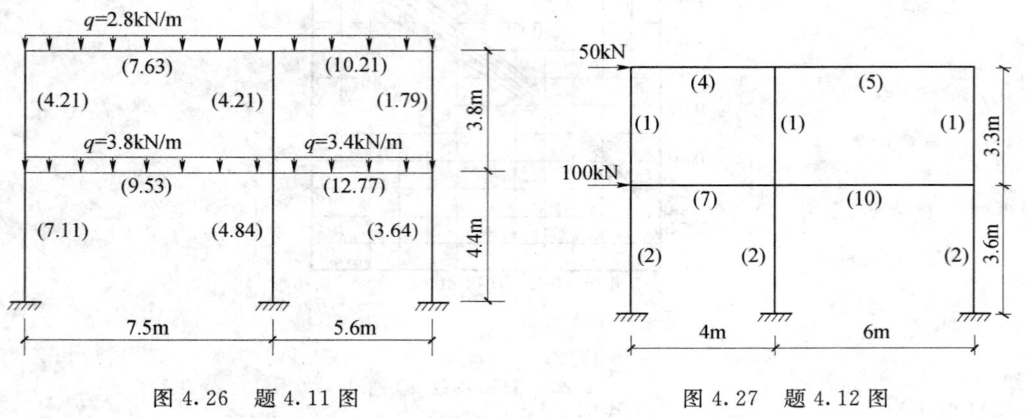

图 4.26 题 4.11 图

图 4.27 题 4.12 图

4.13 用 D 值法作图 4.28 所示三层框架的弯矩图。图中括号内数字为各杆的相对线刚度。

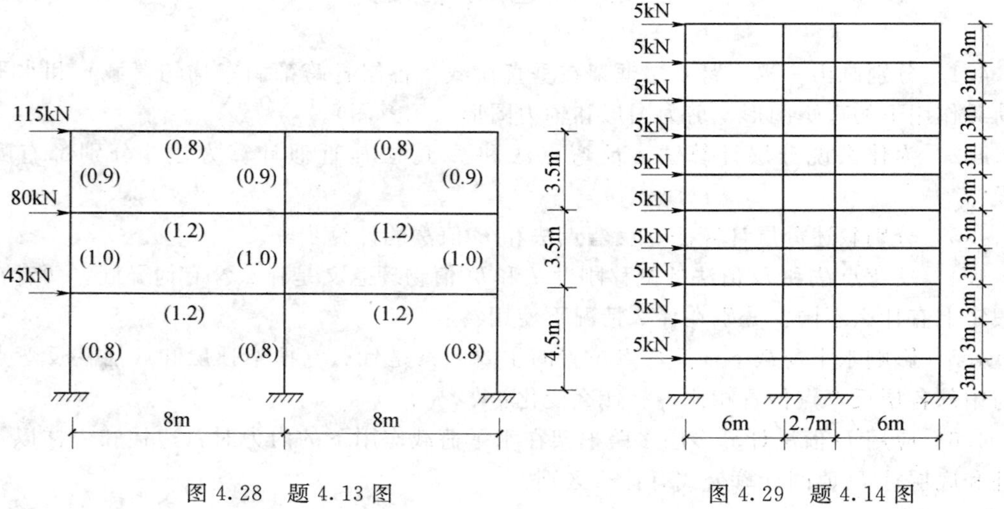

图 4.28 题 4.13 图

图 4.29 题 4.14 图

4.14　求图 4.29 所示三跨 10 层框架由杆件弯曲产生的顶点侧移 Δ_n 及最大层间侧移 δ_j，梁混凝土强度等级是 C30（$E_c = 3.0\times10^4 N/mm^2$），柱混凝土强度等级为 C40（$E_c = 3.25\times10^4 N/mm^2$），设梁（6m）截面尺寸相同，为 250mm× 600mm，梁（2.7m）截面尺寸相同，为 250mm×450mm，柱截面尺寸相同为 500mm×500mm。

第 5 章　钢筋混凝土框架结构设计

5.1　延性框架的概念

5.1.1　延性框架的要求

本书第 3 章中已经提及，在强地震作用下，要求结构处于弹性状态既不现实也没有必要，同时也是不经济的。通常的做法是在中等烈度的地震作用下，允许结构某些杆件屈服，出现塑性铰，使结构刚度降低，加大其塑性变形的能力。当塑性铰达到一定数量时，结构会出现“屈服”现象，即承受的地震作用力不再增加或增加很少，而结构变形迅速增加。如果结构能维持承载能力而又具有较大的塑性变形能力，这类结构就称为延性结构，它的性能可以用如图 5.1 所示的荷载-位移曲线描述。结构的延性比定义如下：

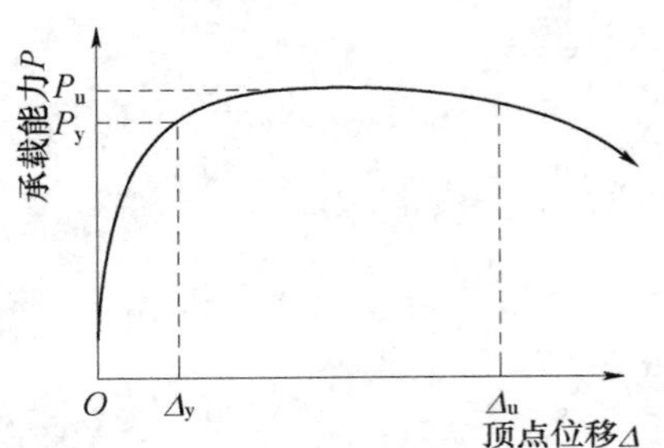

图 5.1　延性结构荷载-位移曲线

$$u=\Delta_u/\Delta_y \tag{5.1}$$

式中　Δ_y——结构“屈服”时的顶点位移；

Δ_u——能维持承载能力的最大顶点位移。

在地震区都应当将钢筋混凝土框架结构设计成延性结构，这种结构经过中等烈度的地震作用后，加以修复仍可重新使用，在强地震下也不至于倒塌。大量震害调查和试验证明，经过合理设计，可以使钢筋混凝土框架具有较大的塑性变形能力和良好的延性，该结构称为延性框架结构。

框架顶点水平位移是由结构各个杆件的变形形成的，当各杆件都处于弹性阶段时，结构的变形也是弹性的。当某些杆件“屈服”后，结构就出现塑性变形。在框架中，塑性铰可能出现在梁上，也可能出现在柱上，因此，梁、柱构件都应有良好的延性。构件延性用构件的变形或塑性铰转动能力来衡量，通常用构件的位移延性或截面曲率延性比来代表构件的延性大小。

构件位移延性比 u_f 与截面曲率延性比 u_φ 可分别表示为式（5.2）及式（5.3），即

$$u_f=f_u/f_y \tag{5.2}$$

$$u_\varphi=\varphi_u/\varphi_y \tag{5.3}$$

式中　f_y 和 φ_y——分别为截面钢筋开始屈服时的跨中挠度和曲率；

f_u 和 φ_u——分别为截面达极限状态时的极限挠度和极限曲率。

通过试验和理论分析，可得到关于结构延性的一些结论。

（1）要保证框架结构有一定的延性，就必须保证梁、柱等构件具有足够的延性。钢筋混凝土构件的剪切破坏是脆性的，或者延性很小。因此，构件不能过早发生剪切破坏，也就是说弯曲（或压弯）破坏优于剪切破坏。

（2）在框架结构中，塑性铰出现在梁上较有利。如图 5.2（a）所示，在梁端出现的塑性铰数量可以较多而结构不致形成破坏机构。每一个塑性铰都能吸收和耗散一部分地震能量，因此，对每一个塑性铰的要求可以相对较低，比较容易实现。此外，梁是受弯构件，而受弯构件都具有较好的延性。当塑性铰集中出现在梁端，而除柱脚外的柱端部出现塑性铰时称为梁铰机制。

（3）塑性铰出现在柱中，则很容易形成破坏机构，如图 5.2（b）所示。如果在同一层柱的上、下都出现塑性铰时称为柱铰机制，该层结构变形将迅速加大，成为不稳定结构而倒塌，在抗震结构中应绝对避免出现这种被称为软弱层的情况。柱是压弯构件，承受很大的轴力，这种受力状态决定了柱的延性较小；而且作为结构的主要承载部分，柱子破坏将引起严重后果，不易修复甚至引起结构倒塌。因此，柱子中出现较多塑性铰是不利的。梁铰机制优于柱铰机制。

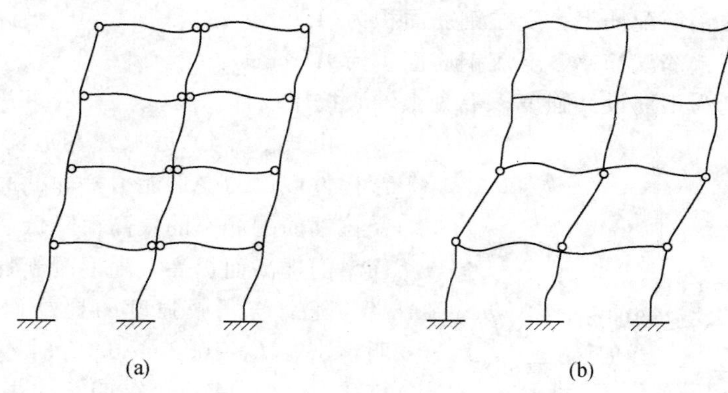

图 5.2　框架塑性铰出现状况
（a）塑性铰在梁端；（b）塑性铰在柱端

（4）要设计延性框架，除了梁、柱构件必须具有延性外，还必须保证各构件的连接部分，即节点区不出现脆性剪切破坏，同时还要保证支座连接和锚固不发生破坏。

综上所述，要设计延性框架结构，必须合理设计各个构件，控制塑性铰出现部位，防止构件过早剪切，使构件具有一定延性。同时也要合理设计节点区及各部分的连接和锚固，防止节点连接的脆性破坏。在抗震措施上可归纳为以下几个要点：

（1）强柱弱梁。要控制梁、柱的相对强度，使塑性铰首先在梁端出现，尽量避免或减少柱子中的塑性铰。

（2）强剪弱弯。对于梁、柱构件，要保证构件出现塑性铰而不过早剪坏，因此，要使构件抗剪承载力大于塑性铰抗弯承载力，为此要提高构件的抗剪承载力。

（3）强节点、强锚固。要保证节点核心区和钢筋锚固不过早被破坏，不在梁、柱塑性铰充分发挥作用前被破坏。此外，为了提高柱的延性，应控制柱的轴压比，并加强柱箍筋对混凝土的约束作用。为了提高结构体系的抗震性能，应对结构中的薄弱部位及受力不利部位如柱根部、角柱、框支柱、错层柱等加强抗震措施。

上述这些抗震措施要点，不仅适用于延性框架，也适用于其他钢筋混凝土延性结构。

5.1.2 梁的延性

在强柱弱梁结构中，主要由梁构件的延性来提高框架结构的延性。因此，要求设计具有良好延性的框架梁。影响框架梁延性及其耗能能力的因素很多，主要有以下几个方面。

1. 纵筋配筋率

如图 5.3 所示为一组钢筋混凝土单筋矩形截面的 $M-\varphi$ 关系曲线。在配筋率相对较高的情况下，弯矩达到峰值后，$M-\varphi$（弯矩-曲率）关系曲线很快下降，配筋率越高，下降段越陡，说明截面的延性越差；在配筋率相对较低的情况下，弯矩-曲率关系曲线能保持有相当长的水平段，然后才缓慢地下降，说明截面的延性好。因为截面的曲率与截面的受压区相对高度成比例，因此受弯构件截面的变形能力也可以用截面达到极限状态时受压区的相对高度 x/h_0 来表达。由矩形截面受弯极限状态平衡条件可以得到下式：

$$x/h_0=(\rho_s-\rho_s')f_y/\alpha f_c \tag{5.4}$$

式中 ρ_s——受拉钢筋配筋率，受拉钢筋面积为 A_s；

ρ_s'——受压钢筋配筋率，受压钢筋面积为 A_s'；

f_y、f_c——分别为钢筋设计强度、混凝土轴心抗压设计强度。

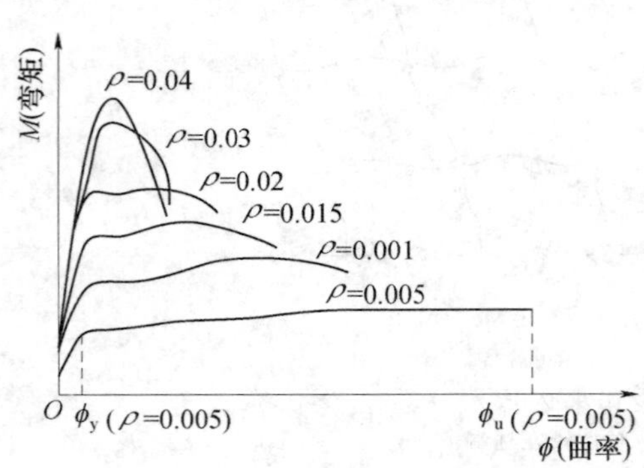

图 5.3 单筋矩形梁的 $M-\varphi$ 计算曲线

由式（5.4）可见，在适筋梁的范围内受弯构件截面的变形能力，即截面的延性性能随受拉钢筋配筋率的提高而降低，随受压钢筋配筋率的提高而提高，随混凝土强度的提高而提高，随钢筋屈服强度的提高而降低。试验表明，当 $x/h_0=0.20\sim0.35$ 时，梁的延性系数可达 3～4。试验还表明，如果加大截面受压区宽度（如采用 T 形截面梁），也能使梁的延性得到改善。

2. 剪压比

剪压比即为梁截面上的“名义剪应力” V/bh_0 与混凝土轴心抗压强度设计值 f_c 的比值。试验表明，梁塑性铰区的截面剪压比对梁的延性、耗能能力及保持梁的强度、刚度有明显影响。当剪压比大于 0.15 时，梁的强度和刚度即有明显退化现象，剪压比越高则退化越快，混凝土破坏越早，这时增加箍筋用量已不能发挥作用。因此，必须要限制截面剪压比，实质上也就是限制截面尺寸不能过小。

3. 跨高比

梁的跨高比（即梁净跨与梁截面高度之比）对梁的抗震性能有明显影响。随着跨高比的减小，剪力的影响加大，剪切变形占全部位移的比重亦加大。试验结果表明，当梁的跨高比小于 2 时，极易发生以斜裂缝为特征的破坏形态。一旦主斜裂缝形成，梁的承载力就急剧下降，从而呈现出极差的延性性能。一般认为，梁净跨不宜小于截面高度的 4 倍，当梁的跨度较小，而梁的设计剪力较大时，宜首先考虑加大梁的宽度，这样会增加梁的纵筋用量，但对保证梁的延性来说，增加梁宽较增加梁高更为有利。

4. 塑性铰区的箍筋用量

在塑性铰区配置足够的封闭式箍筋，对提高塑性铰的运转能力十分有效。配置足够的箍筋，可以防止梁中受压纵筋过早压曲，提高塑性铰区内混凝土的极限压应变，并可抑制斜裂缝的开展，这些都有利于充分发挥梁塑性铰的变形和耗能能力。工程设计中，在框架梁端塑性铰区范围内，箍筋必须加密。

5.1.3 柱的延性

框架柱的破坏一般发生在柱的上、下端。影响框架柱延性的主要因素有剪跨比、轴压比、箍筋配筋率和纵筋配筋率等。

1. 剪跨比

剪跨比是反映柱截面承受的弯矩与剪力之比的一个参数，表示如下：

$$\lambda=\frac{M}{Vh_0} \tag{5.5}$$

式中 h_0——柱截面计算方向的有效高度。

试验表明，当 $\lambda\geqslant2$ 时为长柱，柱的破坏形态为压弯型，只要构造合理一般都能满足柱的斜截面受剪承载力大于其正截面偏心受压承载力的要求，并且有一定的变形能力。当 $1.5\leqslant\lambda<2$ 时为短柱，柱将产生以剪切为主的破坏，当提高混凝土强度或配有足够的箍筋时，也可能出现具有一定延性的剪压破坏。当 $\lambda<1.5$ 时，为极短柱，柱的破坏形态为脆性的剪切破坏，抗震性能差，一般设计中应当尽量避免。如无法避免，则要采取特殊措施以保证其斜截面承载力。

对于一般的框架结构，柱内弯矩以地震作用产生的弯矩为主，可近似地假定反弯点在柱高的中点，即假定 $M=VH_n/2$，则框架柱剪跨比的计算式如下：

$$\lambda=\frac{1}{2}\frac{H_n}{h_0} \tag{5.6}$$

式中 H_n——柱子净高；

H_n/h_0——柱的长细比。

按照以上分析，框架柱也可按下列条件分类：当 $H_n/h_0\geqslant4$ 时，为长柱；当 $3\leqslant H_n/h_0<4$ 时，为短柱；当 $H_n/h_0<3$ 时，为极短柱。

2. 轴压比

轴压比 n 是指柱截面考虑地震作用组合的轴向压力设计值 N 与柱的全截面面积 A_c 和混凝土轴心抗压强度设计值 f_c 的乘积比，即柱的名义轴向压应力设计值与 f_c 的比值：

$$n=\frac{N}{A_cf_c} \tag{5.7}$$

如图 5.4 所示为柱位移延性比与轴压比关系的试验结果。由图 5.4 可见，柱的位移延性比随轴压比的增大而急剧下降。构件受压破坏特征与构件轴压比直接相关。轴压比较小

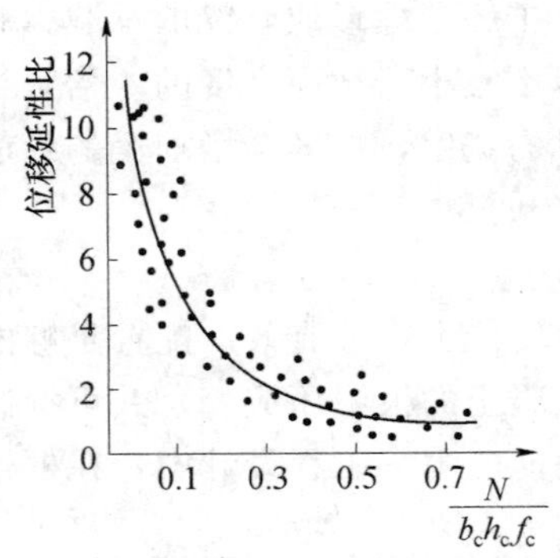

图 5.4 轴压比与延性比的关系

时，即柱的轴压比设计值较小，柱截面受压区高度较小，构件将发生受拉钢筋首先屈服的大偏心受压破坏，破坏时构件有较大变形；当轴压比较大时，柱截面受压区高度较大，属小偏心受压破坏，破坏时，受拉钢筋（或压应力较小侧的钢筋）并未屈服，构件变形较小。

3. 箍筋配筋率

框架柱的破坏除因压弯强度不足引起的柱端水平裂缝外，较为常见的震害是由于箍筋配置不足或构造不合理而发生的柱身出现斜裂缝，柱端混凝土被压碎，节点斜裂或纵筋弹出等问题。理论分析和试验表明，柱中箍筋对核心混凝土起着有效的约束作用，可显著提高受压混凝土的极限应变能力，抑制柱身斜裂缝的开展，从而大大地提高柱的延性。为此，在柱的各个部位合理地配置箍筋十分必要。例如，在柱端塑性铰区适当地加密箍筋，对提高柱变形能力十分有利。

但试验结果也表明，加密箍筋对提高柱延性的作用随着轴压比的增大而减小。同时，箍筋形式对柱核心区混凝土的约束作用有明显影响。当配置复式箍筋或螺旋形箍筋时，柱的延性将比配置普通矩形箍筋时有所提高。在箍筋的间距和箍筋的直径相同时，箍筋对核心区混凝土的约束效应还取决于箍筋的无支撑长度，如图 5.5 所示。箍筋的无支撑长度越小，箍筋受核心混凝土的挤压而向外弯曲的程度越小，阻止核心混凝土横向变形的作用就越强，所以当箍筋的用量相同时，若减小箍筋直径并增加附加箍筋，从而减小箍筋的无支撑长度，对提高柱的延性更为有利。

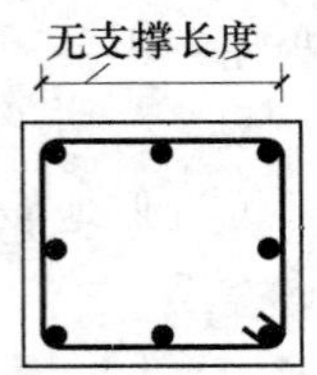

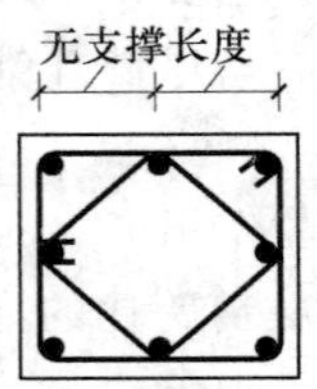

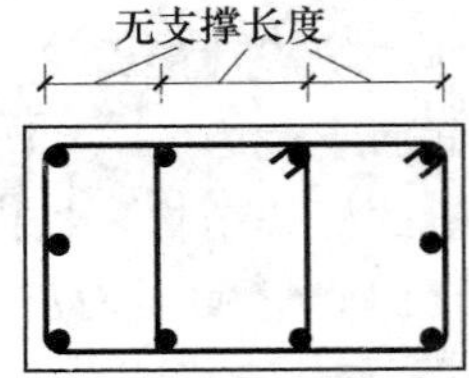

图 5.5 箍筋的无支撑长度

4. 纵筋配筋率

试验研究表明，柱截面在纵筋屈服后的转角变形能力主要受纵向受拉钢筋配筋率的影响，且大致随纵筋配筋率的增大而线性增大，为避免地震作用下柱子过早进入屈服阶段，以及增大柱屈服时的变形能力，提高柱的延性和耗能能力，全部纵向钢筋的配筋率不应过小。

5.2 框架内力调整

进行框架结构抗震设计时，允许在梁端出现塑性铰。为了便于浇捣混凝土，也往往希望节点处梁的负钢筋放得少些。对于装配式或装配整体框架，节点并非绝对刚性，梁端实际弯矩将小于其弹性计算值。因此，在进行框架结构设计时，一般均对梁端弯矩进行调幅，即人为地减小梁端负弯矩，减小节点附近梁顶面的配筋量。

设某框架梁 AB 在竖向荷载作用下，计算出梁端的最大负弯矩分别为 M_{A0}、M_{B0}，梁跨中最大正弯矩为 M_{C0}，则调幅后梁端弯矩如下：

$$M_A = \beta M_{A0} \tag{5.8}$$

$$M_B = \beta M_{B0} \tag{5.9}$$

式中　β——弯矩调幅系数。

对于现浇框架，可取 $\beta=0.8\sim0.9$；对于装配整体式框架，由于接头焊接不牢或由于节点区混凝土灌筑不密实等原因，节点容易产生变形而达不到绝对刚性，框架梁端的实际弯矩比弹性计算值要小，因此，弯矩调幅系数允许取得低一些，一般取 $\beta=0.7\sim0.8$。

梁端弯矩调幅后，在相应荷载作用下的跨中弯矩必将增加，这时应校核梁的静力平衡条件，如图 5.6 所示，支座弯矩调幅后梁端弯矩 M_A、M_B 的平均值与跨中调整后的正弯矩 M_C 之和不应小于按简支梁计算的跨中弯矩值 M_0，即

$$\frac{|M_A + M_B|}{2} + M_C \geqslant M_0 \tag{5.10}$$

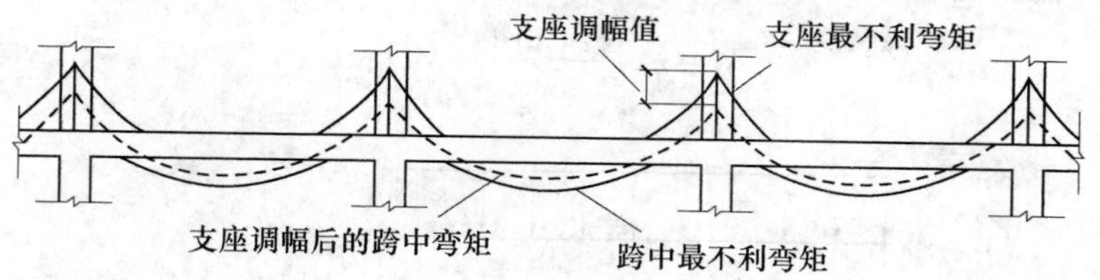

图 5.6　支座弯矩调幅

必须指出，我国现行有关规范规定：弯矩调幅只对竖向荷载作用下的内力进行，即水平荷载作用下产生的弯矩不参加调幅，因此，弯矩调幅应在内力组合之前进行。同时还规定，梁截面设计时所采用的跨中正弯矩不应小于按简支梁计算的跨中弯矩的一半。

5.3　框架梁的设计

5.3.1　梁抗弯承载力计算

确定梁控制截面的组合弯矩后，即可按一般钢筋混凝土结构构件的计算方法进行配筋计算。由抗弯承载力确定截面配筋，按下式计算：

无地震作用组合时：

$$M_{bmax} \leqslant (A_s - A'_s) f_y (h_{b0} - 0.5x) + A'_s f_y (h_{b0} - a') \tag{5.11}$$

有地震作用组合时：

$$M_{bmax} \leqslant \frac{1}{\gamma_{RE}} [(A_s - A'_s) f_y (h_{b0} - 0.5x) + A'_s f_y (h_{b0} - a')] \tag{5.12}$$

式中　M_{bmax}——由荷载效应组合得到的最大计算弯矩；

γ_{RE}——承载力抗震调整系数，取 0.75。

在地震作用下，框架梁的塑性铰出现在端部。为保证塑性铰的延性，应对梁端截面的名义受压区高度加以限制。延性要求越高，限制应越严。而且，端部截面必须配置受压钢筋形成双筋截面，具体要求如下。

$$\left.\begin{array}{lll}\text{一级抗震：} & x\leqslant 0.25h_{b0}, & A_s'/A_s\geqslant 0.5\\ \text{二级、三级抗震：} & x\leqslant 0.35h_{b0}, & A_s'/A_s\geqslant 0.3\end{array}\right\} \tag{5.13}$$

在跨中截面和非抗震设计时，只要求不出现超筋破坏现象，即 $x\leqslant\xi_b h_{b0}$。同时，抗震设计时框架梁端纵向受拉钢筋的配筋率均不宜大于 2.5%，不应大于 2.75%。

5.3.2 梁的抗剪计算

1. 剪力设计值

四级抗震等级的框架梁和非抗震框架梁可直接取最不利组合的剪力计算值。为了保证在出现塑性铰时梁不被剪坏，即实现强剪弱弯，一至三级抗震设计时，梁端部塑性铰区的设计剪力要根据梁的抗弯承载能力的大小决定。如图 5.7 所示的受弯梁平衡中，梁端为极限弯矩时，设计剪力应按下式计算：

$$V=\eta_{vb}\frac{M_b^l+M_b^r}{l_n}+VD_{Gb} \tag{5.14}$$

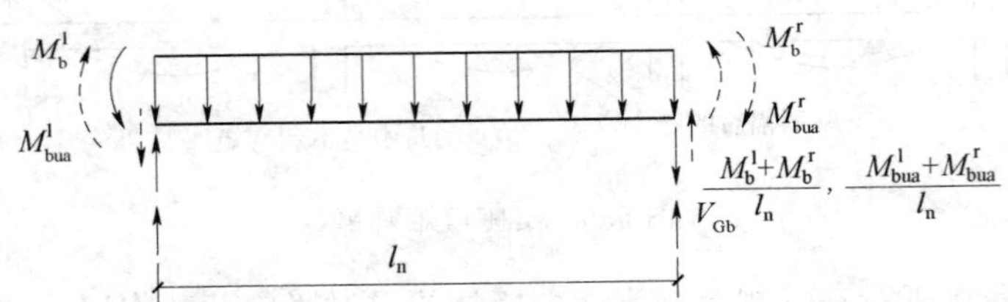

图 5.7 受弯梁平衡

对于 9 度抗震设计的结构和一级抗震的框架结构尚应符合下列条件：

$$V=1.1\frac{M_{bua}^l+M_{bua}^r}{l_n}+V_{Gb} \tag{5.15}$$

上两式中 M_b^l、M_b^r——分别为梁左端右端逆时针或顺时针方向截面组合的弯矩设计值，当抗震等级为一级且梁端弯矩均为负弯矩时，绝对值较小一端的弯矩应取 0；

M_{bua}^l、M_{bua}^r——分别为梁左和右端逆时针或顺时针方向实配的正截面抗震受弯承载力，可根据实配钢筋面积（计入受压钢筋，包括有效翼缘宽度范围内的楼板钢筋）和材料强度标准值并考虑承载力抗震调整系数计算；

η_{vb}——梁剪力增大系数，一级、二级、三级分别取 1.3、1.2 和 1.1；

l_n——梁的净跨；

V_{Gb}——考虑地震作用组合的重力荷载代表值（9 度时高层建筑还应包括竖向地震作用标准值）作用下，按简支梁分析的梁端截面剪力设计值。

在塑性铰区范围以外，梁的设计剪力取内力组合得到的计算剪力。上述式（5.14）和式（5.15）是实现强剪弱弯的一种设计手段。

2. 受剪承载力计算

对于矩形、T 形和工字形截面的一般框架梁，无地震作用组合时，梁的受剪承载力计算公式同普通钢筋混凝土梁。

当为均布荷载作用时，

$$V_b \leqslant 0.7 f_t b_b h_{b0} + f_{yv} \frac{A_{sv}}{s} h_{b0} \tag{5.16}$$

当为集中荷载（包括有多种荷载，且其中集中荷载对支座截面产生的剪力值占总剪力的 75%以上）作用时，

$$V_b \leqslant \frac{1.75}{\lambda + 1.0} f_t b_b h_{b0} + f_{yv} \frac{A_{sv}}{s} h_{b0} \tag{5.17}$$

有地震作用组合时，考虑到地震的反复作用将使梁的受剪承载力降低，其中主要是使混凝土剪压区的剪切强度降低，以及使斜裂缝间混凝土咬合力及纵向钢筋销栓力降低。因此，应在斜截面受剪承载力计算公式中将混凝土项取静载作用下受剪承载力的 0.6 倍，而箍筋项则不考虑反复荷载作用的降低。

当为均布荷载作用时，

$$V_b \leqslant \frac{1}{\gamma_{RE}} \left(0.42 f_t b h_{b0} + f_{yv} \frac{A_{sv}}{s} h_{b0} \right) \tag{5.18}$$

当为集中荷载（包括有多种荷载，且其中集中荷载对节点边缘产生的剪力值占总剪力的 75%以上情况）作用时，

$$V_b \leqslant \frac{1}{\gamma_{RE}} \left(\frac{1}{\lambda + 1.0} f_t b_b h_{b0} + f_{yv} \frac{A_{sv}}{s} h_{b0} \right) \tag{5.19}$$

式中　V_b——设计剪力；

b_b 和 h_{b0}——梁截面宽度和有效高度；

f_t 和 f_{yv}——混凝土抗拉设计强度和箍筋抗拉设计强度；

s——箍筋间距；

A_{sv}——在同一截面中箍筋的截面面积；

γ_{RE}——承载力抗震调整系数，取 0.85；

λ——剪跨比。

3. 最小截面尺寸

如果梁截面尺寸太小，则截面上剪应力将会很高，此时，仅用增加配箍的方法不能有效地限制斜裂缝过早出现及混凝土碎裂。因此，要校核截面最小尺寸，不满足时可加大尺寸或提高混凝土等级。

框架梁截面形式有矩形、T 形和工字形等，梁受剪计算时一般仅考虑矩形部分，无地震作用组合时，梁的受剪截面限制条件如下：

$$V_b \leqslant 0.25 \beta_c f_c b_b h_{b0} \tag{5.20}$$

有地震作用组合时，考虑到地震时为反复作用的不利影响，其受剪截面应符合下列条件：

当梁跨高比大于 2.5 时，

$$V_b \leqslant \frac{1}{\gamma_{RE}}(0.2\beta_c f_c b_b h_{b0}) \tag{5.21}$$

当梁跨高比不大于 2.5 时，

$$V_b \leqslant \frac{1}{\gamma_{RE}}(0.15\beta_c f_c b_b h_{b0}) \tag{5.22}$$

式中 β_c——混凝土强度影响系数，C50 以下时取 1.0，C80 时取 0.8，C50～C80 之间时按强度等级线性内插确定。

5.3.3 梁的构造措施

1. 梁的混凝土和钢筋的强度等级

(1) 当框架梁按一级抗震等级设计时，其混凝土强度等级不应低于 C30；当按二至四级抗震等级和非抗震设计时，其混凝土强度等级不宜低于 C20。现浇非预应力混凝土梁的混凝土强度等级不宜高于 C40。梁的纵向受力钢筋宜选用 HRB400 级、HRB335 级热轧钢筋；箍筋宜选用 HRB400、HRB335 和 HPB300 级热轧钢筋。

(2) 按一级、二级抗震等级设计框架结构时，其纵向受力钢筋采用普通钢筋，其检验所得的强度实测值应符合下列要求：钢筋抗拉强度实测值与屈服强度实测值的比值不应小于 1.25；钢筋屈服强度实测值与钢筋强度标准值的比值不应大于 1.30。

2. 梁的截面尺寸

通常，框架梁的高度取 $h=(1/12 \sim 1/8)l$，且不小于 400mm，也不宜大于 $l/4$。其中 l 为梁的净跨。在设计框架结构时，为了增大结构的横向刚度，一般多采用横向框架承载。所以，横向框架梁的高度要设计得大一些，一般多采用 $h \geqslant l/10$。采用横向框架承重设计方案时，纵向框架虽不直接承受楼板上的重力荷载，但它要承受外纵墙或内纵墙的重量以及纵向地震作用。因此，在高烈度区，纵向框架梁的高度也不宜太小，一般取 $h \geqslant l/12$，且不宜小于 500mm，否则配筋太多，甚至有可能发生超筋现象。为了避免在框架节点处纵、横钢筋互相干扰，通常，纵梁底部比横梁底部高出 50mm 以上。

框架梁的宽度，一般取 $b=(1/3 \sim 1/2)h$，且不宜小于 200mm，截面高度和截面宽度的比值不宜大于 4，以保证平面外的稳定性。从采用定型模板考虑，多取 $b=250$mm，当梁的负荷载较重或跨度较大时，也常采用 $b \geqslant 300$mm。

当梁的截面高度受到限制时，也采用梁宽大于梁高的扁梁，这时还应满足刚度和裂缝的有关要求。在计算梁的挠度时，可扣除梁的合理起拱值；对于现浇梁板结构，宜考虑梁受压翼缘的有利影响。扁梁的截面高度可取梁跨度的 1/18～1/15。也可对框架梁施加预应力，此时梁高度可取跨度的 1/20～1/15。

采用扁梁时，楼板应现浇，梁中线宜与柱中线重合。当梁宽大于柱宽时，扁梁应双向布置。扁梁的截面尺寸应符合下列要求，并应满足挠度和裂缝宽度的规定：

$$b_b \leqslant 2b_c \tag{5.23}$$

$$b_b \leqslant b_c + h_b \tag{5.24}$$

$$h_b \leqslant 16d \tag{5.25}$$

式中　b_c——柱截面宽度、圆形截面取柱直径的 0.8 倍；

b_b 和 h_b——梁截面宽度和高度；

d——柱纵筋直径。

3. 纵向钢筋

框架梁纵向受拉钢筋的配筋率不应小于表 5.1 所示的数值。梁顶面和底面均应有一定的钢筋贯通梁全长，对一级、二级抗震等级，不应少于 2ϕ14，且不应少于梁端顶面和底面纵向钢筋中较大截面面积的 1/4；三级、四级抗震等级和非抗震设计时不应少于 2ϕ12。一级、二级、三级抗震等级的框架梁内贯通中柱的每根纵向钢筋的直径要求如下：

(1) 矩形截面柱，不宜大于柱在该方向截面尺寸的 1/20。

(2) 圆形截面柱，不宜大于纵向钢筋所在位置柱截面弦长的 1/20。

表 5.1　框架梁纵向受拉钢筋最小配筋百分率　(%)

抗震等级	截面位置	
	支座（取较大值）	跨中（取较大值）
一级	0.4 和 $80f_t/f_y$	0.3 和 $65f_t/f_y$
二级	0.3 和 $65f_t/f_y$	0.25 和 $55f_t/f_y$
三级、四级	0.25 和 $55f_t/f_y$	0.20 和 $45f_t/f_y$
非抗震设计	0.20 和 $45f_t/f_y$	0.20 和 $45f_t/f_y$

4. 箍筋

抗震设计时，框架梁不宜采用弯起钢筋抗剪。沿梁全长箍筋的配筋率 ρ_{sv}，一级抗震不应小于 $0.3f_t/f_{yv}$，二级抗震不应小于 $0.28f_t/f_{yv}$，三级、四级抗震不应少于 $0.26f_t/f_{yv}$。第一个箍筋应设置在距支座边缘 50mm 处。框架梁梁端箍筋应予以加密，加密区的长度、箍筋最大间距和最小值如表 5.2 所示。当梁端纵向受拉钢筋配筋率大于 2%时，表中箍筋最小直径应增加 2mm。加密区箍筋肢距，一级抗震不宜大于 200mm 和 20 倍箍筋直径的较大值；二级、三级抗震不宜大于 250mm 和 20 倍箍筋直径的较大值；四级抗震不宜大于 300mm。纵向钢筋每排多于 4 根时，每隔一根宜用箍筋或拉筋固定。

表 5.2　框架梁端箍筋加密区的构造要求

抗震等级	加密区长度（取较大值）	箍筋最大间距（取较大值）	箍筋最小直径
一级	$2h$，500mm	$h/4$，$6d$，100mm	10mm
二级	$1.5h$，500mm	$h/4$，$8d$，100mm	8mm
三级	$1.5h$，500mm	$h/4$，$8d$，150mm	8mm
四级	$1.5h$，500mm	$h/4$，$8d$，150mm	6mm

注　d 为纵筋直径，h 为梁高。

框架梁箍筋的布置还应满足现行国家标准《混凝土结构设计规范》（GB 50010—2010）中有关梁箍筋布置的构造要求。详见介绍“混凝土结构设计原理”等的相关教材。

5.4 框架柱的设计

5.4.1 柱压弯承载力计算

1. 按“强柱弱梁”原则调整柱端弯矩设计值

为了在遭遇大的地震作用时保证框架结构的稳定性，维持它承受垂直荷载的承载力，在抗震设计中应要求在每个梁柱节点处，框架结构在地震作用下，塑性铰首先在梁中出现，这就必须做到在同一节点处柱的抗弯能力大于相应的梁抗弯能力，以保证在梁端发生破坏前柱端不会发生破坏，即满足“强柱弱梁”的要求。为此，《抗震规范》(GB 50011—2010)规定：

框架的梁、柱节点处，除顶层、柱轴压比小于 0.15 者及框支梁柱节点外，柱端组合弯矩设计值应符合下列公式要求：

$$\sum M_c = \eta_c \sum M_b \tag{5.26}$$

9 度框架和一级框架结构应符合：

$$\sum M_c = 1.2 \sum M_{bua} \tag{5.27}$$

式中 $\sum M_c$——节点上、下柱端截面顺时针或逆时针方向组合的弯矩设计值之和，上、下柱端的弯矩设计值，可按弹性分析分配；

$\sum M_b$——节点左、右梁端截面逆时针或顺时针方向组合的弯矩设计值之和，一级框架节点左右梁端均为负弯矩时，绝对值较小的弯矩应取零；

$\sum M_{bua}$——节点左、右梁端截面逆时针或顺时针方向根据实际配筋面积（考虑梁受压筋和相关楼板筋）和材料强度标准值计算的正截面抗震受弯极限承载力所对应的弯矩设计值之和；

η_c——柱端弯矩增大系数；对框架结构，二级、三级分别取 1.5 和 1.3；其他结构中的框架，一级可取 1.4，二级可取 1.2，三级、四级可取 1.1。

顶层柱及轴压比小于 0.15 的柱可直接取最不利内力组合的弯矩计算值作为弯矩设计值。当反弯点不在柱的层高范围时，柱端截面的弯矩设计值可取最不利内力组合的柱端弯矩设计值乘以上述柱端弯矩增大系数。

由于框架结构底层柱柱底过早出现塑性铰将影响整个框架的变形能力，从而对框架造成不利影响。同时，随着框架梁塑性铰的出现，由于内力塑性重分布，使底层框架柱的反弯点位置具有较大的不确定性。因此，《抗震规范》(GB 50011—2010) 规定，一至三级框架结构固定端底层柱截面组合的弯矩计算值，应分别乘以增大系数 1.7、1.5 和 1.3。

在框架柱的抗震设计中，按照“强柱弱梁”条件，采用上述增大柱端弯矩设计值的规定，实质是为了降低框架柱屈服的可能性，赋予框架柱一个合理的防止过早屈服的能力。

2. 节点上、下端柱截面的内力组合

根据竖向及水平和在作用下框架的内力图，可知框架柱的弯矩在柱的两端最大，剪力和轴力在同一层柱内通常无变化或变化很小。因此柱的控制截面为柱上、下端截面。柱属于偏心受力构件，随着截面上所作用的弯矩和轴力组合不同，构件可能发生不同形态的破坏，故组合的不利内力类型有若干组。按照公式确定柱端弯矩设计值时，对一般框架结构来说，在考虑地震作用组合时可不考虑风荷载组合，经结构的弹性分析，求出重力荷载代表值的效应和水平地震作用标准值的效应，且考虑各自的分项系数即可。此外，同一柱端截面在不同内力组合时可能出现正弯矩或负弯矩，但框架柱一般采用对称配筋，所以只需选择绝对值最大的弯矩即可。综上所述，框架柱控制截面最不利内力组合一般有以下几种：

(1) $|M|_{max}$及相应的N和V。

(2) N_{max}及相应的M和V。

(3) N_{min}及相应的M和V。

(4) $|V|_{max}$及相应的N。

这四种内力组合的前三组用来计算柱正截面受压承载力，以确定纵向受力钢筋数量；第四组用以计算斜截面受剪承载力，以确定箍筋数量。

3. 柱正截面承载力计算

试验表明，在低周期反复荷载作用下，框架柱的正截面承载力与一次加载的正截面承载力相近。因此规范规定：考虑地震作用组合的框架柱，其正截面抗震承载力应按不考虑地震作用的规定计算，但在承载力计算公式右边，均应除以相应的正截面承载力调整系数γ_{RE}。

5.4.2　柱受剪承载力计算

1. 剪压比的限制

柱内平均剪应力与混凝土轴心抗压强度设计值之比，称为柱的剪压比。与梁一样，为了防止构件截面的剪压比过大，混凝土在箍筋屈服前过早发生剪切破坏，必须限制柱的剪压比，亦即限制柱的截面组合的剪力设计值应符合下列要求。

剪跨比大于2的柱，

$$V_c \leqslant \frac{1}{\gamma_{RE}}(0.20\beta_c f_c b_c h_{c0}) \tag{5.28}$$

剪跨比不大于2的柱，

$$V_c \leqslant \frac{1}{\gamma_{RE}}(0.15\beta_c f_c b_c h_{c0}) \tag{5.29}$$

式中　V_c——柱端部界面组合的剪力设计值；

f_c——混凝土轴心抗压强度设计值；

b_c——柱截面宽度；

h_{c0}——柱截面有效高度；

β_c——混凝土强度影响系数。

2. 按“强剪弱弯”的原则调整柱的截面剪力

为了防止柱在压弯破坏前发生剪切破坏，应按“强剪弱弯”的原则，即对同一杆件，使其在地震作用组合下，剪力设计值略大于设计弯矩或实际抗弯承载力。可根据以下公式对柱的端部截面组合的剪力设计值加以调整。

一至四级框架柱、框支柱，

$$V_c=\eta_{vc}(M_c^t+M_c^b)/H_n \tag{5.30}$$

9 度框架、一级框架结构，

$$V_c=1.2(M_{cua}^t+M_{cua}^b)/H_n \tag{5.31}$$

式中 H_n——柱的净高；

M_c^t 和 M_c^b——分别为柱上端和柱下端顺时针或逆时针方向截面组合的弯矩设计值；

M_{cua}^t 和 M_{cua}^b——分别为柱上端和柱下端顺时针或逆时针方向实配的正截面受弯承载力所对应的弯矩值；

η_{vc}——柱端剪力增大系数，对框架结构，二级、三级可分别取 1.3、1.2；其他结构中的框架，一级可取 1.4，二级可取 1.2，三级、四级可取 1.1。

应当指出：按两个主轴方向分别考虑地震作用时，由于角柱扭转作用明显，因此，《抗震规范》（GB 50011—2010）规定，一至四级框架角柱调整后的弯矩、剪力设计值应乘以不小于 1.10 的增大系数。

3. 斜截面承载力验算

在进行框架结构斜截面抗震承载力验算时，仍采用非地震时承载力的验算公式，但应除以承载力抗震调整系数，同时考虑地震作用对钢筋混凝土框架柱承载力降低的不利影响，即可得出框架柱斜截面抗震调整承载力验算公式，即

$$V_c\leqslant\frac{1}{\gamma_{RE}}\left(\frac{1.05}{\lambda+1}f_tb_ch_{c0}+f_{yv}\frac{A_{sv}}{s}h_{c0}+0.056N\right) \tag{5.32}$$

式中 λ——计算剪跨比，反弯点位于柱高中部时的框架柱，取 $\lambda=2$，当 $\lambda<1$ 时取 $\lambda=1$，当 $\lambda>3$ 时取 $\lambda=3$；

f_{yv}——箍筋抗拉强度设计值；

A_{sv}——配置在柱的同一截面内箍筋各肢的全部截面面积；

s——沿柱高方向上箍筋的间距；

N——考虑地震作用组合下框架柱的轴向压力设计值，当 $N>0.3f_cA$ 时，取 $N=0.3f_cA$；

A——柱的横截面面积。

其余符号意义同前面公式。

当框架柱出现拉力时，其斜截面受剪承载力应按下列公式计算：

$$V_c\leqslant\frac{1}{\gamma_{RE}}\left(\frac{1.05}{\lambda+1}f_tb_ch_{c0}+f_{yv}\frac{A_{sv}}{s}h_{c0}-0.2N\right) \tag{5.33}$$

式中 N——考虑地震组合下框架柱的轴向拉力设计值。

当式（5.33）右边括号内的计算值小于 $f_{yv}A_{sv}h_{c0}/s$ 时，取等于 $f_{yv}A_{sv}h_{c0}/s$，且其值不小于 $0.36f_tb_ch_{c0}$。

5.4.3 柱的截面尺寸和材料要求

（1）柱截面的宽度和高度，四级或不超过 2 层时均不宜小于 300mm，一至三级且超

过 2 层时不宜小于 400mm；圆柱直径，四级或不超过 2 层时不宜小于 350mm，一至三级且超过 2 层时不宜小于 450mm。

（2）柱截面的高度与宽度比值不宜大于 3。

（3）柱的剪跨比宜大于 2，否则框架柱成为短柱。短柱易发生剪切破坏，对抗震不利。剪跨比按下式计算：

$$\lambda=\frac{M^{c}}{V^{c}h_{c0}} \tag{5.34}$$

式中　λ——剪跨比；

M^{c}——柱端截面未按“强柱弱弯”调整的组合弯矩计算值；

V^{c}——柱端截面与组合弯矩计算值对应的组合剪力计算值；

h_{c0}——柱截面计算方向有效高度。

按式（5.34）计算剪跨比 λ 时，应取柱上、下端计算结果的较大值，对于反弯点位于柱高中部的框架柱，可按柱净高与 2 倍截面有效高度之比计算。

规范从抗震性能考虑，给出了框架合理截面尺寸的上述限制条件。为了地震作用能从梁有效地传递到柱，柱的截面最小宽度宜大于梁的截面宽度。

（4）柱的混凝土强度等级和钢筋强度的等级要与梁相同。

框架梁、柱、节点核心区的混凝土强度等级不应低于 C30，考虑到高强混凝土的脆性及工艺要求较高，在高烈度地震区，设防烈度为 9 度时，混凝土强度不宜超过 C60；设防烈度为 8 度时，混凝土强度等级不宜超过 C70。

对有抗震设防要求的结构构件宜选用强度较高，伸长率较高的热轧钢筋。规范规定，考虑地震作用的结构构件中的普通纵向受力钢筋宜选用 HRB400 级、HRB335 级钢筋，箍筋宜选用 HRB400 级、HRB335 级、HPB300 级钢筋。施工中，当必须以强度等级较高的钢筋代替原设计中的纵向受力钢筋时，应按钢筋受拉承载力设计值相等的原则进行代换，但要强调必须满足正常使用极限状态和抗震构造措施要求。

5.4.4　框架柱的配筋构造要求

1. 纵向受力钢筋的配置

柱的纵向钢筋配置，应符合下列要求：

（1）宜对称配置。

（2）抗震设计时截面尺寸大于 400mm 的柱，一至三级抗震设计时纵向钢筋间距不宜大于 200mm；四级和非抗震设计时，柱纵筋间距不宜大于 300mm，柱纵筋净间距不应小于 50mm。

（3）柱纵向钢筋的最小总配筋率应按表 5.3 采用，同时应满足每一侧配筋率不小于 0.2%，对Ⅳ类场地上较高的高层建筑或采用的混凝土强度等级高于 C60 时，表中数值应增加 0.1，采用 335MPa 级、400MPa 级纵向受力钢筋时应分别按表 5.3 所列数值增加 0.1 和 0.05。

表 5.3 柱纵向钢筋的最小总配筋率 (%)

类别	抗震等级				非抗震
	一	二	三	四	
框架中柱和边柱	0.9(1.0)	0.7(0.8)	0.6(0.7)	0.5(0.6)	0.5
框架角柱	1.1	0.9	0.8	0.7	0.5
框支柱	1.1	0.9	—	—	0.7

注 表中括号内数值运用于框架结构。

(4) 柱总配筋率抗震设计时不应大于5%，非抗震设计时不宜大于5%、不应大于6%。防止纵筋配置过多，使钢筋过于拥挤，而相应的箍筋配置不够会引起纵筋压屈，降低结构延性。

(5) 一级且剪跨比不大于2的柱，每侧纵向钢筋配筋率不宜大于1.2%。通过柱净高与截面高度的比值为3～4的短柱试验表明，此类框架柱易发生黏结型剪切破坏和对角斜拉型剪切破坏，发生此类剪切破坏与柱中纵向受拉钢筋配筋率过多有关。因此，规范规定对一级且剪跨比不大于2的柱，每侧纵向钢筋配筋率不宜大于1.2%，并宜沿柱全高配置复合箍筋。

(6) 边柱、角柱在地震组合产生小偏心受拉时，柱内纵筋总截面面积应比计算值增加25%。

(7) 纵向钢筋的最小锚固长度应按下式公式计算：

一级、二级 $l_{aE}=1.15l_a$

三级 $l_{aE}=1.05l_a$

四级 $l_{aE}=1.00l_a$

式中 l_a——纵向钢筋的基本锚固长度，按《混凝土规范》(GB 50010—2010) 确定。

(8) 柱纵向钢筋的绑扎接头应避开柱端的箍筋加密区。一级、二级抗震等级及三级抗震等级的底层，宜选用机械接头；三级抗震等级的其他部位和四级抗震等级，可采用绑扎搭接或焊接接头。

2. 柱端箍筋的配置

(1) 柱的箍筋加密范围按下列规定采用：

1) 底层柱的上端和其他各层柱的两端，取截面长边尺寸（圆柱直径）、柱净高的1/6和500mm三者的较大值范围。

2) 底层柱，柱根部小于净高的1/3范围；当有刚性地面时，除柱端外还应取刚性地面上下各500mm范围。

3) 剪跨比不大于2的柱和因填充墙等形成的柱净高与截面高度（圆柱直径）之比不大于4的柱，取全高范围。

4) 一级、二级框架角柱及需要提高变形能力的柱，取全高范围。

(2) 柱的箍紧加密区箍筋间距和直径应符合下列要求：

1) 一般情况下，箍筋的最大间距和最小直径，应按表5.4采用，并应为封闭形式。

表 5.4　　柱端箍筋加密区箍筋最大间距和箍筋最小直径

抗震等级	箍筋最大间距/mm（采用较小值）	箍筋最小直径	抗震等级	箍筋最大间距/mm（采用较小值）	箍筋最小直径
一	$6d$，100	$\phi10$	三	$8d$，150（柱根 100）	$\phi8$
二	$8d$，100	$\phi8$	四	$8d$，150（柱根 100）	$\phi6$（柱根 $\phi8$）

注　柱根指框架底层柱的嵌固部分；d 为纵向钢筋直径（mm）。

2）一级框架柱的箍筋直径大于 $\phi12$ 且箍筋肢距不大于 150mm 及二级框架柱的箍筋直径不小于 $\phi10$ 且箍筋肢距不大于 200mm 时，除柱根外最大间距应允许采用 150mm；三级框架柱的截面尺寸不大于 400mm 时，箍筋最小直径可采用 $\phi6$；四级框架柱剪跨比不大于 2 时或柱中全部纵向钢筋的配筋率大于 3%时，箍筋直径不应小于 $\phi8$。

3）剪跨比不大于 2 的柱，箍筋间距不应大于 100mm。

(3) 柱的箍紧加密区箍筋肢距。一级框架柱箍筋肢距不宜大于 200mm；二级、三级框架柱箍筋肢距不宜大于 250mm 和 20 倍箍筋直径的较大值；四级不宜大于 300mm。每隔一根纵向钢筋宜在两个方向有箍筋或拉筋约束；采用拉筋复合箍时，拉筋宜紧靠纵向钢筋并钩住封闭箍筋。

(4) 柱的箍紧加密区的体积配筋率 ρ_v 应符合下列要求：

$$\rho_v \geqslant \frac{\lambda_v f_c}{f_{yv}} \tag{5.35}$$

式中　ρ_v——箍筋加密区的体积配筋率，一至四级框架柱其加密区范围内箍筋的体积配筋率分别不应小于 0.8%、0.6%、0.4%和 0.4%。

f_c——混凝土轴心抗压强度设计值，强度等级低于 C35 时，应按 C35 计算。

f_{yv}——箍筋或拉筋抗拉强度设计值。

λ_v——最小配箍特征值，按表 5.5 采用。

表 5.5　　柱箍筋加密区的箍筋最小配箍特征值

抗震等级	箍筋形式	柱轴压比								
		≤0.30	0.40	0.50	0.60	0.70	0.80	0.90	1.00	1.05
一	普通箍、复合箍	0.10	0.11	0.13	0.15	0.17	0.20	0.23	—	—
	螺旋箍、复合或连续复合矩形螺旋箍	0.08	0.09	0.11	0.13	0.15	0.18	0.21	—	—
二	普通箍、复合箍	0.08	0.09	0.11	0.13	0.15	0.17	0.19	0.22	0.24
	螺旋箍、复合或连续复合矩形螺旋箍	0.06	0.07	0.09	0.11	0.13	0.15	0.17	0.20	0.22
三、四	普通箍、复合箍	0.06	0.07	0.09	0.11	0.13	0.15	0.17	0.20	0.22
	螺旋箍、复合或连续复合矩形螺旋箍	0.05	0.06	0.07	0.09	0.11	0.13	0.15	0.18	0.20

注　1. 普通箍指单个矩形箍和单个圆形箍；螺旋箍指单个连续螺旋箍筋；复合箍指由矩形、多边形、圆形箍或拉筋组成的箍筋；复合螺旋箍指由螺旋箍与矩形、多边形、圆形箍或拉筋组成的箍筋；连接复合矩形螺旋箍指全部螺旋箍为同一根钢筋加工而成的箍筋。

2. 剪跨比不大于 2 的柱宜采用复合螺旋箍或井字复合箍，其体积配箍率不应小于 1.2%，9 度时不应小于 1.5%。

3. 计算复合螺旋箍体积配箍率时，其非螺旋箍的箍筋体积应乘以换算系数 0.8。

(5) 柱箍筋非加密区的体积配筋率。不宜小于加密区的 50%；箍筋间距不应大于加密区箍筋间距的 2 倍，且一级、二级框架二级柱不应大于 10 倍纵向钢筋直径，三级、四级框架柱不应大于 15 倍纵向钢筋直径。

(6) 框架节点核心区箍筋的最大间距和最小直径。宜按柱箍筋加密区的要求采用。一至三级框架节点核心区配箍特征值分别不宜小于 0.12、0.10、0.08，且体积配箍率分别不宜小于 0.6%、0.5%和 0.4%。柱剪跨比不大于 2 的框架节点核心区体积配箍率不宜小于核心区上、下柱端的较大体积配箍率。

5.4.5 轴压比的限制

轴压比是指柱组合的轴压力设计值与柱的全截面面积和混凝土轴心抗压强度设计值的乘积之比，即柱身平均轴向压应力与混凝土轴心抗压强度的比值，用公式表示如下：

$$\lambda=\frac{N}{f_c b_c h_c} \tag{5.36}$$

式中 N——柱考虑地震作用组合轴压力设计值；

b_c 和 h_c——柱的短边长和长边长；

f_c——混凝土轴心抗压强度设计值。

轴压比是影响钢筋混凝土柱承载力和延性的另一个重要参数。钢筋混凝土框架柱在压弯力的作用下，其变形能力随着轴压比的增加而降低，特别在高轴压比或小剪跨比时呈现脆性破坏，虽然柱的极限抗弯承载力提高，但极限变形能力、耗散地震能量的能力都降低。轴压比对短柱的影响更大，为了确保框架结构在地震力作用时的安全可靠，国家标准设计规范的规定中有轴压比限值要求。

《抗震规范》(GB 50011—2010) 规定，柱轴压比不应超过表 5.6 的规定，但Ⅳ类场地上较高的高层建筑柱轴压比限值应适当减小。

表 5.6　　柱轴压比限值

结构类型	抗震等级			
	一	二	三	四
框架结构	0.65	0.75	0.85	—
框架-抗震墙	0.75	0.85	0.90	0.95

5.5 梁柱节点

在进行框架结构抗震设计时，除了保证框架梁、柱具有足够的强度和延性外，还必须保证框架节点的强度。框架节点是把梁、柱连接起来形成整体的关键部位，在竖向荷载作用和地震作用下，框架梁柱节点主要承受柱传来的轴向力、弯矩、剪力和梁传来的弯矩、剪力。框架节点破坏的主要形式为主拉应力引起的核心区剪切破坏和钢筋毛骨破坏，这是由于节点的上柱和下柱的地震作用弯矩符号相反，节点左、右梁的弯矩也反向，使节点受到水平方向剪力和垂直方向剪力的共同作用，剪力值的大小是相邻梁和柱上剪力的几倍。

此外节点左、右弯矩反向使通过节点的梁主筋在节点的一侧受压，而在节点的另一侧受拉，梁主筋的这种应力变化梯度需要很高的锚固应力，容易引起节点因黏结锚固不足而破坏，造成梁端截面承载力下降并产生过大的层间侧移。

梁柱节点区是指梁柱连接部位处梁高范围内的柱。以前，整体节点区的设计只限于对钢筋有足够的锚固，而现在越来越多地用大直径的钢筋和使构件截面减小的高强混凝土。对节点区的基本要求是构件端部的各种力必须通过节点区传递到支撑构件上。试验发现，一些常用的节点构造只能提供所须承载力的 30%。根据“强节点弱杆件”的抗震设计概念，框架节点的设计准则如下：

(1) 节点的承载力不应低于其连接构件（梁、柱）的承载力。

(2) 多遇地震时，节点应在弹性范围内工作。

(3) 罕遇地震时，节点承载力的降低不得危及竖向荷载的传递。

(4) 梁柱纵筋在节点区应有可靠的锚固。

(5) 节点的配筋不应使施工过分困难。

5.5.1 节点剪压比的控制

为了使节点核心区的剪应力不致过高，避免过早地出现斜裂缝，《抗震规范》(GB 50011—2010) 规定，节点核心区组合的剪力设计值应符合下列条件：

$$V_j \leqslant \frac{1}{\gamma_{RE}}(0.3\eta_j f_c b_j h_j) \tag{5.37}$$

式中 V_j——节点核心区组合的剪力设计值；

γ_{RE}——承载力抗震调整系数，取 0.85；

η_j——正交梁的约束影响系数，楼板现浇，梁柱中线重合，四侧各梁截面宽度不小于该侧柱截面宽度的 1/2，且正交方向梁的高度不小于框架梁高度的 3/4 时，如图 5.8 所示，可采用 1.5；9 度一级时宜采用 1.25；其他情况均采用 1.0。

h_j——节点核心区的截面高度，可采用验算方向的柱截面高度。

b_j——节点核心区有效验算宽度，当验算方向的梁截面宽度不小于该侧柱截面宽度的 1/2 时，可采用该侧柱截面宽度，当小于时采用下列二者的较小值：

$$\left.\begin{aligned} b_j &= b_b + 0.5h_c \\ b_j &= b_c \end{aligned}\right\} \tag{5.38}$$

式中 b_b 和 b_c——分别为验算方向梁和柱截面宽度；

h_c——验算方向的柱截面高度。

当梁、柱中线不重合且偏心距不大于柱宽的 1/4 时，核心区的截面有效验算宽度应采用式 (5.38) 和式 (5.39) 两式计算结果的较小值，柱箍筋宜沿柱全高加密。

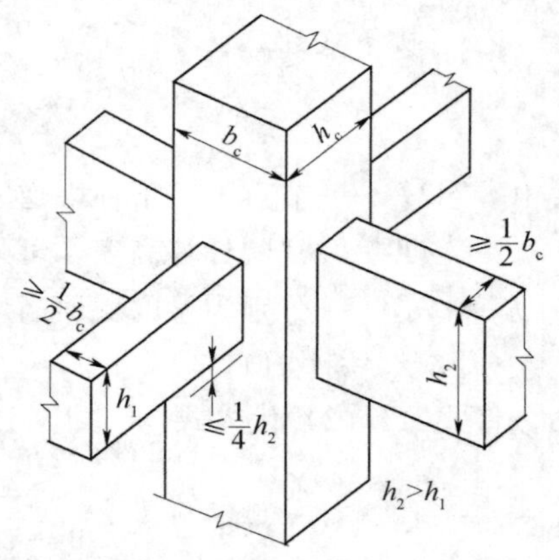

图 5.8　节点核心区强度验算

$$b_j=0.5(b_b+b_c)+0.25h-e \tag{5.39}$$

式中 e——梁与柱中心线偏心距。

5.5.2 节点核心区剪力设计值

如图 5.9 所示为中柱节点受力简图。

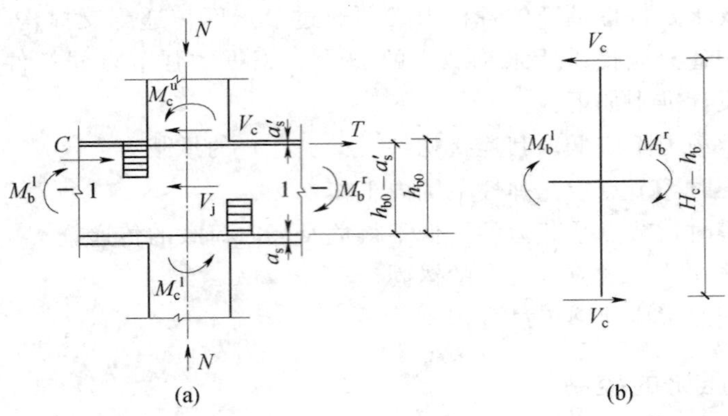

图 5.9 节点核心区剪力计算

取节点 1—1 截面上半部为隔离体，由 $\sum X=0$，得

$$-V_c-V_j+\frac{\sum M_b}{h_{b0}-a_s'}=0 \tag{5.40}$$

或

$$V_j=\frac{\sum M_b}{h_{b0}-a_s'}-V_c \tag{5.41}$$

式中 V_j——节点核心区组合的剪力设计值（作用于 1—1 截面）；

$\sum M_b$——节点左、右梁端顺时针或逆时针方向组合弯矩设计值之和，一级框架节点左、右梁端均为负弯矩时，绝对值小的弯矩应取零；

V_c——节点上柱截面组合的剪力设计值。

V_c 可按下式计算：

$$V_c=\frac{\sum M_c}{H_c-h_b}=\frac{\sum M_b}{H_c-h_b} \tag{5.42}$$

式中 $\sum M_c$——节点上、下柱端逆时针或顺时针方向组合弯矩设计值之和；

H_c——柱的计算高度，可采用节点上、下反弯点之间的距离；

h_b 和 h_{b0}——分别为梁的截面高度和有效高度，节点两侧梁截面高度不等时可采用平均值。

将式（5.42）代入式（5.41），经整理后，得

$$V_j=\frac{\sum M_b}{h_{b0}-a_s'}\left(1-\frac{h_{b0}-a_s'}{H_c-h_b}\right) \tag{5.43}$$

考虑到梁端出现塑性铰后，塑性变形较大，钢筋应力常常会超过屈服强度而进入强化阶段。因此，梁端截面组合弯矩应经过调整，式（5.43）可改写为

$$V_j=\frac{\eta_{jb}\sum M_b}{h_{b0}-a_s'}\left(1-\frac{h_{b0}-a_s'}{H_c-h_b}\right) \tag{5.44}$$

式中　η_{jb}——强节点系数，对框架结构，一级宜取 1.5，二级宜取 1.35，三级宜取 1.2；对其他结构中的框架，一级宜取 1.35，二级宜取 1.2，三级宜取 1.1。

9 度一级框架和一级框架结构应符合下式要求：

$$V_j=\frac{1.15\sum M_{bua}}{h_{b0}-a_s'}\left(1-\frac{h_{b0}-a_s'}{H_c-h_b}\right) \tag{5.45}$$

式中　$\sum M_{bua}$——节点左、右梁端或顺时针方向实配的正截面抗震受弯承载力所对应的弯矩值之和。

5.5.3　节点核心区受剪承载力验算

《混凝土规范》(GB 50010—2010) 规定：框架节点核心区截面抗震受剪承载力验算，应符合下式要求：

$$V_j\leqslant\frac{1}{\gamma_{RE}}\left(1.1\eta_j f_t b_j h_j+0.05\eta_j N\frac{b_j}{b_c}+f_{yv}A_{svj}\frac{h_{b0}-a_s'}{s}\right) \tag{5.46}$$

9 度的一级框架还应满足下式：

$$V_j\leqslant\frac{1}{\gamma_{RE}}\left(0.9\eta_j f_t b_j h_j+f_{yv}A_{svj}\frac{h_{b0}-a_s'}{s}\right) \tag{5.47}$$

式中　f_t——混凝土抗拉强度设计值；

N——对应于组合剪力设计值的上柱组合轴向压力较小值，其取值不应大于柱的截面面积和混凝土轴心抗压强度设计值的乘积的 50%，当 N 为拉力时，取 $N=0$；

f_{yv}——箍筋抗拉强度设计值；

A_{svj}——核心区有效验算宽度范围内同一截面验算方向箍筋的总截面面积；

s——箍筋间距；

$h_{b0}-a_s'$——梁上部钢筋合力点至下部钢筋合力点的距离；

γ_{RE}——承载力抗震调整系数，可采用 0.85。

思　考　题

5.1　何谓“延性框架”？什么是“强柱弱梁”“强剪弱弯”原则？在设计中如何体现？

5.2　为什么要对框架内力进行调整？怎样调整框架内力？

5.3　如何进行高层钢筋混凝土框架梁的梁抗弯承载力计算和抗剪计算？高层钢筋混凝土框架梁的构造措施有哪些？

5.4　如何进行高层钢筋混凝土框架柱的压弯承载力计算和受剪承载力计算？高层钢筋混凝土框架柱的构造措施有哪些？

5.5　如何保证框架梁柱节点的抗震性能？如何进行节点设计？

第6章　剪力墙结构的内力与位移计算

6.1　剪力墙结构的工作特点

6.1.1　基本假定

剪力墙结构是由一系列的竖向纵、横墙和平面楼板所组成的空间结构体系，除了承受楼板的竖向荷载外，还承受风荷载、水平地震作用等水平作用。它刚度大、位移小、抗震性能好，是高层建筑中常用的结构体系。

剪力墙的布置在满足构造和间距要求的条件下，剪力墙结构在水平荷载作用下计算时，可以采用以下基本假定：

（1）楼板在其自身平面内的刚度可视为无限大，在平面外的刚度可忽略不计。

（2）各片剪力墙在其自身平面内的刚度很大，在平面外的刚度可忽略不计。

由假设（1）可知，楼板将各片剪力墙连在一起，在水平荷载作用下，楼板在自身平面内没有相对位移，只作刚体运动——平动和转动。这样参与抵抗水平荷载的各片剪力墙按楼板水平位移线性分布的条件进行水平荷载的分配。若水平荷载合力作用点与结构刚度中心重合，结构无扭转，则可按同一楼层各片剪力墙水平位移相等的条件进行水平荷载的分配，亦即水平荷载按各片剪力墙的抗侧刚度进行分配。

由假设（2）可知，每个方向的水平荷载由该方向的各片剪力墙承受，垂直于水平荷载方向的各片剪力墙不参加工作，这样可以将纵横两个方向的剪力墙分开，使空间剪力墙结构简化为平面结构。

6.1.2　剪力墙的分类

根据剪力墙上洞口面积的有无、大小、形状和位置等，剪力墙可划分为以下几类。

1. 整体墙和小开口整体墙

（1）整体墙。凡墙面门窗洞口面积不超过墙面总面积的15%，且洞口间的净距及洞口至墙边的净距大于洞口长边尺寸时，可忽略洞口的影响，正应力按直线规律分布，这样的剪力墙称为整体墙，如图6.1（a）所示。

（2）小开口整体墙。当剪力墙的洞口沿竖向成列布置，洞口的总面积超过墙面总面积的15%，剪力墙的墙肢中已出现局部弯矩，但局部弯矩值一般不超过整体弯矩的15%，正应力大体上仍按直线分布的，这样的剪力墙称为小开口整体墙，如图6.1（b）所示。

2. 双肢剪力墙和多肢剪力墙

当剪力墙沿竖向开有一列或多列较大的洞口时，由于墙面洞口较大，剪力墙截面的整体性大为削弱，其截面上的正应力分布已不成直线。这类剪力墙由一系列连梁（上、下洞口之间的部分）和若干个墙肢（左、右洞口之间的墙体）组成。当开有一列洞口时为双肢墙［见图 6.1（c）］，当开有多列洞口时为多肢墙［见图 6.1（d）］。当洞口大而宽、墙肢宽度相对较小，连梁的刚度又接近或大于墙肢的刚度时，剪力墙的受力性能与框架结构相似。在水平荷载作用下，墙肢层间出现反弯点，沿高度呈剪切型变形，有时也称为壁式框架［见图 6.1（g）、（h）］。

3. 框支剪力墙

当下部楼层需要大的空间，采用框架结构支承上部剪力墙时，就是框支剪力墙，如图 6.1（e）所示。

4. 开有不规则大洞口的剪力墙

当剪力墙墙面高度范围内开有不规则大洞口的剪力墙时，即构成了不规则大洞口剪力墙，如图 6.1（f）所示。

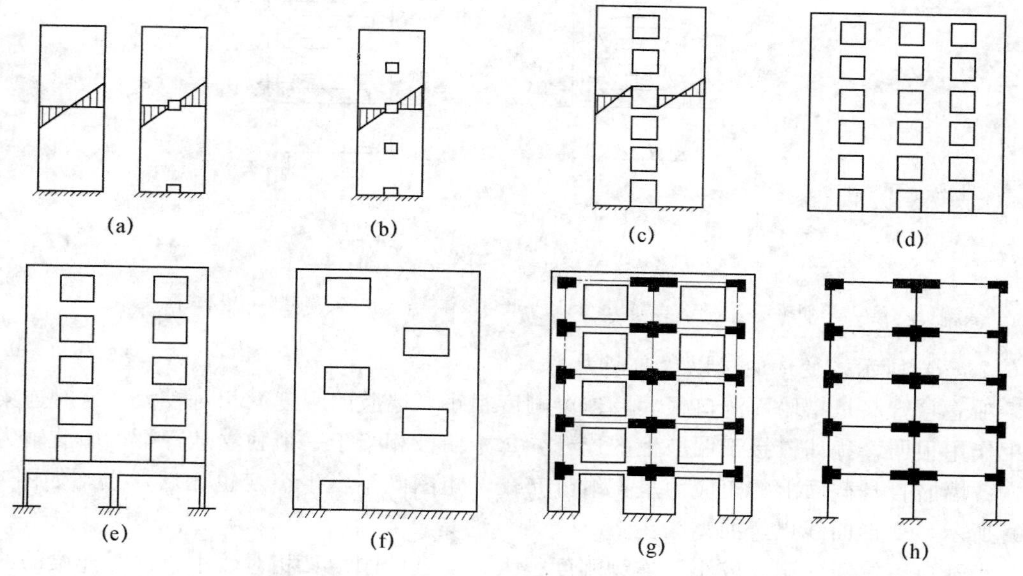

图 6.1　剪力墙分类示意图

（a）整体墙；（b）小开口整体墙；（c）双肢墙；（d）多肢墙；（e）框支剪力墙；（f）开有不规则大洞口墙；（g）壁式框架示意图；（h）壁式框架计算简图

6.1.3　剪力墙的受力和变形特征

对整体墙、独立悬臂墙、小开口整体墙、双肢墙、多肢墙和壁式框架六种类型的剪力墙，由于洞口大小，位置及数量不同，在水平荷载作用下其受力特点也不同。这主要表现为两点：一是各墙肢截面上的正应力分布；二是沿墙肢高度方向上弯矩的变化规律，如图 6.2 所示。

整体墙的受力状态如同竖向悬臂梁，当剪力墙高宽比较大时，受弯变形后截面仍保持平面，截面正应力呈直线分布，沿墙的高度方向弯矩图既不发生突变也不出现反弯点，如

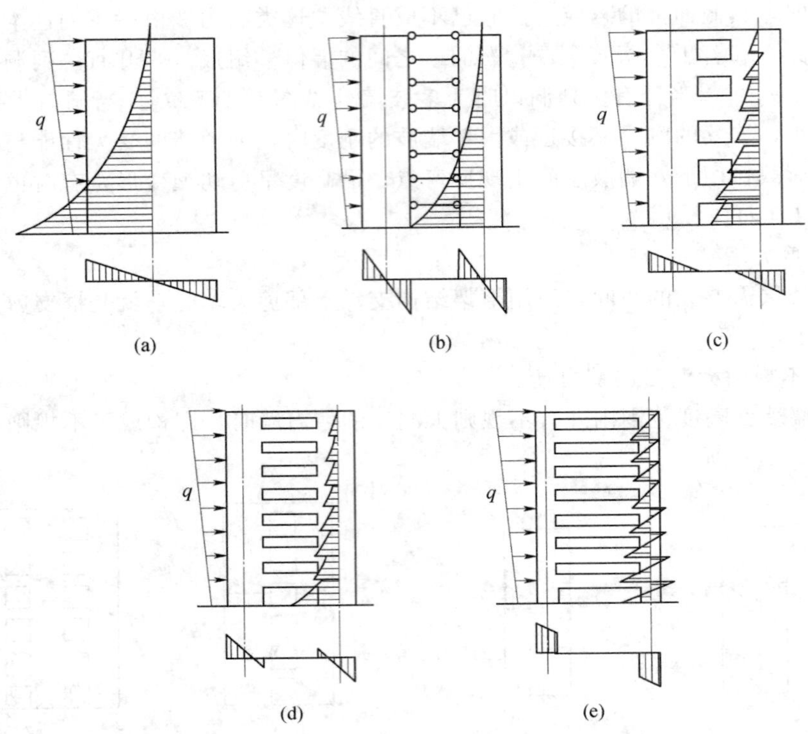

图 6.2 各类剪力墙内力示意图

(a) 整体墙；(b) 独立悬臂墙；(c) 小开口整体墙；(d) 双肢墙；(e) 壁式框架

图 6.2（a）所示，变形曲线以弯曲型为主。

独立悬臂墙是指墙面洞口很大，连梁刚度很小，墙肢的刚度又相对较大。这时连梁的约束作用很弱，犹如铰接于墙肢上的连杆，每个墙肢相当于一个独立悬臂梁，墙肢轴力为零，各墙肢自身截面上的正应力呈直线分布。弯矩图既不发生突变也无反弯点，如图 6.2（b）所示，变形曲线以弯曲型为主。

小开口整体墙的洞口较小，连梁刚度很大，墙肢的刚度又相对较小。这时连梁的约束作用很强，墙的整体性很好。水平荷载产生的弯矩主要由墙肢轴力负担，剪力墙的墙肢中已出现局部弯矩，但局部弯矩值一般不超过整体弯矩的 15%，弯矩图有突变，但基本上无反弯点。截面正应力稍偏离直线分布，如图 6.2（c）所示，变形曲线仍以弯曲型为主。

双肢墙介于小开口整体墙和独立悬臂墙之间，连梁对墙肢有一定的约束作用，墙肢弯矩图有突变，并且有反弯点存在（仅在一些楼层），墙肢局部弯矩较大，整个截面正应力已不再成直线分布，如图 6.2（d）所示，变形曲线为弯曲型。

壁式框架是指洞口很大，以至于连梁与墙肢的刚度接近，墙肢中弯矩与框架柱相似，其弯矩图不仅在楼层处有突变，而且在大多数层中都出现反弯点，如图 6.2（e）所示，变形曲线以剪切型为主。

由上可知，由于连梁对墙肢的约束作用，使墙肢弯矩产生突变，突变值的大小主要取决于连梁与墙肢的相对刚度比。

6.1.4　剪力墙结构在水平力荷载作用下的计算方法

剪力墙结构随着类型和开洞大小的不同，在水平荷载作用下，其计算方法和计算简图的选取也不同。除了整体墙和小开口整体墙基本上采用材料力学的计算公式以外，大体上还有下面一些其他算法。

1. 简化连杆的计算法

将结构进行某些简化，得到比较简单的解析解。如下面将介绍的双肢墙和多肢墙连续连杆法就属于这一类，此法将每一层楼层的连梁假想为分布在整个楼层高度上的一系列连续连杆（见图 6.3），借助于连杆的位移协调条件建立墙的内力微分方程，解微分方程便可求得内力。

2. 带刚域框架的计算法

将剪力墙简化为一个等效多层框架。由于墙肢和连梁都较宽，在墙梁相交处形成一个刚性区域，在这个区域内，墙梁的刚度为无限大。因此，这个等效框架的杆件便成为带刚域的杆件，如图 6.4 所示。

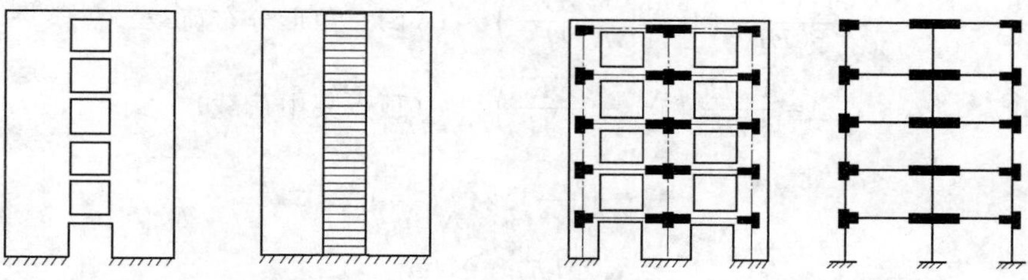

图 6.3　简化连杆计算法　　　　图 6.4　带刚域框架的计算法

带刚域框架（或称为壁式框架）的算法又分为简化计算法和矩阵位移法。除此之外，还有有限单元法和有限条带法，前者需要大容量的电子计算机，目前应用受到限制；后者可以使用中小型计算机计算，这两种方法本书不予介绍，可参阅有关文献。

6.1.5　剪力墙结构在竖向荷载作用下的计算

剪力墙结构是一个空间结构。在楼面竖向荷载作用下可不考虑结构的连续性，各片剪力墙承受的竖向荷载可按它的受荷面积进行分配计算。竖向荷载除了连梁（门窗洞口上的梁）内产生弯矩外，在墙肢内主要是产生轴向力，可用比较简单的方法确定其内力。

6.2　整体墙的计算

6.2.1　整体墙判别条件

当剪力墙无洞口，或虽有洞口但洞口面积小于墙面总面积的 15%，且洞口间的净距及洞口至墙边的净距大于洞口长边尺寸时，认为平面假定仍然适用，截面应力的计算按照材料力学公式进行计算。计算位移时，可按整体悬臂墙的计算公式进行计算。

6.2.2 内力的计算

在水平荷载作用下，整体墙可视为上端自由、下端固定竖向悬臂梁，如图 6.5 所示。其任意截面的弯矩和剪力可按材料力学中悬臂梁的基本公式计算。

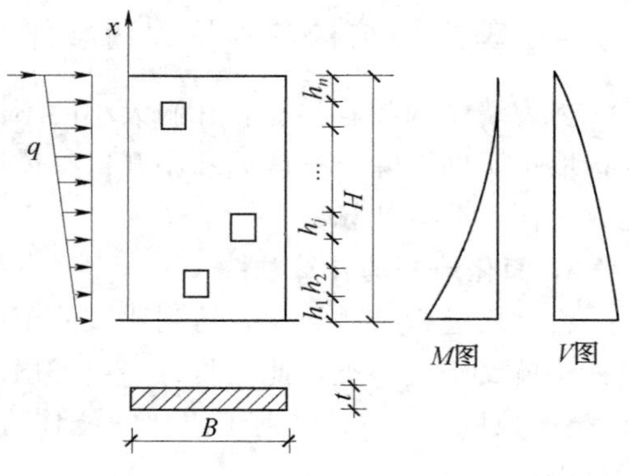

图 6.5 整体剪力墙的计算简图

6.2.3 位移的计算

由于剪力墙的截面高度较大，在计算位移时应考虑剪切变形的影响，同时当开有很小的洞口时，尚应考虑洞口对位移增大的影响。在水平荷载作用下，整体墙考虑弯曲变形和剪切变形的顶点位移公式为

$$\Delta=\Delta_m+\Delta_v=\frac{1}{8}\frac{qH^4}{EI_w}+\frac{\mu qH^2}{2GA_w}=\frac{V_0H^3}{8EI_w}\left(1+\frac{4\mu EI_w}{GA_wH^2}\right)\quad(均布荷载)\tag{6.1a}$$

$$\Delta=\frac{11V_0H^3}{60EI_w}\left(1+\frac{3.64\mu EI_w}{GA_wH^2}\right)\quad(倒三角形分布荷载)\tag{6.1b}$$

$$\Delta=\frac{V_0H^3}{3EI_w}\left(1+\frac{3\mu EI_w}{GA_wH^2}\right)\quad(顶点集中荷载)\tag{6.1c}$$

其中

$$A_w=\left(1-1.25\sqrt{\frac{A_h}{A_0}}\right)A\tag{6.2}$$

$$I_w=\frac{\sum I_ih_i}{\sum h_i}=\frac{\sum I_ih_i}{H}\tag{6.3}$$

式中 V_0——墙底截面处的总剪力，等于全部水平荷载之和；

H——剪力墙的总高度；

E 和 G——分别为混凝土的弹性模量和剪切弹性模量；

A_w 和 I_w——分别为无洞口剪力墙的截面面积和惯性矩，对有洞口的整体墙，由于洞口的削弱影响，分别取其折减截面面积和惯性矩；

A——墙截面毛面积，对矩形截面取 $A=Bt$；

B 和 t——分别为墙截面的宽度和厚度；

A_h 和 A_0——分别为剪力墙洞口总立面面积和剪力墙总墙面积；

I_i 和 h_i——将剪力墙沿高度分为无洞口段和有洞口段后，分别为第 i 段的惯性矩（有洞口处应扣除洞口）和高度；

μ——切应力不均匀系数，矩形截面取 $\mu=1.2$，I 形截面取墙全截面面积除以腹板截面面积，T 形截面的值如表 6.1 所示。

为便于以后使用，常将顶点位移写成如下形式：

$$\Delta=\frac{V_0H^3}{8EI_{eq}}\quad(均布荷载)\tag{6.4a}$$

$$\Delta=\frac{11V_0H^3}{60EI_{eq}}\quad(倒三角形分布荷载)\tag{6.4b}$$

$$\Delta=\frac{V_0 H^3}{3EI_{eq}} \quad （顶点集中荷载） \tag{6.4c}$$

即完全用弯曲变形的形式写出，这里有

$$EI_{eq}=\frac{EI_w}{1+\frac{4\mu EI_w}{GA_w H^2}} \quad （均布荷载） \tag{6.5a}$$

$$EI_{eq}=\frac{EI_w}{1+\frac{3.64\mu EI_w}{GA_w H^2}} \quad （倒三角形分布荷载） \tag{6.5b}$$

$$EI_{eq}=\frac{EI_w}{1+\frac{3\mu EI_w}{GA_w H^2}} \quad （顶点集中荷载） \tag{6.5c}$$

式中　I_{eq}——考虑剪切变形后的等效惯性矩。

表 6.1　T形截面切应力不均匀系数 μ

h_w/t	b_f/t					
	2	4	6	8	10	12
2	1.383	1.496	1.521	1.511	1.483	1.445
4	1.441	1.876	2.287	2.682	3.061	3.424
6	1.362	1.097	2.033	2.367	2.698	3.026
8	1.313	1.572	1.838	2.106	2.374	2.641
10	1.283	1.489	1.707	1.927	2.148	2.370
12	1.264	1.432	1.614	1.800	1.988	2.178
15	1.245	1.374	1.519	1.669	1.820	1.973
20	1.228	1.317	1.422	1.534	1.648	1.763
30	1.214	1.264	1.328	1.399	1.473	1.549
40	1.208	1.240	1.284	1.334	1.387	1.442

注　b_f 为翼缘宽度；t 为剪力墙厚度；h_w 为剪力墙截面高度。

为简化计算，《高规》（JGJ 3—2010）将式（6.5a）至式（6.5c）统一取平均值，并取 $G=0.4E$，得到整体墙的等效刚度计算公式：

$$EI_{eq}=\frac{EI_w}{\left(1+\frac{9\mu I_w}{A_w H^2}\right)} \tag{6.6}$$

【例 6.1】 已知某12层剪力墙的截面尺寸为：墙厚 $t=160\text{mm}$，墙长 $B=8000\text{mm}$，墙上无洞口，墙高 $H=12\times3000=36000$（mm）。混凝土的弹性模量 $E=2.55\times10^7\text{kN/m}^2$，承受 $q=20\text{kN/m}$ 的水平均布荷载，试计算顶点水平位移。

解：

（1）几何参数计算：

$$A_w=tB=0.16\times8=1.28(\text{m}^2)$$

$$I_w=\frac{tB^3}{12}=\frac{0.16\times 8^3}{12}=6.827(\mathrm{m}^4)$$

(2) 弯曲变形引起的顶点水平位移：

$$\Delta_m=\frac{1}{8}\frac{qH^4}{EI_w}=2.412\times 10^{-2}(\mathrm{m})$$

(3) 剪切变形引起的顶点水平位移：

$$\Delta_v=\frac{\mu qH^2}{2GA_w}=1.19\times 10^{-3}(\mathrm{m})$$

(4) 弯曲变形和剪切变形引起的顶点水平位移：

$$\Delta=\Delta_m+\Delta_v=2.531\times 10^{-2}\mathrm{m}$$

$$\Delta_v/\Delta=4.70\times 10^{-2}$$

剪切变形引起的顶点位移只占整个顶点位移的 4.70%，从中可以看出，整体墙的主要变形形式为弯曲型变形。

(5) 利用近似公式计算顶点水平位移：

$$EI_{eq}=\frac{EI_w}{1+\frac{9\mu I_w}{A_wH^2}}=\frac{2.55\times 10^7\times 6.827}{1+\frac{9\times 1.2\times 6.827}{1.28\times 36^2}}=16.67\times 10^7(\mathrm{kN\cdot m^2})$$

由式 (6.4a) 可计算顶点位移：

$$\Delta=\frac{V_0H^3}{8EI_{eq}}=\frac{20\times 36\times 36^3}{8\times 16.67\times 10^7}=0.02519(\mathrm{m})=25.19\mathrm{mm}$$

$$\frac{\Delta}{H}=\frac{0.02519}{36}=0.0007<\frac{1}{1000}=0.0010$$

满足要求。

【例 6.2】 某高层住宅，层高 2.7m，墙面开洞及截面形式如图 6.6 所示，采用 C30 混凝土现浇，求在图示水平荷载作用下的底层内力 M、V 及顶点的水平位移。

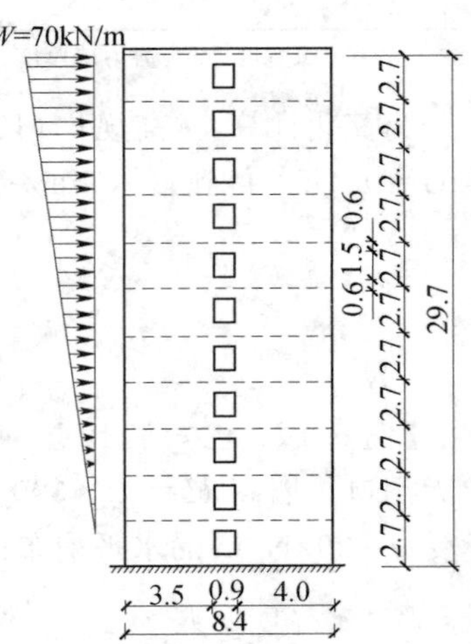

图 6.6 [例 6.2] 图（单位：m）

解：

(1) 作计算简图（见图 6.6）。

(2) 判别剪力墙类型。

洞口立面总面积为

$$A_h=0.9\times 1.5\times 11=14.85(\mathrm{m}^2)$$

墙体立面总面积为

$$A_0=8.4\times 29.7=249.48(\mathrm{m}^2)$$

故开洞率为

$$\rho=\frac{A_h}{A_0}=\frac{14.85}{249.48}=0.06<0.15$$

且洞口长边尺寸 1.5m 小于洞边到墙边距离，不大于洞口净距，故可按整体截面墙计算。

(3) 截面形心轴位置计算：

$$A_1=0.2\times3.5=0.7(\mathrm{m}^2)$$

$$A_2=0.2\times4.0=0.8(\mathrm{m}^2)$$

$$S=0.2\times8.4^2\times0.5-0.2\times0.9\times(3.5+0.45)=6.345(\mathrm{m}^3)$$

$$A=A_1+A_2=0.7+0.8=1.5(\mathrm{m}^2)$$

$$y=\frac{S}{A}=\frac{6.345}{1.5}=4.23(\mathrm{m})$$

$$y_1=4.23-\frac{1}{2}\times3.5=2.48(\mathrm{m})$$

$$y_2=(8.4-4.23)-\frac{1}{2}\times4.0=2.17(\mathrm{m})$$

(4) 截面特性计算：

$$I_1=\frac{1}{12}\times0.2\times3.5^3=0.715(\mathrm{m}^4)$$

$$I_2=\frac{1}{12}\times0.2\times4.0^3=1.067(\mathrm{m}^4)$$

$$I_{\mathrm{w1}}=0.715+0.7\times2.48^2+1.067+0.8\times2.17^2=9.854(\mathrm{m}^4)$$

$$I_{\mathrm{w2}}=\frac{1}{12}\times0.2\times8.4^2=9.878(\mathrm{m}^4)$$

$$I_{\mathrm{w}}=\frac{\sum I_{\mathrm{w}i}h_i}{\sum h_i}=\frac{(9.854\times1.5+9.878\times1.2)\times11}{29.7}=9.86(\mathrm{m}^4)$$

(5) 墙底弯矩和剪力：

$$M_0=\left(\frac{1}{2}\times70\times29.7\right)\times\frac{2}{3}\times29.7=20582.1(\mathrm{kN\cdot m})$$

$$V_0=\frac{1}{2}\times70\times29.7=1039.5(\mathrm{kN})$$

(6) 顶点位移计算：

$$E=30\times10^6(\mathrm{kN/m^2}),\quad G=0.4E,\quad \mu=1.2$$

$$A_{\mathrm{w}}=(1-1.25\sqrt{\rho})A=(1-1.25\times\sqrt{0.06})\times0.2\times8.4=1.166(\mathrm{m}^2)$$

$$I_{\mathrm{eq}}=\frac{I_{\mathrm{w}}}{1+\frac{3.64\mu EI_{\mathrm{w}}}{GA_{\mathrm{w}}H^2}}=\frac{9.865}{1+\frac{3.64\times1.2\times9.865}{0.4\times1.166\times29.7^2}}=8.930(\mathrm{m}^2)$$

$$\Delta=\frac{11V_0H^3}{60EI_{\mathrm{eq}}}=\frac{11\times1039.5\times29.7^3}{60\times30\times10^6\times8.93}=0.01864(\mathrm{m})$$

$$\frac{\Delta}{H}=\frac{0.01864}{29.7}=0.00063<\frac{1}{1000}=0.0010$$

满足要求。

6.3 小开口整体墙的计算

6.3.1 小开口整体墙的判别条件

1. 小开口整体墙的判别

当剪力墙由成列洞口划分为若干墙肢，且墙肢和连梁的刚度比较均匀，并满足下述条件，可按小开口整体墙计算。

（1）判别式为

$$\left.\begin{aligned}&\alpha \geqslant 10\\&\frac{I_n}{I}\leqslant Z\end{aligned}\right\} \tag{6.7a}$$

$$I_n = I - \sum_{j=1}^{m+1} I_j \tag{6.7b}$$

（2）整墙系数 α 值。

双肢墙：

$$\alpha = H\sqrt{\frac{12I_b a^2}{h(I_1+I_2)l_b^3}\frac{I}{I_n}} \tag{6.7c}$$

多肢墙：

$$\alpha = H\sqrt{\frac{12}{Th\sum_{j=1}^{m+1} I_j}\sum_{j=1}^{m}\frac{I_{bj}a_j^2}{l_{bj}^3}} \tag{6.7d}$$

其中

$$I_{bj} = \frac{I_{bj0}}{1+\dfrac{30\mu I_{bj0}}{A_{bj}l_{bj}^2}} \tag{6.7e}$$

式中 T——轴向变形系数，当 3～4 肢时取 0.80，5～7 肢时取 0.85，8 肢及以上时取 0.9；

I——剪力墙对组合截面形心的惯性矩；

I_n——扣除墙肢惯性矩后剪力墙的惯性矩；

I_b——双肢墙连梁的折算惯性矩；

I_{bj}——第 j 列连梁的折算惯性矩；

I_1 和 I_2——分别为墙肢 1 和墙肢 2 的截面惯性矩；

m——洞口列数；

h——层高；

H——总高；

l_b——双肢墙连梁跨度；

l_{bj}——第 j 列连梁计算跨度，取为洞口宽度加梁高的一半；

a_j——第 j 列洞口两侧墙肢轴线距离；

I_j——第 j 墙肢的截面惯性矩；

I_{bj0}——第 j 列连梁的截面惯性矩；

A_{bj}——第 j 列连梁的横截面面积；

Z——系数，由 α 及层数 n 按表 6.2 取用。

表 6.2　系数 Z

α	层数 n					
	8	10	12	16	20	≥30
10	0.886	0.948	0.975	1.000	1.000	1.000
12	0.867	0.924	0.950	0.994	1.000	1.000
14	0.853	0.908	0.934	0.978	1.000	1.000
16	0.844	0.898	0.923	0.964	0.988	1.000
18	0.836	0.888	0.914	0.952	0.978	1.000
20	0.831	0.880	0.906	0.945	0.970	1.000
22	0.827	0.875	0.901	0.940	0.965	1.000
24	0.824	0.871	0.897	0.936	0.960	0.989
26	0.822	0.867	0.894	0.932	0.955	0.986
28	0.820	0.864	0.890	0.929	0.952	0.982
≥30	0.818	0.861	0.887	0.926	0.950	0.979

2. 墙肢内力的计算

在满足式（6.7a）的条件下，墙肢内力具有下述特点：

（1）正应力在整个截面上基本上是直线分布，局部弯矩不超过整体弯矩的 15%。

（2）大部分楼层上，墙肢弯矩不应有反弯点。

因此，在计算内力和位移时，仍可应用材料力学的计算公式，略加修正即可。

6.3.2　内力计算

先将小开口整体墙视为一个上端自由、下端固定的竖向悬臂构件，如图 6.7 所示，计算出标高 $i-i$ 处（第 i 楼层）截面的总弯矩 M_i 和总剪力 V_i，再计算各墙肢的内力。

（1）墙肢的弯矩、剪力和轴力按下式计算：

墙肢的弯矩：

$$M_{ij}=\left(0.85\frac{I_j}{I}+0.15\frac{I_j}{\sum I_j}\right)M_i \tag{6.8a}$$

墙肢的剪力：

$$V_{ij}=\frac{1}{2}\left(\frac{A_j}{\sum A_j}+\frac{I_j}{\sum I_j}\right)V_i \tag{6.8b}$$

墙肢的轴力：

$$N_{ij}=0.85\frac{M_i}{I}y_jA_j \tag{6.8c}$$

式中　A_j——第 j 墙肢的截面面积；

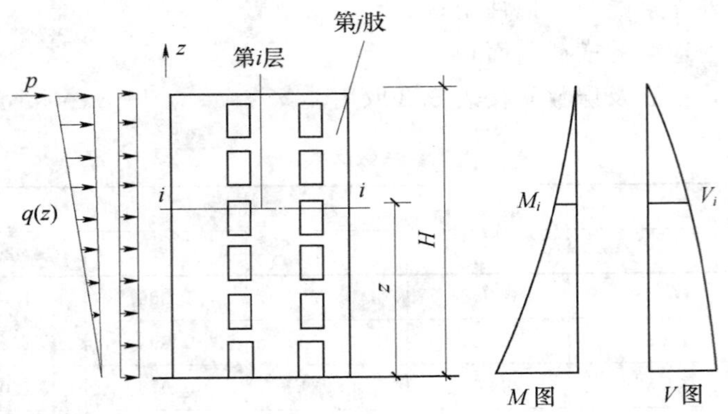

图 6.7　小开口整体墙计算简图

y_j——第 j 墙肢形心轴至组合截面形心的距离；

M_{ij}、V_{ij} 和 N_{ij}——分别为第 i 层第 j 墙肢的弯矩、剪力和轴力；

M_i 和 V_i——分别为第 i 层总的弯矩和剪力。

当剪力墙符合小开口整体墙的条件而又夹有个别细小墙肢截面弯矩时，细小墙肢会产生显著的局部弯矩，使墙肢弯矩增大。此时，细小墙肢截面弯矩宜再附加一个局部弯矩 $\Delta M_{ij}=V_{ij}h_0/2$，其中 h_0 为小墙肢洞口高度。

(2) 连梁剪力也可由上、下墙肢的轴力差计算求得。

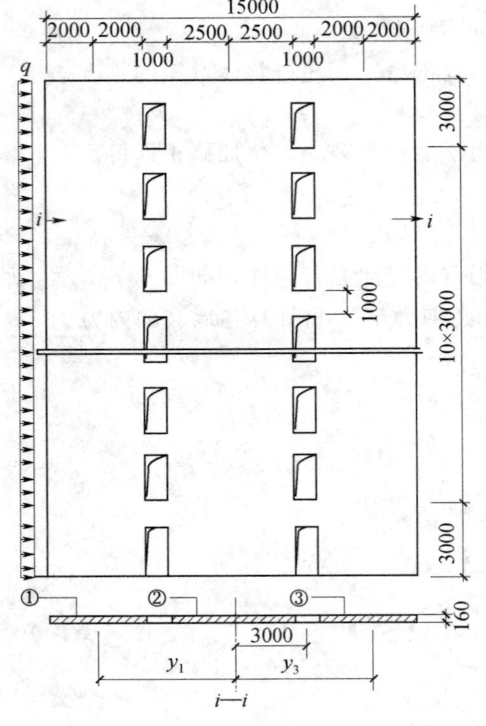

图 6.8　［例 6.3］图（单位：mm）

6.3.3　位移的计算

试验研究和有限元分析表明，由于洞口的削弱，小开口整体墙的位移比按材料力学计算的组合截面构件的位移增大 20%，则小开口整体墙考虑弯曲和剪切变形后的顶点位移按式 (6.4) 计算，将计算结果乘以 1.20 后采用，其等效刚度为按式 (6.6) 计算结果乘以系数 0.8。

【例 6.3】 某 12 层剪力强总高 36m，墙厚 160mm，如图 6.8 所示，水平均布荷载 $q=8\text{kN/m}$，混凝土强度等级为 C20，试计算其顶点位移和各墙肢的内力。

解：

1. 小开口整体墙的判别

(1) 几何参数计算。

1) 连梁。

截面面积：

$$A_{bj}=0.16\times1=0.16(\text{m}^2)$$

惯性矩：

$$I_{bj0}=\frac{1}{12}\times 0.16\times 1^3=0.0133(\mathrm{m}^4)$$

计算跨度：

$$l_{bj}=1+\frac{1}{2}=1.50(\mathrm{m})$$

由式（6.7e）得折算惯性矩为

$$I_{bj}=\frac{I_{bj0}}{1+\dfrac{30\mu I_{bj0}}{A_{bj}l_{bj}^2}}=\frac{0.0133}{1+\dfrac{30\times 1.2\times 0.0133}{0.16\times 1.50^2}}=5.7082\times 10^{-3}(\mathrm{m}^4)$$

2）墙肢：

各墙肢的截面面积 A_j 和惯性矩 I_j 计算如表 6.3 所示。

表 6.3　［例 6.3］的各墙肢截面面积 A_j 和惯性矩 I_j

墙肢	①	②	③	合计
A_j/m^2	0.64	0.80	0.64	2.08
I_j/m^4	0.8533	1.6667	0.8533	3.3733

对重心轴的惯性矩为

$$I=\frac{1}{12}\times 0.16\times 15^3-\left(\frac{1}{12}\times 0.16\times 1^3+0.16\times 1\times 3^2\right)\times 2=42.0933(\mathrm{m}^4)$$

各墙肢重心轴位置

$$y_1=5.5\mathrm{m},\quad y_2=0,\quad y_3=5.5\mathrm{m}$$

（2）墙体类别的判别。

由式（6.7d），有

$$\begin{aligned}\alpha &= H\sqrt{\frac{12}{Th\sum_{j=1}^{m+1}I_j}\sum_{j=1}^{m}\frac{I_{bj}a_j^2}{l_{bj}^3}}\\ &=36\sqrt{\frac{12}{0.8\times 3\times 3.3733}\times 2\times\frac{5.7082\times 10^{-3}\times 5.50^2}{1.50^3}}\\ &=14>10\end{aligned}$$

由表 6.1，按 α 值及层数 $n=12$，查表 6.2 得 $Z=0.934$。

$$\frac{I_n}{I}=\frac{42.0933-3.3733}{42.0933}=0.92<0.934$$

符合式（6.6a），应按小开口整体墙进行计算。

2. 各墙肢内力计算

由式（6.8）计算，结果列于表 6.4 中。该表中 V_i 和 M_i 分别为水平均布荷载在第 i

层产生的剪力和弯矩。例如，10 层处 $i-i$ 截面的总内力和各墙肢截面内力（剪力和轴力单位为 kN，弯矩单位为 kN·m）表示如下。

$i-i$ 截面的内力：

总剪力：
$$V_{10}=8\times 6=48(\text{kN})$$

总弯矩：
$$M_{10}=\frac{1}{2}\times 8\times 6^2=144(\text{kN}\cdot\text{m})$$

墙肢①和③截面上的内力：

剪力：
$$V=0.2804\times 48=13.46(\text{kN})$$

轴力：
$$N=\pm 0.0711\times 144=\pm 10.24(\text{kN})\text{(墙肢①为拉,墙肢③为压)}$$

弯矩：
$$M=0.0522\times 144=7.52(\text{kN}\cdot\text{m})$$

墙肢②截面上的内力：

剪力：
$$V=0.4393\times 48=21.09(\text{kN})$$

轴力：
$$N=0$$

弯矩：
$$M=0.1078\times 144=15.52(\text{kN}\cdot\text{m})$$

不难看出，10 层处 $i-i$ 截面总剪力和各墙肢剪力之和相等，截面总弯矩和各墙肢弯矩之和不相等。

表 6.4　　由式（6.8）计算的结果

墙　肢		①	②	③
$\frac{A_j}{\sum A_j}$		0.3077	0.3846	0.3077
$\frac{I_j}{\sum I_j}$		0.2530	0.4940	0.2530
$\frac{A_j y_j}{I}$		0.0836	0	−0.0836
$\frac{I_j}{I}$		0.0203	0.0396	0.0203
$0.85\frac{I_j}{I}+0.15\frac{I_j}{\sum I_j}$		0.0552	0.1078	0.0552
$0.85\frac{A_j y_j}{I}$		0.0711	0	−0.0711
$\frac{1}{2}\left(\frac{A_j}{\sum A_j}+\frac{I_j}{\sum I_j}\right)$		0.2804	0.4393	0.2804
各层墙肢内力	V_{ij}	$0.2804V_i$	$0.4393V_i$	$0.2804V_i$
	N_{ij}	$0.0711M_i$	0	$-0.0711M_i$
	M_{ij}	$0.0552M_i$	$0.1078M_i$	$0.0552M_i$

在底层处情况如下。

1－1 截面上的内力：

总剪力：
$$V_1=8\times 36=288(\text{kN})$$

总弯矩：
$$M_1=\frac{1}{2}\times 8\times 36^2=5184(\text{kN}\cdot\text{m})$$

墙肢①和③截面上的内力：

剪力：
$$V=0.2804\times 288=80.76(\text{kN})$$

轴力：$N=\pm 0.0711\times 5148=\pm 368.58(\text{kN})$（墙肢①为拉，墙肢③为压）

弯矩：
$$M=0.0552\times 5148=286.16(\text{kN}\cdot\text{m})$$

墙肢②截面上的内力：

剪力：
$$V=0.4393\times 288=126.52(\text{kN})$$

轴力：
$$N=0$$

弯矩：
$$M=0.1078\times 5184=558.84(\text{kN}\cdot\text{m})$$

3. 顶点位移计算

剪力墙混凝土强度等级为 C20，$E=2.55\times 10^7\text{kN/m}^2$，故小开口整体墙的等效刚度为

$$EI_{eq}=\frac{0.8EI}{1+\dfrac{9\mu I}{AH^2}}=\frac{0.8\times 2.55\times 10^7\times 42.0933}{1+\dfrac{9\times 1.2\times 42.0933}{2.08\times 36^2}}=7.35\times 10^8(\text{kN}\cdot\text{m}^2)$$

由式（6.4a）可计算顶点位移为

$$\Delta=1.2\frac{V_0H^3}{8EI_{eq}}=1.2\times\frac{288\times 36^3}{8\times 7.35\times 10^8}=0.00342(\text{m})$$

6.4　双肢剪力墙的计算

6.4.1　适用范围

双肢剪力墙是由连梁将两墙肢连接在一起，且墙肢的刚度一般比连梁的刚度大较多。当满足 $1\leqslant\alpha<10$ 时，可按双肢剪力墙进行计算，其中 α 按式（6.7c）计算。

6.4.2　基本假定

图 6.9（a）为双肢剪力墙的几何参数，墙肢可以为矩形或 T 形截面（翼缘参加工作），但都以截面的形心线作为墙肢的轴线，连梁一般取矩形截面。

从图 6.9（a）可以看出，双肢剪力墙是柱梁刚度比很大的一种框架。由于柱梁刚度比太大，用一般的渐近法就比较麻烦，特别是要考虑轴向变形的影响更是如此。因此，采用如下假定，然后用力法原理建立微分方程，进行双肢剪力墙的内力和位移计算，此法通

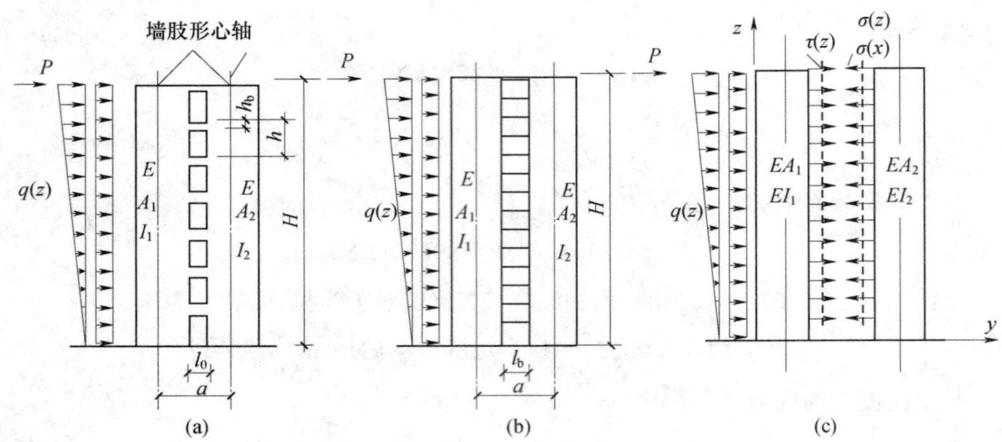

图 6.9 双肢剪力墙计算简图及基本体系

常称为连续连杆法。基本假定如下：

(1) 将每一层处的连梁简化为均布在整个楼层高度上的连续连杆，即将墙肢仅在楼层处由连梁连接在一起的结构，变为墙肢在整个高度上由连续连杆连接在一起的连续结构，如图 6.9 (b) 所示，从而为建立微分方程提供了条件。

(2) 连梁的轴向变形忽略不计，即两墙肢在同一标高处的水平位移是相同的。同时还假定，在同一标高处两墙肢的转角和曲率是相等的，并假定连梁的反弯点在梁的跨中。

(3) 层高 h 和惯性矩 I_1、I_2 和 I_b 及面积 A_1、A_2 和 A_b 等参数，沿高度均为常数，从而使微分方程为常系数微分方程，便于求解。当沿高度截面尺寸或层高有变化时，可取几何平均值代入进行计算。

6.4.3 微分方程

将连续化后的连梁沿其跨度中央切开，可得到力法求解时的基本体系，如图 6.9 (c) 所示。由于连梁的跨中为反弯点，故在切开后的截面上只有切应力 $\tau(z)$ 和正应力$\sigma(z)$，取 $\tau(z)$ 为多余未知力。根据变形协调条件，基本体系在外荷载、切口处轴力和剪力共同作用下，切口处沿未知力 $\tau(z)$ 方向上的相对位移应为零。该相对位移由下面几部分组成。

1. 墙肢弯曲和剪切变形所产生的相对位移

基本体系在外荷载、切口处轴力和剪力的共同作用下，墙肢将发生弯曲变形和剪切变形。由于墙肢弯曲变形使切口处产生的相对位移为［见图 6.10 (a)］

$$\delta_1 = -a\theta_M \tag{1}$$

式中 θ_M——由于墙肢弯曲变形所产生的转角，以顺时针方向为正；

a——洞口两侧墙肢轴线间的距离。

公式中的负号表示相对位移与假设的未知力 $\tau(z)$ 方向相反。

当墙肢发生剪切变形时，墙肢的上、下截面产生相对的水平错动，这错动不会引起连续切口处的竖向相对位移，即墙肢剪切变形在切口处产生的相对位移为零，如图 6.10（b)所示。

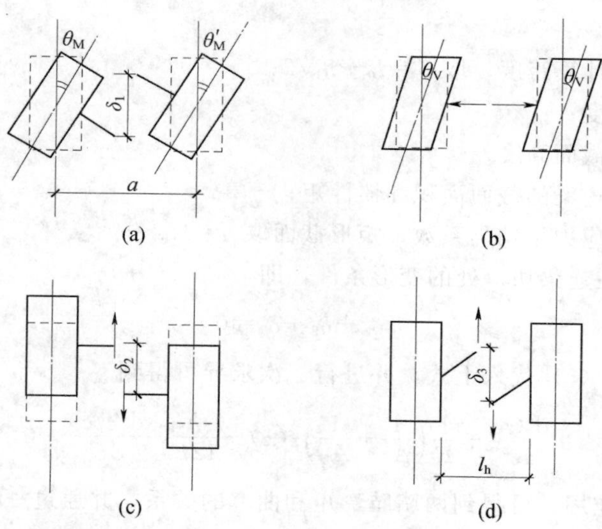

图 6.10　双肢剪力墙墙肢变形

2. 墙肢轴向变形所产生的相对位移

基本体系在外荷载、切口处轴力和剪力共同作用下，自两墙肢底至 z 截面处的轴向变形差为切口处所产生的相对位移［见图 6.10（c)］，即

$$\delta_2 = \int_0^z \frac{N(z)}{EA_1}\mathrm{d}z + \int_0^z \frac{N(z)}{EA_2}\mathrm{d}z = \frac{1}{E}\left(\frac{1}{A_1}+\frac{1}{A_2}\right)\int_0^z N(z)\mathrm{d}z$$

其中
$$N(z) = \int_z^H \tau(z)\mathrm{d}z$$

式中　$N(z)$——z 截面处的轴力在数值上等于（$H-z$）高度范围内切口处的剪力之和。

故由于墙肢轴向变形所产生的相对位移为

$$\delta_2 = \frac{1}{E}\left(\frac{1}{A_1}+\frac{1}{A_2}\right)\int_0^z\int_z^H \tau(z)\mathrm{d}z\mathrm{d}z \qquad (2)$$

3. 连梁由于弯曲和剪切变形所产生的相对位移

连梁切口处由于切应力 $\tau(z)$ 的作用，使连梁产生弯曲和剪切变形，则在切口处所产生相对位移［见图 6.10（d)］，即

$$\delta_3 = \delta_{3M} + \delta_{3V} = \frac{\tau(z)hl_b^3}{12EI_{b0}} + \frac{\mu\tau(z)hl_b}{GA_b} = \frac{\tau(z)hl_b^3}{12EI_{b0}}\left(1+\frac{12\mu EI_{b0}}{GA_b l_b^2}\right)$$

引入连梁的折算惯性矩 I_b：

$$I_b = I_{b0}\bigg/\left(1+\frac{30\mu I_{b0}}{A_b l_b^2}\right)(G=0.4E)$$

则可改写成

$$\delta_3=\frac{hl_b^3}{12EI_b}\tau(z) \tag{3}$$

式中 h——层高；

l_b——连梁的计算跨度，取 $l_b=l_0+h_b/2$；

l_0——洞口宽度；

h_b——连梁的截面高度；

A_b 和 I_{b0}——分别为连梁的截面面积和惯性矩；

μ——截面切应力不均匀系数，矩形截面取 $\mu=1.2$。

根据基本体系在连梁切口处的变形条件，即

$$\delta_1+\delta_2+\delta_3=0$$

将式（1）至式（3）代入上式，并进行二次求导可得到

$$a\frac{d^2Q_M}{dz^2}+\frac{1}{E}\left(\frac{1}{A_1}+\frac{1}{A_2}\right)\tau(z)-\frac{hl_b^3}{12EI_b}\frac{d^2\tau(z)}{dz^2}=0 \tag{4}$$

引入外荷载的作用，可得到两墙肢弯矩和曲率的关系，并通过一次求导得

$$\frac{d^2Q_M}{dz^2}=\frac{1}{E(I_1+I_2)}[V_p(z)+a\tau(z)] \tag{5}$$

其中

$$V_p(z)=\begin{cases}-\left(1-\dfrac{z}{H}\right)V_0 & \text{（均布荷载）}\\ -\left[1-\left(\dfrac{z}{H}\right)^2\right]V_0 & \text{（倒三角形分布荷载）}\\ -V_0 & \text{（顶点集中荷载）}\end{cases} \tag{6}$$

式中 $V_p(z)$——外荷载在计算截面 z 处产生的剪力。

将式（5）代入式（4），并整理后可得

$$\frac{d^2\tau(z)}{dz^2}-\frac{12I_b}{hl_b^3}\left[\frac{a^2}{(I_1+I_2)}+\frac{(A_1+A_2)}{I_1I_2}\right]\tau(z)=\frac{12aI_b}{hl_b^3(I_1+I_2)}V_p(z) \tag{7}$$

令

$$D=\frac{2a^2I_b}{l_b^3} \quad \text{（连梁的刚度系数）}$$

$$S=\frac{aA_1A_2}{A_1+A_2} \quad \text{（双肢墙对组合截面形心轴的面积矩）}$$

$$\alpha_1^2=\frac{6H^2D}{h(I_1+I_2)} \quad \text{（未考虑墙肢轴向变形的整体工作系数）}$$

$$\alpha^2=\alpha_1^2+\frac{6H^2D}{hSa} \quad \text{（考虑墙肢轴向变形的整体工作系数）}$$

可得到双肢剪力墙的基本微分方程为

$$\frac{d^2\tau(z)}{dz^2}-\frac{\alpha^2}{H^2}\tau(z)=\frac{\alpha_1^2}{H^2 a}V_p(z) \tag{8}$$

引入连续连杆对墙肢的约束弯矩 $m(z)=a\tau(z)$，表示剪力 $\tau(z)$ 对两墙肢的约束弯矩之和，将式（6）代入式（8），得常用的均布荷载、倒三角形分布荷载和顶点集中荷载作用下的双肢剪力墙微分方程为

$$\frac{d^2m(z)}{dz^2}-\frac{\alpha^2}{H^2}m(z)=\begin{cases}-\dfrac{\alpha_1^2}{H^2}\left[1-\left(\dfrac{z}{H}\right)\right]V_0 & \text{（均布荷载）}\\ -\dfrac{\alpha_1^2}{H^2}\left[1-\left(\dfrac{z}{H}\right)^2\right]V_0 & \text{（倒三角形分布荷载）}\\ -\dfrac{\alpha_1^2}{H^2}V_0 & \text{（顶点集中荷载）}\end{cases} \tag{6.9}$$

6.4.4　微分方程的解

为简化微分方程，便于求解及表格制作，引入变量 $\xi=z/H$，并令 $\Phi(\xi)=m(\xi)\dfrac{\alpha^2}{\alpha_1^2}\dfrac{1}{V_0}$代入式（6.9）得到

$$\frac{d^2\Phi(\xi)}{d\xi^2}-\alpha^2\Phi(\xi)=\begin{cases}-\alpha^2(1-\xi) & \text{（均布荷载）}\\ -\alpha^2(1-\xi^2) & \text{（倒三角形分布荷载）}\\ -\alpha^2 & \text{（顶点集中荷载）}\end{cases}$$

通过求解，可得到微分方程的解为

$$\Phi(\xi)=\begin{cases}-\dfrac{\mathrm{ch}\alpha(1-\xi)}{\mathrm{ch}\alpha}+\dfrac{\mathrm{sh}\alpha\xi}{\alpha\,\mathrm{ch}\alpha}+(1-\xi) & \text{（均布荷载）}\\ \left(\dfrac{2}{\alpha^2}-1\right)\left[\dfrac{\mathrm{ch}\alpha(1-\xi)}{\mathrm{ch}\alpha}-1\right]+\dfrac{2\mathrm{sh}\alpha\xi}{2\mathrm{ch}\alpha}-\xi^2 & \text{（倒三角形分布荷载）}\\ \dfrac{\mathrm{sh}\alpha}{\mathrm{ch}\alpha}\mathrm{sh}\alpha\xi-\mathrm{ch}\alpha\xi+1 & \text{（顶点集中荷载）}\end{cases} \tag{6.10}$$

由式（6.10）可知，$\Phi(\xi)$ 为 α 和 ξ 两个变量的函数，根据荷载类型、参数 α 和 ξ，$\Phi(\xi)$可由表 6.5～表 6.7 查得。

6.4.5　位移计算

由于墙肢截面较宽，位移计算时应同时考虑墙肢弯曲变形和剪切变形的影响，即

$$y=y_m+y_v$$

式中　y_m、y_v——分别为墙肢弯曲、剪切变形所产生的水平位移。

墙肢弯曲变形所产生的位移为

$$y_m=\frac{1}{E(I_1+I_2)}\left[\int_0^z\int_0^z M_p(z)\,dz\,dz-\int_0^z\int_0^z\int_z^H a\tau(z)\,dz\,dz\,dz\right] \tag{9}$$

表 6.5 均布载荷作用下的 $\Phi(\xi)$ 值

ξ \ α	1.0	1.5	2.0	2.5	3.0	3.5	4.0	4.5	5.0	5.5	6.0	6.5	7.0	7.5	8.0	8.5	9.0	9.5	10.0	10.5
1.00	0.113	0.178	0.216	0.231	0.232	0.224	0.213	0.199	0.186	0.173	0.161	0.150	0.141	0.132	0.124	0.117	0.110	0.105	0.099	0.095
0.95	0.113	0.178	0.217	0.233	0.234	0.228	0.217	0.204	0.191	0.179	0.168	0.157	0.148	0.140	0.133	0.126	0.120	0.115	0.110	0.106
0.90	0.114	0.179	0.219	0.237	0.241	0.236	0.227	0.217	0.206	0.195	0.185	0.176	0.168	0.161	0.155	0.149	0.144	0.140	0.136	0.133
0.85	0.114	0.181	0.223	0.244	0.251	0.249	0.243	0.235	0.226	0.218	0.21	0.203	0.196	0.191	0.186	0.181	0.178	0.174	0.171	0.168
0.80	0.114	0.183	0.228	0.252	0.263	0.265	0.263	0.258	0.252	0.246	0.241	0.235	0.231	0.227	0.223	0.220	0.217	0.215	0.213	0.211
0.75	0.114	0.185	0.233	0.261	0.276	0.283	0.285	0.284	0.281	0.278	0.257	0.272	0.269	0.266	0.264	0.262	0.260	0.258	0.257	0.256
0.70	0.114	0.186	0.237	0.270	0.290	0.302	0.308	0.311	0.312	0.312	0.312	0.310	0.309	0.308	0.307	0.306	0.305	0.304	0.303	0.303
0.65	0.113	0.187	0.242	0.279	0.304	0.321	0.332	0.339	0.344	0.347	0.349	0.350	0.351	0.351	0.351	0.351	0.351	0.351	0.351	0.351
0.60	0.111	0.186	0.245	0.287	0.317	0.339	0.355	0.367	0.376	0.382	0.387	0.390	0.393	0.395	0.396	0.397	0.398	0.398	0.399	0.399
0.55	0.109	0.185	0.246	0.293	0.328	0.355	0.376	0.393	0.406	0.416	0.424	0.430	0.434	0.438	0.441	0.443	0.444	0.445	0.446	0.447
0.50	0.106	0.182	0.246	0.296	0.336	0.369	0.395	0.416	0.433	0.447	0.458	0.467	0.474	0.479	0.483	0.487	0.490	0.492	0.493	0.495
0.45	0.103	0.178	0.242	0.296	0.341	0.378	0.409	0.435	0.456	0.474	0.488	0.500	0.510	0.517	0.524	0.529	0.533	0.536	0.539	0.541
0.40	0.097	0.171	0.236	0.293	0.341	0.382	0.418	0.448	0.474	0.495	0.513	0.528	0.541	0.551	0.56	0.567	0.573	0.577	0.581	0.585
0.35	0.091	0.162	0.226	0.284	0.335	0.38	0.419	0.453	0.483	0.508	0.53	0.549	0.565	0.578	0.589	0.599	0.607	0.614	0.619	0.624
0.30	0.083	0.150	0.212	0.270	0.322	0.369	0.411	0.449	0.482	0.511	0.537	0.559	0.578	0.595	0.609	0.622	0.632	0.642	0.650	0.657
0.25	0.074	0.105	0.194	0.249	0.30	0.348	0.392	0.431	0.467	0.499	0.528	0.554	0.576	0.597	0.614	0.630	0.644	0.657	0.667	0.677
0.20	0.063	0.116	0.169	0.22	0.269	0.315	0.358	0.398	0.435	0.469	0.500	0.528	0.553	0.577	0.598	0.617	0.634	0.650	0.664	0.677
0.15	0.050	0.094	0.138	0.182	0.225	0.266	0.306	0.344	0.379	0.413	0.444	0.473	0.500	0.525	0.548	0.570	0.590	0.609	0.626	0.643
0.10	0.036	0.067	0.100	0.134	0.167	0.200	0.233	0.264	0.294	0.323	0.351	0.378	0.403	0.427	0.450	0.472	0.493	0.513	0.532	0.550
0.05	0.019	0.036	0.054	0,074	0.093	0.113	0.133	0.152	0.171	0.19	0.209	0.227	0.245	0.262	0.279	0.296	0.312	0.328	0.343	0.358
0.00	0.000	0.003	0.000	0.000	0.000	0.000	0.000	0.000	0.000	0.000	0.000	0.000	0.000	0.000	0.000	0.000	0.000	0.000	0.000	0.000

ξ \ α	11.0	11.5	12.0	12.5	13.0	13.5	14.0	14.5	15.0	15.5	16.0	16.5	17.0	17.5	18.0	18.5	19.0	19.5	20.0	20.5
1.00	0.090	0.086	0.083	0.079	0.076	0.074	0.071	0.065	0.066	0.064	0.062	0.060	0.058	0.057	0.055	0.054	0.062	0.051	0.050	0.048
0.95	0.102	0.098	0.095	0.092	0.090	0.087	0.085	0.083	0.081	0.079	0.077	0.076	0.075	0.073	0.072	0.071	0.070	0.069	0.068	0.067
0.90	0.130	0.127	0.124	0.122	0.120	0.119	0.117	0.116	0.114	0.113	0.112	0.111	0.110	0.109	0.109	0.108	0.107	0.107	0.106	0.106
0.85	0.167	0.165	0.163	0.162	0.160	0.159	0.158	0.157	0.156	0.156	0.155	0.154	0.154	0.153	0.153	0.153	0.152	0.152	0.152	0.152
0.80	0.209	0.208	0.207	0.206	0.206	0.204	0.204	0.203	0.203	0.202	0.202	0.202	0.201	0.201	0.201	0.201	0.201	0.200	0.200	0.200
0.75	0.255	0.254	0.253	0.253	0.252	0.252	0.251	0.251	0.251	0.251	0.250	0.250	0.250	0.250	0.250	0.250	0.250	0.250	0.250	0.250
0.70	0.302	0.302	0.301	0.301	0.301	0.301	0.300	0.300	0.300	0.300	0.300	0.300	0.300	0.300	0.300	0.300	0.300	0.300	0.299	0.288
0.65	0.351	0.350	0.350	0.350	0.350	0.350	0.350	0.350	0.350	0.350	0.350	0.350	0.350	0.349	0.349	0.349	0.349	0.349	0.349	0.349
0.60	0.399	0.399	0.399	0.399	0.399	0.399	0.399	0.399	0.399	0.399	0.399	0.399	0.399	0.399	0.399	0.399	0.399	0.399	0.399	0.399
0.55	0.448	0.448	0.448	0.449	0.448	0.449	0.449	0.449	0.449	0.449	0.449	0.449	0.449	0.449	0.449	0.449	0.449	0.449	0.449	0.449
0.50	0.496	0.496	0.497	0.498	0.498	0.498	0.499	0.499	0.499	0.499	0.499	0.499	0.499	0.499	0.499	0.499	0.499	0.499	0.499	0.499
0.45	0.543	0.544	0.545	0.546	0.547	0.547	0.548	0.548	0.548	0.548	0.549	0.549	0.549	0.549	0.549	0.549	0.549	0.549	0.549	0.549
0.40	0.587	0.589	0.591	0.598	0.594	0.595	0.596	0.596	0.597	0.597	0.598	0.598	0.598	0.599	0.599	0.599	0.599	0.599	0.599	0.599
0.35	0.628	0.632	0.634	0.637	0.639	0.641	0.642	0.643	0.644	0.645	0.646	0.646	0.647	0.647	0.648	0.648	0.648	0.648	0.649	0.649
0.30	0.663	0.668	0.672	0.676	0.679	0.682	0.681	0.687	0.688	0.699	0.691	0.692	0.693	0.694	0.695	0.696	0.696	0.697	0.697	0.697
0.25	0.686	0.693	0.709	0.706	0.711	0.715	0.719	0.723	0.726	0.729	0.731	0.733	0.735	0.737	0.738	0.740	0.741	0.742	0.743	0.744
0.20	0.689	0.699	0.709	0.717	0.725	0.732	0.739	0.744	0.75	0.754	0.759	0.763	0.766	0.768	0.772	0.775	0.777	0.779	0.781	0.783
0.15	0.657	0.671	0.684	0.696	0.707	0.718	0.727	0.736	0.744	0.752	0.759	0.765	0.771	0.777	0.782	0.787	0.792	0.796	0.800	0.803
0.10	0.567	0.583	0.598	0.613	0.627	0.640	0.653	0.665	0.676	0.687	0.698	0.707	0.717	0.726	0.734	0.742	0.75	0.757	0.764	0.771
0.05	0.373	0.387	0.401	0.414	0.428	0.440	0.453	0.465	0.477	0.489	0.500	0.511	0.522	0.533	0.543	0.553	0.563	0.572	0.582	0.591
0.00	0.000	0.000	0.000	0.000	0.000	0.000	0.000	0.000	0.000	0.000	0.000	0.000	0.000	0.000	0.000	0.000	0.000	0.000	0.000	0.000

表 6.6　　倒三角形分布荷载作用下的 $\Phi(\xi)$ 值

ξ \ α	1.0	1.5	2.0	2.5	3.0	3.5	4.0	4.5	5.0	5.5	6.0	6.5	7.0	7.5	8.0	8.5	9.0	9.5	10.0	10.5
1.00	0.171	0.270	0.331	0.358	0.363	0.356	0.342	0.325	0.307	0.289	0.273	0.257	0.243	0.230	0.218	0.207	0.197	0.188	0.179	0.172
0.95	0.171	0.271	0.332	0.360	0.367	0.361	0.348	0.332	0.316	0.299	0.283	0.269	0.256	0.243	0.233	0.223	0.214	0.205	0.198	0.191
0.90	0.171	0.273	0.336	0.367	0.377	0.374	0.365	0.352	0.338	0.324	0.311	0.299	0.288	0.278	0.270	0.262	0.255	0.243	0.243	0.238
0.85	0.172	0.275	0.341	0.377	0.391	0.393	0.388	0.380	0.370	0.360	0.350	0.341	0.333	0.326	0.320	0.314	0.309	0.305	0.301	0.298
0.80	0.172	0.277	0.347	0.388	0.408	0.415	0.416	0.412	0.407	0.402	0.396	0.390	0.385	0.381	0.377	0.373	0.371	0.368	0.366	0.364
0.75	0.171	0.278	0.353	0.399	0.425	0.439	0.446	0.448	0.448	0.447	0.445	0.443	0.440	0.439	0.437	0.436	0.434	0.433	0.433	0.432
0.70	0.170	0.279	0.358	0.410	0.443	0.463	0.476	0.484	0.489	0.492	0.494	0.496	0.496	0.497	0.497	0.497	0.498	0.498	0.498	0.499
0.65	0.168	0.279	0.362	0.419	0.459	0.486	0.506	0.519	0.530	0.537	0.543	0.547	0.550	0.553	0.555	0.557	0.559	0.560	0.561	0.562
0.60	0.165	0.276	0.363	0.426	0.472	0.506	0.532	0.552	0.567	0.579	0.588	0.596	0.601	0.606	0.610	0.614	0.616	0.619	0.624	0.622
0.55	0.161	0.272	0.362	0.430	0.482	0.522	0.554	0.579	0.599	0.616	0.629	0.639	0.648	0.655	0.661	0.665	0.669	0.672	0.675	0.677
0.50	0.156	0.266	0.357	0.429	0.487	0.533	0.570	0.601	0.626	0.647	0.663	0.677	0.688	0.697	0.705	0.711	0.716	0.721	0.724	0.727
0.45	0.149	0.256	0.348	0.423	0.485	0.537	0.579	0.615	0.645	0.670	0.690	0.707	0.721	0.733	0.742	0.750	0.757	0.762	0.767	0.771
0.40	0.140	0.244	0.335	0.412	0.477	0.533	0.580	0.620	0.654	0.683	0.707	0.728	0.745	0.759	0.771	0.781	0.789	0.796	0.802	0.807
0.35	0.150	0.228	0.317	0.394	0.461	0.519	0.57	0.614	0.652	0.685	0.712	0.736	0.756	0.774	0.788	0.801	0.811	0.820	0.828	0.834
0.30	0.118	0.209	0.293	0.368	0.435	0.495	0.548	0.594	0.636	0.671	0.703	0.730	0.753	0.774	0.791	0.807	0.820	0.831	0.841	0.849
0.25	0.103	0.185	0.268	0.334	0.399	0.458	0.511	0.559	0.602	0.640	0.674	0.704	0.731	0.755	0.775	0.794	0.810	0.824	0.837	0.848
0.20	0.087	0.158	0.226	0.290	0.350	0.406	0.457	0.504	0.547	0.587	0.622	0.654	0.683	0.709	0.733	0.754	0.774	0.791	0.807	0.821
0.15	0.069	0.126	0.182	0.236	0.288	0.337	0.383	0.426	0.467	0.504	0.539	0.571	0.601	0.629	0.654	0.678	0.700	0.720	0.738	0.756
0.10	0.048	0.089	0.130	0.171	0.210	0.248	0.285	0.321	0.354	0.386	0.417	0.446	0.473	0.499	0.523	0.546	0.568	0.588	0.609	0.628
0.05	0.025	0.047	0.069	0.092	0.115	0.137	0.159	0.181	0.202	0.222	0.242	0.262	0.280	0.299	0.316	0.334	0.351	0.367	0.383	0.398
0.00	0.000	0.030	0.030	0.000	0.030	0.000	0.000	0.030	0.000	0.030	0.000	0.000	0.030	0.000	0.030	0.030	0.000	0.000	0.000	0.000

ξ \ α	11.0	11.5	12.0	12.5	13.0	13.5	14.0	14.5	15.0	15.5	16.0	16.5	17.0	17.5	18.0	18.5	19.0	19.5	20.0	20.5
1.00	0.165	0.158	0.152	0.147	0.142	0.137	0.132	0.128	0.124	0.120	0.117	0.113	0.110	0.107	0.104	0.102	0.099	0.097	0.095	0.092
0.95	0.185	0.180	0.174	0.170	0.165	0.161	0.158	0.154	0.151	0.148	0.145	0.143	0.140	0.138	0.136	0.134	0.132	0.130	0.129	0.127
0.90	0.233	0.229	0.226	0.222	0.219	0.217	0.214	0.212	0.210	0.208	0.207	0.205	0.204	0.203	0.201	0.200	0.199	0.199	0.198	0.197
0.85	0.295	0.293	0.290	0.288	0.287	0.285	0.284	0.283	0.282	0.281	0.280	0.280	0.279	0.278	0.278	0.278	0.277	0.277	0.277	0.276
0.80	0.363	0.361	0.360	0.360	0.358	0.358	0.358	0.357	0.357	0.357	0.357	0.356	0.356	0.356	0.356	0.356	0.356	0.356	0.356	0.356
0.75	0.432	0.431	0.431	0.431	0.431	0.431	0.431	0.431	0.431	0.431	0.431	0.431	0.432	0.432	0.432	0.432	0.432	0.432	0.432	0.433
0.70	0.499	0.498	0.500	0.500	0.500	0.501	0.501	0.502	0.502	0.502	0.503	0.503	0.503	0.503	0.504	0.504	0.504	0.504	0.505	0.505
0.65	0.563	0.564	0.565	0.566	0.566	0.567	0.568	0.568	0.569	0.568	0.568	0.570	0.570	0.571	0.571	0.571	0.571	0.572	0.572	0.572
0.60	0.624	0.625	0.626	0.627	0.628	0.628	0.629	0.630	0.631	0.631	0.632	0.632	0.633	0.633	0.633	0.634	0.634	0.634	0.634	0.635
0.55	0.679	0.681	0.682	0.684	0.685	0.686	0.686	0.687	0.688	0.688	0.688	0.688	0.690	0.690	0.691	0.691	0.691	0.692	0.692	0.692
0.50	0.730	0.732	0.733	0.735	0.736	0.737	0.738	0.738	0.740	0.741	0.741	0.742	0.742	0.743	0.743	0.743	0.744	0.744	0.744	0.745
0.45	0.774	0.777	0.778	0.781	0.782	0.784	0.785	0.786	0.787	0.788	0.788	0.789	0.790	0.790	0.790	0.791	0.791	0.792	0.792	0.792
0.40	0.811	0.815	0.818	0.820	0.822	0.824	0.826	0.827	0.828	0.829	0.830	0.831	0.831	0.832	0.833	0.833	0.833	0.834	0.834	0.834
0.35	0.840	0.844	0.848	0.852	0.855	0.857	0.859	0.861	0.863	0.864	0.865	0.867	0.867	0.868	0.869	0.870	0.870	0.871	0.871	0.871
0.30	0.857	0.863	0.868	0.873	0.878	0.881	0.884	0.887	0.890	0.892	0.893	0.895	0.896	0.898	0.899	0.900	0.901	0.901	0.902	0.903
0.25	0.858	0.866	0.874	0.881	0.887	0.892	0.897	0.901	0.903	0.908	0.911	0.914	0.916	0.918	0.920	0.921	0.923	0.924	0.925	0.926
0.20	0.834	0.846	0.856	0.866	0.874	0.882	0.889	0.896	0.901	0.907	0.911	0.916	0.919	0.923	0.926	0.929	0.932	0.934	0.936	0.938
0.15	0.772	0.786	0.800	0.813	0.825	0.836	0.846	0.855	0.864	0.872	0.879	0.886	0.893	0.899	0.904	0.909	0.914	0.918	0.922	0.926
0.10	0.646	0.663	0.679	0.694	0.708	0.722	0.735	0.748	0.760	0.771	0.781	0.792	0.801	0.810	0.819	0.827	0.835	0.843	0.85	0.857
0.05	0.413	0.428	0.442	0.456	0.469	0.483	0.495	0.508	0.520	0.532	0.543	0.555	0.566	0.576	0.587	0.597	0.607	0.617	0.626	0.635
0.00	0.000	0.000	0.000	0.000	0.000	0.000	0.000	0.000	0.000	0.000	0.080	0.000	0.000	0.000	0.000	0.000	0.000	0.000	0.000	0.000

表 6.7 顶点集中水平荷载作用下的 $\Phi(\xi)$ 值

ξ \ α	1.0	1.5	2.0	2.5	3.0	3.5	4.0	4.5	5.0	5.5	6.0	6.5	7.0	7.5	8.0	8.5	9.0	9.5	10.0	10.5
1.00	0.351	0.574	0.734	0.836	0.900	0.939	0.968	0.977	0.986	0.991	0.995	0.996	0.998	0.998	0.999	0.999	0.999	0.999	0.999	0.999
0.95	0.351	0.573	0.732	0.835	0.899	0.938	0.962	0.977	0.986	0.991	0.994	0.996	0.998	0.998	0.999	0.999	0.999	0.999	0.999	0.999
0.90	0.348	0.570	0.728	0.831	0.896	0.935	0.960	0.975	0.984	0.990	0.994	0.996	0.997	0.998	0.999	0.999	0.999	0.999	0.999	0.999
0.85	0.344	0.564	0.722	0.825	0.890	0.931	0.956	0.972	0.982	0.988	0.992	0.995	0.997	0.998	0.998	0.999	0.999	0.999	0.999	0.999
0.80	0.338	0.555	0.712	0.816	0.882	0.924	0.951	0.968	0.979	0.986	0.991	0.994	0.996	0.997	0.998	0.998	0.999	0.999	0.999	0.999
0.75	0.331	0.544	0.700	0.804	0.871	0.915	0.943	0.962	0.974	0.982	0.988	0.992	0.994	0.996	0.997	0.998	0.998	0.999	0.999	0.999
0.70	0.322	0.531	0.684	0.788	0.857	0.903	0.933	0.921	0.954	0.968	0.977	0.984	0.989	0.992	0.994	0.996	0.997	0.998	0.998	0.999
0.65	0.311	0.515	0.666	0.770	0.840	0.888	0.905	0.944	0.960	0.971	0.979	0.985	0.989	0.992	0.994	0.996	0.997	0.997	0.998	0.998
0.60	0.299	0.496	0.644	0.748	0.820	0.870	0.886	0.931	0.949	0.962	0.972	0.979	0.984	0.988	0.991	0.993	0.995	0.996	0.997	0.998
0.55	0.285	0.474	0.619	0.722	0.795	0.848	0.862	0.914	0.935	0.951	0.962	0.971	0.978	0.983	0.987	0.990	0.992	0.994	0.995	0.996
0.50	0.269	0.449	0.589	0.692	0.766	0.821	0.832	0.893	0.917	0.935	0.950	0.961	0.969	0.976	0.981	0.985	0.988	0.991	0.993	0.994
0.45	0.251	0.421	0.556	0.656	0.731	0.788	0.796	0.867	0.893	0.915	0.932	0.946	0.957	0.965	0.972	0.978	0.982	0.986	0.988	0.991
0.40	0.231	0.390	0.518	0.616	0.691	0.76	0.752	0.834	0.864	0.889	0.909	0.925	0.939	0.950	0.959	0.966	0.972	0.977	0.981	0.985
0.35	0.210	0.356	0.476	0.569	0.643	0.703	0.697	0.792	0.826	0.854	0.877	0.897	0.913	0.927	0.939	0.948	0.957	0.964	0.969	0.974
0.30	0.186	0.318	0.428	0.516	0.588	0.647	0.631	0.740	0.776	0.807	0.834	0.857	0.877	0.894	0.909	0.921	0.932	0.942	0.95	0.664
0.25	0.161	0.276	0.374	0.455	0.523	0.581	0.550	0.675	0.713	0.747	0.776	0.803	0.826	0.846	0.864	0.880	0.894	0.907	0.917	0.927
0.20	0.133	0.230	0.314	0.386	0.448	0.502	0.450	0.593	0.632	0.667	0.698	0.727	0.753	0.776	0.798	0.817	0.834	0.850	0.864	0.877
0.15	0.103	0.179	0.248	0.307	0.360	0.407	0.329	0.490	0.527	0.561	0.593	0.622	0.650	0.675	0.698	0.720	0.740	0.759	0.776	0.793
0.10	0.071	0.125	0.174	0.217	0.257	0.294	0.181	0.362	0.393	0.423	0.451	0.478	0.503	0.527	0.550	0.572	0.593	0.613	0.632	0.650
0.05	0.036	0.065	0.091	0.115	0.138	0.160	0.003	0.000	0.201	0.221	0.24	0.259	0.277	0.295	0.312	0.329	0.346	0.362	0.378	0.393
0.00	0.000	0.000	0.000	0.000	0.000	0.000	0.000	0.000	0.000	0.000	0.000	0.000	0.000	0.000	0.000	0.000	0.000	0.000	0.000	0.000
ξ \ α	11.0	11.5	12.0	12.5	13.0	13.5	14.0	14.5	15.0	15.5	16.0	16.5	17.0	17.5	18.0	18.5	19.0	19.5	20.0	20.5
1.00	0.999	0.999	0.999	0.999	0.999	0.999	1.000	1.000	1.000	1.000	1.000	1.000	1.000	1.000	1.000	1.000	1.000	1.000	1.000	1.000
0.95	0.999	0.999	0.999	0.999	0.999	0.999	0.999	0.999	1.000	1.000	1.000	1.000	1.000	1.000	1.000	1.000	1.000	1.000	1.000	1.000
0.90	0.999	0.999	0.999	0.999	0.999	0.999	0.999	0.999	0.999	1.000	1.000	1.000	1.000	1.000	1.000	1.000	1.000	1.000	1.000	1.000
0.85	0.999	0.999	0.999	0.999	0.999	0.999	0.999	0.999	0.999	0.999	1.000	1.000	1.000	1.000	1.000	1.000	1.000	1.000	1.000	1.000
0.80	0.999	0.999	0.999	0.999	0.999	0.999	0.999	0.999	0.999	0.999	0.999	0.999	0.999	1.000	1.000	1.000	1.000	1.000	1.000	1.000
0.75	0.999	0.999	0.999	0.999	0.999	0.999	0.999	0.999	0.999	0.999	0.999	0.999	0.999	0.999	0.999	1.000	1.000	1.000	1.000	1.000
0.70	0.999	0.999	0.999	0.999	0.999	0.999	0.999	0.999	0.999	0.999	0.999	0.999	0.999	0.999	0.999	0.999	0.999	0.999	1.000	1.000
0.65	0.999	0.999	0.999	0.999	0.999	0.999	0.999	0.999	0.999	0.999	0.999	0.999	0.999	0.999	0.999	0.999	0.999	0.999	0.999	0.999
0.60	0.998	0.998	0.999	0.999	0.999	0.999	0.999	0.999	0.999	0.999	0.999	0.999	0.999	0.999	0.999	0.999	0.999	0.999	0.999	0.999
0.55	0.997	0.998	0.998	0.998	0.999	0.999	0.999	0.999	0.999	0.999	0.999	0.999	0.999	0.999	0.999	0.999	0.999	0.999	0.999	0.999
0.50	0.995	0.996	0.997	0.998	0.998	0.998	0.999	0.999	0.999	0.999	0.999	0.999	0.999	0.999	0.999	0.999	0.999	0.999	0.999	0.999
0.45	0.992	0.994	0.995	0.996	0.997	0.997	0.998	0.998	0.998	0.999	0.999	0.999	0.999	0.999	0.999	0.999	0.999	0.999	0.999	0.999
0.40	0.987	0.989	0.991	0.993	0.994	0.995	0.996	0.996	0.997	0.997	0.998	0.998	0.998	0.999	0.999	0.999	0.999	0.999	0.999	0.999
0.35	0.978	0.982	0.985	0.987	0.989	0.991	0.992	0.993	0.994	0.995	0.996	0.996	0.997	0.997	0.998	0.998	0.998	0.998	0.999	0.999
0.30	0.963	0.969	0.972	0.976	0.979	0.982	0.985	0.987	0.988	0.99	0.991	0.992	0.993	0.994	0.995	0.996	0.996	0.997	0.997	0.997
0.25	0.936	0.943	0.950	0.956	0.961	0.965	0.969	0.973	0.976	0.979	0.981	0.983	0.985	0.987	0.988	0.990	0.991	0.992	0.993	0.994
0.20	0.889	0.899	0.909	0.917	0.925	0.932	0.939	0.945	0.950	0.954	0.959	0.963	0.966	0.968	0.972	0.975	0.977	0.979	0.981	0.983
0.15	0.808	0.821	0.834	0.846	0.857	0.868	0.877	0.886	0.894	0.902	0.909	0.915	0.921	0.927	0.932	0.937	0.942	0.946	0.95	0.953
0.10	0.667	0.683	0.698	0.713	0.727	0.740	0.753	0.765	0.776	0.787	0.798	0.808	0.817	0.826	0.834	0.842	0.85	0.857	0.864	0.871
0.05	0.423	0.437	0.451	0.464	0.478	0.490	0.503	0.515	0.527	0.538	0.550	0.561	0.572	0.583	0.593	0.603	0.613	0.622	0.632	0.641
0.00	0.000	0.000	0.000	0.000	0.000	0.000	0.000	0.000	0.000	0.000	0.000	0.000	0.000	0.000	0.000	0.000	0.000	0.000	0.000	0.000

根据墙肢剪力与剪切变形的关系：

$$G(A_1+A_2)\frac{\mathrm{d}y_v}{\mathrm{d}z}=\mu V_p(z)$$

可求得墙肢剪切变形所产生的位移：

$$y_v=\frac{\mu}{G(A_1+A_2)}\int_0^z V_p(z)\mathrm{d}z \tag{10}$$

引入无量纲参数 $\xi=z/H$，将 $\tau(\xi)=\Phi(\xi)\frac{\alpha_1^2}{\alpha^2}\frac{V_0}{a}$ 及水平处荷载产生的弯矩 $M_p(z)$ 和剪力 $V_p(z)$ 代入式（9）和式（6），经过积分并整理后可得双肢剪力墙的位移计算公式如下。

均布荷载情况：

$$\begin{aligned}y=&\frac{V_0}{2E(I_1+I_2)}\xi^2\left(\frac{1}{2}-\frac{1}{3}\xi+\frac{1}{12}\xi^2\right)\\&-\frac{TV_0H^3}{E(I_1+I_2)}\times\left[\frac{\xi(\xi-2)}{2\alpha^2}-\frac{\mathrm{ch}\alpha\xi-1}{\alpha^2\mathrm{ch}\alpha}+\frac{\mathrm{sh}\alpha-\mathrm{sh}\alpha(1-\xi)}{\alpha^3\mathrm{ch}\alpha}\times\xi^2\left(\frac{1}{4}-\frac{1}{6}\xi+\frac{1}{24}\xi^2\right)\right]\\&+\frac{\mu V_0H}{G(A_1+A_2)}\left(\xi-\frac{1}{2}\xi^2\right)\end{aligned} \tag{6.11a}$$

倒三角形分布荷载情况：

$$\begin{aligned}y=&\frac{V_0H^2}{3E(I_1+I_2)}\xi^2\left(1-\frac{1}{2}\xi+\frac{1}{20}\xi^3\right)\\&-\frac{TV_0H^3}{E(I_1+I_2)}\times\left\{\left(1-\frac{2}{\alpha^2}\left[\frac{1}{2}\xi^5-\frac{1}{12}\xi+\frac{\mathrm{sh}\alpha-\mathrm{sh}\alpha(1-\xi)}{\alpha^3\mathrm{ch}\alpha}\xi^2\right]\right.\right.\\&\left.\left.-\frac{2}{\alpha^4}\frac{\mathrm{ch}\alpha\xi-1}{\mathrm{ch}\alpha}+\frac{1}{\alpha^2}\xi-\frac{1}{6}\xi^3+\frac{1}{60}\xi^5\right)\right\}\\&+\frac{\mu V_0H}{G(A_1+A_2)}\left(\xi-\frac{1}{3}\xi^3\right)\end{aligned} \tag{6.11b}$$

顶点集中荷载情况：

$$\begin{aligned}y=&\frac{V_0H^3}{3E(I_1+I_2)}\left\{\frac{1}{2}(1-T)(3\xi^3-\xi^2)\right.\\&\left.-\frac{T}{\alpha^3}\frac{3}{\mathrm{ch}\alpha}\times[\mathrm{sh}\alpha(1-\xi)+\xi\alpha\mathrm{ch}\alpha-\mathrm{sh}\alpha]\right\}+\frac{\mu V_0H}{G(A_1+A_2)}\end{aligned} \tag{6.11c}$$

当 $\xi=1$ 时，由式（6.11）可得双肢剪力墙的顶点位移为

$$\Delta=\begin{cases}\dfrac{V_0H^3}{8E(I_1+I_2)}[1+T(\varphi_a-1)+4\gamma^2] & \text{（均布荷载）}\\[2ex]\dfrac{11V_0H^3}{60E(I_1+I_2)}[1+T(\varphi_a-1)+3.64\gamma^2] & \text{（倒三角形分布荷载）}\\[2ex]\dfrac{V_0H^3}{3E(I_1+I_2)}[1+T(\varphi_a-1)+3\gamma^2] & \text{（顶点集中荷载）}\end{cases} \tag{6.12}$$

其中

$$T=\frac{\alpha_1^2}{\alpha^2}$$

$$\gamma^2=\frac{\mu E(I_1+I_2)}{H^2G(A_1+A_2)}=\frac{2.5\mu(I_1+I_2)}{H^2(A_1+A_2)} \tag{6.13}$$

$$\varphi_a=\begin{cases}\frac{8}{\alpha^2}\left(\frac{1}{2}+\frac{1}{\alpha^2}-\frac{1}{\alpha^2\text{ch}\alpha}-\frac{\text{sh}\alpha}{\alpha\text{ch}\alpha}\right) & \text{（均布荷载）}\\ \frac{60}{11\alpha^2}\left(\frac{2}{3}+\frac{2\text{sh}\alpha}{\alpha^3\text{ch}\alpha}-\frac{2}{\alpha^2\text{ch}\alpha}-\frac{\text{sh}\alpha}{\alpha\text{ch}\alpha}\right) & \text{（倒三角形分布荷载）}\\ \frac{3}{\alpha^2}\left(1-\frac{\text{sh}\alpha}{\alpha\text{ch}\alpha}\right) & \text{（顶点集中荷载）}\end{cases}$$

式中 T——轴向变形系数；

γ——墙肢剪切变形系数。

φ_α 是 α 的函数，计算时可查表 6.8。

表 6.8 **φ_α 值**

α	均布荷载	倒三角形分布荷载	顶部集中荷载	α	均布荷载	倒三角形分布荷载	顶部集中荷载
1.000	0.722	0.720	0.715	11.000	0.027	0.026	0.022
1.500	0.540	0.537	0.528	11.500	0.025	0.023	0.020
2.000	0.403	0.399	0.388	12.000	0.023	0.022	0.019
2.500	0.306	0.302	0.290	12.500	0.021	0.020	0.017
3.000	0.238	0.234	0.222	13.000	0.020	0.019	0.016
3.500	0.190	0.186	0.175	13.500	0.018	0.017	0.015
4.000	0.155	0.151	0.140	14.000	0.017	0.016	0.014
4.500	0.128	0.125	0.115	14.500	0.016	0.015	0.013
5.000	0.108	0.105	0.096	15.000	0.015	0.014	0.012
5.500	0.092	0.089	0.081	15.500	0.014	0.013	0.011
6.000	0.080	0.077	0.069	16.000	0.013	0.012	0.010
6.500	0.070	0.067	0.060	16.500	0.013	0.012	0.010
7.000	0.061	0.058	0.052	17.000	0.012	0.011	0.009
7.500	0.054	0.052	0.046	17.500	0.011	0.010	0.009
8.000	0.048	0.046	0.041	18.000	0.011	0.010	0.008
8.500	0.043	0.041	0.036	18.500	0.010	0.009	0.008
9.000	0.039	0.037	0.032	19.000	0.009	0.009	0.007
9.500	0.035	0.034	0.029	19.500	0.009	0.008	0.007
10.000	0.032	0.031	0.027	20.000	0.009	0.008	0.007
10.500	0.030	0.028	0.024	20.500	0.008	0.008	0.006

$$\Delta=\begin{cases}\dfrac{V_0 H^3}{8EI_{eq}} & \text{（均布荷载）}\\ \dfrac{11V_0 H^3}{60EI_{eq}} & \text{（倒三角形分布荷载）}\\ \dfrac{V_0 H^3}{3EI_{eq}} & \text{（顶点集中荷载）}\end{cases}\tag{6.14}$$

$$I_{eq}=\begin{cases}\dfrac{(I_1+I_2)}{1+T(\varphi_\alpha-1)+4\gamma^2} & \text{（均布荷载）}\\ \dfrac{(I_1+I_2)}{1+T(\varphi_\alpha-1)+3.64\gamma^2} & \text{（倒三角形分布荷载）}\\ \dfrac{(I_1+I_2)}{1+T(\varphi_\alpha-1)+3\gamma^2} & \text{（顶点集中荷载）}\end{cases}\tag{6.15}$$

6.4.6　内力计算

1. 连梁内力

由 $\Phi(\xi)$ 可求得连梁的线约束弯矩：

$$m(\xi)=\Phi(\xi)\frac{\alpha_1^2}{\alpha^2}V_0\tag{6.16}$$

第 i 层连梁的约束弯矩为

$$m_i=m(\xi)h=\Phi(\xi)\frac{\alpha_1^2}{\alpha^2}V_0 h\tag{6.17}$$

第 i 层连梁的剪力和梁端弯矩分别为

$$V_{bi}=m(\xi)\frac{1}{a}\tag{6.18}$$

$$M_{bi}=V_{bi}\frac{l_b}{2}\tag{6.19}$$

2. 墙肢内力

第 i 层两墙肢的弯矩分别为

$$\left.\begin{aligned}M_{i1}&=\frac{I_1}{I_1+I_2}\left[M_p(\xi)-\sum_{s=i}^{n}m_s\right]\\ M_{i2}&=\frac{I_2}{I_1+I_2}\left[M_p(\xi)-\sum_{s=i}^{n}m_s\right]\end{aligned}\right\}\tag{6.20}$$

第 i 层两墙肢的剪力近似为

$$\left.\begin{aligned}V_{i1}&=\frac{I_1'}{I_1'+I_2'}V_p(\xi)\\ V_{i2}&=\frac{I_2'}{I_1'+I_2'}V_p(\xi)\end{aligned}\right\}\tag{6.21}$$

第 i 层两墙肢的轴力为

$$N=N_{i1}=-N_{i2}=\sum_{s=i}^{n}V_{bs}\tag{6.22}$$

式中　　I_1 和 I_2——分别为两墙肢对各自截面形心轴的惯性矩；

I_1'和I_2'——分别为两墙肢考虑剪切弯形后的折算惯性矩；

$M_p(\xi)$ 和 $V_p(\xi)$ ——分别为第 i 层由于外荷载所产生的弯矩和剪力；

n——总层数。

【例 6.4】 某 12 层双肢剪力墙，墙肢和连梁尺寸如图 6.11 所示。混凝土强度等级为 C20，承受如图倒三角形分布荷载，试计算此双肢剪力墙的侧移和内力。

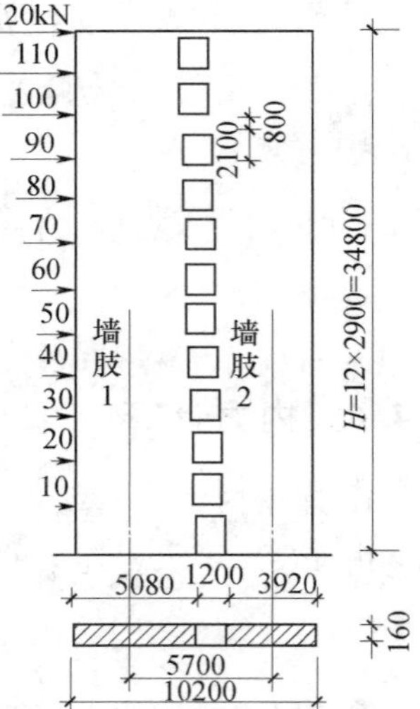

图 6.11 ［例 6.4］双肢剪力墙

解：

（1）墙肢和连梁的几何特征计算。

墙肢 1：

$$A_1=0.16\times5.08=0.813(\mathrm{m}^2)$$

$$I_1=\frac{1}{12}\times0.16\times5.08^3=1.748(\mathrm{m}^4)$$

$$I_1'=\frac{I_1}{1+\dfrac{30\mu I_1}{A_1h^2}}=\frac{1.748}{1+\dfrac{30\times1.2\times1.748}{0.813\times2.9^2}}=0.171(\mathrm{m}^4)$$

墙肢 2：

$$A_2=0.16\times3.92=0.627(\mathrm{m}^2)$$

$$I_2=\frac{1}{12}\times0.16\times3.92^3=0.803(\mathrm{m}^4)$$

$$I_2'=\frac{I_2}{1+\dfrac{30\mu I_2}{A_2h^2}}=\frac{0.803}{1+\dfrac{30\times1.2\times0.803}{0.627\times2.9^2}}=0.124(\mathrm{m}^4)$$

连梁：

$$l_b=l_0+\frac{h_b}{2}=1.2+\frac{0.8}{2}=1.6(\mathrm{m})$$

$$a=\frac{1}{2}(5.08+3.92)+1.2=5.7(\mathrm{m})$$

$$I_{b0}=\frac{1}{12}\times0.16\times0.8^3=6.83\times10^{-3}(\mathrm{m}^4)$$

$$I_b=\frac{I_{b0}}{1+\dfrac{30\mu I_{b0}}{A_1\ h_b{}^2}}=\frac{6.83\times10^{-3}}{1+\dfrac{30\times1.2\times6.83\times10^{-3}}{0.16\times0.8\times1.60^2}}=3.9\times10^{-3}(\mathrm{m}^4)$$

$$D=\frac{2a^2I_b}{l_b^3}=\frac{2\times5.7^2\times3.9\times10^{-3}}{1.6^3}=0.0619$$

$$S=\frac{aA_1A_2}{A_1+A_2}=\frac{5.7\times0.813\times0.627}{0.813+0.627}=2.018$$

$$\alpha_1^2=\frac{6H^2D}{h(I_1+I_2)}=\frac{6\times34.8^2\times0.0619}{2.9\times(1.748+0.803)}=60.8$$

（2）基本参数计算。

$$\alpha^2=\alpha_1^2+\frac{6H^2D}{hSa}=60.8+\frac{6\times34.8^2\times0.0169}{2.9\times2.018\times5.7}=74.28,\quad \alpha=8.62$$

$$\gamma^2=\frac{2.5\mu(I_1+I_2)}{H^2(A_1+A_2)}=\frac{2.5\times1.2\times(1.748+0.803)}{34.8^2\times(0.813+0.627)}=0.0044$$

$$T=\frac{\alpha_1^2}{\alpha^2}=\frac{60.80}{74.28}=0.818$$

$$E=2.55\times10^7(\text{kN/m}^2)$$

由表 6.8 查得 $\varphi_a=0.042$，则

$$EI_{eq}=\frac{E(I_1+I_2)}{1+T(\varphi_a-1)+3.64\gamma^2}$$
$$=\frac{2.55\times10^7\times(1.748+0.803)}{1+0.818\times(0.042-1)+3.64\times0.0044^2}$$
$$=2.799\times10^8(\text{kN}\cdot\text{m}^2)$$

(3) 连梁的内力计算。

$$V_{bi}=m(\xi)/a=\Phi(\xi)\frac{\alpha_1^2}{\alpha^2}\frac{1}{a}V_0=780\times0.818\times\frac{1}{5.7}\Phi(\xi)=111.94\Phi(\xi)$$

$$M_{bi}=V_{bi}\frac{l_b}{2}=111.94\times\frac{1.6}{2}\Phi(\xi)=89.55\Phi(\xi)$$

计算结果列于表 6.9。

表 6.9　各层连梁和墙肢的内力

楼层		z/m	ξ	$\Phi(\xi)$	$m_i(\xi)$/kN	V_{bi}/kN	M_{bi}/(kN·m)	$V_p(\xi)$/kN	$M_p(\xi)$/(kN·m)	$\sum m_i(\xi)$/kN	M_{i1}/(kN·m)	M_{i2}/(kN·m)	V_{i1}/kN	V_{i2}/kN	$N_{i1}=-N_{i2}$/kN
12	上 下	34.8	1.00	0.205	150.8	26.4	61.4	120	0 348	150.8	−103.3 135.1	−47.5 62.1	69.6	50.4	±26.4
11	上 下	31.9	0.92	0.243	178.7	31.3	72.7	230	348 1015	329.5	12.7 469.7	5.9 215.8	133.4	96.6	±57.7
10	上 下	29.0	0.83	0.337	247.9	43.5	100.9	330	1015 1972	577.4	299.9 955.6	137.7 439.0	191.4	138.6	±101.2
9	上 下	26.1	0.75	0.436	320.7	56.3	130.1	420	1972 3190	898.1	735.9 1570.5	338.0 721.4	243.6	176.4	±157.5
8	上 下	23.2	0.67	0.535	393.5	69.0	160.2	500	3190 4640	1291.6	1300.8 2294.4	597.6 1054.0	290.0	210.0	±226.5
7	上 下	20.3	0.58	0.636	467.8	82.1	190.4	570	4640 6293	1759.4	1973.8 3106.5	906.8 1427.1	330.6	239.4	±308.6
6	上 下	17.4	0.50	0.713	524.4	92.0	213.5	630	6293 8120	2283.8	2747.2 3999.1	1262.0 1837.1	365.4	264.6	±400.6
5	上 下	14.5	0.42	0.772	567.8	99.6	231.1	680	8120 10092	2851.6	3610.0 4961.3	1658.4 2279.1	394.4	285.6	±500.2
4	上 下	11.6	0.33	0.808	594.3	104.3	241.9	720	10092 12180	3445.9	4554.1 5984.7	2092.0 2749.3	417.6	302.4	±604.5
3	上 下	8.7	0.25	0.798	587.0	103.0	238.9	750	12180 14355	4032.9	5582.6 7072.9	2564.5 3249.2	435.0	315.0	±707.5
2	上 下	5.8	0.17	0.719	528.9	92.8	215.3	770	14355 16588	4561.8	6710.5 8240.6	3082.7 3785.6	446.6	323.4	±800.3
1	上 下	2.9	0.08	0.478	351.6	61.7	143.1	780	16588 18850	4913.4	7999.7 9549.7	3674.9 4386.9	452.4	327.6	±862.0

(4) 墙肢内力计算。

$$M_{i1}=\frac{I_1}{I_1+I_2}\left[M_{\mathrm{p}}(\xi)-\sum_{i=1}^{n}m_i\right]=0.685\left[M_{\mathrm{p}}(\xi)-\sum_{i=1}^{n}m_i\right]$$

$$M_{i2}=\frac{I_2}{I_1+I_2}\left[M_{\mathrm{p}}(\xi)-\sum_{i=1}^{n}m_i\right]=0.315\left[M_{\mathrm{p}}(\xi)-\sum_{i=1}^{n}m_i\right]$$

$$V_{i1}=\frac{I'_1}{I'_1+I'_2}V_{\mathrm{p}}(\xi)=0.58V_{\mathrm{p}}(\xi)$$

$$V_{i2}=\frac{I'_2}{I'_1+I'_2}V_{\mathrm{p}}(\xi)=0.42V_{\mathrm{p}}(\xi)$$

$$N_{i1}=-N_{i2}=\sum_{i=1}^{n}V_{\mathrm{b}i}$$

计算结果亦列于表 6.9 中。连梁的剪力图和墙肢 1 的内力图如图 6.12 所示。

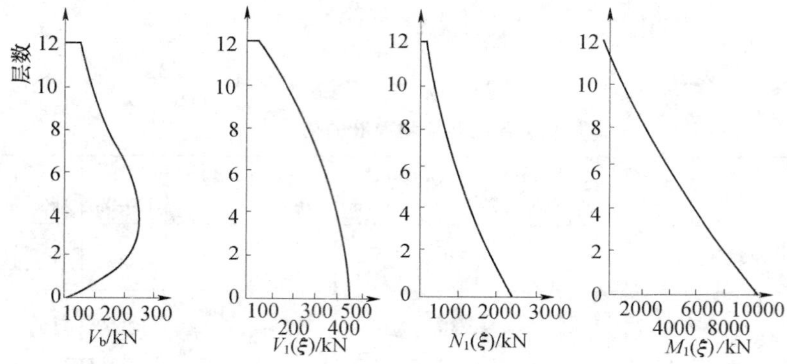

图 6.12 连梁的剪力图和墙肢 1 的内力图

(5) 顶点位移计算。

$$\Delta=\frac{11}{60}\frac{V_0H^3}{EI_{\mathrm{eq}}}=\frac{11}{60}\times\frac{780\times34.8^3}{2.799\times10^8}=0.023(\mathrm{m})$$

6.5 多肢墙的计算

6.5.1 适用范围

多肢墙是连梁将两个以上的墙肢联结在一起，且墙肢的刚度一般比连梁的刚度大较多。当满足 $1\leqslant\alpha<10$ 时，可按多肢墙进行计算，其中 α 按式 (6.7d) 计算。

6.5.2 基本假设

多肢墙仍采用连续连杆法进行内力和位移计算，其基本假定同前，如下所示：

(1) 连梁作用按连续连杆考虑。

(2) 各墙肢在同一水平上侧向位移相等，且在同一标高处转角和曲率也相等。

(3) 沿高度层高相近，刚度不变。

6.5.3 微分方程

将多肢墙的每列连梁沿全高连续化，如图 6.13 (a)、(b) 所示。将连梁反弯点处切开，其剪力集度为 $\tau_i(z)$。同双肢墙的求解一样，求出各种因素对切口处产生的位移。

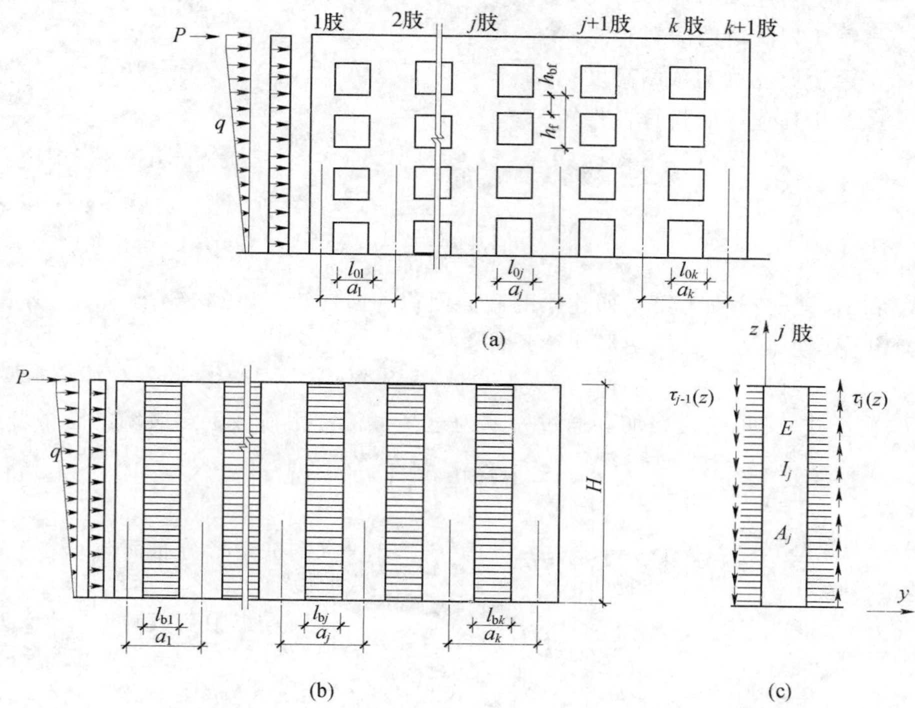

图 6.13　多肢墙计算示意图

由于墙肢弯曲变形所产生的相对位移为

$$\delta_{1j}(z) = -a_j\theta_M \tag{1}$$

式中　a_j——第 j 列洞口两侧墙肢的轴线距离。

由于墙肢轴向变形所产生的相对位移为

$$\begin{aligned}\delta_{2j}(z) = & \frac{1}{E}\left(\frac{1}{A_j}+\frac{1}{A_{j+1}}\right)\int_0^z\int_z^H \tau_j(z)\mathrm{d}z\mathrm{d}z \\ & -\frac{1}{EA_j}\int_0^z\int_z^H \tau_{j-1}(z)\mathrm{d}z\mathrm{d}z \\ & -\frac{1}{EA_{j+1}}\int_0^z\int_z^H \tau_{j+1}(z)\mathrm{d}z\mathrm{d}z\end{aligned} \tag{2}$$

注意： 这里与双肢墙不同的是，除了 τ_j 外，τ_{j-1} 和 τ_{j+1} 产生的轴力也对第 j 跨切口处产生位移。所以，式中第一项为 τ_j 产生的轴力引起的影响，第二项和第三项分别为 τ_{j-1} 和 τ_{j+1} 产生的轴力引起的影响。

由于连梁弯曲和剪切变形产生的相对位移为

$$\delta_{3j}(z)=\frac{\tau_j(z)hl_{bj}^3}{12EI_{bj0}}+\frac{\mu\tau_j(z)hl_{bj}}{GA_{bj}}=\frac{hl_{bj}^3}{12EI_{bj}} \tag{3}$$

其中
$$l_{bj}=l_{0j}+\frac{1}{2}h_{bj}$$

式中 h——层高；

l_{bj}——第 j 列连梁的计算跨度；

l_{0j}——第 j 列洞口的净宽；

h_{bj}——第 j 列连梁的截面高度；

I_{bj}——第 j 列连梁的折算惯性矩。

当 $G=0.4E$ 时，I_{bj} 可按下式计算：

$$I_{bj}=\frac{I_{bj0}}{1+\dfrac{30\mu I_{bj0}}{A_{bj}l_{bj}^2}} \tag{6.23}$$

式中 A_{bj} 和 I_{bj0}——分别为第 j 列连梁的截面面积和惯性矩。

根据第 j 列连梁切口处的变形连续条件：

$$\delta_{1j}(z)+\delta_{2j}(z)+\delta_{3j}(z)=0$$

即将式（1）至式（3）三式相加，通过一系列运算可得常用荷载下多肢墙的总微分方程：

$$\frac{d^2m(z)}{dz^2}-\frac{\alpha^2}{H^2}m(z)=\begin{cases}-\dfrac{\alpha_1^2}{H^2}V_0\left(1-\dfrac{z}{H}\right) & \text{（均布荷载）}\\ -\dfrac{\alpha_1^2}{H^2}V_0\left(1-\dfrac{z^2}{H^2}\right) & \text{（倒三角形分布荷载）}\\ -\dfrac{\alpha_1^2}{H^2}V_0 & \text{（顶点集中荷载）}\end{cases} \tag{4}$$

其中
$$m(z)=\sum_{j=1}^{m}m_j(z)$$

$$m_j(z)=a_j\tau_j(z)$$

$$\alpha=\alpha_1^2+\frac{6H^2}{h}\sum_{j=1}^{k}\left[\frac{D_j}{a_j}\left(\frac{1}{S_j}\eta_j-\frac{1}{A_ja_{j-1}}\eta_{j-1}-\frac{1}{A_{j+1}a_{j+1}}\eta_{j+1}\right)\right]$$

$$\alpha_1^2=\frac{6H^2}{h\sum I_j}\sum D_j$$

$$D_j=\frac{2I_ba_j^2}{l_{bj}^3}$$

$$\eta_j=\frac{m_j(z)}{m(z)}$$

$$S_j=\frac{a_jA_jA_{j+1}}{A_j+A_{j+1}}$$

6.5.4 微分方程的解

由式（4）可知，多肢墙的微分方程表达式与双肢墙相同，因此可得用双肢墙的解答，即式（6.9），只是式中有些参数可按多肢墙计算。

6.5.5　位移的计算

计算公式同双肢墙中的式（6.12）至式（6.15），但有关参数均可用多肢墙的数据。

6.5.6　内力计算

1. 连梁的内力

第 i 层连梁的总约束弯矩为

$$m_i(\xi)=\Phi(\xi)TV_0h \tag{6.24}$$

式中　T——墙肢轴向变形影响系数，规范规定：当多肢墙为 3～4 肢时取 0.8；当多肢墙为 5～7 肢时取 0.85；8 肢以上时取 0.9。

每层连梁总约束弯矩按一定比例分配到各列连梁，则第 i 层第 j 列连梁的约束弯矩为

$$m_{ij}(\xi)=\eta_j m_i(\xi) \tag{6.25}$$

式中　η_j——连梁约束弯矩分配系数，是连梁的刚度系数 D_j、连梁的位置 $\xi=z/H$ 和 γ_j/B（γ_j 为第 j 列连梁跨度中点至墙边的距离，B 为多肢墙的宽度）及剪力墙整体工作系数的函数。

η_j 可按下列经验公式计算：

$$\eta_j=\frac{D_j\varphi_j}{\sum_{j=1}^{k}D_j\varphi_j} \tag{6.26}$$

式中　φ_j——约束弯矩分布系数。

φ_j 可按下式计算：

$$\varphi_j=\frac{1}{1+\frac{\alpha\xi}{2}}\left[1+3\alpha\xi\frac{\gamma_j}{B}\left(1-\frac{\gamma_j}{B}\right)\right] \tag{6.27}$$

在实际计算中，为简化计算，可取 $\xi=0.5$，则

$$\varphi_j=\frac{1}{1+0.25\alpha}\left[1+1.5\alpha\frac{\gamma_j}{B}\left(1-\frac{\gamma_j}{B}\right)\right] \tag{6.28}$$

为方便计算，φ_j 可根据连梁所在位置 γ_j/B 及 α 由表 6.10 查得。因为在计算 α 时，η_j 尚未知，一般可先按 α 及 γ_j/B 查得 φ_j，待求出 η_j 后再进行一次迭代，也可根据墙肢数，由墙肢轴向变形影响系数 $T=\alpha_1^2/\alpha^2$ 计算 α 值，然后再查得 φ_j 值，进而求得连梁的约束弯矩分配系数 η_j。

表 6.10　　约束弯矩分布系数 φ_j

α	γ_j/B										
	0.00/1.00	0.05/0.95	0.10/0.90	0.15/0.85	0.20/0.80	0.25/0.75	0.30/0.70	0.35/0.65	0.40/0.60	0.45/0.55	0.50/0.50
0.0	1.000	1.000	1.000	1.000	1.000	1.000	1.000	1.000	1.000	1.000	1.000
0.4	0.903	0.934	0.958	0.978	0.996	1.011	1.023	1.033	1.040	1.040	1.045
0.8	0.833	0.880	0.923	0.960	0.993	1.020	1.043	1.060	1.073	1.080	1.083

续表

α	γ_j/B										
	0.00/1.00	0.05/0.95	0.10/0.90	0.15/0.85	0.20/0.80	0.25/0.75	0.30/0.70	0.35/0.65	0.40/0.60	0.45/0.55	0.50/0.50
1.2	0.769	0.835	0.893	0.945	0.990	1.028	1.060	1.084	1.101	1.111	1.115
1.6	0.714	0.795	0.868	0.932	0.988	1.035	1.074	1.104	1.125	1.138	1.142
2.0	0.666	0.761	0.846	0.921	0.986	1.041	1.086	1.211	1.146	1.161	1.166
2.4	0.625	0.731	0.827	0.911	0.985	1.046	1.097	1.136	1.165	1.181	1.187
2.8	0.588	0.705	0.810	0.903	0.983	1.051	1.107	1.150	1.181	1.199	1.205
3.2	0.555	0.682	0.795	0.895	0.982	1.055	1.115	1.162	1.195	1.215	1.222
3.6	0.525	0.661	0.782	0.888	0.981	1.059	1.123	1.172	1.208	1.229	1.236
4.0	0.500	0.642	0.770	0.882	0.980	1.062	1.130	1.182	1.222	1.242	1.250
4.4	0.476	0.625	0.759	0.876	0.979	1.065	1.136	1.191	1.230	1.254	1.261
4.8	0.454	0.610	0.749	0.871	0.978	1.068	1.141	1.199	1.240	1.264	1.272
5.2	0.434	0.595	0.739	0.867	0.977	1.070	1.146	1.206	1.248	1.274	1.282
5.6	0.416	0.582	0.731	0.862	0.976	1.072	1.151	1.212	1.256	1.282	1.291
6.0	0.400	0.571	0.724	0.859	0.975	1.075	1.156	1.219	1.264	1.291	1.130
6.4	0.384	0.560	0.716	0.855	0.975	1.076	1.160	1.224	1.270	1.298	1.307
6.8	0.370	0.549	0.710	0.852	0.974	1.078	1.163	1.229	1.277	1.298	1.314
7.2	0.357	0.540	0.701	0.848	0.974	1.080	1.167	1.234	1.282	1.311	1.321
7.6	0.344	0.531	0.698	0.846	0.973	1.081	1.170	1.239	1.288	1.137	1.327
8.0	0.333	0.523	0.693	0.843	0.973	1.083	1.173	1.243	1.293	1.323	1.333
12.0	0.250	0.463	0.655	0.823	0.969	1.093	1.195	1.273	1.330	1.363	1.375
16.0	0.200	0.428	0.632	0.811	0.963	1.100	1.208	1.292	1.352	1.388	1.40
20.0	0.166	0.404	0.616	0.804	0.966	1.104	1.216	1.304	1.366	1.404	1.416

第 i 层第 j 列连梁的剪力及梁端弯矩分别为

$$V_{bij}=\frac{m_{ij}(\xi)}{a_j} \tag{6.29}$$

$$M_{bij}=V_{bij}\frac{l_{bj}}{2} \tag{6.30}$$

2. 墙肢内力

第 i 层第 j 墙肢的弯矩为

$$M_{ij}=\frac{I_j}{\sum I_j}\left[M_p(\xi)-\sum_{i=1}^{n}m_i(\xi)\right] \tag{6.31}$$

第 i 层第 j 墙肢的剪力近似为

$$V_{ij}=\frac{I'_j}{\sum I'_j}V_p(\xi) \tag{6.32}$$

第 i 层第 1、j、$k+1$ 墙肢的轴力分别为

$$N_{i1}=\sum_{i=1}^{n}V_{bi1}$$

$$N_{ij}=\sum_{i=1}^{n}[V_{bij}-V_{bi(j-1)}]$$

$$N_{i(k+1)}=\sum_{i=1}^{n}V_{bik} \tag{6.33}$$

I_j'表示第 j 墙肢考虑剪切变形后的折算刚度，当取 $G=0.4E$ 时，I_j'可按下式计算：

$$I_j'=\frac{I_j}{1+\dfrac{30\mu I_j}{A_j h^2}} \tag{6.34}$$

式中　A_j 和 I_j——分别为第 j 墙肢的截面面积和惯性矩。

【例 6.5】　某 12 层多肢墙，立面尺寸及洞口位置如图 6.14 所示，墙厚为 200mm，混凝土强度等级为 C20，承受均布荷载 $q=12\text{kN/m}$，试计算各墙肢内力及顶点位移。

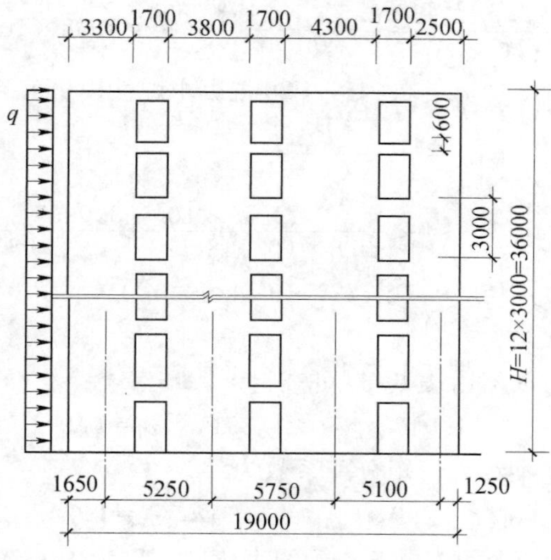

图 6.14　［例 6.5］剪力墙立面尺寸及洞口位置

解：

(1) 计算几何特征。

连梁及墙肢的几何特征分别见表 6.11 和表 6.12。

表 6.11　连梁的几何特征

连梁号	l_{bj}/m	A_{bj}/m²	I_{bj0}/m⁴	I_{bj}/m⁴	a_j/m	D_j	γ_j/m	γ_j/B
1	2.00	0.12	0.0036	0.00283	5.25	0.0195	4.15	0.218
2	2.00	0.12	0.0036	0.00283	5.75	0.0234	9.65	0.508
3	2.00	0.12	0.0036	0.00283	5.10	0.0184	15.65	0.824

表 6.12 墙肢几何特征

墙肢号	A_b/m^2	I_j/m^4	$I_j/\sum I_j$	I'_j/m^4	$I'_j/\sum I'_j$
1	0.66	0.599	0.193	0.1294	0.233
2	0.76	0.915	0.295	0.1573	0.283
3	0.86	1.325	0.428	0.1850	0.333
4	0.50	0.260	0.084	0.0845	0.152
合计	2.78	3.099	1.000	0.5562	1.000

(2) 计算基本参数。

$$\alpha_1^2=\frac{6H^2}{h\sum I_j}\sum D_j=\frac{6\times36^2\times0.0613}{3\times3.099}=51.271$$

由于墙肢为四肢，取 $T=0.8$，则有

$$\alpha^2=\frac{a_1^2}{T}=\frac{51.271^2}{0.8}=64.089,\alpha=8.006$$

$$\gamma^2=\frac{2.5\mu\sum I_i}{H^2\sum A_j}=\frac{2.5\times1.2\times3.099}{36^2\times2.78}=2.58\times10^{-3}$$

由 $\alpha=8.006$ 查得表 6.8 得 $\varphi_\alpha=0.048$，C20 混凝土弹性模量 $E=2.55\times10^7\text{kN/m}^2$，则

$$\begin{aligned}EI_{eq}&=\frac{E\sum I_j}{1+T(\varphi_\alpha-1)+4\gamma^2}\\&=\frac{2.55\times10^7\times3.099}{1+0.8\times(0.048-1)+4\times2.58\times10^{-3}}\\&=31.772\times10^7(\text{kN}\cdot\text{m}^2)\end{aligned}$$

(3) 内力计算。

根据 $\alpha=8.006$ 及 γ_j/B 值由表 6.10 可查得

$$\varphi_1=1.013,\quad \varphi_2=1.331,\quad \varphi_3=0.911$$

则由式 (6.26) 可算得连梁约束弯矩分配系数为

$$\eta_1=0.292,\quad \eta_2=0.460,\quad \eta_3=0.248$$

第 i 层连梁总约束弯矩及第 i 层各连梁约束弯矩分别为

$$m_i(\xi)=V_0\tau h\Phi(\xi)=12\times36\times0.8\times3.0\times\Phi(\xi)=1036.8\Phi(\xi)$$

$$m_{ij}(\xi)=\eta_j m_i(\xi)=1036.8\eta_j\Phi(\xi)$$

连梁剪力及端部弯矩分别为

$$V_{bij}=\frac{m_{ij}(\xi)}{a_j}=1036.8\frac{\eta_j}{a_j}\Phi(\xi)$$

$$M_{bij}=V_{bij}\frac{l_{bj}}{2}=1036.8\frac{\eta_j}{a_j}\Phi(\xi)$$

各墙肢的内力按式 (6.32) ～式 (6.34) 计算，各列连梁和各墙肢的内力计算结果如表 6.13 所示。

(4) 顶点位移。

$$\Delta=\frac{V_0H^3}{8EI_{eq}}=\frac{12\times36\times36^3}{8\times31.772\times10^7}=0.00729(\text{m})$$

表 6.13 连梁和墙肢内力表

层数	z/m	ξ	$\Phi(\xi)$	$m_i(\xi)$	$\sum m_i(\xi)$	$V_p(\xi)$/kN	$M_p(\xi)$/kN·m	V_{bi1}/kN	V_{bi2}/kN	V_{bi3}/kN	M_{i1}/kN·m	M_{i2}/kN·m	M_{i3}/kN·m	M_{i4}/kN·m	N_{i1}/kN	N_{i2}/kN	N_{i3}/kN	N_{i4}/kN	V_{i1}/kN	V_{i2}/kN	V_{i3}/kN	V_{i4}/kN
12	36.0	1.000	0.124	128.6	128.6	0.0	0.0	7.2	10.3	6.3	−24.8	−37.9	−55.0	−10.8	7.2	3.1	−4.0	−6.3	0.0	0.0	0.0	0.0
11	33.0	0.917	0.146	151.4	280.0	36.0	54.0	8.4	12.1	7.4	−43.6	−66.7	−96.7	−19	15.6	6.8	−8.7	−13.7	8.4	10.2	12.0	5.5
10	30.0	0.833	0.198	205.3	485.3	72.0	216.0	11.4	16.4	10.0	−52.0	−79.4	115.3	−22.6	27.0	11.8	−15.1	−23.7	16.8	20.4	24.0	10.9
9	27.0	0.750	0.264	273.7	759.0	108.0	486.0	15.2	21.9	13.3	−52.7	−80.5	116.8	−22.9	42.2	18.5	−23.7	−37.0	25.2	30.6	36.0	16.4
8	24.0	0.667	0.337	349.4	1108.4	144.0	864.0	19.4	28.0	17.0	−47.2	−72.1	104.6	−20.5	61.6	27.1	−34.7	−54.0	33.6	40.8	48.0	21.9
7	21.0	0.583	0.412	427.2	1535.6	180.0	1350.0	23.8	34.2	20.8	−35.8	−54.8	−79.4	−15.6	85.4	37.5	−48.1	−74.8	41.9	50.9	60.0	27.4
6	18.0	0.500	0.484	501.8	2037.4	216.0	1944.0	27.9	40.1	24.4	−18.0	−27.6	−40.0	−7.8	113.3	49.7	−63.8	−99.2	50.3	61.1	71.9	32.8
5	15.0	0.417	0.549	569.2	2606.6	252.0	2646.0	31.7	45.5	27.7	7.6	11.6	16.9	3.3	145.0	63.5	−81.6	−126.9	58.7	71.3	83.9	38.3
4	12.0	0.333	0.598	620.0	3226.6	288.0	3456.0	34.5	49.6	30.2	44.3	67.7	98.2	19.3	179.5	78.6	−101.0	−157.1	67.1	81.5	95.9	43.8
3	9.0	0.250	0.615	637.6	3864.2	324.0	4374.0	35.5	51.0	31.0	98.4	150.4	218.2	42.8	215.0	94.1	−121.0	−188.1	75.5	91.7	107.9	49.2
2	6.0	0.167	0.571	592.0	4456.2	360.0	5400.0	32.9	47.4	28.8	182.2	278.4	403.9	79.3	247.9	108.6	−139.6	−216.9	83.9	101.9	119.9	54.7
1	3.0	0.083	0.403	417.8	4874.0	396.0	6534.0	2312	33.4	20.3	320.4	489.7	710.5	139.4	271.1	118.8	−152.7	−237.2	92.3	112.1	131.9	60.2
	0.0	0.000	—	—	—	432.0	7776.0	—	—	—	560.1	856.1	1242.0	243.8	—	—	—	—	100.2	122.3	143.9	65.7

6.6 壁式框架的计算

6.6.1 适用范围

当剪力墙的洞口尺寸较大，连梁的线刚度又大于或接近墙肢的线刚度，并满足$\alpha \geqslant 10$，且 $I_n/I \leqslant Z$ 时，剪力墙的受力性能接近于框架，可按壁式框架计算。

6.6.2 计算方法

壁式框架有明显的墙肢和连梁形成框架梁柱，有高梁宽柱组成的壁式框架在梁柱相交处形成一个结合区，这个结合区可视为不产生弯曲变形和剪切变形的刚域。因此壁式框架就是杆端带有刚域的变截面框架。常用的方法有矩阵位移法和 D 值法等，本书仅介绍 D 值法。

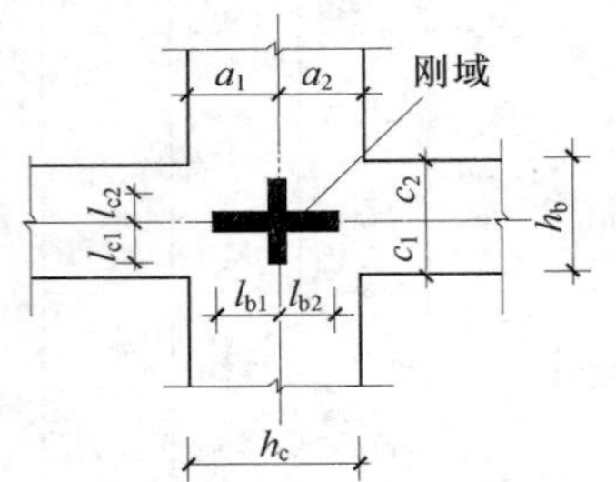

图 6.15 刚域计算示意图

如图 6.15 所示，壁式框架的轴线取梁和柱的形心线，为简化计算，一般认为楼层层高与上下连梁的间距相等。壁式框架刚域的长度按下式计算：

$$\left.\begin{aligned} l_{b1}=a_1-\frac{1}{4}h_b,\ l_{b2}=a_2-\frac{1}{4}h_b \\ l_{c1}=c_1-\frac{1}{4}h_c,\ l_{c2}=c_2-\frac{1}{4}h_c \end{aligned}\right\} \tag{6.35}$$

壁式框架与普通框架的差别有两点：一是刚域的存在；二是杆件截面较宽，剪切变形的影响不宜忽略。因此，在采用 D 值法进行计算时，原理和步骤与普通框架都是一样的，但对 D 值和反弯点高度需进行修正。

6.6.3 D 值的修正

带刚域柱的侧移刚度按下式计算

$$D=\alpha_c K_c \frac{12}{h^2} \tag{6.36}$$

式中 h——层高，m；

α_c——柱抗侧移刚度的影响系数，由梁柱刚度比按表 4.1 计算，计算时梁柱均取其等效刚度，即将表中 i_1、i_2、i_3 和 i_4 用 K_1、K_2、K_3 和 K_4 代替，$K_1 \sim K_4$ 分别为上下层带刚域梁按等效刚度计算的线刚度；

K_c——考虑刚域和剪切变形影响后的柱线刚度，取 $K_c=EI/h$。

K_c 计算式中的 EI 为带刚域的等效刚度，可按下式计算：

$$EI=EI_0\eta_v\left(\frac{l}{l_0}\right)^3$$

式中 EI_0——杆件中段的截面抗弯刚度；

l——相邻两墙肢形心线的距离；

l_0——杆件中段的长度；

$\left(\dfrac{l}{l_0}\right)^3$——考虑刚域影响对杆件刚度的提高系数；

η_v——考虑剪切变形的刚度折减系数，按表 6.14 查用。

表 6.14　η_v 值

h_b/l_0	0.0	0.1	0.2	0.3	0.4	0.5	0.6	0.7	0.8	0.9	1.0
η_v	1.00	0.97	0.89	0.79	0.68	0.57	0.48	0.41	0.34	0.29	0.25

注　h_b 为连梁高度，m。

6.6.4　反弯点高度比修正

带刚域柱应考虑下端刚域长度 ah（见图 6.16），其反弯点高度比按下式计算

$$y=a+\frac{h_0}{h}(y_0+y_1+y_2+y_3) \tag{6.37}$$

式中　h_0——柱中段的高度；

$\dfrac{h_0}{h}$——柱端刚域长度的影响系数；

y_0——标准反弯点高度比，可根据框架的总层数 n 所计算的楼层 j 和 K 由表 4.2、表 4.3 查取。

表 4.2 和表 4.3 中 K 由 $\overline{K}$ 代替，$\overline{K}$ 按下式确定：

$$\overline{K}=\frac{K_1+K_2+K_3+K_4}{2i_c}\left(\frac{h_0}{h}\right)^2$$

式中　i_c——不考虑刚域及剪切变形影响时柱的线刚度，取 $i_c=EI_0/h$；

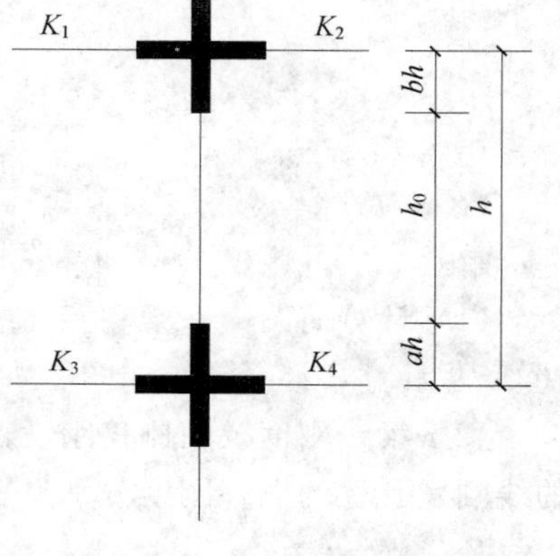

图 6.16　壁柱反弯点位置

y_1——上、下层梁刚度变化时，反弯点高度比的修正值，根据 $\overline{K}$ 及 $\alpha_1=(K_1+K_2)/(K_3+K_4)$ 查表 4.4 确定；

y_2、y_3——上、下层层高变化时，反弯点高度比的修正值，根据 $\overline{\mathrm{K}}$ 及 $\alpha_2=h_上/h$ 或 $\alpha_3=h_下/h$ 查表 4.5 确定。最下层不考虑。

6.6.5　内力和位移计算

壁式框架带刚域杆件的 D 值和反弯点位置确定后，可按本书第 4 章所述 D 值法计算杆件的弯矩、剪力和轴力。

壁式框架的位移包括由梁柱弯曲和剪切变形产生的位移 u_{MV}，以及由柱轴向变形所产生的位移 u_N，即 $u=u_{MV}+u_N$。

梁柱弯曲和剪切变形所产生的位移可由 D 值法计算；柱轴向变形所产生的位移，可忽略中柱的轴力，只考虑边柱的影响，其计算方法可参见本书第 4 章 4.5 节。

【例 6.6】　某壁式框架如图 6.17（a）所示，厚度为 200mm，混凝土强度等级为 C20，试用 D 值法计算此壁式框架的内力。

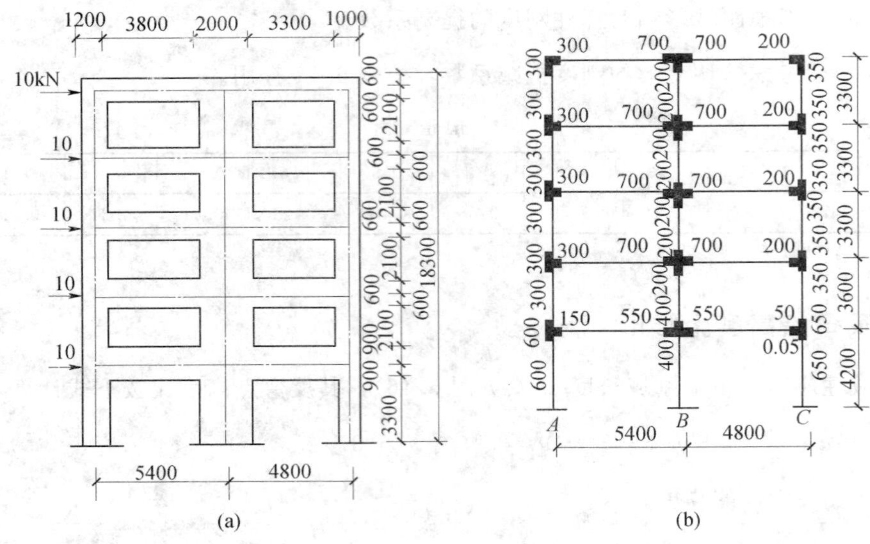

图 6.17　［例 6.6］图

（a）某壁式框架；（b）刚域计算结果

解：

（1）计算简图。壁梁和壁柱的轴线均取各自截面的形心轴线，梁、柱的刚域长度按式（6.35）计算，计算结果如图 6.17（b）所示。

（2）梁线刚度及柱侧移刚度计算。混凝土强度等级为 C20，$E=2.55\times10^{7}\text{kN/m}^{2}$。梁的线刚度及柱的侧移刚度分别见表 6.15 和表 6.16。

表 6.15　　梁的线刚度

层次	梁跨	I_0/m^4	$\frac{h_b}{l_0}$	η_v	$\frac{l}{l_0}$	$EI/$ $(\times10^6\text{kN}\cdot\text{m}^2)$	$K_b/$ $(\times10^5\text{kN}\cdot\text{m})$
2～5	*AB*	0.029	0.273	0.817	1.227	1.116	2.067
	BC	0.029	0.308	0.781	1.231	1.077	2.244
1	*AB*	0.097	0.383	0.699	1.149	2.623	4.857
	BC	0.097	0.429	0.648	1.143	2.393	4.985

表 6.16　　柱的侧移刚度

柱号	楼层	I_0/m^4	$\frac{h_c}{h_0}$	η_v	$\frac{h}{h_0}$	$EI/$ $(\times10^5\text{kN}\cdot\text{m}^2)$	$K_c/$ $(\times10^5\text{kN}\cdot\text{m})$	$K/$ $(\text{kN}\cdot\text{m})$	α_c	$D/$ $(\times10^4\text{kN}\cdot\text{m})$
A	3～5	0.029	0.444	0.632	1.222	8.53	2.585	0.800	0.286	8.15
	2	0.029	0.444	0.632	1.333	11.07	3.075	1.126	0.360	10.25
	1	0.029	0.333	0.754	1.167	8.86	2.110	2.301	0.651	9.39
B	3～5	0.133	0.690	0.417	1.138	20.84	6.315	0.683	0.255	17.74
	2	0.133	0.667	0.433	1.200	25.43	7.064	1.002	0.334	21.85
	1	0.133	0.526	0.547	1.105	25.03	5.960	1.651	0.589	23.88
C	3～5	0.017	0.385	0.697	1.269	6.17	1.870	1.200	0.375	7.73
	2	0.017	0.385	0.697	1.385	8.03	2.231	1.620	0.448	9.26
	1	0.017	0.282	0.808	1.183	5.80	1.381	3.610	0.733	6.89

（3）柱的反弯点高度比计算。计算结果如表 6.17 所示。

表 6.17　柱的反弯点高度比

楼层	柱 A						柱 B						柱 C					
	α	$\frac{h_0}{h}$	i_c/（$\times10^5$ kN·m）	K	$\sum y$	y	α	$\frac{h_0}{h}$	i_c/（$\times10^5$ kN·m）	K	$\sum y$	y	α	$\frac{h_0}{h}$	i_c/（$\times10^5$ kN·m）	K	$\sum y$	y
5	0.091	0.818	2.241	0.617	0.30	0.336	0.056	0.879	10.277	0.324	0.162	0.198	0.106	0.788	1.314	1.060	0.353	0.384
4	0.091	0.818	2.241	0.617	0.359	0.385	0.056	0.879	10.277	0.324	0.262	0.286	0.106	0.788	1.314	1.060	0.403	0.424
3	0.09	0.818	2.241	0.617	0.45	0.459	0.056	0.879	10.277	0.324	0.400	0.408	0.106	0.788	1.314	1.060	0.453	0.463
2	0.167	0.750	2.054	0.948	0.50	0.626	0.111	0.833	9.421	0.521	0.530	0.552	0.181	0.722	1.204	1.565	0.587	0.605
1	0.000	0.857	1.761	2.026	0.612	0.471	0.000	0.905	8.075	0.998	0.650	0.588	0.000	0.845	1.132	3.449	0.550	0.465

注　表中$\sum y=y_0+y_1+y_2+y_3$。

（4）梁柱内力计算。梁、柱的弯矩图如图 6.18 所示。

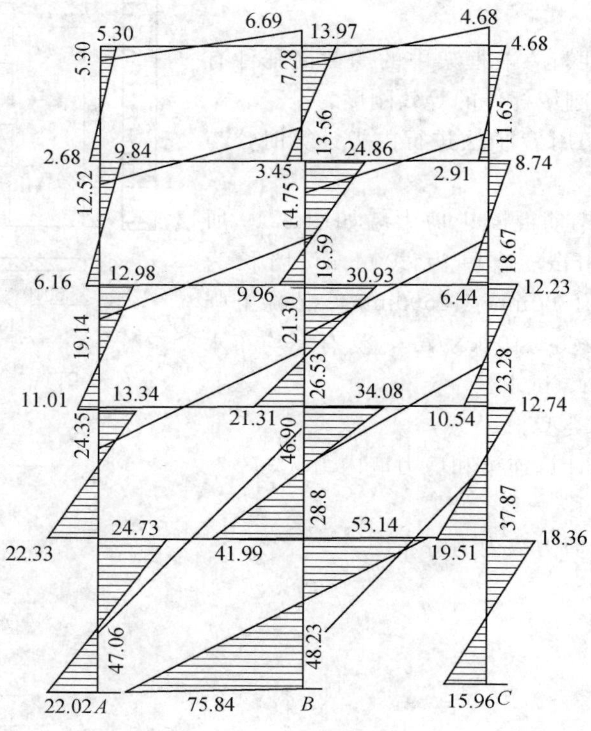

图 6.18　M 图（kN·m）

思考题与习题

6.1 试述水平荷载作用下剪力墙结构计算的基本假定，并说明剪力墙结构平面协同工作的计算方法。

6.2 什么是剪力墙的等效刚度？各类剪力墙的等效刚度如何计算？表达式中各符号的物理意义是什么？

6.3 说明整体墙及小开口整体墙在水平荷载作用下内力和位移的分析方法，两者之间有何异同？

6.4 采用连续连杆法进行联肢墙内力分析的基本假定是什么？

6.5 说明用连续连杆法进行联肢墙内力和位移计算的步骤。双肢剪力墙和多肢墙在计算方法上有何异同？

6.6 联肢墙的内力分布和侧移曲线有何特点？并说明整体工作系数 α 对内力和位移的影响。

6.7 与一般框架相比，壁式框架在水平荷载作用下的受力特点是什么？如何确定壁式框架的轴线位置和刚域尺寸？

6.8 带刚域杆件与一般框架中的等截面杆件有何区别？如何计算带刚域杆件的等效刚度？

6.9 带刚域框架用 D 值法进行内力计算时，与一般框架有何异同？

6.10 某 10 层钢筋混凝土剪力墙如图 6.19 所示，其层高为 3000mm，墙厚为 200mm，墙长为 3000mm，洞口尺寸 1800mm×2500mm。混凝土强度等级为 C25，$E=2.8\times10^3$kN/m^2，受有一均布水平荷载 $q=10103$N/m。试求：

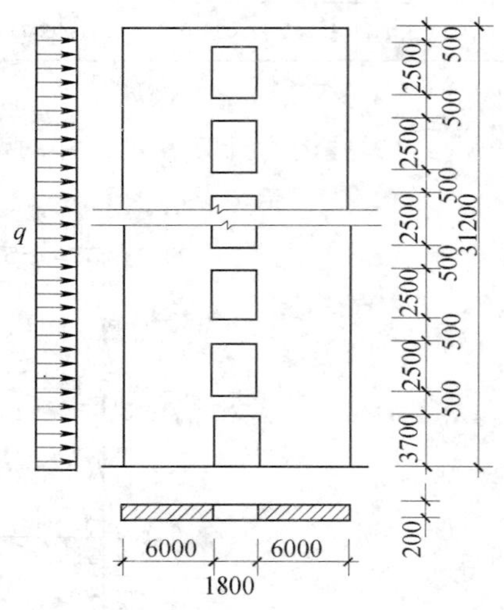

图 6.19 题 6.10 图

(1) 判别剪力墙类型。

(2) 用相应公式计算连梁和剪力墙内力。

(3) 计算顶点位移。

(4) 绘制连梁和剪力墙内力分布图。

第 7 章 钢筋混凝土剪力墙结构设计

7.1 剪力墙结构概念设计

7.1.1 剪力墙结构的受力变形特点

1. 水平荷载作用下的受力变形特点

水平荷载作用下，悬臂剪力墙的控制截面是底层截面，所产生的内力是水平剪力和弯矩。墙肢截面在弯矩作用下产生的层间侧移是下层层间相对侧移较小，上层层间相对侧移较大的“弯曲型变形”，以及在剪力作用下产生的“剪切型变形”，这两种变形的叠加构成平面剪力墙的变形特征。

通常情况下，根据剪力墙高宽比的大小可将剪力墙分为高墙（$H/b_w>2$）、中高墙（$1\leqslant H/b_w\leqslant 2$）和矮墙（$H/b_w<1$）。在水平荷载作用下，随着结构高宽比的增大，由弯矩产生的弯曲型变形在整体侧移中占的比例相应增大，故一般高墙在水平荷载作用下的变形曲线表现为“弯曲型变形曲线”，而矮墙在水平荷载作用下的变形曲线表现为“剪切型变形曲线”。

2. 剪力墙的破坏特征

悬臂实体剪力墙可能出现如图 7.1 所示的几种破坏情况。在实际工程中，为了改善平面剪力墙的受力变形特征，结合建筑设计使用功能要求，在剪力墙上开设洞口而以连梁相连，以使单肢剪力墙的高宽比显著提高，从而使剪力墙墙肢发生延性的弯曲破坏。若墙肢高宽比较小，一旦墙肢发生破坏，肯定是无较大变形的脆性剪切破坏，设计时应尽可能增大墙肢高宽比以避免脆性的剪切破坏。

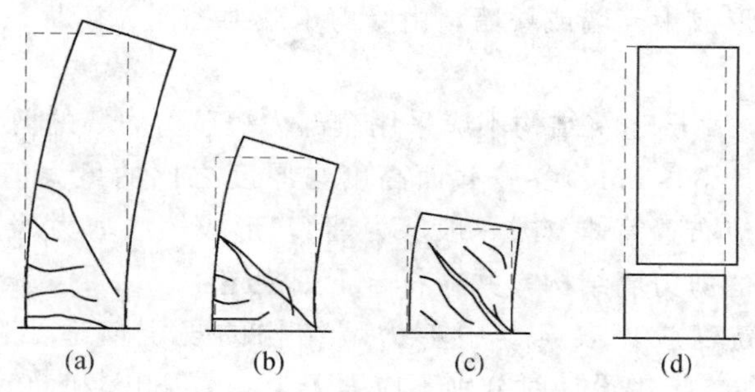

图 7.1 悬臂实体剪力墙的破坏形态

(a) 弯曲破坏；(b) 弯剪破坏；(c) 剪切破坏；(d) 滑移破坏

7.1.2 剪力墙的结构布置

1. 高宽比限制

钢筋混凝土高层剪力墙结构的最大适用高度及高宽比应满足水平荷载作用下的整体抗倾覆稳定性要求，并使设计经济合理。A 级和 B 级高度剪力墙的最大适用高度应分别满足表 7.1 和表 7.2 的要求。

表 7.1 A 级高度钢筋混凝土剪力墙结构的最大适用高度 单位：m

剪力强类型	非抗震设计	6 度设防	7 度设防	8 度设防	9 度设防
全部落地剪力墙	150	140	120	100	60
部分宽肢剪力墙	130	120	100	80	不应采用

表 7.2 B 级高度钢筋混凝土剪力墙结构的最大适用高度 单位：m

剪力强类型	非抗震设计	6 度设防	7 度设防	8 度设防
全部落地剪力墙	180	170	150	130
部分宽肢剪力墙	150	140	120	100

钢筋混凝土剪力墙的高宽比限值应分别满足表 7.3 的要求。

表 7.3 A 级高度钢筋混凝土剪力墙结构适用的最大高宽比

项　目	非抗震设计	6 度、7 度设防	8 度设防	9 度设防
高宽比限值	7	6	5	4

2. 结构平面布置

(1) 在剪力墙结构中，剪力墙宜沿主轴方向或其他方向双向布置。一般情况下，采用矩形、L 形、T 形平面时，剪力墙沿两个正交的主轴方向布置；三角形及 Y 形平面可沿三个方向布置；正多边形、圆形和弧形平面，则可沿径向及环向布置。抗震设计的剪力墙结构，应避免仅单向有墙的结构布置形式。剪力墙墙肢截面宜简单、规则。剪力墙结构的侧向刚度不宜过大。侧向刚度过大，将使结构周期过短，地震作用大，很不经济。此外，长度过大的剪力墙易形成中高墙或矮墙，由受剪承载力控制破坏状态，使延性变形能力减弱，不利于抗震。

(2) 抗震设计时，高层建筑结构不应采用全部为短肢剪力墙的剪力墙结构（短肢剪力墙是指截面厚度不大于 300mm、各肢截面高度与厚度之比的最大值在 4～8 的剪力墙）。短肢剪力墙较多时，应布置筒体（或一般剪力墙），形成短肢剪力墙与筒体（或一般剪力墙）共同抵抗水平力的剪力墙结构，并应符合下列规定：

1) 其最大适用高度应比表 7.1 中剪力墙结构的规定值适当降低，且 7 度、8 度 (0.2g) 和 8 度 (0.3g) 抗震设计时分别不应大于 100m、80m 和 60m。

2) 筒体和一般剪力墙承受的第一振型底部地震倾覆力矩不宜小于结构总底部地震倾覆力矩的 50%。

3) 各层短肢剪力墙在重力荷载代表值作用下产生的轴力设计值的轴压比，抗震等级为一级、二级、三级时分别不宜大于 0.45、0.5 和 0.55；对于无翼缘或端柱的一字形短肢剪力墙，其轴压比限值相应降低 0.1。

4）短肢剪力墙截面底部加强部位厚度不应小于 200mm，其他部位不应小于 180mm。

5）短肢剪力墙宜设置翼缘。一字形短肢剪力墙平面外不布置与之单侧相交的楼面梁。

(3) 剪力墙的门窗洞口宜上下对齐、成列布置，形成明确的墙肢和连梁。避免使墙肢刚度相差悬殊的洞口设置。抗震设计时，抗震等级为一级至三级的剪力墙底部加强部位不宜采用错洞墙，全高不宜采用叠合错洞墙。

(4) 同一轴线上的连续剪力墙过长时，应该用楼板或细弱的连梁分成若干个墙段，每一个墙段相当于一片独立剪力墙，墙段的高宽比应不小于 3。每一墙肢的宽度不宜大于 8m，以保证墙肢受弯承载力控制，而且靠近中和轴的竖向分布钢筋在破坏时能充分发挥其强度。

(5) 剪力墙结构中，如果剪力墙的数量太多，会使结构刚度和重量太大，不仅材料用量增加，而且地震力也增大，使上部结构和基础设计变得困难。

一般来说，采用大开间剪力墙（间距为 6.0～7.2m）比小开间剪力墙（间距为 3～3.9m）的效果更好。以高层住宅为例，小开间剪力墙的墙截面面积约占楼面面积的 8%～10%，而大开间剪力墙可降至 6%～7%，降低了材料用量，而且增大了建筑物的使用面积。

判断剪力墙结构刚度是否合理可以根据结构基本自振周期来考虑，宜使剪力墙结构的基本自振周期控制在（0.05～0.06）n（n 为层数）。当周期过短、地震力过大时，宜加以调整。调整结构刚度有以下方法：

1）适当减小剪力墙的厚度。

2）降低连梁高度。

3）增大门窗洞口宽度。

4）对较长的墙肢设置施工洞，分为两个墙肢，以避免墙肢吸收过多的地震剪力而不能提供相应的抗剪承载力。墙肢长度超过 8m 时，一般都应由施工洞口划分为小墙肢。墙肢由施工洞分开后，如果建筑上不需要，可以用砖墙填充。

3. 结构竖向布置

(1) 普通剪力墙结构的剪力墙应在整个建筑上竖向连续，上应到顶，下要到底，中间楼层不要中断。若剪力墙不连续，会使结构刚度突变，对抗震非常不利。顶层取消部分剪力墙而设置大房间时，其余的剪力墙应在构造上予以加强。底层取消部分剪力墙时，应设置转换楼层，并按专门规定进行结构设计。为避免刚度突变，剪力墙的厚度应按阶段变化，每次厚度减少宜为 50～100mm，使剪力墙刚度均匀连续改变。厚度改变和混凝土强度等级的改变宜错开楼层。

(2) 为减少上、下剪力墙结构的偏心，一般情况下，厚度宜两侧同时内收。外墙为保持外墙面平整，可以只在内侧单面内收；电梯井因安装要求，可以只在外侧单面内收。

(3) 剪力墙的洞宜上、下对齐，成列布置，使剪力墙形成明确的墙肢和连梁。成列开洞的规则剪力墙传力直接，受力明确，地震中不易因为复杂应力而产生严重震害，如图 7.2（a）所示；错洞墙洞口上、下不对齐，受力复杂，如图 7.2（b）所示，洞口边容易产生显著的应力集中，因而配筋量增大，而且地震中常易发生严重震害。

（4）剪力墙相邻洞口之间以及洞口与墙边缘之间要避免如图7.3所示的小墙肢。试验表明：墙肢宽度与厚度之比小于3的小墙肢在反复荷载作用下，会比大墙肢早开裂、早破坏，即使加强配筋，也难以防止小墙肢的早期破坏。在设计剪力墙时，墙肢宽度不宜小于3倍墙厚，且不应小于500mm。

（5）采用刀形剪力墙（见图7.4）会使剪力墙受力复杂，应力局部集中，而且竖向地震作用会对其产生较大的影响。

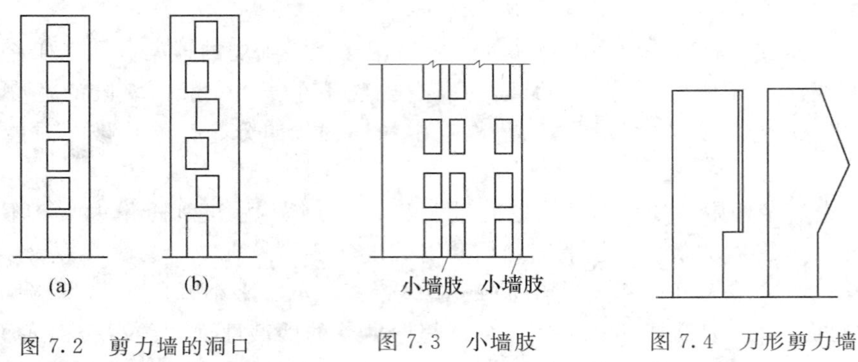

图7.2 剪力墙的洞口
(a) 规划开洞；(b) 错开开洞

图7.3 小墙肢

图7.4 刀形剪力墙

（6）抗震设计时，一般剪力墙结构底部加强部位的高度可取墙肢总高度的1/10和底部两层总高度二者中的较大值。部分框支剪力墙结构底部加强部位的高度可取框支层加上框支层以上两层的高度及墙肢总高度的1/10两者中的较大值。

7.1.3 剪力墙最小厚度及材料强度选定

1. 剪力墙材料选择

剪力墙结构的混凝土强度等级不应低于C20，带有筒体和短肢剪力墙的剪力墙结构的混凝土强度等级不应低于C30。

2. 剪力墙的最小截面尺寸要求

（1）按一级、二级抗震等级设计的剪力墙的截面厚度应符合现行行业标准《高规》（JGJ 3—2010）中附录D的墙体稳定性验算要求，底部加强部位不应小于200mm；其他部位不应小于160mm。当为无端柱或翼墙的一字形独立剪力墙时，其底部加强部位截面厚度不应小于220mm，其他部位不应小于180mm。

（2）三级、四级剪力墙不应小于160mm，一字形独立剪力墙的底部加强部位不应小于180mm。

（3）非抗震设计的剪力墙，其截面厚度不应小于160mm。

（4）剪力墙井筒中，分隔电梯井或管道井的墙肢截面厚度可适当减小，但不宜小于160mm。

对墙肢最小厚度及多排配筋的要求主要是使墙肢有较大的出平面外刚度和出平面外抗弯承载力。

7.1.4　剪力墙的延性要求

在进行构件的正截面承载力设计时构件的延性取决于构件受力时相对受压区高度的大小。当构件由受弯依次过渡到大偏压、小偏压和轴心受压时，构件的延性不断减小。剪力墙墙肢的底层往往是各楼层中轴压力最大的地方，若不对墙肢的轴压比进行限制，将使底层墙体的延性严重降低，延性降低将使结构消耗地震能量的能力减弱，在强震情况下更容易发生倒塌。由于地震时结构会产生水平力，该力在墙肢中引起的弯矩总是底部最大，故限制墙肢相对受压区高度的大小总是有利的。对于 6 度区的建筑结构，由于不需进行地震作用计算，使得在多遇地震下的内力计算结果是底层墙肢为小偏压，但仍然有必要进行混凝土受压区高度的控制，其目的是使墙肢在大震作用下具有更好的延性。

墙肢轴压力的大小是相对不变的，当地震强度增大时，主要增大的是墙肢的弯矩值和剪力值，这样可能使墙肢由小偏压构件向大偏压构件变化，相对受压区高度也会减小。对于大偏压构件，由于墙肢端部钢筋均能达到屈服，受压区高度的大小就完全由轴压力的大小决定，延性也就主要由轴压力的大小决定。因此，抗震设计时，各层短肢剪力墙在重力荷载代表值作用下产生的轴力设计值的轴压比，抗震等级为一级、二级、三级时分别不宜大于 0.45、0.5 和 0.55；对于无翼缘或端柱的一字形短肢剪力墙，由于端部混凝土的极限压应变有所降低，轴压比的限制应更严格，应比前述要求再降低。

表 7.4　　剪力墙轴压比限值

轴压比	一级（9 度）	一级（6 度、7 度、8 度）	二级、三级
$\dfrac{N}{f_c A}$	0.4	0.5	0.6

注　表中，N 为重力荷载代表值作用下剪力墙墙肢的轴向压力设计值；A 为剪力墙墙肢截面面积；f_c 为混凝土轴心抗压强度设计值。

抗震设计时，一级、二级、三级抗震等级的剪力墙，其在重力荷载代表值作用下的墙肢轴压比不宜超过表 7.4 中的限值。

由于边缘构件能提高剪力墙端部的极限压应变，在相对受压区高度相同的情况下能使墙肢延性增强，故墙肢均应设置边缘构件。对于一般情况应设置构造边缘构件，对于特殊情况应设置约束边缘构件。为了提高墙肢的延性，水平钢筋和箍筋的设置总是有利的。

7.2　墙肢设计

剪力墙的墙肢可以是整体墙，也可以是联肢墙的墙肢。剪力墙可以来自于剪力墙结构，也可以来自于框架-剪力墙结构，还可以是其他结构的剪力墙部分。按本书第 6 章求得剪力墙某一墙肢的内力（轴力 N、剪力 V、弯矩 M）后，须首先按抗震等级进行内力调整，然后进行正截面承载力计算。本小节主要介绍以下三个方面的内容：墙肢内力设计值、墙肢的承载力计算和墙肢的构造要求。

7.2.1　墙肢内力设计值

墙肢的内力有轴力、剪力和弯矩三种内力。对于轴力，由偏心受压构件的 $M-N$ 关系曲线可知，对于大偏心受压构件，当轴力 N 增大时，在弯矩 M 不变的前提下将引起配筋量的减小，而剪力墙墙肢在地震作用下大多为大偏心受压构件，故对剪力墙墙肢的轴向力不应作出增大的调整。

1. 墙肢弯矩设计值

对于墙肢的弯矩，为了实现强剪弱弯的原则，一般情况下对弯矩不作出增大的调整，但对于一级抗震等级的剪力墙，为了使地震时塑性铰的出现部位符合设计意图，在其他部位保证不出现塑性铰，对一级抗震等级的剪力墙的设计弯矩包线作了如下规定：

(1) 底部加强部位应按墙底截面组合弯矩计算值采用。

(2) 其他部位可按墙肢组合弯矩计算值的 1.2 倍采用。

这一规定的描述如图 7.5 所示，图中虚线为计算的组合弯矩图，实线为应采用的弯矩设计值。需要说明的是，图中非加强区域的 1.2 倍组合弯矩连线应为以层为单位的阶梯形折线，在图中用直线近似表达。

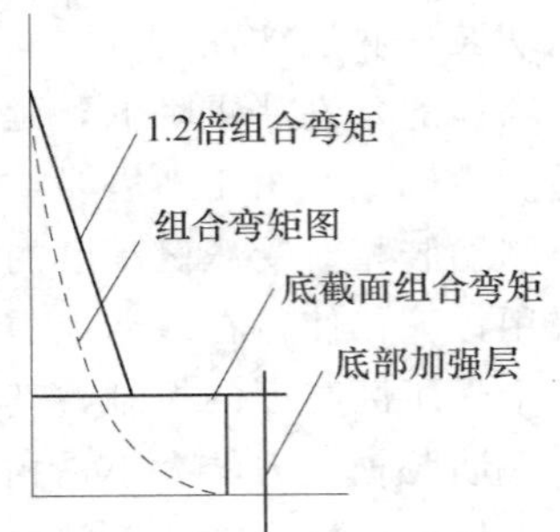

图 7.5 一级抗震等级的剪力墙各截面弯矩设计值

2. 墙肢剪力设计值

抗震设计时，为体现强剪弱弯的原则，剪力墙底部加强部位的剪力设计值要乘以增大系数，按其抗震等级的不同，增大系数不同。按《高规》(JGJ 3—2010) 规定，一级至三级抗震等级剪力墙底部加强部位都可用调整系数增大其剪力设计值，四级抗震等级及无地震作用组合时可不调整，公式如下：

$$V=\eta_{vw}V_w \tag{7.1}$$

式中 V——考虑地震作用组合的剪力墙墙肢底部加强部位截面的剪力设计值；

V_w——考虑地震作用组合的剪力墙墙肢底部加强部位截面的剪力计算值；

η_{vw}——剪力增大系数，一级抗震设计为 1.6，二级抗震设计为 1.4，三级抗震设计为 1.2。

但是在设防烈度为 9 度时，一级剪力墙底部加强部位仍然要求用实际的正截面配筋计算出的抗弯承载力计算其剪力增大系数，即应符合

$$V=1.1\frac{M_{wua}}{M_w}V_w \tag{7.2}$$

式中 M_{wua}——考虑承载力抗震调整系数后的剪力墙墙肢正截面抗震受弯承载力，应按实际配筋面积、材料强度标准值和组合的轴向力设计值确定，有翼墙时应考虑墙两侧各一倍翼墙厚度范围内的纵向钢筋；

M_w——考虑地震作用组合的剪力墙底截面弯矩的组合计算值。

7.2.2 墙肢正截面承载力计算

墙肢轴力大多数时候是压力，同时考虑到墙肢的弯矩影响，此时的正截面承载力计算应按偏心受压构件进行。当墙肢轴力出现拉力时，同时考虑到墙肢弯矩影响，此时的正截面承载力计算应按偏心受拉构件进行。综上所述，墙肢正截面承载力分为正截面偏心受压承载力验算和正截面偏心受拉承载力验算两个方面。

1. 墙肢正截面偏心受压承载力验算

典型带翼缘剪力墙截面如图 7.6 所示，其翼缘计算宽度可取剪力墙间距、门窗洞间翼墙的宽度、剪力墙宽度加两侧各 6 倍翼墙宽度、剪力墙肢总高度的 1/10 四者中最小值。墙肢

正截面偏心受压承载力的计算方法有两种，一种为《混凝土规范》（GB 50010—2010）中的有关计算方法，另一种为《高规》（JGJ 3—2010）中的有关计算方法。前者运算较复杂且偏于精确，后者运算稍简单且趋于粗略。下面分别对这两种方法进行简单介绍。

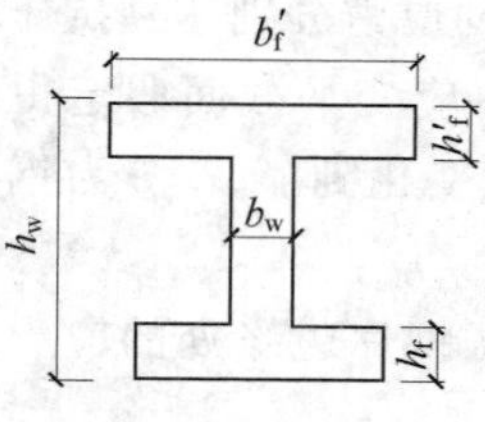

《混凝土规范》（GB 50010—2010）计算公式推导的主要依据为一般正截面承载力设计的三个基本假定。

所谓均匀配筋构件是指截面中除了在受压边缘和受拉边缘集中配置钢筋 A_s' 及 A_s 以外，沿截面腹部还配置了等直径、等间距的纵向受力钢筋，一般每侧不少于 4 根。这种配筋形式常用于剪力墙等结构中。

图 7.6　剪力墙截面

从理论上讲，《混凝土规范》（GB 50010—2010）已有公式可求出任意位置上的钢筋应力 σ_{si}，再列出力的平衡方程式就可对均匀配筋构件的承载力进行计算。为此，《混凝土规范》（GB 50010—2010）给出了简化的计算公式。

为便于计算，可将总面积为 A_{sw} 的分散纵筋换算为连续的钢片。如图 7.7 所示为均匀配筋偏压构件的承载力计算，钢片单位长度上的截面面积为 A_{sw}/h_{sw}，h_{sw} 为截面均匀配置纵向钢筋区段的高度，可取 $h_{sw}=h_{w0}-a_s{'}$。

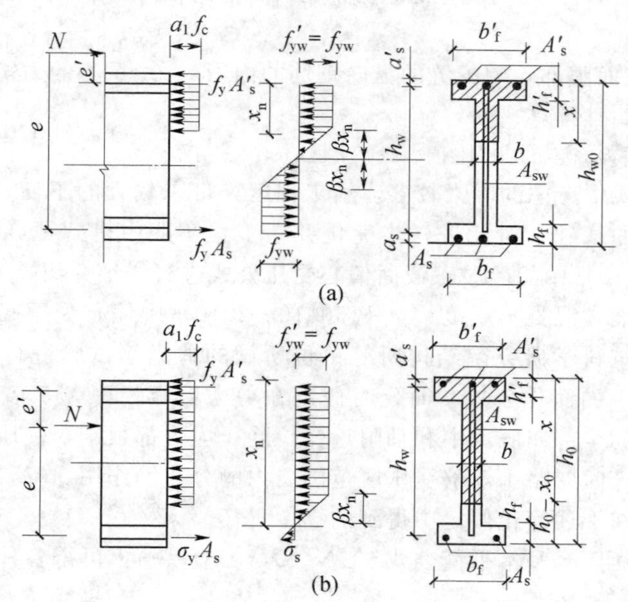

图 7.7　均匀配筋偏压构件的承载力计算

（a）大偏心受压；（b）小偏心受压

这样截面的承载力就可分为两部分：一部分为混凝土截面和端部纵向钢筋组成的一般钢筋混凝土偏压构件的承载力；另一部分为钢片的承载力。也就是说，均匀配筋的偏压构件的承载力公式只需在前述一般钢筋混凝土大、小偏心受压构件的承载力基本公式中增加一项钢片的承载力 N_{sw}、M_{sw} 就可以了，即其正截面受压承载力可按下列公式计算：

$$N \leqslant \alpha_1 f_c[\xi b h_{w0} + (b_f' - b)h_f'] + f_y' A_s' - \sigma_s A_s + N_{sw} \tag{7.3}$$

$$Ne \leqslant \alpha_1 f_c\left[\xi(1-0.5\xi)b h_{w0}{}^2 + (b_f' - b)h_f'\left(h_{w0} - \frac{h_f'}{2}\right)\right] + f_y' A_s'(h_{w0} - a_s') + M_{sw} \tag{7.4}$$

问题的关键就是给出计算 N_{sw}、M_{sw}的公式。

对大偏压情况，可假定在截面受压和受拉区的外区段内，钢片的应力分别达到抗压强度设计值 f_{yw}'和抗拉强度设计值 f_{yw}，对热轧钢筋，$f_{yw}' = f_{yw}$。在由应变平截面假定得出的实际中和轴附近的中间区段 $2\beta x_n$ 范围内，钢片应力则由 f_{yw}'线性变化到 f_{yw}。β 为钢筋屈服应变 ε_y 与混凝土极限压应变 ε_{cu}的比值。

对小偏压情况，可假定处于受压区的钢片应力达到 f_{yw}'；受拉区钢片边缘处的应力为 σ_{sw}。在实际中和轴附近的区段 βx_n，应力 f_{yw}'由线性变化到 σ_{sw}。

由此可建立起 N_{sw}及 M_{sw}的计算公式，并加以一定的简化，就得到

$$N_{sw} = \left(1 + \frac{\xi - \beta_1}{0.5\beta_1 w}\right) f_{yw} A_{sw} \tag{7.5}$$

$$M_{sw} = \left[0.5 - \left(\frac{\xi - \beta_1}{\beta_1 w}\right)^2\right] f_{yw} A_{sw} h_{sw} \tag{7.6}$$

其中

$$w = h_{sw}/h_{w0}$$

式中 N_{sw}——沿截面腹部均匀配置的纵向钢筋所承担的轴向压力，当 $\xi > \beta_1$ 时，取 $\xi = \beta_1$ 计算；

M_{sw}——沿截面腹部均匀配置的纵向钢筋的内力对 A_s 重心的力矩，当 $\xi > \beta_1$ 时，取 $\xi = \beta_1$ 计算；

w——高度 h_{sw}与 h_{w0}的比值。

由于上述表达式中考虑的因素较多，给工程运算带来较大的不便，《高规》（JGJ 3—2010）在前述公式的基础上对此进一步简化并在工程实践中得到了广泛的运用。下面对《高规》（JGJ 3—2010）中的墙肢正截面偏心受压公式进行详细介绍。

在现行国家标准《混凝土规范》（GB 50010—2010）中偏心受压截面积计算公式的基础上，根据中国建筑科学研究院结构所等单位所做的剪力墙试验进行了简化，得到《高规》（JGJ 3—2010）的简化公式。简化时假定在剪力墙腹板中 1.5 倍相对受压区范围之外，受拉区分布钢筋全部屈服，中和轴附近受拉受压应力都很小，受压区的分布钢筋合力也很小，因此在计算时忽略 1.5 倍受压区范围之内的分布筋作用。《高规》（JGJ 3—2010）中的计算公式就是在上述简化假定中得到的。

按照工字形截面两个基本平衡公式（$\sum N=0$，$\sum M=0$），可得各种情况下的设计计算公式：

$$N \leqslant A_s' f_y' - A_s \sigma_s - N_{sw} + N_c \tag{7.7}$$

$$N\left(e_0 + h_{w0} - \frac{h_w}{2}\right) \leqslant A_s' f_y'(h_{w0} - a_s') - M_{sw} + M_c \tag{7.8}$$

其中

$$e_0 = M/N$$

$$h_{w0} = h_w - a_s'$$

式中 a_s'——剪力墙受压区端部钢筋合力点到受压区边缘的距离；

e_0——偏心距；

f'_y——剪力墙端部受压钢筋强度设计值；

h_{w0}——剪力墙截面有效高度。

式（7.8）左侧为轴力端部受拉钢筋合力点取矩的计算结果，右侧分别为端部受压钢筋、受拉分布筋（忽略受压分布筋的作用）和受压混凝土对端部受拉钢筋合力点取矩的计算结果。

当 $x>h'_f$ 时，中和轴在腹板中，基本公式中 N_c、M_c 由下列公式计算：

$$N_c=\alpha_1 f_c b_w x+\alpha_1 f_c (b'_f-b_w)h'_f \tag{7.9}$$

$$M_c=\alpha_1 f_c b_w x\left(h_{w0}-\frac{x}{2}\right)+\alpha_1 f_c (b'_f-b_w)h'_f\left(h_{w0}-\frac{h'_f}{2}\right) \tag{7.10}$$

当 $x\leqslant h_f'$ 时，中和轴在翼缘内，基本公式中 N_c 和 M_c 由下式计算：

$$N_c=\alpha_1 f_c b'_f x \tag{7.11}$$

$$M_c=\alpha_1 f_c b'_f x\left(h_{w0}-\frac{x}{2}\right) \tag{7.12}$$

式中　b'_f——T 形或 I 形截面受压区翼缘宽度；

f_c——混凝土轴心抗压强度设计值；

h'_f——T 形或 I 形截面受压区翼缘高度；

α_1——受压区混凝土矩形应力图的应力与混凝土轴心抗压强度设计值的比值，当混凝土强度等级低于 C50 时取 1.0，当混凝土强度等级为 C80 时取 0.94，当混凝土强度等级在 C50 和 C80 之间时按线性内插取值。

当 $x\leqslant\xi_b h_{w0}$ 时，为大偏压，此时受拉、受压端部钢筋都达到屈服，基本公式中 σ_s、N_{sw}、M_{sw} 由下列公式计算：

$$\sigma_s=f_y \tag{7.13}$$

$$N_{sw}=(h_{w0}-1.5x)b_w f_{yw}\rho_w \tag{7.14}$$

$$M_{sw}=\frac{1}{2}(h_{w0}-1.5x)^2 b_w f_{yw}\rho_w \tag{7.15}$$

式中　f_{yw}——剪力墙墙体竖向分布钢筋强度设计值；

ρ_w——剪力墙竖向分布钢筋配筋率；

上述公式为忽略受压分布钢筋的有利作用，将受拉分布钢筋对端部受拉钢筋合力点取矩求得。

当 $x>\xi_b h_{w0}$ 时，为小偏压，此时端部受压钢筋屈服，而受拉分布钢筋及端部钢筋均未屈服，既不考虑受压分布钢筋的作用，也不计入受拉分布钢筋的作用。基本公式中 σ_s、N_{sw}、M_{sw} 由下列公式计算：

$$\sigma_s=\frac{f_y}{\xi_b-0.8}\left(\frac{x}{h_{w0}}-\beta_1\right) \tag{7.16}$$

$$N_{sw}=0 \tag{7.17}$$

$$M_{sw}=0 \tag{7.18}$$

界限相对受压区高度 ξ_b 由下式计算：

$$\xi_b=\frac{\beta_1}{1+\dfrac{f_y}{E_s\varepsilon_{cu}}} \tag{7.19}$$

式中 f_y——剪力墙端部受拉钢筋强度设计值；

β_1——随混凝土强度提高而逐渐降低的系数，当混凝土强度等级低于C50时取1，当混凝土强度等级为C80时取0.8，当混凝土强度等级在C50和C80之间时按线性内插取值。

ε_{cu}——混凝土极限压应变，应按现行国家标准《混凝土规范》（GB 50010—2010）中第6.2.1条的有关规定采用。

对于无地震作用组合，可直接按上述方法进行验算；而有地震作用参与组合时，公式应作以下调整：

$$N \leqslant \frac{1}{\gamma_{RE}}(A_s' f_y' - A_s\sigma_s - N_{sw} + N_c) \tag{7.20}$$

$$N\left(e_0 + h_{w0} - \frac{h_w}{2}\right) \leqslant \frac{1}{\gamma_{RE}}[A_s' f_y'(h_{w0} - a_s') - M_{sw} + M_c] \tag{7.21}$$

式中 γ_{RE}——承载力抗震调整系数，取0.85。

对于大偏心受压情况，由于忽略了受压分布筋的有利作用，计算的受弯承载力比实际的受弯承载力低，偏于安全；对于小偏心受压情况，同时忽略了受压分布筋和受拉分布筋的有利作用，计算出的受弯承载力也小于实际的受弯承载力，也偏于安全。所以，《高规》（JGJ 3—2010）的计算结果较《混凝土规范》（GB 50010—2010）的计算结果更安全。

2. 墙肢正截面偏心受拉承载力验算

所有正截面承载力设计的M、N相关关系可以归结为一条近似的二次抛物线，如图7.8所示。线上关键点和线段有以下对应关系：a点——轴心受压；c点——纯弯；e点——轴心受拉；b点——大、小偏心受压的分界点；d点——大、小偏心受拉的分界点。因此，曲线上各段分别为：ab——小偏心受压；bc——大偏心受压；cd——大偏心受拉；de——小偏心受拉。

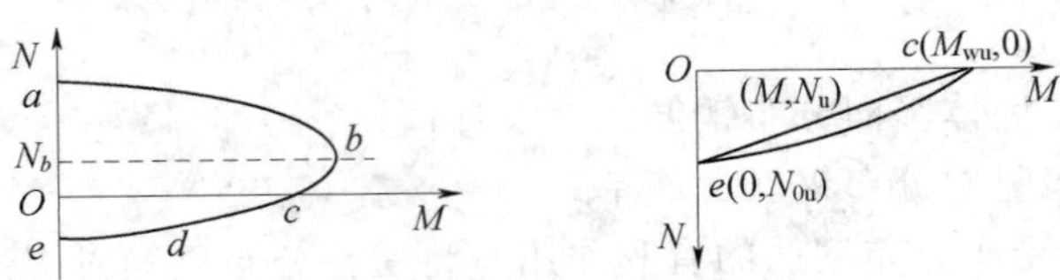

图7.8 墙肢M-N相关关系曲线

将ce段放大后，对应于某一配筋和截面情况，若其轴心受拉承载力为N_{0u}，纯弯时受弯承载力为M_{wu}，则所有M、N组合所对应的点落在抛物线内时是安全的，所对应的点落在抛物线外时是不安全的。其分界线为抛物线。由于该段抛物线远离抛物线顶点b，故可偏安全地近似用c、e两点的连线来模拟，c点坐标为（M_{wu}，0），e点的坐标为（0，N_{0u}），ce连线的直线方程为

$$\frac{N}{N_{0u}} + \frac{M}{M_{wu}} = 1$$

其中

$$N = N_u,\ M = N_u e_0$$

因此，可得

$$N_u=\frac{1}{\frac{1}{N_{0u}}+\frac{e_0}{M_{wu}}} \tag{7.22}$$

《混凝土规范》(GB50010－2010) 规定，当无地震组合时，应满足

$$N\leqslant N_u=\frac{1}{\frac{1}{N_{0u}}+\frac{e_0}{M_{wu}}} \tag{7.23}$$

当地震参与荷载组合时，应满足

$$N\leqslant\frac{N_u}{\gamma_{RE}}=\frac{1}{\gamma_{RE}}\left(\frac{1}{\frac{1}{N_{0u}}+\frac{e_0}{M_{wu}}}\right) \tag{7.24}$$

对于对称配筋的剪力墙，$A_s'=A_s$，剪力墙腹板竖向分布筋的全部截面积为 A_{sw}，则有

$$N_{0u}=2A_s f_y+A_{sw} f_{yw} \tag{7.25}$$

M_{wu}按以下公式计算：

$$M_{wu}=A_s\ f_y\ (h_{w0}-a_s')+A_{sw}\ f_{yw}\frac{h_{w0}-a_s'}{2} \tag{7.26}$$

需要说明的是式（7.25）中右侧第二项假定墙肢腹板钢筋全部受拉屈服，并将其对受压钢筋合力点取矩，这在纯弯时是不可能出现的，这样将导致受弯承载力的虚假增大，由此引起图中 c 点向右移动而使计算结果偏不安全。该偏大的幅度与腹板配筋量有关，配筋率小时偏大幅度较小，而配筋率大时偏大幅度较大，此外，其影响程度还与端部配筋和腹板配筋的比值有关。

应当注意《高规》(JGJ 3—2010) 对偏心受拉墙肢所作的规定。在抗震设计的双肢剪力墙中，墙肢不宜出现小偏心受拉，因为如果双肢剪力墙中一个墙肢出现小偏心受拉，该墙肢可能会出现水平通缝而使混凝土失去抗剪能力，该水平通缝同时降低该墙肢的刚度，由荷载产生的剪力绝大部分将转移到另一个墙肢，导致其抗剪承载力不足，该情况应在设计时予以避免。当墙肢出现大偏心受拉时，墙肢易出现裂缝，使其刚度降低，剪力将在墙肢中重分配，此时，可将另一墙肢按弹性计算的剪力设计值增大（乘以系数 1.25），以提高其抗剪承载力，由于地震力是双向的，故应对两个墙肢同时进行加强。

7.2.3　墙肢斜截面受剪承载力计算

为了使剪力墙不发生斜压破坏，首先必须保证墙肢截面尺寸和混凝土强度不致过小，只有这样才能使配置的水平钢筋能够屈服并发挥预想的作用。对此，《混凝土规范》(GB 50010—2010) 有以下规定。

(1) 无地震作用组合时：

$$V\leqslant 0.25\beta_c f_y b_w h_{w0} \tag{7.27}$$

(2) 有地震作用组合时：

当剪跨比大于 2.5 时，有

$$V\leqslant\frac{1}{\gamma_{RE}}(0.20\beta_c f_y b_w h_{w0})\quad(\lambda>2.5) \tag{7.28}$$

当剪跨比不大于 2.5 时，有

$$V \leqslant \frac{1}{\gamma_{RE}}(0.15\beta_c f_y b_w h_{w0}) \quad (\lambda \leqslant 2.5) \tag{7.29}$$

式中 V——剪力墙截面剪力设计值；

h_{w0}——剪力墙截面有效高度；

β_c——混凝土强度影响系数，当混凝土强度等级低于C50时取1.0，当混凝土强度等级为C80时取0.8，当混凝土强度等级在C50～C80之间时可按线性内插取用；

λ——剪跨比，即$M^c/(V^c h_{w0})$，其中M^c、V^c应取与同一组合的未按《高规》(JGJ 3—2010) 有关规定进行调整的弯矩和剪力计算值，并取墙肢上、下端截面计算的剪跨比的较大值。

在已经满足上述要求的前提下，配筋按以下要求进行计算。

(1) 当无地震作用组合时：

$$V \leqslant \frac{1}{\lambda - 0.5}\left(0.5 f_t b_w h_{w0} + 0.13N\frac{A_w}{A}\right) + f_{yh}\frac{A_{sh}}{s}h_{w0} \tag{7.30}$$

(2) 当有地震作用组合时：

$$V \leqslant \frac{1}{\gamma_{RE}}\left[\frac{1}{\lambda - 0.5}\left(0.4 f_t b_w h_{w0} + 0.1N\frac{A_w}{A}\right) + 0.8 f_{yh}\frac{A_{sh}}{s}h_{w0}\right] \tag{7.31}$$

式中 N——剪力墙截面轴向压力设计值，$N \geqslant 0.2 f_c b_w h_w$时，应取$N = 0.2 f_c b_w h_w$，这是由于轴力的增大虽能在一定程度上提高混凝土的抗剪承载力，但当轴力增大到一定程度时却无助于混凝土抗剪承载力的提高，过大时还会引起混凝土抗剪承载力的丧失，考虑到规范所取用的安全度，混凝土抗剪承载力丧失的可能性不会出现，故当$N \geqslant 0.2 f_c b_w h_w$时，$N$可取$0.2 f_c b_w h_w$；

A——剪力墙截面面积；对于T形或I形截面，含翼板面积；

A_w——T形或I形截面剪力墙腹板的面积，矩形截面时应取A；

λ——计算截面处的剪跨比。计算时，当$\lambda < 1.5$时应取1.5，当$\lambda > 2.2$时应取2.2；当计算截面与墙底之间的距离小于$0.5h_{w0}$时，λ应按距墙底$0.5h_{w0}$处的弯矩值与剪力值计算；

s——剪力墙水平分布钢筋间距。

配筋计算出来以后须满足构造要求和最小配筋率要求，以防止发生斜拉拉破坏。

综上所述，墙肢斜截面受剪承载力的设计思路为：通过控制名义剪应力的大小防止发生斜压破坏，通过按计算配置所需的水平钢筋防止发生剪压破坏，满足构造要求并满足最小水平配筋防止发生斜拉破坏。

7.2.4 墙肢施工缝的抗滑移验算

按一级抗震等级设计的剪力墙，要防止水平施工缝处发生滑移。考虑了摩擦力的有利影响后，要验算通过水平施工缝的竖向钢筋是否足以抵抗水平剪力，已配置的端部和分布竖向钢筋不够时，可设置附加插筋，附加插筋在上、下层剪力墙中都要有足够的锚固长度。《高规》(JGJ 3—2010) 给出的水平施工缝处的抗滑移能力验算公式如下：

$$V_{wj} = \frac{1}{\gamma_{RE}}(0.6 f_y A_s + 0.8N) \tag{7.32}$$

式中　V_{wj}——水平施工缝处考虑地震作用组合剪力设计值；

A_s——水平施工缝处剪力墙腹板内竖向分布钢筋、竖向插筋和边缘构件（不包括两侧翼墙）纵向钢筋的总截面面积；

f_y——竖向钢筋抗拉强度设计值；

N——水平施工缝处考虑地震作用不利组合的轴向力设计值，压力取正值，拉力取负值。

7.2.5　墙肢边缘构件的设计要求

剪力墙边缘构件分为约束边缘构件和构造边缘构件两种：在一级至三级抗震设计的剪力墙底层墙肢底面的轴压比大于表 7.5 规定时，应在底部加强部位及其上一层的墙肢端部设置约束边缘构件；其他剪力墙墙肢端部应设置构造边缘构件。

表 7.5　剪力墙可不设约束边缘构件的最大轴压比

等级或烈度	一级（9 度）	一级（6 度、7 度、8 度）	二级、三级
轴压比	0.1	0.2	0.3

1. 约束边缘构件

剪力墙约束边缘构件的设计应符合下列要求：

(1) 约束边缘构件沿墙肢方向的长度 l_c 和箍筋配箍特征值 λ_v 宜符合表 7.6 的要求，且一级、二级抗震设计时，箍筋直径均不应小于 8mm、箍筋间距分别不应小于 100mm 和 150mm。箍筋的配筋范围如图 7.9 中的阴影面积所示，体积配箍率为单位体积中所含箍筋体积的比率，体积配箍率 ρ_v 应按下式计算：

$$\rho_v=\lambda_v\frac{f_c}{f_{yv}} \tag{7.33}$$

式中　ρ_v——箍筋体积配箍率，可计入箍筋、拉筋以及符合构造要求的水平分布钢筋，计入的水平分布钢筋的体积配箍率不应大于总体积配箍率的 30%；

λ_v——约束边缘构件配箍特征值；

f_c——混凝土轴心抗压强度设计值；混凝土强度等级低于 C35 时，应取 C35 的混凝土轴心抗压强度设计值；

f_{yv}——箍筋、拉筋或水平分布钢筋的抗拉强度设计值。

表 7.6　约束边缘构件范围 l_c 及其配箍特征值 λ_v

项　目	一级（9 度）		一级（6 度～8 度）		二级、三级	
	$\mu_N\leqslant0.2$	$\mu_N>0.2$	$\mu_N\leqslant0.3$	$\mu_N>0.3$	$\mu_N\leqslant0.4$	$\mu_N>0.4$
λ_v	0.12	0.20	0.12	0.20	0.12	0.20
l_c（暗柱）	$0.20h_w$	$0.25h_w$	$0.15h_w$	$0.20h_w$	$0.15h_w$	$0.20h_w$
l_c（翼墙和端柱）	$0.15h_w$	$0.20h_w$	$0.10h_w$	$0.15h_w$	$0.10h_w$	$0.15h_w$

注　1. μ_N 为墙肢在重力荷载代表值作用下的轴压比，h_w 为墙肢长度。

2. l_c 为约束边缘构件沿墙肢方向的长度，对暗柱不应小于表中数值、墙厚和 400mm 的较大值；有翼墙或端柱时，尚不应小于翼墙厚度或端柱沿墙肢方向截面高度加 300mm。

3. 剪力墙翼墙长度小于其厚度的 3 倍或端柱截面边长小于 2 倍墙厚时，视为无翼墙或无端柱。

(2) 约束边缘构件纵向钢筋的配筋范围不应小于图 7.9 中的阴影面积，其纵向钢筋最小截面面积，一级至三级抗震设计时分别不应小于图 7.9 中阴影面积的 1.2%、1.0%和 1.0%，并分别不应小于 8ϕ16、6ϕ16 和 6ϕ14。

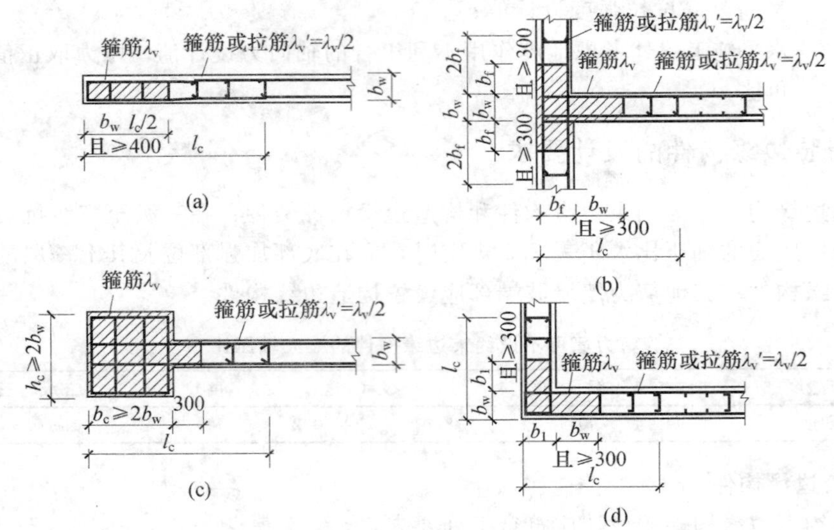

图 7.9 剪力墙的约束边缘构件

(a) 暗柱；(b) 有翼墙；(c) 有端柱；(d) 转角墙（L 形墙）

2. 构造边缘构件

剪力墙构造边缘构件的设计宜符合下列要求。

(1) 构造边缘构件的范围和计算纵向钢筋用量的截面面积 A_c 宜取图 7.10 中的阴影部分。

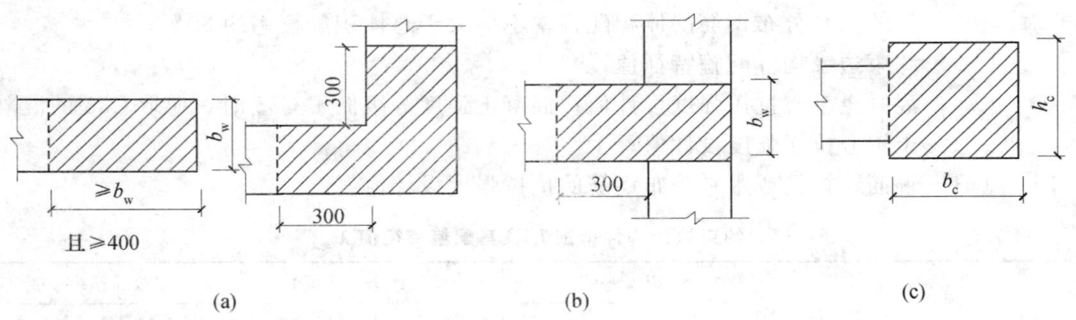

图 7.10 剪力墙的构造边缘构件

(a) 暗柱；(b) 翼柱；(c) 端柱

(2) 构造边缘构件的纵向钢筋应满足受压（拉）承载力要求。

(3) 抗震设计时，构造边缘构件的最小配筋应符合表 7.7 的规定，箍筋、拉筋沿水平方向的肢距宜大于 300mm，不应大于纵向钢筋间距的 2 倍。当剪力墙端部为端柱且承受集中荷载时，端柱中纵向钢筋及箍筋宜按框架柱的构造要求配置。

（4）抗震设计时，对于连体结构、错层结构以及B级高度高层建筑结构中的剪力墙（筒体），其构造边缘构件的最小配筋应符合下列要求：

1）竖向钢筋最小量应比表7.7中的数值提高$0.001A_c$。

2）箍筋的配筋范围宜取图7.10中的阴影部分，其配箍特征值λ_v不宜小于0.1。

（5）非抗震设计时，剪力墙端部应按构造配置不少于4ϕ12的纵向钢筋，箍筋不应小于6mm，间距不宜大于250mm。

表7.7　剪力墙构造边缘构件的最小配筋要求

抗震等级	底部加强部位			其他部位		
	竖向钢筋最小量（取较大值）	箍筋		竖向钢筋最小量（取较大值）	拉筋	
		最小直径/mm	沿竖向最大间距/mm		最小直径/mm	沿竖向最大间距/mm
一	$0.010A_c$，6ϕ16	8	100	$0.008A_c$，6ϕ14	8	150
二	$0.008A_c$，6ϕ14	8	150	$0.006A_c$，6ϕ12	8	200
三	$0.006A_c$，6ϕ12	6	150	$0.005A_c$，4ϕ12	6	200
四	$0.005A_c$，4ϕ12	6	200	$0.004A_c$，4ϕ12	6	250

注　1. 符号ϕ表示钢筋直径。
2. 其他部位的转角处宜采用箍筋。
3. A_c为构造边缘构件的截面面积，即图7.10中的阴影部分。

7.2.6　墙肢构造措施

剪力墙结构混凝土强度等级及截面尺寸应满足7.1.3条中的规定要求。

（1）高层建筑剪力墙中竖向和水平分布钢筋，不应采用单排配筋。当剪力墙截面厚度$b_w \leqslant 400$mm，可采用双排配筋；当$400\text{mm} < b_w \leqslant 700$mm时，宜采用三排配筋；当$b_w > 700$mm时，宜采用四排配筋。受力钢筋可均匀分布成数排。各排分布钢筋之间的拉接筋间距不应大于600mm，直径不应小于6mm，在底部加强部位，约束边缘构件以外的拉接筋间距尚应适当加密。

（2）矩形截面独立墙肢的截面高度h_w不宜小于截面厚度b_w的4倍；当$h_w/b_w \leqslant 4$时，宜按框架柱进行截面设计，底部加强部位纵向钢筋的配筋率不宜小于1.2%，一般部位不宜小于1.0%。

（3）剪力墙分布钢筋的配置应符合下列要求：

1）一般剪力墙竖向和水平分布筋的配筋率，一级至三级抗震设计时均不应小于0.25%，四级抗震设计和非抗震设计时不应小于0.20%。

2）一般剪力墙竖向和水平分布钢筋间距均不应大于300mm，分布钢筋直径均不应小于8mm。

（4）剪力墙竖向、水平分布钢筋的直径不宜大于墙厚的1/10。

（5）房屋顶层剪力墙以及长矩形平面房屋的楼梯间和电梯间剪力墙、端开间的纵向剪力墙、端山墙的水平和竖向分布钢筋的最小配筋率不应小于0.25%，钢筋间距不应大于200mm。

(6) 剪力墙钢筋锚固和连接应符合下列要求：

1) 非抗震设计时，剪力墙纵向钢筋最小锚固长度应取 l_a；抗震设计时，剪力墙纵向钢筋最小锚固长度应取 l_{aE}。l_a、l_{aE} 的取得取值应符合《高规》(JGJ 3—2010) 的有关规定。

2) 剪力墙竖向及水平分布钢筋的搭接连接，如图 7.11 所示，一级至三级抗震等级剪力墙的加强部位，接头位置应错开，每次连接的钢筋数量不宜超过总数量的 50%，错开净距不宜小于 500mm；其他情况剪力墙的钢筋可在同一截面连接。非抗震设计时，分布钢筋的搭接长度不应小于 $1.2l_a$；抗震设计时不应小于 $1.2l_{aE}$。

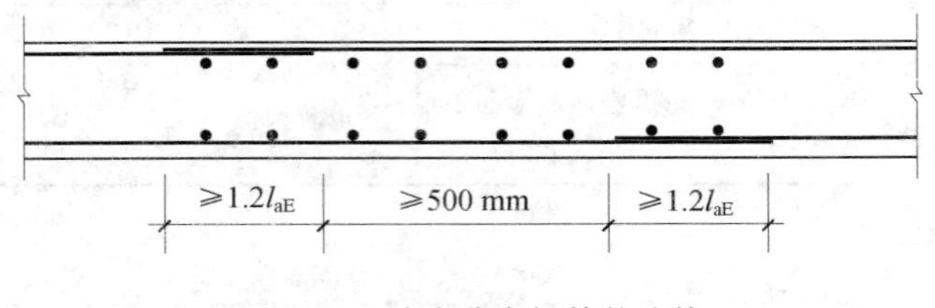

图 7.11 墙内分布钢筋的连接
(非抗震设计时图中 l_{aE} 取 l_a)

3) 暗柱及端柱内纵向钢筋连接和锚固要求宜与框架柱相同，宜符合《高规》(JGJ 3—2010) 的有关规定。

7.3 连梁设计

对墙肢间的梁、墙肢和框架柱相连的梁，当梁跨高比小于 5 时应按连梁设计，当梁跨高比大于 5 时应按一般框架设计，本小节所讲述的是上述位置跨高比小于 5 的梁。

7.3.1 连梁的内力设计值

连梁的内力应进行调整，这种调整主要是剪力的调整，剪力的调整可能使剪力减小并带来弯矩的减小，也可能是在连梁弯矩不变的前提下将连梁剪力调大。

对于墙肢间的连梁，当出现连梁抗剪能力不能满足要求时，增大连梁的截面尺寸往往不能使连梁满足抗剪要求，这是因为连梁抗弯刚度的增大幅度吸引的剪力增量比由于截面尺寸加大而引起的抗剪承载力增量要大得多，这时减小连梁的截面尺寸可使情况变得更好。但是过多地减小连梁的截面尺寸将使墙肢之间的联系减弱并减低联肢墙的整体刚度和整体抗剪承载力。考虑到在地震时墙肢和连梁开裂的差异，内力计算时可按以下要求对连梁进行内力调整。

剪力墙连梁对剪切变形十分敏感，其名义切应力限制比较严，在很多情况下计算时经常出现超限情况，《高规》(JGJ 3－2010) 给出了一些处理方法。

(1) 减小连梁截面高度，连梁名义切应力超过限制值时，加大截面高度会吸引更多剪力，更为不利。减小截面高度或加大截面宽度是有效措施，但后者一般很难实现。

(2) 抗震设计的剪力墙中连梁弯矩及剪力可进行塑性调幅，以降低其剪力设计值。

连梁塑性调幅可采用两种方法，一种方法是按照《高规》(JGJ 3—2010) 的方法，在内力计算前就将连梁刚度进行折减；另一种方法是在内力计算之后，将连梁弯矩和剪力组合值乘以折减系数。两种方法的效果都是减小连梁内力和配筋。因此在内力计算时已经按《高规》(JGJ 3—2010) 的规定降低了连梁的刚度，其调幅范围应当限制或不再继续调幅。当部分连梁降低弯矩设计值后，其余部位连梁和墙肢的弯矩设计值应相应提高。

无论采用什么方法，连梁调幅后的弯矩、剪力设计值不应低于使用状况下的实际值，也不宜低于比设防烈度低一度的地震作用组合所得的弯矩设计值，其目的是避免在正常使用条件下或较小的地震作用下连梁上出现裂缝。因此，建议在一般情况下，可掌握调幅后的弯矩不小于调幅前弯矩（完全弹性）的 0.8 倍（6 度、7 度）和 0.5 倍（8 度、9 度）。

(3) 当连梁破坏对承受竖向荷载无明显影响时，可考虑在大震作用下该连梁不参与工作，按独立墙肢进行第二次多遇地震作用下的结构内力分析，墙肢应按两次计算所得的较大内力进行配筋设计。

当第 (1)、(2) 条的措施不能解决时，允许采用第 (3) 条的方法处理，即假定连梁在大震下破坏，不再能约束墙肢。因此，可考虑连梁不参与工作，而按独立墙肢进行第二次结构内力分析，这时就是剪力墙的第二道防线。此时，剪力墙的刚度降低，侧移允许增大，这种情况往往使墙肢的内力及配筋加大，以保证墙肢的安全。

上述措施均应使连梁的弯矩和剪力减小，在设计连梁时不应将连梁的纵筋配筋加大，但为了实现连梁的强剪弱弯、推迟剪切破坏、提高延性，《高规》(JGJ 3—2010) 给出了连梁剪力设计值的增大系数。

无地震作用组合以及有地震作用组合的四级抗震等级时，应分别取考虑水平风荷载、水平地震作用组合的剪力设计值。

有地震作用组合的一级至三级抗震等级时，连梁端面的剪力设计值应按下式进行调整：

$$V_b = \eta_{vb}\frac{M_b^l + M_b^r}{l_n} + V_{Gb} \tag{7.34}$$

9 度抗震设计时还要求用连梁实际抗弯配筋反算相应的剪力值，即

$$V_b = 1.1(M_{bua}^l + M_{bua}^r)/l_n + V_{Gb} \tag{7.35}$$

式中 M_b^l、M_b^r——分别为梁左、右端截面顺时针或逆时针方向的弯矩设计值；

M_{bua}^l、M_{bua}^r——分别为梁左、右端截面顺时针或逆时针方向实配的抗震受弯承载力所对应的弯矩值，应按实配钢筋面积（计入受压钢筋）和材料强度标准值并考虑承载力抗震调整系数计算；

l_n——连梁的净跨；

V_{Gb}——在重力荷载代表值作用下，按简支梁计算的两端截面剪力设计值。

η_{vb}——连梁剪力增大系数，一级取 1.3，二级取 1.2，三级取 1.1。

上述剪力调整时，由竖向荷载引起的剪力 V_{Gb} 可按简支梁计算的原因有两个：一个原因是对于连梁尚未完全开裂时，由于连梁两侧支座情况基本一致，按两端简支与按两端固支的计算结果是一致的；另一个原因是对于连梁开裂以后的情况，按两端简支计算竖向荷

载引起的剪力与实际情况是基本相符的。

7.3.2 连梁正截面承载力计算

剪力墙中的连梁受到弯矩、剪力和轴力的共同作用，由于轴力较小，常常忽略轴力而按受弯构件设计。连梁的抗弯承载力验算与普通的受弯构件相同。连梁一般采用对称配筋（$A_s=A_s'$），可按双筋截面验算。由于受压区很小，忽略混凝土的受压区贡献，通常采用简化计算公式：

$$M\leqslant f_s A_s(h_{b0}-a_s') \tag{7.36}$$

式中 A_s——纵向受拉钢筋面积；

h_{b0}——连梁截面有效高度；

a_s'——纵向受压钢筋合力点至截面近边的距离。

7.3.3 连梁斜截面承载力计算

大多数连梁的跨高比较小。在住宅、旅馆等建筑采用的剪力墙结构中，连梁的跨高比可能小于2.5，甚至接近于1。在水平荷载作用下，连梁两端的弯矩方向相反，剪切变形大，易出现剪切裂缝。尤其在小跨高比情况下，连梁的剪切变形更大，对连梁的剪切破坏影响更大。在反复荷载作用下，斜裂缝会很快扩展到全对角线上，发生剪切破坏，有时还会在梁的端部发生剪切滑移破坏。因此，在地震作用下，连梁的抗剪承载力会降低。连梁的抗剪承载力按式（7.37）至式（7.39）验算。

（1）无地震作用组合时：

$$V_b\leqslant 0.7f_t b_b h_{b0}+f_{yv}\frac{A_s}{s}h_{b0} \tag{7.37}$$

（2）有地震作用组合时：

当跨高比大于2.5时，有

$$V_b\leqslant\frac{1}{\gamma_{RE}}\left(0.42f_t b_b h_{b0}+f_{yv}\frac{A_s}{s}h_{b0}\right) \tag{7.38}$$

当跨高比不大于2.5时，有

$$V_b\leqslant\frac{1}{\gamma_{RE}}\left(0.38f_t b_b h_{b0}+0.9f_{yv}\frac{A_s}{s}h_{b0}\right) \tag{7.39}$$

式中 V_b——调整后的连梁剪力设计值；

b_b——连梁截面宽度。

此外，若连梁中的平均切应力过大，剪切斜裂缝就会过早出现，在箍筋未能充分发挥作用之前，连梁就已发生剪切破坏。试验研究表明：连梁截面上的平均切应力大小对连梁破坏性能影响较大，尤其在小跨高比条件下。因此，要限制连梁截面上的平均切应力，使连梁的截面尺寸不至于过小，对小跨高比的连梁限制应更严格，限制条件如下。

（1）无地震作用组合时：

$$V_b\leqslant 0.25\beta_c f_c b_b h_{b0} \tag{7.40}$$

（2）有地震作用组合时：

当跨高比大于 2.5 时，有

$$V_b \leqslant \frac{1}{\gamma_{RE}}(0.20\beta_c f_c b_b h_{b0}) \tag{7.41}$$

当跨高比不大于 2.5 时，有

$$V_b \leqslant \frac{1}{\gamma_{RE}}(0.15\beta_c f_c b_b h_{b0}) \tag{7.42}$$

7.3.4　连梁构造措施

连梁的配筋构造应满足下列要求（见图 7.12）：

(1) 连梁顶面、底面纵向受力钢筋伸入墙内的锚固长度，抗震设计时不应小于 l_{aE}；非抗震设计时不应小于 l_a，且不应小于 600mm。

(2) 抗震设计时，沿连梁全长的箍筋构造应按本书第 4 章中的框架梁梁端加密区箍筋的构造要求采用；非抗震设计时，沿连梁全长的箍筋直径不应小于 6mm，间距不应大于 150mm。

(3) 顶层连梁纵向钢筋伸入墙体的长度范围内，应配置间距不大于 150mm 的构造箍筋，箍筋直径应与该连梁的箍筋直径相同。

(4) 墙体水平分布钢筋应作为连梁的腰筋在连梁范围内拉通连续配置；当连梁截面高度大于 700mm 时，其两侧沿梁高范围设置的纵向构造钢筋（腰筋）的直径不应小于 8mm，间距不应大于 200mm；对跨高比不大于 2.5 的连梁，梁两侧的纵向构造钢筋（腰筋）的面积配筋率不应小于 0.3%。

由于布置管道的需要，有时需在连梁上开洞，在设计时需对削弱的连梁采取加强措施，对开洞处的截面进行承载力验算，并应满足下列要求：穿过连梁的管道宜预埋套管，洞口上、下有效高度不宜小于梁高的 1/3，且不宜小于 200mm，洞口处宜配置补强钢筋，可在洞口两侧各配置 2ϕ14 的钢筋，如图 7.13 所示。

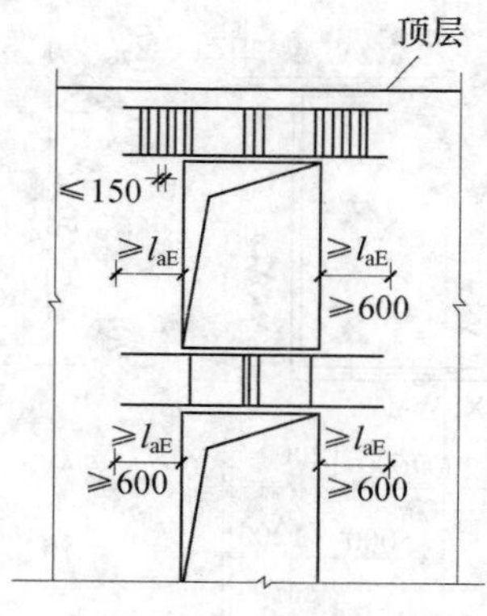

图 7.12　连梁配筋构造示意
（注　非抗震设计时图中 l_{ae} 取 l_a）

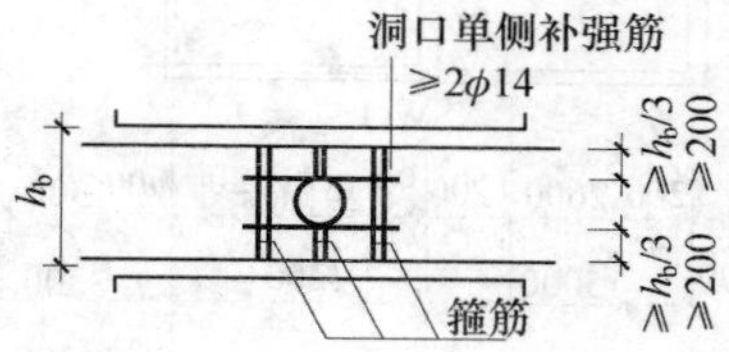

图 7.13　连梁洞口补强配筋示意

7.4 高层剪力墙结构设计例题

7.4.1 设计任务书

1. 工程概况

某高层住宅楼，采用剪力墙结构，地下 1 层，地上 15 层，1～15 层层高 2.8m，地下室层高 3.9m，电梯房高 3.2m，水箱高 3.1m，室内外高差 0.3m，阳台栏板顶高 1.1m，结构平面布置图如图 7.14 所示，设计使用年限为 50 年。

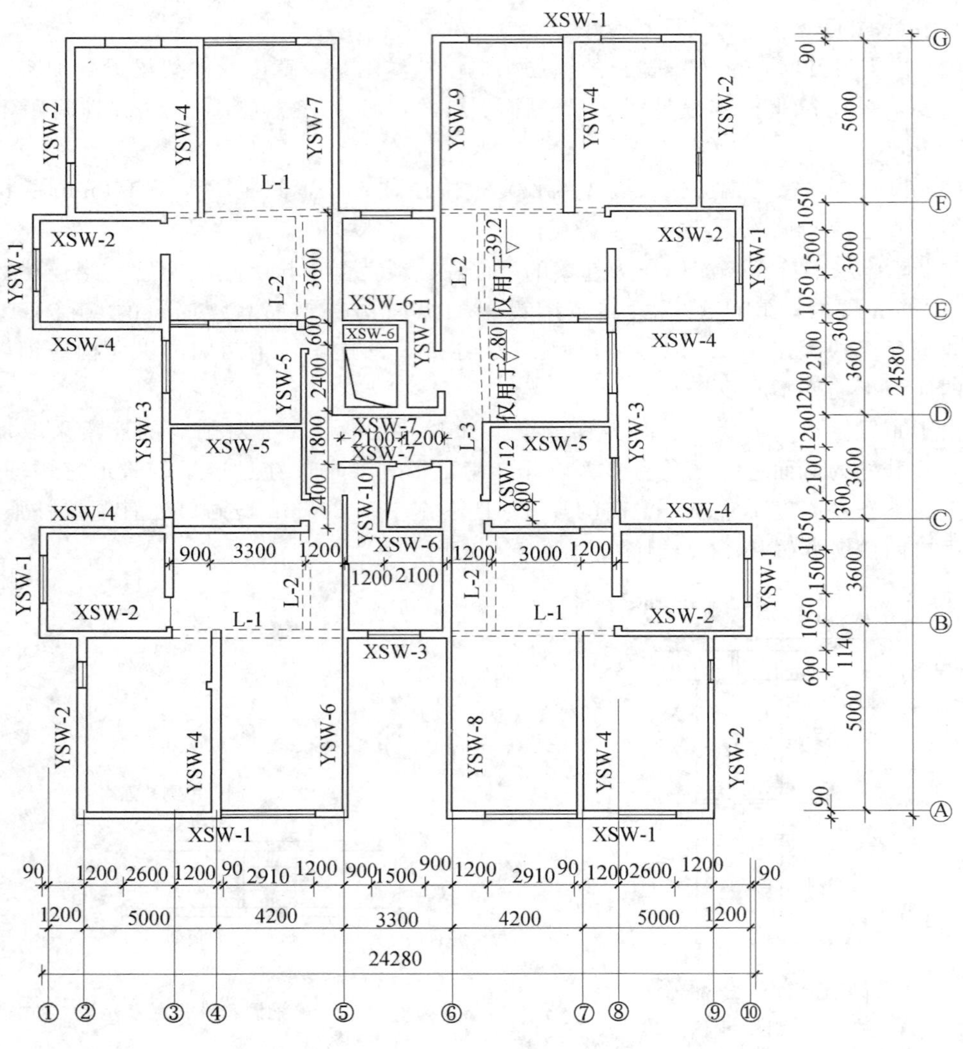

图 7.14 结构平面布置

2. 设计资料

（1）基本风压：0.35kN/m²；地面粗糙度类别为 C 类。

（2）基本雪压：0.45kN/m²。

（3）设防烈度为 7 度，设计分组为第一组，抗震设防类别为丙类。

（4）场地类别：Ⅱ类。

（5）剪力墙厚：地上 180mm；地下 250mm。

（6）轻质隔墙厚：120mm，按 1.2 kN/m² 计算。

（7）楼面做法：楼板厚 120mm，按地下室顶板厚 250mm，底板厚 400mm。各顶板做 20mm 厚水泥砂浆找平，地面装修重（标准值）按 0.6kN/m² 考虑，各底板粉 15mm 厚石灰砂浆。

（8）屋顶：不上人屋面，做法同楼面，但加做二毡三油防水层，再做 40mm 厚细石混凝土面层（内布铁丝网）。

（9）混凝土强度等级：C30。

（10）墙内纵向及水平钢筋：HRB335 级热轧钢筋。

3. 设计要求

手算荷载与内力，并为各剪力墙配筋，各片剪力墙尺寸如图 7.15 所示。只做水平方向抗震计算，不考虑扭转效应；不做基础设计。

7.4.2　剪力墙类型判别

剪力墙根据是否开洞和洞口大小，可以分为实体墙或整截面剪力墙、整体小开口剪力、双肢及多肢剪力墙和壁式框架。

整体小开口墙、双肢及多肢墙和壁式框架的分类界限可根据整体性系数 α、墙肢惯性矩的比值 I_n/I 及楼层层数确定。整体性系数 α、墙肢惯性矩的比值 I_n/I 可按本书 6.3 节式（6.7）计算。当 $\alpha \geqslant 10$ 且 $I_n/I \leqslant Z$ 时，为整体小开口墙；当 $\alpha \geqslant 10$ 且 $I_n/I > Z$ 时，为壁式框架；当 $1 \leqslant \alpha < 10$ 时，为双肢及多肢墙。

本例中，各片剪力墙经简化后的图形分别如图 7.15 所示。其中，XSW－2、XSW－5 和 XSW－6 为实体墙。XSW－1、XSW－3、XSW－4 和 XSW－7 在 x 方向的截面特征值如表 7.8 至表 7.10 所示。

为了简化计算，本设计满足《高规》（JGJ 3—2010）第 12.2.1 条的规定，取地下室顶板作为上部结构的嵌固部位。

由图 7.15 及表 7.10 可见，本剪力墙住宅由于墙体开洞不同，包含实体墙、整体小开口墙、双肢和壁式框架四种类型墙体，应按框架-剪力墙结构设计计算。

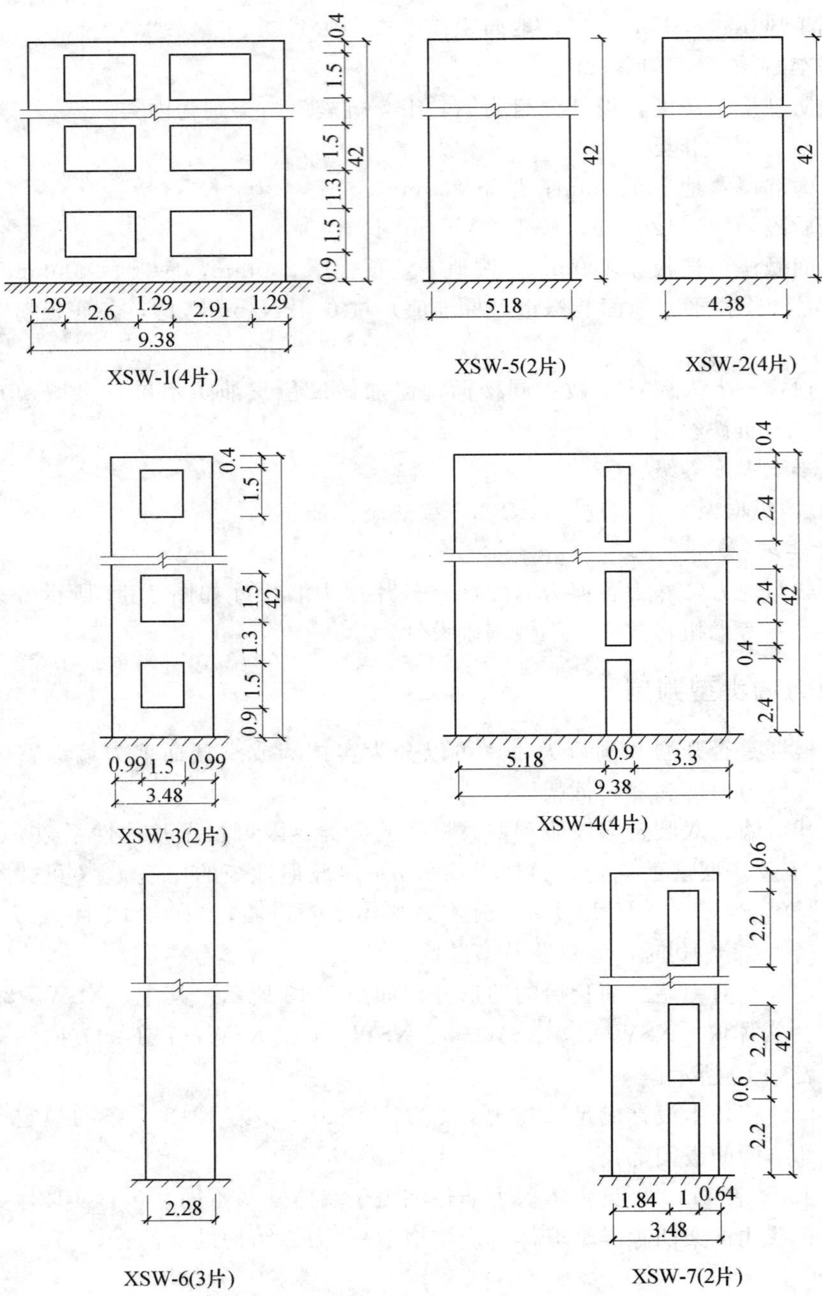

图 7.15 各片剪力墙的尺寸（单位：m）

表 7.8　　　XSW-1、XSW-3、XSW-4 和 XSW-7 的截面特征

编号	墙平面尺寸/m	各墙肢截面面积/m^2			各墙肢截面惯性矩/m^4			形心 x	组合截面惯性矩 I/m^4
		A_1	A_2	A_3	I_1	I_2	I_3		
XSW-1	1.29　2.6　1.29　2.91　1.29；9.38；0.18	0.2322	0.2322	0.2322	0.0322	0.0322	0.0322	4.638	7.6988
		$\sum A_j=0.6966$			$\sum I_j=0.0966$				
XSW-3	0.99　1.5　0.99；3.48；0.18	0.1782	0.1782		0.01455	0.01455		1.740	0.5815
		$\sum A_j=0.3564$			$\sum I_j=0.0291$				
XSW-4	5.18　0.9　3.3；9.38；0.18	0.9324	0.5940		2.0849	0.5391		4.590	12.2102
		$\sum A_j=1.5264$			$\sum I_j=2.6240$				
XSW-7	1.84　1.0　0.64；3.48；0.18	0.3312	0.1152		0.09344	0.00393		1.498	0.5262
		$\sum A_j=0.4464$			$\sum I_j=0.09737$				

表 7.9　　　XSW-1、XSW-3、XSW-4 和 XSW-7 的连梁折算惯性矩

编 号	l_{bj0}/m	h_b/m	l_{bj}/m	A_{bj}/m^2	μ	I_{bj0}/m^4	I_{bj}/m^4	A_j/m	$\sum_{j=1}^{k}\frac{I_{bj}\alpha_j^2}{l_{bj}^3}$
XSW-1	2.60	1.30	3.25	0.2340	1.2	0.03300	0.022290	3.89	0.01904
	2.91	1.30	3.56	0.2340	1.2	0.03300	0.023560	4.20	
XSW-3	1.50	1.30	2.15	0.2340	1.2	0.03300	0.015730	2.49	0.009813
XSW-4	0.90	0.40	1.10	0.0720	1.2	0.00096	0.000687	5.14	0.013640
XSW-7	1.00	0.60	1.30	0.1080	1.2	0.00324	0.001980	2.24	0.004522

表 7.10　　　XSW-1、XSW-3、XSW-4 和 XSW-7 的类型判别

编 号	$\sum I_j/m^4$	I/m^4	$I_n=I-\sum I_j/m^4$	$\sum_{j=1}^{k}\frac{I_{bj}\alpha_j^2}{l_{bj}^3}$	α	I_n/I	类型
XSW-1	0.09660	7.6988	7.6022	0.019040	$43>10$	$0.987>Z=0.916$	壁式框架
XSW-3	0.02910	0.5815	0.5524	0.009813	$52>10$	$0.950>Z=0.916$	壁式框架
XSW-4	2.62400	12.2102	9.5862	0.013640	$7.1<10$	$0.785<Z=0.969$	双肢墙
XSW-7	0.09737	0.5262	0.4288	0.004522	$20>10$	$0.815<Z=0.896$	整体小开口墙

注　$h=2.8m$，$H=42m$，$T=0.8$。

7.4.3 剪力墙刚度计算

1. 各片剪力墙刚度计算

（1）实体墙 XSW－2、XSW－5 和 XSW－6。

XSW－2、XSW－5 和 XSW－6 等效刚度如表 7.11 所示。

表 7.11　XSW－2、XSW－5 和 XSW－6 的等效刚度

编 号	H/m	$b\times h$/m²	A_w/m²	I_w/m⁴	μ	E_c/(×10⁷kN/m²)	E_cI_{eq}/(×10⁷kN·m²)
XSW－2	42	0.18×5.18	0.9324	2.0849	1.2	3.0	6.1702
XSW－5	42	0.18×4.38	0.7884	1.2604	1.2	3.0	3.7445
XSW－6	42	0.18×2.28	0.4104	0.1778	1.2	3.0	0.5320

（2）整体小开口墙 XSW－7。

A_w 和 I_w 按有洞段和无洞段沿竖向取加权平均值。

$$A_w=\frac{0.4464\times 2.2\times 15+0.18\times 3.48\times 0.6\times 15}{42}=0.4850\ (\text{m}^2)$$

$$I_w=\frac{0.5262\times 2.2\times 15+1/12\times 0.18\times 3.48^3\times 0.6\times 15}{42}=0.5489\ (\text{m}^4)$$

$$E_cI_{eq}=\frac{E_cI_w}{\left(1+\dfrac{9\mu I_w}{A_wH^2}\right)}=\frac{3\times 10^7\times 0.5489}{\left(1+\dfrac{9\times 1.2\times 0.5489}{0.4850\times 42^2}\right)}=1.6354\times 10^7\ (\text{kN}\cdot\text{m}^2)$$

（3）双肢墙 XSW－4。

$$D=\frac{2a^2I_b}{l_b^3}=\frac{2\times 5.14^2\times 0.000687}{1.1^3}=0.02727$$

$$\alpha_1^2=\frac{6H^2D}{h(I_1+I_2)}=\frac{6\times 42^2\times 0.02727}{2.8\times(2.0849+0.5391)}=39.28$$

$$T=\frac{\alpha_1^2}{\alpha^2}=\frac{39.28}{7.1^2}=0.779$$

$$\gamma^2=\frac{2.5\mu(I_1+I_2)}{H^2(A_1+A_2)}=\frac{2.5\times 1.2\times(2.0849+0.5391)}{42^2\times(0.9324+0.5940)}=0.002924$$

$$\psi_\alpha=\frac{60}{11}\times\frac{1}{\alpha^2}\times\left(\frac{2}{3}+\frac{2\text{sh}\alpha}{\alpha^3\text{ch}\alpha}-\frac{2}{\alpha^2\text{ch}\alpha}-\frac{\text{sh}\alpha}{\alpha\text{ch}\alpha}\right)=0.05749$$

$$E_cI_{eq}=\frac{E_c(I_1+I_2)}{1+T(\psi_\alpha-1)+3.64\gamma^2}=28.4776\times 10^7(\text{kN}\cdot\text{m}^2)$$

（4）壁式框架 XSW－1 和 XSW－3。

1）XSW－1。壁式框架柱轴线由剪力墙连梁和墙肢的形心轴线决定。图 7.16 为 XSW -1 计算简图，图 7.17 为壁式框架 XSW－1 的刚域长度。表 7.12 和表 7.13 分别计算壁梁和壁柱的等效刚度。表 7.14 和表 7.15 分别计算壁梁和壁柱的修正刚度，将壁式框架转化为等效截面杆件，然后计算 XSW－1 柱的侧移刚度（见表 7.16）。

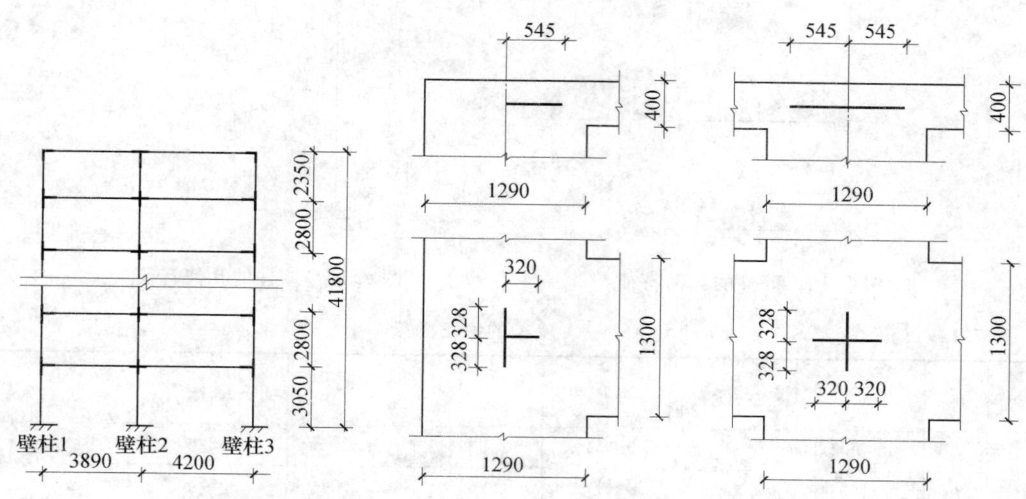

图 7.16　XSW－1 计算简图

图 7.17　XSW－1 的刚域长度

表 7.12　　XSW－1 壁梁的等效刚度计算

楼层	梁	$b_b \times h_b$/m²	I_b/m⁴	l_0/m	l/m	h_b/l_0	η_v	E_cI/ (×10⁴kN·m²)	K_b/ (×10⁴kN·m)
15 层	左	0.18×0.4	0.00096	2.80	3.89	0.14	0.938	7.2440	1.8622
	右			3.11	4.20	0.13	0.960	6.8097	1.6214
1～14 层	左	0.18×1.3	0.03295	3.25	3.89	0.40	0.680	115.2600	29.6300
	右			3.56	4.20	0.37	0.713	115.7300	27.5600

注　1. C30，$E_c=3\times10^7$kN/m²。

2. $E_cI=E_cI_b\eta_v(l/l_0)^3$。

3. $K_b=E_cI/l$。

4. 表中符号见图 7.18。

表 7.13　　XSW－1 壁柱的等效刚度计算

楼层	$b_c \times h_c$/m²	I_c/m⁴	h_0/m	h/m	h_c/h_0	η_v	E_cI/ (×10⁴kN·m²)	K_c/ (×10⁴kN·m)
15 层	0.18×1.29	0.0322	2.022	2.35	0.64	0.452	6.8545	29.168
2～14 层			2.144	2.80	0.60	0.480	10.3280	36.886
1 层			2.722	3.05	0.47	0.603	8.1946	26.868

注　1. $E_c=3\times10^7$kN/m²。

2. $E_cI=E_cI_c\eta_v(h/h_0)^3$。

3. $K_c=E_cI/h$。

4. 表中符号见图 7.19。

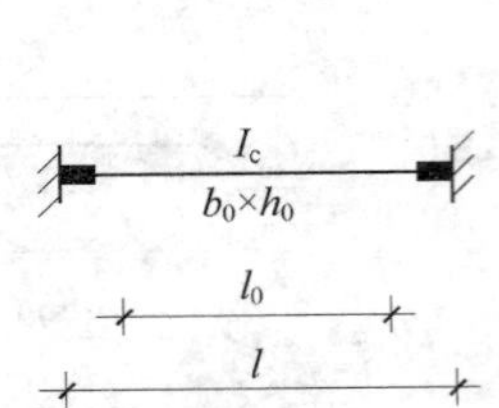

图 7.18　壁梁的几何特征

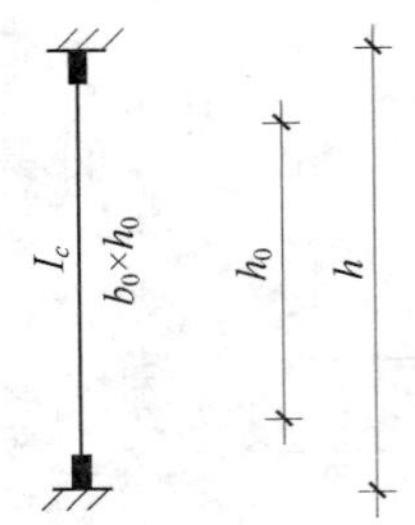

图 7.19　壁柱的几何特征

表 7.14　　XSW－1 壁梁的修正刚度

楼层	梁	a	b	β_i	c	c'	cK_b/($\times 10^4$kN·m)	$c'K_b$/($\times 10^4$kN·m)
15 层	左	0.1401	0.1401	0.1540	2.3236	2.3236	4.3265	4.3265
	右	0.1298	0.1298	0.1173	2.2051	2.2051	3.5753	3.5753
1～14 层	左	0.08226	0.08226	0.5596	1.0995	1.0995	32.5782	32.5782
	右	0.07619	0.07619	0.4683	1.1184	1.1184	30.8231	30.8231

表 7.15　　XSW－1 壁柱的修正刚度

楼层	a	b	β_i	c	c'	$\frac{c+c'}{2}K_c$/($\times 10^4$kN·m)
15 层	0.1396	0.0000	0.8664	0.7238	0.9586	24.5361
2～14 层	0.1171	0.1171	1.1611	1.0303	1.0303	38.0036
1 层	0.0000	0.1075	0.5716	0.9912	0.7988	24.0469

注　1. $\beta_i=\frac{12\mu EI}{GAl'^2}$。

2. $c=\frac{1+a-b}{(1+\beta_i)(1-a-b)^3}$。

3. $c'=\frac{1-a+b}{(1+\beta_i)(1-a-b)^3}$。

表 7.16　　XSW－1 壁柱的侧移刚度

楼层	h/m	K_c/($\times 10^4$kN·m)	柱号	$\overline{K}$	α_c	$D=\alpha_c K_c \frac{12}{h^2}$/($\times 10^5$kN/m)	$C_F=h\sum D$/($\times 10^5$kN)
15 层	2.35	24.5361	壁柱 1	$\frac{4.3265+32.5782}{2\times 24.5361}=0.7520$	0.2733	1.4571	11.9476
			壁柱 2	$\frac{4.3265+3.5753+32.5782+30.8231}{2\times 24.5361}=1.4530$	0.4208	2.2435	
			壁柱 3	$\frac{3.5753+30.8231}{2\times 24.5361}=0.7010$	0.2595	1.3835	

续表

楼层	h/m	K_c/(×10⁴kN·m)	柱号	$\overline{K}$	α_c	$D=\alpha_c K_c \frac{12}{h^2}$/(×10⁵kN/m)	$C_F=h\sum D$/(×10⁵kN)
2～14层	2.80	38.0036	壁柱1	$\frac{32.5782+32.5782}{2\times 38.0036}=0.8572$	0.3000	1.7451	16.9926
			壁柱2	$\frac{(32.5782+30.8231)\times 2}{2\times 38.0036}=1.6683$	0.4549	2.6454	
			壁柱3	$\frac{30.8231+30.8231}{2\times 38.0036}=0.8111$	0.2885	1.6782	
1层	3.05	24.0469	壁柱1	$\frac{32.5782}{24.0469}=1.3548$	0.5529	1.7151	16.7680
			壁柱2	$\frac{32.5782+30.8231}{24.0469}=2.6366$	0.6765	2.0985	
			壁柱3	$\frac{30.8231}{24.0469}=1.2818$	0.5429	1.6841	

2）XSW－3。图7.20为XSW－3的计算计算简图和刚域长度。XSW－3柱的侧移刚度如表7.17所示。

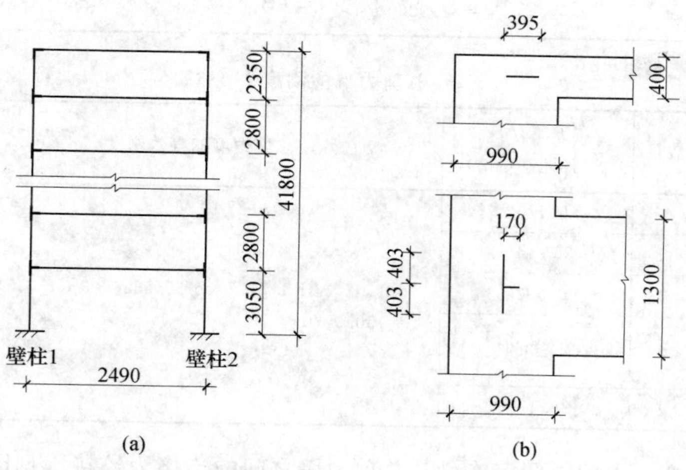

图7.20 XSW－3计算简图

（a）XSW－3壁式框架；（b）XSW－3刚域长度

表7.17 **XSW－3壁柱的侧移刚度**

楼层	h/m	K_c/(×10⁴kN·m)	$\overline{K}$	α_c	$D=\alpha_c K_c \frac{12}{h^2}$/(×10⁵ kN/m)	$C_F=h\sum D$/(×10⁵ kN)
15层	2.35	18.2924	0.8737	0.3041	1.2087	5.6790
2～14层	2.80	30.3221	0.8315	0.2937	1.3631	7.6334
1层	3.05	16.3193	1.5512	0.5776	1.2159	7.4170

2. 总框架、总剪力墙的刚度与刚度特征值

框架-剪力墙结构的内力计算分两步进行：第一步要将各榀框架合并成一榀总框架，将各片剪力墙合并成一片总剪力墙，对总框架和总剪力墙协同工作分析，将水平荷载和地震作用分配给总框架和总剪力墙；第二步是将总框架和总剪力墙上的水平荷载和地震作用按刚度分配给每一榀框架和每一片剪力墙，并对每一榀框架和每一片剪力墙在水平荷载和地震作用下的内力进行分析，然后与竖向荷载作用下的内力进行组合与配筋。总框架的刚度等于各榀框架的刚度之和。总剪力墙的刚度等于每片剪力墙的刚度之和。本例中总框架和总剪力墙的刚度如表 7.18 和表 7.19 所示。

表 7.18　　总壁式框架的剪切刚度

楼层	h/m	C_F/($\times10^5$kN) XSW－1（4片）	XSW－3（2片）	框架各层剪切刚度/($\times10^5$kN)	总框架剪切刚度/($\times10^5$kN)
15层	2.35	11.9476	5.6790	11.9476×4＋5.6790×2 ＝56.1484	$\frac{59.1484\times2.35+83.4388\times2.8\times13+81.906\times3.05}{2.35+2.8\times13+3.05}$ ＝81.9613
2～14层	2.80	17.0430	7.6334	17.0430×4＋7.6334×2 ＝83.4388	
1层	3.05	16.7680	7.4170	16.76680×4＋7.4170×2 ＝81.9060	

表 7.19　　总剪力墙的刚度

编号	类型	数量	E_cI_{eq}/($\times10^7$kN·m^2)	总剪力墙的等效刚度/($\times10^7$kN·m^2)
XSW－2	实体墙	4	6.1702	6.1702×4＋3.7445×2＋0.5320×3＋1.6354×2＋28.4776×4 ＝150.9470
XSW－5		2	3.7445	
XSW－6		3	0.5320	
XSW－7	整体小开口墙	2	1.6354	
XSW－4	双肢墙	4	28.4776	

为了简化计算，本例中假定连梁与总剪力墙之间的连接为铰接（见图 7.21），则刚度特征值为

$$\lambda=H\sqrt{\frac{C_F}{E_cI_{eq}}}=42\times\sqrt{\frac{81.9613\times10^5}{150.9470\times10^7}}=3.09$$

7.4.4　荷载计算

1. 重力荷载标准值的计算

为了方便今后的内力组合，荷载宜按标准值计算。

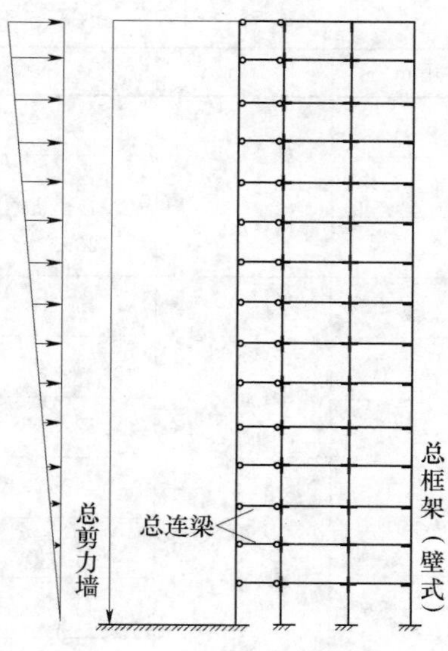

图 7.21　框架、剪力墙协同工作分析的计算简图

(1) 屋面及楼面荷载标准值。

1) 楼面及屋面的永久荷载标准值。经计算，楼面为 4.255kN/m²，屋面为 5.555kN/m²。

2) 楼面活荷载标准值取 2.0kN/m²。

3) 不上人屋面活荷载标准值取 0.5kN/m²。

4) 雪荷载标准值。本地区基本雪压 $S_k=0.45\text{kN/m}^2$，查《建筑结构荷载规范》（GB 50009—2012）知，本建筑屋面积雪分布系数 $\mu_r=1.0$，则雪荷载标准值为 $S_k=\mu_r S_0=1.0\times0.45=0.45$（kN/m²）。

(2) 梁自重、墙体自重标准值。

1) 梁自重。250mm×400mm 梁为 1.893kN/m²，250mm×550mm 梁为 2.907kN/m²。

2) 墙自重。外墙为 5.38kN/m²，内墙为 5.004kN/m²，隔墙为 1.200kN/m²，女儿墙为 3.36kN/m²，女儿墙构造柱（粉刷）为 0.842kN/m²。

(3) 门窗重量标准值。木门取 0.2kN/m²，铝合金门取 0.4kN/m²，塑钢窗取 0.45kN/m²，普通钢板门取 0.45kN/m²，乙级防火门取 0.45kN/m²。

(4) 设备重量标准值。电梯桥箱及设备重取 200kN，水箱及设备取 300kN。

2. 风荷载标准值计算

$w_0=0.35\text{kN/m}^2$，本建筑风荷载体型系数按图 7.22 及图 7.23 取用。

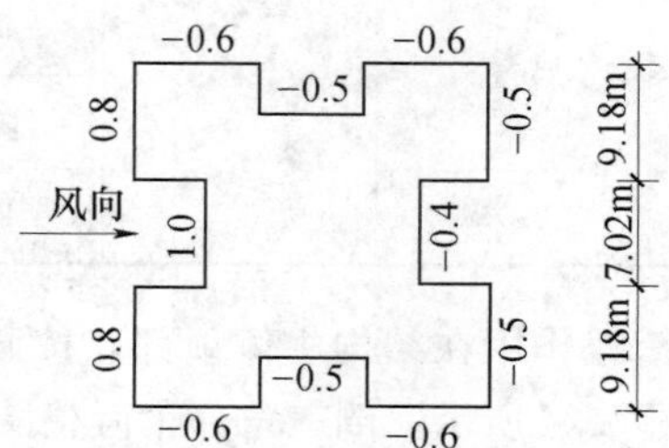

图 7.22　楼层风荷载体型系数

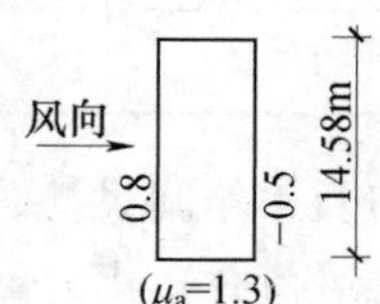

图 7.23　机房、水箱间风荷载体型系数

楼层：　　　$\mu_s B=(1.0+0.40)\times7.02+(0.8+0.5)\times9.18\times2=33.70(\text{m})$

机房、水箱间：　$\mu_s B=1.3\times14.58=18.95$（m）

由于本建筑质量和刚度沿建筑高度分布较均匀，高度 $H=42+0.3=42.3(\text{m})>30\text{m}$，而且高宽比 $H/B=42.3/24.28=1.742>1.5$，且结构自振周期 $T=0.05n=0.75(\text{s})>0.25\text{s}$，所以按式（3.3）计算风振系数。风荷载标准值计算公式为 $F_i=\beta_z\mu_s Bh_i\mu_z\omega_0$，各楼层风荷载标准值如表 7.20 所示。

表 7.20　　各楼层风荷载计算

<table>
<tr><th>楼层</th><th>H_i/m</th><th>μ_z</th><th>β_z</th><th>h_i/m</th><th>$\mu_s B$/m</th><th>F_i/kN</th></tr>
<tr><td>水箱间</td><td>50.3</td><td>1.25</td><td>1.55</td><td>2.15</td><td rowspan="3">18.95</td><td>27.63</td></tr>
<tr><td>机房</td><td>47.2</td><td>1.22</td><td>1.53</td><td>4.00</td><td>49.52</td></tr>
<tr><td rowspan="2">15 层</td><td rowspan="2">42.3</td><td rowspan="2">1.16</td><td rowspan="2">1.50</td><td>2.45</td><td>28.27</td></tr>
<tr><td>2.40</td><td rowspan="15">33.70</td><td>49.26</td></tr>
<tr><td>14 层</td><td>39.5</td><td>1.12</td><td>1.48</td><td rowspan="13">2.80</td><td>54.74</td></tr>
<tr><td>13 层</td><td>36.7</td><td>1.09</td><td>1.46</td><td>52.56</td></tr>
<tr><td>12 层</td><td>33.9</td><td>1.05</td><td>1.44</td><td>49.94</td></tr>
<tr><td>11 层</td><td>31.1</td><td>1.01</td><td>1.42</td><td>47.37</td></tr>
<tr><td>10 层</td><td>28.3</td><td>0.97</td><td>1.40</td><td>44.85</td></tr>
<tr><td>9 层</td><td>25.5</td><td>0.93</td><td>1.37</td><td>42.09</td></tr>
<tr><td>8 层</td><td>22.7</td><td>0.88</td><td>1.35</td><td>39.23</td></tr>
<tr><td>7 层</td><td>19.9</td><td>0.84</td><td>1.32</td><td>36.62</td></tr>
<tr><td>6 层</td><td>17.1</td><td>0.78</td><td>1.30</td><td>33.49</td></tr>
<tr><td>5 层</td><td>14.3</td><td>0.74</td><td>1.26</td><td>30.79</td></tr>
<tr><td>4 层</td><td>11.5</td><td>0.74</td><td>1.21</td><td>29.57</td></tr>
<tr><td>3 层</td><td>8.7</td><td>0.74</td><td>1.16</td><td>28.35</td></tr>
<tr><td>2 层</td><td>5.9</td><td>0.74</td><td>1.11</td><td>27.13</td></tr>
<tr><td>1 层</td><td>3.1</td><td>0.74</td><td>1.06</td><td>2.95</td><td>27.29</td></tr>
</table>

由于电梯机房及水箱间风荷载不大，不作为集中荷载作用在结构主体顶部，按照结构底部弯矩等效将各层风荷载转化为倒三角分布荷载，如图 7.24 所示。倒三角分布荷载最大值为

$$q_{\max}=3\frac{\sum F_i H_i}{H^2}=3\times\frac{19860.54}{42^2}=33.78(\mathrm{kN/m})$$

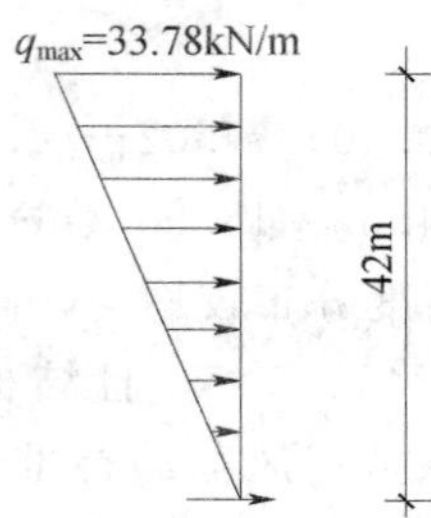

图 7.24　转化为倒三角荷载

各层风荷载在底部产生的弯矩如表 7.21 所示。

表 7.21　各层风荷载在底部产生的弯矩

楼　层	H_i/m	F_i/kN	$M_i=F_iH_i$/(kN·m)	楼　层	H_i/m	F_i/kN	$M_i=F_iH_i$/(kN·m)
水箱间	50	27.63	1381.50	8 层	22.4	39.23	878.75
机房	46.9	49.52	2324.49	7 层	19.6	36.62	717.75
15 层	42	77.53	3256.26	6 层	16.8	33.49	562.63
14 层	39.2	54.74	2145.81	5 层	14	30.79	431.06
13 层	36.4	52.56	1913.81	4 层	11.2	29.57	331.18
12 层	33.6	49.94	1677.98	3 层	8.4	28.35	238.14
11 层	30.8	47.37	1459.00	2 层	5.6	27.13	151.93
10 层	28	44.85	1255.80	1 层	2.8	27.29	76.41
9 层	25.2	42.09	1060.67	合计			19860.54

7.4.5　水平地震作用计算

1. 重力荷载代表值计算

经计算，1～14 层重力荷载代表值 $G_1 \sim G_{14}$ 为 6311kN（设计值为 8332kN），15 层 G_{15} 为 6270kN（设计值为 7784kN），16 层 G_{16} 为 1894kN（设计值为 2385kN），水箱间 G_{17} 为 911kN（设计值为 1167kN）。

重力荷载代表值 $G_1 \sim G_{17}$ 的位置如图 7.25 所示。

2. 结构基本自振周期计算

按照结构主体顶点位移相等的原则，将电梯间、水箱间质点的重力荷载代表值折算到主体顶层，并将各质点重力荷载代表值转化为均布荷载（见图 7.26）。

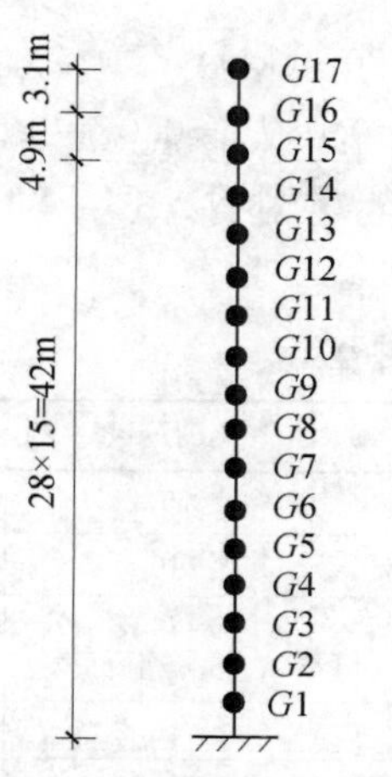

图 7.25　重力荷载代表值

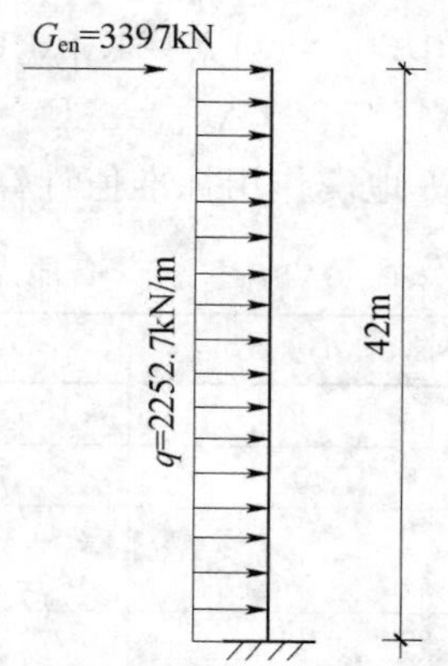

图 7.26　转化为均布荷载

$$G_{en}=G_{16}\left(1+\frac{3}{2}\frac{h_1}{H}\right)+G_{17}\left(1+\frac{3}{2}\frac{h_1+h_2}{H}\right)$$
$$=1894\times\left(1+\frac{3}{2}\times\frac{4.9}{42}\right)+911\times\left(1+\frac{3}{2}\times\frac{4.9+3.1}{42}\right)$$
$$=3397\ (\text{kN})$$
$$q=\sum_{i=1}^{15}G_i/H=\frac{6311\times14+6270}{42}=2253.0(\text{kN/m})$$

均布荷载作用下结构顶点的位移为

$$u_q=\frac{1}{\lambda^4}\left[\frac{\lambda \text{sh}\lambda+1}{\text{ch}\lambda}(\text{ch}\lambda-1)-\lambda\text{sh}\lambda+\frac{\lambda^2}{2}\right]\frac{qH^4}{EI_{eq}}=0.133\ (\text{m})$$

集中荷载作用下结构顶点位移：

$$u_{G_{en}}=\frac{1}{\lambda^3}(\lambda-\text{th}\lambda)\frac{G_{en}H^3}{EI_{eq}}=0.012\ (\text{m})$$
$$u_T=u_q+u_{G_{en}}=0.145\ (\text{m})$$

结构基本自振周期为

$$T_1=1.7\psi_T\sqrt{u_T}=1.7\times0.9\times\sqrt{0.145}=0.58\ (\text{s})$$

3. 地震作用计算

我国《抗震规范》(GB 50011—2010) 指出，建筑结构的抗震计算应根据情况的不同采用底部剪力法或振型分解反应谱法计算，特别不规则的建筑、甲类建筑等，尚应采用时程分析法进行多遇地震下的补充计算。考虑到本建筑高度只有 42 m，刚度特征值 λ 较大，结构因开洞较大使框架特性较强和底部剪力法计算起来较简单等原因，所以采用底部剪力法计算地震作用。

根据Ⅱ类场地，7 度抗震，设计分组为第一组，查《抗震规范》(GB 50011—2010) 得，$T_g=0.35\text{s}$，$\alpha_{max}=0.08$，取 $\zeta=0.05$，则 $\eta_2=1.0$，$\gamma=0.9$，有

$$\alpha=\left(\frac{T_g}{T}\right)^{\gamma}\eta_2\alpha_{max}=\left(\frac{0.4}{0.66}\right)^{0.9}\times1.0\times0.08=0.0508$$

$$G_{eq}=0.85G_E=0.85\sum_{j=1}^{17}G_j=0.85\times(6311\times14+6270+1894+911)=82816\ (\text{kN})$$

结构总水平地震作用标准值为

$$F_{Ek}=\alpha_1G_{eq}=0.0508\times82816=4207\ (\text{kN})$$

因为 $T_1=0.58s>1.4T_g=1.4\times0.35=0.49$ (s)，$\delta_n=0.08T_1+0.07=0.1164$，所以，

$$\Delta F_n=\delta_nF_{Ek}=0.1164\times4207=489.7\ (\text{kN})$$

各质点水平地震作用标准值计算如表 7.22 所示。

表 7.22 各质点水平地震作用标准值计算

质点	G_i/kN	H_i/m	G_iH_i/(kN·m)	F_i/kN	F_iH_i/(kN·m)
17	911	50.0	45550	75.2	
16	1894	46.9	88828.6	146.6	
15	6270	42.0	263340.0	434.5 ($\Delta F_n=489.7$)	18249
14	6311	39.2	247391.2	418.2	16001
13	6311	36.4	229720.4	379.1	13799

续表

质点	G_i/kN	H_i/m	G_iH_i/(kN·m)	F_i/kN	F_iH_i/(kN·m)
12	6311	33.6	212049.6	349.9	11757
11	6311	30.8	194378.8	320.8	9881
10	6311	28.0	176708.0	291.6	8165
9	6311	25.2	159037.2	262.4	6612
8	6311	22.4	141366.4	233.2	5226
7	6311	19.6	123695.6	204.1	4000
6	6311	16.8	106024.8	175.0	2940
5	6311	14.0	88354.0	145.8	2041
4	6311	11.2	70683.2	116.6	1306
3	6311	8.40	53012.4	87.5	735
2	6311	5.60	35341.6	58.3	326
1	6311	2.80	17670.8	29.2	82
	$\sum G_i=97429$		$\sum G_iH_i=2253152.6$		$\sum F_iH_i=101120$

注 重力荷载设计值 127984kN。

将电梯机房和水箱间质点的地震作用移至主体顶层，并附加一弯矩 M_1。

$$F_e=F_{16}+F_{17}=146.6+75.2=221.8\ (\text{kN})$$

$$M_1=146.6\times4.9+75.2\times(4.9+3.1)=1320\ (\text{kN}\cdot\text{m})$$

再按照结构底部弯矩等效原则，将 $F_1\sim F_{15}$ 和附加弯矩 M_1 转化为等效倒三角形分布荷载，$F_e+\Delta F_n=221.8+489.7=711.5$ (kN)，作用于房屋顶部（见图7.27）。

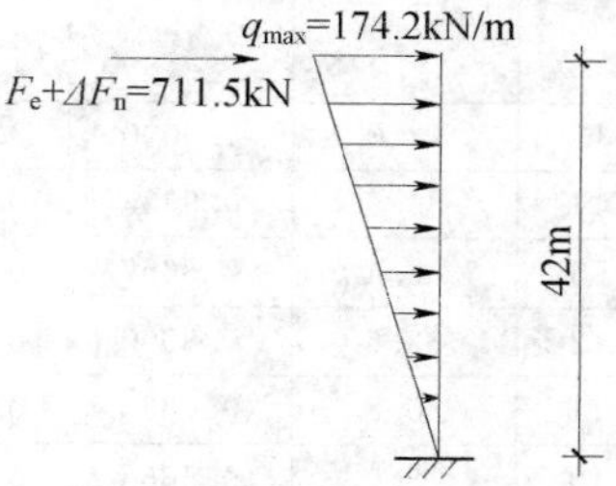

$$q_{\max}=3\times\frac{M_1+\sum_{j=1}^{15}F_iH_i}{H^2}=3\times\frac{1320+101120}{42^2}=174.2\ (\text{kN/m})$$

$q_{\max}$=174.2kN/m

$F_e+\Delta F_n$=711.5kN

42m

图7.27 转化为倒三角形分布荷载

7.4.6 结构水平位移验算

1. 风荷载作用下（倒三角形荷载）任一点位移

$$y=\frac{1}{\lambda^2}\left[\left(\frac{1}{\lambda^2}+\frac{\text{sh}\lambda}{2\lambda}-\frac{\text{sh}\lambda}{\lambda^3}\right)\left(\frac{\text{ch}\lambda\xi-1}{\text{ch}\lambda}\right)+\left(\frac{1}{2}-\frac{1}{\lambda^2}\right)\left(\xi-\frac{\text{sh}\lambda\xi}{\lambda}\right)-\frac{\xi^3}{6}\right]\frac{q_{\max}H^4}{EI_{eq}}$$

$$=\frac{1}{3.09^2}\times\left[\left(\frac{1}{3.09^2}+\frac{\text{sh}3.09}{2\times3.09}-\frac{\text{sh}3.09}{3.09^3}\right)\left(\frac{\text{sh}3.09\xi-1}{\text{ch}3.09}\right)+\left(\frac{1}{2}-\frac{1}{3.09^2}\right)\left(\xi-\frac{\text{sh}3.09\xi}{3.09}\right)-\frac{\xi^3}{6}\right]\times\frac{33.78\times42^4}{150.947\times10^7}$$

$$=0.0072932[0.1369(\text{ch}3.09\xi-1)+0.3953(\xi-0.3236\text{sh}3.09\xi)-0.1667\xi^3]$$

2. 水平地震作用下任一点位移

(1) 倒三角形荷载作用下：

$$y=\frac{1}{\lambda^2}\left[\left(\frac{1}{\lambda^2}+\frac{\text{sh}\lambda}{2\lambda}-\frac{\text{sh}\lambda}{\lambda^3}\right)\left(\frac{\text{ch}\lambda\xi-1}{\text{ch}\lambda}\right)+\left(\frac{1}{2}-\frac{1}{\lambda^2}\right)\left(\xi-\frac{\text{sh}\lambda\xi}{\lambda}\right)-\frac{\xi^3}{6}\right]\frac{q_{\max}H^4}{EI_{\text{eq}}}$$

$$=\frac{1}{3.09^2}\times\left[\left(\frac{1}{3.09^2}+\frac{\text{sh}3.09}{2\times3.09}-\frac{\text{sh}3.09}{3.09^3}\right)\left(\frac{\text{sh}3.09\xi-1}{\text{ch}3.09}\right)\right.$$

$$\left.+\left(\frac{1}{2}-\frac{1}{3.09^2}\right)\left(\xi-\frac{\text{sh}3.09\xi}{3.09}\right)-\frac{\xi^3}{6}\right]\times\frac{174.2\times42^4}{150.947\times10^7}$$

$$=0.03761[0.1369(\text{ch}3.09\xi-1)+0.3953(\xi-0.3311\text{sh}3.09\xi)-0.1667\xi^3]$$

（2）顶点集中荷载作用下：

$$y=\frac{1}{\lambda^3}[(\text{ch}\lambda\xi-1)\text{th}\lambda-\text{sh}\lambda\xi+\lambda\xi]\frac{FH^3}{E_cI_{\text{eq}}}$$

$$=\frac{1}{3.09^3}\times[(\text{ch}3.09\xi-1)\text{th}3.09-\text{sh}3.09\xi+3.09\xi]\times\frac{711.5\times42^3}{150.947\times10^7}$$

$$=0.0011836[0.9959(\text{ch}3.09\xi-1)-\text{sh}3.09\xi+3.09\xi]$$

表 7.23　结构在风荷载及水平地震作用下位移验算

楼层	H_i/m	$\xi=H_i/42$	风荷载作用		水平地震作用			
			y_i/m	$\Delta u=y_i-y_{i-1}$/m	倒三角形荷载 y_i/m	集中荷载 y_i/m	总位移 y_i/m	$\Delta u=y_i-y_{i-1}$/m
15	42.0	1.0000	0.00143	0.00009	0.00739	0.00248	0.00987	0.00068
14	39.2	0.9333	0.00134	0.00009	0.00693	0.00226	0.00919	0.00069
13	36.4	0.8667	0.00125	0.00009	0.00646	0.00204	0.00850	0.00072
12	33.6	0.8000	0.00116	0.00011	0.00596	0.00182	0.00778	0.00075
11	30.8	0.7333	0.00105	0.00011	0.00543	0.00160	0.00703	0.00077
10	28.0	0.6667	0.00094	0.00011	0.00487	0.00139	0.00626	0.00079
9	25.2	0.6000	0.00083	0.00012	0.00428	0.00119	0.00547	0.00082
8	22.4	0.5333	0.00071	0.00012	0.00366	0.00099	0.00465	0.00081
7	19.6	0.4667	0.00059	0.00012	0.00304	0.00080	0.00384	0.00079
6	16.8	0.4000	0.00047	0.00012	0.00243	0.00062	0.00305	0.00076
5	14.0	0.3333	0.00035	0.00010	0.00183	0.00046	0.00229	0.00076
4	11.2	0.2667	0.00025	0.00010	0.00127	0.00026	0.00153	0.00058
3	8.4	0.2000	0.00015	0.00008	0.00077	0.00018	0.00095	0.00049
2	5.6	0.1333	0.00007	0.00005	0.00037	0.00009	0.00046	0.00034
1	2.8	0.0667	0.00002	0.00002	0.00010	0.00002	0.00012	0.00012

由表 7.23 可知，风荷载作用下，$\frac{\Delta u}{h}=\frac{0.00012}{2.8}=\frac{1}{23333}<\left[\frac{\Delta u}{h}\right]=\frac{1}{1000}$，满足要求。

水平地震作用下，$\frac{\Delta u}{h}=\frac{0.00082}{2.8}=\frac{1}{3415}<\left[\frac{\Delta u}{h}\right]=\frac{1}{1000}$，满足要求。

7.4.7　刚重比和剪重比验算

1. 刚重比验算

由图 7.27 可知，地震作用的倒三角形分布荷载的最大值为 $q=174.2$kN/m。倒三角形荷载作用下结构顶点质心的弹性水平位移已由表7.23求得，其值为$u=0.00987\text{m}$。

结构一个主轴方向的弹性等效侧向刚度，可按倒三角形分布荷载作用下结构顶点位移相等的原则，将结构的侧向刚度折算为竖向悬臂受弯构件的等效侧向刚度，按下式计算：

$$EJ_{\text{d}}=\frac{11qH^4}{120u}=\frac{11\times 174.2\times 42}{120\times 0.00987}=5.0343\times 10^9\ (\text{kN}\cdot\text{m}^2)$$

$$\frac{EJ_{\text{d}}}{H^2\sum_{i=1}^{n}G_i}=\frac{5.0343\times 10^9}{42^2\times 127984}=22.3>2.7$$

满足刚重比要求，可不考虑重力二阶效应的不利影响。

2. 剪重比验算

由表3.13可知，对本设计的房屋，要求的楼层最小地震剪力系数值为$\lambda=0.016$。

由本章7.4.5可知，地震作用下底部的总剪力标准值为$V_{\text{Ek1}}=F_{\text{Ek}}=4207\text{kN}$。底层的重力荷载代表值为$\sum_{i=1}^{n}G_i=97429\text{kN}$。剪重比为$V_{\text{Ek1}}/\sum_{i=1}^{n}G_i=4207/97429=0.043>0.016$，满足式（3.15）要求。因此，结构水平地震剪力不必调整。

7.4.8 水平地震作用下结构内力设计值计算

1. 总剪力墙、总框架内力设计值计算

（1）倒三角形荷载作用下：

$$q_{\max}=1.3\times 174.2=226.5\ (\text{kN/m})$$

$$\begin{aligned}V_{\text{W}}&=\frac{1}{\lambda^2}\left[1+\left(\frac{\lambda^2}{2}-1\right)\text{ch}\lambda\xi-\left(\frac{\lambda^2\text{sh}\lambda}{2}-\text{sh}\lambda+\lambda\right)\frac{\text{sh}\lambda\xi}{\text{ch}\lambda}\right]q_{\max}H\\&=\frac{1}{3.09^2}\times\left[1+\left(\frac{3.09^2}{2}-1\right)\times\text{ch}3.09\xi\right.\\&\quad\left.-\left(\frac{3.09^2\times\text{sh}3.09}{2}-\text{sh}3.09+3.09\right)\frac{\text{sh}3.09\xi}{\text{ch}3.09}\right]\times 226.5\times 42\\&=996.3(1+3.7741\text{ch}3.09\xi-4.0391\text{sh}3.09\xi)\end{aligned}$$

$$\begin{aligned}V_{\text{f}}&=\frac{1}{2}(1-\xi^2)q_{\max}H-V_{\text{W}}\\&=\frac{1}{2}\times(1-\xi^2)\times 226.5\times 42-V_{\text{W}}\\&=4756.5\times(1-\xi^2)-V_{\text{W}}\end{aligned}$$

$$\begin{aligned}M_{\text{W}}&=\frac{1}{\lambda^2}\left[\left(\frac{\lambda^2\text{sh}\lambda}{2}-\text{sh}\lambda+\lambda\right)\frac{\text{ch}\lambda\xi}{\text{ch}\lambda}-\left(\frac{\lambda^2}{2}-1\right)\text{sh}\lambda\xi-\lambda\xi\right]q_{\max}H^2\\&=\frac{1}{3.09^2}\times\left[\left(\frac{3.09^2\times\text{sh}3.09}{2}-\text{sh}3.09+3.09\right)\frac{\text{ch}3.09\xi}{\text{ch}3.09}\right.\\&\quad\left.-\left(\frac{3.09^2}{2}-1\right)\times\text{sh}3.09\xi-3.09\xi\right]\times 226.5\times 42^2\\&=41845.6(4.0391\text{ch}3.09\xi-3.7741\text{sh}3.09\xi-3.09\xi)\end{aligned}$$

（2）顶点集中荷载作用下：

$$F=1.3\times 711.5=925.0\ (\text{kN})$$

$$\begin{aligned}V_{\text{W}}&=(\text{ch}\lambda\xi-\text{th}\lambda\,\text{sh}\lambda\xi)F\\&=(\text{ch}3.09\xi-\text{th}3.09\times\text{sh}3.09\xi)\times 925.0\end{aligned}$$

$$=925(\mathrm{ch}3.09\xi-0.9959\mathrm{sh}3.09\xi)$$

$$V_f=F-V_W=925.0-V_W$$

$$M_W=\frac{1}{\lambda}(\mathrm{th}\lambda\mathrm{ch}\lambda\xi-\mathrm{sh}\lambda\xi)FH$$

$$=\frac{1}{3.09}\times(\mathrm{th}3.09\times\mathrm{ch}3.09\xi-\mathrm{sh}3.09\xi)\times925.0\times42$$

$$=12572.8(0.9959\mathrm{ch}3.09\xi-\mathrm{sh}3.09\xi)$$

总剪力墙、总框架各层内力计算如表 7.24 所示。

表 7.24　　水平地震作用下总剪力墙-总框架各层内力设计值计算

楼层	H_i/m	$\xi=H_i/42$	倒三角形荷载作用下			顶点集中荷载作用下			总内力		
			V_W/kN	M_W/(kN·m)	V_f/kN	V_W/kN	M_W/(kN·m)	V_f/kN	V_W/kN	M_W/(kN·m)	V_f/kN
15	42.0	1.000	−1727.8	0.0	1727.8	83.7	0.0	841.3	−1644.1	0.0	2569.1
14	39.2	0.9333	−1147.0	−12343.4	1763.0	85.5	240.4	839.5	−1061.5	−12103.0	2602.5
13	36.4	0.867	−658.0	−20160.3	1839.1	91.0	486.8	834.0	−567.0	−19673.5	2673.1
12	33.6	0.800	−238.6	−23947.6	1950.9	100.5	754.9	824.5	−138.1	−23201.7	2775.4
11	30.8	0.733	127.8	−24362.1	2073.1	114.1	1053.9	810.9	241.9	−23308.2	2884.0
10	28.0	0.667	456.3	−21911.5	2184.1	132.5	1396.2	792.5	588.8	−20515.3	2976.6
9	25.2	0.600	762.9	−16577.6	2281.3	156.7	1800.3	768.3	919.6	−14777.0	3049.6
8	22.4	0.533	1059.2	−8656.6	2346.0	187.5	2280.1	737.5	1246.7	−6376.5	3083.5
7	19.6	0.467	1358.1	1712.0	2361.1	226.2	2857.1	698.8	1584.3	4569.1	3059.9
6	16.8	0.400	1673.0	14867.6	2322.5	274.8	3557.5	650.2	1947.8	18425.1	2972.7
5	14.0	0.333	2016.1	30831.5	2213.0	334.9	4407.1	590.1	1351.0	35238.6	2803.1
4	11.2	0.267	2402.4	49816.3	2015.1	409.2	5444.4	515.8	2811.6	55260.7	2530.8
3	8.4	0.200	2849.3	72538.2	1716.9	501.1	6715.0	423.9	3350.4	79253.2	2140.8
2	5.6	0.133	3375.2	99457.9	1297.2	614.3	8272.2	310.7	3989.5	107730.1	1607.9
1	2.8	0.067	4001.1	131169.2	734.0	753.5	1177.8	171.5	4754.6	141347.0	905.5
	0.0	0.0	4756.5	169018.6	0.0	925.0	12521.3	0.0	5681.5	181539.9	0.0

2. 剪力墙内力设计值计算

(1) 将总剪力墙内力向各片剪力墙分配。根据各片剪力墙的等效刚度与总剪力墙等效刚度的比值，将总剪力墙内力分配给各片剪力墙，如表 7.25 和表 7.26 所示。

表 7.25　　各片剪力墙等效刚度比

墙编号	XSW-2	XSW-5	XSW-6	XSW-7	XSW-4	总剪力墙
等效刚度/($\times10^7$ kN·m^2)	6.1702	3.7445	0.5320	1.6354	28.4776	150.947
等效刚度比	0.04083	0.02481	0.00352	0.01083	0.18866	

表 7.26 水平地震作用各片剪力墙分配的内力设计值

楼层	ξ	总剪力墙		XSW-2（实体墙）		XSW-5（实体墙）		XSW-6（实体墙）		XSW-7（小开口墙）		XSW-4（双肢墙）	
		V_W/kN	M_W/(kN·m)	V_W/kN	M_W/(kN·m)	V_W/kN	M_W/(kN·m)	V_W/kN	M_W/(kN·m)	V_W/kN	M_W/(kN·m)	V_W/kN	M_W/(kN·m)
15	1.000	−1727.8	0.0	−67.2	0.0	−40.8	0.0	−5.8	0.0	−17.8	0.0	−310.2	0.0
14	0.933	−1147.0	−12343.4	−43.4	−494.8	−26.3	−300.3	−3.7	−42.6	−11.5	−131.1	−200.3	−2283.4
13	0.867	−658.0	−20160.3	−23.2	−804.3	−14.1	−488.1	−2.0	−69.3	−6.1	−213.1	−107.0	−3711.6
12	0.800	−238.6	−23947.6	−5.6	−948.5	−3.4	−575.6	−0.5	−81.7	−1.5	−251.3	−26.1	−4377.2
11	0.733	127.8	−24362.1	9.9	−952.8	6.0	−578.3	0.9	−82.0	2.6	−252.4	45.6	−4397.3
10	0.667	456.3	−21911.5	24.1	838.7	14.6	−509.0	2.1	−72.2	6.4	−222.2	111.1	−3870.4
9	0.600	762.9	−16577.6	37.6	−604.1	22.8	−366.6	3.2	−52.0	10.0	−160.0	173.5	−2787.9
8	0.533	1059.2	−8656.6	51.0	−260.7	30.9	−158.2	4.4	−22.4	13.5	−69.1	235.2	−1203.0
7	0.467	1358.1	1712.0	64.8	186.8	39.3	113.4	5.6	16.1	17.2	49.5	298.9	862.0
6	0.400	1673.0	14867.6	79.6	753.2	48.3	457.1	6.9	64.9	21.1	199.5	367.5	3476.1
5	0.333	2016.1	30831.5	96.1	1440.6	58.3	874.3	8.3	124.0	25.5	381.6	443.5	6648.1
4	0.267	2402.4	49816.3	114.9	2259.1	69.8	1371.0	9.9	194.5	30.4	598.5	530.4	10425.5
3	0.200	2849.2	72538.2	137.0	3239.9	83.1	1966.3	11.8	279.0	36.3	858.3	632.0	14951.9
2	0.133	3375.2	99457.9	163.1	4404.0	99.0	2672.8	14.0	379.2	43.2	1166.7	752.7	21324.4
1	0.067	4001.1	131169.2	194.4	5778.3	118.0	3506.8	16.7	497.5	51.5	1530.8	897.0	26666.5
	0.0	4756.5	169018.6	232.3	7421.4	141.0	4504.0	20.0	639.0	61.5	1966.1	1071.9	34249.3

（2）（整体小开口墙）XSW-7 墙肢及连梁内力设计值。

1）墙肢内力设计值：

$$M_1=0.85M_W\frac{I_1}{I}+0.15M_W\frac{I_1}{I_1+I_2}=0.85M_W\frac{0.09344}{0.5262}+0.15M_W\frac{0.09344}{0.09737}=0.2949M_W$$

$$M_1=0.85M_W\frac{I_2}{I}+0.15M_W\frac{I_2}{I_1+I_2}=0.85M_W\frac{0.00393}{0.5262}+0.15M_W\frac{0.00393}{0.09737}=0.0124M_W$$

$$V_1=\frac{1}{2}\left(\frac{A_1}{A_1+A_2}+\frac{I_1}{I_1+I_2}\right)V_W=0.8508V_W$$

$$V_1=\frac{1}{2}\left(\frac{A_2}{A_1+A_2}+\frac{I_2}{I_1+I_2}\right)V_W=0.1492V_W$$

$$N_1=0.85M_W\frac{A_1y_1}{I}=0.3092M_W$$

$$N_2=-N_1$$

2）连梁内力设计值：

$$V_b=N_{k-1}-N_k$$

$$M_b=V_b\frac{l_b}{2}$$

XSW-7 墙肢及连梁各层内力计算如表 7.27 所示。

（3）双肢墙 XSW-4 内力设计值计算。

1）将曲线分布剪力图近似转化为直线分布。图 7.28 为 XSW-4 沿高度分布的剪力图，根据剪力图面积相等的原则将曲线分布的剪力图近似简化成直线分布的剪力图，并分解为顶点集中荷载和均布荷载作用下两种剪力的叠加（见图 7.29）。

表 7.27 XSW－7 水平地震作用下墙肢及连梁内力设计值计算

楼层	ξ	XSW－7 总内力		墙肢 1 内力			墙肢 2 内力			连梁内力	
		V_W/kN	M_W/(kN·m)	V_1/kN	M_1/(kN·m)	N_1/kN	V_2/kN	M_2/(kN·m)	N_2/kN	V_b/kN	M_b/(kN·m)
15 层	1.000	－17.8	0.0	－15.1	0.0	0.0	－2.7	0.0	0.0	0.0	0.0
14 层	0.933	－11.5	－131.1	－9.8	－38.7	－40.5	－1.7	－1.6	40.5	－40.5	－20.3
13 层	0.867	－6.1	－213.1	－5.2	－62.8	－65.9	－0.7	－2.6	65.9	－25.4	－12.7
12 层	0.800	－1.5	－251.3	－1.3	－74.1	－77.7	－0.2	－3.1	77.7	－11.8	－5.9
11 层	0.733	2.6	－252.4	2.2	－74.4	－78.0	0.4	－3.1	78.0	－0.3	－0.2
10 层	0.667	6.4	－222.2	5.4	－65.5	－68.7	1.0	－2.8	68.7	9.3	4.7
9 层	0.600	10.0	－160.0	8.5	－47.2	－49.5	1.5	－2.0	49.5	19.2	9.6
8 层	0.533	13.5	－69.1	11.5	－20.4	－21.4	2.0	－0.9	21.4	28.1	14.1
7 层	0.467	17.2	49.5	14.6	14.6	15.3	2.6	0.6	－15.3	36.7	18.4
6 层	0.400	21.1	199.5	18.0	58.8	61.7	3.1	2.5	－61.7	46.4	23.2
5 层	0.333	25.5	381.6	21.7	112.5	118.0	3.8	4.7	－118.0	56.3	28.2
4 层	0.267	30.4	598.5	25.9	176.5	185.1	4.5	7.4	－185.1	67.1	33.6
3 层	0.200	36.3	858.3	30.9	253.1	265.4	5.4	10.6	－265.4	80.3	40.2
2 层	0.133	43.2	1166.7	36.8	344.0	360.7	6.4	14.5	－360.7	95.3	47.7
1 层	0.067	51.5	1530.8	43.8	451.4	473.3	7.7	19.0	－473.3	112.6	56.3
	0.000	61.5	1966.1	52.3	579.8	607.9	9.2	24.4	－607.9		

负面积：

$$714.7+430.2+186.3+13.3=1344.5(\text{kN}\cdot\text{m})$$

正面积：

$$40.6+219.4+398.4+572.2+747.7+933.0+1135.4+1363.5+1627.4+1938.6+2309.6+2756.5=14042.3(\text{kN}\cdot\text{m})$$

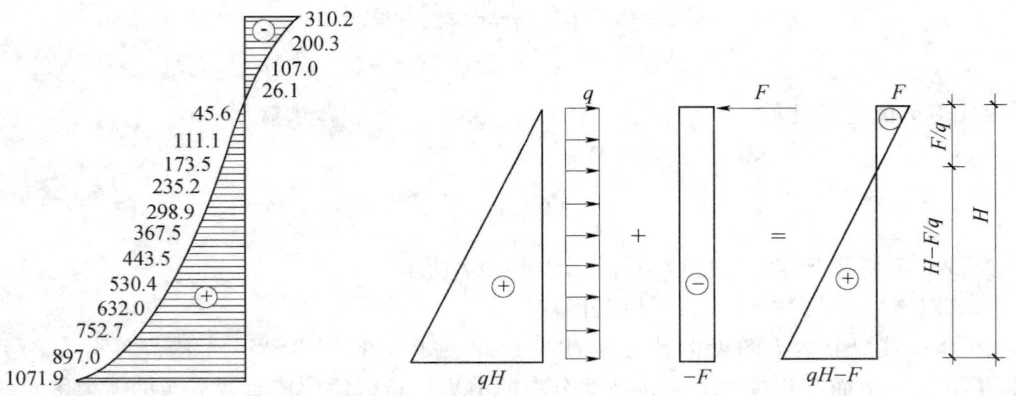

图 7.28 剪力图（单位 kN） 图 7.29 两种剪力图叠加

由
$$\begin{cases}\frac{1}{2}F\times\frac{F}{q}=1344.5(\text{kN}\cdot\text{m})\\ \frac{1}{2}(qH-F)\left(H-\frac{F}{q}\right)=14042.3(\text{kN}\cdot\text{m})\end{cases}$$

解得

$$F=\left(1+\sqrt{\frac{14042.3}{1344.5}}\right)\times\frac{2\times1344.5}{42}=270.93\ (\text{kN})$$

$$q=\frac{270.93^2}{2\times1344.5}=27.30\ (\text{kN/m})$$

2）XSW－4 在均布荷载作用下墙肢及连梁内力设计值计算。

① 连梁对墙肢的约束弯矩设计值：由 XSW－4 刚度计算知，$\alpha_1=6.27$，$\alpha=7.1$，则

$$\begin{aligned}\Phi\ (\xi)&=-\frac{\text{ch}[\alpha(1-\xi)]}{\text{ch}\alpha}+\frac{\text{sh}\ (\alpha\xi)}{\alpha\text{ch}\alpha}+(1-\xi)\\&=-\frac{\text{ch}[7.1(1-\xi)]}{\text{ch}7.1}+\frac{\text{sh}(7.1\xi)}{7.1\text{ch}7.1}+(1-\xi)\\&=-0.00165\text{ch}[7.1(1-\xi)]+0.0002324\text{sh}(7.1\xi)+1-\xi\end{aligned}$$

$$V_0=qH=27.30\times42=1146.6\ (\text{kN})$$

$$m_i(\xi)=\Phi(\xi)\frac{\alpha_1^2}{\alpha^2}V_0h=\Phi(\xi)\frac{6.27^2}{7.1^2}\times1146.6\times2.8=2503.7\Phi(\xi)$$

②连梁内力设计值：连梁的剪力和梁端弯矩分别为

$$V_b=m_i(\xi)\frac{h}{a}=\frac{2.8}{5.14}\times2503.7\Phi(\xi)=1363.9\Phi(\xi)$$

$$M_b=V_b\frac{l_b}{2}=1363.9\Phi(\xi)\times\frac{0.9}{2}=613.7\Phi(\xi)$$

③墙肢内力值计值：

$$M_p(\xi)=\frac{1}{2}(1-\xi)^2qH^2=\frac{1}{2}(1-\xi)^2\times27.30\times42^2=24708.6(1-\xi)^2$$

$$M_1=\frac{I_1}{I_1+I_2}\left[M_p(\xi)-\sum_{i=1}^{15}m_i(\xi)\right]=\frac{2.0849}{2.6240}\left[M_p(\xi)-\sum_{i=1}^{15}m_i(\xi)\right]$$

$$M_2=\frac{I_2}{I_1+I_2}\left[M_p(\xi)-\sum_{i=1}^{15}m_i(\xi)\right]=\frac{0.5391}{2.6240}\left[M_p(\xi)-\sum_{i=1}^{15}m_i(\xi)\right]$$

$$I_{1\text{eq}}=\frac{I_1}{1+\frac{9\mu I_1}{A_1H^2}}=\frac{2.0849}{1+\frac{9\times1.2\times2.0849}{0.9324\times42^2}}=2.0567$$

$$I_{2\text{eq}}=\frac{I_2}{1+\frac{9\mu I_2}{A_2H^2}}=\frac{0.5391}{1+\frac{9\times1.2\times0.5391}{0.5940\times42^2}}=0.5361$$

$$V_p(\xi)=qH(1-\xi)=27.30\times42(1-\xi)=1146.6(1-\xi)$$

$$V_1(\xi)=\frac{I_{1\text{eq}}}{I_{1\text{eq}}+I_{2\text{eq}}}V_p(\xi)=\frac{2.0567}{2.0567+0.5361}V_p(\xi)=0.7932V_p(\xi)$$

$$V_2(\xi)=\frac{I_{2\text{eq}}}{I_{1\text{eq}}+I_{2\text{eq}}}V_p(\xi)=\frac{0.5361}{2.0567+0.5361}V_p(\xi)=0.2068V_p(\xi)$$

$$N_1 = \sum_{i=1}^{15} V_b$$

$$N_2 = -N_1$$

XSW－4 在均布荷载作用在下墙肢及连梁内力计算如表 7.28 所示。

表 7.28　　双肢墙 XSW－4 在均布荷载（$q=27.30\text{kN/m}$）作用在下墙肢及连梁内力计算

楼层	ξ	$\Phi(\xi)$	$m_i(\xi)$/(kN·m)	$\sum m_i$/(kN·m)	$M_p(\xi)$/(kN/m)	$V_p(\xi)$/kN	连梁		墙肢 1			墙肢 2		
							V_b/kN	M_b/(kN·m)	V_1/kN	M_1/(kN·m)	N_1/kN	V_2/kN	M_2/(kN·m)	N_2/kN
15 层	1.000	0.1392	348.5	348.5	0.0	0.0	189.9	85.4	−276.9	0.0	189.9	−71.6	0.0	−189.9
14 层	0.933	0.1527	382.3	730.8	108.1	76.8	208.3	93.7	−494.8	60.9	398.2	−127.9	15.9	−398.2
13 层	0.867	0.1853	463.9	1194.7	425.9	152.5	252.7	113.7	−610.9	121.0	650.9	−157.9	31.5	−650.9
12 层	0.800	0.2304	576.9	1771.6	963.1	229.3	314.2	141.4	−642.4	181.9	965.1	−166.1	47.4	−965.1
11 层	0.733	0.2825	707.3	2478.9	1716.5	306.1	385.3	173.4	−605.8	242.8	1350.4	−156.6	63.3	−1350.4
10 层	0.667	0.3374	844.7	3323.6	2670.1	381.8	460.2	207.1	−519.2	302.8	1810.6	−134.3	79.0	−1810.6
9 层	0.600	0.3944	986.7	4310.3	3852.6	458.6	537.5	241.9	−363.7	363.8	2348.1	−94.0	94.8	−2348.1
8 层	0.533	0.4494	1125.2	5435.5	5251.3	535.5	612.9	275.8	−146.7	424.8	2961.0	−37.8	110.7	−2961.0
7 层	0.467	0.4999	1251.6	6687.1	6840.5	611.1	681.8	306.8	121.9	484.7	3642.8	31.5	126.4	−3642.8
6 层	0.400	0.5435	1360.8	8047.9	8668.3	688.0	741.3	336.6	492.9	545.7	4384.1	127.5	142.3	−4384.1
5 层	0.333	0.5742	1437.6	9485.5	10712.3	764.8	783.2	352.4	974.8	606.6	5167.3	252.0	158.2	−5167.3
4 层	0.267	0.5835	1460.9	10946.4	12937.2	840.5	795.8	358.2	1581.8	666.7	5963.1	409.0	173.8	−5963.1
3 层	0.200	0.5587	1398.8	12345.2	15410.3	917.3	762.0	342.9	2435.4	727.6	6725.1	629.7	189.7	−6725.1
2 层	0.133	0.4783	1197.5	13542.7	18099.6	994.1	652.4	293.6	3620.7	788.5	7377.5	936.2	205.6	−7377.5
1 层	0.067	0.3117	780.4	14323.1	20960.2	1069.8	425.1	191.3	5273.5	848.6	7802.6	1363.6	221.2	−7802.6
	0.0	0.0	0.0	14323.1	1146.6	1146.6			7751.2	909.5	7802.6	2004.3	273.1	−7802.6

3）XSW－4 在顶点集中荷载作用下墙肢及连梁的内力设计值计算。

①连梁对墙肢的约束弯矩设计值

$$\Phi(\xi)=\frac{\text{sh}\alpha}{\text{ch}\alpha}\text{sh}\alpha\xi-\text{ch}\alpha\xi+1=\frac{\text{sh}7.1}{\text{ch}7.1}\times\text{sh}7.1\xi-\text{ch}7.1\xi+1$$

$$V_0=-270.93\text{kN}$$

$$m_i(\xi)=\Phi(\xi)\frac{\alpha_1^2}{\alpha^2}V_0h=\Phi(\xi)\frac{6.27^2}{7.1^2}\times(-270.93)\times2.8=-591.6\Phi(\xi)$$

②连梁内力设计值：

连梁的剪力和梁端弯矩分别为

$$V_b=m_i(\xi)\frac{h}{a}=-591.6\Phi(\xi)\times\frac{2.8}{5.14}=-322.3\Phi(\xi)$$

$$M_b=V_b\frac{l_b}{2}=-322.3\Phi(\xi)\times\frac{0.9}{2}=-145.0\Phi(\xi)$$

③墙肢内力设计值：

$$M_p(\xi)=(1-\xi)FH=-270.93\times42(1-\xi)=-11379.1(1-\xi)$$

$$M_1=\frac{I_1}{I_1+I_2}\left[M_p(\xi)-\sum_{i=1}^{15}m_i(\xi)\right]=\frac{2.0849}{2.6240}\left[M_p(\xi)-\sum_{i=1}^{15}m_i(\xi)\right]$$

$$M_2=\frac{I_2}{I_1+I_2}\left[M_p(\xi)-\sum_{i=1}^{15}m_i(\xi)\right]=\frac{0.5391}{2.6240}\left[M_p(\xi)-\sum_{i=1}^{15}m_i(\xi)\right]$$

$$V_p(\xi)=-270.93\text{kN}$$

$$V_1(\xi)=\frac{I_{1eq}}{I_{1eq}+I_{2eq}}V_p(\xi)=0.7932V_p(\xi)=0.7932\times(-270.93)=-214.9\ (\text{kN})$$

$$V_2(\xi)=\frac{I_{2eq}}{I_{1eq}+I_{2eq}}V_p(\xi)=0.2068V_p(\xi)=0.2068\times(-270.93)=-56.0\ (\text{kN})$$

$$N_2=-N_1=-\sum_{i=1}^{15}V_{bi}$$

XSW－4在顶点集中荷载作用下墙肢及连梁内力计算如表7.29所示，表7.30所示为XSW－4的总内力设计值。

表7.29　双肢墙XSW－4在顶点集中荷载（F=270.93kN）作用下墙肢及连梁内力设计值计算

楼层	ξ	$\Phi(\xi)$	$m_i(\xi)$/(kN·m)	$\sum m_i$/(kN·m)	$M_p(\xi)$/(kN/m)	$V_p(\xi)$/kN	连梁内力 V_b/kN	连梁内力 M_b/(kN·m)	墙肢1内力 M_1/(kN·m)	墙肢1内力 V_1/kN	墙肢1内力 N_1/kN	墙肢2内力 M_2/(kN·m)	墙肢2内力 V_2/kN	墙肢2内力 N_2/kN
15层	1.000	0.9984	−590.7	−590.7	0.0	−270.9	−321.8	−144.8	469.3	−214.9	−321.8	121.4	−56.0	321.8
14层	0.933	0.9981	−590.5	−1181.2	−762.4	−270.9	−321.7	−144.7	332.8	−214.9	−643.5	86.0	−56.0	643.5
13层	0.867	0.9967	−590.2	−1771.4	−1513.4	−270.9	−321.5	−144.7	205.0	−214.9	−965.0	53.0	−56.0	965.0
12层	0.800	0.9964	−589.5	−1360.9	−2275.8	−270.9	−321.1	−144.5	67.6	−214.9	−1286.1	17.5	−56.0	1286.0
11层	0.733	0.9943	−588.2	−2949.1	−3038.2	−270.9	−320.5	−144.2	−70.8	−214.9	−1606.6	−18.3	−56.0	1606.6
10层	0.667	0.9911	−586.3	−3535.4	−3789.2	−270.9	−319.4	−143.7	−201.7	−214.9	−1926.0	−52.1	−56.0	1926.0
9层	0.600	0.9858	−583.2	−4118.6	−4554.6	−270.9	−317.7	−142.9	−344.0	−214.9	−2243.7	−89.0	−56.0	2243.7
8层	0.533	0.9773	−578.2	−4696.8	−5314.0	−270.9	−315.0	−141.7	−490.4	−214.9	−2558.7	−126.8	−56.0	2558.7
7层	0.467	0.9637	−570.1	−5266.9	−6065.1	−270.9	−310.6	−139.7	−634.2	−214.9	−2869.3	−164.0	−56.0	2869.3
6层	0.400	0.9415	−557.0	−5823.9	−6827.5	−270.9	−303.4	−136.5	−797.4	−214.9	−3172.7	−206.2	−56.0	3172.7
5层	0.333	0.9060	−536.0	−6359.9	−7589.9	−270.9	−292.0	−131.4	−977.3	−214.9	−3464.7	−252.7	−56.0	3464.7
4层	0.267	0.8498	−502.7	−6862.6	−8340.9	−270.9	−273.9	−123.2	−1174.6	−214.9	−3738.6	−303.7	−56.0	3738.6
3层	0.200	0.7583	−448.6	−7311.2	−9103.3	−270.9	−244.4	−110.0	−1423.9	−214.9	−3983.0	−368.2	−56.0	3983.0
2层	0.133	0.6110	−361.5	7672.7	−9865.7	−270.9	−196.9	−88.6	−1742.4	−214.9	−4179.9	−450.6	−56.0	4179.9
1层	0.067	0.3785	−223.9	−7896.6	−10616.7	−270.9	−122.0	−54.9	−2161.3	−214.9	−4301.9	−558.8	−56.0	4301.9
	0.0	0.0	0.0	−7896.6	−11379.1	−270.9			−2767.0	−214.9	−4301.9	−715.5	−56.0	4301.9

表7.30　双肢墙XSW－4在水平地震作用下墙肢及连梁内力设计值

楼层	ξ	连梁 V_b/kN	连梁 M_b/(kN·m)	墙肢1 M_1/(kN·m)	墙肢1 V_1/kN	墙肢1 N_1/kN	墙肢2 M_2/(kN·m)	墙肢2 V_2/kN	墙肢2 N_2/kN
15层	1.000	−131.9	−59.4	192.4	−214.9	−131.9	49.8	−56.0	131.9
14层	0.933	−113.4	−51.0	−162.0	−154.0	−245.3	−41.9	−40.1	245.3

续表

楼层	ξ	连梁		墙肢 1			墙肢 2		
		V_b/kN	M_b/(kN·m)	M_1/(kN·m)	V_1/kN	N_1/kN	M_2/(kN·m)	V_2/kN	N_2/kN
13 层	0.867	−68.8	−31.0	−405.9	−93.9	−314.1	−104.9	−24.5	314.1
12 层	0.800	−6.9	−3.1	−574.8	−33.0	−321.0	−148.6	−806	321.0
11 层	0.733	64.8	29.2	−676.6	27.9	−256.2	−174.9	7.3	256.2
10 层	0.667	140.8	63.4	−720.9	87.9	−115.4	−186.4	23.0	115.4
9 层	0.600	219.8	99.0	−707.7	148.9	104.4	−183.0	38.8	−104.4
8 层	0.533	297.9	134.1	−636.8	209.9	402.3	−164.6	54.7	−402.3
7 层	0.467	371.2	167.1	−512.3	269.8	773.5	−132.5	70.4	−773.5
6 层	0.400	437.9	200.1	−304.5	330.8	1211.4	−78.7	86.3	−1211.4
5 层	0.333	491.2	221.0	−2.5	391.7	1702.6	−0.7	102.2	−1702.6
4 层	0.267	521.9	235.0	407.2	451.8	2224.5	105.3	117.8	−2224.5
3 层	0.200	517.6	232.9	1011.5	512.7	2742.1	261.5	133.7	−2742.1
2 层	0.133	455.5	205.5	1878.3	573.6	3197.6	485.6	149.6	−3197.6
1 层	0.067	303.1	136.4	3112.2	633.7	3500.7	804.8	165.2	−3500.7
	0.0	—	—	4984.2	694.6	3500.7	1288.8	181.1	−3500.7

3. 壁式框架内力设计值

选 XSW-1 进行计算。

(1) 壁柱弯矩设计值计算。总壁式框架层间侧移刚度计算如表 7.31 所示。表 7.32 所示为水平地震作用下壁柱分配的剪力及壁柱弯矩设计值计算。

表 7.31　总壁式框架层间侧移刚度计算

楼层	层高 h/m	XSW-1 D_{ij}/(×10^5kN/m)			XSW-3 D_{ij}/(×10^5kN/m)		层间总侧移刚度 $\sum D_{ij}$/(×10^5 kN/m)
		壁柱 1	壁柱 2	壁柱 3	壁柱 1	壁柱 2	
15 层	2.35	104571	2.2435	1.3835	1.2083	1.2083	25.170
2～14 层	2.80	1.7451	2.6635	1.6782	1.3631	1.3631	29.800
1 层	3.05	1.7151	2.0985	1.6841	1.2159	1.2159	26.854

(2) 壁梁弯矩设计值计算。根据节点弯矩平衡条件计算梁端弯矩，对于中间节点，柱端弯矩之和应按左、右梁的线刚度比（见表 7.33）分配给左、右梁端，壁梁弯矩计算结果如图 7.30 所示。

(3) 壁梁剪力及壁柱轴力设计值计算。根据杆件平衡条件计算梁端剪力，从上到下逐层叠加节点左、右梁端剪力即为壁柱轴力，壁梁剪力及轴力计算结果绘于图 7.31。

表 7.32 XSW-1（壁式框架）在水平地震作用下壁柱分配的剪力及柱弯矩设计值计算

楼层	h_i/m	V	$\sum D_{ij}$/($\times10^7$kN/m)	D_{ij}/($\times10^6$kN/m)			V_{ij}/kN			y_i/m			M_c^u/(kN·m)			M_c^l/(kN·m)		
				壁柱1	壁柱2	壁柱3	壁柱1	壁柱2	壁柱3	壁柱1	壁柱2	壁柱3	壁柱1	壁柱2	壁柱3	壁柱1	壁柱2	壁柱3
15	2.35	2569.1	0.25170	0.14571	0.22435	0.13835	148.726	228.994	141.214	0.58	0.60	0.56	146.8	215.3	146.0	202.7	322.9	185.8
14	2.8	2602.5	0.29800	0.17451	0.26635	0.16782	152.403	232.609	146.561	0.39	0.42	0.38	260.3	377.8	254.4	166.4	273.5	155.9
13	2.8	2673.1	0.29800	0.17451	0.26635	0.16782	156.538	238.920	150.537	0.42	0.46	0.42	254.2	361.2	244.5	184.1	307.7	177.0
12	2.8	2775.4	0.29800	0.17451	0.26635	0.16782	162.529	248.063	156.529	0.42	0.46	0.42	263.9	375.1	253.8	191.1	319.5	183.8
11	2.8	2884.0	0.29800	0.17451	0.26635	0.16782	168.888	257.770	162.414	0.46	0.46	0.46	255.4	389.7	245.6	217.5	332.0	209.2
10	2.8	2976.6	0.29800	0.17451	0.26635	0.16782	174.311	266.046	167.629	0.46	0.46	0.46	263.6	402.3	253.5	224.5	342.7	215.9
9	2.8	3049.6	0.29800	0.17451	0.26635	0.16782	178.586	272.571	171.740	0.46	0.50	0.46	270.0	381.6	259.7	230.0	381.6	221.2
8	2.8	3083.5	0.29800	0.17451	0.26635	0.16782	180.571	275.601	173.649	0.46	0.50	0.46	273.0	385.8	262.6	232.6	385.8	223.7
7	2.8	3059.9	0.29800	0.17451	0.26635	0.16782	179.189	273.491	172.320	0.46	0.50	0.46	270.9	382.9	260.5	230.8	382.9	221.9
6	2.8	2972.7	0.29800	0.17451	0.26635	0.16782	174.083	265.469	167.409	0.46	0.50	0.46	263.2	372.0	253.1	224.2	372.0	215.6
5	2.8	2803.1	0.29800	0.17451	0.26635	0.16782	164.151	250.539	157.868	0.46	0.50	0.46	248.2	350.8	238.7	211.4	350.8	203.3
4	2.8	2530.8	0.29800	0.17451	0.26635	0.16782	148.205	226.201	142.523	0.50	0.50	0.49	207.5	316.7	203.5	207.5	316.7	195.5
3	2.8	2140.8	0.29800	0.17451	0.26635	0.16782	125.366	191.343	120.560	0.50	0.50	0.50	175.5	267.9	168.8	175.9	267.9	168.8
2	2.8	1607.9	0.29800	0.17451	0.26635	0.16782	94.159	143.713	90.550	0.54	0.54	0.54	121.3	201.2	116.6	142.4	201.2	136.9
1	3.05	905.5	0.26854	0.17451	0.20985	0.16841	57.832	70.760	56.787	0.49	0.49	0.49	90.0	110.1	88.3	86.4	105.8	84.9

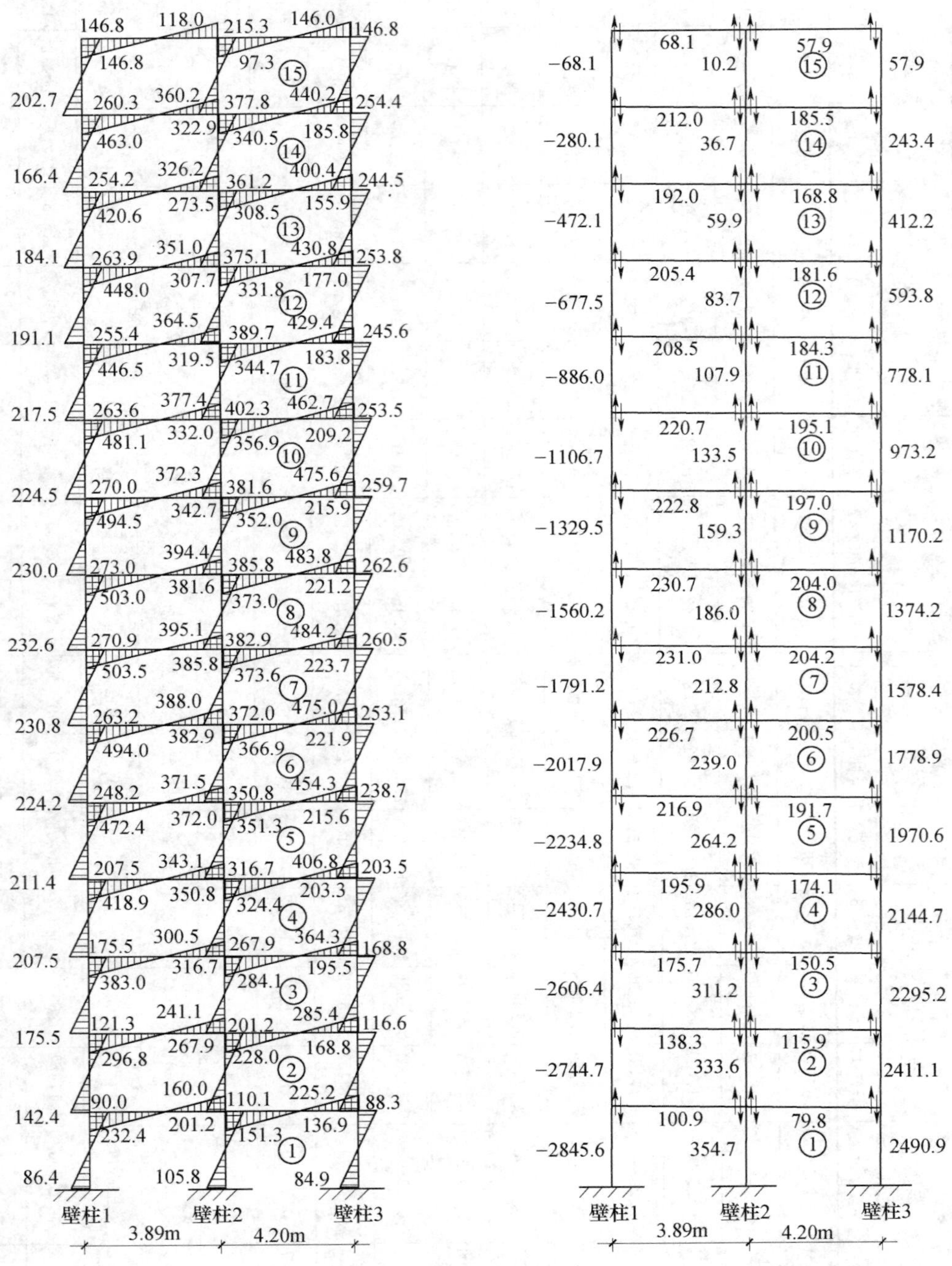

图 7.30 XSW－1 在水平地震作用下（$1.3F_{Ek}\rightarrow$）壁梁、壁柱弯矩图（单位：kN·m）

图 7.31 XSW－1 在水平地震作用下（$1.3F_{Ek}\rightarrow$）壁梁剪力、壁柱轴力图（单位：kN）

表 7.33　　**XSW－1 壁梁线刚度比**

楼层	K_b^l/ (×10^4 kN·m)	K_b^r/ (×10^4 kN·m)	$\frac{K_b^r}{K_b^r+K_b^l}$	$\frac{K_b^r}{K_b^r+K_b^l}$
15	4.3265	3.5753	0.548	0.452
1～14	32.5782	30.8231	0.514	0.486

7.4.9　风荷载作用下结构内力设计值计算

风荷载作用下结构内力计算步骤与水平地震作用下结构内力计算完全相同。

倒三角形风荷载设计值为 $q_{max}=1.4\times33.78=47.3$（kN/m），风荷载作用下结构内力计算如表 7.34～表 7.40 所示。

图 7.32 为风荷载作用下壁梁和壁柱的弯矩图，图 7.33 为壁柱轴力和壁梁剪力设计值。

表 7.34　　**风荷载作用和下总剪力墙、总框架内力设计值计算**

楼层	H_i/m	$\xi=H_i/42$	V_w/kN	M_w/(kN·m)	V_f/kN
15	42.0	1.000	－360.9	0.0	360.9
14	39.2	0.933	－239.6	－2577.7	368.2
13	36.4	0.867	－137.4	－4210.1	384.0
12	33.6	0.800	－49.8	－5001.0	407.4
11	30.8	0.733	26.7	－5087.5	432.9
10	28.0	0.667	95.3	－4575.8	456.1
9	25.2	0.600	159.3	－3461.9	476.4
8	22.4	0.533	221.2	－1807.8	489.9
7	19.6	0.467	283.7	357.5	493.0
6	16.8	0.400	349.4	3104.8	485.0
5	14.0	0.333	421.1	6438.5	462.1
4	11.2	0.267	501.8	10403.1	420.7
3	8.4	0.200	595.1	15148.1	358.5
2	5.6	0.133	705.0	20769.8	270.7
1	2.8	0.067	835.7	27392.0	153.1
	0.0	0.0	993.5	35296.1	0.0

表 7.35　风荷载作用下各片剪力墙的内力设计值

楼层	ξ	总剪力墙内力		XSW-2（实体墙）		XSW-5（实体墙）		XSW-6（实体墙）		XSW-7（整体小开口墙）		XSW-4（双肢墙）	
		V_w/kN	M_w/(kN·m)	V_w/kN	M_w/(kN·m)	V_w/kN	M_w/(kN·m)	V_w/kN	M_w/(kN·m)	V_w/kN	M_w/(kN·m)	V_w/kN	M_w/(kN·m)
15	1.000	−360.9	0.0	−14.8	0.0	−9.0	0.0	−1.3	0.0	−3.9	0.0	−68.1	0.0
14	0.933	−239.6	−2577.7	−9.8	−105.4	−5.9	−64.0	−0.8	−9.1	−2.6	−27.9	−45.2	−486.3
13	0.867	−137.4	−4210.1	−5.6	−172.1	−3.4	−104.5	−0.5	−14.8	−1.5	−45.6	−25.9	−794.3
12	0.800	−49.8	−5001.0	−2.0	−204.4	−1.2	−124.1	−0.2	−17.6	−0.5	−54.2	−9.4	−943.5
11	0.733	26.7	−5087.5	1.1	−208.0	0.7	−126.2	0.1	−17.9	0.3	−55.1	5.0	−959.8
10	0.667	95.3	−4575.8	3.9	−187.1	2.4	−113.5	0.3	−16.1	1.0	−49.6	18.0	−863.3
9	0.600	159.3	−3461.9	6.5	−141.5	4.0	−85.9	0.6	−12.2	1.7	−37.5	30.0	−653.1
8	0.533	221.2	−1807.8	9.0	−73.9	5.5	−44.9	0.8	−6.4	2.4	−19.6	41.7	−341.1
7	0.467	283.7	357.5	11.6	14.6	7.0	8.9	1.0	1.3	3.1	3.9	53.5	67.4
6	0.400	349.4	3104.8	14.3	126.9	8.7	77.0	1.2	10.9	3.8	33.6	65.9	585.8
5	0.333	421.1	6438.5	17.2	263.2	10.4	159.7	1.5	22.7	4.6	69.7	79.4	1214.7
4	0.267	501.8	10403.1	20.5	425.8	12.4	258.1	1.8	36.6	5.4	112.7	94.7	1962.6
3	0.200	595.1	15148.1	24.3	619.3	14.8	375.8	2.1	53.3	6.4	164.1	112.3	2857.8
2	0.133	705.0	20769.8	28.8	849.1	17.5	515.3	2.5	73.1	7.6	224.9	133.0	3918.4
1	0.067	835.7	27392.0	34.2	1119.8	20.7	679.6	2.9	96.4	9.1	196.7	157.7	5167.8
	0.0	993.5	35296.1	40.6	1442.9	24.6	875.7	3.5	124.2	10.8	382.3	187.4	6659.0

表 7.36　XSW-7（整体小开口墙）水平风荷载作用下墙肢及连梁内力设计值计算

楼层	ξ	XSW-7 总内力		墙肢 1 内力			墙肢 2 内力			连梁内力	
		V_w/kN	M_w/(kN·m)	V_1/kN	M_1/(kN·m)	N_1/kN	V_2/kN	M_2/(kN·m)	N_2/kN	V_b/kN	M_b/(kN·m)
15	1.000	−3.9	0.0	−3.3	0.0	0.0	−0.6	0.0	0.0	0.0	0.0
14	0.933	−2.6	−27.9	−2.2	−8.2	−8.6	−0.4	−0.3	8.6	−8.6	−4.3
13	0.867	−1.5	−45.6	−1.3	−13.4	−14.1	−0.2	−0.6	14.1	−5.5	−2.8
12	0.800	−0.5	−54.2	−0.4	−16.0	−16.8	−0.1	−0.7	16.8	−2.7	−1.4
11	0.733	0.3	−55.1	0.3	−16.2	−17.0	0.0	−0.7	17.0	−0.2	−0.1
10	0.667	1.0	−49.6	0.9	−14.6	−15.3	0.1	−0.6	15.3	1.7	0.9
9	0.600	1.7	−37.5	1.4	−11.1	−11.6	0.3	−0.5	11.6	3.7	1.9
8	0.533	2.4	−19.6	2.0	−5.8	−6.1	0.4	−0.2	6.1	5.5	2.8
7	0.467	3.1	3.9	2.6	1.2	1.2	0.5	0.0	−1.2	7.3	3.7
6	0.400	3.8	33.6	3.2	9.9	10.4	0.6	0.4	−10.4	9.2	4.6

续表

楼层	ξ	XSW-7 总内力		墙肢 1 内力			墙肢 2 内力			连梁内力	
		V_w/kN	M_w/(kN·m)	V_1/kN	M_1/(kN·m)	N_1/kN	V_2/kN	M_2/(kN·m)	N_2/kN	V_b/kN	M_b/(kN·m)
5	0.333	4.6	69.7	3.9	20.6	21.6	0.7	0.9	−21.6	11.2	5.6
4	0.267	5.4	112.7	4.6	33.2	34.8	0.8	1.4	−34.8	13.2	6.6
3	0.200	6.4	164.1	5.4	48.4	50.7	1.0	2.0	−50.7	15.9	8.0
2	0.133	7.6	224.9	6.5	66.3	69.5	1.1	2.8	−69.5	18.8	9.4
1	0.067	9.1	196.7	7.7	87.5	81.7	1.4	3.7	−91.7	22.2	11.1
	0.0	10.8	382.3	9.2	112.7	118.2	1.6	4.7	−118.2		

表 7.37 双肢墙 XSW-4 在均布荷载（q=5.17kN/m）作用下墙肢与连梁内力设计值计算

楼层	ξ	$\Phi(\xi)$	$m_i(\xi)$/(kN·m)	$\sum m_i(\xi)$/(kN·m)	$M_p(\xi)$/(kN/m)	$V_p(\xi)$/kN	连梁内力		墙肢 1 内力			墙肢 2 内力		
							V_b/kN	M_b/(kN·m)	M_1/(kN·m)	V_1/kN	N_1/kN	M_2/(kN·m)	V_2/kN	N_2/kN
15	1.000	0.1392	66.0	66.0	0.0	0.0	36.0	16.2	−52.4	0.0	36.0	−13.6	0.0	−36.0
14	0.933	0.1527	72.4	138.4	20.5	14.5	39.4	17.7	−93.7	11.5	75.4	−24.2	3.0	−75.4
13	0.867	0.1853	87.9	226.3	80.7	28.9	47.9	21.5	−115.7	22.9	123.3	−29.9	6.0	−123.3
12	0.800	0.2304	109.2	335.5	182.4	43.4	59.5	26.8	−121.6	34.4	182.8	−31.5	9.0	−182.8
11	0.733	0.2825	133.9	469.4	325.1	58.0	73.0	32.8	−114.7	46.0	255.8	−29.6	12.0	−255.8
10	0.667	0.3374	160.0	629.4	505.6	72.3	87.2	39.2	−98.4	57.3	343.0	−25.4	15.0	−343.0
9	0.600	0.3941	186.8	816.2	729.6	86.8	101.8	45.8	−68.8	68.8	444.8	−17.8	18.0	−444.8
8	0.533	0.4494	213.1	1029.3	994.5	101.4	116.1	52.2	−27.7	80.4	560.9	−7.1	21.0	−560.9
7	0.467	0.4999	237.0	1266.3	1295.4	115.7	129.1	58.1	23.1	91.8	690.0	6.0	23.9	−690.0
6	0.400	0.5435	257.7	1524.0	1641.6	130.3	140.4	63.2	93.4	103.4	830.4	24.2	26.9	−830.4
5	0.333	0.5742	272.2	1769.2	2028.6	144.8	148.3	66.7	184.7	114.9	978.7	47.7	29.9	−978.7
4	0.267	0.5835	276.6	2072.8	2450.0	159.1	150.7	67.8	299.7	126.2	1129.4	77.5	32.9	−1129.4
3	0.200	0.5587	264.9	2337.7	2918.3	173.7	144.3	64.9	461.3	137.8	1273.7	119.3	35.9	−1273.7
2	0.133	0.4783	226.8	2564.5	3427.6	188.2	123.5	55.6	685.8	149.3	1397.2	177.3	38.9	−1397.2
1	0.067	0.3117	147.8	2712.3	3969.3	202.6	80.5	36.2	998.7	160.7	1477.7	258.3	41.9	−1477.7
	0.0	0.0	0.0	2712.3	4559.9	217.1			1468.0	172.2	1477.7	379.6	44.9	−1477.7

表 7.38 双肢墙 XSW-4 在顶点集中荷载（$F=57.16$ kN）作用下墙肢与连梁内力设计值计算

楼层	ξ	$\Phi(\xi)$	$m_i(\xi)$/(kN·m)	$\sum m_i(\xi)$/(kN·m)	$M_p(\xi)$/(kN/m)	$V_p(\xi)$/kN	连梁		墙肢 1			墙肢 2		
							V_b/kN	M_b/kN·m	M_1/(kN·m)	V_1/kN	N_1/kN	M_2/(kN·m)	V_2/kN	N_2/kN
15	1.000	0.9984	−124.6	−124.6	0.0	−57.2	−67.9	−30.6	99.0	−45.3	−67.9	25.6	−11.8	67.9
14	0.933	0.9981	−124.6	−249.2	−160.8	−57.2	−67.9	−30.5	70.2	−45.3	−135.8	18.2	−11.8	135.8
13	0.867	0.9976	−124.5	−373.7	−319.3	−57.2	−67.8	−30.5	43.2	−45.3	−203.6	11.2	−11.8	203.6
12	0.800	0.9964	−124.4	−498.1	−480.1	−57.2	−67.8	−30.5	14.3	−45.3	−271.4	3.7	−11.8	271.4
11	0.733	0.9943	−124.0	−622.1	−641.0	−57.2	−67.6	−30.4	−15.0	−45.3	−339.0	−3.9	−11.8	339.0
10	0.667	0.9911	−123.7	−745.8	−799.4	−57.2	−67.4	−30.3	−42.6	−45.3	−406.4	−11.0	−11.8	406.4
9	0.600	0.9858	−123.0	−868.8	−960.3	−57.2	−67.0	−30.2	−72.7	−45.3	−473.4	−18.8	−11.8	473.4
8	0.533	0.9773	−122.0	−990.8	−1121.1	−57.2	−66.5	−29.9	−103.5	−45.3	−539.9	−26.8	−11.8	539.9
7	0.467	0.9637	−120.3	−1111.1	−1295.6	−57.2	−65.5	−29.5	−146.6	−45.3	−605.4	−37.9	−11.8	605.4
6	0.400	0.9415	−117.5	−1228.6	−1440.4	−57.2	−64.0	−28.8	−168.3	−45.3	−669.4	−43.5	−11.8	669.4
5	0.333	0.9000	−113.1	−1341.7	−1601.3	−57.2	−61.6	−27.7	−206.3	−45.3	−731.0	−53.3	−11.8	731.0
4	0.267	0.8498	−106.1	−1447.8	−1759.7	−57.2	−57.8	−26.0	−247.8	−45.3	−788.8	−64.1	−11.8	788.8
3	0.200	0.7583	−94.6	−1542.4	−1920.6	−57.2	−51.3	−23.2	−300.5	−45.3	−840.6	−77.7	−11.8	840.1
2	0.133	0.6110	−76.3	−1618.7	−2081.4	−57.2	−41.5	−18.7	−367.6	−45.3	−881.6	−95.1	−11.8	881.6
1	0.067	0.3785	−47.2	−1665.9	−2239.8	−57.2	−25.7	−11.6	−456.0	−45.3	−907.3	−117.9	−11.8	907.3
	0.0	0.0	0.0	−1665.9	−2400.7	−57.2			−583.8	−45.3	−907.3	−151.0	−11.8	907.3

表 7.39 双肢墙 XSW-4 在风荷载作用下墙肢与连梁内力设计值计算

楼层	ξ	连梁		墙肢 1			墙肢 2		
		V_b/kN	M_b/(kN·m)	M_1/(kN·m)	V_1/kN	N_1/kN	M_2/(kN·m)	V_2/kN	N_2/kN
15	1.000	−31.9	−14.4	46.6	−45.3	−31.9	12.0	−11.8	31.9
14	0.933	−28.5	−12.8	−23.5	−33.8	−60.4	−6.0	−8.8	60.4
13	0.867	−19.9	−9.0	−72.5	−22.4	−80.3	−18.7	−5.8	80.3
12	0.800	8.3	−3.7	−107.3	−10.9	−88.6	−27.8	−2.8	88.6
11	0.733	5.4	2.4	−129.7	0.7	−83.2	−33.5	0.2	83.2
10	0.667	19.8	8.9	−141.0	12.0	−63.4	−36.4	3.2	63.4
9	0.600	34.8	15.6	−141.5	23.5	−28.6	−36.6	6.2	28.6
8	0.533	49.6	22.3	−131.2	35.1	21.0	−33.9	9.2	−21.0
7	0.467	63.6	28.6	−123.5	46.5	84.6	−31.9	12.1	−84.6
6	0.400	76.4	34.4	−74.9	58.1	161.0	−19.3	15.1	−161.0
5	0.333	86.7	39.0	−21.6	69.6	247.7	−5.8	18.1	−247.7
4	0.267	92.9	41.8	51.9	80.9	340.6	13.4	21.1	−340.6
3	0.200	93.0	41.7	160.8	92.5	433.6	41.6	24.1	−433.6
2	0.133	82.0	36.9	318.2	104.0	515.6	82.2	27.1	−515.6
1	0.067	54.8	24.6	542.7	115.1	570.4	140.4	30.1	−570.4
	0.0			884.2	126.9	570.4	228.6	33.1	−570.4

表 7.40 壁式框架 XSW-1 在水平地震作用下壁柱分配的剪力及柱弯矩设计值计算

楼层	h_i/m	V	$\sum D_{ij}$/($\times10^7$kN/m)	D_{ij}/($\times10^6$kN/m)			V_{ij}/kN			y_i/m			M_c^u/(kN·m)			M_c^l/(kN·m)		
				壁柱1	壁柱2	壁柱3	壁柱1	壁柱2	壁柱3	壁柱1	壁柱2	壁柱3	壁柱1	壁柱2	壁柱3	壁柱1	壁柱2	壁柱3
15	2.35	2569.1	0.25170	0.14571	0.22435	0.13835	20.893	32.168	19.837	0.58	0.60	0.56	20.6	30.2	20.5	28.5	45.4	26.1
14	2.8	2602.5	0.29800	0.17451	0.26635	0.16782	21.526	32.909	20.735	0.39	0.42	0.38	36.8	53.4	36.0	23.5	38.7	22.1
13	2.8	2673.1	0.29800	0.17451	0.26635	0.16782	22.487	34.322	21.625	0.42	0.46	0.42	36.5	51.9	35.1	26.4	44.2	25.4
12	2.8	2775.4	0.29800	0.17451	0.26635	0.16782	23.858	36.413	22.943	0.42	0.46	0.42	38.7	55.1	37.3	28.1	46.9	27.0
11	2.8	2884.0	0.29800	0.17451	0.26635	0.16782	25.351	38.692	24.379	0.46	0.46	0.46	38.3	58.8	36.9	32.7	49.8	31.4
10	2.8	2976.6	0.29800	0.17451	0.26635	0.16782	26.709	40.766	25.685	0.46	0.46	0.46	40.4	61.6	38.8	34.4	52.5	33.1
9	2.8	3049.6	0.29800	0.17451	0.26635	0.16782	27.898	42.580	26.829	0.46	0.50	0.46	42.2	59.6	40.6	35.9	59.6	34.6
8	2.8	3083.5	0.29800	0.17451	0.26635	0.16782	28.689	43.787	27.589	0.46	0.50	0.46	43.4	61.3	41.7	37.0	61.3	35.5
7	2.8	3059.9	0.29800	0.17451	0.26635	0.16782	28.870	44.064	27.764	0.46	0.50	0.46	43.7	61.7	42.0	37.2	61.7	35.8
6	2.8	2972.7	0.29800	0.17451	0.26635	0.16782	28.402	43.349	27.313	0.46	0.50	0.46	42.9	60.7	41.3	36.6	60.7	35.2
5	2.8	2803.1	0.29800	0.17451	0.26635	0.16782	27.061	41.302	26.023	0.46	0.50	0.46	40.9	57.8	39.3	34.9	57.8	33.5
4	2.8	2530.8	0.29800	0.17451	0.26635	0.16782	24.636	37.620	23.692	0.50	0.50	0.49	34.5	52.6	33.8	34.5	52.6	32.5
3	2.8	2140.8	0.29800	0.17451	0.26635	0.16782	20.994	32.042	20.189	0.50	0.50	0.50	29.4	44.9	28.3	29.4	44.9	28.3
2	2.8	1607.9	0.29800	0.17451	0.26635	0.16782	15.852	24.195	15.245	0.54	0.50	0.54	20.4	33.9	19.6	24.0	33.9	23.1
1	3.05	905.5	0.26854	0.17151	0.20985	0.16841	9.778	11.964	9.601	0.49	0.49	0.49	15.2	18.6	14.9	14.6	17.9	14.3

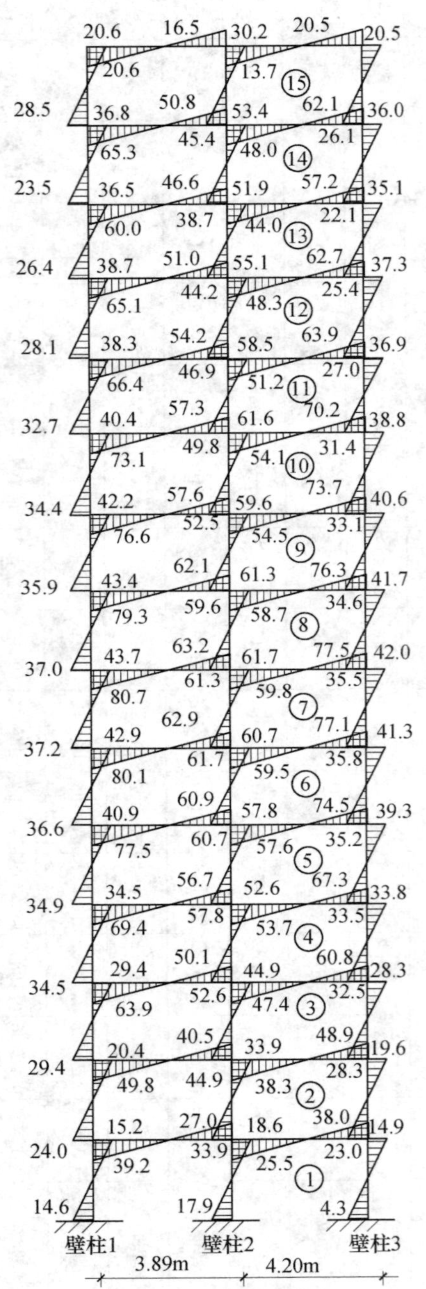

图 7.32 XSW-1 在风荷载作用下（$1.4W_{Ek}\rightarrow$）壁梁、壁柱弯矩图（单位：kN·m）

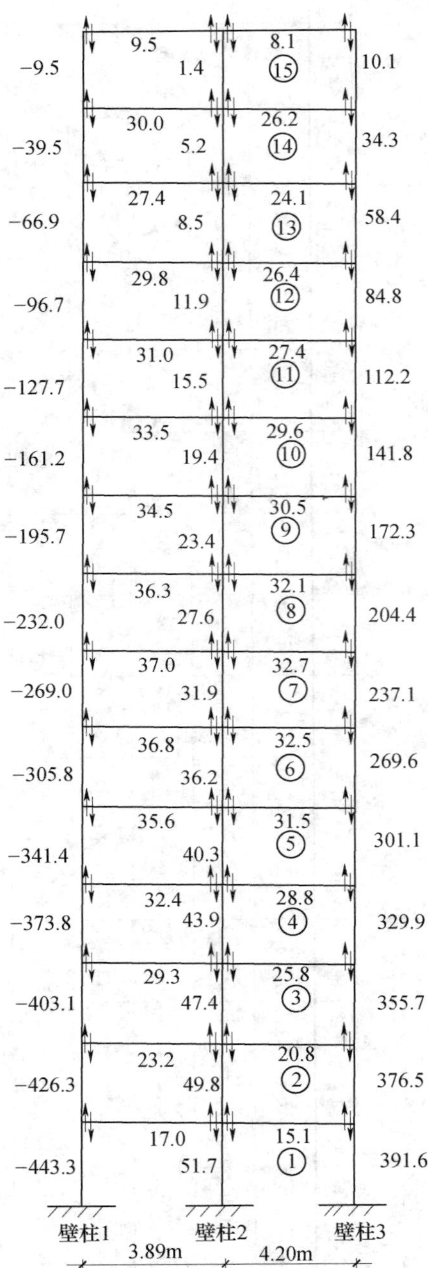

图 7.33 XSW-1 在风荷载作用下（$1.4W_{Ek}\rightarrow$）壁梁剪力、壁柱轴力图（单位：kN）

7.4.10　竖向荷载作用下结构内力设计值计算

1. 实体墙 XSW－5 在竖向荷载作用下内力设计值计算

(1) 荷载（标准值）计算。XSW－5 楼面荷载传递方式如图 7.34 所示。

1) 恒荷载。

屋面：　　　　　　　$5.555\times3.6=20.00\ (\text{kN/m})$

楼面：近似将厨房隔墙重量化为楼面均布荷载，即

$$\frac{(3.6\times2.8+3\times2.8)\times1.2}{4.2\times3.6}=1.47\ (\text{kN/m})$$

$$(4.255+1.47)\times3.6=20.61\ (\text{kN/m})$$

墙自重：　　　　　　$5.004\times2.8=14.01\ (\text{kN/m})$

2) 活荷载。

屋面：　　　　　　　$0.5\times3.6=1.80\ (\text{kN/m})$

雪载：　　　　　　　$0.45\times3.6=1.62\ (\text{kN/m})$

楼面：　　　　　　　$2.0\times3.6=7.2\ (\text{kN/m})$

各楼层荷载、活荷载的分布如图 7.35 和图 7.36 所示。

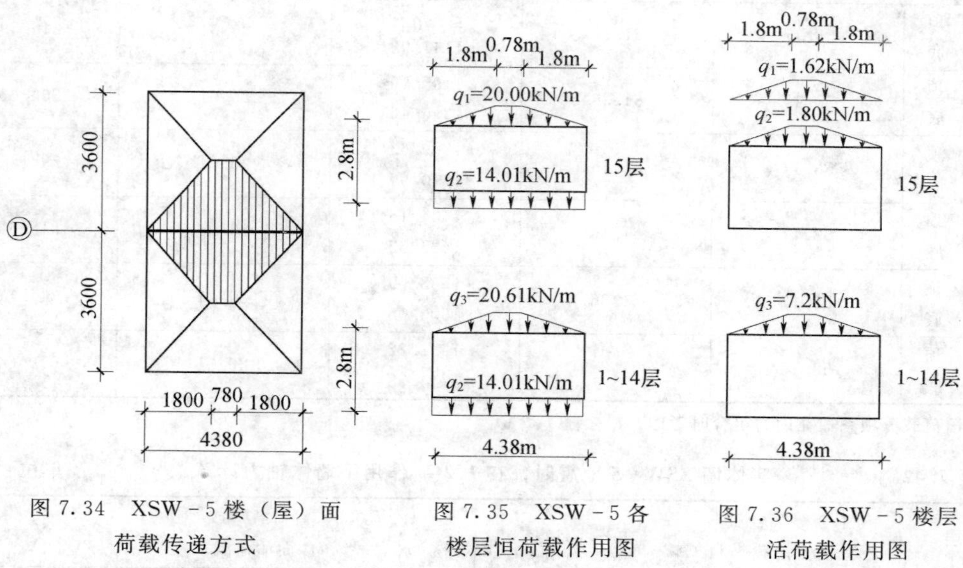

图 7.34　XSW－5 楼（屋）面荷载传递方式　　图 7.35　XSW－5 各楼层恒荷载作用图　　图 7.36　XSW－5 楼层活荷载作用图

(2) 内力计算。表 7.41 为非地震时分别在 G_k、$1.4Q_k$ 作用下墙体的轴力计算，表 7.42 为地震时在 $1.2G_E$ 作用下墙体的轴力计算。

表 7.41　　实体墙 XSW-5 非地震时，分别在 G_k、1.4Q_k 作用下墙体轴力计算　　单位：kN

楼层		楼（屋）面恒荷载	墙自重	N	1.4 楼（屋）面活荷载	N
15	顶 底	51.6	61.36	51.6 112.96	6.50	6.50
14	顶 底	53.17	61.36	166.13 227.49	26.01	32.57
13	顶 底	53.17	61.36	280.66 342.02	26.01	58.52
12	顶 底	53.17	61.36	395.19 456.55	26.01	84.53
11	顶 底	53.17	61.36	509.72 571.08	26.01	110.54
10	顶 底	53.17	61.36	624.25 685.61	26.01	136.55
9	顶 底	53.17	61.36	736.98 798.34	26.01	162.56
8	顶 底	53.17	61.36	851.51 912.87	26.01	188.57
7	顶 底	53.17	61.36	966.04 1027.40	26.01	214.58
6	顶 底	53.17	61.36	1080.57 1141.93	26.01	240.59
5	顶 底	53.17	61.36	1195.10 1256.46	26.01	266.60
4	顶 底	53.17	61.36	1309.63 1370.99	26.01	292.61
3	顶 底	53.17	61.36	1424.16 1485.52	26.01	318.62
2	顶 底	53.17	61.36	1538.69 1600.05	26.01	344.63
1	顶 底	53.17	61.36	1653.22 1714.58	26.01	370.64

注　恒荷载分项系数在内力组合时考虑。

表 7.42　　实体墙 XSW-5 地震时，在 1.2G_E 作用下墙体轴力计算　　单位：kN

楼层		1.2 楼（屋）面恒荷载	1.2 墙自重	1.2（0.5×雪荷载）或 1.2（0.5×楼面活荷载）	N
15	顶 底	61.92	73.64	2.51	64.43 138.07
14	顶 底	63.81	73.64	11.15	213.03 286.67
13	顶 底	63.81	73.64	11.15	361.63 435.27

续表

楼层		1.2 楼（屋）面恒荷载	1.2 墙自重	1.2（0.5×雪荷载）或 1.2（0.5×楼面活荷载）	N
12	顶 底	63.81	73.64	11.15	510.23 583.87
11	顶 底	63.81	73.64	11.15	658.83 732.47
10	顶 底	63.81	73.64	11.15	807.43 881.07
9	顶 底	63.81	73.64	11.15	956.03 1029.67
8	顶 底	63.81	73.64	11.15	1104.63 1178.27
7	顶 底	63.81	73.64	11.15	1253.23 1326.87
6	顶 底	63.81	73.64	11.15	1401.83 1475.47
5	顶 底	63.81	73.64	11.15	1550.43 1624.07
4	顶 底	63.81	73.64	11.15	1699.03 1772.67
3	顶 底	63.81	73.64	11.15	1847.63 1921.27
2	顶 底	63.81	73.64	11.15	1996.23 2069.87
1	顶 底	63.81	73.64	11.15	2144.83 2218.47

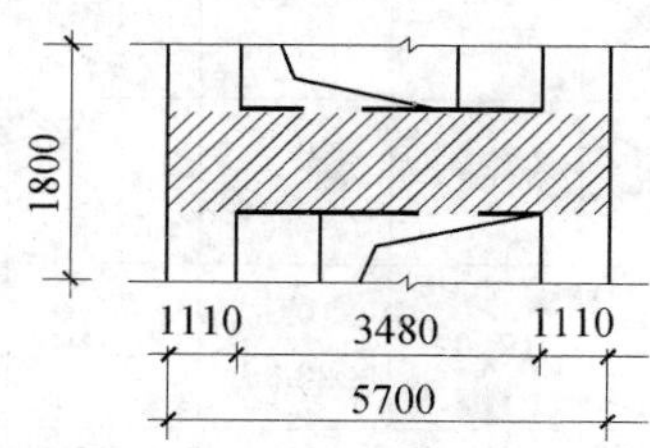

图 7.37　XSW－7 楼面荷载传递方式

2. 整体小开口墙 XSW－7 在竖向荷载作用下结构内力设计值计算

（1）荷载标准值计算。

近似认为图 7.37 中阴影部分楼面荷载由两片 XSW－7 墙承受。

1）恒荷载。水箱间传给 XSW－7 的荷载按 50kN 估计，机房传给 XSW－7 的荷载按 40kN 估计。

楼面：
$$\frac{4.255\times0.9\times5.7}{3.48}=6.27\ (\text{kN/m})$$

机房墙重：
$$5.004\times4.9=24.52\ (\text{kN/m})$$

1～14 层墙的自重：
$$\frac{5.004\times(3.48\times2.8-1\times2.2)+0.45\times1\times2.2}{3.48}=11.13\ (\text{kN/m})$$

2）活载。

楼面：
$$\frac{2\times0.9\times5.7}{3.48}=2.95\ (\text{kN/m})$$

图 7.38 和图 7.39 分别表示 XSW－7 各层恒荷载、活荷载的分布。

（2）内力计算。表 7.43 为非地震时分别在 G_k、$1.4Q_k$ 作用下墙肢的轴力计算，表 7.44 为地震时在 $1.2G_E$ 作用下墙肢的轴力计算。

表 7.43　整体小开口墙 XSW－7 在非地震时，分别在 G_k、$1.4Q_k$ 作用下墙肢轴力计算　　单位：kN

楼层		墙肢 1					墙肢 2				
		楼（屋）面恒荷载	墙自重	N	1.4 楼（屋）面活荷荷载	N	楼（屋）面恒荷载	墙自重	N	1.4 楼（屋）面活荷荷载	N
16	顶 底	48.29	57.38	48.29 105.67			23.53	27.95	23.53 51.48		
15	顶 底	41.57	26.04	147.24 173.28	9.66	9.66	20.25	12.69	71.73 84.42	4.71	4.71
14	顶 底	41.67	26.04	187.95 213.99	9.66	19.32	7.15	12.69	91.57 104.26	4.71	9.42
13	顶 底	41.67	26.04	228.66 254.70	9.66	28.98	7.15	12.69	111.41 124.10	4.71	14.13
12	顶 底	41.67	26.04	269.36 295.41	9.66	38.64	7.15	12.69	131.25 143.94	4.71	18.84
11	顶 底	41.67	26.04	310.08 336.12	9.66	48.30	7.15	12.69	151.09 163.78	4.71	23.55
10	顶 底	41.67	26.04	350.79 376.83	9.66	57.96	7.15	12.69	1170.93 183.62	4.71	28.26
9	顶 底	41.67	26.04	391.50 417.54	9.66	67.62	7.15	12.69	190.77 203.46	4.71	32.97
8	顶 底	41.67	26.04	432.21 458.25	9.66	77.28	7.15	12.69	210.61 223.30	4.71	37.68
7	顶 底	41.67	26.04	472.92 498.96	9.66	86.94	7.15	12.69	230.45 243.14	4.71	42.39
6	顶 底	41.67	26.04	513.63 539.67	9.66	96.90	7.15	12.69	250.29 262.98	4.71	47.10
5	顶 底	41.67	26.04	554.34 580.38	9.66	106.26	7.15	12.69	270.13 282.82	4.71	51.81

续表

楼层		墙肢1					墙肢2				
		楼（屋）面恒荷载	墙自重	N	1.4楼（屋）面活荷载	N	楼（屋）面恒荷载	墙自重	N	1.4楼（屋）面活荷载	N
4	顶底	41.67	26.04	595.05 621.09	9.66	115.92	7.15	12.69	289.97 302.66	4.71	56.52
3	顶 底	41.67	26.04	635.76 661.80	9.66	125.58	7.15	12.69	309.81 322.50	4.71	61.23
2	顶 底	41.67	26.04	676.47 702.51	9.66	135.24	7.15	12.69	329.49 342.34	4.71	65.94
1	顶底	41.67	26.04	717.18 743.22	9.66	144.90	7.15	12.69	349.49 362.18	4.71	70.65

注　恒荷载分项系数在内力组合时考虑。

表7.44　　整体小开口墙XSW-7地震时，在$1.2G_E$作用下墙体的轴力计算　　单位：kN

楼层		墙肢1				墙肢2			
		1.2楼(屋)面恒荷载	1.2墙自重	1.2(0.5×雪荷载)或1.2(0.5×楼面活荷载)	N	1.2楼(屋)面恒荷载	1.2墙自重	1.2(0.5×雪荷载)或1.2(0.5×楼面活荷载)	N
16	顶 底	57.95	68.85	4.14	62.09 130.94	28.23	33.54	2.02	30.25 63.79
15	顶 底	49.88	31.25	4.14	184.96 216.21	24.3	15.23	2.02	90.11 105.34
14	顶 底	17.61	31.25	4.14	237.96 269.21	8.58	15.23	2.02	115.94 131.17
13	顶 底	17.61	31.25	4.14	290.96 322.21	8.58	15.23	2.02	141.77 157.00
12	顶 底	17.61	31.25	4.14	343.96 375.21	8.58	15.23	2.02	167.60 182.83
11	顶 底	17.61	31.25	4.14	396.96 428.21	8.58	15.23	2.02	193.43 208.66
10	顶 底	17.61	31.25	4.14	449.96 481.21	8.58	15.23	2.02	219.19 234.49
9	顶 底	17.61	31.25	4.14	502.96 534.21	8.58	15.23	2.02	245.09 260.32
8	顶 底	17.61	31.25	4.14	555.96 587.21	8.58	15.23	2.02	270.92 286.15
7	顶 底	17.61	31.25	4.14	608.96 640.21	8.58	15.23	2.02	296.75 311.98
6	顶 底	17.61	31.25	4.14	661.21 693.21	8.58	15.23	2.02	322.58 337.81

续表

楼层		墙肢1				墙肢2			
		1.2楼(屋)面恒荷载	1.2墙自重	1.2(0.5×雪荷载)或1.2(0.5×楼面活荷载)	N	1.2楼(屋)面恒荷载	1.2墙自重	1.2(0.5×雪荷载)或1.2(0.5×楼面活荷载)	N
5	顶 底	17.61	31.25	4.14	714.96 746.21	8.58	15.23	2.02	348.41 363.64
4	顶 底	17.61	31.25	4.14	767.96 799.21	8.58	15.23	2.02	374.24 389.47
3	顶 底	17.61	31.25	4.14	820.96 852.21	8.58	15.23	2.02	400.07 415.30
2	顶 底	17.61	31.25	4.14	873.96 905.21	8.58	15.23	2.02	425.90 441.13
1	顶 底	17.61	31.25	4.14	926.96 958.21	8.58	15.23	2.02	451.73 466.96

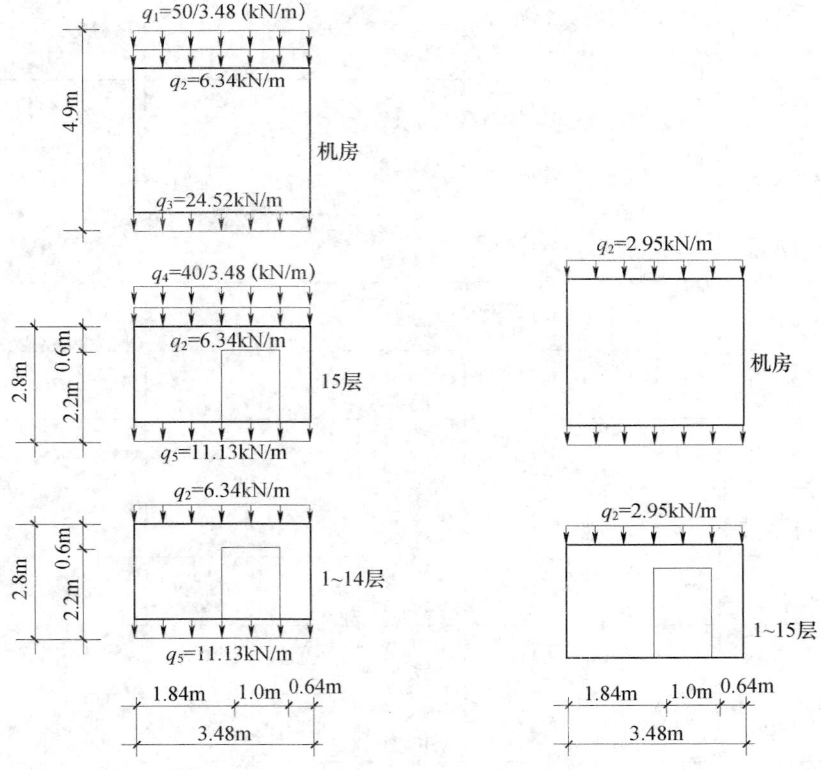

图 7.38 XSW－7 各楼层恒荷载作用图

图 7.39 XSW－7 各楼层活荷载作用图

3. 双肢墙 XSW－4 在竖向荷载作用下内力设计值计算

(1) 荷载标准值计算。XSW－4 楼面荷载传递方式如图 7.40 所示。

1) 恒荷载。

屋面：　　　　　　5.555×1.8＝10.00(kN/m)

楼面厨房：　　　　(4.255＋1.47)×1.8＝10.31(kN/m)

卧室客厅：　　　　4.255×1.8＝7.66(kN/m)

女儿墙：　　　　　3.36×1＝3.361(kN/m)

1～14 层墙自重：5.004×2.8＝ 14.01(kN/m)

窗自重：　　　　　0.45×0.9×2.4＝0.97(kN/m)

2)活荷载。

屋面活荷载：　　　0.5×1.8＝0.9(kN/m)

雪荷载：　　　　　0.45×1.8＝0.81(kN/m)

楼面：　　　　　　2.0×1.8＝3.6(kN/m)

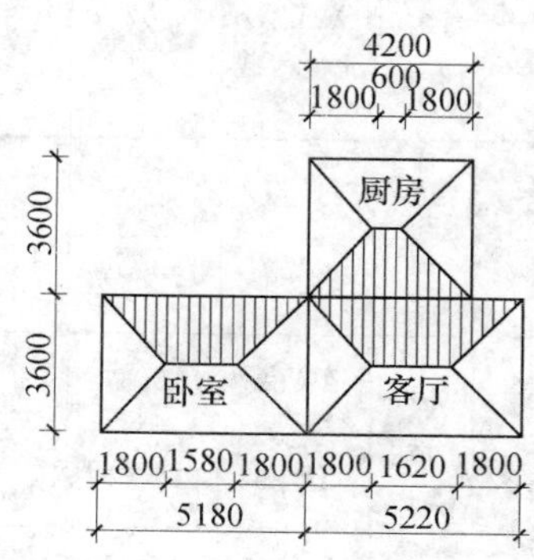

图 7.40　XSW－4 楼面荷载传递方式

XSW－4 各楼层恒荷载、活荷载的分布分别如图 7.41 和图 7.42 所示。

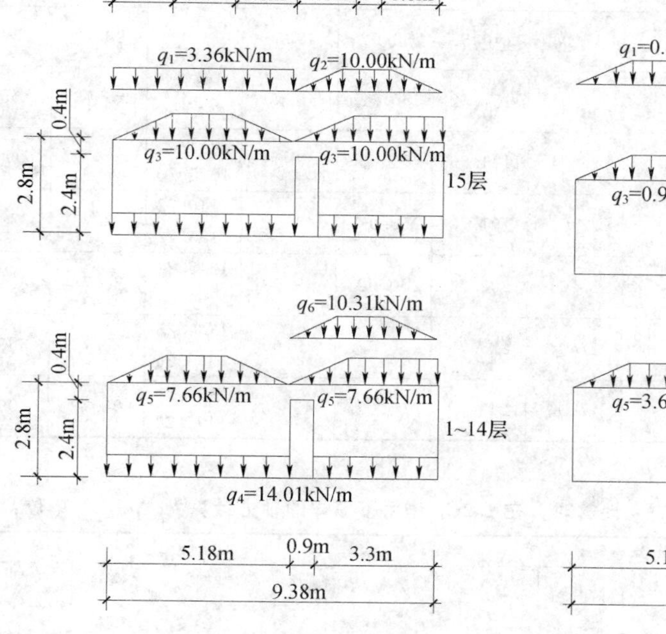

图 7.41　XSW－4 各楼层恒荷载作用图

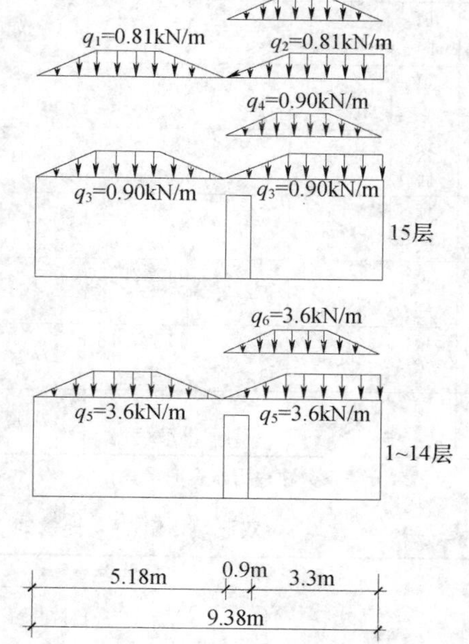

图 7.42　XSW－4 各楼层活荷载作用图

(2) 内力计算。表 7.45 为非地震时分别在 G_k、$1.4Q_k$ 作用下墙肢的轴力计算；表 7.46 为地震时在 $1.2G_E$ 作用下墙肢的轴力计算。由于 XSW－4 连梁的尺寸较小，且荷载较小，故不计算连梁内力。

表 7.45　双肢墙 XSW-4 非地震时，分别在 G_k、$1.4Q_k$ 作用下墙肢的轴力计算　单位：kN

楼层		墙肢1					墙肢2				
		楼（屋）面恒荷载	墙自重	N	1.4楼（屋）面活荷载	N	楼（屋）面恒荷载	墙自重	N	1.4楼（屋）面活荷载	N
15	顶 底	51.20	72.57	51.20 123.77	4.26	4.26	57.00	49.00	57.00 106.00	7.18	7.18
14	顶 底	25.89	72.57	149.66 222.23	17.04	21.30	50.02	49.00	156.02 205.02	28.73	35.90
13	顶 底	25.89	72.57	248.12 320.69	17.04	38.34	50.02	49.00	255.04 304.04	28.73	64.64
12	顶 底	25.89	72.57	346.58 419.15	17.04	55.38	50.02	49.00	354.06 403.06	28.73	93.37
11	顶 底	25.89	72.57	445.04 517.61	17.04	72.42	50.02	49.00	453.08 502.08	28.73	122.10
10	顶 底	25.89	72.57	543.50 616.07	17.04	89.46	50.02	49.00	552.10 601.10	28.73	150.83
9	顶 底	25.89	72.57	641.96 714.53	17.04	106.30	50.02	49.00	651.12 700.12	28.73	179.56
8	顶 底	25.89	72.57	740.42 812.99	17.04	123.54	50.02	49.00	750.14 799.14	28.73	208.29
7	顶 底	25.89	72.57	838.88 911.45	17.04	140.58	50.02	49.00	849.16 898.16	28.73	237.02
6	顶 底	25.89	72.57	937.34 1009.91	17.04	157.62	50.02	49.00	948.18 997.18	28.73	265.75
5	顶 底	25.89	72.57	1035.80 1108.37	17.04	174.66	50.02	49.00	1047.20 1096.20	28.73	294.48
4	顶 底	25.89	72.57	1134.26 1206.83	17.04	191.70	50.02	49.00	1146.22 1195.22	28.73	232.21
3	顶 底	25.89	72.57	1232.72 1305.29	17.04	208.74	50.02	49.00	1245.24 1294.24	28.73	351.94
2	顶 底	25.89	72.57	1331.18 1403.75	17.04	225.78	50.02	49.00	1344.26 1393.26	28.73	380.67
1	顶 底	25.89	72.57	1429.64 1502.21	17.04	242.82	50.02	49.00	1443.28 1492.28	28.73	409.40

注　恒荷载分项系数在内力组合时考虑。

表 7.46　双肢墙 XSW-4 地震时，在 $1.2G_E$ 作用下墙体的轴力计算　单位：kN

楼层		墙肢1				墙肢2			
		1.2楼(屋)面恒荷载	1.2墙自重	1.2(0.5×雪荷载)或1.2(0.5×楼面活荷载)	N	1.2楼(屋)面恒荷载	1.2墙自重	1.2(0.5×雪荷载)或1.2(0.5×楼面活荷载)	N
15	顶 底	61.45	87.09	1.64	63.09 150.18	68.40	58.80	2.77	71.17 129.97
14	顶 底	31.07	87.09	7.30	188.55 275.64	60.03	58.80	12.31	202.31 261.11

续表

楼层		墙肢1				墙肢2			
		1.2楼(屋)面恒荷载	1.2墙自重	1.2(0.5×雪荷载)或1.2(0.5×楼面活荷载)	N	1.2楼(屋)面恒荷载	1.2墙自重	1.2(0.5×雪荷载)或1.2(0.5×楼面活荷载)	N
13	顶 底	31.07	87.09	7.30	314.04 401.01	60.03	58.80	12.31	333.45 392.25
12	顶 底	31.07	87.09	7.30	439.47 526.56	60.03	58.80	12.31	464.59 523.39
11	顶 底	31.07	87.09	7.30	564.93 652.02	60.03	58.80	12.31	595.73 654.53
10	顶 底	31.07	87.09	7.30	690.39 777.48	60.03	58.80	12.31	726.87 785.67
9	顶 底	31.07	87.09	7.30	815.85 902.94	60.03	58.80	12.31	858.01 916.81
8	顶 底	31.07	87.09	7.30	941.31 1028.40	60.03	58.80	12.31	989.15 1047.95
7	顶 底	31.07	87.09	7.30	1066.77 1153.86	60.03	58.80	12.31	1120.29 1179.09
6	顶 底	31.07	87.09	7.30	1192.23 1279.32	60.03	58.80	12.31	1251.43 1310.23
5	顶 底	31.07	87.09	7.30	1317.69 1404.78	60.03	58.80	12.31	1382.57 1441.37
4	顶 底	31.07	87.09	7.30	1443.15 1530.24	60.03	58.80	12.31	1513.71 1572.51
3	顶 底	31.07	87.09	7.30	1568.61 1655.70	60.03	58.80	12.31	1644.85 1703.65
2	顶 底	31.07	87.09	7.30	1694.07 1781.16	60.03	58.80	12.31	1775.99 1834.79
1	顶 底	31.07	87.09	7.30	1819.53 1906.62	60.03	58.80	12.31	1907.13 1965.93

4. 壁式框架 XSW－1 在竖向荷载作用下结构内力设计值计算

(1) 荷载计算。XSW－1 楼面荷载传递方式如图 7.43 所示。近似认为阳台门窗全都传给 XSW－1，且按三角形分布。

1) 恒荷载标准值。

女儿墙：　3.36×1＝3.36(kN/m)

屋面：　5.555×2.59＝14.39 (kN/m)

5.555×2.1＝11.67(kN/m)

楼面：　4.255×2.59＝11.02 (kN/m)

4.255×2.1＝8.94(kN/m)

阳台门窗：　$\dfrac{4.2\times2.8\times0.45\times2}{4.2}=2.52(\text{kN/m})$

8.94＋2.52＝11.46(kN/m)

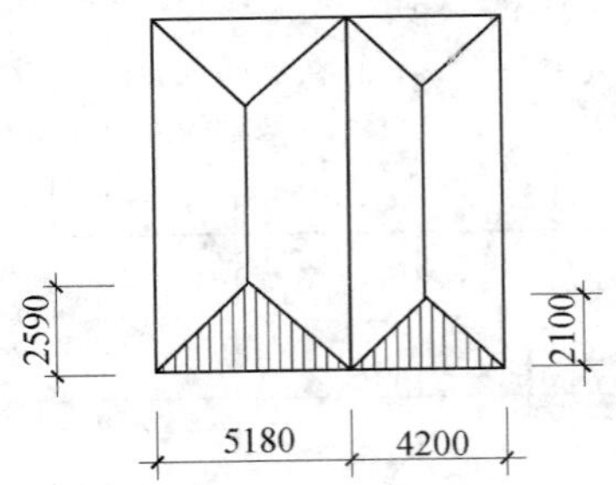

图 7.43　XSW－1 楼面荷载传递方式

壁柱 1 自重：

5.38×[(1.29＋1.3)×2.8－1.3×1.5]＋0.45×1.3×1.5＝29.40(kN)

壁柱 2 自重：

5.38×[(1.29＋1.3＋1.46)×2.8－1.3×1.5－1.46×1.5]＋0.45×(1.3＋1.46)×1.5＝40.60(kN)

壁柱 3 自重：

5.38×[(1.29＋1.46)×2.8－1.46×1.5]＋0.45×1.46×1.5＝30.63(kN)

各层恒荷载作用如图 7.44 所示，将左跨墙上的三角形分布荷载按照支座剪力等效转化为 XSW－1 计算，见图 7.45 上的荷载。

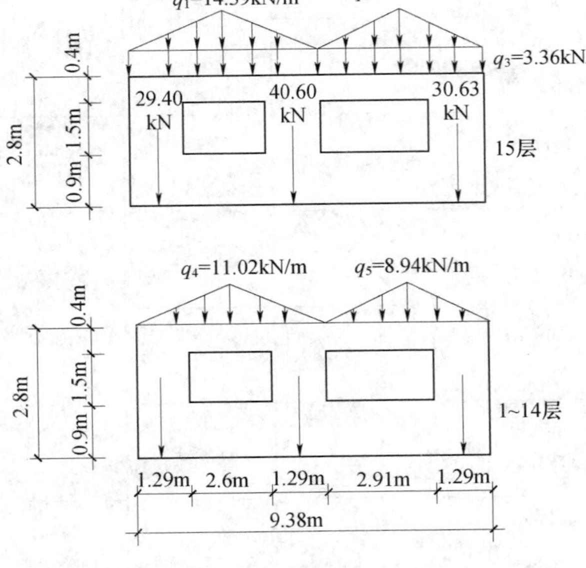

图 7.44　XSW－1 各层恒荷载作用

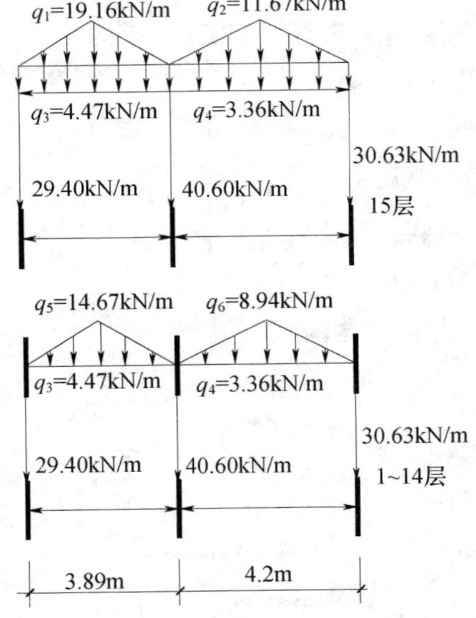

图 7.45　XSW－1 计算简图上各层恒荷载作用

屋面：$\frac{5.18}{3.89}\times14.39=19.16$（kN/m）

女儿墙：$\frac{5.18}{3.89}\times3.36=4.47$（kN/m）

楼面：$\frac{5.18}{3.89}\times11.02=14.67$（kN/m）

2）活荷载标准值。

屋面活荷载：$0.5\times2.59=1.30$（kN/m）

$0.5\times2.1=1.05$（kN/m）

雪荷载：$0.45\times2.59=1.17$（kN/m）

$0.45\times2.1=0.95$（kN/m）

楼面活荷载：$2.0\times2.59=5.18$（kN/m）

$2.0\times2.1=4.20$（kN/m）

各层活荷载作用如图7.46所示，将左跨墙上的三角形分布荷载按照支座剪力等效转化为XSW-1计算，如图7.47所示。

屋面活荷载：$\frac{5.18}{3.89}\times1.3=1.73$（kN/m）

雪荷载：$\frac{5.18}{3.89}\times1.17=1.56$（kN/m）

楼面活荷载：$\frac{5.18}{3.89}\times5.18=6.90$（kN/m）

3）荷载组合。非地震时，各层G_k作用如图7.45所示；各层$1.4Q_k$作用如图7.48所示，各层$1.2G_E$作用如图7.49所示。

（2）非地震时，G_k、$1.4Q_k$分别作用下结构内力计算。采用二次弯矩分配法计算（见图7.50、图7.51），图7.52、图7.53为壁梁、壁柱弯矩图，图7.54、图7.55为壁梁剪力及壁柱轴力。

（3）地震时，$1.2G_E$作用下结构内力计算。计算方法同上，图7.56是二次弯矩分配法的计算过程，壁梁、壁柱弯矩如图7.57所示，壁梁剪力及壁柱轴力如图7.58所示。

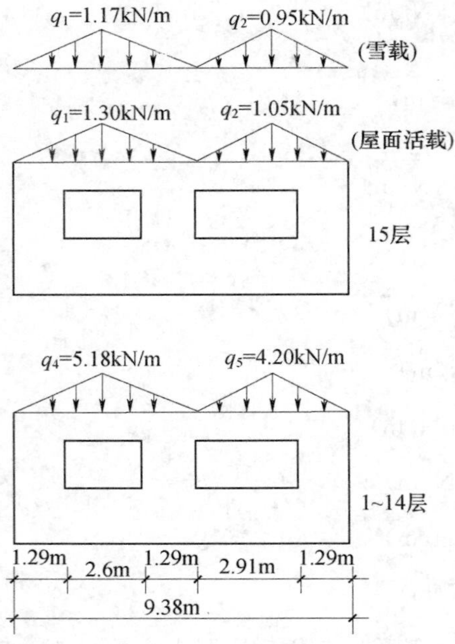

图 7.46 XSW-1各层活载作用图

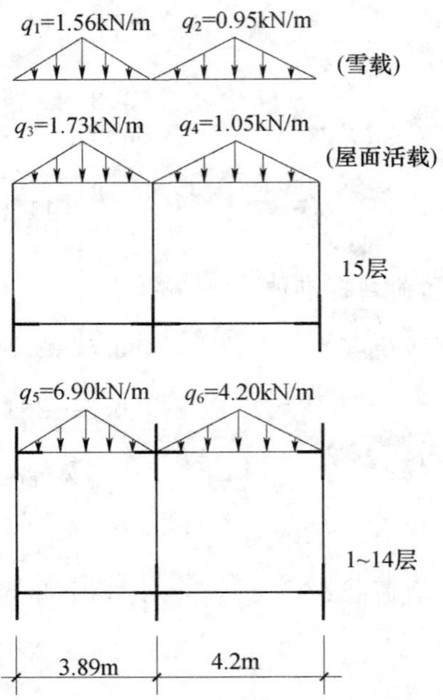

图 7.47 XSW-1计算简图上各层活载作用图

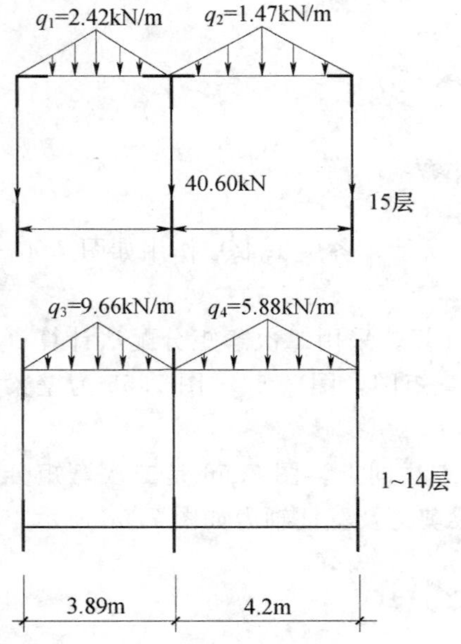

图 7.48 XSW-1非地震时 $1.4Q_k$ 作用图

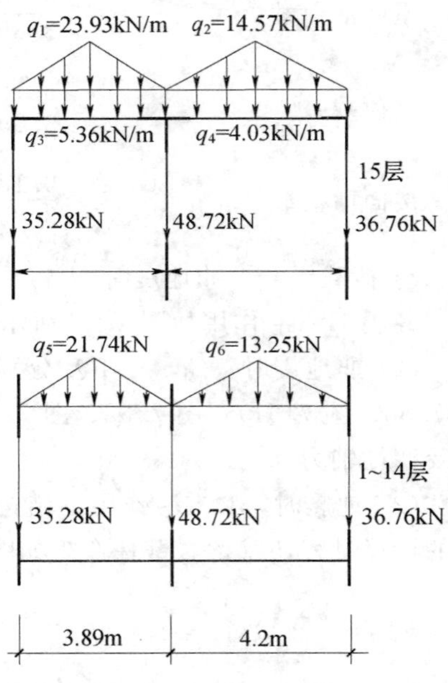

图 7.49 XSW-1地震时 $1.2G_E$ 作用图

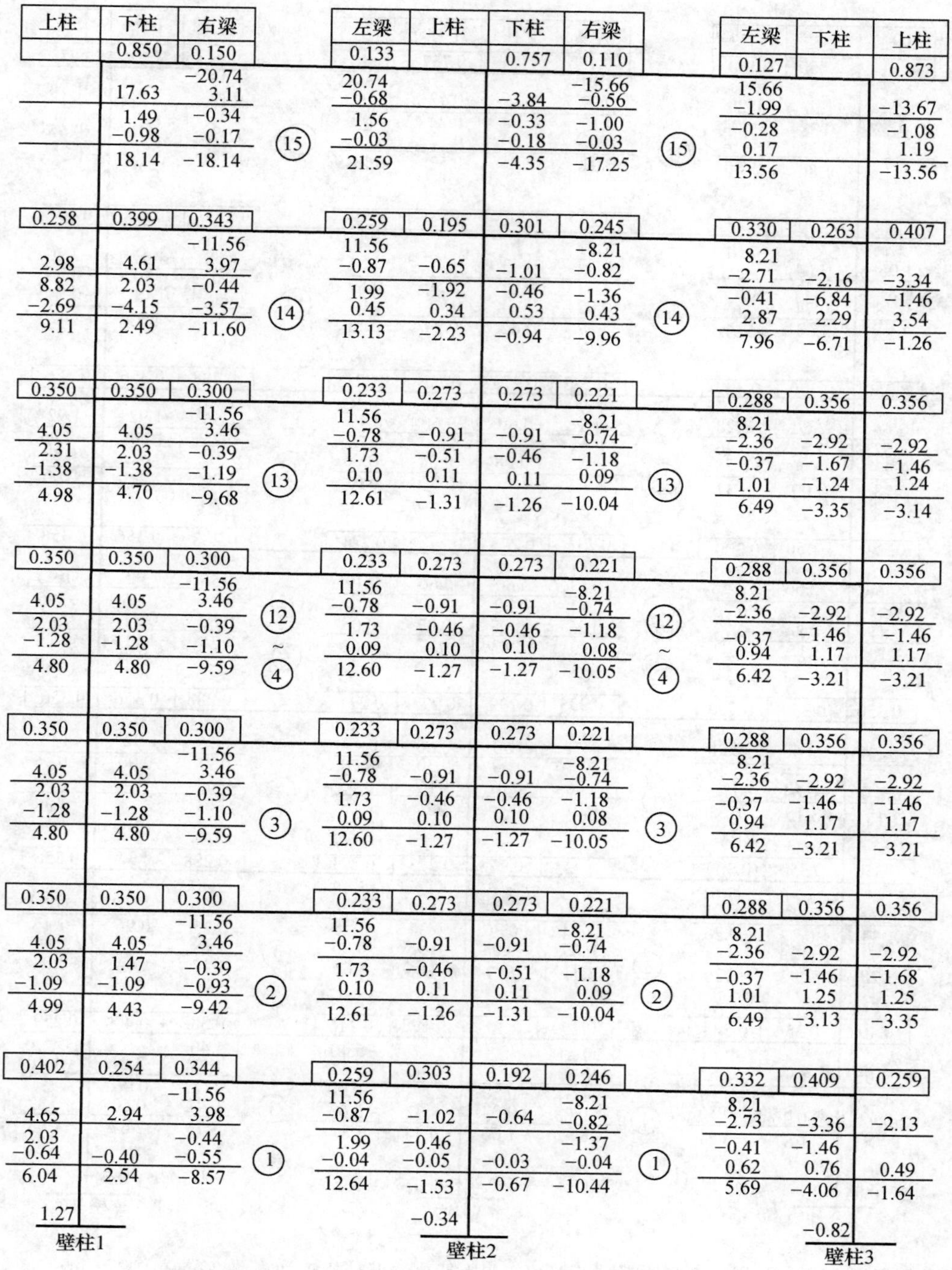

⑮

上柱	下柱	右梁
	0.850	0.150
		−20.74
	17.63	3.11
	1.49	−0.34
	−0.98	−0.17
	18.14	−18.14

左梁	上柱	下柱	右梁
0.133		0.757	0.110
20.74			−15.66
−0.68		−3.84	−0.56
1.56		−0.33	−1.00
−0.03		−0.18	−0.03
21.59		−4.35	−17.25

左梁	下柱	上柱
0.127		0.873
15.66		
−1.99		−13.67
−0.28		−1.08
0.17		1.19
13.56		−13.56

⑭

上柱	下柱	右梁
0.258	0.399	0.343
		−11.56
2.98	4.61	3.97
8.82	2.03	−0.44
−2.69	−4.15	−3.57
9.11	2.49	−11.60

左梁	上柱	下柱	右梁
0.259	0.195	0.301	0.245
11.56			−8.21
−0.87	−0.65	−1.01	−0.82
1.99	−1.92	−0.46	−1.36
0.45	0.34	0.53	0.43
13.13	−2.23	−0.94	−9.96

左梁	下柱	上柱
0.330	0.263	0.407
8.21		
−2.71	−2.16	−3.34
−0.41	−6.84	−1.46
2.87	2.29	3.54
7.96	−6.71	−1.26

⑬

上柱	下柱	右梁
0.350	0.350	0.300
		−11.56
4.05	4.05	3.46
2.31	2.03	−0.39
−1.38	−1.38	−1.19
4.98	4.70	−9.68

左梁	上柱	下柱	右梁
0.233	0.273	0.273	0.221
11.56			−8.21
−0.78	−0.91	−0.91	−0.74
1.73	−0.51	−0.46	−1.18
0.10	0.11	0.11	0.09
12.61	−1.31	−1.26	−10.04

左梁	下柱	上柱
0.288	0.356	0.356
8.21		
−2.36	−2.92	−2.92
−0.37	−1.67	−1.46
1.01	−1.24	1.24
6.49	−3.35	−3.14

⑫~④

上柱	下柱	右梁
0.350	0.350	0.300
		−11.56
4.05	4.05	3.46
2.03	2.03	−0.39
−1.28	−1.28	−1.10
4.80	4.80	−9.59

左梁	上柱	下柱	右梁
0.233	0.273	0.273	0.221
11.56			−8.21
−0.78	−0.91	−0.91	−0.74
1.73	−0.46	−0.46	−1.18
0.09	0.10	0.10	0.08
12.60	−1.27	−1.27	−10.05

左梁	下柱	上柱
0.288	0.356	0.356
8.21		
−2.36	−2.92	−2.92
−0.37	−1.46	−1.46
0.94	1.17	1.17
6.42	−3.21	−3.21

③

上柱	下柱	右梁
0.350	0.350	0.300
		−11.56
4.05	4.05	3.46
2.03	2.03	−0.39
−1.28	−1.28	−1.10
4.80	4.80	−9.59

左梁	上柱	下柱	右梁
0.233	0.273	0.273	0.221
11.56			−8.21
−0.78	−0.91	−0.91	−0.74
1.73	−0.46	−0.46	−1.18
0.09	0.10	0.10	0.08
12.60	−1.27	−1.27	−10.05

左梁	下柱	上柱
0.288	0.356	0.356
8.21		
−2.36	−2.92	−2.92
−0.37	−1.46	−1.46
0.94	1.17	1.17
6.42	−3.21	−3.21

②

上柱	下柱	右梁
0.350	0.350	0.300
		−11.56
4.05	4.05	3.46
2.03	1.47	−0.39
−1.09	−1.09	−0.93
4.99	4.43	−9.42

左梁	上柱	下柱	右梁
0.233	0.273	0.273	0.221
11.56			−8.21
−0.78	−0.91	−0.91	−0.74
1.73	−0.46	−0.51	−1.18
0.10	0.11	0.11	0.09
12.61	−1.26	−1.31	−10.04

左梁	下柱	上柱
0.288	0.356	0.356
8.21		
−2.36	−2.92	−2.92
−0.37	−1.46	−1.68
1.01	1.25	1.25
6.49	−3.13	−3.35

①

壁柱1

上柱	下柱	右梁
0.402	0.254	0.344
		−11.56
4.65	2.94	3.98
2.03		−0.44
−0.64	−0.40	−0.55
6.04	2.54	−8.57
底部	1.27	

壁柱2

左梁	上柱	下柱	右梁
0.259	0.303	0.192	0.246
11.56			−8.21
−0.87	−1.02	−0.64	−0.82
1.99	−0.46		−1.37
−0.04	−0.05	−0.03	−0.04
12.64	−1.53	−0.67	−10.44
底部		−0.34	

壁柱3

左梁	下柱	上柱
0.332	0.409	0.259
8.21		
−2.73	−3.36	−2.13
−0.41	−1.46	
0.62	0.76	0.49
5.69	−4.06	−1.64
底部	−0.82	

图 7.50　XSW－1 非震时 G_k 作用下壁梁、壁柱弯矩计算图（单位：kN・m）

⑮

壁柱1

上柱	下柱	右梁
	0.850	0.150
		−1.91
	1.62	0.29
	0.98	−0.04
	−0.80	−0.14
	1.80	−1.80

壁柱2

左梁	上柱	下柱	右梁
0.133		0.757	0.110
1.91			−1.35
−0.07		−0.42	−0.06
0.15		−0.22	−0.09
0.02		0.12	0.02
2.01		−0.52	−1.48

壁柱3

左梁	上柱	下柱
0.127		0.873
1.35		
−0.17		−1.18
−0.03		−0.71
0.09		0.65
1.24		−1.24

⑭

上柱	下柱	右梁
0.258	0.399	0.343
		−7.61
1.96	3.04	2.61
0.81	1.33	−0.29
−0.48	−0.74	−0.63
2.29	3.63	−5.92

左梁	上柱	下柱	右梁
0.259	0.195	0.301	0.245
7.61			−5.40
−0.57	−0.43	−0.67	−0.54
1.31	−0.21	−0.30	−0.89
0.02	0.02	0.03	0.02
8.37	−0.62	−0.94	−6.81

左梁	上柱	下柱
0.330	0.263	0.407
5.40		
−1.78	−1.42	−2.20
−0.27	−0.59	−0.96
0.60	0.48	−0.74
3.95	−1.53	−2.42

⑬

上柱	下柱	右梁
0.350	0.350	0.300
		−7.61
2.66	2.66	2.28
1.52	1.33	−0.26
−0.90	−0.90	−0.78
3.28	3.09	−6.37

左梁	上柱	下柱	右梁
0.233	0.273	0.273	0.221
7.61			−5.40
−0.51	−0.60	−0.60	−0.49
1.14	−0.34	−0.30	−0.78
0.07	0.08	0.08	−0.06
8.31	−0.86	−0.82	−6.61

左梁	上柱	下柱
0.288	0.356	0.356
5.40		
−1.56	−1.92	−1.92
−0.25	−1.10	−0.96
0.67	−0.82	−0.82
4.26	−2.20	−2.06

⑫~④

上柱	下柱	右梁
0.350	0.350	0.300
		−7.61
2.66	2.66	2.28
1.33	1.33	−0.26
−0.84	−0.84	−0.72
3.15	3.15	−6.31

左梁	上柱	下柱	右梁
0.233	0.273	0.273	0.221
7.61			−5.40
−0.51	−0.60	−0.60	−0.49
1.14	−0.30	−0.30	−0.78
0.06	0.07	0.07	0.05
8.30	−0.83	−0.83	−6.62

左梁	上柱	下柱
0.288	0.356	0.356
5.40		
−1.56	−1.92	−1.92
−0.25	−0.96	−0.96
0.62	0.77	0.77
4.21	−2.11	−2.11

③

上柱	下柱	右梁
0.350	0.350	0.300
		−7.61
2.66	2.66	2.28
1.33	1.33	−0.26
−0.84	−0.84	−0.72
3.15	3.15	−6.31

左梁	上柱	下柱	右梁
0.233	0.273	0.273	0.221
7.61			−5.40
−0.51	−0.60	−0.60	−0.49
1.14	−0.30	−0.30	−0.78
0.06	0.07	0.07	0.05
8.30	−0.83	−0.83	−6.62

左梁	上柱	下柱
0.288	0.356	0.356
5.40		
−1.56	−1.92	−1.92
−0.25	−0.96	−0.96
0.62	0.77	0.77
4.21	−2.11	−2.11

②

上柱	下柱	右梁
0.350	0.350	0.300
		−7.61
2.66	2.66	2.28
1.33	0.97	−0.26
−0.71	−0.71	−0.61
3.28	2.92	−6.20

左梁	上柱	下柱	右梁
0.233	0.273	0.273	0.221
7.61			−5.40
−0.51	−0.60	−0.60	−0.49
1.14	−0.30	−0.34	−0.78
0.07	0.08	0.08	−0.06
8.31	−0.82	−0.86	−6.61

左梁	上柱	下柱
0.288	0.356	0.356
5.40		
−1.56	−1.92	−1.92
−0.25	−0.96	−1.16
0.68	0.84	0.84
4.27	−2.04	−2.04

①

上柱	下柱	右梁
0.402	0.254	0.344
		−7.61
3.06	1.93	2.62
1.33		−0.29
−0.42	−0.26	−0.36
3.97	1.67	−5.64

左梁	上柱	下柱	右梁
0.259	0.303	0.192	0.246
7.61			−5.40
−0.57	−0.67	−0.42	−0.54
1.31	−0.30		−0.90
−0.03	−0.03	−0.02	−0.03
8.32	−1.00	−0.44	−6.87

左梁	上柱	下柱
0.332	0.409	0.259
5.40		
−1.79	−2.21	−1.40
−0.27	−0.96	
0.41	0.50	0.32
3.75	−2.67	−1.08

柱底：壁柱1 0.84；壁柱2 −0.22；壁柱3 −0.54

壁柱1　壁柱2　壁柱3

图 7.51　XSW－1 非地震时 1.4Q_k 作用下壁梁、壁柱弯矩计算图（单位：kN·m）

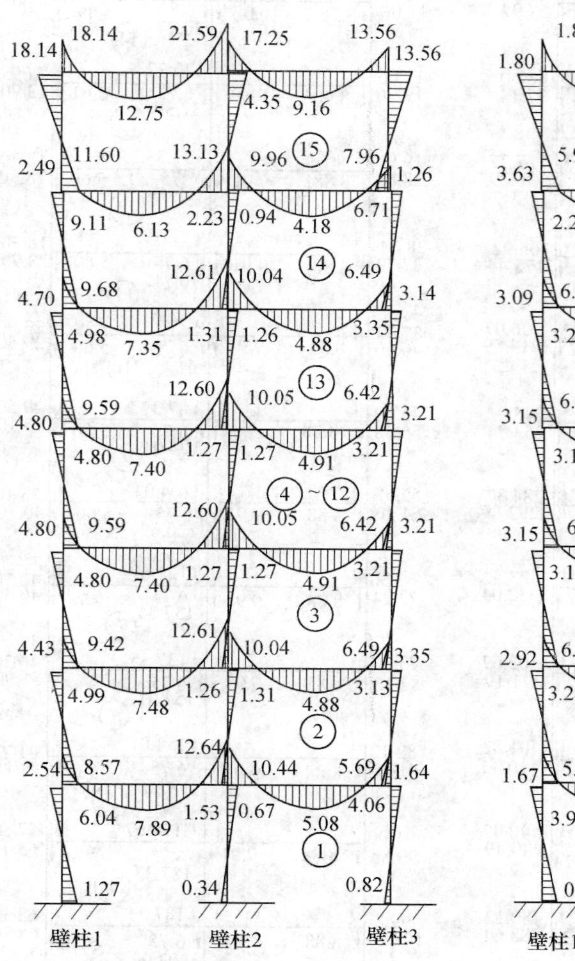

图 7.52　XSW－1 非地震时 G_k 作用下壁梁、壁柱弯矩图（单位：kN·m）

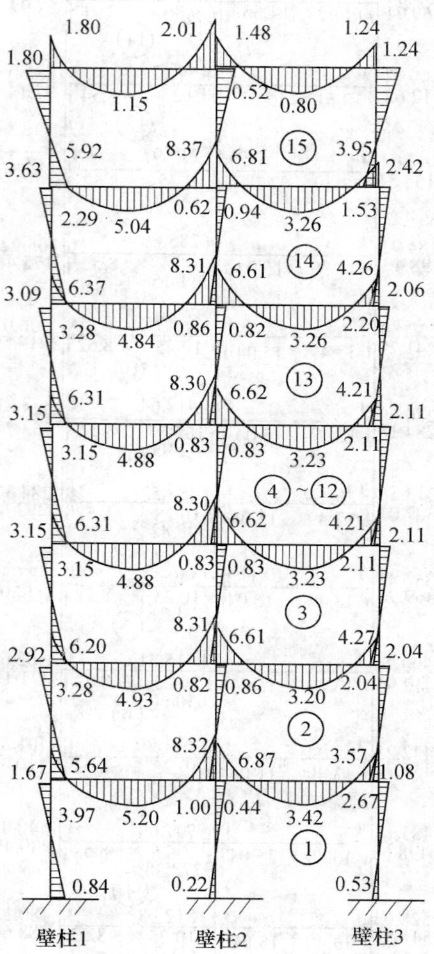

图 7.53　XSW－1 非地震时 1.4Q_k 作用下壁梁、壁柱弯矩图（单位：kN·m）

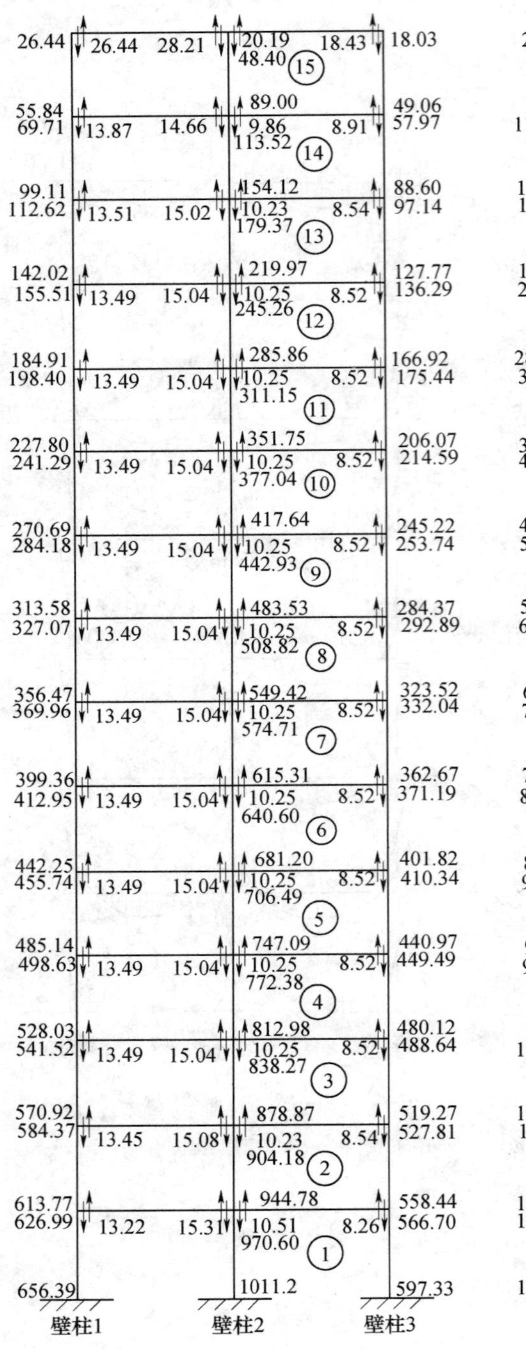

图 7.54　XSW－1 非地震时 G_k 作用下壁梁剪力及壁柱轴力图（单位：kN）

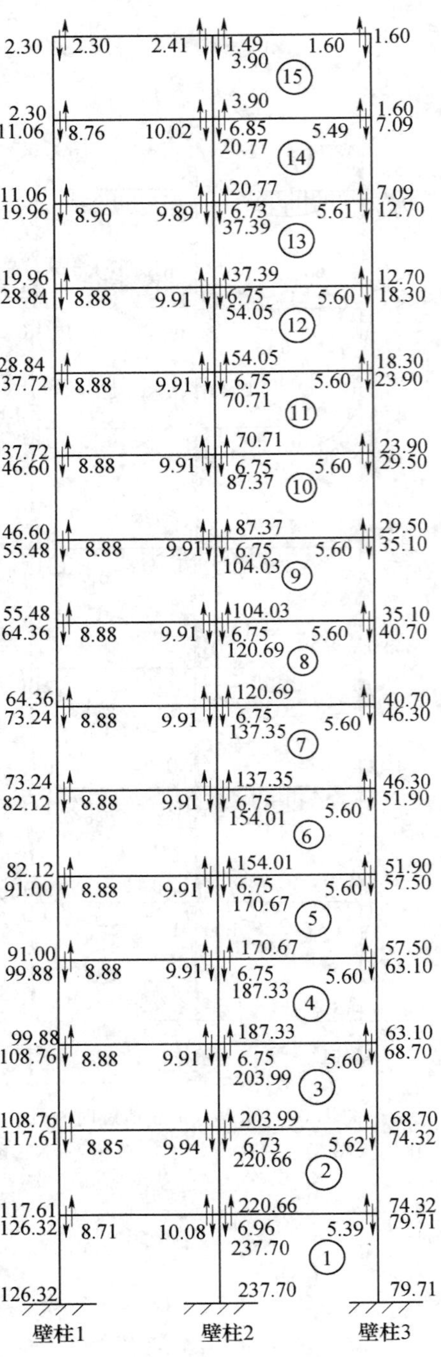

图 7.55　XSW－1 非地震时 $1.4Q_k$ 作用下壁梁剪力及壁柱轴力图（单位：kN）

⑮

上柱	下柱	右梁	左梁	上柱	下柱	右梁	左梁	上柱	下柱
	0.850	0.150	0.133		0.757	0.110	0.127		0.873
		−25.62	25.62			−19.31	19.31		
	21.78	3.84	−0.84		−4.78	−0.69	−2.45		−16.86
	2.21	−0.42	1.92		−0.43	−1.23	−0.35		−1.60
	−1.52	−0.27	−0.03		−0.20	−0.03	0.25		1.70
	22.47	−22.47	26.67		−5.41	−21.26	16.76		−16.76

⑭

上柱	下柱	右梁	左梁	上柱	下柱	右梁	左梁	上柱	下柱
0.258	0.399	0.343	0.259	0.195	0.301	0.245	0.330	0.263	0.407
		−17.13	−17.13			−12.17	12.17		
4.42	6.83	5.88	−1.28	−0.97	−1.49	−1.22	−4.02	−3.20	−4.95
10.89	3.00	−0.64	2.94	−2.39	−0.61	−2.10	−0.61	−8.43	−2.71
−3.42	−5.29	−4.54	0.56	0.42	0.65	0.53	3.70	2.95	4.56
11.89	4.54	−16.43	19.35	−2.94	−1.45	−14.96	11.24	−8.68	−2.56

⑬

上柱	下柱	右梁	左梁	上柱	下柱	右梁	左梁	上柱	下柱
0.350	0.350	0.300	0.233	0.273	0.273	0.221	0.288	0.356	0.356
		−17.13	17.13			−12.17	12.17		
6.00	6.00	5.14	−1.16	−1.35	−1.35	−1.10	−3.50	−4.33	−4.33
3.42	3.00	−0.58	2.57	−0.75	−0.68	1.75	−0.55	−2.48	−2.17
−2.04	−2.04	−1.76	0.14	0.17	0.17	0.13	1.50	1.85	1.85
7.38	6.96	−14.33	18.68	−1.93	−1.86	−14.89	9.62	−4.96	−4.65

⑫～④

上柱	下柱	右梁	左梁	上柱	下柱	右梁	左梁	上柱	下柱
0.350	0.350	0.300	0.233	0.273	0.273	0.221	0.288	0.356	0.356
		−17.13	17.13			−12.17	12.17		
6.00	6.00	5.14	−1.16	−1.35	−1.35	−1.10	−3.50	−4.33	−4.33
3.00	3.00	−0.58	2.57	−0.68	−0.68	−1.75	−0.55	−2.17	−2.17
−1.90	−1.90	−1.63	0.13	0.15	0.15	0.12	1.41	1.74	1.74
7.10	7.10	−14.20	18.67	−1.88	−1.88	−14.90	9.53	−4.76	−4.76

③

上柱	下柱	右梁	左梁	上柱	下柱	右梁	左梁	上柱	下柱
0.350	0.350	0.300	0.233	0.273	0.273	0.221	0.288	0.356	0.356
		−17.13	17.13			−12.17	12.17		
6.00	6.00	5.14	−1.16	−1.35	−1.35	−1.10	−3.50	−4.33	−4.33
3.00	3.00	−0.58	2.57	−0.68	−0.68	−1.75	−0.55	−2.17	−2.17
−1.90	−1.90	−1.63	0.13	0.15	0.15	0.12	1.41	1.74	1.74
7.10	7.10	−14.20	18.67	−1.88	−1.88	−14.90	9.53	−4.76	−4.76

②

上柱	下柱	右梁	左梁	上柱	下柱	右梁	左梁	上柱	下柱
0.350	0.350	0.300	0.233	0.273	0.273	0.221	0.288	0.356	0.356
		−17.13	17.13			−12.17	12.17		
6.00	6.00	5.14	−1.16	−1.35	−1.35	−1.10	−3.50	−4.33	−4.33
3.00	2.18	−0.58	2.57	−0.68	−0.75	−1.75	−0.55	−2.17	−2.49
−1.61	−1.61	−1.38	0.14	0.17	0.17	0.13	1.50	1.85	1.85
7.39	6.57	−13.95	18.68	−1.86	−1.93	−14.89	9.62	−4.65	−4.97

①

上柱	下柱	右梁	左梁	上柱	下柱	右梁	左梁	上柱	下柱
0.402	0.254	0.344	0.259	0.303	0.192	0.246	0.332	0.409	0.259
		−17.13	17.13			−12.71	12.17		
6.89	4.35	5.89	−1.28	−1.50	−0.95	1.22	4.04	−4.98	−3.15
3.00		−0.64	2.95	−0.68		−2.02	−0.61	−2.17	
−0.95	−0.60	−0.81	−0.06	−0.08	−0.05	−0.06	0.92	1.14	0.72
8.94	3.75	−12.69	18.74	−2.26	−1.00	−15.47	8.44	−6.01	−2.43

壁柱1	壁柱2	壁柱3
1.88	−0.05	−1.22

图 7.56　XSW－1 地震时，$1.2G_E$ 作用下壁梁、壁柱弯矩计算图（单位：kN·m）

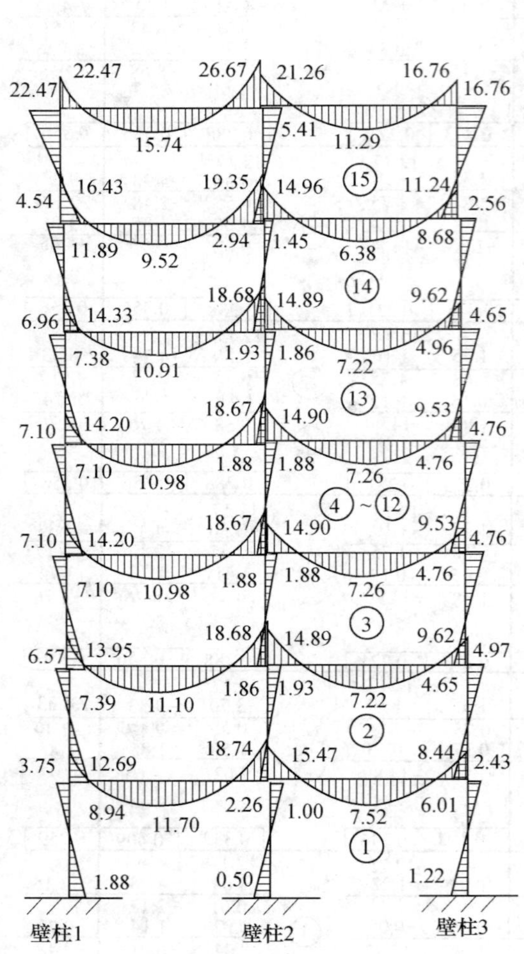

图 7.57 XSW－1 地震时，1.2G_E
作用下壁梁、壁柱弯矩图（单位：kN·m）

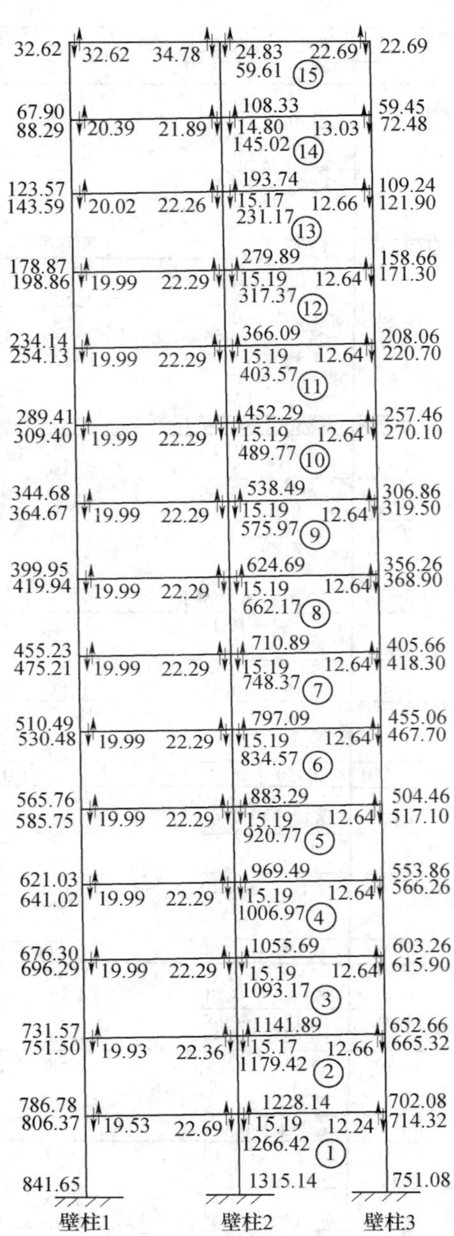

图 7.58 XSW－1 地震时，1.2G_E
作用下壁梁剪力及壁柱轴力图（单位：kN）

7.4.11 内力组合

比较各片剪力墙非地震时内力和地震时内力可知，墙肢平面内偏压、偏拉内力、连梁内力均由地震内力控制。故内力组合时对非地震时内力仅列出轴力。

表 7.47 至表 7.51 为 XSW－5、XSW－7、XSW－4 的内力组合。图 7.59 至图 7.62

为 XSW－1 的地震内力。

表 7.47　　XSW－5（实体墙）内力组合

楼层		非地震时				地震时		
		①S_{Gk}	②$1.4S_{Qk}$	1.2×①+②	1.35×①+0.7×②	$1.2S_{GE}$	$1.3S_{Ehk}$	
		N/kN	N/kN	N/kN	N/kN	N/kN	M/(kN·m)	V/kN
15	顶	51.6	6.50	68.42	74.21	64.43		−40.8
	底	112.96		142.05	157.05	138.07		−26.3
14	顶	116.13	32.51	231.87	247.03	213.03	−300.3	−26.3
	底	227.49		305.50	329.87	286.67	−488.1	−14.1
13	顶	280.66	58.52	395.31	419.86	361.63	−488.1	−147.1
	底	342.02		468.94	502.69	435.27	−575.6	−3.4
12	顶	395.19	84.53	558.76	592.68	510.23	−575.6	−3.4
	底	465.55		638.39	675.51	583.87	−578.3	6.0
11	顶	509.72	110.54	722.20	765.50	658.83	−578.3	6.0
	底	571.08		795.84	848.34	732.47	−509.0	14.6
10	顶	624.25	136.55	885.65	938.32	807.43	−509.0	14.6
	底	685.61		959.28	1021.16	881.07	−366.6	22.8
9	顶	736.98	162.56	1046.94	1108.72	956.03	−366.6	22.8
	底	798.34		1120.57	1191.55	1029.67	−158.2	30.9
8	顶	851.51	188.57	1210.38	1281.54	1104.63	−158.2	30.9
	底	912.87		1284.01	1364.37	1178.27	113.4	39.3
7	顶	966.04	214.58	1373.83	1454.36	1253.23	113.4	39.3
	底	1027.40		1447.46	1537.20	1326.87	457.1	48.3
6	顶	1080.57	240.59	1537.27	1627.18	1401.83	457.1	48.3
	底	1141.93		1610.91	1710.02	1475.47	874.3	58.3
5	顶	1195.10	266.60	1700.72	1800.01	1550.43	874.3	58.3
	底	1256.46		1774.35	1882.84	1624.07	1371.0	69.8
4	顶	1309.63	292.61	1864.12	1972.83	1699.03	1371.0	69.8
	底	1370.99		1937.80	2055.66	1772.67	1966.3	83.1
3	顶	1424.16	318.62	2027.61	2145.65	1847.63	1966.3	83.1
	底	1485.52		2101.24	2228.49	1921.27	2672.8	99.0
2	顶	1538.69	344.63	2119.06	2318.47	1996.23	2672.8	99.0
	底	1600.05		2264.69	2401.31	2069.87	3506.8	118.0
1	顶	1653.22	370.64	2354.50	2491.30	2144.83	3506.8	118.0
	底	1714.58		2428.14	2574.13	2218.47	4504.0	141.0

注　表中 $1.3S_{Ehk}$ 栏内力为左向水平地震作用下的内力；右向水平地震作用下的内力数值相同，符号相反。

表 7.48　　XSW－7（整体小开口墙）非地震时内力组合

楼层		墙肢1					墙肢2				
		①S_{Gk}	②$1.4S_{Qk}$	③$1.4S_{Wk}$	内力组合		①S_{Gk}	②$1.4S_{Qk}$	③$1.4S_{Wk}$	内力组合	
		N/kN	N/kN	N/kN	组合项目	组合值 N/kN	N/kN	N/kN	N/kN	组合项目	组合值 N/kN
15	顶 底	147.24 173.28	9.66	0.0 －8.6	1.35×① ＋0.7×②	205.5 240.7	71.73 84.42	4.71	0.0 8.6	1.35×① ＋0.7×②	100.1 117.3
14	顶 底	187.28 213.99	119.32	－8.6 －14.1	1.35×① ＋0.7×②	267.3 302.4	91.57 104.26	9.42	8.6 14.1	1.35×① ＋0.7×②	130.2 147.2
13	顶 底	229.66 254.70	28.98	－14.1 －16.8	1.35×① ＋0.7×②	329.0 364.1	111.41 124.10	14.13	14.1 16.8	1.35×① ＋0.7×②	160.3 177.4
12	顶 底	269.37 295.41	38.64	－16.8 －17.0	1.35×① ＋0.7×②	390.7 426.9	131.25 143.94	18.84	16.8 17.0	1.35×① ＋0.7×②	190.4 207.5
11	顶 底	310.08 336.12	48.30	－17.0 －15.3	1.35×① ＋0.7×②	452.4 487.6	151.09 163.78	23.55	17.0 15.3	1.35×① ＋0.7×②	220.5 237.6
10	顶 底	350.79 376.83	57.96	－15.3 －11.6	1.35×① ＋0.7×②	514.1 549.3	170.93 183.62	28.26	15.3 11.6	1.35×① ＋0.7×②	250.5 267.7
9	顶 底	391.50 417.54	67.62	－11.6 －6.1	1.35×① ＋0.7×②	575.9 611.0	190.77 203.46	32.97	11.6 6.1	1.35×① ＋0.7×②	280.6 297.8
8	顶 底	432.21 458.25	77.28	－6.1 1.2	1.35×① ＋0.7×②	637.6 672.7	210.61 223.30	37.68	6.1 －1.2	1.35×① ＋0.7×②	310.7 327.8
7	顶 底	472.92 498.96	86.94	1.2 10.4	1.35×① ＋0.7×②	699.3 734.5	230.45 243.14	42.39	－1.2 －10.4	1.35×① ＋0.7×②	340.8 357.9
6	顶 底	513.63 539.67	96.60	10.4 21.6	1.35×① ＋0.7×②	761.0 796.2	250.29 262.98	47.10	－10.4 －21.6	1.35×① ＋0.7×②	370.9 388.0
5	顶 底	554.34 580.38	106.26	21.6 34.8	1.35×① ＋0.7×②	822.7 857.9	270.13 282.82	51.81	－21.6 －34.8	1.35×① ＋0.7×②	400.9 418.1
4	顶 底	595.05 621.09	115.92	34.8 50.7	1.35×① ＋0.7×②	884.5 919.6	289.97 302.66	56.52	－34.8 －50.7	1.2×① ＋0.7× ②＋④	422.3 453.5
3	顶 底	635.76 661.80	125.58	50.7 69.5	1.35×① ＋0.7×②	946.2 981.3	309.81 322.50	61.23	－50.7 －69.5	1.2×① ＋0.7× ②＋④	465.3 499.4
2	顶 底	676.47 702.51	135.24	69.5 91.7	1.35×① ＋0.7×②	1007.9 1043.1	329.65 342.34	65.94	－69.5 －91.7	1.2×① ＋0.7× ②＋④	511.2 548.7
1	顶 底	717.18 743.22	144.90	91.7 118.2	1.2×① ＋0.7× ②＋③	1053.8 1111.5	349.49 362.18	70.65	－91.7 －118.2	1.2×① ＋0.7× ②＋④	560.5 602.2

注　表中$1.4S_{Wk}$栏内力为左吹风时的内力，以③表示；右吹风时的内力数值相同，符号相反，以④表示。

表 7.49　XSW－7（整体小开口墙）地震时内力组合

楼层		墙肢 1						墙肢 2						连梁内力	
		$1.2S_{GE}$	$1.3S_{Ehk}$			内力组合		$1.2S_{GE}$	$1.3S_{Ehk}$			内力组合			
		N/kN	N/kN	V/kN	M/(kN·m)	N/kN	N/kN	N/kN	N/kN	V/kN	M/(kN·m)	N/kN	N/kN	V_b//kN	M_b/(kN·m)
15	顶	185.0	0.0	−15.1	0.0	185.0	185.0	90.1	0.0	−2.7	0.0	90.1	90.1	0.0	0.0
	底	216.2	−40.5	−9.8	−38.7	175.7	256.7	105.3	40.5	−1.7	−1.6	145.8	64.8		
14	顶	238.0	−40.5	−9.8	−38.7	197.5	278.5	115.9	40.5	−1.7	−1.6	156.4	75.3	−40.5	−20.3
	底	269.2	−65.9	−5.2	−62.8	203.3	335.1	131.2	65.9	−0.9	−2.6	197.1	65.3		
13	顶	291.0	−65.9	−5.2	−62.8	225.1	356.9	141.8	65.9	−0.9	−2.6	207.7	75.9	−25.4	−12.7
	底	322.2	−77.7	−1.3	−74.1	244.5	399.9	157.0	77.7	−0.2	−3.1	234.7	79.3		
12	顶	344.0	−77.7	−1.3	−74.1	266.3	421.7	167.6	77.7	−0.2	−3.1	245.3	89.9	−11.8	−5.9
	底	375.2	−78.0	2.2	−74.4	297.2	453.2	182.8	78.0	0.4	−3.1	260.8	104.8		
11	顶	397.0	−78.0	2.2	−74.4	309.0	475.0	193.4	78.0	0.4	−3.1	271.4	115.4	−0.3	−0.2
	底	428.2	−68.7	5.4	−65.5	359.5	496.9	208.7	68.7	1.0	−2.8	277.4	140.0		
10	顶	450.0	−68.7	5.4	−65.5	381.3	518.7	219.3	68.7	1.0	−2.8	288.0	150.6	9.3	4.7
	底	428.2	−49.5	8.5	−47.2	431.7	530.7	234.5	49.5	1.5	−2.0	284.0	185.0		
9	顶	503.0	−49.5	8.5	−47.2	453.5	552.7	245.1	49.5	1.5	−2.0	294.6	195.6	19.2	9.6
	底	534.2	−21.4	11.5	−20.4	512.8	555.6	260.3	21.4	2.0	−0.9	281.7	238.9		
8	顶	556.0	−21.4	11.5	−20.4	534.6	577.4	270.9	21.4	2.0	−0.9	292.3	249.5	28.1	14.1
	底	587.2	15.3	14.6	14.6	602.5	571.9	286.2	−15.3	2.6	0.6	270.9	301.5		
7	顶	609.0	15.3	14.6	14.6	624.3	593.7	296.8	−15.3	2.6	0.6	281.5	312.1	36.7	18.4
	底	640.2	61.7	18.0	58.8	701.9	578.5	312.0	−61.7	3.1	2.5	250.3	373.7		
6	顶	662.0	61.7	18.0	58.8	723.7	600.3	322.6	−61.7	3.1	2.5	260.9	384.3	46.4	23.2
	底	693.2	118.0	21.7	112.5	811.2	575.2	337.8	−118.0	3.8	4.7	219.8	455.3		
5	顶	715.0	118.0	21.7	112.5	833.0	597.0	348.4	−118.0	3.8	4.7	230.4	466.4	256.3	28.2
	底	746.2	185.1	25.9	176.5	931.3	561.1	363.6	−185.1	4.5	7.4	178.5	548.7		
4	顶	768.0	185.1	25.9	176.5	953.1	582.9	374.2	−185.1	4.5	7.4	189.1	559.3	67.1	33.6
	底	799.2	265.4	30.9	253.1	1064.6	533.8	389.5	−265.4	5.4	10.6	124.1	654.9		
3	顶	821.0	265.4	30.9	253.1	1086.4	555.6	400.1	−265.4	5.4	10.6	134.7	665.5	80.3	40.2
	底	852.2	360.7	36.8	344.1	1212.9	491.5	415.3	−360.7	6.4	14.5	54.6	776.0		
2	顶	874.0	360.7	36.8	344.1	1234.7	513.3	425.9	−360.7	6.4	14.5	65.2	786.6	95.3	47.7
	底	905.2	473.3	43.8	451.4	1378.5	431.9	441.1	−473.3	7.7	19.0	−32.2	914.4		
1	顶	927.0	473.3	43.8	451.4	1400.3	453.7	451.7	−473.3	7.7	19.0	−21.6	925.0	12.6	56.3
	底	958.2	607.9	52.3	579.8	1566.1	350.3	467.0	−607.9	9.2	24.4	−140.9	1074.9		

注　1. 表中 $1.3S_{Ehk}$ 栏内力及连梁内力为左向水平地震作用下的内力；右向水平地震作用下的内力数值相同，符号相反。

2. 组合内力栏为重力荷载分别与左向水平地震作用、右向水平地震作用组合后的内力。

表 7.50　XSW－4（双肢墙）非震时内力组合

楼层		墙肢 1					墙肢 2				
		①S_{Gk}	②$1.4S_{Qk}$	③$1.4S_{Wk}$	内力组合		①S_{Gk}	②$1.4S_{Qk}$	③$1.4S_{Wk}$	内力组合	
		N/kN	N/kN	N/kN	组合项目	组合值 N/kN	N/kN	N/kN	N/kN	组合项目	组合值 N/kN
15	顶	51.2	4.3	−31.9	1.2×①+0.7×②+④	96.4	57.0	7.2	31.9	1.2×①+0.7×②+③	105.3
	底	123.8		−60.4		212.0	106.0		60.4		192.6

续表

楼层		墙 肢 1					墙 肢 2				
		①S_{Gk}	②1.4S_{Qk}	③1.4S_{Wk}	内力组合		①S_{Gk}	②1.4S_{Qk}	③1.4S_{Wk}	内力组合	
		N/kN	N/kN	N/kN	组合项目	组合值 N/kN	N/kN	N/kN	N/kN	组合项目	组合值 N/kN
14	顶 底	149.7 222.2	21.3	−60.4 −80.3	1.2×①+0.7×②+④	255.0 361.9	156.0 205.0	35.9	60.4 80.3	1.2×①+0.7×②+③	272.7 351.4
13	顶 底	248.1 320.7	38.3	−80.3 −88.6	1.2×①+0.7×②+④	404.8 500.3	255.0 304.0	64.6	80.3 88.6	1.2×①+0.7×②+③	431.5 498.6
12	顶 底	346.6 419.2	55.4	−88.6 −83.2	1.2×①+0.7×②+④	543.3 625.0	354.1 403.1	93.4	88.6 83.2	1.2×①+0.7×②+③	578.9 632.3
11	顶 底	445.0 517.6	72.4	−83.2 −63.4	1.35×①+0.7×②	651.4 749.4	453.1 502.1	122.1	83.2 63.4	1.35×①+0.7×②	697.2 763.3
10	顶 底	543.5 616.1	89.5	−63.4 −28.6	1.35×①+0.7×②	796.4 894.4	552.1 601.1	150.8	63.4 28.6	1.35×①+0.7×②	850.9 917.0
9	顶 底	642.0 714.5	106.5	−28.6 21.0	1.35×①+0.7×②	941.3 1039.3	651.1 700.1	179.6	28.6 −21.0	1.35×①+0.7×②	1004.7 1070.9
8	顶 底	740.4 813.0	123.5	21.0 84.6	1.35×①+0.7×②	1086.0 1184.0	750.1 799.1	208.3	−21.0 −84.6	1.35×①+0.7×②	1158.4 1224.6
7	顶 底	838.9 911.5	140.6	84.6 161.0	1.2×①+0.7×②+③	1189.7 1353.2	849.2 898.2	237.0	−84.6 −161.0	1.35×①+0.7×②	1312.3 1378.5
6	顶 底	937.3 1009.9	157.6	161.0 247.7	1.2×①+0.7×②+③	1396.1 1569.9	948.2 997.2	265.8	−161.0 −247.7	1.2×①+0.7×②+④	1484.9 1630.4
5	顶 底	1035.8 1108.4	174.7	247.7 340.6	1.2×①+0.7×②+③	1613.0 1793.0	1047.2 1096.2	294.5	−247.7 −340.6	1.2×①+0.7×②+④	1690.4 1842.1
4	顶 底	1134.3 1206.8	191.7	340.6 433.6	1.2×①+0.7×②+③	1836.0 2016.0	1146.2 1195.2	323.2	−340.6 −433.6	1.2×①+0.7×②+④	1942.3 2094.1
3	顶 底	1232.7 1305.3	208.7	433.6 515.6	1.2×①+0.7×②+③	2058.0 2228.1	1245.2 1294.2	351.9	−433.6 −515.6	1.2×①+0.7×②+④	2174.2 2315.0
2	顶 底	1331.2 1403.8	225.8	515.6 570.4	1.2×①+0.7×②+③	2271.0 2413.0	1344.3 1393.3	380.7	−515.6 −570.4	1.2×①+0.7×②+④	2395.3 2508.9
1	顶 底	1429.6 1502.2	242.8	570.4 570.4	1.2×①+0.7×②+③	2455.9 2543.0	1443.3 1492.3	409.4	−570.4 −570.4	1.2×①+0.7×②+④	2588.9 2647.7

注 表中1.4S_{Wk}栏内力为左吹风时的内力，以③表示；右吹风时的内力数值相同，符号相反，以④表示。

表 7.51　　**XSW－4（双肢墙）地震时内力组合**

楼层		墙肢 1						墙肢 2						连梁内力	
		$1.2S_{GE}$	$1.3S_{Ehk}$			内力组合		$1.2S_{GE}$	$1.3S_{Ehk}$			内力组合			
		N/kN	N/kN	V/kN	M/(kN·m)	N/kN	N/kN	N/kN	N/kN	V/kN	M/(kN·m)	N/kN	N/kN	V_b/kN	M_b/(kN·m)
15	顶	63.1	−131.9	−214.9	192.4	−68.8	195.0	71.2	131.9	−56.0	49.8	203.1	−60.7	131.9	−59.4
	底	150.2	−245.3	−154.0	−162.0	−95.1	395.5	130.0	245.3	−40.1	−41.9	375.3	−115.3		
14	顶	188.6	−245.3	−154.0	−162.0	−56.7	433.9	202.3	245.3	−40.1	−41.9	447.6	−43.0	113.4	−51.0
	底	275.6	−314.1	−93.9	−405.9	−38.5	589.7	261.1	314.1	−24.5	−104.9	575.2	−53.0		
13	顶	314.0	−314.1	−93.9	−405.9	−0.1	628.1	333.5	314.1	−24.5	−104.9	647.6	19.4	−68.8	−31.0
	底	401.1	−321.0	−33.0	−574.8	80.1	722.1	392.3	321.0	−8.6	−148.6	713.3	71.3		
12	顶	439.5	−321.0	−33.0	−574.8	118.5	760.5	464.6	321.0	−8.6	−148.6	785.6	143.6	−6.9	−3.1
	底	526.6	−256.2	27.9	−676.6	270.4	782.8	523.4	256.2	7.3	−174.9	779.4	267.4		
11	顶	564.9	−256.2	27.9	−676.6	308.7	821.1	595.7	256.2	7.3	−174.9	851.7	339.7	64.8	29.2
	底	652.0	−115.4	87.9	−720.9	536.3	767.4	654.5	115.4	23.0	−186.4	769.9	539.1		
10	顶	690.4	−115.4	87.9	−720.9	575.0	805.8	726.9	115.4	23.0	−186.4	842.3	611.5	140.8	63.4
	底	777.5	104.4	148.9	−707.7	881.9	673.1	785.7	−104.4	38.8	−183.0	681.3	890.1		
9	顶	815.9	104.4	148.9	−707.7	930.3	711.5	858.0	−104.4	38.8	−183.0	753.6	962.4	219.8	99.0
	底	902.9	402.3	209.9	−636.8	1305.2	500.6	916.8	−402.3	54.7	164.6	514.5	1319.1		
8	顶	941.3	402.3	209.9	−636.8	1343.6	539.0	989.2	−402.3	54.7	164.6	586.9	1391.5	297.9	134.1
	底	1028.4	773.5	269.8	−512.3	1801.9	254.9	1048.0	−773.5	70.4	−132.5	274.5	1821.5		
7	顶	1066.8	773.5	269.8	−512.3	1840.3	293.3	1120.3	−773.5	70.4	−132.5	346.8	1893.8	371.2	167.1
	底	1153.9	1211.4	330.8	−304.5	2365.3	−57.5	1179.1	−1211.4	86.3	78.7	−32.3	2390.5		
6	顶	1192.2	1211.4	330.8	−304.5	2403.6	−19.2	1251.4	−1211.4	86.3	78.7	40.0	2462.8	437.9	200.1
	底	1279.3	1702.6	391.7	−2.5	2981.9	−423.3	1310.2	−1702.6	102.2	−0.7	−392.4	3012.8		
5	顶	1317.7	1702.6	391.7	−2.5	3020.3	−384.9	1382.6	−1702.6	102.2	−0.7	−320.0	3085.2	491.2	221.0
	底	1404.8	2224.5	451.8	407.2	3629.3	−819.7	1441.4	−2224.5	117.8	105.3	−783.1	3665.9		
4	顶	1443.2	2224.5	451.8	407.5	3667.7	−781.3	1513.7	−2224.5	117.8	105.3	−710.8	3738.2	521.9	235.0
	底	1530.2	2742.1	512.7	1011.5	4272.3	−1211.9	1572.5	−2742.1	133.7	261.5	−1169.6	4314.6		
3	顶	1568.6	2742.1	512.7	1011.5	4310.7	−1173.5	1644.9	−2742.1	133.7	261.5	−1097.2	4387.0	517.6	232.9
	底	1655.7	3197.6	573.6	1878.3	4853.3	−1541.9	1703.7	−3197.6	149.6	485.6	−1493.9	4901.3		
2	顶	1694.1	3197.6	573.6	1878.3	4891.7	−1503.5	1776.0	−3197.6	149.6	485.6	−1421.6	4973.6	455.5	205.0
	底	1718.2	3500.7	633.7	3112.2	5281.9	−1719.5	1834.8	−3500.7	165.2	804.8	−1665.9	5335.5		
1	顶	1819.2	3500.7	633.7	3112.2	5320.2	−1681.2	1907.1	−3500.7	165.2	804.8	−1593.6	5407.8	303.1	136.4
	底	1906.6	3500.7	694.6	4984.2	5407.3	−1594.1	1965.9	−3500.7	181.1	1288.8	−1534.8	5466.6		

注　1. 表中 $1.3S_{Ehk}$ 栏内力及连梁内力为左向水平地震作用下的内力；右向水平地震作用下的内力数值相同，符号相反。

2. 组合内力栏为重力荷载分别与左向水平地震作用、右向水平地震作用组合后的内力。

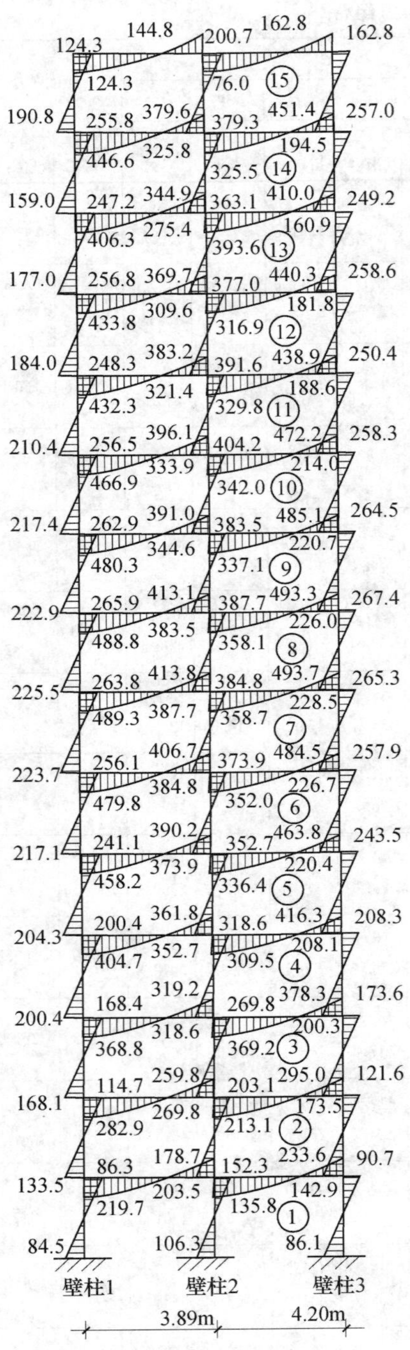

图 7.59 XSW－1 在 $1.2G_E+1.3F_{Ek}$（→）作用下壁梁、壁柱弯矩图（单位：kN·m）

-35.48 35.48 102.9 33.1 80.6 80.6
69.8 15
117.4
-0.2 118.5
-191.8 191.6 233.9 170.7 198.5 315.9
181.7 14
-156.5 230.4 352.6
-328.5 172.0 214.3 153.6 181.5 534.1
291.1 13
-293.2 339.8 570.9
-478.6 185.4 227.7 166.4 194.2 765.1
401.1 12
-443.4 449.8 801.9
-631.9 188.5 230.8 169.1 196.9 998.8
511.5 11
-596.6 560.2 1035.6
-797.3 200.7 243.0 180.0 207.7 1243.3
623.3 10
-762.0 672.0 1280.1
-964.8 202.8 245.1 181.8 209.6 1489.7
735.3 9
-929.6 784.0 1526.5
-1140.3 210.7 253.0 188.8 216.6 1743.1
848.2 8
-1105.0 896.9 1779.9
-1316.0 211.0 253.3 189.0 216.8 1996.7
961.2 7
-1280.7 1009.9 2033.5
-1487.4 206.7 249.0 185.3 213.1 2246.6
1073.6 6
-1452.1 1122.3 2283.4
-1649.1 196.9 239.2 176.5 204.3 2487.7
1185.0 5
-1613.8 1233.7 2524.5
-1789.7 175.9 218.2 158.9 186.7 2711.0
1293.0 4
-1754.4 1341.7 2748.0
-1910.1 155.7 198.0 135.3 163.1 2911.1
1404.4 3
-1874.8 1453.1 2947.9
-1993.2 118.4 160.7 100.7 128.6 3076.4
1513.0 2
-1957.9 1561.7 3113.2
-2039.2 81.4 123.6 64.2 92.0 3205.2
1621.1 1
-2004.0 1669.8 3242.0
壁柱1 壁柱2 壁柱3
3.89m 4.20m

图 7.60 XSW－1 在 $1.2G_E+1.3F_{Ek}$（→）作用下壁梁剪力及壁柱轴力图（单位：kN）

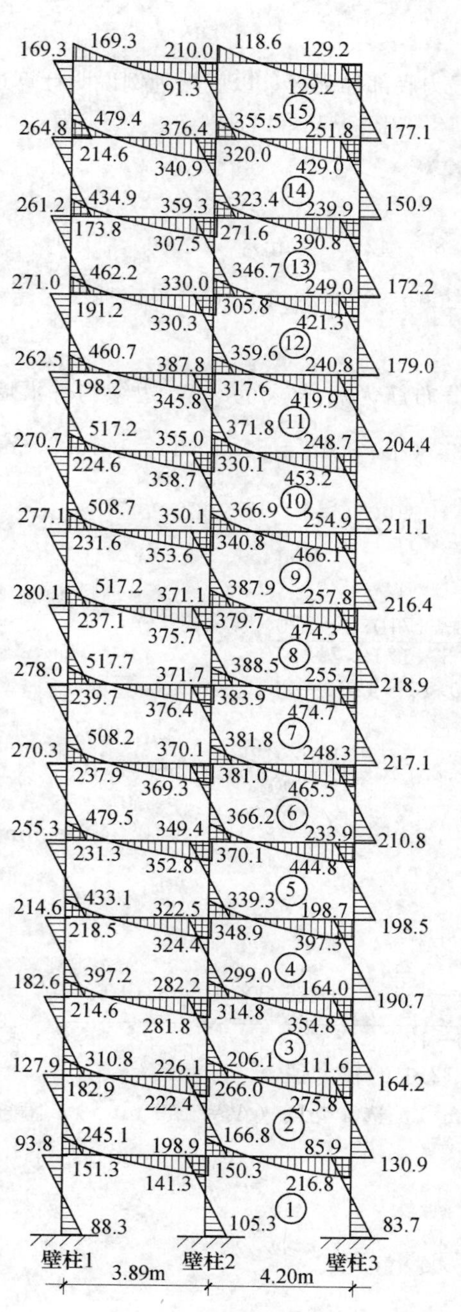

图 7.61　XSW－1 在 $1.2G_E+1.3F_{Ek}$（←）作用下壁梁、壁柱弯矩图（单位：kN·m）

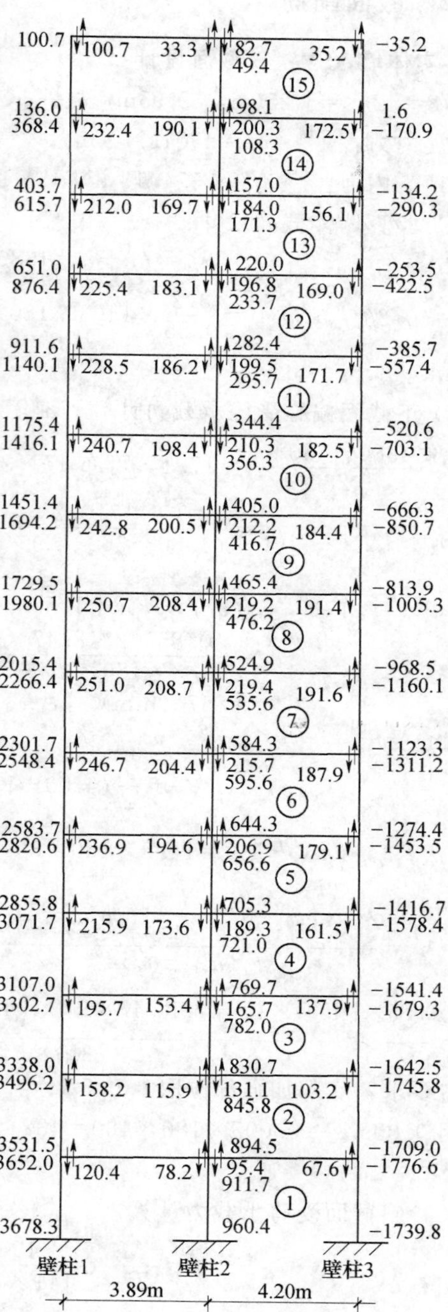

图 7.62　XSW－1 在 $1.2G_E+1.3F_{Ek}$（←）作用下壁梁剪力及壁柱轴力图（单位：kN）

7.4.12 截面配筋

1. 实体墙 XSW－5 截面设计

$H/8=42/8=5.25(\mathrm{m})>2.95\mathrm{m}$，故一、二层为底部加强区，以底层为例说明计算过程。

地震内力：　　$M=4504\mathrm{kN\cdot m}$；$N=2218.47\mathrm{kN}$；$V=141\mathrm{kN}$

非地震内力：　$M=2574.13\ \mathrm{kN}$

（1）验算墙体截面尺寸：

$$h_{w0}=h_w-a=4380-180=4200\ (\mathrm{mm})$$

$$\frac{1}{\gamma_{RE}}(0.2\beta_c f_c b_w h_{w0})=\frac{0.2}{0.85}\times14.3\times180\times4200=3028.2\times10^3\ (\mathrm{N})>141\mathrm{kN}$$

满足要求。

（2）正截面偏心受压承载力计算。取墙体分布筋为双排Φ8@200，边缘构件沿墙肢长480mm，$\frac{4380-480\times2}{200}=17.1$，可布 $17\times2=34$（根），$A_{sw}=50.3\times34=1710.2\ (\mathrm{mm}^2)$。

$$\rho_w=\frac{1710.2}{(4380-360\times2)\times180}=0.0026>\rho_{min}=0.002$$

$$\begin{aligned}x&=\frac{\gamma_{RE}N+A_{sw}f_{yw}}{\alpha_1 f_c b_w h_{w0}+1.5A_{sw}f_{yw}}h_{w0}\\&=\frac{0.85\times2218.47\times10^3+1710.2\times270}{14.3\times180\times4200+1.5\times1710.2\times270}\times4200\\&=857\ (\mathrm{mm})<\xi_b h_{w0}=0.55\times4200=2310\ (\mathrm{mm})\end{aligned}$$

属大偏心受压。

$$M_{sw}=\frac{1}{2}(h_{w0}-1.5x)^2\frac{A_{sw}f_{yw}}{h_{w0}}=\frac{1}{2}(4200-1.5\times857)^2\frac{1710.2\times270}{4200}=466.9\times10^6\ (\mathrm{N\cdot mm})$$

$$M_c=\alpha_1 f_c b_w x\left(h_{w0}-\frac{x}{2}\right)=14.3\times180\times857\times\left(4200-\frac{857}{2}\right)=8319.6\times10^6\ (\mathrm{N\cdot mm})$$

$$\begin{aligned}A_s=A_s'&=\frac{\gamma_{RE}N\left(e_0+h_{w0}-\frac{h_w}{2}\right)+M_{sw}-M_c}{f_y'(h_{w0}-a_s')}\\&=\frac{0.85\times\left[4504\times10^6+2218.47\times10^3\times\left(4200-\frac{4380}{2}\right)\right]+466.9\times10^6-8319.6\times10^6}{300\times(4200-180)}<0\end{aligned}$$

按构造要求，底部加强部位取 $0.005A_c$ 与 4Φ12 中的较大值。

因 $0.005A_c=0.005\times180\times480=432\ (\mathrm{mm}^2)$，选 4Φ12（$A_s=452\ \mathrm{mm}^2$），箍筋取Φ8@150。

（3）斜截面受剪承载力计算：

$$\lambda=\frac{M}{Vh_{w0}}=\frac{4504\times10^6}{141\times10^3\times4200}=7.6>2.2$$

取 $\lambda=2.2$。

$$0.2f_c b_w h_w=0.2\times14.3\times180\times4380=2254.8\times10^3\ (\mathrm{N})>N=2218.47\mathrm{kN}$$

取 $N=2218.47\mathrm{kN}$，水平分布筋为双排Φ8@200，则

$$\frac{1}{\gamma_{RE}}\left[\frac{1}{\lambda-0.5}\left(0.4f_t b_w h_{w0}+0.1N\frac{A_w}{A}\right)+0.8f_{yh}\frac{A_{sh}}{s}h_{w0}\right]$$

$$=\frac{1}{0.85}\times\left[\frac{1}{2.2-0.5}\times\left(0.4\times1.43\times180\times4200+0.1\times2218.47\times10^3\times\frac{180\times4380}{180\times4380}\right)\right.$$

$$\left.+0.8\times270\times\frac{2\times50.3}{200}\times4200\right]$$

$$=1097.1\times10^3\ (\text{N})>V=141\text{kN}$$

（4）平面外轴心受压承载力计算：$l_b/b=2800/180=15.6$，查表得 $\varphi=0.81$，则

$$\varphi(f_cA+f'_yA'_s)=0.81\times(14.3\times4380\times180+300\times452\times2)$$
$$=9351.6\times10^3\ (\text{N})>N=2574.13\text{kN}$$

2. 整体小开口墙 XSW-7 截面设计

$H/8=42/8=5.25$（m）>2.95m。故一层、二层为底部加强区，截面尺寸如表 7.8 所示，以墙肢 1 底层计算为例说明计算过程。

地震内力：$M=579.8$kN·m；$N=1566.1$kN（左震）；$N=350.3$kN（右震）；$V=52.3$kN。

非地震内力：$N=1149.5$kN。

（1）截面尺寸验算：

$$h_{w0}=h_w-a=1840-180=1660\ (\text{mm})$$

$$\frac{1}{\gamma_{RE}}(0.2\beta_cf_cb_wh_{w0})=\frac{1}{0.85}\times0.2\times14.3\times180\times1660=1005.4\times10^3\ (\text{N})>52.3\text{kN}$$

满足要求。

（2）正截面偏心受压承载力计算：取墙体分布筋为双排Φ 8@200，边缘构件沿墙肢长 400mm，$\frac{1840-400\times2}{200}=5.2$，可布置 $5\times2=10$（根），$A_{sw}=50.3\times10=503$（mm²）。

$$\rho_w=\frac{503}{(1840-400\times2)\times180}=0.0027>\rho_{min}=0.002$$

$$x=\frac{\gamma_{RE}N+A_{sw}f_{yw}}{\alpha_1f_cb_wh_{w0}+1.5A_{sw}f_{yw}}h_{w0}$$
$$=\frac{0.85\times1556.1\times10^3+503\times270}{14.3\times180\times1660+1.5\times503\times270}\times1660$$
$$=544\ (\text{mm})<\xi_bh_{w0}=0.55\times1660=913\ (\text{mm})$$

属大偏心受压。

取 $N=350.3$kN 计算，$x=161$mm，也属于大偏心受压。以下按 $V=350.3$kN 计算：

$$M_{sw}=\frac{1}{2}(h_{w0}-1.5x)^2\frac{A_{sw}f_{yw}}{h_{w0}}=82.3\times10^6\ (\text{N}\cdot\text{mm})$$

$$M_c=\alpha_1f_cb_wx\left(h_{w0}-\frac{x}{2}\right)=14.3\times180\times161\times\left(1660-\frac{161}{2}\right)=654.6\times10^6\ (\text{N}\cdot\text{mm})$$

$$A_s=A'_s=\frac{\gamma_{RE}N\left(e_0+h_{w0}-\frac{h_w}{2}\right)+M_{sw}-M_c}{f'_y(h_{w0}-a'_s)}$$

$$=\frac{0.85\times\left[579.8\times10^6+350.3\times10^3\times\left(1660-\frac{1840}{2}\right)\right]+82.3\times10^6-654.6\times10^6}{300\times(1660-180)}$$

$$=418\ (\text{mm}^2)$$

按构造要求，取 $0.005A_c$ 与 4Φ12 中的较大值。因 $0.005A_c=0.005\times180\times480=432$

(mm^2)，选 4Φ12（$A_s=452mm^2$），箍筋取Φ8@150。

（3）斜截面受剪承载力计算：

$$\lambda=\frac{M}{Vh_{w0}}=\frac{579.8\times10^6}{52.3\times10^3\times1660}=6.7>2.2$$

取 $\lambda=2.2$。

$$0.2f_cb_wh_w=0.2\times14.3\times180\times1840=947.2\times10^3\ (N)>N=350.3kN$$

取 $N=350.3kN$，水平分布筋为双排Φ8@200，则

$$\frac{1}{\gamma_{RE}}\left[\frac{1}{\lambda-0.5}\left(0.4f_tb_wh_{w0}+0.1N\frac{A_w}{A}\right)+0.8f_{yh}\frac{A_{sh}}{s}h_{w0}\right]$$

$$=\frac{1}{0.85}\times\left[\frac{1}{2.2-0.5}\times(0.4\times1.43\times180\times1660+0.1\times350.3\times10^3)+0.8\times270\times\frac{2\times50.3}{200}\times1660\right]$$

$$=354.8\times10^3\ (N)>V=52.3kN$$

（4）平面外轴心受压承载力计算。$l_b/b=2800/180=15.6$，查表得 $\varphi=0.81$，则

$$\varphi(f_cA+f'_yA'_s)=0.81\times(14.3\times1840\times180+300\times452\times2)$$
$$=4055.9\times10^3\ (N)>N=1566.1kN$$

3. 壁式框架 XSW－1 截面设计

由内力分析结果比较可知，地震内力起控制作用。

（1）壁柱截面设计。

1）截面尺寸验算：

$h_{w0}=1290-135=1155\ (mm)$

$$\frac{1}{\gamma_{RE}}(0.2\beta_cf_cb_wh_{w0})=\frac{1}{0.85}\times0.2\times14.3\times180\times1155=699.5\times10^3\ (N)$$

壁柱截面均满足要求。

2）偏心受压正截面承载力验算。左向地震时壁柱 2 和壁柱 3、右向地震时壁柱 1 按偏压构件计算，以壁柱 1 第五层截面设计为例说明计算过程。

地震内力：$M=218.5kN\cdot m$；$N=2855.8kN$，取 $A_{sw}=302\ mm^2$（6Φ8），先按大偏压计算：

$$x=\frac{\gamma_{RE}N+A_{sw}f_{yw}}{\alpha_1f_cb_wh_{w0}+1.5A_{sw}f_{yw}}h_{w0}$$
$$=\frac{0.85\times2855.8\times10^3+302\times270}{14.3\times180\times1155+1.5\times302\times270}\times1155$$
$$=935\ (mm)>\xi_bh_{w0}=0.55\times1155=635\ (mm)$$

属小偏心受压。

$$e_0=\frac{M}{N}=\frac{218.5\times10^6}{2855.8\times10^3}=76.5\ (mm)<0.3h_{w0}=346.5\ (mm)$$

$$e_a=0.12(0.3h_{w0}-e_0)=0.12\times(1155-76.5)=32.4\ (mm)$$

$$e_i=e_0+e_a=76.5+32.4=108.9\ (mm)$$

$$e=e_i+0.5h_{w0}-a'_s=108.9+0.5\times1155-135=551.4\ (mm)$$

$$\xi=\frac{\gamma_{RE}N-\xi_b\alpha_1f_cb_wh_{w0}}{\dfrac{\gamma_{RE}Ne-0.45\alpha_1f_cb_wh_{w0}^2}{(0.8-\xi_b)(h_{w0}-a'_s)}+\alpha_1f_cb_wh_{w0}}+\xi_b=0.915$$

$$A_s=A'_s=\frac{\gamma_{RE}Ne-\xi(1-0.5\xi)\alpha_1 f_c b_w h_{w0}^2}{f'_y(h_{w0}-a'_s)}<0$$

按构造要求配筋：$0.010A_c=0.010\times1290\times180=2322\ (\text{mm}^2)$。

按上述方法计算壁柱1、2、3各层配筋，均为构造配筋。

3）偏心受拉正截面承载力验算。左震时壁柱1，右震时壁柱2、壁柱3，按偏拉构件计算，以壁柱1第五层截面设计为例说明计算过程。

地震内力：$M=241.1\text{kN}\cdot\text{m}$；$N=-1649.1\ \text{kN}$，取 $A_{sw}=1230\ \text{mm}^2$（8Φ14），$A_s=2513\text{mm}^2$（8Φ20），则

$$N_{0u}=2f_yA_s+f_{yw}A_{sw}=1939.4\ (\text{kN})$$

$$M_{wu}=f_yA_s(h_{w0}-a')+\frac{1}{2}f_{yw}A_{sw}(h_{w0}-a')=989.1\ (\text{kN})$$

$$e_0=\frac{M}{N}=\frac{241.1\times10^6}{1649.1\times10^3}=146\ (\text{mm})$$

$$\frac{1}{\gamma_{RE}}\frac{1}{\dfrac{1}{N_{0u}}+\dfrac{e_0}{M_{wu}}}=1773.8\times10^3\ (\text{N})>N=1694.1\text{kN}$$

满足要求。

壁柱1、2、3各层配筋列于表7.52。

表7.52　XSW-1壁柱配筋

楼层	壁柱1		壁柱2、壁柱3	
	端柱纵筋	分布钢筋	端柱纵筋	分布钢筋
7～14	8Φ18Φ8@150	水平Φ10@200 竖向8Φ12	8Φ18Φ8@150	水平Φ8@150 竖向8Φ20
1～6	8Φ20Φ8@150	水平Φ10@200 竖向8Φ14		

4）平面外轴压承载力验算。以右向地震时壁柱1柱底截面为例说明。$N=3687.3\text{kN}$，$l_b/b=2800/180=15.6$，查表得 $\varphi=0.81$，则

$$\varphi(f_cA+f'_yA'_s)=0.81\times[14.3\times1290\times180+300\times(5026+1230)\times2]$$
$$=5730\times10^3\ (\text{N})\geqslant N=3687.3\text{kN}$$

满足要求。

5）斜截面偏心受压受剪承载力验算。以右向地震时壁柱1第五层计算为例。$N=2855.8\text{kN}$，$V=169.2\text{kN}$，$M=218.5\text{kN}\cdot\text{m}$，取水平分布筋为双排Φ10@200。

$$\lambda=\frac{M}{Vh_{w0}}=\frac{218.5\times10^6}{169.2\times10^3\times1155}=1.1<1.5$$

取 $\lambda=1.5$。

$$0.2f_cb_wh_{w0}=0.2\times14.3\times180\times1155=594.6\times10^3\ (\text{N})<N=2855.8\text{kN}$$

取 $N=594.6\text{kN}$，则

$$\frac{1}{\gamma_{RE}}\left[\frac{1}{\lambda-0.5}\left(0.4f_tb_wh_{w0}+0.1N\frac{A_w}{A}\right)+0.8f_{yh}\frac{A_{sh}}{s}h_{w0}\right]$$
$$=\frac{1}{0.85}\times\left[\frac{1}{1.5-0.5}\times(0.4\times1.43\times180\times1155+0.1\times594.6\times10^3\times1)\right.$$

$$+0.8\times270\times\frac{2\times78.6}{200}\times1155\Big]$$

$$=440.6\times10^{3}\text{N}>V=169.2\text{kN}$$

6）斜截面偏心受拉受剪承载力验算。以左向地震时壁柱 1 第五层计算为例，$N=-1649.1$ kN，$V=159.1$ kN，$M=241.1$ kN·m，取水平分布筋为双排Φ10@200。

$$\lambda=\frac{M}{Vh_{w0}}=\frac{241.1\times10^{6}}{159.1\times10^{3}\times1155}=1.3<1.5$$

取 $\lambda=1.5$。

$0.2f_{c}b_{w}h_{w0}=0.2\times14.3\times180\times1155=594.6\times10^{3}$（N）$<N=1649.1$kN

取 $N=594.6$kN，则

$$\frac{1}{\gamma_{RE}}\left[\frac{1}{\lambda-0.5}\left(0.4f_{t}b_{w}h_{w0}-0.1N\frac{A_{w}}{A}\right)+0.8f_{yh}\frac{A_{sh}}{s}h_{w0}\right]$$

$$=\frac{1}{0.85}\times\Big[\frac{1}{1.5-0.5}\times(0.4\times1.43\times180\times1155-0.1\times594.6\times10^{3}\times1)$$

$$+0.8\times270\times\frac{2\times78.6}{200}\times1155\Big]$$

$$=300.6\times10^{3}\ (\text{N})>V=159.1\text{kN}$$

（2）壁梁截面设计。

1）截面尺寸验算。

跨高比，左跨：$\frac{2600}{1300}=2<2.5$

右跨：$\frac{2910}{1300}=2.2<2.5$

$$\frac{1}{\gamma_{RE}}(0.2\beta_{c}f_{c}bh_{0})=\frac{1}{0.85}\times0.2\times14.3\times180\times1265=766.1\times10^{3}\ (\text{N})$$

左右跨各层梁剪力均小于 766.1 kN，满足要求。

2）正截面受弯承载力计算。以左跨第七层为例说明计算过程。采用对称配筋，近似按下式计算：

$$A_{s}=A'_{s}=\frac{\gamma_{RE}M}{f_{y}(h_{0}-a'_{s})}=\frac{0.85\times489.3\times10^{6}}{300\times(1265-35)}=1127\ (\text{mm}^{2})$$

选 4Φ20，$A_{s}=A'_{s}=1257\text{mm}^{2}$。

XSW-1 壁梁配筋如表 7.53 所示。

表 7.53　XSW-1 壁梁配筋

楼层	左、右梁	楼层	左、右梁	楼层	左、右梁
15 层	3Φ12　Φ8@100	3～14 层	4Φ20　Φ8@100	1 层、2 层	4Φ14　Φ8@100

3）斜截面受剪承载力验算。选Φ8@100 进行配筋，则

$$\frac{1}{\gamma_{RE}}\left(0.38f_{t}bh_{0}+0.9f_{yV}\frac{A_{sV}}{s}h_{0}\right)=509.3\times10^{3}\ (\text{N})$$

左、右跨梁各层剪力均小于 509.3 kN，满足要求。

4. 双肢墙 XSW-4 截面设计

$H/8=5.25\text{m}>2.95\text{m}$，故一层、二层为底部加强区，截面尺寸如图所示以墙肢 1 底层计算为例说明计算过程。

地震内力：$M=4984.2\text{kN}\cdot\text{m}$；$N=5407.3\text{kN}$（左震），$N=-1594.1\text{kN}$（右震）；$V=694.6\text{kN}$。

非地震内力：$N=2543.0\text{kN}$。

（1）截面尺寸验算。

$$h_{w0}=5180-180=5000\ (\text{mm})$$

$$\frac{1}{\gamma_{RE}}(0.2\beta_c f_c b_w h_{w0})=\frac{1}{0.85}\times 0.2\times 14.3\times 180\times 5000=3028\times 10^3\ (\text{N})>V=694.6\text{kN}$$

满足要求。

（2）正截面偏心受压承载力计算。取墙体分布筋为双排Φ 8@200，边缘构件沿墙肢长 480mm，则 $\frac{5180-480\times 2}{200}=21.1$，可布置 $21\times 2=42$（根），$A_{sw}=50.3\times 42=2112.6$ (mm^2)。

$$\rho_w=\frac{2112.6}{(5180-480\times 2)\times 180}=0.0028>\rho_{min}=0.002$$

$$\begin{aligned}x&=\frac{\gamma_{RE}N+A_{sw}f_{yw}}{\alpha_1 f_c b_w h_{w0}+1.5A_{sw}f_{yw}}h_{w0}\\&=\frac{0.85\times 5407.3\times 10^3+2112.6\times 270}{14.3\times 180\times 5000+1.5\times 2112.6\times 270}\times 5000\\&=1861.7\ (\text{mm})<\xi_b h_{w0}=0.55\times 5000=2750\ (\text{mm})\end{aligned}$$

属大偏心受压。

$$M_{sw}=\frac{1}{2}(h_{w0}-1.5x)^2\frac{A_{sw}f_{yw}}{h_{w0}}=277.8\times 10^6\ (\text{N}\cdot\text{mm})$$

$$M_c=\alpha_1 f_c b_w x\left(h_{w0}-\frac{x}{2}\right)=19499.4\times 10^6\ (\text{N}\cdot\text{mm})$$

$$\begin{aligned}A_s&=A'_s\\&=\frac{\gamma_{RE}N\left(e_0+h_{w0}-\frac{h_w}{2}\right)+M_{sw}-M_c}{f'_y(h_{w0}-a'_s)}\\&=\frac{0.85\times\left[4984.2\times 10^6+5407.3\times 10^3\times\left(5000-\frac{5180}{2}\right)\right]+277.8\times 10^6-19499.4\times 10^6}{300\times(5000-180)}<0\end{aligned}$$

按构造要求，取 $0.005A_c$ 与 4Φ12 中的较大值。因 $0.005A_c=432\text{mm}^2$，选 4Φ12 ($A_s=452\text{mm}^2$)，箍筋取Φ 8@150。

（3）偏心受拉正截面承载力验算。

$$M=4984.2\text{kN}\cdot\text{m};\ N=-1594.1\text{kN}$$

取 $A_{sw}=3927\text{mm}^2$（8Φ25），$A_s=5655\text{mm}^2$（8Φ30），则

$$N_{0u}=2f_y A_s+f_{yw}A_{sw}=4571.1\ (\text{kN})$$

$$M_{wu}=f_yA_s(h_{w0}-a')+\frac{1}{2}f_{yw}A_{sw}(h_{w0}-a')=818.7\ (\text{kN})$$

$$e_0=\frac{M}{N}=\frac{4984.2\times10^6}{1594.1\times10^3}=3127\ (\text{mm})$$

$$\frac{1}{\gamma_{RE}}\frac{1}{\frac{1}{N_{0u}}+\frac{e_0}{M_{wu}}}=1958.4\times10^3\text{N}>N=1594.1\ (\text{kN})$$

满足要求。

(4) 平面外轴压承载力验算（略）。

(5) 斜截面偏心受压受剪承载力验算。以左震时壁柱 1 底面计算为例，$M=4984.2\text{kN}\cdot\text{m}$；$N=5407.3\text{kN}$（左震）；$V=694.6\text{kN}$。

取水平分布筋为双排Φ10@200，则

$$\lambda=\frac{M}{Vh_{w0}}=\frac{4984.2\times10^6}{694.6\times10^3\times5000}=1.44<1.5$$

取 $\lambda=1.5$。

$$0.2f_cb_wh_{w0}=0.2\times14.3\times180\times5000=2574\times10^3\ (\text{N})<N=5407.3\text{kN}$$

取 $N=2574\text{kN}$，则

$$\frac{1}{\gamma_{RE}}\left[\frac{1}{\lambda-0.5}\left(0.4f_tb_wh_{w0}+0.1N\frac{A_w}{A}\right)+0.8f_{yh}\frac{A_{sh}}{s}h_{w0}\right]$$

$$=\frac{1}{0.85}\times\left[\frac{1}{1.5-0.5}\times(0.4\times1.43\times180\times5000+0.1\times2574\times10^3)\right.$$

$$\left.+0.8\times270\times\frac{2\times78.6}{200}\times5000\right]$$

$$=1907.2\times10^3\ (\text{N})>V=694.6\text{kN}$$

(6) 斜截面偏心受拉受剪承载力验算。以右震时壁柱 1 第三层计算为例，$M=4984.2\text{kN}\cdot\text{m}$；$N=-1594.1\text{kN}$（左震）；$V=694.6\text{kN}$。

取水平分布筋为双排Φ10@200，$0.2f_cb_wh_{w0}>N=1594.1\text{kN}$，$N=1594.1\text{kN}$，则

$$\frac{1}{\gamma_{RE}}\left[\frac{1}{\lambda-0.5}\left(0.4f_tb_wh_{w0}-0.1N\frac{A_w}{A}\right)+0.8f_{yh}\frac{A_{sh}}{s}h_{w0}\right]$$

$$=\frac{1}{0.85}\times\left[\frac{1}{1.5-0.5}\times(0.4\times1.43\times180\times5000-0.1\times1594.1\times10^3)\right.$$

$$\left.+0.8\times270\times\frac{2\times78.6}{200}\times5000\right]$$

$$=1416.8\times10^3\ (\text{N})>V=694.6\text{kN}$$

满足要求。

思 考 题

7.1 剪力墙结构的定义、优点、缺点及其适用范围是什么？

7.2 按剪力墙结构的几何形式可将其分为几种类型？

7.3 竖向荷载在剪力墙结构内部是按照什么规律传递的？

7.4　水平荷载作用下，剪力墙计算截面是如何选区的？水平剪力在各剪力墙上按照什么规律分配？

7.5　剪力墙的布置原则是什么？

7.6　剪力墙最小墙厚如何选取？

7.7　整体剪力墙的定义是什么？

7.8　比较两个规范在墙肢正截面偏心承压力设计时的差异。

7.9　墙肢斜截面承载力设计的设计思路是什么？

7.10　墙肢正截面偏心受拉承载力设计公式在什么情况下不安全的程度最大？为什么？

7.11　为什么要进行墙肢和连梁的内力调整？

7.12　为什么不能对墙肢的轴力进行调整？

7.13　在剪力墙内，水平钢筋和竖向钢筋的设计原则是什么？

7.14　进行悬臂剪力墙正截面抗弯承载力设计时，在大小偏心受压情况下，截面应力假定如何？

7.15　抗震延性悬臂剪力墙的设计和构造措施有哪些？

7.16　联肢剪力墙“强墙弱梁”的设计要点是什么？

7.17　开洞剪力墙中，连梁性能对剪力墙破坏形式、延性性能有些什么影响？连梁延性的设计要点是什么？

7.18　高墙与矮墙的主要区别是什么？

第8章　框架-剪力墙结构内力与位移计算

8.1　框架-剪力墙结构协同工作的基本原理

当高层建筑层数较多且高度较高时，如果仍采用框架结构，则其在水平力作用下，截面内力将增加很快。这时，框架梁柱截面增加很大，并且还产生过大的水平侧移。为解决上述矛盾，通常的做法是在框架体系中，增设一些侧向刚度较大的钢筋混凝土剪力墙，使之代替框架承担水平荷载，于是就形成了框架-剪力墙结构体系。

框架-剪力墙结构体中，框架主要用以承受竖向荷载，而剪力墙主要承受水平荷载。两者分工明确，受力合理，取长补短，能更有效地抵抗水平外荷载的作用，是一种比较理想的高层建筑体系。

8.1.1　框架-剪力墙结构的特点

（1）在钢筋混凝土高层和多层公共建筑中，当框架结构的刚度和强度不能满足抗震或抗风要求时，采用刚度和强度均较大的剪力墙与框架协同工作，可由框架构成自由灵活的大空间，以满足不同建筑功能的要求；同时又有刚度较大的剪力墙，从而使框剪结构具有较强的抗震抗风能力，并大大减少了结构的侧移，在大地震时还可以防止砌体填充墙、门窗、吊顶等非结构构件的严重破坏和倒塌。因此，有抗震设防要求时，宜尽量采用框架-剪力墙结构来替代纯框架结构。

框架-剪力墙结构适用于需要灵活大空间的多层和高层建筑，如办公楼、商业大厦、饭店、旅馆、教学楼、实验楼、电信大楼、图书馆、多层工业厂房及仓库、车库等建筑。

（2）框架-剪力墙结构由框架和剪力墙两种不同的抗侧力结构组成，这两种结构的受力特点和变形性质是不同的。在水平力作用下，剪力墙是竖向悬臂结构，其变形曲线呈弯曲型［见图8.1（a）］，楼层越高水平位移增长速度越快，顶点水平位移值与高度是4次方关系，即

$$u=\frac{qH^4}{8EI}\qquad\text{（均布荷载）}\tag{8.1}$$

$$u=\frac{11q_{\max}H^4}{120EI}\qquad\text{（倒三角形分布荷载）}\tag{8.2}$$

式中　H——结构总高度；

　　EI——弯曲刚度。

在一般剪力墙结构中，由于所有抗侧力结构都是剪力墙，在水平力作用下各片墙的侧向位移相似，所以楼层剪力在各片墙之间是按其等效刚度 EI_{eq} 比例进行分配的。

框架在水平力作用下，其变形曲线为剪切型［见图 8.1 (b)］，楼层越高水平位移增长越慢，在纯框架结构中，各种框架的变形曲线相似，所以，楼层剪力按框架柱的抗侧移刚度 D 值比例分配。

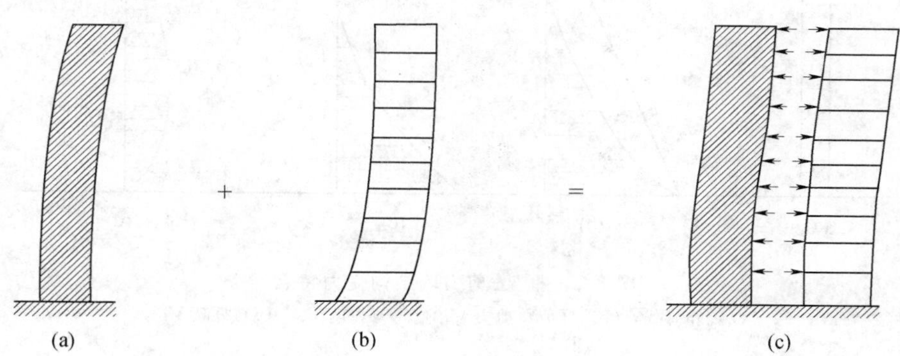

图 8.1　框架-剪力墙结构变形特点

(a) 弯曲型；(b) 剪切型；(c) 弯剪型

框架-剪力墙结构，既有框架又有剪力墙，它们之间通过平面内刚度无限大的楼板连在一起，在水平力作用下，使它们水平位移协调一致，不能各自自由变形，在不考虑扭转影响的情况下，在同一楼层的水平位移必须相同。因此，框架-剪力墙结构在水平力作用下的变形曲线呈反 S 形的弯剪型位移曲线［见图 8.1 (c)］。

(3) 框架-剪力墙结构在水平力作用下，由于框架与剪力墙协同工作，在下部楼层，因为剪力墙位移小，它拉住框架的变形，使剪力墙承担了大部分剪力；上部楼层则相反，剪力墙的位移越来越大，而框架的变形反而小，所以，框架除承受水平力作用下的那部分剪力外，还要负担拉回剪力墙变形的附加剪力，因此，在上部楼层，即使水平力产生的楼层剪力很小，在框架中也有相当数值的剪力。

(4) 框架-剪力墙结构在水平力作用下，框架与剪力墙之间楼层剪力的分配和框架各楼层剪力分布情况，是随楼层所处高度而变化，与结构刚度特征值直接相关。由图 8.2 可知，框架-剪力墙结构中框架底部剪力为零，剪力控制截面在房屋高度的中部甚至是上部，而纯框架最大剪力在底部。因此，当实际布置有剪力墙（如楼梯间墙、电梯井墙、设备管道井等）的框架结构，必须按框架-剪力墙结构协同工作计算内力，不能简单按纯框架分析，否则不能保证框架部分上部楼层构件的安全。

(5) 框架-剪力墙结构，由延性较好的框架、抗侧力刚度较大并带有边框的剪力墙和有良好耗能性能的连梁所组成，具有多道抗震防线。从国内外经受地震后震害调查表明，它确为一种抗震性能很好的结构体系。

(6) 框架-剪力墙结构在水平力作用下，水平位移是由楼层层间位移与层高之比 $\Delta u/H$ 控制，而不是由顶点水平位移进行控制。层间位移最大值发生在 $(0.4\sim0.8)H$ 范围内的楼层，H 为建筑物总高度。

(7) 框架-剪力墙结构在水平力作用下，框架上、下各楼层的剪力取用值比较接近，梁、柱的弯矩和剪力值变化较小，使得梁、柱构件规格较少，有利于施工。

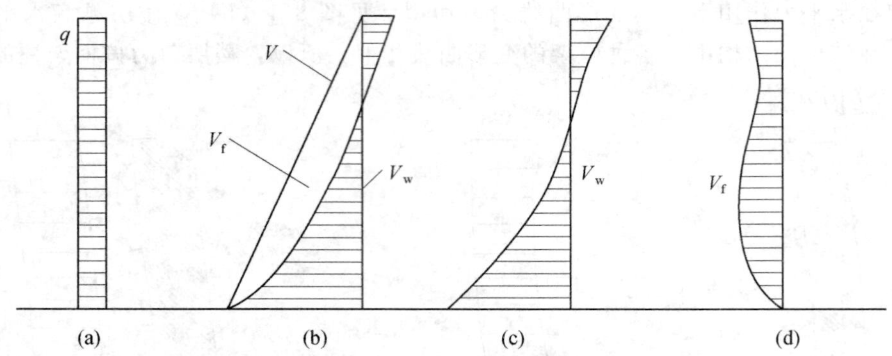

图 8.2 框架-剪力墙结构受力特点

(a) 外荷载；(b) 框剪总剪力 V；(c) 剪力墙 V_w；(d) 框架 V_f

8.1.2 框架-剪力墙协同工作原理

框架-剪力墙结构由框架和剪力墙两种不同的抗侧力结构组成。在这种结构中，剪力墙的侧向刚度比框架的侧向刚度大得多。由于剪力墙侧向刚度大，因而承受大部分的水平荷载；框架有一定的侧向刚度，也承受一定的水平荷载。它们各承受多少水平荷载，主要取决于剪力墙与框架侧向刚度之比，但又不是一个简单的比例关系。因为在水平荷载作用下，组成框架-剪力墙结构的框架和剪力墙是两种受力性能不同的结构形式。在同一结构受力单元中，由于楼板和连梁的连接作用，使框架和剪力墙协同工作，两者之间产生了相互作用力，具有共同的变形曲线。

剪力墙的工作特点类似于竖向悬臂弯曲梁，其变形曲线为弯曲型，如图 8.3 (a) 所示，楼层越高水平位移增长越快。框架的工作特点类似于竖向悬臂剪切梁，其变形曲线为剪切型，楼层越高水平位移增长越慢，如图 8.3 (b) 所示。当框架和剪力墙通过楼盖形成框架-剪力墙结构时，各层楼盖因具有平面内巨大的抗拉（压）刚度使得框架与剪力墙的变形协调一致，因而其变形曲线介于剪切型和弯曲型之间，属于弯剪型，如图 8.3 (c) 所示。

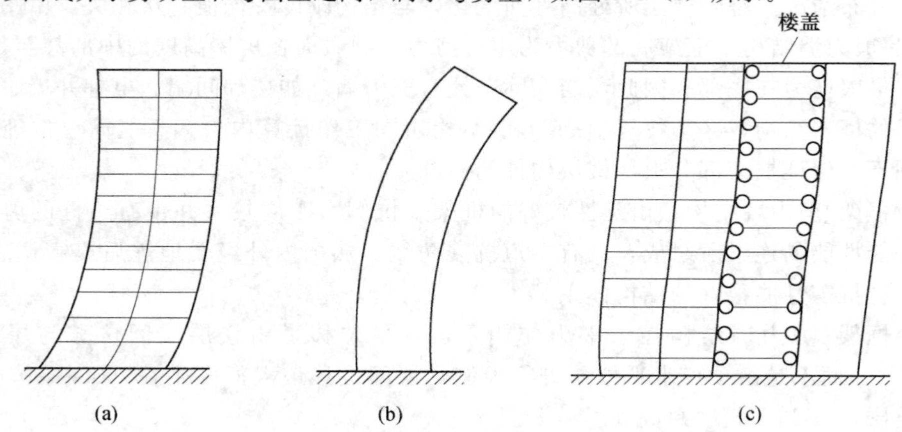

图 8.3 框架与剪力墙的协同工作原理

(a) 弯曲型；(b) 剪切型；(c) 弯剪型

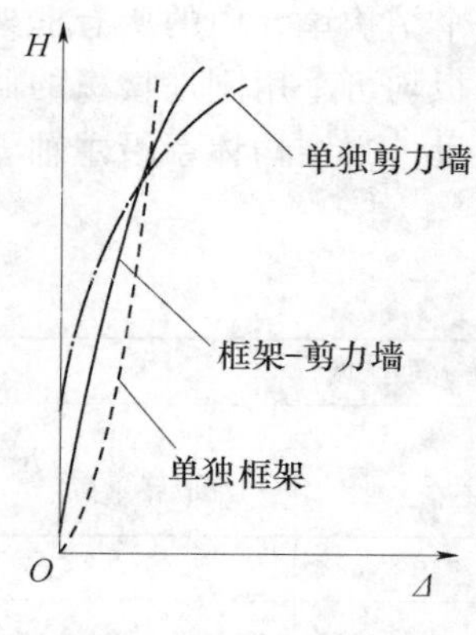

图 8.4　三种侧移曲线

为了清楚起见，将它画在图 8.4 中。可以看出，在结构的上部剪力墙的位移比框架的要大，而在结构的下部，剪力墙的位移又比框架的要小。在结构的下部，框架把墙向右边拉，墙把框架向左边拉，因而框架-剪力墙的位移比框架的单独位移要小，比剪力墙的单独位移要大；在结构上部与之相反，框架-剪力墙的位移比框架的单独位移要大，比剪力墙的单独位移要小。框架与剪力墙之间的这种协同工作是非常有利的，使框架-剪力墙结构的侧移大大减小，且使框架和剪力墙中内力分布更趋合理。

从以上分析可以看出，在框架-剪力墙结构中，沿竖向框架与剪力墙之间的水平力之比并非是一个固定值，它随着楼层标高而变化，水平力在框架和剪力墙之间不能按等效刚度 EI_{eq} 分配，也不能按侧向刚度 D 值分配。此外，值得一提的是：在框架-剪力墙结构中的框架受的剪力，下部为零，中部或上部较大，顶部不为零。

8.1.3　框架-剪力墙结构的分析计算方法

框架-剪力墙结构的分析计算方法可大致分为以下三类。

1. 空间三维分析方法

空间三维分析方法是将剪力墙视作薄壁杆件、带刚域的杆件或平板条元，按结构体系空间变形的三维协调条件进行分析。该方法可以考虑杆件的弯曲、剪切和轴向变形，包括楼板变形的影响，也可以采用刚性楼板的假设以便简化。水平荷载的偏心作用所产生的建筑物扭转效应，已自动包含在计算结果中，无须另行计算。但其计算工作量大，需要容量相当大的计算机进行计算。

2. 平面结构空间协同工作分析方法

平面结构空间协同工作分析方法假定整个结构体系由各向的平面结构组成，然后按结构体系水平变形的二维协调条件进行分析。显然，在两个平面结构相交处，其竖向变形是不协调的，故其计算结果的精度稍逊于空间三维分析方法。该方法的其他性能则与空间三维分析方法基本相同。同样，由于计算工作量大，需用计算机进行计算。

3. 结构体系沿主轴方向平移的分析法

结构体系沿主轴方向平移的分析法（侧移法）是将整个结构体系在各主轴方向进行平面结构分析，水平荷载的偏心作用所产生的建筑物扭转效应，则用近似的分层分析考虑其附加效应。这个方法计算工作量最小，利用现成公式或图表曲线用手算即可解决问题。对于比较规则的结构体系，应用该方法可获得满意结果。

8.2　框架-剪力墙结构的抗侧刚度

8.2.1　框架-剪力墙结构的基本假定与计算简图

1. 基本假定

框架-剪力墙结构体系作为平面结构来计算，在结构分析中一般采用如下假设：

(1) 楼板在自身平面内的刚度为无限大。这保证了楼板将整个结构单元内的所有框架和剪力墙连为整体，不产生相对变形。现浇楼板和装配整体式楼板均可采用刚性楼板的假定。此外，横向剪力墙的间距宜满足表 8.1 的要求。采用这一假设，当结构体系沿主轴方向产生平移变形时，同一层楼面上各点的水平位移相同。

表 8.1 剪力墙的间距

楼盖形式	非抗震设计（取较小值）	抗震设防烈度		
		6 度、7 度（取较小值）	8 度（取较小值）	9 度（取较小值）
现浇	5.0B，60	4.0B，50	3.0B，40	2.0B，30
装配整体	3.5B，50	3.0B，40	2.5B，30	—

注 1. 表中 B 为楼面宽度，单位为 m。
2. 装配整体式楼盖的现浇层应符合《高规》(JGJ 3—2010) 第 3.6.2 条的有关规定。
3. 现浇层厚度大于 60mm 的叠合楼板可作为现浇楼板考虑。
4. 当房屋端都未布置剪力墙时，第一片剪力墙与房屋端的距离，不宜大于表中剪力墙间距的 1/2。

(2) 房屋的刚度中心与作用在结构上的水平荷载的合力作用点重合，在水平荷载作用下房屋不产生绕竖轴的扭转。当结构体型规整、剪力墙布置对称均匀时，结构在水平荷载作用下可不计扭转的影响。

(3) 不考虑剪力墙和框架柱的轴向变形及基础转动的影响。

(4) 假定所有结构参数沿建筑物高度不变。如果有不大的改变，则参数可取沿高度的加权平均值，仍近似地按参数沿高度不变来计算。

2. 框架-剪力墙结构的计算简图

在以上基本假定的前提下，计算区段内结构在水平荷载作用时，处于同一楼面标高处各片剪力墙和框架的水平位移相同。此时，可将结构单元内所有剪力墙综合在一起，形成一榀假想的总剪力墙，总剪力墙的弯曲刚度等于各榀剪力墙弯曲刚度之和；把结构单元内所有框架综合起来，形成一榀假想的总框架，总框架的剪切刚度等于各榀框架剪切刚度之和。

按照剪力墙之间和剪力墙与框架之间有无连梁，或者是否考虑这些连梁对剪力墙转动的约束作用，框架-剪力墙结构可分为以下两类：

(1) 框架-剪力墙铰接体系（通过楼板连接）。如图 8.5 (a) 所示的结构单元平面，如果沿房屋横向的三榀剪力墙均为双肢墙，因连梁的转动约束作用已考虑在双肢墙的刚度内，且楼板在平面外的转动约束作用很小可予以忽略，则总框架与总剪力墙之间可按铰接考虑，其横向计算简图如图 8.5 (b) 所示。其中总剪力墙代表图 8.5 (a) 中的三榀双肢墙，总框架则代表六榀框架的综合。在总框架与总剪力墙之间的每个楼层标高处，有一根两端铰接的连杆。这一列铰接连杆代表各层楼板，把各榀框架和剪力墙连成整体，共同抗御水平荷载的作用。连杆是刚性的（即轴向刚度 $EA\to\infty$），反映了刚性楼板的假设，保证总框架与总剪力墙在同一楼层标高处的水平位移相等。

(2) 框架-剪力墙刚接体系（通过楼板和连梁连接）。对于图 8.6 (a) 所示结构单元平面，沿房屋横向有三片剪力墙，剪力墙与框架之间有连梁连接，当考虑连梁的转动约束作用时，连梁两端可按刚接考虑，其横向计算简图如图 8.6（b）所示。此处，总剪力墙代表图 8.6（a）中的②、⑤、⑧轴线的三片剪力墙；总框架代表九榀框架的综合，其中①、③、④、⑥、⑦、⑨轴线均是三跨框架，②、⑤、⑧轴线为单跨框架。在总剪力墙与总框架之间有一列总连梁，把两者连为整体。总连梁代表②、⑤、⑧线三列连梁的综合。总连梁与总剪力墙刚接的一列梁端，代表了三列连梁与三片墙刚接的综合；总连梁与总框架刚接的一列梁端，代表了②、⑤、⑧轴线处三个梁端与单跨框架的刚接，以及楼板与其他各榀框架的铰接。

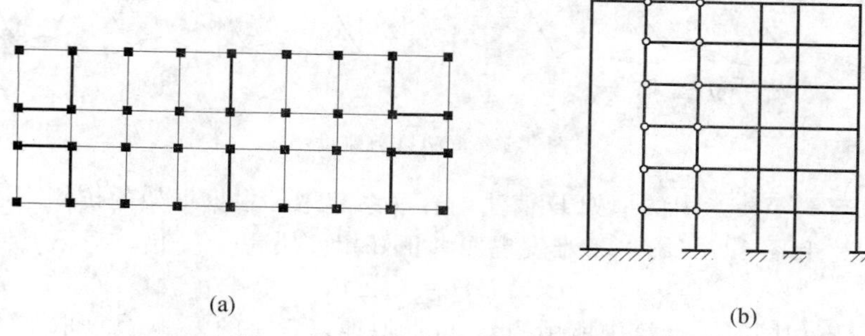

图 8.5　框架-剪力墙铰接体系（楼板体系）
（a）结构平面布置；（b）计算简图

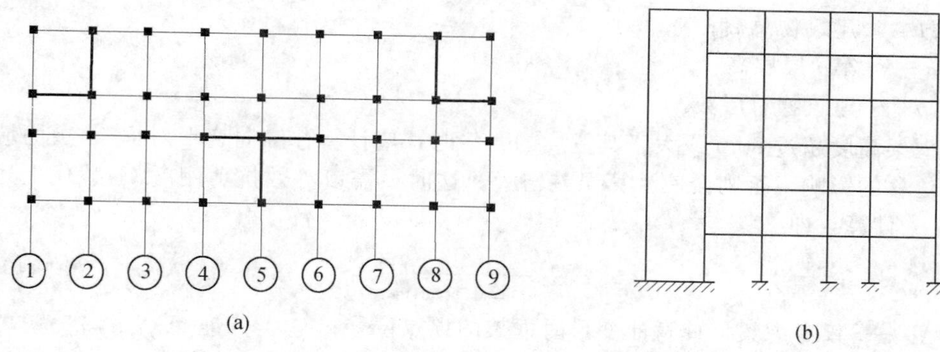

图 8.6　框架-剪力墙刚接体系（连梁体系）
（a）结构平面布置；（b）计算简图

此外，对于图 8.5（a）和 8.6（a）所示的结构布置情况，当考虑连梁的转动约束作用时，其纵向计算简图均可按刚接体系考虑。

8.2.2　总框架和总剪力墙刚度的计算

1. 总框架抗剪刚度的计算

框架剪力与侧移（剪切变形）之间可写成如下关系：

$$V_{fi}=C_{fi}\left(\frac{\mathrm{d}y}{\mathrm{d}x}\right)_i \tag{8.3}$$

式中　V_{fi}——第 i 层总框架剪力；

$\left(\frac{\mathrm{d}y}{\mathrm{d}x}\right)_i$——第 i 层总框架剪切角；

C_{fi}——第 i 层总框架抗剪刚度。

由式（8.3）不难理解，框架抗剪刚度的物理含义是：该层使框架产生单位剪切角（或称旋转角）时所需剪力值，如图 8.7（b）所示。

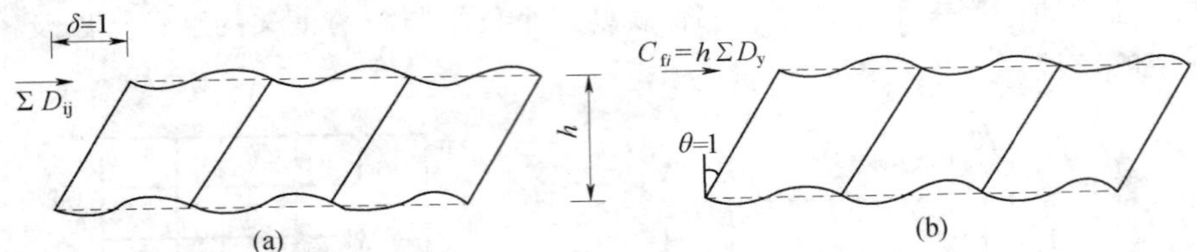

图 8.7 框架抗剪刚度

C_{fi}的计算可与第 4 章中的框架 D 值法内容联系起来，根据框架的抗侧刚度 D 值来求。对比图 8.7（a）和图 8.7（b），不难发现两者正好相差层高的 h_i 倍。对第 i 层，可表达为

$$C_{fi}=DH_i=h_i\sum D_{ij} \tag{8.4}$$

当各层 C_{fi}不相同时，计算中所用的 C_f 可近似地以各层的 C_{fi}按高度取平均值，即

$$C_f=\frac{\sum_{i=1}^{n}C_{fi}h_i}{H} \tag{8.5}$$

式中 H——建筑物总高；

h_i——第 i 层层高；

n——建筑物总层数。

当框架高度超过 50m 或大于其宽度的 4 倍时，应计算柱轴向变形对框架-剪力墙体系内力和位移的影响，否则会使计算误差增大。这时，需以等效抗剪刚度 C_{f0}替代上述抗剪刚度 C_f 来计算，即

$$C_{f0}=\frac{\Delta_M}{\Delta_M+\Delta_N}C_f \tag{8.6}$$

式中 Δ_M——仅考虑梁、柱弯曲变形时框架的顶点位移；

Δ_N——仅考虑柱轴向变形时框架的顶点位移。

Δ_M 和 Δ_N 可用本书第 4 章中的简化方法计算。计算时可以任意给定荷载，但必须使用相同的荷载计算 Δ_M 和 Δ_N。

2. 总剪力墙抗弯刚度的计算

总剪力墙抗弯刚度 EI_w 是每片墙抗弯刚度的总和，即

$$EI_w=\sum EI_{eq} \tag{8.7}$$

式中 EI_{eq}——每片墙的等效抗弯刚度，可用本书第 6 章中介绍的方法计算。

实际工程中，各层的 EI_w 值可能不同。如果各层刚度相差不大，则可用沿高度加权平均法得到平均的 EI_w，即

$$EI_w=\frac{\sum_{i=1}^{n}EI_{wi}h_i}{H} \tag{8.8}$$

式中　EI_{wi}——剪力墙沿竖向各段的抗弯刚度；

h_i——各段相应的高度；

H——建筑物总高；

n——建筑物总层数。

3. 总连梁的约束刚度

框架-剪力墙刚接体系的连梁进入墙的部分刚度很大，因此连梁应作为带刚域的梁进行分析。剪力墙之间的连梁是两端带刚域的梁［见图 8.8（a)］，剪力墙与框架间的连梁是一端带刚域的梁［见图 8.8（b)］。

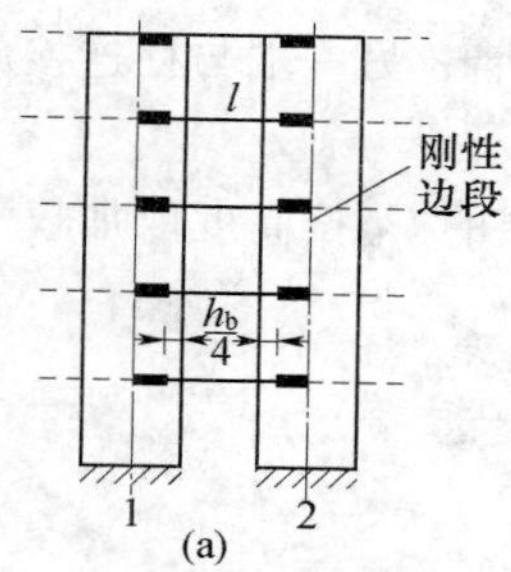

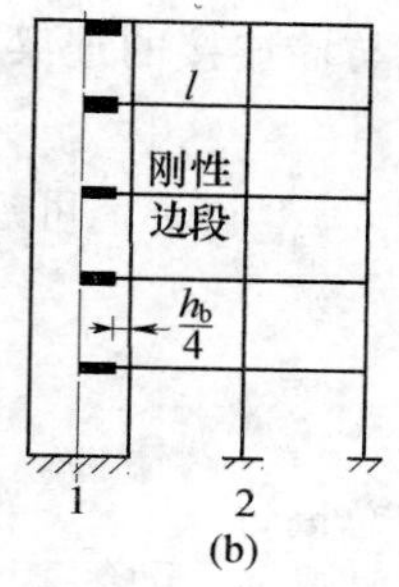

图 8.8　连梁的计算简图

（a）剪力墙之间的连梁；（b）剪力墙与框架之间的连梁

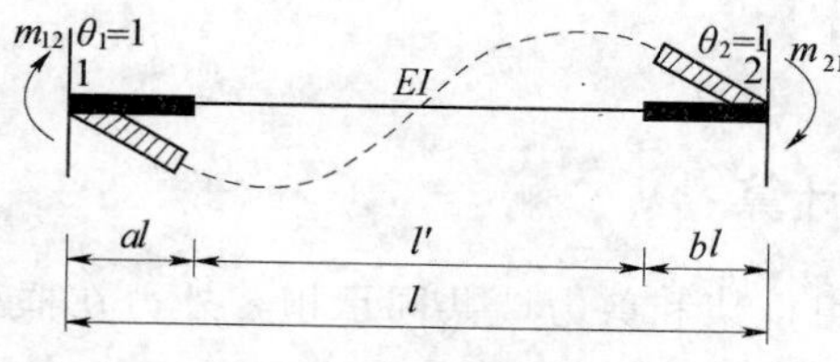

图 8.9　带刚域梁的约束弯矩系数

在水平荷载作用下，根据刚性楼板的假定，同层框架和剪力墙的水平位移相同，同时假定同层所有节点的转角 θ 也相同，则可得两端带刚域连梁的梁端约束弯矩系数（梁端转动刚度），以 m 表示，如图 8.9 所示。

$$\left.\begin{aligned} m_{12}&=\frac{6EI(1+a-b)}{l(1-a-b^3)(1+\beta)}\\ m_{21}&=\frac{6EI(1+b-a)}{l(1-a-b)^3(1+\beta)}\\ \beta&=\frac{12\mu EI}{GAl'}\end{aligned}\right\}\tag{8.9a}$$

在上式中，令 $b=0$，可得一端带刚域连梁的杆端转动刚度：

$$\left.\begin{aligned} m_{12}&=\frac{6EI(1+a)}{l(1-a)^3(1+\beta)}\\ m_{21}&=\frac{6EI}{l(1-a)^2(1+\beta)}\end{aligned}\right\}\tag{8.9b}$$

式中　a、b——刚域长度系数；

β——剪切影响系数；

μ——剪切不均匀系数。

当采用连续化方法计算框架-剪力墙结构内力时，应将 m_{12} 和 m_{21} 化为沿层高 h 的线约束刚度 C_{12} 和 C_{21}，其值为

$$\left.\begin{aligned}C_{12}&=\frac{m_{12}}{h}\\C_{21}&=\frac{m_{21}}{h}\end{aligned}\right\}\tag{8.10a}$$

单位高度上连梁两端线约束刚度之和为

$$C_b=C_{12}+C_{21}$$

当第 i 层内有 k 根刚接连梁时，总连梁的线约束刚度为

$$C_{bi}=\sum_{i=1}^{k}(C_{j12}+C_{j21})\tag{8.10b}$$

上式适用于两端与墙连接的连梁；对一端与墙、另一端与柱连接的连梁，应令与柱连接端的 $C_{21}=0$。

当各层总连梁的 C_{bi} 不同时，可近似地以各层的 C_{bi} 按高度取加权平均值，即

$$C_b=\frac{\sum_{i=1}^{n}C_{bi}h_i}{H}\tag{8.10c}$$

式中 H——建筑物总高；

h_i——第 i 层层高；

n——建筑物总层数。

8.3 框架-剪力墙结构的内力与位移计算

8.3.1 按铰接体系框架-剪力墙结构的内力计算

框架-剪力墙结构在水平荷载作用下，外荷载由框架和剪力墙共同承担，外力在框架和剪力墙之间的分配由协同工作计算确定，协同工作计算采用连续连杆法。图 8.10 给出了框剪结构铰接体系计算简图，将连杆切断后在各个楼层标高处，框架和剪力墙之间存在相互作用的集中力 p_n，为简化计算，集中力 p_n 简化为连续分布力 $p(x)$、$p_f(x)$。当楼层层数较多时，将集中力简化为分布力不会给计算结果带来多大误差。将连梁切开后，框架和剪力墙之间的相互作用相当于一个弹性地基梁之间的相互作用。总剪力墙相当于置于弹性地基上的梁，同时承受外荷载 $p(x)$ 和总框架对它的弹性反力 $p_f(x)$。总框架相当于一个弹性地基，承受着总剪力墙传给它们的力 $p_f(x)$。

将铰接体系中的连杆切开，建立协同工作微分方程时取总剪力墙脱离体，计算简图如图 8.11 所示。此剪力墙是一个竖向受弯构件，为静定结构，受外荷载 $p(x)$、$p_f(x)$ 作用。剪力墙上任一截面的转角、弯矩及剪力的正负号仍采用梁中通用的规定，图 8.11 中所示方向均匀为正方向。

将总剪力墙当做悬臂梁，其内力与弯曲形的关系如下。

$$EI_w=\frac{d^4y}{dx^4}=p(x)-p_f(x)\tag{8.11}$$

由计算假定可知，总框架和总剪力墙具有相同的侧移曲线，取总框架为脱离体可以给

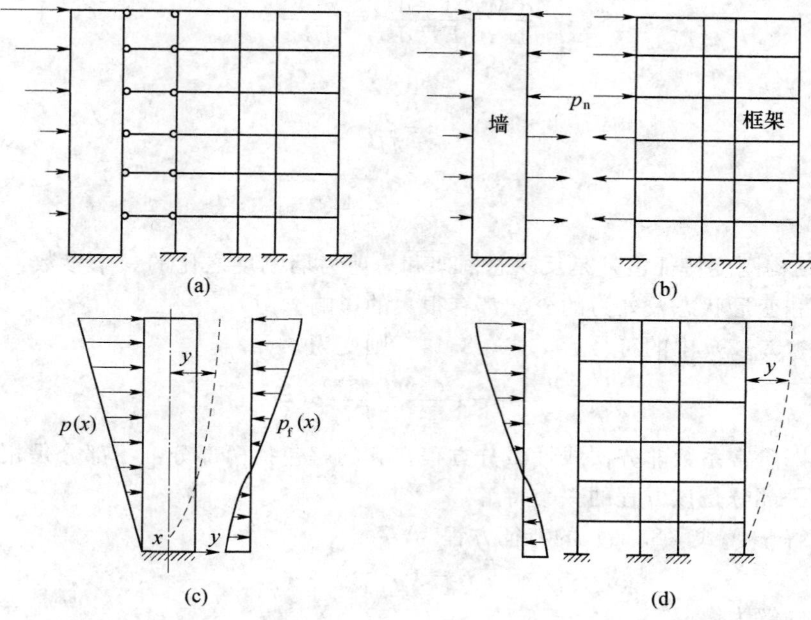

图8.10　铰接体系计算简图

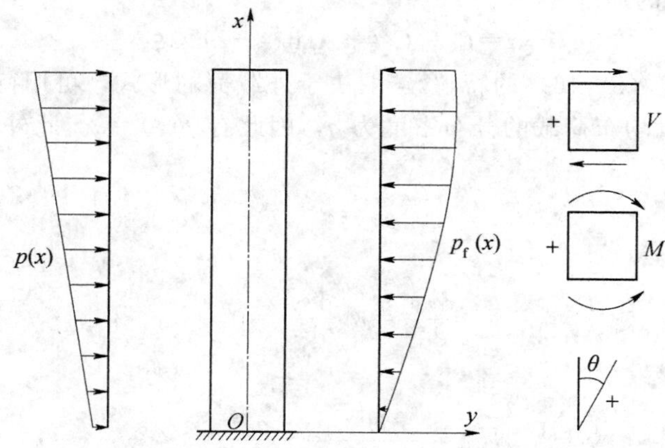

图8.11　总剪力墙脱离体及符号规则

出 $p_f(x)$ 与侧移 $y(x)$ 之间的关系。

前面已定义 C_f 为使总框架在楼层处产生单位剪切变形时所需要的水平剪力。当总框架的剪切变形为 $\theta=\mathrm{d}y/\mathrm{d}x$ 时，由定义可得总框架层间剪力为

$$V_f=C_f\theta=C_f\frac{\mathrm{d}y}{\mathrm{d}x} \tag{8.12}$$

对上式微分，得

$$\frac{\mathrm{d}V_f}{\mathrm{d}x}=-f_f(x)=C_f\frac{\mathrm{d}^2y}{\mathrm{d}x^2} \tag{8.13}$$

将式（8.13）代入式（8.11），整理后得

$$\frac{\mathrm{d}^4 y}{\mathrm{d}x^4}-\frac{C_\mathrm{f}}{EI_\mathrm{w}}\frac{\mathrm{d}^2 y}{\mathrm{d}x^2}=\frac{p(x)}{EI_\mathrm{w}} \tag{8.14}$$

令

$$\xi=\frac{x}{H}$$

$$\lambda=H\sqrt{\frac{C_\mathrm{f}}{EI_\mathrm{w}}} \tag{8.15}$$

λ 称为结构刚度特征值，是反映总框架和总剪力墙刚度之比的一个参数，对框剪结构的受力状态和变形状态及外力的分配都有很大的影响。

引入式（8.15）中的符号后，式（8.14）则变为

$$\frac{\mathrm{d}^4 y}{\mathrm{d}x^4}-\lambda\frac{\mathrm{d}^2 y}{\mathrm{d}\xi^2}=\frac{H^4}{EI_\mathrm{w}}p(\xi) \tag{8.16}$$

上式是一个四阶常系数非齐次线性微分方程。它的解包括两部分：一部分是相应齐次方程的通解，另一部分是该方程的一个特解。

（1）通解 y_1。式（8.16）的特征方程为

$$r^4-\lambda^2 r^2=0$$

其特征方程的解为

$$r_1=r_2=0,\quad r_3=\lambda,\quad r_4=-\lambda$$

因此，齐次方程的通解为

$$y_1=C_1+C_2\xi+A\mathrm{sh}\lambda\xi+B\mathrm{ch}\lambda\xi$$

（2）特解 y_2。式（8－16）的特解 y_2 取决于外载荷的形式，可用待定系数法求解。

1）均布荷载。设均布荷载的分布密度为 q，因此有 $p(\xi)=q$。此外，特征方程中 $r_1=r_2=0$，故可设

$$y_2=a\xi^2$$

则有

$$\frac{\mathrm{d}^2 y^2}{\mathrm{d}\xi^2}=a,\frac{\mathrm{d}^4 y^2}{\mathrm{d}\xi^4}=0$$

代入式（8.16），得

$$a=\frac{qH^4}{2\lambda_2 EI_\mathrm{w}}=-\frac{qH^2}{2C_\mathrm{f}}$$

因此，有

$$y_2=-\frac{qH^2}{2C_\mathrm{f}}\xi^2$$

2）倒三角形分布荷载。设倒三角形分布荷载的最大分布密度为 q，则任意高度 ξ 处的分布密度 $p(\xi)=q\xi$，由 $r_1=r_2=0$ 可假设

$$y_2=a\xi^3$$

代入式（8.16）可得

$$-6a\lambda^2\xi=\frac{H^4}{EI_\mathrm{w}}p(\xi)=\frac{H^4}{EI_\mathrm{w}}q\xi$$

因此，有

$$a=-\frac{qH^4}{6\lambda^2 EI_w}=-\frac{qH^2}{6C_f}$$

所以得特解为

$$y_2=-\frac{qH^2}{6C_f}\xi^3$$

3）顶部集中荷载。顶部作用有集中荷载 p 时，$p(\xi)=0$，则特解为 $y_2=0$。

综合以上计算结果可得微分方程（8.16）的解为

$$y=C_1+C_2\xi+A\mathrm{sh}\lambda\xi+B\mathrm{ch}\lambda\xi-\begin{cases}\dfrac{qH^2}{2C_f}\xi^2 & \text{（均布荷载）}\\ \dfrac{qH^2}{6C_f}\xi^3 & \text{（倒三角形分布荷载）}\\ 0 & \text{（顶部集中荷载）}\end{cases} \tag{8.17}$$

（3）确定通解中积分常数。对于剪力墙脱离体，其四个边界条件分别如下：

1）当 $\xi=0$（即 $x=0$）时，结构底部位移 $y=0$。

2）当 $\xi=0$（即 $x=0$）时，结构底部转角 $\theta=\mathrm{d}y/\mathrm{d}x=0$。

3）当 $\xi=1$（即 $x=H$）时，结构顶部弯矩为零，即 $M=\mathrm{d}^2y/\mathrm{d}x^2=0$。

4）当 $\xi=1$ 时，结构顶部总剪力为

$$V=V_w+V_f=\begin{cases}0 & \text{（均布荷载）}\\ 0 & \text{（倒三角形均布荷载）}\\ p & \text{（顶部集中荷载）}\end{cases}$$

根据边界条件，可以求得三种荷载作用下的积分常数 A、B、C_1、C_2，分别代入式（8.17）得

$$y=\begin{cases}\dfrac{qH^4}{EI_w\lambda^4}\left[\dfrac{\lambda\mathrm{sh}\lambda}{\mathrm{ch}\lambda}(\mathrm{ch}\lambda\xi-1)-\lambda\mathrm{sh}\lambda\xi+\lambda^2\xi\left(1-\dfrac{\xi}{2}\right)\right] & \text{（均布荷载）}\\ \dfrac{qH^4}{EI_w\lambda^2}\left[\dfrac{\mathrm{ch}\lambda\xi-1}{\mathrm{ch}\lambda}\left(\dfrac{\mathrm{sh}\lambda}{2\lambda}-\dfrac{\mathrm{sh}\lambda}{\lambda^3}+\dfrac{1}{\lambda^2}\right)+\left(\xi-\dfrac{\mathrm{sh}\lambda\xi}{\lambda}\right)\left(\dfrac{1}{2}-\dfrac{1}{\lambda^2}\right)-\dfrac{\xi^2}{6}\right] & \text{（倒三角形分布荷载）}\\ \dfrac{pH^3}{EI_w\lambda^3}\left[\dfrac{\mathrm{sh}\lambda}{\mathrm{ch}\lambda}(\mathrm{ch}\lambda\xi-1)-\mathrm{sh}\lambda\xi+\lambda\xi\right] & \text{（顶部集中荷载）}\end{cases} \tag{8.18}$$

上式就是框架-剪力墙结构在均布、倒三角形分布、顶部集中荷载作用下的位移计算公式，有了式（8.18）后就可以确定总剪力墙的内力 M_w 和 V_w 以及总框架的剪力 V_f。

$$M_w=\begin{cases}\dfrac{qH^2}{\lambda^2}\left(\dfrac{1+\lambda\mathrm{sh}\lambda}{\mathrm{ch}\lambda}\mathrm{ch}\lambda\xi-\lambda\mathrm{sh}\lambda\xi-1\right) & \text{（均布荷载）}\\ \dfrac{qH^2}{\lambda^2}\left[\left(1+\dfrac{\lambda\mathrm{sh}\lambda}{2}-\dfrac{\mathrm{sh}\lambda}{\lambda}\right)\dfrac{\mathrm{ch}\lambda\xi}{\mathrm{ch}\lambda}-\left(\dfrac{\lambda}{2}-\dfrac{1}{\lambda}\right)\mathrm{sh}\lambda\xi-\xi\right] & \text{（倒三角形分布荷载）}\\ pH\left[\dfrac{\mathrm{sh}\lambda}{\lambda\,\mathrm{ch}\lambda}\mathrm{ch}\lambda\xi-\dfrac{1}{\lambda}\mathrm{sh}\lambda\xi\right] & \text{（顶部集中荷载）}\end{cases} \tag{8.19}$$

$$V_w=\begin{cases}\dfrac{qH}{\lambda}\left[\lambda \mathrm{ch}\lambda\xi-\dfrac{1+\lambda\mathrm{sh}\lambda}{\mathrm{ch}\lambda}\mathrm{sh}\lambda\xi\right] & \text{（均布荷载）}\\ -\dfrac{qH}{\lambda}\left[\left(1+\dfrac{\lambda\mathrm{sh}\lambda}{2}-\dfrac{\mathrm{sh}\lambda}{\lambda}\right)\dfrac{\lambda\,\mathrm{sh}\lambda\xi}{\mathrm{ch}\lambda}-\left(\dfrac{\lambda^2}{2}-1\right)\mathrm{ch}\lambda\xi-1\right] & \text{（倒三角形分布荷载）}\\ p\left(\mathrm{ch}\lambda\xi-\dfrac{\mathrm{sh}\lambda}{\mathrm{ch}\lambda}\mathrm{sh}\lambda\xi\right) & \text{（顶部集中荷载）}\end{cases}\tag{8.20}$$

由上式可知，剪力墙位移 y、内力 M_w 和 V_w 均是 λ、ξ 的函数，利用 Excel 等软件较容易求解。而总框架的剪力可直接由总剪力减去剪力墙的剪力得到：

$$V_f=V_p(\xi)-V_w(\xi)=\begin{cases}(1-\xi)qH-V_w(\xi) & \text{（均布荷载）}\\ \dfrac{1}{2}(1-\xi^2)qH-V_w(\xi) & \text{（倒三角形分布荷载）}\\ p-V_w(\xi) & \text{（顶部集中荷载）}\end{cases}\tag{8.21}$$

8.3.2 按刚接体系框架-剪力墙结构的内力计算

在框架-剪力墙结构铰接体系中，连杆对墙肢没有约束作用。当考虑连杆对剪力墙有约束弯矩作用时，框架-剪力墙结构就可以简化为图 8.12（a）所示的刚接体系。铰接体系与刚接体系相同之处是总剪力墙与总框架通过连杆传递之间的相互作用力，不同之处是

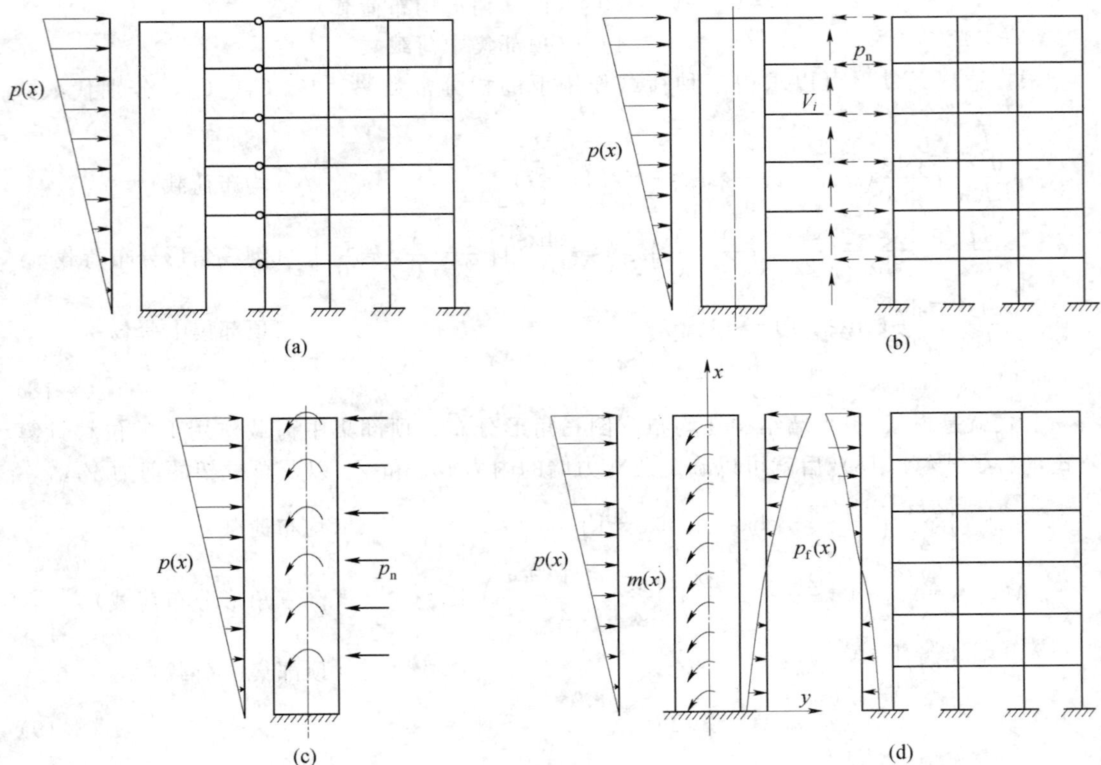

图 8.12 刚接构体系计算简图

在刚接体系中连杆对总剪力墙的弯曲有一定的约束作用。

在框架-剪力墙刚接体系中，将连杆切开后，连杆中除有轴向力外还有剪力和弯矩。将剪力和弯矩对总剪力墙墙肢截面形心轴取矩，就得到对墙肢的约束弯矩 M_i。连杆轴向力 P_{fi} 和约束弯矩 M_i 都是集中力，作用在楼层处，计算时需将其在层高内连续化，这样便得到了图 8.12（d）所示的计算简图。

如图 8.13 所示，在框架-剪力墙结构刚接体系中，形成刚接连杆的连梁有两种：一种是连梁接墙肢与框架的连梁，另一种是连接墙肢与墙肢的连梁。这两种连梁都可以简化为带刚域的梁，如图 8.14 所示。

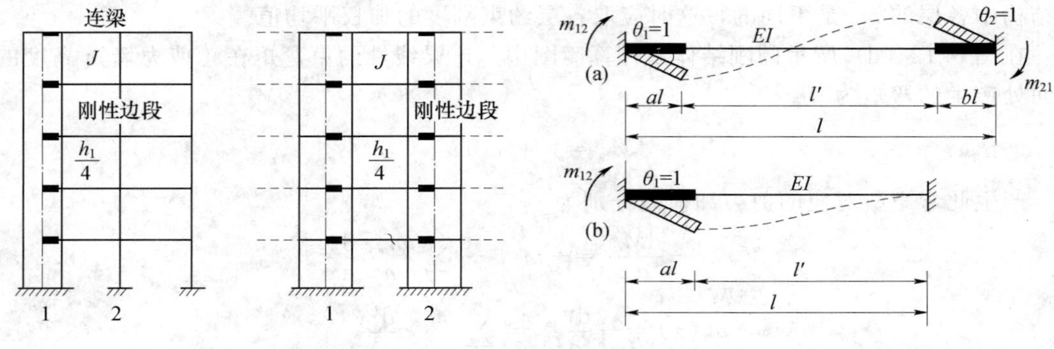

图 8.13　两种连梁图　　图 8.14　带刚域连梁

约束弯矩系数 m 为当梁端有单位转角时，梁端产生的约束弯矩。约束弯矩系数表达式如下，式中所有符号的意义如图 8.14 所示。

$$\left.\begin{aligned}m_{12}&=\frac{1+a-b}{(1+\beta)(1-a-b)^3}\frac{6EI}{l}\\m_{21}&=\frac{1-a+b}{(1+\beta)(1-a-b)^3}\frac{6EI}{l}\end{aligned}\right\}\tag{8.22}$$

在上式中令 $b=0$，则得到仅在一端带有刚性段的梁端约束弯矩系数为

$$\left.\begin{aligned}m_{12}&=\frac{1+a}{(1+\beta)(1-a)^3}\frac{6EI}{l}\\m_{21}&=\frac{1-a}{(1+\beta)(1-a)^3}\frac{6EI}{l}\end{aligned}\right\}\tag{8.23}$$

式中　β——考虑剪切变形时的影响系数，取 $\beta=\frac{12\mu EI}{GAl^2}$；

A——连梁的横截面面积，如果不考虑剪切变形的影响，可令 $\beta=0$。

由梁端约束弯矩系数的定义可知，当梁端有转角 θ 时，梁端约束弯矩为

$$\left.\begin{aligned}M_{12}&=m_{12}\theta\\M_{21}&=m_{21}\theta\end{aligned}\right\}\tag{8.24}$$

上式给出的梁端约束弯矩为集中约束弯矩，为便于用微分方程求解，要把它化为沿层高 h 均布的分布弯矩，即

$$m_i(x)=\frac{M_{abi}}{h}=\frac{m_{abi}}{h}\theta(x)$$

某一层内总约束弯矩为

$$m = \sum_{i=1}^{n} m_i(x) = \sum_{i=1}^{n} \frac{m_{abi}}{h}\theta(x) \tag{8.25}$$

式中　n——同一层内连梁总数；

$\sum_{i=1}^{n} \frac{m_{abi}}{h}$——连梁总约束刚度；

m_{ab}——下标 a、b 分别代表“1”或“2”，即当连梁两端与墙肢相连时，m_{ab} 是指 m_{12} 或 m_{21}。

如果框架部分的层高及杆件截面沿结构高度不变化，则连梁的约束刚度是常数，但实际结构中各层的 m_{ab} 是不同的，这时应取各层约束刚度的加权平均值。

在图 8.12（d）所示的刚结体系计算简图中，连梁线性约束弯矩在总剪力墙 x 高度的截面处产生的弯矩为

$$M_{\mathrm{m}} = -\int_x^H m\,\mathrm{d}x$$

产生此弯矩所对应的剪力和荷载分别为

$$V_{\mathrm{m}} = -\frac{\mathrm{d}M_{\mathrm{m}}}{\mathrm{d}x} = -m = -\sum_{i=1}^{n} \frac{m_{abi}}{h}\frac{\mathrm{d}y}{\mathrm{d}x} \tag{8.26a}$$

$$p_{\mathrm{m}}(x) = -\frac{\mathrm{d}V_{\mathrm{m}}}{\mathrm{d}x} = \sum_{i=1}^{n} \frac{m_{abi}}{h}\frac{\mathrm{d}^2 y}{\mathrm{d}x^2} \tag{8.26b}$$

式中　V_{m} 和 $p_{\mathrm{m}}(x)$——“等代剪力”和“等代荷载”，分别代表刚性连梁的约束弯矩作用所承受的剪力和荷载。

在连梁约束弯矩影响下，总剪力墙内力与弯曲变形的关系可参照下式：

$$EI_{\mathrm{w}}\frac{\mathrm{d}^4 y}{\mathrm{d}x^4} = p(x) - p_{\mathrm{f}}(x) + p_{\mathrm{m}}(x) \tag{8.27}$$

式中　$p(x)$——外荷载；

$p_{\mathrm{f}}(x)$——总框架与总剪力墙之间的相互作用力，由式（8.11）确定。

考虑 $p_{\mathrm{f}}(x)$ 和 $p_{\mathrm{m}}(x)$，则

$$EI_{\mathrm{w}}\frac{\mathrm{d}^4 y}{\mathrm{d}x^4} = p(x) + C_{\mathrm{f}}\frac{\mathrm{d}^2 y}{\mathrm{d}x^2} + \sum_{i=1}^{n} \frac{m_{abi}}{h}\frac{\mathrm{d}^2 y}{\mathrm{d}x^2}$$

整理后，得

$$\frac{\mathrm{d}^4 y}{\mathrm{d}x^4} - \frac{C_{\mathrm{f}} + \sum_{i=1}^{n} \frac{m_{abi}}{h}}{EI_{\mathrm{w}}}\frac{\mathrm{d}^2 y}{\mathrm{d}x^2} = \frac{p(x)}{EI_{\mathrm{w}}} \tag{8.28}$$

令

$$\xi = \frac{x}{H} \tag{8.29a}$$

$$\lambda = H\sqrt{\frac{C_{\mathrm{f}} + \sum_{i=1}^{n} \frac{m_{abi}}{h}}{EI_{\mathrm{w}}}} = H\sqrt{\frac{C_{\mathrm{f}} + C_{\mathrm{b}}}{EI_{\mathrm{w}}}} \tag{8.29b}$$

则方程式（8.28）可简化为

$$\frac{\mathrm{d}^4 y}{\mathrm{d}\xi^4} - \lambda^2\frac{\mathrm{d}^2 y}{\mathrm{d}\xi^2} = \frac{p(\xi)H^4}{EI_{\mathrm{w}}} \tag{8.30}$$

上式即为刚接体系的微分方程，此式与铰接体系所对应的微分方程是完全相同的，因此铰接体系微分方程的解对刚接体系也都适用，但应用时应注意下列问题：

（1）λ 值计算不同。λ 值按式（8.29b）计算。

（2）内力计算不同。

在刚接体系中，由于连梁对剪力墙有一定的约束作用，这种关系可写为

$$EI_{w}\frac{d^3 y}{d\xi^3}=-V_{w}+m(\xi)=-V'_{w} \tag{8.31}$$

V_{w} 可通过公式（8.20）计算得到，如果知道了 $m(\xi)$，就可以借助上式求出剪力墙分配到的剪力 V_{w}。

在刚接体系中，由结构任意高度处水平方向力的平衡条件可得

$$V_{p}=V'_{w}+m_{w}+V_{f} \tag{8.32}$$

令

$$V'_{f}=m_{w}+V_{f} \tag{8.33}$$

则式（8.32）可以变为

$$V_{p}=V'_{w}+V'_{f} \tag{8.34}$$

即

$$V'_{f}=V_{p}-V'_{w} \tag{8.35}$$

由式（8.32）至式（8.35）可归纳出刚接体系中总剪力在总剪力墙和总框架中的分配计算步骤如下：

（1）由刚接体系的刚度特征值 λ 和某一截面处的无量纲量 ξ，确定剪力系数，确定 V'_{w}。

（2）由式（8.35）计算 V'_{f}。

（3）根据总框架的抗侧刚度和总连梁的约束刚度按比例分配 V'_{f}，得到总框架和总连梁的剪力：

$$V_{f}=\frac{C_{f}}{C_{f}+\sum_{i=1}^{n}\frac{m_{abi}}{h}}V'_{f}=\frac{C_{f}}{C_{f}+C_{b}}V'_{f} \tag{8.36a}$$

$$m=\frac{\sum_{i=1}^{n}\frac{m_{abi}}{h}}{C_{f}+\sum_{i=1}^{n}\frac{m_{abi}}{h}}V'_{f}=\frac{C_{b}}{C_{f}+C_{b}}V'_{f} \tag{8.36b}$$

（4）由式（8.31）确定总剪力墙分配到的剪力 $V_{w}=V'_{w}+m$。

利用铰接体系的计算图，按照步骤（1）～（4）就可以将总剪力分配给总框架梁、总剪力墙及总连梁。

8.3.3　各剪力墙、框架和连梁的内力计算

1. 剪力墙内力计算

由框架-剪力墙协同工作计算求得总剪力墙的弯矩 M_{w} 和剪力 V_{w} 后，按各片墙的等效抗弯刚度 EI_{wj} 分配，即得各片剪力墙的内力为

$$M_{wij}=\frac{EI_{wj}}{\sum_{k=1}^{n}EI_{wk}}M_{wi} \tag{8.37a}$$

$$V_{wij}=\frac{EI_{wj}}{\sum_{k=1}^{n}EI_{wk}}V_{wi} \tag{8.37b}$$

式中 M_{wij} 和 V_{wij}——第 i 层第 j 个墙肢分配到的弯矩和剪力；

n——墙肢总数。

2. 框架梁、柱内力计算

由框架-剪力墙协同工作关系确定总框架所承担的剪力 V_f 后，可按各柱的抗侧移刚度 D 值把 V_f 分配到各柱，这里的 V_f 应当是柱反弯点标高处的剪力。但实际计算中为简化计算，常近似地取各层柱的中点为反弯点的位置，用各楼层上、下两层楼板标高处的剪力 V_{pi} 取平均值作为该层柱中点处剪力。因此，第 i 层第 j 个柱子的剪力为

$$V_{cij}=\frac{D_j}{\sum_{j=1}^{k}D_j}\frac{V_{pi}+V_{pi-1}}{2} \tag{8.38}$$

式中 k——第 i 层中柱子总数；

V_{pi} 和 V_{pi-1}——分别为第 i 层柱柱顶与柱底楼板标高处框架的总剪力。

求得各柱的剪力之后即可确定柱端弯矩，再根据节点平衡条件，由上、下柱端弯矩求得梁端弯矩，再由梁端弯矩确定梁端剪力；由各层框架梁的梁端剪力可以求得各柱轴向力。

3. 刚接连梁内力计算

式（8-36b）给出的连梁约束弯矩 m 是沿结构高度连续分布的，在计算刚接连梁的内力时首先应该把各层高范围内的约束弯矩集中成弯矩 M 作用在连梁上，再根据刚接连梁的梁端刚度系数将 M 按比例分配给各连梁；如果第 i 层有 n 个刚接点即有 n 个梁端与墙肢相连，第 j 个梁端的弯矩为

$$M_{ijab}=\frac{m_{jab}}{\sum_{j=1}^{n}m_{jab}}m_i\left(\frac{h_i+h_{i+1}}{2}\right) \tag{8.39}$$

式中 h_i 和 h_{i+1}——分别为第 i 层和第 $i+1$ 层的层高；

m_{ab}——m_{12} 或 m_{21}。

由式（8.39）计算出的弯矩是连梁在剪力墙轴线处的弯矩，而连梁的设计内力应该取剪力墙边界处的值，因此还应该将式（8.37）给出的弯矩换算到墙边界处，如图 8.15 所示，由比例关系可确定连梁设计弯矩，即

$$\left.\begin{aligned}M_{b12}&=\frac{x-cl}{x}M_{12}\\M_{b21}&=\frac{l-x-dl}{x}M_{21}\end{aligned}\right\} \tag{8.40}$$

其中
$$x=\frac{m_{12}}{m_{12}+m_{21}}$$

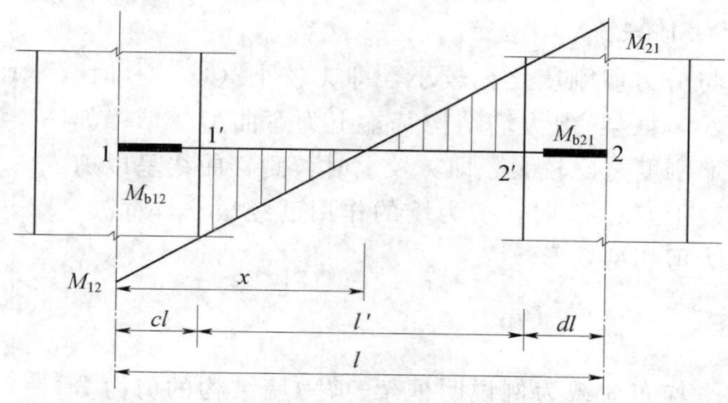

图 8.15 连梁与剪力墙边界处弯矩的计算

式中 l——连梁反弯点到墙肢轴线的距离。

连梁剪力设计值可以用连梁在墙边处的弯矩表示为

$$V_b = \frac{M_{b12} + M_{b21}}{l'} \tag{8.41}$$

也可以用连梁在剪力墙轴线处的弯矩来表示，即

$$V_b = \frac{M_{12} + M_{21}}{l} \tag{8.42}$$

式（8.41）和式（8.42）是完全等价的。

在框架-剪力墙协同工作计算体系中，组成总剪力墙的各片剪力墙常含有双肢墙。下面简要介绍一下双肢墙的一种简化计算步骤：

（1）在双肢墙与框架协同工作分析时，可近似按顶点位移相等的条件求出双肢墙换算为无洞口的等效刚度，再与其他墙和框架一起协同计算。

（2）由协同计算求得双肢墙的基底弯矩，可按基底等弯矩求倒三角形分布的等效荷载，然后求出双肢墙各部分的内力。

按基底等弯矩求等效荷载时，基底剪力应与实际剪力值相近，如相差太大则可按两种荷载分布情况求等效荷载然后叠加。

（3）由等效荷载求各层连梁的剪力及连梁对墙肢的约束弯矩。

（4）计算墙肢各层截面内的弯矩。

（5）双肢墙内力按各墙肢的等效抗弯刚度在两肢之间分配。

8.4 刚度特征值 λ 对框架-剪力墙结构受力、位移特性的影响

8.4.1 框架-剪力墙结构的侧向位移特征

框架-剪力墙结构的侧向位移曲线，与结构刚度特征值 λ 有很大关系。当 $\lambda=0$，此时框架-剪力墙结构就变成无框架的纯剪力墙结构，其侧移曲线与悬壁梁的变形曲线相同，呈弯曲型变形；当 $\lambda=\infty$，即 $EI_w=0$ 时，结构转变为纯框架结构，其侧移曲线呈剪切型变形；当 λ 介于 0～∞时，框架-剪力墙结构的侧移曲线介于弯曲与剪切变形之间，属弯

剪型变形，如图 8.16 所示。

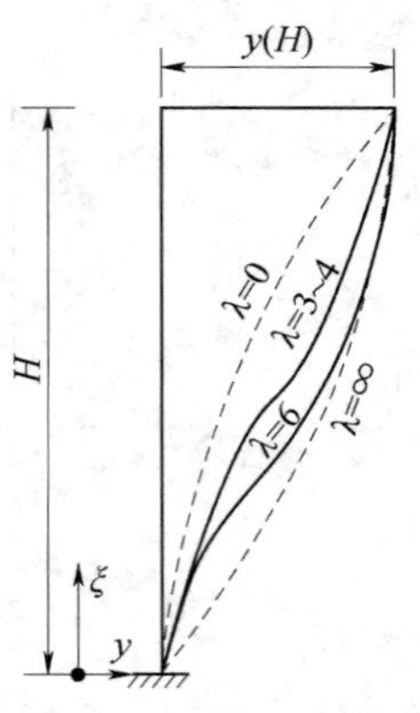

图 8.16　变形曲线

如果框架刚度与剪力墙刚度之比较小，即 λ 较小（$\lambda \leqslant 1$）时，框架的作用已经很小，框架-剪力墙结构基本上为弯曲型变形；如果框架刚度与剪力墙刚度之比较大，即 λ 较大时，侧移曲线呈以剪切型为主的剪切型变形，$\lambda > 6$ 时，剪力墙的作用已经很小，框架-剪力墙结构基本上为剪切型变形。

8.4.2　剪力分配

下面以承受水平均布荷载为例说明框架-剪力墙结构的剪力分配特性。

首先，框架-剪力墙结构的剪力分配是结构刚度特征值有很大关系的。图 8.17 为均布水平荷载作用时剪力分配示意图。当 λ 很小时，剪力墙几乎承担全部剪力。当 λ 较大时，剪力墙承担的剪力就减小了。当 λ 很大时（即剪力墙很弱），则框架几乎承担全部剪力。

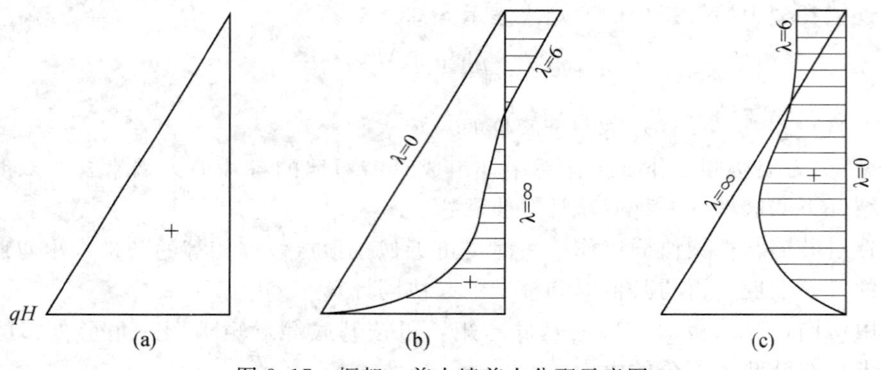

图 8.17　框架、剪力墙剪力分配示意图

(a) V 图；(b) V_k 图；(c) V_f 图

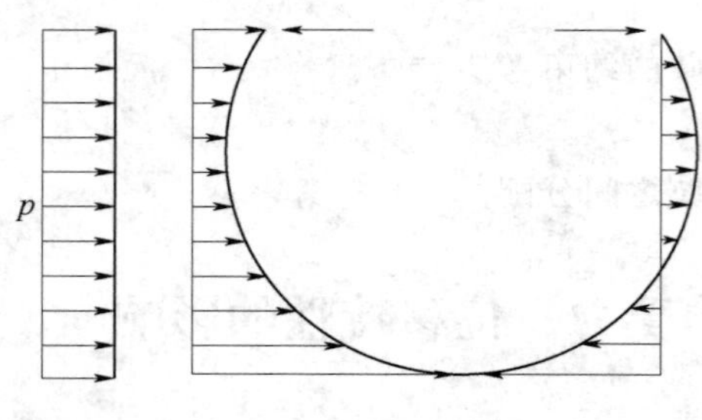

图 8.18　框架、剪力墙荷载分配

其次，对图 8.17 和图 8.18 分析可知，框架和剪力墙承担的剪力和荷载具有以下的特点：

(1) 剪力墙下部承担荷载大于外荷载，上部荷载逐渐减少，顶部有反向集中力作用；框架承担的荷载在上部为正，在下部出现负值，顶部有正向集中力作用。这是因为剪力墙和框架单独承受水平荷载时，两者的变形曲线不同。当两者共同工作时，变形形式必须一致，因而两者间必然产生上述的荷载形式。

(2) 框架和剪力墙顶部剪力不为零，存在大小相等、方向相反的自平衡集中力。这也是由两者的变形曲线必须协调一致所产生的。

(3) 总剪力墙在总框架与总剪力墙之间分配与结构刚度特征有很大关系。当 $\lambda = 0$ 时，框架剪力为零，剪力墙承担全部剪力；当 λ 很大时框架几乎承担全部剪力；λ 为任意值时，框架和剪力墙按刚度比各承受一定的剪力。此外，对一般框架-剪力墙结构，在基底处框架不承担剪力，全部剪力由剪力墙承担。

（4）框架最大剪力的位置在结构中部（$\xi=0.3\sim0.6$），而不在结构的底部，且随 λ 值增大而向结构底部移动。因此，对框架起控制作用的是中部剪力墙，这与纯框架不同。

8.5　高层框架-剪力墙结构计算实例

【例 8.1】 某 12 层框架-剪力墙结构，平面布置如图 8.19（a）所示，1～6 层的柱截

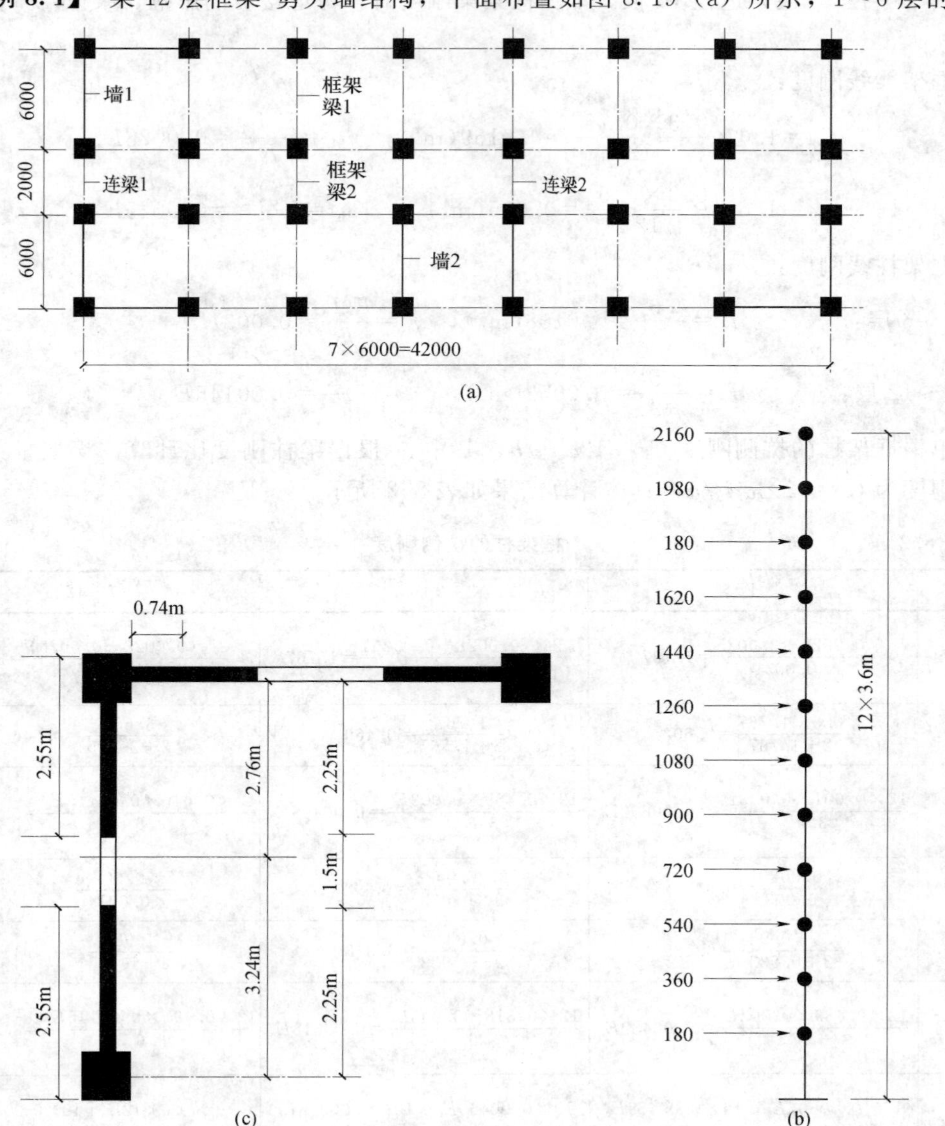

图 8.19　框架-剪力墙结构

（a）结构平面；（b）横向地震作用；（c）剪力墙 1 开洞情况

面尺寸为600mm×600mm，7～12层的柱截面尺寸为500mm×500mm，剪力墙厚度均为160mm，其中剪力墙1开有1.5m宽，1.8m高的窗洞，如图8.19（c）所示；框架梁1截面尺寸为300mm×750mm，框架梁2截面尺寸为300mm×500mm。墙、梁、柱的混凝土强度等级为C30。结构的横向地震作用如图8.19（b）所示（图中水平力的单位为kN）。试计算横向地震作用下结构的内力及侧移。

解：

（1）综合框架抗侧刚度 C_f。与剪力墙相连的柱作为剪力墙的翼缘，共有20根框架柱，其中中柱10根，边柱10根。计算框架梁刚度时，考虑楼板的影响，乘以1.6的放大系数。

框架梁线刚度：

$$I_{b1}=1.6\times\frac{0.3\times0.75^3}{12}=0.0169(\text{m}^4),\quad i_{b1}=\frac{E_cI_{b1}}{l_1}=0.0028E_c$$

$$I_{b2}=1.6\times\frac{0.3\times0.5^3}{12}=0.005(\text{m}^4),\quad i_{b2}=\frac{E_cI_{b2}}{l_2}=0.0025E_c$$

框架柱线刚度：

1～6层：
$$I_c=\frac{0.6^4}{12}=0.0108(\text{m}^4),\quad i_c=\frac{E_cI_c}{h}=0.003E_c$$

7～12层：
$$I_c=\frac{0.5^4}{12}=0.0052(\text{m}^4),\quad i_c=\frac{E_cI_c}{h}=0.00145E_c$$

单根框架柱的抗侧刚度 $C_{fi}=12\alpha_z i_c/h$，其中 α_z 根据梁柱刚度比计算。楼层框架柱的抗侧刚度为 $C_f=12\sum\alpha_z i_c/h$，具体计算结果如表8.2所示。

表8.2 框架柱的抗侧刚度

楼层		1	2～6	7～12
中柱	k	$\frac{0.0028+0.0025}{0.003}=1.767$	$\frac{2\times(0.0028+0.0025)}{2\times0.003}=1.767$	$\frac{2\times(0.0028+0.0025)}{2\times0.00145}=3.655$
	α_z	$\frac{0.5+1.767}{2+1.767}=0.602$	$\frac{1.767}{2+1.767}=0.469$	$\frac{3.655}{2+3.655}=0.646$
	C_{fi}	$\frac{12\times0.601\times0.003E_c}{3.6}=0.00602E_c$	$\frac{12\times0.469\times0.003E_c}{3.6}=0.00469E_c$	$\frac{12\times0.646\times0.00145E_c}{3.6}=0.00312E_c$
边柱	k	$\frac{0.0028}{0.003}=0.933$	$\frac{2\times0.0028}{2\times0.003}=0.933$	$\frac{2\times0.0028}{2\times0.00145}=1.931$
	α_z	$\frac{0.5+0.933}{2+0.933}=0.489$	$\frac{0.933}{2+0.933}=0.318$	$\frac{1.931}{2+1.931}=0.491$
	C_{fi}	$\frac{12\times0.489\times0.003E_c}{3.6}=0.00489E_c$	$\frac{12\times0.318\times0.003E_c}{3.6}=0.00318E_c$	$\frac{12\times0.491\times0.00145E_c}{3.6}=0.00237E_c$
总刚度	$\sum C_{fi}$	$10\times0.00602E_c+10\times0.00489E_c=0.1091E_c$	$10\times0.00469E_c+10\times0.00318E_c=0.0787E_c$	$10\times0.00312E_c+10\times0.00237E_c=0.0549E_c$

平均抗侧刚度：

$$C_f=\frac{0.1091E_c\times3.6+0.0787E_c\times18+0.0549E_c\times21.6}{43.2}=0.06933E_c$$

(2) 综合剪力墙等效抗弯刚度。结构横向共有 4 榀墙 1 和 2 榀墙 2，墙 1、墙 2 均为整体剪力墙。

墙 1 的惯性矩（忽略剪力墙周围柱截面变化引起的惯性矩变化）：

开洞处：

$$\begin{aligned}I_1&=2\times\frac{1}{12}\times0.16\times2.55^3+0.16\times2.55\times[(2.76-0.975)^2+(3.24-0.975)^2]\\&\quad+2\times\frac{1}{12}\times0.44\times0.6^3+0.44\times0.6\times(2.76^2+3.24)^2+\frac{1}{12}\times0.74\times0.16^3\\&\quad+0.74\times0.16\times2.76^2\\&=9.536(\mathrm{m}^4)\end{aligned}$$

无洞处：

$$\begin{aligned}I_1&=2\times\frac{1}{12}\times0.16\times6.6^3+0.16\times6.6\times0.21^2+2\times\frac{1}{12}\times0.44\times0.6^3\\&\quad+0.44\times0.6\times(2.79^2+3.21^2)+\frac{1}{12}\times0.74\times0.16^3+0.74\times0.16\times2.79^2\\&=13.426(\mathrm{m}^4)\end{aligned}$$

墙 1 考虑开洞影响后的折算惯性矩：

$$I_{w1}=\frac{9.536\times1.8+13.426\times1.8}{3.6}=11.481(\mathrm{m}^4)$$

墙 1 考虑开洞影响后的折算面积：

$$A_{w1}=6.6\times0.16\times\left(1-1.25\sqrt{\frac{1.5\times1.8}{6.6\times3.6}}\right)=0.611(\mathrm{m}^2)$$

墙 1 等效抗弯刚度：

$$E_cI_{eq}=\frac{E_cI_{w1}}{1+\dfrac{3.64\mu E_cI_{w1}}{GA_{w1}H^2}}=\frac{11.481E_c}{1+\dfrac{3.64\times1.61\times11.481}{0.42\times0.611\times43.2^2}}=10.067E_c$$

墙 2 的惯性矩：

$$I_w=\frac{1}{12}\times0.16\times6.6^3+2\times\frac{1}{12}\times0.44\times0.6^3+2\times0.44\times0.6\times3^2=8.6(\mathrm{m}^4)$$

墙 2 等效抗弯刚度：

$$E_cI_{eq}=\frac{E_cI_{w2}}{1+\dfrac{3.64\mu E_cI_{w2}}{GA_{w2}H^2}}=\frac{8.6E_c}{1+\dfrac{3.64\times1.5\times8.6}{0.42\times1.056\times43.2^2}}=8.138E_c$$

综合剪力墙等效抗弯刚度：

$$E_cI_{eq}=4\times10.067E_c+2\times8.138E_c=56.544E_c$$

(3) 刚度特征值 λ。

1) 铰接体系：

$$\lambda=H\sqrt{\frac{C_f}{E_cI_{eq}}}=43.2\times\sqrt{\frac{0.06933E_c}{56.544E_c}}=1.513$$

2）刚接体系。先计算综合连梁约束刚度。共有 4 处梁与墙肢相连，其中 2 根连梁与墙 1 相连（记为连梁 1）；2 根连梁与墙 2 相连（记为连梁 2）。综合连梁共包含 4 根连梁。

连梁 1 刚臂长度：

$$al=bl=3+0.3-\frac{0.5}{4}=3.175(\mathrm{m})$$

连梁 1 计算长度：

$$l=2+2\times3=8(\mathrm{m})$$

连梁 1 约束刚度：

$$C_{b1}=\frac{6ci}{h}=\frac{6l^3}{(l-al-bl)^3h}\frac{E_cI_{b1}}{l}=\frac{6\times8^3\times0.003125E_c}{(8-2\times3.175)^3\times3.6\times8}=0.0742E_c$$

连梁 2 刚臂长度：

$$al=3+0.3-\frac{0.5}{4}=3.175(\mathrm{m})$$

连梁 2 计算长度：

$$l=2+\frac{6}{2}=5(\mathrm{m})$$

连梁 2 约束刚度：

$$C_{b2}=\frac{6ci}{h}=\frac{6(l+al)l^2}{(l-al)^3h}\frac{E_cI_{b2}}{l}=\frac{6\times(5+3.175)\times5\times0.003125E_c}{(5-3.175)^3\times3.6}=0.035E_c$$

综合连梁约束刚度（连梁刚度折减 0.55）：

$$C_b=0.55\times2\times(0.0742E_c+0.035E_c)=0.12012E_c$$

$$\lambda=H\sqrt{\frac{C_f+C_b}{E_cI_{eq}}}=43.2\times\sqrt{\frac{0.06933E_c+0.12012E_c}{56.544E_c}}=2.502$$

（4）结构内力系数及侧移。根据刚度特征值 λ，按以下公式计算：

$$y=\frac{qH^4}{EI_w\lambda^2}\left[\frac{\mathrm{ch}\lambda\xi-1}{\mathrm{ch}\lambda}\left(\frac{\mathrm{sh}\lambda}{2\lambda}-\frac{\mathrm{sh}\lambda}{\lambda^3}+\frac{1}{\lambda^2}\right)+\left(\xi-\frac{\mathrm{sh}\lambda\xi}{\lambda}\right)\left(\frac{1}{2}-\frac{1}{\lambda^2}\right)-\frac{\xi^2}{6}\right]$$

可以得到各层的侧移，计算结果如表 8.3 所示。

表 8.3　结构内力系数及侧移

楼层	相对高度 ξ	铰接体系		刚接体系	
		侧移 u	层间 δu	侧移 u	层间 δu
0	0.000	0.000000	0.000000	0.000000	0.000000
1	0.083	0.000359	0.000359	0.000474	0.000474
2	0.167	0.001419	0.001060	0.001743	0.001269
3	0.250	0.00318	0.001761	0.003622	0.001879
4	0.333	0.005675	0.002495	0.005974	0.002352
5	0.417	0.008970	0.003296	0.008705	0.002731
6	0.500	0.013169	0.004199	0.011761	0.003056

续表

楼层	相对高度 ξ	铰接体系		刚接体系	
		侧移 u	层间 δu	侧移 u	层间 δu
7	0.583	0.018411	0.005241	0.015123	0.003362
8	0.667	0.024872	0.006462	0.018809	0.003686
9	0.750	0.032774	0.007902	0.022872	0.004064
10	0.833	0.042382	0.009608	0.027407	0.004535
11	0.917	0.054009	0.011628	0.032549	0.005142
12	1.000	0.068027	0.014017	0.038484	0.005935

注　侧移单位为 m。

外荷载在结构底部产生的总弯矩为

$$M_0=180\times3.6\times(1+2^2+3^2+\cdots+12^2)=4.212\times10^5(\mathrm{kN\cdot m})$$

等效倒三角分布荷载的最大分布荷载值：

$$q_{\max}=\frac{3M_0}{H^2}=677(\mathrm{kN/m})$$

外荷载在结构底部产生的总剪力为

$$M_0=0.5\times43.2\times677=1.4623\times10^4(\mathrm{kN})$$

铰接体系结构顶点位移：

$$\frac{u}{H}=\frac{0.068027}{43.2}=\frac{1}{635}$$

最大层间侧移发生在第 11 层、12 层，则

$$\frac{\delta u}{u}=\frac{0.014}{3.6}=\frac{1}{257}>\frac{1}{800}$$

不满足规范要求。

刚接体系结构顶点位移：

$$\frac{u}{H}=\frac{0.038484}{43.2}=\frac{1}{1123}$$

最大层间侧移发生在第 11 层、12 层，则

$$\frac{\delta u}{u}=\frac{0.005935}{3.6}=\frac{1}{606}>\frac{1}{800}$$

不满足规范要求。

刚接体系的侧移曲线和层间侧移曲线如图 8.20 所示。

(5) 综合剪力墙、综合框架、综合连梁内力。

1) 铰接体系。

综合剪力墙弯矩：

$$M_w=\frac{qH^2}{\lambda^2}\left[\left(1+\frac{1}{2}\lambda\mathrm{sh}\lambda-\frac{\mathrm{sh}\lambda}{\lambda}\right)\frac{\mathrm{ch}\lambda\xi}{\mathrm{ch}\lambda}-\left(\frac{\lambda}{2}-\frac{1}{\lambda}\right)\mathrm{sh}\lambda\xi-\xi\right]$$

综合剪力墙剪力：

$$V_w=\frac{qH}{\lambda^2}\left[\left(1+\frac{\lambda\mathrm{sh}\lambda}{2}-\frac{\mathrm{sh}\lambda}{\lambda}\right)\frac{\lambda\,\mathrm{sh}\lambda\xi}{\mathrm{ch}\lambda}-\left(\frac{\lambda}{2}-\frac{1}{\lambda}\right)\lambda\,\mathrm{ch}\lambda\xi-1\right]$$

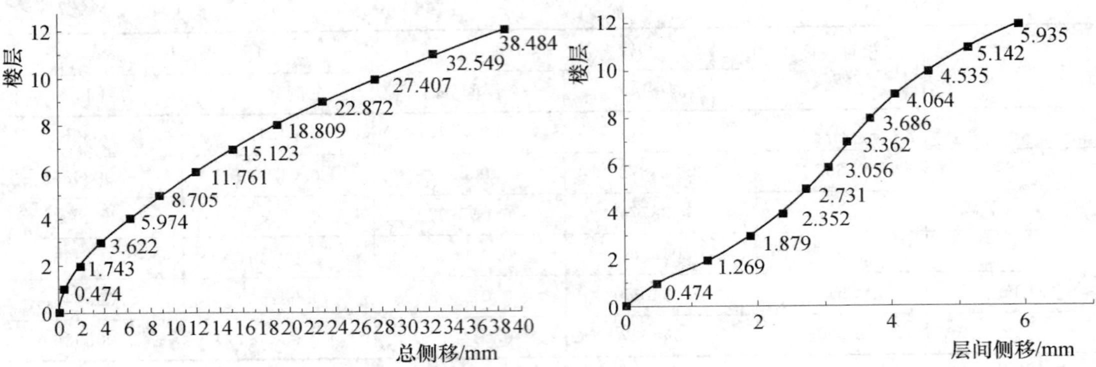

图 8.20 刚接体系的侧移曲线

综合框架剪力：

$$V_{\mathrm{f}}=V_{\mathrm{p}}(\xi)-V_{\mathrm{w}}(\xi)=\frac{1}{2}(1-\xi^{2})qH-V_{\mathrm{w}}(\xi)$$

2）刚接体系。

综合剪力墙弯矩：

$$M_{\mathrm{w}}=\frac{qH^{2}}{\lambda^{2}}\left[\left(1+\frac{1}{2}\lambda\mathrm{sh}\lambda-\frac{\mathrm{sh}\lambda}{\lambda}\right)\frac{\mathrm{ch}\lambda\xi}{\mathrm{ch}\lambda}-\left(\frac{\lambda}{2}-\frac{1}{\lambda}\right)\mathrm{sh}\lambda\xi-\xi\right]$$

综合框架剪力：

$$V_{\mathrm{f}}=\frac{C_{\mathrm{f}}}{C_{\mathrm{f}}+\sum_{i=1}^{n}\frac{m_{abi}}{h}}V'_{\mathrm{f}}$$

综合连梁约束弯矩：

$$m=\frac{\sum_{i=1}^{n}\frac{m_{abi}}{h}}{C_{\mathrm{f}}+\sum_{i=1}^{n}\frac{m_{abi}}{h}}V'_{\mathrm{f}}$$

综合剪力墙剪力：

$$V_{\mathrm{w}}=V'_{\mathrm{w}}+m$$

以上计算结果如表 8.4 所示。刚接体系的剪力分配如图 8.21 所示。

表 8.4 刚接体系、综合框架、综合连梁内力

楼层	铰接体系			刚接体系			
	综合剪力墙		综合框架	综合剪力墙		综合框架	综合连梁
	M_{w}	V_{w}	V_{f}	M_{w}	V_{w}	V_{f}	m_{b}
0	0.2798	14.625	0.000	0.2024	14.625	0.000	0.000
1	0.2293	13.401	1.1224	0.1539	13.7391	0.7843	0.001359
2	0.1833	12.187	2.0318	0.1129	12.8475	1.3712	0.002376
3	0.1416	10.9635	2.7474	0.0782	11.9197	1.7912	0.003103

续表

楼层	铰接体系			刚接体系			
	综合剪力墙		综合框架	综合剪力墙		综合框架	综合连梁
	M_w	V_w	V_f	M_w	V_w	V_f	m_b
4	0.1044	9.7112	3.2888	0.0492	10.9293	2.0707	0.003588
5	0.0717	8.4100	3.6759	0.0252	9.8527	2.2332	0.003869
6	0.0439	7.0393	3.9294	0.0060	8.6682	2.3005	0.003986
7	0.0212	5.5773	4.0711	−0.0085	7.3551	2.2933	0.003973
8	0.0039	4.0007	4.1243	−0.0182	5.8927	2.2323	0.003868
9	−0.0075	2.2843	4.1141	−0.0229	4.2591	2.1393	0.003707
10	−0.0124	0.4010	4.0678	−0.0220	2.4310	2.0378	0.003531
11	−0.0101	−1.6794	4.0153	−0.0147	0.3819	1.9540	0.003386
12	−0.000	−3.9899	3.9899	−0.000	−1.9185	1.9185	0.003324

注　表中剪力单位 10^3kN，弯矩单位 10^6kN·m。

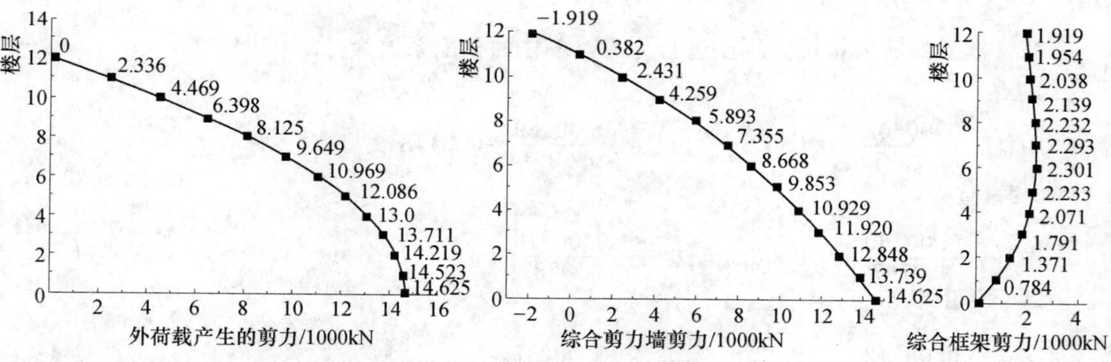

图 8.21　刚接体系框架与剪力墙的剪力分配

(6) 单榀剪力墙、单榀框架、单根连梁内力。综合剪力墙的弯矩和剪力按各榀墙的等效刚度进行分配，其中墙 1 的分配系数为 10.057/56.498=0.178；墙 2 的分配系数为 8.135/56.498=0.144。各榀墙的弯矩、剪力值如表 8.5 所示。

表 8.5　　各榀剪力墙弯矩和剪力

楼层	铰接体系						刚接体系					
	综合剪力墙		单榀剪力墙				综合剪力墙		单榀剪力墙			
			弯矩		剪力				弯矩		剪力	
	弯矩	剪力	墙 1	墙 2	墙 1	墙 2	弯矩	剪力	墙 1	墙 2	墙 1	墙 2
0	0.2798	14.6250	0.0498	0.0403	2.6033	2.106	0.2024	14.625	0.0360	0.0292	2.6033	2.106
1	0.2293	13.4010	0.0408	0.0330	2.3854	1.9297	0.1539	13.7391	0.0274	0.0221	2.4456	1.9784
2	0.1833	12.1870	0.0326	0.0264	2.1693	1.7549	0.1129	12.8475	0.0201	0.0163	2.2869	1.8500

续表

楼层	铰接体系						刚接体系					
	综合剪力墙		单榀剪力墙				综合剪力墙		单榀剪力墙			
			弯矩		剪力				弯矩		剪力	
	弯矩	剪力	墙1	墙2	墙1	墙2	弯矩	剪力	墙1	墙2	墙1	墙2
3	0.1416	10.9635	0.0252	0.0204	1.9515	1.5787	0.0782	11.9197	0.0139	0.0113	2.1217	1.7164
4	0.1044	9.7112	0.0186	0.0150	1.7286	1.3984	0.0492	10.9293	0.0088	0.0071	1.9454	1.5738
5	0.0717	8.4100	0.0128	0.0103	1.4970	1.2110	0.0252	9.8527	0.0045	0.0036	1.7538	1.4188
6	0.0439	7.0393	0.0078	0.0063	1.2530	1.0137	0.0060	8.6682	0.0011	0.0009	1.5429	1.2482
7	0.0212	5.5773	0.0038	0.0031	0.9928	0.8031	−0.0085	7.3552	−0.0015	−0.0012	1.3092	1.0591
8	0.0039	4.0007	0.0007	0.0006	0.7121	0.5761	−0.0183	5.8927	−0.0033	−0.0026	1.0489	0.8485
9	−0.0075	2.2843	−0.0013	−0.0011	0.4066	0.3289	−0.0229	4.2591	−0.0041	−0.0033	0.7581	0.6133
10	−0.0124	0.4010	−0.0022	−0.0018	0.0714	0.0577	−0.0220	2.4310	−0.0039	−0.0032	0.4327	0.3501
11	−0.0101	−1.6794	−0.0018	−0.0015	−0.2989	−0.2418	−0.0147	0.3819	−0.0026	−0.0021	−0.0679	0.0550
12	−0.000	−3.9900	−0.000	−0.0000	−0.7102	−0.5745	−0.000	−1.9185	−0.000	−0.000	−0.3415	−0.2763

注 表中剪力单位为 10^3kN，弯矩单位为 10^6kN·m。

综合框架的剪力按抗侧刚度进行分配，各柱的分配系数为

1层：

中柱：$\dfrac{0.00602}{0.1091}=0.0552$　　边柱：$\dfrac{0.00489}{0.1091}=0.0448$

2～6层：

中柱：$\dfrac{0.00469}{0.0787}=0.0596$　　边柱：$\dfrac{0.00318}{0.0787}=0.0404$

7～12层：

中柱：$\dfrac{0.00312}{0.0549}=0.0568$　　边柱：$\dfrac{0.00237}{0.0549}=0.0432$

各柱的剪力值如表8.6所示。根据各框架的剪力值可进一步确定框架柱端弯矩、框架梁端弯矩、剪力以及框架柱轴力。

综合连梁的约束弯矩按约束刚度进行分配，连梁1的分配系数为

$$\frac{0.0742}{2\times(0.0742+0.035)}=0.3397$$

连梁2的分配系数为

$$\frac{0.035}{2\times(0.0742+0.035)}=0.1603$$

连梁1剪力：

$$V_{b1}=0.3397m_b\frac{h}{l}=0.1529m_b$$

连梁1梁端弯矩：

$$M_{b1}=V_{b1}\frac{l_n}{2}=0.10703m_b$$

连梁 2 剪力：

$$V_{b2}=0.1603m_b\frac{h}{l}=0.0721m_b$$

连梁 2 梁端弯矩：

$$M_{b2}=V_{b2}\frac{l_n}{2}=0.0505m_b$$

各连梁的弯矩、剪力计算结果如表 8.6 所示。

表 8.6　框架柱剪力和连梁内力

楼层	铰接体系			刚接体系							
	综合框架剪力	中柱剪力	边柱剪力	框架柱			连梁				
				综合框架剪力	中柱剪力	边柱剪力	约束弯矩	连梁 1		连梁 2	
								剪力	弯矩	剪力	弯矩
1	1.1224	0.0620	0.0503	1.4469	0.0399	0.0324	0.001359	0.2078	0.000145	0.0980	0.000069
2	2.0318	0.1211	0.0821	2.5296	0.1185	0.0803	0.002376	0.3633	0.000254	0.1713	0.000120
3	2.7474	0.1637	0.1110	3.3043	0.1739	0.1178	0.003103	0.4745	0.000332	0.2238	0.000157
4	3.2888	0.1960	0.1329	3.8199	0.2123	0.1439	0.003588	0.5486	0.000384	0.2587	0.000182
5	3.6759	0.2191	0.1485	4.1198	0.2366	0.1604	0.003869	0.5916	0.000414	0.2790	0.000195
6	3.9294	0.2342	0.1587	4.2439	0.2492	0.1689	0.003986	0.6094	0.000427	0.2874	0.000201
7	4.0711	0.2312	0.1759	4.2305	0.2407	0.1830	0.003973	0.6075	0.000425	0.2865	0.000201
8	4.1243	0.2343	0.1782	4.1181	0.2371	0.1803	0.003868	0.5914	0.000414	0.2789	0.000195
9	4.1141	0.2337	0.1777	3.9465	0.2290	0.1742	0.003707	0.5667	0.000397	0.2672	0.000187
10	4.0678	0.2311	0.1757	3.7592	0.2188	0.1664	0.003531	0.5398	0.000378	0.2546	0.000178
11	4.0153	0.2281	0.1735	3.6047	0.2091	0.1591	0.003386	0.5176	0.000362	0.2441	0.000170
12	3.9900	0.2266	0.1724	3.5392	0.2029	0.1543	0.003324	0.5082	0.000356	0.2397	0.000168

注　表中剪力单位 10^3 kN，弯矩单位 10^6 kN·m。

连梁的剪力将在相连的剪力墙和框架柱中引起附加轴力，轴力值为各层连梁剪力的累加，此处计算从略。

思考题与习题

8.1　什么是框架-剪力墙结构？为什么框架和剪力墙两者可协同工作？

8.2　框架-剪力墙结构协同工作计算的基本假定是什么？建立微分方程的基本未知量是什么？

8.3　区分铰接体系和刚接体系，在计算方法和计算步骤上有什么不同？内力分配结果会有哪些变化？当总框架和总剪力墙都相同、水平荷载也相同时，按铰接体系和刚接体系分别计算所得的剪力墙剪力哪个大？

8.4　总框架、总剪力墙的刚度如何计算？D 值和 C_f 值的物理意义有什么不同？它们之间有什么关系？当框架或剪力墙沿高度方向刚度变化时，怎样确定其值？

8.5　什么是刚度特征值 λ？如何计算？它对内力分配和侧移变形有何影响？

8.6 铰接体系计算简图中的铰接连杆代表什么？它们起什么作用？刚接体系中总剪力墙与总框架之间的连杆又代表什么？起什么作用？

8.7 在框架-剪力墙协同工作计算简图中的总剪力墙是否有具体几何尺寸？总框架是否有具体的跨数、柱数及梁柱几何尺寸？该计算简图的物理含义是什么？

8.8 刚接体系中如何确定连梁的计算简图及连梁跨度？什么时候是两端有刚域？什么时候是一端有刚域？总连梁的刚度如何计算？

8.9 框架-剪力墙结构中总剪力在各抗侧力结构间的分配有什么特点？与纯剪力墙、纯框架结构有什么根本区别？

8.10 连梁刚度乘以刚度降低系数后，内力有什么变化？

8.11 求得总框架和总剪力墙的剪力后，怎样求各杆件的 M、N、V？

8.12 刚接体系中，由公式计算的剪力是总剪力墙的剪力吗？怎样才能求得总框架、总剪力墙、总连梁的剪力？

8.13 如图 8.22 所示框架-剪力墙结构，其侧移曲线为

$$y=C_1+C_2\xi+C_3\,\mathrm{sh}\lambda\xi+C_4\,\mathrm{ch}\lambda\xi-\frac{qH^2}{2C_f}\xi^2$$

试根据边界条件确定系数 C_1、C_2、C_3、C_4。

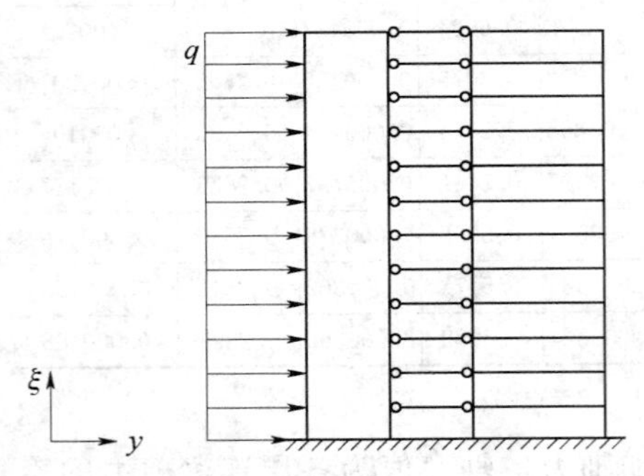

图 8.22 习题 8.13 图

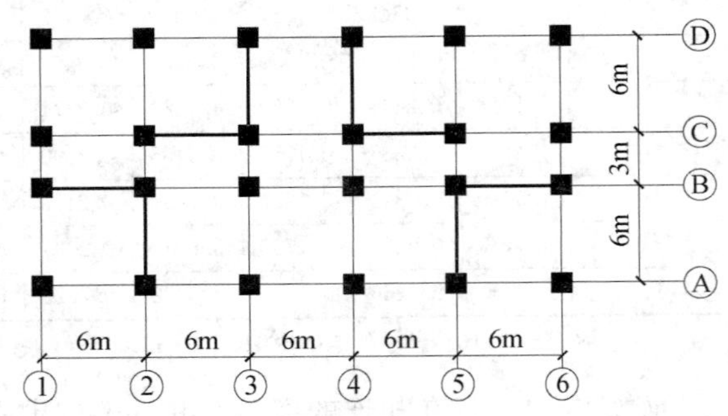

图 8.23 习题 8-14 图

提示：$\theta=\frac{1}{H}\frac{\mathrm{d}y}{\mathrm{d}\xi}$，$M_w=-\frac{E_cI_{eq}}{H^2}\frac{\mathrm{d}^2y}{\mathrm{d}\xi^2}$，$V_w=-\frac{E_cI_{eq}}{H^3}\frac{\mathrm{d}^3y}{\mathrm{d}\xi^3}$，$V_f=\frac{C_f}{H}\frac{\mathrm{d}y}{\mathrm{d}\xi}$

8.14 某 12 层框架-剪力墙结构平面如图 8.23 所示，层高 3m，总高 36m。沿 y 轴方向作用地震作用，在各楼层处的水平地震作用如表 8.7 所示。已知沿 y 轴方向，边柱 $D=1.2\times10^4\,\mathrm{kN/m}$，中柱 $D=1.8\times10^4\,\mathrm{kN/m}$，每片剪力墙 $E_wI_w=6.02\times10^7\,\mathrm{kN\cdot m}$，1～12 层截面不变。试计算结构在水平地震作用下的内力和位移（不计扭转效应）。

表 8.7 各楼层处水平地震作用

楼层	1	2	3	4	5	6	7	8	9	10	11	12
F/kN	70	84	112	140	168	197	225	254	281	310	353	572

第 9 章　框架-剪力墙结构设计和构造

框架-剪力墙结构是由框架和剪力墙两种子结构组成的结构体系。框架作为一种子结构已在本书第 4 章中讨论过，剪力墙也作为另一种子结构已在本书第 6 章中讨论过。本章将讨论一些前几章尚未涉及的有关框架-剪力墙结构的设计和构造问题，以及设计要点等内容。

9.1　框架-剪力墙结构中剪力墙的合理数量

框架-剪力墙结构中，把剪力墙布置多一些好呢，还是少一些好呢？这一直是广大设计人员关注的焦点。近 40 年来，通过对多次地震中实际震害情况的分析表明，在钢筋混凝土结构中，剪力墙数量越多，地震震害减轻得越多。日本曾通过分析十胜冲地震和宫城冲地震中钢筋混凝土建筑物的震害（见图 9.1），揭示了一个重要的规律：墙越多，震害越轻。1978 年罗马尼亚地震和 1988 年苏联亚美尼亚地震震害都有明显的规律：框架结构在强震中大量破坏、倒塌，而剪力墙结构震害轻微。

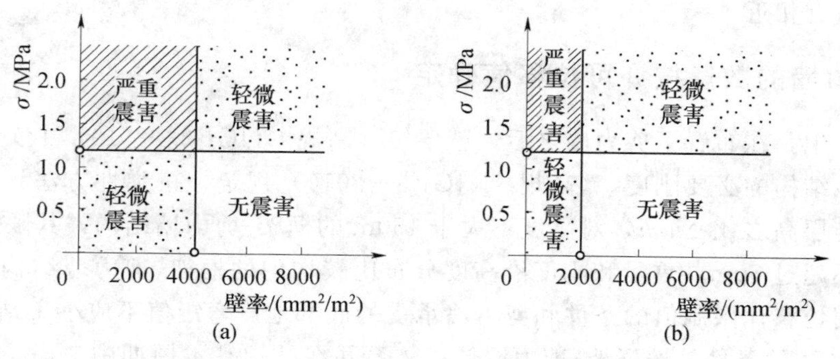

图 9.1　日本十胜冲和宫城冲地震震害情况

（a）十胜冲地震；（b）宫城冲地震

因此，一般来说，多设置剪力墙对抗震是有利的。但是，剪力墙的设置超过了必要的限度，又是不经济的。剪力墙太多，虽然有较强的抗震能力，但由于刚度太大，结构周期太短，地震作用要加大，不仅使上部结构材料增加，而且带来基础设计的困难。此外，在框架-剪力墙结构中，框架的设计水平剪力有最低限值，即剪力墙增加再多，框架的材料消耗也不能减少。所以，单从抗震的角度来说，剪力墙数量以多为好；从经济的角度看，剪力墙则不宜过多。这样，就有一个剪力墙合理数量的问题，即能兼顾抗震性又考虑经济性的要求。

目前已经有一些框架-剪力墙结构优化程序，可以在符合规律的前提下，合理布置剪力墙，使得用钢量或造价最低。但这些计算程序较为复杂，对于实际工程设计，尤其是在方案设计阶段，还是多采用一些更简便、更实用的设计方法。

9.1.1 参照国内实际工程中的剪力墙数量

国内已建成大量框架-剪力墙结构，这些工程一般有足够的剪力墙，使得其刚度能满足要求，自振周期在合理的范围，地震作用的大小也较合适。这些工程的设计经验，可以在布置剪力墙时作为参考。

作为一个指标，可以采用底层结构截面（即剪力墙截面面积 A_w 和柱截面面积 A_c 之和）与楼面面积 A_f 之比，也可以采用剪力墙截面面积 A_w 与楼面面积 A_f 之比。从一些设计较合理的工程来看，$(A_w+A_c)/A_f$ 值或 A_w/A_f 值大约分布在表 9.1 的范围内。

表 9.1　国内已建框架-剪力墙结构房屋墙、柱面积与楼面面积百分比

设计条件		$(A_w+A_c)/A_f$	A_w/A_f
设防烈度	场地类别		
7 度	Ⅱ	3%～5%	2%～3%
8 度	Ⅱ	4%～6%	3%～4%

当设防烈度、场地土情况不同时，可根据上述数值适当增减。层数多、高度大的框架-剪力墙结构，宜取表 9.1 中的上限值。剪力墙纵横两个方向总量在上述范围内，两个方向剪力墙的数量宜相近。

9.1.2 剪力墙的数量按许可位移值确定

一般工程中，在布置了剪力墙之后，就要按《高规》(JGJ 3—2010) 中关于许可位移的限值来校核结构的必要刚度。《高规》(JGJ 3—2010) 规定，按弹性方法计算的楼层层间最大位移与层高之比 $\Delta u/h$，对高度不大于 150m 的框架-剪力墙结构，其限值为 1/800。

对高度不超过 50m，重量和刚度沿高度分布比较均匀的框架-剪力墙结构，根据满足弹性阶段层间位移比限制值的条件和剪力墙承受的底部地震弯矩值不应小于结构底部总地震弯矩值的 50%的条件，按框架-剪力墙铰接体系并在结构基本周期中考虑了非结构填充墙影响的折减系数 $\psi_T=0.75$。

在以上的条件下，给出了在框架-剪力墙中剪力墙刚度 E_wI_w 的计算方法如下。

(1) 按表 9.2 查得 φ 值，用式 (9-1) 计算参数 γ。

表 9.2　φ 值

设防烈度	$\Delta u/h$	场地类别			
		Ⅰ	Ⅱ	Ⅲ	Ⅳ
7	1/800	0.4172	0.2896	0.2235	0.1444
8	1/800	0.2086	0.1448	0.1118	0.0722
9	1/800	0.1043	0.0721	0.0559	—

$$\gamma=\varphi H^{0.45}\left(\frac{C_f}{G_E}\right)^{0.56} \tag{9.1}$$

式中　C_f——表示框架平均总刚度，kN；

H——表示总高度，m；

G_E——表示总重力荷载，kN。

(2) 由计算参数 γ 查表 9.3，得到结构刚度特征值 λ，按下式求得所需剪力墙平均总刚度 $E_w I_w(\mathrm{kN\cdot m^2})$，即

$$E_w I_w=\frac{H^2 C_f}{\lambda^2} \tag{9.2}$$

表 9.3　　γ、λ 的关系

λ	1.00	1.05	1.10	1.15	1.20	1.25	1.30	1.35	1.40	1.45	1.50	1.55	1.60	1.65	1.70
γ	2.454	2.549	2.640	2.730	2.815	2.879	2.977	3.050	3.122	3.192	3.258	3.321	3.383	3.440	3.497
λ	1.75	1.80	1.85	1.90	1.95	2.00	2.05	2.10	2.15	2.20	2.25	2.30	2.35	2.40	—
γ	3.550	3.602	3.651	3.699	3.746	3.708	3.829	3.873	3.911	3.948	3.985	4.020	4.055	4.085	—

为了满足剪力墙承受的底部地震弯矩不少于结构底部总地震弯矩的 50%，应使结构刚度特征值 $\lambda\leqslant 2.4$。此外，为了使框架充分发挥作用，达到框架最大楼层剪力 $V_{fmax}\geqslant 0.2V_0$，剪力墙刚度不宜过大，应使 $\lambda\geqslant 1.15$。

(3) 用结构自振周期和地震作用的大小来衡量结构的侧向刚度。选择足够的剪力墙以满足位移限值是一个必要条件，但并不是唯一的充分条件，还应该根据综合的考虑，最后确定剪力墙的数量和布置。

有时会有这样的情况：结构侧向刚度很小，剪力墙数量很少，位移限值也能满足要求，但并不符合工程设计的一般要求。这是由于水平地震作用本身与结构侧向刚度有关，刚度小，地震作用也小，位移限值也可能被满足。所以，只满足位移限值要求，不一定能说明这个结构就是合理的。

综合反映结构侧向刚度特征的参数是结构的自振周期。从国内已建成的框架-剪力墙结构的工程实例来看，结构截面尺寸、结构布置和剪力墙数量较为合理的工程其基本自振周期大约在以下范围之内，即

$$\begin{aligned}&T_1=(0.09\sim0.12)n \quad (\text{计算周期},\psi_T=1.0)\\&T_1=(0.06\sim0.08)n \quad (\text{实际值,考虑 }\psi_T=0.7\sim0.8)\end{aligned} \tag{9.3}$$

式中　n——表示结构层数。

对于新设计的项目，在决定方案时，还可以把基本周期再适当加长，以使经济技术指标更好一些。因此，在校核剪力墙数量时，计算基本周期 $T_1=(0.10\sim0.15)n$ 也还是可以接受的（在计算 T_1 时，ψ_T 取 1.0）。

相应地，比较合理的框架-剪力墙结构，其底部总剪力 $F_{Ek}=\alpha G$ 中的 α 值宜在表 9.4 范围内。

当自振周期和底部剪力偏离上述范围太远时，应适当调整结构的截面尺寸。

表 9.4 框架-剪力墙结构比较适宜的地震影响系数 α 的范围

场地	设防烈度		
	7 度	8 度	9 度
Ⅰ	0.01～0.02	0.02～0.04	0.03～0.08
Ⅱ	0.02～0.03	0.03～0.06	0.05～0.12
Ⅲ	0.02～0.04	0.04～0.08	0.08～0.16
Ⅳ	0.03～0.05	0.05～0.09	0.10～0.20

9.2 框架-剪力墙结构中剪力墙的布置和间距

框架-剪力墙结构中，框架应在各主轴方向做成刚接，且剪力墙应沿主轴布置。在非抗震设计、层数不多的长矩形平面中，允许只在横向设剪力墙，纵向不设剪力墙。因为，此时风力较小，框架跨数较多，可以由框架承受。

剪力墙的布置，应遵循“均匀、分散、对称、周边”的原则。“均匀”、“分散”是指剪力墙宜片数较多，均匀、分散布置在建筑平面上；“对称”是指剪力墙在结构单元的平面上应尽可能对称布置，使水平力作用线尽可能靠近刚度中心，避免产生过大的扭转；“周边”是指剪力墙应尽可能布置在建筑平面周边，以加大其抗扭转的力臂，提高其抵抗扭转的能力，同时，在端部附近设剪力墙可以避免端部楼板外排长度过大。

一般情况下，剪力墙宜布置在结构平面的以下部位：

(1) 竖向荷载较大处。这是因为，用剪力墙承受大的竖向荷载，可以避免设置截面尺寸过大的柱子，满足结构布置的要求；剪力墙是主要的抗侧力结构，承受很大的弯矩和剪力，需要较大的竖向荷载来避免出现轴向拉力，提高截面承载力，也便于基础设计。

(2) 平面形状变化较大的角隅部位。这是因为这些部位楼面上容易产生大的应力集中，地震时也常常发生震害，设置剪力墙予以加强。

(3) 建筑物端部附近。这样可以有较大的抗扭刚度，同时减少楼面外伸段的长度。但为避免纵向端部约束而使结构产生大的温度应力和收缩应力，纵向剪力墙宜布置在中部附近。

(4) 楼梯、电梯间。楼梯、电梯间楼板开洞大，削弱严重，特别是在端角和凹角处设置楼梯、电梯间时，受力更为不利，采用楼梯、电梯竖井（作为剪力墙）来加强是有效的措施。

从结构布置上看，在两片剪力墙（或两个筒体）之间布置框架时，如图 9.2 所示情况，楼盖必须有足够的平面内刚度，才能将水平剪力传递到两端的剪力墙上去，发挥剪力墙为主要抗侧力结构的作用。否则，楼盖在水平力作用下将产生弯曲变形，如图 9.2 中虚线所示，这将导致框架侧移增大，框架水平剪力

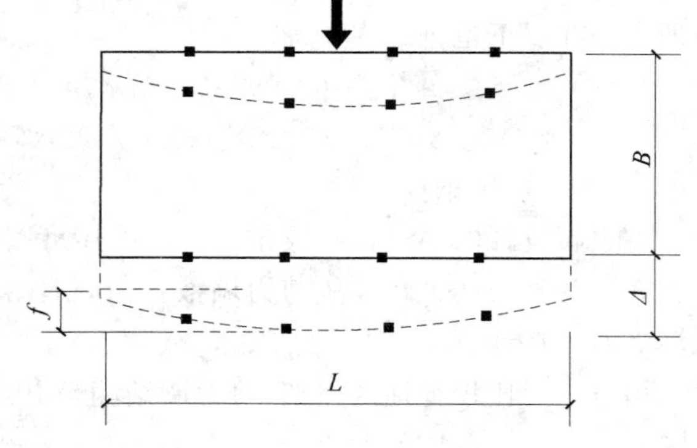

图 9.2 剪力墙的间距

也将成倍增大。通常以限制 L/B 比值作为保证楼盖刚度的主要措施。这个数值与楼盖的类型和构造有关，与地震烈度有关。《高规》（JGJ 3—2010）规定的剪力墙间距 L 如表 8.1 所示。楼面有较大开洞时，剪力墙间距应予以减少。

9.3　框架-剪力墙结构中框架内力的调整

框架-剪力墙结构中，框架和剪力墙的截面设计除按本书第 5 章和第 7 章中有关框架和剪力墙截面设计的规定外，尚应符合下面的规定。

抗震设计时，框架-剪力墙结构计算所得的框架各层总剪力应按下列方法予以调整。

（1）框架柱数量从下至上基本不变的规则建筑，按下列方法调整框架各层总剪力：

1）$V_f \geqslant 0.2V_0$ 的楼层不必调整，V_f 要直接采用计算值。

2）$V_f < 0.2V_0$ 的楼层，V_f 取 $0.2V_0$ 和 $1.5V_{fmax}$ 的较小值。

式中　V_0——地震作用产生的结构底部总剪力；

V_f——各层框架部分承担的剪力计算值；

V_{fmax}——各层框架部分承担的剪力计算值中的最大值。

（2）框架柱数量从下至上分段有规律减少时，则分段按上面第（1）条所述方法进行调整，其中每段的底层总剪力取该段最下一层的剪力。

（3）下列情况可直接对各层柱的总剪力乘以 2 予以放大：

1）框架-剪力墙结构中，当自某层开始框架柱大量减少、水平力绝大部分由剪力墙承担时。

2）剪力墙结构中，仅设置少量柱而未构成框架时。

3）采用框架-剪力墙结构的屋面突出部分。

框架内力的调整，不是力学计算的要求，而是一种保证框架安全的设计措施。这是因为，在框架-剪力墙结构的计算中，都采用了楼板在平面内为刚性的假设，而实际上由于剪力墙间距较大，在框架部位由于框架的刚度较小，因此楼板位移较大，相应地框架的水平力比计算值大。更重要的是，剪力墙刚度较大，承受了大部分水平力，在地震作用下，剪力墙首先开裂，使刚度降低，从而使一部分地震力向框架转移，框架承受的地震力增加。由于框架在框架-剪力墙结构中抵抗地震作用是第二道防线，所以有必要提高其设计的抗震能力，使强度有更大的储备。

按振型分解反应谱法计算地震作用时，上述各项调整均在振型组合之后进行。各层框架总剪力墙调整后，按调整前后总剪力的比值调整各柱和梁的剪力及端部弯矩，柱的轴力不必调整。

框架-剪力墙中，一侧连接框架，另一侧连接剪力墙的梁，其内力较大时，可以按连梁的方法对其刚度予以折减，但折减系数不宜小于 0.5。

9.4　有边框架-剪力墙设计和构造

框架-剪力墙结构中的钢筋混凝土剪力墙，常常和梁、柱连在一起形成有边框架-剪力墙。当剪力墙和梁、柱现浇成整体时，或者预制梁、柱和现浇剪力墙形成整体连接构造，并有可靠的锚固措施时，墙和梁柱是整体工作，柱即剪力墙的端柱，形成工字形或T形截面。剪力墙正截面、斜截面承载力计算及构造设计均可采用本书7.2节和7.3节的公式及构造要求。正如前面所述，墙截面的端部钢筋在端柱中，再配以钢箍约束混凝土，将大大有利于剪力的抗弯、抗剪及延性性能。

在各层楼板标高处，剪力墙内设有横梁（与剪力墙重合的框架梁），这种梁亦可做成宽度与墙厚相同的暗梁，暗梁高度可取墙厚的2倍。这种边框横梁并不承受弯矩，在剪力墙的截面承载力计算中也不起什么作用，但是从构造上讲，它有两个作用：一个作用是楼板中有次梁时，它可以作为次梁的支座将垂直荷载传到墙上，减少支座下剪力墙内的应力集中；另一个作用是周边梁、柱共同约束剪力墙，墙内的斜裂缝贯穿横梁时，将受到约束而不致开展过大。这种剪力墙的边框梁的截面尺寸及配筋均按框架梁的构造要求设置。

在框架-剪力墙结构中，剪力墙的数量不会很多，但它们担负了整个结构大部分的剪力，是主要的抗侧力结构。为了保证这些剪力墙的安全，除了应符合一般剪力墙的构造要求外，还要注意下面一些要求：

（1）剪力墙的截面厚度。抗震设计时，一级、二级剪力墙的底部加强部位均不应小于200mm，且不应小于层高的1/16；其他情况下不应小于160mm且不应小于层高的1/20，其混凝土强度等级与宜边柱相同。

（2）有边柱但边梁做成暗梁时，暗梁的配筋可按构造配置，且应符合一般框架梁的最小配筋要求。

（3）边柱的配筋应符合一般框架柱配筋的规定。

（4）剪力墙端部的纵向受力钢筋应配置在边柱截面内。

（5）抗震设计时剪力墙水平和竖向分布钢筋的配筋率均不应小于0.25%，并应双排布置，拉筋间距不应大于600mm。

（6）剪力墙的水平钢筋应全部锚入边柱内，锚固长度不应小于l_a（非抗震设计）或l_{aE}（抗震设计）。

9.5 框架-剪力墙结构房屋设计要点及步骤

9.5.1 结构布置及计算简图

框架-剪力墙结构房屋的总体布置原则、楼面体系选择和基础选型等参见本书第2章。这种结构中框架的布置原则，包括柱网和层高、框架的承重方案等参见本书第4章；剪力墙数量的确定方法及布置原则参见本书第7章。

在结构方案确定以后，水平荷载作用下框架-剪力墙结构协同工作计算简图可按本书8.2节所述方法确定。当框架与剪力墙之间布置有连梁时，一般宜采用刚接体系的计算简图（见图8.6）。

9.5.2　重力荷载计算及水平荷载计算

1. 重力荷载计算

框架-剪力墙结构房屋的重力荷载包括楼面及屋面荷载、框架梁柱自重、墙体及门窗等重力荷载。楼面及屋面荷载、框架梁柱自重的计算方法与框架结构房屋相同。墙体包括抗侧力的钢筋混凝土剪力墙和轻质填充墙，其重量应分别按各自的厚度及材料容重标准值计算，其两侧的粉刷层（或贴面）应计入墙自重内。

2. 风荷载计算

垂直于建筑物表面上的风荷载标准值按式（3.1）计算。对于特别重要和有特殊要求的高层框架-剪力墙结构房屋，其基本风压应提高 10％。

将由式（3.1）所得风荷载乘以房屋各层受风面宽度，可得沿房屋高度的分布风荷载(kN/m)，如图 9.3（a）所示：然后按静力等效原理将其换算为作用于各楼层标高处的集中荷载 F_i(kN)，如图 9.3（b）所示。为便于利用现有公式计算内力与位移，可将作用于各楼层的风荷载折算为倒三角形分布荷载［见图 9.3（c）］和均布荷载［见图 9.3（d）］的叠加。根据折算前后结构底部弯矩和底部剪力分别相等的条件，得

$$\frac{q_{\max}H^2}{3}+\frac{qH^2}{2}=M_0$$

$$\left(\frac{q_{\max}}{2}+q\right)H=V_0$$

联立求解上列方程组，则得

$$\left.\begin{aligned}q_{\max}&=\frac{12M_0}{H^2}-\frac{6V_0}{H}\\q&=\frac{4V_0}{H}-\frac{6M_0}{H^2}\end{aligned}\right\}\tag{9.4}$$

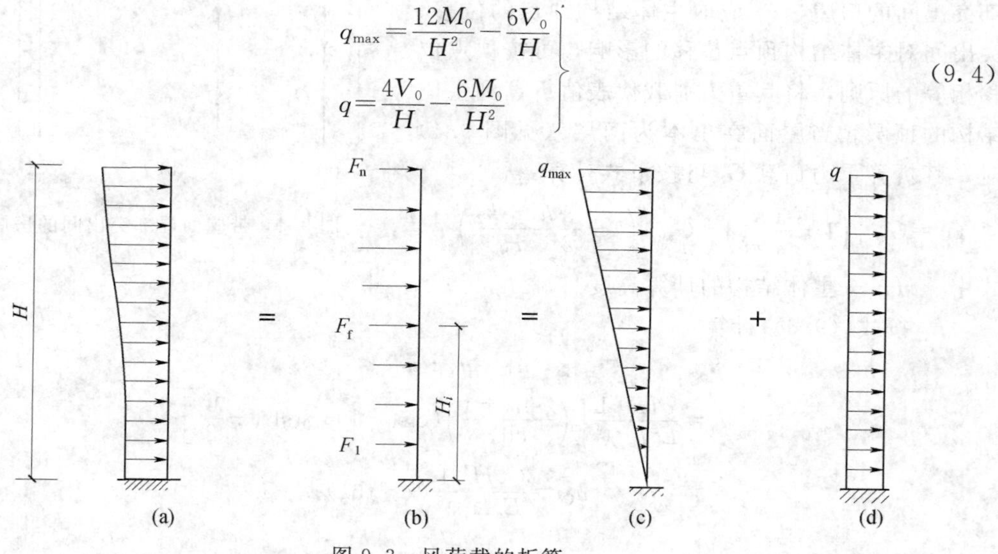

图 9.3　风荷载的折算

3. 水平地震作用计算

(1) 重力荷载代表值计算。框架-剪力墙结构房屋的抗震计算单元、动力计算简图和重力荷载代表值计算等与框架结构房屋相同，详见本书 3.4.5 节。

(2) 刚度计算。

1）总框架的剪切刚度 C_f。先按本书 3.4.5 节所述方法计算框架梁线刚度 i_b、柱线刚度 i_c 及柱侧移刚度 D［见式（4.9）］，再由式（8.4）计算总框架各层的剪切刚度 C_{fi}，并由式（8.5）计算总框架剪切刚度 C_f。

2）总连梁的约束刚度 C_b。先按式（8.9）计算连梁梁端转动刚度 S_{ij}，并将其化为沿层高的线约束刚度［见式（8.10a)］，第 i 层总连梁的线约束刚度 C_{bi} 按式（8.10b）计算。框架-剪力墙协同工作计算时所用的约束刚度 C_b 按式（8.10c）确定。

3）总剪力墙的等效刚度 E_cI_{eq}。总剪力墙的等效刚度按式（8.7）计算，其中每片墙的刚度计算方法见 8.2.2 节中的第 2 部分。

4）结构刚度特征值 λ 在总框架的剪切刚度 C_f、总连梁的约束刚度 C_b 和总剪力墙的等效刚度 E_cI_{eq} 求出之后，可按下式确定框架-剪力墙结构的刚度特征值 λ：

$$\lambda = H\sqrt{\frac{C_f+\eta C_b}{E_cI_{eq}}} \tag{9.5}$$

式中 η——连梁的刚度折减系数，当设防烈度为 6 度时折减系数不宜小于 0.7，当设防烈度为 7～9 度时折减系数不宜小于 0.5，计算风荷载作用下的内力和位移时取 $\eta=1.0$。

当框架与剪力墙按铰接考虑时，式（9.5）中 C_b 取零。

（3）结构基本自振周期计算。框架-剪力墙结构房屋的基本自振周期 T_1 可按 $T_1=1.74\psi_T\sqrt{u_T}$ 计算，式中 ψ_T 取 0.7～0.8。对于带屋面局部突出间的房屋，u_T 应取主体结构顶点的位移。突出间对主体结构顶点位移的影响，可按顶点位移相等的原则，将其重力荷载代表值折算到主体结构的顶层。当屋面突出本为两层（见图 9.4）时，其折算重力荷载 G_e 可按下式计算：

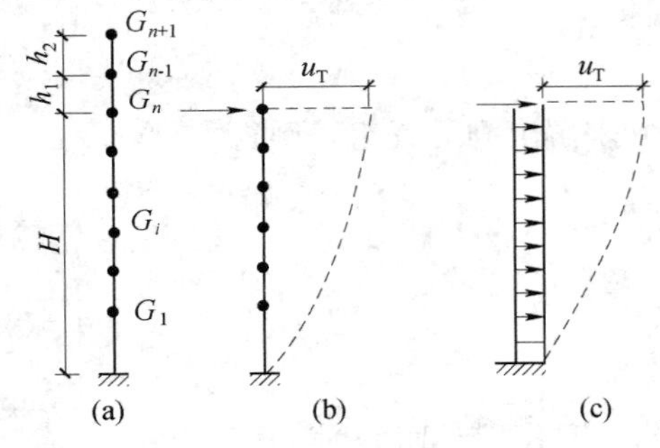

图 9.4 带屋面局部突出间的房屋

$$G_e = G_{n+1}\left(1+\frac{3}{2}\frac{h_1}{H}\right)+G_{n+2}\left(1+\frac{3}{2}\frac{h_1+h_2}{H}\right)$$

式中 H——主体结构的计算高度。

u_T 按式（9.6）计算：

$$u_T = u_q + u_{Ge} \tag{9.6}$$

$$u_q = \frac{qH^4}{E_cI_{eq}}\frac{1}{\lambda^4}\left[\left(\frac{\lambda \mathrm{sh}\lambda+1}{\mathrm{ch}\lambda}\right)(\mathrm{ch}\lambda-1)-\lambda\mathrm{sh}\lambda+\frac{\lambda^2}{2}\right] \tag{9.7}$$

$$u_{Ge} = \frac{G_eH^3}{E_cI_{eq}}\frac{1}{\lambda^3}(\lambda-\mathrm{th}\lambda) \tag{9.8}$$

其中
$$q=\sum\frac{G_i}{H}$$

式中 u_q 和 u_{Ge}——分别为均布荷载和顶点集中荷载作用下框架-剪力墙结构的顶点位移；

q——均布荷载；

G_i——集中在各层楼面处的重力荷载代表值。

（4）水平地震作用计算。当框架-剪力墙结构房屋的高度不超过 40m、质量和刚度沿高度分布比较均匀时，其水平地震作用可用底部剪力法计算。结构总水平地震作用可按式（3.9）计算，各质点的水平地震作用可按式（3.10）计算。

对于带屋面突出间的框架-剪力墙结构房屋，突出间宜作为单独质点考虑，其水平地震作用仍按式（3.10）计算，其中顶部附加水平地震作用应加在主体结构的顶部，如图 9.5（a）所示。剪力墙结构内力与位移计算时，应将沿房屋高度实际分布的水平地震作用转化为水平分布荷载。可先将突出间的水平地震作用折算为作用于主体结构的顶部的集中力 F_e 和集中力矩 M_1，即

$$\left.\begin{aligned} F_e &= F_{n+1} + F_{n+2} \\ M_1 &= F_{n+1} h_1 + F_{n+2}(h_1 + h_2) \end{aligned}\right\} \tag{9.9}$$

再按照结构底部弯矩和剪力分别相等的条件，将原水平地震作用［见图 9.5（b）］折算为倒三角形分布荷载［见图 9.5（c）］和顶点集中荷载［见图 9.5（d）］之和，即

$$\left.\begin{aligned} q_{max}\frac{H^2}{3} + FH &= (F_e + \Delta F_n)H + M_0 + M_1 \\ q_{max}\frac{H}{2} + F &= F_e + \Delta F_n + V_0 \end{aligned}\right\} \tag{9.10}$$

求解上列方程组可得

$$\left.\begin{aligned} q_{max} &= \frac{6(V_0 H - M_0 - M_1)}{H^2} \\ F &= \frac{3(M_0 + M_1)}{H} + (F_e + \Delta F)_n - 2V_0 \end{aligned}\right\} \tag{9.11}$$

其中

$$M_0 = \sum_{i=1}^{n} F_i H_i$$

$$V_0 = \sum_{i=1}^{n} F_i$$

式中　M_0 和 V_0——分别为折算前主体结构由水平地震作用产生的底部弯矩和底部剪力。

当房屋顶部无突出间时，在式（9.11）中令 $F_e=0$、$M_1=0$ 即可得相应的表达式。

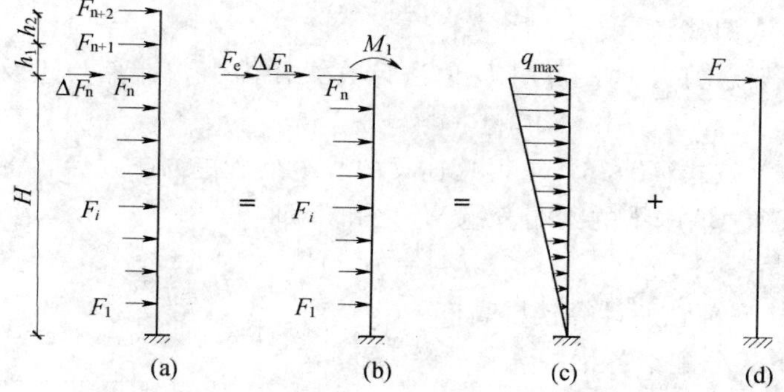

图 9.5　水平地震作用计算

9.5.3 水平荷载作用下框架-剪力墙结构内力与位移计算

1. 位移计算及验算

在水平荷载（风荷载或多遇地震作用）作用下，框架-剪力墙结构应处于弹性状态并且有足够的刚度，避免产生过大的位移而影响结构的承载力、稳定性和使用条件。

应进行风荷载和多遇地震作用下的位移计算。框架-剪力墙结构房屋的层间位移应满足式（3.27）的要求，当不满足时应调整构件截面尺寸或混凝土强度等级，并重新验算直至满足为止。

计算风荷载产生的侧移时，应取倒三角形分布荷载与均布荷载所产生的侧移之和（见图 9.3），相应的荷载值 q_{max} 和 q 按式（9.4）计算；计算水平地震作用产生的侧移时，应取倒三角形分布荷载与顶点集中荷载所产生的侧移之和（见图 9.5），相应的荷载值 q_{max} 和 F 按式（9.11）计算。框架-剪力墙结构在均布荷载、倒三角形分布荷载及顶点集中荷载作用下的侧移，应按式（8.18）计算，式中的结构刚度特征值 λ 按式（8.29b）计算；当框架-剪力墙结构按铰接体系分析时，式（8.29b）中的 C_b 取零。

2. 总框架、总连梁及总剪力墙内力

（1）对于框架-剪力墙铰接体系，按式（8.21）计算总框架剪力 V_f；如果刚接体系，则按上述公式计算所得的值是 V_f'，然后按式（8.36）计算总框架剪力 V_f 和总连梁的线约束弯矩 m。

（2）总剪力墙弯矩对铰接和刚接体系均按式（8.19）计算。总剪力墙剪力对铰接体系按式（8.20）计算；对刚接体系，按上述公式计算所得的值是式（8.31）中的 $\left(-\frac{E_c I_{eq}}{H^3}\frac{d^3 y}{d\xi^3}\right)$，然后将其与上面所计算出的总连梁的线约束弯矩 m 相加，即得总剪力墙剪力。

3. 构件内力

（1）框架梁柱内力。框架与剪力墙按协同工作分析时，假定楼板为绝对刚性，但楼板实际上有一定的变形，框架与剪力墙的变形不能完全协调，故框架实际承受的剪力比计算值大；此外，在地震作用过程中，剪力墙开裂后框架承担的剪力比例将增加，剪力墙屈服后，框架将承担更大的剪力。因此，抗震设计时，按上述方法求得的总框架各层剪力 V_f 应按 9.3 节所述方法调整。

再根据各层框架总剪力 V_f，可用 D 值法计算梁柱内力，计算公式及步骤见本书 4.3 节和 4.4 节。

（2）连梁内力。按式（8.36）求得总连梁的线约束弯矩 $m(z)$ 后，将 $m(z)$ 乘以层高 h 得到该层所有与剪力墙刚结的梁端弯矩 M_{ij} 之和，即

$$\sum M_{ij} = m(z)h$$

式中 z——从结构底部至所计算楼层高度。

将 $m(z)h$ 按下式分配给各梁端：

$$M_{ij} = \frac{m_{ij}}{\sum m_{ij}} m(z)h \tag{9.12}$$

式中　m_{ij}——按式（8.9）计算。

按上式求得的弯矩是连梁在剪力墙形心轴处的弯矩。计算连梁截面配筋时，应按非刚域段的端弯矩计算，如图 9.6 所示。

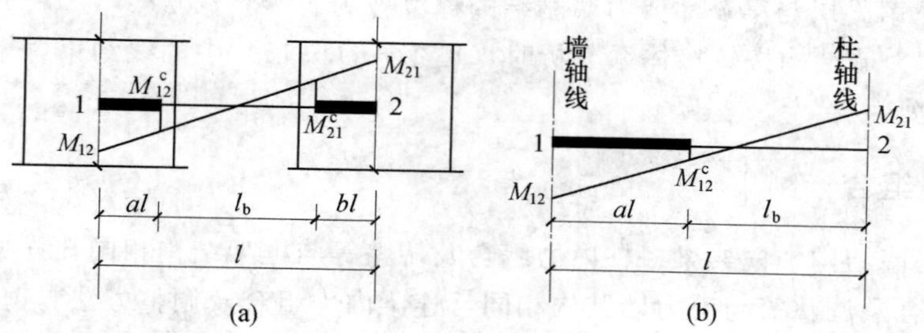

图 9.6　连梁两端弯矩

对于两剪力墙之间的连梁，由图 9.6（a）所示梁的平衡条件得

$$\left.\begin{aligned}M_{12}^{c}&=M_{12}-a(M_{12}+M_{21})\\M_{21}^{c}&=M_{21}-a(M_{12}+M_{21})\end{aligned}\right\}\tag{9.13}$$

式中 M_{12} 和 M_{21} 均按式（9.12）计算。

对于剪力墙与柱之间的连梁，由图 9.6（b）所示梁的平衡条件得

$$M_{12}^{c}=M_{12}-a(M_{12}+M_{21})\tag{9.14}$$

式中 M_{12} 按式（9.12）计算。

假定连梁两端转角相等，则

$$M_{12}=m_{12}\theta$$

$$M_{21}=m_{21}\theta=\frac{m_{21}}{m_{12}}M_{12}$$

将式（8.9b）代入上式，得

$$M_{12}=\left(\frac{1-a}{1+a}\right)M_{12}\tag{9.15}$$

即式（9.14）中的 M_{21} 应按式（9.15）计算。

对于图 9.8 所示的两种情况，连梁剪力均按下式计算：

$$V_{b}=\frac{M_{12}+M_{21}}{l}\tag{9.16}$$

（3）各片剪力墙内力。第 i 层第 j 片剪力墙的弯矩按下式计算：

$$M_{wij}=\frac{(E_cI_{eq})_{ij}}{\sum_{j}(E_cI_{eq})_{ij}}M_{wi}\tag{9.17}$$

第 i 层第 j 片剪力墙的剪力按下式计算：

$$V_{wij}=\frac{(E_cI_{eq})_{ij}}{\sum_{j}(E_cI_{eq})_{ij}}(V_{wi}-m_i)+m_{ij}\tag{9.18}$$

式中　V_{wi}——第 i 层总剪力墙剪力；

m_i 和 m_{ij}——分别为第 i 层总连梁与第 i 层与第 j 片剪力墙刚结的连梁端线约束弯矩。

第 i 层第 j 片剪力墙的轴力按下式计算，即

$$N_{wij} = \sum_{k=i}^{n} V_{bkj} \tag{9.19}$$

式中 V_{bkj}——第 k 层与第 j 片剪力墙刚结的连梁剪力。

当框架-剪力墙结构按铰接体系分析时，可令式（9.18）中的线约束弯矩 $m=0$，即可得相应的墙肢剪力。

9.5.4 内力组合

框架-剪力墙结构中框架梁、柱内力组合及调整等与框架结构相同，详见本书 5.4 节。剪力墙内力组合及调整等与剪力墙结构相同，连梁内力组合及调整方法与剪力墙结构中连梁的内力组合及调整方法相同，详见本书 7.2 节。内力调整时，框架与剪力墙的抗震等级一般应按框架-剪力墙结构确定。

思 考 题

9.1 为什么要对框架承受的水平剪力进行调整？怎样调整？

9.2 为什么要对剪力墙的内力进行调整？怎样调整？

9.3 按公式计算得到的总连梁约束弯矩是什么？分配到每个梁端的约束弯矩能直接设计梁截面配筋吗？怎样才能得到用于截面配筋的弯矩和剪力？

9.4 按协同工作分配得到的框架内力什么部位最大？它对其他各层配筋有什么影响？

9.5 按协同工作分配得到的剪力墙内力分布有什么特点？它对配筋有什么影响？

9.6 框架-剪力墙结构中的框架构件设计为什么可以降低要求？什么情况下不能降低？

9.7 设计框架-剪力墙结构中的剪力墙与设计剪力墙结构中的剪力墙有什么异同？

9.8 框架-剪力墙结构的延性通过什么措施保证？

9.9 高层框架-剪力墙结构中，为何横向剪力墙宜均匀对称地设置在建筑的端部附近、楼梯间、电梯间、平面形状变化处，以及恒荷载较大的地方？

第 10 章　高层建筑动力时程分析基础

由于目前计算机应用程序的发展以及各种结构设计软件的出现，绝大部分高层建筑结构设计都是通过设计软件来完成的。然而，大量的工程结构设计经验告诉我们，在着手结构设计之前，先把拟建造结构简化为多质点系层模型进行弹塑性地震响应时程分析，可以得到一些结构动力特性和相关参数。由多质点系层模型弹塑性地震响应时程分析所得的结果，对于结构设计技术参数的选取有一定的参考价值。

本章详细介绍了多质点系层模型弹塑性地震响应时程分析方法。此外，为了便于读者在学习过程中上机实习操作，提高动手能力，还详细介绍了相关的计算机源程序。通过实际体验掌握最基本的高层建筑动力时程分析基础知识，为今后学习和运用结构分析通用程序打下良好基础。

10.1　高层建筑结构层模型及其振动微分方程

10.1.1　层模型

基于动力学的角度出发，解析和预测地震动作用时建筑结构响应的过程，称为地震时程响应分析。当要进行地震响应时程分析时，首先根据结构形式及构造特点、分析精度要求、计算机容量等情况，有必要确切的确定其振动模型。

对于高层建筑结构［见图 10.1 (a)］，在楼板刚性的假设下，目前应用最广的模型为图 10.1 (b) 所示层模型。在这种层模型中，结构每层的质量 m_i 集中于楼层处，结构的刚度用每层的等效剪切刚度 k_i 来表示。它是振动分析模型中最简单的模型之一。这个模型仅仅利用层剪力和层间位移，就能够表示层剪切刚度 k_i。

如何确定层剪切刚度 k_i，随着不同的结构形式和构造特点，其计算方法是不一样的。

10.1.2　剪切型层模型

高层建筑结构中的框架结构，特别是其横梁的线刚度比柱的线刚度大时，即“强梁弱柱”型的框架结构，结构的变形是剪切型的，结构的振动模型可用图 10.1 (c) 表示，并且可以按剪切型层模型建立其刚度矩阵。

按剪切型层模型分析的高层建筑结构的振动方程为

$$[M]\{\ddot{x}\}+[C]\{\dot{x}\}+[K]\{x\}=-[M]\{1\}\ddot{y} \tag{10.1}$$

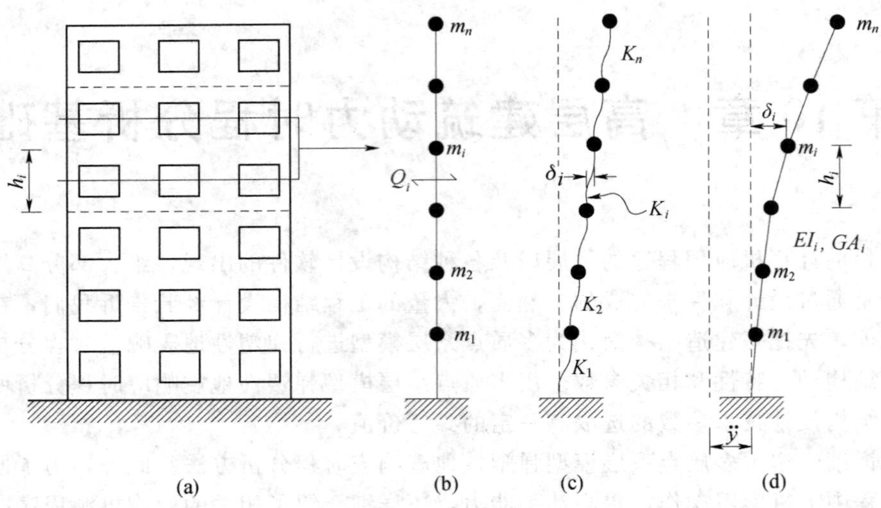

图 10.1 层模型

(a) 高层建筑结构；(b) 层模型；(c) 剪切型层模型；(d) 弯剪型层模型

其中

$$[M]=\begin{bmatrix} m_1 & & & & \\ & m_2 & & & \\ & & m_3 & & \\ & & & \ddots & \\ & & & & m_n \end{bmatrix}$$

$$[K]=\begin{bmatrix} k_1+k_2 & -k_2 & & & \\ -k_2 & k_2+k_3 & -k_3 & & \\ & -k_3 & k_3+k_4 & -k_4 & \\ & & \ddots & \ddots & \ddots & \\ & & & \ddots & \ddots & -k_n \\ & & & & -k_n & k_n \end{bmatrix}$$

式中 m_i——第 i 层的集中质量；

k_i——第 i 层的层剪切刚度。

对于框架结构，每一层的层剪切刚度 k_i 等于该层所有柱剪切刚度之和，即

$$D_{ij}=\alpha\frac{12EI_{cj}}{h_i^3} \tag{10.2}$$

$$k_i=\sum_j D_{ij} \tag{10.3}$$

式中 D_{ij}——第 i 层第 j 柱的剪切刚度；

I_c——柱截面惯性矩；

α——考虑结点转动影响对剪切刚度的修正系数。

不难看出，当 $\alpha=1$ 时，D_{ij} 表示利用反弯点法计算的第 i 层第 j 柱的剪切刚度，当 $\alpha\neq1$时，D_{ij} 表示利用 D 值法计算的第 i 层第 j 柱的剪切刚度。

10.1.3　弯剪型层模型

高层建筑结构中的剪力墙结构，框架-剪力墙结构和“强柱弱梁”的框架结构，即横梁的线刚度比柱的线刚度小的框架结构，它们的变形中都包含有弯曲和剪切两种成分。采用弯剪型层模型可以更准确地反映它们振动时的特点。弯剪型层模型的图形可用图10.1(d)表示。与此模型相对应的结构振动微分方程和质量矩阵形式与式（10.1）相同。至于刚度，可以利用如下两种方法确定与弯剪型层模型相对应的刚度矩阵。

1. 利用柔度法计算刚度

分别在楼层处施加单位水平力 $p_j=1$，求得第 i 层的水平位移 δ_{ij}，其水平位移 δ_{ij} 组成侧向柔度矩阵［Δ］，即

$$[\Delta]=\begin{bmatrix}\delta_{11} & \delta_{12} & \cdots & \delta_{1n}\\ \delta_{21} & \delta_{22} & \cdots & \delta_{2n}\\ \vdots & \vdots & & \vdots\\ \delta_{n1} & \delta_{n2} & \cdots & \delta_{nn}\end{bmatrix}$$

利用互逆条件，将柔度矩阵求逆可以得出侧向刚度矩阵［K］，即

$$[K]=[\Delta]^{-1}$$

弯剪型层模型的侧向刚度矩阵［K］是满矩阵，计算要比剪切型层模型复杂一些。

2. 利用静力弹塑性分析方法计算刚度

静力弹塑性分析方法亦称为推覆分析法（Push Over Analysis），是将沿结构高度为某种规定分布的侧向力，静态、单调作用在结构计算模型上，逐步增加这个侧向力，直到结构产生的位移超过容许限值，或者认为结构破坏接近倒塌为止。

通过静力弹塑性分析得到层剪力和层间位移关系以后，就可以确定弯剪型层模型的层剪切刚度 k_i，然后根据式（10.1）中的刚度矩阵表达式可以写出侧向刚度矩阵。

10.2　利用柔度法计算侧移刚度矩阵

10.2.1　平面框架源程序

```
C      主程序
C      1. 输入原始数据
         DIMENSION  JE(2, 100), JN(3, 100), JC(6), EA(100), EI(100), X(100),
      &           Y(100), PJ(2, 50), PF(4, 100)
         REAL * 8 KE(6, 6), KD(6, 6), T(6, 6), P(300), KB(200, 20), F(6), FO(6),
      &           D(6), BL, SI, CO, S, C
         OPEN(1, FILE='原始数据.DAT', STATUS='OLD')
         OPEN(2, FILE='解析结果.DAT', STATUS='UNKNOWN')

         READ(1, *)NE, NJ, N, NW, NPJ, NPF
```

```
      READ(1, *)(X(J), Y(J), (JN(I, J), I=1, 3), J=1, NJ)
      READ(1, *)((JE(I, J), I=1, 2), EA(J), EI(J), J=1, NE)

      IF(NPJ.NE.0)READ(1, *)((PJ(I, J), I=1, 2), J=1, NPJ)
      IF(NPF.NE.0)READ(1, *)((PF(I, J), I=1, 4), J=1, NPF)

      WRITE(2, 10)NE, NJ, N, NW, NPJ, NPF
      WRITE(2, 20)(J, X(J), Y(J), (JN(I, J), I=1, 3), J=1, NJ)
      WRITE(2, 30)(J, (JE(I, J), I=1, 2), EA(J), EI(J), J=1, NE)

      IF(NPJ.NE.0)WRITE(2, 40)((PJ(I, J), I=1, 2), J=1, NPJ)
      IF(NPF.NE.0)WRITE(2, 50)((PF(I, J), I=1, 4), J=1, NPF)

10    FORMAT(/6X, 'NE=', I5, 2X, 'NJ=', I5, 2X, 'N=', I5, 2X,
     &  'NW=', I5, 2X, 'NPJ=', I5, 2X, 'NPF=', I5)
20    FORMAT(/7X, 'NODE', 7X, 'X', 11X, 'Y', 12X, 'XX', 8X, 'YY', 8X,
     & 'ZZ'/(1X, I10, 2F12.4, 3I10))
30    FORMAT(/4X, 'ELEMENT', 4X, 'NODE-I', 4X, 'NODE-J', 11X,
     & 'EA', 13X, 'EI'/(1X, 3I10, 2E15.6))
40    FORMAT(/7X, 'CODE', 7X, 'PX-PY-PM'/(1X, F10.0, F15.4))
50    FORMAT(/4X, 'ELEMENT', 7X, 'IND', 10X, 'A', 14X, 'Q'/
     &  (1X, 2F10.0, 2F15.4))

C     2. 形成总结点荷载向量
      DO 55 I=1, N
55    P(I)=0.D0
      IF(NPJ.EQ.0)GO TO 65
      DO 60 I=1, NPJ
      L=PJ(1, I)
60    P(L)=PJ(2, I)
65    IF(NPF.EQ.0)GO TO 90
      DO 70 I=1, NPF
      M=PF(1, I)
      CALL SCL(M, NE, NJ, BL, SI, CO, JE, X, Y)
      CALL EFX(I, NPF, BL, PF, FO)
      CALL CTM(SI, CO, T)
      CALL EJC(M, NE, NJ, JE, JN, JC)
      DO 75 L=1, 6
      S=0.D0
      DO 80 K=1, 6
80    S=S-T(K, L)*FO(K)
      F(L)=S
```

```
 75     CONTINUE
        DO 85 J=1, 6
        L=JC(J)
        IF(L.EQ.0)GO TO 85
        P(L)=P(L)+F(J)
 85     CONTINUE
 70     CONTINUE

C    3. 形成整体刚度矩阵
 90      DO 95 I=1, N
         DO 100 J=1, NW
100      KB(I, J)=0.D0
 95      CONTINUE
         DO 105 M=1, NE
         CALL SCL(M, NE, NJ, BL, SI, CO, JE, X, Y)
         CALL CTM(SI, CO, T)
         CALL ESM(M, NE, BL, EA, EI, KD)
         CALL EJC(M, NE, NJ, JE, JN, JC)
         DO 110 I=1, 6
         DO 115 J=1, 6
         S=0.D0
         DO 120 L=1, 6
         DO 125 K=1, 6
125      S=S+T(L, I)*KD(L, K)*T(K, J)
120      CONTINUE
         KE(I, J)=S
115      CONTINUE
110      CONTINUE
         DO 130 L=1, 6
         I=JC(L)
         IF(I.EQ.0)GO TO 130
         DO 135 K=1, 6
         J=JC(K)
         IF(J.EQ.0.OR.J.LT.I)GO TO 135
         JJ=J-I+1
         KB(I, JJ)=KB(I, JJ)+KE(L, K)
135      CONTINUE
130      CONTINUE
105      CONTINUE

C    4. 解线性方程组
         N1=N-1
```

```
      DO 140 K=1, N1
      IM=K+NW-1
      IF(N. LT. IM)IM=N
      I1=K+1
      DO 145 I=I1, IM
      L=I-K+1
      C=KB(K, L)/KB(K, 1)
      JM=NW-L+1
      DO 150 J=1, JM
      JJ=J+I-K
150   KB(I, J)=KB(I, J)-C*KB(K, JJ)
145   P(I)=P(I)-C*P(K)
140   CONTINUE
      P(N)=P(N)/KB(N, 1)
      DO 155 K=1, N1
      I=N-K
      JM=K+1
      IF(NW. LT. JM)JM=NW
      DO 160 J=2, JM
      L=J+I-1
160   P(I)=P(I)-KB(I, J)*P(L)
155   P(I)=P(I)/KB(I, 1)
      WRITE(2, 165)
165   FORMAT(/7X, 'NODE', 10X, 'U', 14X, 'V', 11X, 'CETA')
      DO 170 I=1, NJ
      DO 175 J=1, 3
      D(J)=0. D0
      L=JN(J, I)
      IF(L. EQ. 0)GO TO 175
      D(J)=P(L)
175   CONTINUE
      WRITE(2, 180)I, D(1), D(2), D(3)
180   FORMAT(1X, I10, 3E15. 6)
170   CONTINUE

C     5. 求单元杆端内力
      WRITE(2, 200)
200   FORMAT(/4X, 'ELEMENT', 13X, 'N', 17X, 'Q', 17X, 'M')
      DO 205 M=1, NE
      CALL SCL(M, NE, NJ, BL, SI, CO, JE, X, Y)
      CALL ESM(M, NE, BL, EA, EI, KD)
      CALL CTM(SI, CO, T)
```

```
      CALL EJC(M, NE, NJ, JE, JN, JC)
      DO 210 I=1, 6
      L=JC(I)
      D(I)=0.D0
      IF(L.EQ.0)GO TO 210
      D(I)=P(L)
210   CONTINUE
      DO 220 I=1, 6
      F(I)=0.D0
      DO 230 J=1, 6
      DO 240 K=1, 6
240   F(I)=F(I)+KD(I, J)*T(J, K)*D(K)
230   CONTINUE
220   CONTINUE
      IF(NPF.EQ.0)GO TO 270
      DO 250 I=1, NPF
      L=PF(1, I)
      IF(M.NE.L)GO TO 250
      CALL EFX(I, NPF, BL, PF, FO)
      DO 260 J=1, 6
260   F(J)=F(J)+FO(J)
250   CONTINUE
270   WRITE(2, 280)M, (F(I), I=1, 6)
280   FORMAT(/1X, I10, 3X, 'N1=', F12.4, 3X, 'Q1=', F12.4, 3X, 'M1=',
     & F12.4/14X, 'N2=', F12.4, 3X, 'Q2=', F12.4, 3X, 'M2=', F12.4)
205   CONTINUE
      CLOSE(1)
      CLOSE(2)
      STOP
      END

C     6.形成单元定位向量
      SUBROUTINE EJC(M, NE, NJ, JE, JN, JC)
      DIMENSION JE(2, NE), JN(3, NJ), JC(6)
      J1=JE(1, M)
      J2=JE(2, M)
      DO 10 I=1, 3
      JC(I)=JN(I, J1)
10    JC(I+3)=JN(I, J2)
      RETURN
      END
```

```
C     7. 求单元常数
      SUBROUTINE SCL(M, NE, NJ, BL, SI, CO, JE, X, Y)
      DIMENSION JE(2, NE), X(NJ), Y(NJ)
      REAL * 8 BL, SI, CO, DX, DY
      J1=JE(1, M)
      J2=JE(2, M)
      DX=X(J2)-X(J1)
      DY=Y(J2)-Y(J1)
      BL=SQRT(DX * DX+DY * DY)
      SI=DY/BL
      CO=DX/BL
      RETURN
      END

C     8. 形成单元刚度矩阵
      SUBROUTINE ESM(M, NE, BL, EA, EI, KD)
      DIMENSION EA(NE), EI(NE)
      REAL * 8 KD(6, 6), BL, S, G, G1, G2, G3
      G=EA(M)/BL
      G1=2.D0 * EI(M)/BL
      G2=3.D0 * G1/BL
      G3=2.D0 * G2/BL
      DO 10 I=1, 6
      DO 10 J=1, 6
10    KD(I, J)=0.D0
      KD(1, 1)=G
      KD(1, 4)=-G
      KD(4, 4)=G
      KD(2, 2)=G3
      KD(5, 5)=G3
      KD(2, 5)=-G3
      KD(2, 3)=G2
      KD(2, 6)=G2
      KD(3, 5)=-G2
      KD(5, 6)=-G2
      KD(3, 3)=2.D0 * G1
      KD(6, 6)=2.D0 * G1
      KD(3, 6)=G1
      DO 20 I=1, 5
      I1=I+1
      DO 30 J=I1, 6
30    KD(J, I)=KD(I, J)
```

```
20      CONTINUE
        RETURN
        END

C     9. 形成单元坐标转换矩阵
        SUBROUTINE CTM(SI, CO, T)
        REAL*8 T(6, 6), SI, CO
        DO 10 I=1, 6
        DO 10 J=1, 6
10      T(I, J)=0.D0
        T(1, 1)=CO
        T(1, 2)=SI
        T(2, 1)=-SI
        T(2, 2)=CO
        T(3, 3)=1.D0
        DO 20 I=1, 3
        DO 20 J=1, 3
20      T(I+3, J+3)=T(I, J)
        RETURN
        END

C    10. 形成单元坐标转换矩阵
        SUBROUTINE EFX(I, NPF, BL, PF, Fo)
        DIMENSION PF(4, NPF)
        REAL*8 Fo(6), A, B, C, G, Q, S, BL
        IND=PF(2, I)
        A=PF(3, I)
        Q=PF(4, I)
        C=A/BL
        G=C*C
        B=BL-A
        DO 5 J=1, 6
5       FO(J)=0.D0
        GO TO (10, 20, 30, 40, 50, 60, 70), IND
10      S=Q*A*0.5D0
        FO(2)=-S*(2.D0-2.D0*G+C*G)
        FO(5)=-S*G*(2.D0-C)
        S=S*A/6.D0
        FO(3)=-S*(6.D0-8.D0*C+3.D0*G)
        FO(6)=S*C*(4.D0-3.D0*C)
        GO TO 100
20      S=B/BL
```

```
      FO(2)=-Q*S*S*(1.D0+2.D0*C)
      FO(5)=-Q*G*(1.D0+2.D0*S)
      FO(3)=-Q*S*S*A
      FO(6)=Q*B*G
      GO TO 100
30    S=B/BL
      FO(2)=6.D0*Q*C*S/BL
      FO(5)=-FO(2)
      FO(3)=Q*S*(2.D0-3.D0*S)
      FO(6)=Q*C*(2.D0-3.D0*C)
      GO TO 100
40    S=Q*A*0.25D0
      FO(2)=-S*(2.D0-3.D0*G+1.6D0*G*C)
      FO(5)=S*G*(3.D0-1.6D0*C)
      S=S*A
      FO(3)=-S*(2.D0-3.D0*C+1.2D0*G)/1.5D0
      FO(6)=S*C*(1.D0-0.8D0*C)
      GO TO 100
50    FO(1)=-Q*A*(1.D0-0.5D0*C)
      FO(4)=-0.5D0*Q*C*A
      GO TO 100
60    FO(1)=-Q*B/BL
      FO(4)=-Q*C
      GO TO 100
70    S=B/BL
      FO(2)=Q*G*(3.D0*S+C)
      FO(5)=-FO(2)
      S=S*B/BL
      FO(3)=-Q*S*A
      FO(6)=Q*G*B
100   RETURN
      END
```

10.2.2 程序标识符

现将程序中主要标识符的意义说明如下。

1. 整型变量

NE：单元数。

NJ：节点数。

N：节点位移未知量总数。

NW：最大半宽带。

NPJ：节点荷载数。

NPF：非节点荷载数。

IND：非节点荷载类型码。

M：单元序号。

2. 双精度型变量

BL：单元长度。

SI：单元的 $\sin\alpha$ 值。

CO：单元的 $\cos\alpha$ 值。

3. 整型数组

JE（2，NE）：单元杆端节点编号数组。

JN（3，NJ）：节点位移分量编号数组。

JC（6）：存放单元定位向量的数组。

4. 实型数组

EA（NE）、EI（NE）：单元的 EA、EI 数值。

X（NJ）、Y（NJ）：节点坐标数组。

PJ（2，NPJ）：节点荷载数组，由全部 NPJ 个节点荷载的数值及对应位移分量的编号组成。

PJ（1，I）：第 I 号节点荷载的方位信息，即对应位移分量的编号。

PJ（2，I）：第 I 号节点荷载的数值。

PF（4，NPF）：非节点荷载数组。

5. 双精度型数组

KD（6，6）：存放局部坐标系中的单刚 $\bar{k}^e$ 的数组。

KE（6，6）：存放整体坐标系中的单刚 $\bar{k}^e$ 的数组。

T（6，6）：存放单元坐标转换矩阵 T 的数组。

KB（N，NW）：存放整体刚度矩阵 K 的数组。

P（N）：节点总荷载数组，后存节点位移。

F0（6）：局部坐标系中的单元固端力数组。

F（6）：先存放整体坐标系中的单元等效节点荷载，后存局部坐标系中的单元杆端力。

D（6）：整体坐标系中的单元杆端位移数组。

10.2.3　计算步骤

采用柔度法计算平面框架侧移刚度矩阵的步骤如下：

（1）利用上述“平面框架源程序”，分别计算楼层处施加单位水平力 $p_j=1$ 时的楼层处水平位移 δ_{ij}，得到侧向柔度矩阵 $[\Delta]$。

（2）利用 $[K]=[\Delta]^{-1}$ 关系，计算侧向刚度矩阵 $[K]$。若侧向柔度矩阵 $[\Delta]$ 元素较多，可利用求逆矩阵源程序进行计算（参见附录 A）。

10.3 利用静力弹塑性分析方法计算层剪切刚度

10.3.1 静力弹塑性分析方法源程序

```
      COMMON/AB/NNODE,NMEMB,AMAX,BETA,RSTIF,NNODE3
      COMMON/BC/ISUP(200),XNODE(200),YNODE(200),ROLSN(200)
      COMMON/CD/N1(200),N2(200),IPIN(200),E(200),A(200),AI(200),
     & RGD1(200),RGD2(200),AQ(200),ULTM(4,200)
      COMMON/DE/AL(200),CS(200),SN(200),EAL(200),EI(200),
     & GAMMA(200),ALN(200)
      DIMENSION P(200),PP(200),D(200),DD(200),PO(6,200),PM(6,200),FKO(200)
      DIMENSION ICNE(200),IHNG(200),LPHG(200),ICH(200),SKK(200,200)
      CALL NPUT(P,PP,D,DD,PO,PM,FKO,MPRINT)
      CALL CALCNE(ICNE)
      IC=1
10    CONTINUE
      CALL CLEAR(200,200,SKK)
      CALL MATRIX(SKK)
      CALL BOUND(P,SKK)
      CALL INVERT(ICOLP,SKK)
      IF(MPRINT. EQ. 0. AND. ICOLP. EQ. 1)GOTO 9925
      IF(ICOLP. EQ. 1)GOTO 15
      CALL DISP(SKK,P,D)
      CALL COLAP(IC,ICPS,P,D,II,JJ,FKO,FKY)
      IF(MPRINT. EQ. 0. AND. ICPS. EQ. 1)GOTO 9920
      IF(ICPS. EQ. 1)GOTO 15
      CALL STRESS(D,PO)
15    CONTINUE
      CALL RIPIC(LPHG,ICH,IC)
      IF(ICOLP. NE. 1. AND. ICPS. NE. 1. AND. NOCOV. NE. 1) GO TO 20
      IC=IC-1
      WRITE(6,2)
2     FORMAT(1H0,' * * * FINAL STEP * * *')
      GO TO 25
20    CONTINUE
      CALL INCRE(ALPHA,PO,PM)
      IF(ALPHA. EQ. AMAX)GOTO 9930
      CALL MODIFY(ALPHA,P,PP,D,DD,PO,PM)
      IF(MPRINT. EQ. 1)GO TO 30
25    CONTINUE
```

```
      WRITE(6,1)IC
1     FORMAT(1H0,5H * * * ,I3,9H STEP * * *)
      CALL TYPIST(IC,ALPHA,PP,DD,PM)
      IF(ICOLP. EQ. 1)GO TO 9925
      IF(ICPS. EQ. 1)GO TO 9920
      IF(NOCOV. EQ. 1)GO TO 9900
30    CONTINUE
      CALL IPIC(ICNE,IHNG,LPHG,ICH)
      IF(IC. GT. 2 * NMEMB)NOCOV=1
      IF(NOCOV. EQ. 1. AND. MPRINT. EQ. 0)GO TO 9900
      IF(NOCOV. EQ. 1)GO TO 15
      IC=IC+1
      GO TO 10
9900  WRITE(6,90)IC
90    FORMAT(1H ,71H * * * NO CONVERGENCE BEFORE GIVEN NUMBERS OF
    & REPEAT ED PROCEDURE, * * * /1H ,10H IC= ,I5)
      GO TO 9999
9920  WRITE(4,91)II,JJ,FKO(3 * (II-1)+JJ),FKY
91    FORMAT(1H ,37H * * * * PLANE FRAME IS UNSTABLE, * * * * */,26H
    & (LARGE DEFORMATION,8H INODE= ,I2,4H J= ,I2,5H KO= ,E10. 3,
    & 5H KY= ,E10. 3,1H))
      GO TO 9999
9925  WRITE(4,92)
92    FORMAT(1H ,37H * * * PLANE FRAME IS UNSTABLE. * * *
      & /1H ,'(INVERSION OF STIFFNESS MATRIX CAN NOT DE CALCUATED. )')
      GO TO 9999
9930  WRITE(4,93)
93    FORMAT(1H ,65H * * * * * MECHANISM CAN NOT BE REACHED UNDER
    & GIVEN NODA L LOADS * * * * * )
9999  STOP
      END

      SUBROUTINE INPUT(P,PP,D,DD,PO,PM,FKO,MPRINT)
      COMMON/AB/NNODE,NMEMB,AMAX,BETA,RSTIF,NNODE3
      COMMON/BC/ISUP(200),XNODE(200),YNODE(200),ROLSN(200)
      COMMON/CD/N1(200),N2(200),IPIN(200),E(200),A(200),AI(200),
    &     RGD1(200),RGD2(200),AQ(200),ULTM(4,200)
      COMMON/DE/AL(200),CS(200),SN(200),EAL(200),EI(200),
    &     GAMMA(200),ALN(200)

      DIMENSION P(200),PP(200),D(200),DD(200),PO(6,200),PM(6,200),FKO(200)
      DIMENSION TITLE(200),PDATA(3),AS(4),AP(4,2),AA(200,2)
```

```
      DATA AS/4H ,4H FIX,4H PIN,4H ROL/
      DATA AP/4H FIX,4H PIN,4H FIX,4H PIN,4H FIX,
     &4H FIX,4H PIN,4H PIN/
      CALL CLEAR (200,1,P)
      CALL CLEAR (200,1,PP)
      CALL CLEAR (200,1,D)
      CALL CLEAR (200,1,DD)
      CALL CLEAR (6,200,PO)
      CALL CLEAR (6,200,PM)
      CALL CLEAR (200,1,FKO)
      READ(5,1)(TITLE(I),I=1,20)
      READ(5,3)NNODE,NMEMB,AMAX,BETA,RSTIF,MPRINT
      IF(NNODE.GT.110.OR.NMEMB.GT.110)GO TO 9900
      NNODE3=3*NNODE
      DO 10 IN=1,NNODE
      READ(5,5)I,ISUP(IN),XNODE(IN),YNODE(IN),ROLSN(IN)
      IF(I.NE.IN)GO TO 9950
10    CONTINUE
      DO 15 IM=1,NMEMB
      READ(5,7)I,N1(IM),N2(IM),IPIN(IM),E(IM),A(IM),AI(IM),
     &RGD1(IM),RGD2(IM),AQ(IM)
      IF(I.NE.IM)GO TO 9950
15    CONTINUE
      DO 20 IM=1,NMEMB
      READ(5,9)I,(ULTM(II,IM),II=1,4)
      IF(I.NE.IM)GO TO 9950
20    CONTINUE
25    READ(5,9)IN,(PDATA(I),I=1,3)
      IF(IN.EQ.1000)GO TO 30
      DO 35 I=1,3
      II=(IN-1)*3+I
35    P(II)=PDATA(I)
      GO TO 25
1     FORMAT(20A4)
3     FORMAT(2I5,3F10.0,I5)
5     FORMAT(2I5,3F10.0)
7     FORMAT(4I5,6F10.0)
9     FORMAT(I5,4F10.0)
30    WRITE(6,11)(TITLE(I),I=1,20)
      WRITE(6,13)NNODE,NMEMB,AMAX,BETA,RSTIF,MPRINT
      DO 40 IN=1,NNODE
      ISUP1=ISUP(IN)+1
```

```
40      AA(IN,1)=AS(ISUP1)
        WRITE(6,17)(IN,AA(IN,1),XNODE(IN),YNODE(IN),IN=1,NNODE)
        DO 45 IN=1,NNODE
        IF(ISUP(IN).NE.3)GO TO 45
        WRITE(6,19)IN,ROLSN(IN)
45      CONTINUE
        DO 50 IM=1,NMEMB
        IPIN1=IPIN(IM)+1
        AA(IM,1)=AP(IPIN1,1)
        AA(IM,2)=AP(IPIN1,2)
        NL=N1(IM)
        NR=N2(IM)
        DELX=XNODE(NR)-XNODE(NL)
        DELY=YNODE(NR)-YNODE(NL)
        AL(IM)=SQRT(DELX**2+DELY**2)
        CS(IM)=DELX/AL(IM)
        SN(IM)=DELY/AL(IM)
        ALN(IM)=AL(IM)-RGD1(IM)-RGD2(IM)
        EAL(IM)=E(IM)*A(IM)/ALN(IM)
        EI(IM)=E(IM)*AI(IM)
        IF(AQ(IM).EQ.0.0)GO TO 55
        GAMMA(IM)=6.0*AI(IM)/(AQ(IM)*ALN(IM)*ALN(IM))
        GO TO 50
55      GAMMA(IM)=0.0
50      CONTINUE
        WRITE(6,21)(IM,N1(IM),N2(IM),AA(IM,1),AA(IM,2),E(IM),A(IM),
     &  AI(IM),AL(IM),CS(IM),SN(IM),RGD1(IM),RGD2(IM),AQ(IM),IM=1,NMEMB)
        WRITE(6,23)(IM,ULTM(1,IM),ULTM(2,IM),ULTM(3,IM),ULTM(4,IM),
     &  IM=1,NMEMB)
        WRITE(6,27)(IN,P(3*IN-2),P(3*IN-1),P(3*IN),IN=1,NNODE)
11      FORMAT(1H1////1H ,20X,20A4//)
13      FORMAT (23H * * * * * INPUT DATA * * * * *//1X, 6HNODE =, I3, 5X,
        8HMEMBER=,
     &  I3,5X,6HAMAX=,F8.1,5X,6HBETA=,F6.3,5X,7HRSTIF=,F6.3,5X,
     &  7HMPRINT=,I3)
17      FORMAT(1h ,4(1X,4HNODE,3X,7HSUPPORT,5X,5HX-POS,5X,5HY-POS)/(1H ,4(
     &  I5,6X,A4,2F10.1)))
19      FORMAT(1H ,1X,4HNODE,I3,2X,16HROLLER DIRECTION,4X,5HSIN=,F10.4)
21      FORMAT(1H ,1X,4HMEMB,3X,2HN1,3X,2HN2,3X,7HCONNECT,9X,1HE,9X
     &  ,1HA,9X,1HI,9X,1HL,7X,3HCOS,7X,3HSIN,4X,6HRIGID1,4X,6HRIGID2,8X
     &  ,2HAQ/(1H,3I5,2(1X,A4),4F10.1,2F10.4,3F10.1))
23      FORMAT(1H ,2(1X,4HMEMB,3X,10HULTM(1,IM),3X,10HULTM(2,IM),
```

```
     &3X,10HULT M(3,IM),3X,10HULTM(4,IM),5X)/(1H ,2(I5,4(3X,F10.2),5X)))
27    FORMAT(1H ,4(1X,4HNODE,8X,2HPX,8X,2HPY,9X,1HM,4X)/(1H ,4(I5,3F10.2
     &,4X)/))
      RETURN
9900  WRITE(6,90)NNODE,NMEMB
90    FORMAT(1H ,50H * * * EXCESSIVE PROBLEM SIZE. PROCESS
     &INTERRUPTED//10X,6HNODE=,I5,7X,8HMEMBER=,I5)
      GO TO 9990
9950  WRITE(6,95)
95    FORMAT(1H ,'DATA DECK NOT IN ORDER PROCESS INTERRUPTED')
9990  STOP
      END

      SUBROUTINE CALCNE(ICNE)
      COMMON/AB/NNODE,NMEMB,AMAX,BETA,RSTIF,NNODE3
      COMMON/CD/N1(200),N2(200),IPIN(200),E(200),A(200),AI(200),
     &    RGD1(200),RGD2(200),AQ(200),ULTM(4,200)
      DIMENSION ICNE(200)
      CALL CLEAR(200,1,ICNE)
      DO 10 IM=1,NMEMB
      IN1=N1(IM)
      IN2=N2(IM)
      ICNE(IN1)=ICNE(IN1)+1
      ICNE(IN2)=ICNE(IN2)+1
10    CONTINUE
      RETURN
     END

      SUBROUTINE MATRIX(SKK)
      COMMON/AB/NNODE,NMEMB,AMAX,BETA,RSTIF,NNODE3
     COMMON/CD/N1(200),N2(200),IPIN(200),E(200),A(200),AI(200),
     &    RGD1(200),RGD2(200),AQ(200),ULTM(4,200)
      COMMON/DE/AL(200),CS(200),SN(200),EAL(200),EI(200),
     &    GAMMA(200),ALN(200)
      DIMENSION SKK(200,200)
      DIMENSION SK(3,3),CT(3,6),C(6,3),CSK(6,3),SKP(6,6)
      DO 10 IM=1,NMEMB
      CALL STIFF(SK,EAL(IM),EI(IM),GAMMA(IM),ALN(IM),IPIN(IM))
      ACL=AL(IM)-RGD2(IM)
      CALL CNECT(CT,ACL,RGD2(IM),CS(IM),SN(IM))
      CALL TRANS(3,6,CT,C)
      CALL MLTPLY(6,3,3,C,SK,CSK)
```

```
      CALL MLTPLY(6,3,6,CSK,CT,SKP)
      DO 15 I=1,6
      II=(N1(IM)-1)*3+I
      IF(I.GE.4)II=(N2(IM)-2)*3+I
      DO 20 J=1,6
      JJ=(N1(IM)-1)*3+J
      IF(J.GE.4)JJ=(N2(IM)-2)*3+J
20    SKK(II,JJ)=SKK(II,JJ)+SKP(I,J)
15    CONTINUE
10    CONTINUE
      RETURN
      END

      SUBROUTINE STIFF(SK,EAL,EI,GAMMA,ALN,IPIN)
      DIMENSION SK(3,3)
      CALL CLEAR(3,3,SK)
      SK(1,1)=EAL
      IPIN1=IPIN+1
      GO TO (10,15,20,25),IPIN1
10    SK(3,3)=2.0*EI*(2.0+GAMMA)/(ALN*(1.0+2.0*GAMMA))
      SK(2,3)=-3.0*SK(3,3)/(ALN*(2.0+GAMMA))
      SK(3,2)=SK(2,3)
      SK(2,2)=-2.0*SK(2,3)/ALN
      GO TO 25
15    SK(3,3)=6.0*EI/(ALN*(2.0+GAMMA))
      SK(2,3)=-SK(3,3)/ALN
      SK(3,2)=SK(2,3)
      SK(2,2)=-SK(2,3)/ALN
      GO TO 25
20    SK(2,2)=6.0*EI/(ALN*ALN*ALN*(2.0+GAMMA))
25    RETURN
      END

      SUBROUTINE CNECT(CT,ACL,CDL,CS,SN)
      DIMENSION CT(3,6)
      CT(1,4)=CS
      CT(1,5)=SN
      CT(1,6)=0.0
      CT(2,4)=-SN
      CT(2,5)=CS
      CT(2,6)=-CDL
      CT(3,4)=0.0
```

```
      CT(3,5)=0.0
      CT(3,6)=1.0
      DO 10 J=1,3
      DO 10 I=1,3
10    CT(I,J)=-CT(I,J+3)
      CT(2,3)=-ACL
      RETURN
      END

      SUBROUTINE BOUND(P,SKK)
      COMMON/AB/NNODE,NMEMB,AMAX,BETA,RSTIF,NNODE3
      COMMON/BC/ISUP(200),XNODE(200),YNODE(200),ROLSN(200)
      DIMENSION P(200),SKK(200,200)
      DO 10 IN=1,NNODE
      IS=ISUP(IN)
      IF(IS.EQ.0)GOTO 10
      IF(IS.EQ.3.AND.ROLSN(IN).NE.1.0)GOTO 15
      NI=1
      NF=4-IS
      GO TO 20
15    IF(ROLSN(IN).EQ.0.0)GO TO 25
      CALL OBLIQ(IN,P,SKK)
25    NI=2
      NF=2
20    DO 30 I=NI,NF
      II=(IN-1)*3+I
      DO 35 J=1,NNODE3
      SKK(II,J)=0.0
35    SKK(J,II)=0.0
      P(II)=0.0
30    SKK(II,II)=1.0
10    CONTINUE
      RETURN
      END

      SUBROUTINE OBLIQ(IN,P,SKK)
      COMMON/AB/NNODE,NMEMB,AMAX,BETA,RSTIF,NNODE3
      COMMON/BC/ISUP(200),XNODE(200),YNODE(200),ROLSN(200)
      DIMENSION P(200),SKK(200,200),BK(3,3)
      RSN=ROLSN(IN)
      RCS=SQRT(1.0-RSN**2)
      DO 10 II=1,NNODE
```

```
      DO 15 J=1,2
      DO 15 I=1,3
      BK(I,J)=SKK(3*(II-1)+I,3*(IN-1)+J)
15    CONTINUE
      DO 20 IJ=1,3
      SKK(3*(II-1)+IJ,3*(IN-1)+1)=BK(IJ,1)*RCS+BK(IJ,2)*RSN
      SKK(3*(II-1)+IJ,3*(IN-1)+2)=-BK(IJ,1)*RSN+BK(IJ,2)*RCS
20    CONTINUE
10    CONTINUE
      DO 25 LII=1,NNODE
      DO 30 LJ=1,3
      DO 30 LI=1,2
      BK(LI,LJ)=SKK(3*(IN-1)+LI,3*(LII-1)+LJ)
30    CONTINUE
      DO 35 LIJ=1,3
      SKK(3*(IN-1)+1,3*(LII-1)+LIJ)=BK(1,LIJ)*RCS+BK(2,LIJ)*RSN
      SKK(3*(IN-1)+2,3*(LII-1)+LIJ)=-BK(1,LIJ)*RSN+BK(2,LIJ)*RCS
35    CONTINUE
25    CONTINUE
      P1=P(3*(IN-1)+1)*RCS+P(3*(IN-1)+2)*RSN
      P2=-P(3*(IN-1)+1)*RSN+P(3*(IN-1)+2)*RCS
      P(3*(IN-1)+1)=P1
      P(3*(IN-1)+2)=P2
      RETURN
      END

      SUBROUTINE INVERT(ICOLP,SKK)
      COMMON/AB/NNODE,NMEMB,AMAX,BETA,RSTIF,NNODE3
      DIMENSION SKK(200,200)
      ICOLP=0
      DO 10 I=1,NNODE3
      IM1=I-1
      DO 10 J=1,NNODE3
      SUM=SKK(I,J)
      IF(I.EQ.1)GOTO 1
      DO 15 K=1,IM1
15    SUM=SUM-SKK(K,I)*SKK(K,J)
1     IF(J.NE.I)GOTO 3
      IF(SUM.LE.0.0)GOTO 5
      TEMP=1.0/SQRT(SUM)
      SKK(I,J)=TEMP
      GOTO 10
```

```
3       SKK(I,J)=SUM*TEMP
10      CONTINUE
        NM1=NNODE3-1
        DO 20 I=1,NM1
        IP1=I+1
        DO 20 J=IP1,NNODE3
        SUM=0.0
        JM1=J-1
        DO 25 k=I,JM1
25      SUM=SUM-SKK(K,I)*SKK(K,J)
20      SKK(J,I)=SUM*SKK(J,J)
        DO 30 I=1,NNODE3
        DO 30 J=i,NNODE3
        SUM=0.0
        DO 35 K=J,NNODE3
35      SUM=SUM+SKK(K,I)*SKK(K,J)
        SKK(J,I)=SUM
        SKK(I,J)=SUM
30      CONTINUE
        RETURN
5       ICOLP=1
        RETURN
        END

        SUBROUTINE DISP(SKK,P,D)
        COMMON/AB/NNODE,NMEMB,AMAX,BETA,RSTIF,NNODE3
        COMMON/BC/ISUP(200),XNODE(200),YNODE(200),ROLSN(200)
        DIMENSION SKK(200,200),P(200),D(200)
        DO 10 I=1,NNODE3
        CC=0.0
        DO 15 K=1,NNODE3
15      CC=CC+SKK(I,K)*P(K)
10      D(I)=CC
        DO 20 IN=1,NNODE
        IF(ISUP(IN).NE.3)GOTO 20
        IF(ROLSN(IN).EQ.1.0.OR.ROLSN(IN).EQ.0.0)GOTO 20
        RSN=ROLSN(IN)
        RCS=SQRT(1.0-RSN**2)
        DCS=D(3*IN-2)
        D1=DCS*RCS
        D2=DCS*RSN
        D(3*(IN-1)+1)=D1
```

```
      D(3*(IN-1)+2)=D2
20    CONTINUE
      RETURN
      END

      SUBROUTINE COLAP(IC,ICPS,P,D,II,JJ,FKO,FKY)
      COMMON/AB/NNODE,NMEMB,AMAX,BETA,RSTIF,NNODE3
      DIMENSION P(200),D(200),FKO(200)
      ICPS=0
      DO 10 I=1,NNODE
      DO 15 J=1,3
      IF(P(3*(I-1)+J).EQ.0.0.OR.D(3*(I-1)+J).EQ.0.0)GOTO 15
      FKY=ABS(P(3*(I-1)+J)/D(3*(I-1)+J))
      IF(IC.NE.1)GOTO 20
      FKO(3*(I-1)+J)=FKY
      GOTO 15
20    IF(FKY.LE.(FKO(3*(I-1)+J)*RSTIF))GOTO 25
15    CONTINUE
10    CONTINUE
      RETURN
25    ICPS=1
      II=I
      JJ=J
      RETURN
      END

      SUBROUTINE STRESS(D,PO)
      COMMON/AB/NNODE,NMEMB,AMAX,BETA,RSTIF,NNODE3
      COMMON/CD/N1(200),N2(200),IPIN(200),E(200),A(200),AI(200),
     &     RGD1(200),RGD2(200),AQ(200),ULTM(4,200)
      COMMON/DE/AL(200),CS(200),SN(200),EAL(200),EI(200),
     &     GAMMA(200),ALN(200)
      DIMENSION D(200),PO(6,200)
      DIMENSION DMO(6),C(6,3),SK(3,3),CSK(6,3),CT(3,6),SKP(6,6),PMO(6)
      DO 10 IM=1,NMEMB
      DO 15 I=1,6
      II=(N1(IM)-1)*3+I
      IF(I.GE.4)II=(N2(IM)-2)*3+I
15    DMO(I)=D(II)
      CALL STIFF(SK,EAL(IM),EI(IM),GAMMA(IM),ALN(IM),IPIN(IM))
      ACL=AL(IM)-RGD2(IM)
      CALL CNECT(CT,ALN(IM),0.0,1.0,0.0)
```

```
      CALL TRANS(3,6,CT,C)
      CALL CNECT(CT,ACL,RGD2(IM),CS(IM),SN(IM))
      CALL MLTPLY(6,3,3,C,SK,CSK)
      CALL MLTPLY(6,3,6,CSK,CT,SKP)
      CALL MLTPLY(6,6,1,SKP,DMO,PMO)
      DO 20 IL=1,6
20    PO(IL,IM)=PMO(IL)
10    CONTINUE
      RETURN
      END

      SUBROUTINE RIPIC(LPHG,ICH,IC)
      COMMON/AB/NNODE,NMEMB,AMAX,BETA,RSTIF,NNODE3
      COMMON/CD/N1(200),N2(200),IPIN(200),E(200),A(200),AI(200),
     &    RGD1(200),RGD2(200),AQ(200),ULTM(4,200)
      DIMENSION LPHG(200),ICH(200)
      IF(IC.EQ.1)  RETURN
      DO 10 II=1,NNODE
      IF(LPHG(II).EQ.0)GO TO 10
      I=ICH(II)
      IF(II.NE.N1(I))GOTO 15
      IPIN(I)=IPIN(I)+1
      GO TO 10
15    IPIN(I)=IPIN(I)+2
10    CONTINUE
      RETURN
      END

      SUBROUTINE INCRE(ALPHA,PO,PM)
      COMMON/AB/NNODE,NMEMB,AMAX,BETA,RSTIF,NNODE3
      COMMON/CD/N1(200),N2(200),IPIN(200),E(200),A(200),AI(200),
     &    RGD1(200),RGD2(200),AQ(200),ULTM(4,200)
      DIMENSION PO(6,200),PM(6,200)
      ALPHA=1000.0
      DO 10 I=1,NMEMB
      IF(IPIN(I).EQ.0.OR.IPIN(I).EQ.2)GO TO 20
      IF(IPIN(I).EQ.1)GOTO 30
      GO TO 10
20    IF(PO(3,I).LT.0.0)GOTO 25
      IF(PO(3,I).LE.(0.001*ULTM(1,I)))GO TO 15
      AZ=(ULTM(1,I)-PM(3,I))/PO(3,I)
      GO TO 35
```

```
25    IF(ABS(PO(3,I)).LE.(0.001*ULTM(2,I)))GO TO 15
      AZ=(-ULTM(2,I)-PM(3,I))/PO(3,I)
35    CALL MIN(AZ,ALPHA)
15    IF(IPIN(I).EQ.0)GO TO 30
      GO TO 10
30    IF(PO(6,I).LT.0.0)GO TO 45
      IF(PO(6,I).LE.(0.001*ULTM(3,I)))GO TO 10
      AZ=(ULTM(3,I)-PM(6,I))/PO(6,I)
      GO TO 40
45    IF(ABS(PO(6,I)).LE.(0.001*ULTM(4,I)))GO TO 10
      AZ=(-ULTM(4,I)-PM(6,I))/PO(6,I)
40    CALL MIN(AZ,ALPHA)
10    CONTINUE
      IF(ALPHA.GE.AMAX)ALPHA=AMAX
      RETURN
      END

      SUBROUTINE MODIFY(ALPHA,P,PP,D,DD,PO,PM)
      COMMON/AB/NNODE,NMEMB,AMAX,BETA,RSTIF,NNODE3
      COMMON/CD/N1(200),N2(200),IPIN(200),E(200),A(200),AI(200),
     &    RGD1(200),RGD2(200),AQ(200),ULTM(4,200)
      DIMENSION P(200),PP(200),D(200),DD(200),PM(6,200),PO(6,200)
      DO 10 I=1,NNODE3
      PP(I)=PP(I)+ALPHA*P(I)
      DD(I)=DD(I)+ALPHA*D(I)
10    CONTINUE
      DO 15 IM=1,NMEMB
      DO 20 IL=1,6
      PM(IL,IM)=PM(IL,IM)+ALPHA*PO(IL,IM)
20    CONTINUE
15    CONTINUE
      DO 50 I=1,NMEMB
      IF(IPIN(I).EQ.0.OR.IPIN(I).EQ.2)GO TO 25
45    IF(IPIN(I).EQ.0.OR.IPIN(I).EQ.1)GO TO 35
      GO TO 50
25    IF(PM(3,I).LE.0.0)GO TO 30
      IF(PM(3,I).GE.BETA*ULTM(1,I))IPIN(I)=IPIN(I)+1
      GO TO 45
30    IF(PM(3,I).LE.-BETA*ULTM(2,I))IPIN(I)=IPIN(I)+1
      GO TO 45
35    IF(PM(6,I).LE.0.0)GO TO 40
      IF(PM(6,I).GE.BETA*ULTM(3,I))IPIN(I)=IPIN(I)+2
```

```
      GO TO 50
40    IF(PM(6,I).LE.-BETA*ULTM(4,I))IPIN(I)=IPIN(I)+2
50    CONTINUE
      RETURN
      END

      SUBROUTINE TYPIST(IC,ALPHA,PP,DD,PM)
      COMMON/AB/NNODE,NMEMB,AMAX,BETA,RSTIF,NNODE3
      COMMON/CD/N1(200),N2(200),IPIN(200),E(200),A(200),AI(200),
     &    RGD1(200),RGD2(200),AQ(200),ULTM(4,200)
      DIMENSION PP(200),DD(200),PM(6,200)
      WRITE(6,10)(IN,PP(3*IN-2),PP(3*IN-1),PP(3*IN),IN=1,NNODE)
10    FORMAT(1H ,13H NODAL LOAD :/1H,4(1X,4HNODE,8X,2HPX,8X,
     & 2HPY,9X,1HM ,4X)/(1H ,4(I5,3F10.2,4X)/))
      WRITE(4,15)(IN,DD(3*IN-2),DD(3*IN-1),DD(3*IN),IN=1,NNODE)
15    FORMAT(1H ,22H NODAL DISPLACEMENTS: /1H ,4(1X,4HNODE,4X,
     & 6HDELTAX,4X,6HDELTAY,5X,5HTHETA)/(1H ,4(I5,3E10.3)/))
      WRITE(4,20)
20    FORMAT(1H ,41H MEMBER FORCES AT THE ENDS OF RIGID ZONES/1H ,
     & 20H AND END CONDITION :/1H ,5H MEMB,5H IPIN,7X,3HPX1,7X,3HPY1,
     & 8X,2HM1,7X ,3HPX2,7X,3HPY2,8X,2HM2)
      DO 25 IM=1,NMEMB
25    WRITE(4,30)IM,IPIN(IM),(PM(I,IM),I=1,6)
30    FORMAT(1H ,2I5,6F10.2)
      RETURN
      END

      SUBROUTINE IPIC(ICNE,IHNG,LPHG,ICH)
      COMMON/AB/NNODE,NMEMB,AMAX,BETA,RSTIF,NNODE3
      COMMON/CD/N1(200),N2(200),IPIN(200),E(200),A(200),AI(200),
     &    RGD1(200),RGD2(200),AQ(200),ULTM(4,200)
      DIMENSION ICNE(200),IHNG(200),LPHG(200),ICH(200)
      CALL CLEAR(200,1,IHNG)
      DO 10 IM=1,NMEMB
      IN1=N1(IM)
      IN2=N2(IM)
      IF(IPIN(IM).EQ.0.OR.IPIN(IM).EQ.2)GO TO 15
      IF(RGD1(IM).EQ.0.0)IHNG(IN1)=IHNG(IN1)+1
15    IF(IPIN(IM).EQ.0.OR.IPIN(IM).EQ.1)GOTO 10
      IF(RGD2(IM).EQ.0.0)IHNG(IN2)=IHNG(IN2)+1
10    CONTINUE
      DO 20 IN=1,NNODE
```

```
      LPHG(IN)=0
      IF(ICNE(IN).EQ.1)GO TO 20
      IF(ICNE(IN).NE.IHNG(IN))GO TO 20
      LPHG(IN)=1
      DO 25 IM=1,NMEMB
      IN1=N1(IM)
      IN2=N2(IM)
      IF(IN.NE.IN1)GO TO 30
      ICH(IN)=IM
      IPIN(IM)=IPIN(IM)-1
      GO TO 20
30    IF(IN.NE.IN2)GO TO 25
      ICH(IN)=IM
      IPIN(IM)=IPIN(IM)-2
      GO TO 20
25    CONTINUE
20    CONTINUE
      RETURN
      END

      SUBROUTINE MLTPLY(N1,N2,N3,A,B,C)
      DIMENSION A(N1,N2),B(N2,N3),C(N1,N3)
      DO 10 I=1,N1
      DO 10 J=1,N3
      CC=0.0
      DO 15 K=1,N2
15    CC=CC+A(I,K)*B(K,J)
10    C(I,J)=CC
      RETURN
      END

      SUBROUTINE MIN(AZ,ALPHA)
      IF(AZ.GE.ALPHA)GO TO 10
      ALPHA=AZ
10    RETURN
      END

      SUBROUTINE CLEAR(N1,N2,A)
      DIMENSION A(N1,N2)
      DO 10 I=1,N1
      DO 10 J=1,N2
10    A(I,J)=0.0
```

```
      RETURN
      END

      SUBROUTINE TRANS(N1,N2,A,B)
      DIMENSION A(N1,N2),B(N2,N1)
      DO 10 I=1,N1
      DO 10 J=1,N2
10    B(J,I)=A(I,J)
      RETURN
      END
```

10.3.2 子程序说明

现将程序中主要子程序的功能说明如下。

INPUT：输入和输出解析用必要数据的子程序。

CALCNE：计算与结构各节点相连的杆件数目的子程序。

MATRIX：不考虑结构边界条件（支座约束条件）下，组装结构整体刚度矩阵子程序。

BOUND：考虑结构边界条件以后，修正结构整体刚度矩阵和荷载向量的子程序。

DISP：每次比例荷载确定以后计算结构节点位移的子程序。

COLAP：判断结构是否崩溃的子程序。

STRESS：计算局部坐标系下刚域端截面内力的子程序。

RIPIC：把以弹性约束连接的杆件转换为以塑性铰连接的杆件的子程序。

INCRE：求每次比例荷载增量系数的子程序。

MODIFY：判断是否出现塑性铰和计算出现塑性铰时的杆端内力和位移子程序。

TYPIST：输出出现塑性铰时的节点外力、节点位移等信息的子程序。

IPIC：当围绕一个节点各杆端都出现塑性铰时将其中一根杆端设定为刚性连接的子程序。

MIN：记住系数 AZ 的最小值作为系数 ALPHA 的子程序。

CLEAR：将矩阵 A 的全部系数赋值零的子程序。

TRANS：求转值矩阵的子程序。

STIFF：计算局部坐标系下杆件刚度矩阵的子程序。

CNECT：计算整体坐标系下杆件刚度矩阵的子程序。

OBLIQ：考虑支座条件的子程序。

MLTPLY：矩阵相乘子程序。

INVERT：求逆子程序。

10.3.3 输入原始数据说明

1. 有关题目数据

TITLE（*）：分析题目等信息。

2. 有关结构形状、判断结构崩溃系数、确定结果输出方式等数据

(2I5，3F10.0，I5)

NNODE：结构节点数。

NMEMB：结构单元数。

AMAX：用于判断施加荷载适应度的系数，通常设 1000 左右。

BETA：用于判断生成塑性较的系数，设 0.95 左右。

RSTIF：用于判断结构是否崩溃的系数，设 0.005 左右。

MPRINT：确定结构崩溃过程输出方式信号。

=0：输出结构崩溃全部过程。

=1：只输出结构最终崩溃状态。

3. 有关节点信息

I：节点号。

ISUP (*)：节点的连接状态。

=0：不是支座。

=1：固定支座。

=2：铰支座。

=3：可动铰支座。

XNODE (*)：节点的 x 坐标。

YNODE (*)：节点的 y 坐标。

ROLSN (*)：可动铰支座方向和 x 轴之间角度的正弦值。

4. 有关杆件信息

I：单元号。

N1 (*)，N2 (*)：单元始端和终端的节点号。

IPIN (*)：单元端部结合状态。

=0：单元两端为刚性连接。

=1：单元始端铰接，终端刚接。

=2：单元始端刚接，终端铰接。

=3：两端均为铰接。

E (*)，A (*)：各单元弹性模量和截面面积。

AI (*)：各单元惯性矩。

RGD1 (*)：单元始端刚域长度。

RGD2 (*)：单元终端刚域长度。

AQ (*)：考虑剪切变形的等价截面面积，利用 $(G/E)\times(A/\chi)$ 计算。χ 表示形状系数。若 AQ (*) =0，则不考虑剪切变形。

5. 杆端极限弯矩

(I5，4F10.0) *单元数

I：单元号。

ULTM (1，*)：单元始端正值极限弯矩。

ULTM（2，＊）：单元始端负值极限弯矩。

ULTM（3，＊）：单元终端正值极限弯矩。

ULTM（4，＊）：单元终端负值极限弯矩。

6. 有关荷载信息

（I5，3F10.0）＊外力作用节点数

IN：荷载作用节点号。

PDATA（＊）：作用在 IN 节点上的 X 方向、Y 方向荷载以及力矩大小。

7. 其他

最后要输入‘1000　＊＊＊　＊＊＊　＊＊＊’。

10.3.4 计算步骤

采用静力弹塑性分析方法计算平面框架层剪切刚度矩阵的步骤如下：

（1）把沿结构高度为某种规定分布的侧向力，静态、单调作用在结构计算模型上，并逐步增加这个侧向力，直到结构产生的位移超过容许限值，或者结构杆端弯矩达到极限弯矩而出现足够的塑性铰，认为结构接近倒塌为止。

（2）根据静力弹塑性分析得到的层剪力和层间位移关系，就确定剪弯型层模型的层剪切刚度 k_i，然后按照式（10.1）中的刚度矩阵表达式写出结构侧向刚度矩阵。

用图 10.2 表示上述计算步骤。比较详细的说明参看本书第 11 章。

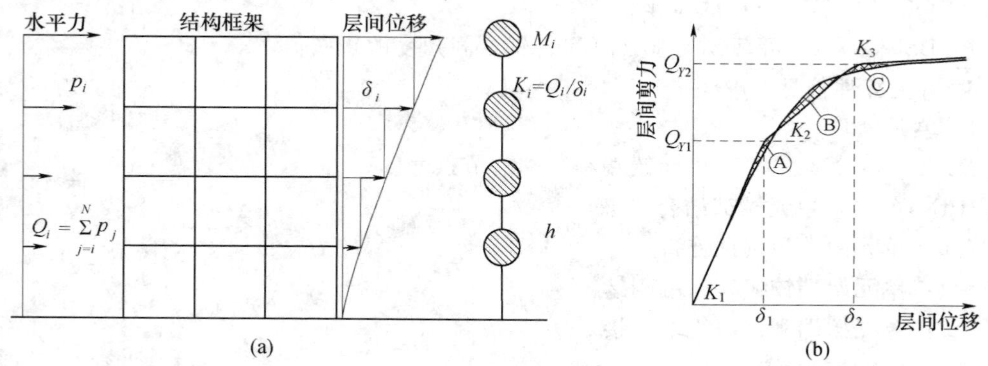

图 10.2 采用非线性静力分析方法计算层剪切刚度示意

（a）水平荷载作用下静态分析；（b）恢复模型骨骼曲线

10.4 层膜型地震响应弹塑性时程分析主程序

作者已经在另一本书（参考文献［19］）中比较详细介绍了“层模型地震响应弹塑性时程分析主程序”以及如何确定阻尼矩阵等相关内容，由于篇幅所限，这里不再介绍。

第 11 章　高层建筑动力时程分析实例

在高层建筑结构设计中，结构抗震验算是重要环节之一，是确定所设计的结构是否满足最低抗震设防安全的关键步骤。目前进行结构抗震验算的分析方法有底部剪力法、振型分解反应谱法和时程分析法。对结构进行时程分析时需要解决以下问题：①选择适当输入地震波；②确定结构振动模型；③确定结构（构件）恢复力模型；④振动方程的积分方法以及编制电算程序等问题。其中，如何确定结构侧移刚度矩阵尤为重要。

本章以高层平面钢框架为研究对象，将算例模型简化为多质点系振动模型（包括剪切型和弯剪型模型）以后，利用反弯点法和 D 值法以及静力弹塑性分析法确定层剪切刚度（或结构侧移刚度矩阵），为读者深入理解有关结构动力分析方法，提供帮助。

11.1　算例模型

算例模型为平面钢框架结构，共三跨十层，各跨度为 6m，底层层高 3.6m，其余各层层高 3.3m。柱截面为箱形，梁截面为 H 形，梁柱截面如图 11.1 所示。表 11.1 和表 11.2 所示为算例模型梁柱截面尺寸和线刚度比值。由梁、柱线刚度比值可以看出算例模型属于“强柱弱梁”型结构。

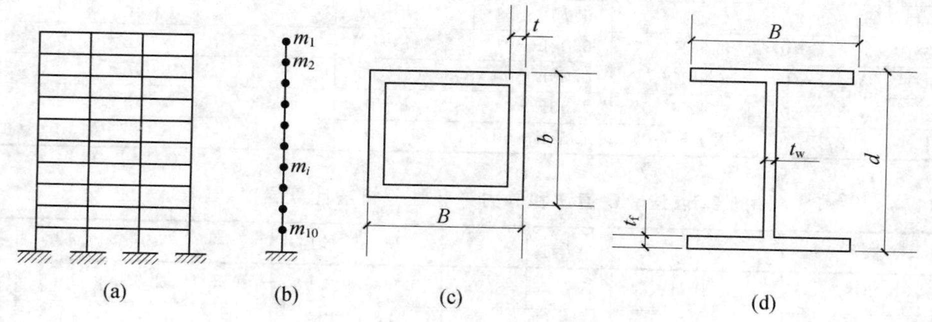

图 11.1　梁、柱截面示意图

（a）算例模型；（b）层模型；（c）柱截面；（d）梁截面

表 11.1　　**算例模型梁柱截面尺寸**

梁、柱	层数	截面尺寸
柱子 $B\times b\times t$	1～3 层	550 mm × 550 mm × 19 mm
	4～6 层	500 mm× 500 mm × 19 mm
	7～10 层	450 mm × 450 mm × 19 mm
梁 $d\times B\times t_w\times t_f$	1～3 层	700 mm × 250 mm × 12 mm × 25mm
	4～6 层	700 mm × 250 mm × 12 mm × 22mm
	7～10 层	700 mm × 250 mm × 12 mm × 19mm

表 11.2 算例模型梁柱线刚度及比值

楼层	梁线刚度	柱线刚度	梁线刚度/柱线刚度
1～1	5.95E+07	1.11E+08	5.37E−01
2～3	5.95E+07	1.21E+08	4.92E−01
4～6	4.87E+07	8.98E+07	6.03E−01
7～10	5.41E+07	6.47E+07	7.53E−01

注 材料弹性模量为 $2.1\times10^{11}\,N/m^2$。

11.2 利用反弯点法和 *D* 值法计算层剪切刚度

将算例模型简化为多质点系层剪切型振动模型以后，利用反弯点法和 *D* 值法计算层剪切刚度，其结果如表 11.3 所示。表 11.4 表示利用反弯点法、*D* 值法和静力弹塑性分析法计算的层剪切刚度，从表中不难看出，利用反弯点计算的刚度比利用其他方法计算的结果偏大，若结构为“强柱弱梁”体系，则其误差更大。至于利用静力弹塑性分析方法求结构层剪切刚度，参看本章 11.3 节内容。

表 11.3 利用反弯点法、*D* 值法计算柱剪切刚度

柱	i_b	i_c	k	α	h	$D=\frac{12i_c}{h^2}$	$D=\alpha\frac{12i_c}{h^2}$
底层边柱	5.90E+07	1.11E+08	0.531532	0.407473	3.6	1.03E+08	4.19E+07
底层中柱	5.90E+07	1.11E+08	1.063063	0.510294	3.6	1.03E+08	5.24E+07
2～3 层边柱	5.90E+07	1.21E+08	4.88E−01	1.96E−01	3.3	1.33E+08	2.61E+07
2～3 层中柱	5.90E+07	1.21E+08	9.75E−01	3.28E−01	3.3	1.33E+08	4.37E+07
4～6 层边柱	5.41E+07	8.98E+07	6.02E−01	2.31E−01	3.3	9.90E+07	2.29E+07
4～6 层中柱	5.41E+07	8.98E+07	1.20E+00	3.76E−01	3.3	9.90E+07	3.72E+07
7～10 层边柱	4.87E+07	6.47E+07	7.53E−01	2.73E−01	3.3	7.13E+07	1.95E+07
7～10 层中柱	4.87E+07	6.47E+07	1.51E+00	4.29E−01	3.3	7.13E+07	3.06E+07

表 11.4 利用反弯点法、*D* 值法和静力弹塑性分析法计算层剪切刚度

计算方法	1 层	2 层	3 层	4 层	5 层	6 层	7 层	8 层	9 层	10 层
反弯点法	4.11	5.33	5.33	3.96	3.96	3.96	2.85	2.85	2.85	2.85
D 值法	1.89	1.40	1.40	1.20	1.20	1.20	1.00	1.00	1.00	1.00
静力弹塑性分析法	2.05	1.42	1.43	1.21	1.17	1.11	0.98	0.88	0.83	0.69

注 单位为 $\times10^8\,kN/m$。

11.3 利用静力弹塑性分析方法计算层剪切刚度

11.3.1 原始数据

根据算例模型结构形式和材料力学性能以及截面尺寸，利用程序计算原始数据如下。

1. 有关题目数据

任意少于 20 个字母和数据组合的名称。

2. 有关结构形状、判断结构崩溃系数、确定结果输出方式等数据

(2I5，3F10.0，I5)

针对如图 11.1 所示算例模型，将 NNODE、NMEMB、AMAX、BETA、RSTIF、MPRINT 输入为 44，70，1000.0，0.95，0.005，0。

3. 有关节点信息

将节点号、节点的连接状态、节点的坐标和可动铰支座方向和 x 轴之间角度的正弦值输入为：

1，0，0.0，33.3，0.0
2，0，6.0，33.3，0.0
3，0，12.0，33.3，0.0
4，0，18.0，33.3，0.0
5，0，0.0，30.0，0.0
6，0，6.0，30.0，0.0
7，0，12.0，30.0，0.0
8，0，18.0，30.0，0.0
9，0，0.0，26.7，0.0
10，0，6.0，26.7，0.0
11，0，12.0，26.7，0.0
12，0，18.0，26.7，0.0
13，0，0.0，23.4，0.0
14，0，6.0，23.4，0.0
15，0，12.0，23.4，0.0
16，0，18.0，23.4，0.0
17，0，0.0，20.1，0.0
18，0，6.0，20.1，0.0
19，0，12.0，20.1，0.0
20，0，18.0，20.1，0.0
21，0，0.0，16.8，0.0
22，0，6.0，16.8，0.0
23，0，12.0，16.8，0.0
24，0，18.0，16.8，0.0
25，0，0.0，13.5，0.0
26，0，6.0，13.5，0.0
27，0，12.0，13.5，0.0
28，0，18.0，13.5，0.0
29，0，0.0，10.2，0.0
30，0，6.0，10.2，0.0
31，0，12.0，10.2，0.0
32，0，18.0，10.2，0.0
33，0，0.0，6.9，0.0
34，0，6.0，6.9，0.0
35，0，12.0，6.9，0.0
36，0，18.0，6.9，0.0
37，0，0.0，3.6，0.0
38，0，6.0，3.6，0.0
39，0，12.0，3.6，0.0
40，0，18.0，3.6，0.0
41，1，0.0，0.0，0.0
42，1，6.0，0.0，0.0
43，1，12.0，0.0 0.0
44，1，18.0，0.0，0.0

这里，第 1 行表示结构顶层节点的信息，第 2 行表示结构第 9 层节点的信息，以此类推。

4. 有关杆件（单元）信息

将单元号、单元始端和终端的节点号、单元端部连接状态、单元弹性模量和截面面积、单元始端和终端刚域长度、考虑剪切变形等价截面面积信息输入如下：

1，1，2，0，2.1E11，1.74E−2，1.392E−3，0.0，0.0，0.0
2，2，3，0，2.1E11，1.74E−2，1.392E−3，0.0，0.0，0.0

3，3，4，0，2.1E11，1.74E－2，1.392E－3，0.0，0.0，0.0
4，1，5，0，2.1E11，3.28E－2，1.016E－3，0.0，0.0，0.0
5，2，6，0，2.1E11，3.28E－2，1.016E－3，0.0，0.0，0.0
6，3，7，0，2.1E11，3.28E－2，1.016E－3，0.0，0.0，0.0
7，4，8，0，2.1E11，3.28E－2，1.016E－3，0.0，0.0，0.0
8，5，6，0，2.1E11，1.74E－2，1.392E－3，0.0，0.0，0.0
9，6，7，0，2.1E11，1.74E－2，1.392E－3，0.0，0.0，0.0
10，7，8，0，2.1E11，1.74E－2，1.392E－3，0.0，0.0，0.0
11，5，9，0，2.1E11，3.28E－2，1.016E－3，0.0，0.0，0.0
12，6，10，0，2.1E11，3.28E－2，1.016E－3，0.0，0.0，0.0
13，7，11，0，2.1E11，3.28E－2，1.016E－3，0.0，0.0，0.0
14，8，12，0，2.1E11，3.28E－2，1.016E－3，0.0，0.0，0.0
15，9，10，0，2.1E11，1.74E－2，1.39E－3，0.0，0.0，0.0
16，10，11，0，2.1E11，1.74E－2，1.392E－3，0.0，0.0，0.0
17，11，12，0，2.1E11，1.74E－2，1.392E－3，0.0，0.0，0.0
18，9，13，0，2.1E11，3.28E－2，1.016E－3，0.0，0.0，0.0
19，10，14，0，2.1E11，3.28E－2，1.016E－3，0.0，0.0，0.0
20，11，15，0，2.1E11，3.28E－2，1.016E－3，0.0，0.0，0.0
21，12，16，0，2.1E11，3.28E－2，1.016E－3，0.0，0.0，0.0
22，13，14，0，2.1E11，1.74E－2，1.39E－3，0.0，0.0，0.0
23，14，15，0，2.1E11，1.74E－2，1.392E－3，0.0，0.0，0.0
24，15，16，0，2.1E11，1.74E－2，1.392E－3，0.0，0.0，0.0
25，13，17，0，2.1E11，3.28E－2，1.016E－3，0.0，0.0，0.0
26，14，18，0，2.1E11，3.28E－2，1.016E－3，0.0，0.0，0.0
27，15，19，0，2.1E11，3.28E－2，1.016E－3，0.0，0.0，0.0
28，16，20，0，2.1E11，3.28E－2，1.016E－3，0.0，0.0，0.0
29，17，18，0，2.1E11，1.89E－2，1.547E－3，0.0，0.0，0.0
30，18，19，0，2.1E11，1.89E－2，1.547E－3，0.0，0.0，0.0
31，19，20，0，2.1E11，1.89E－2，1.547E－3，0.0，0.0，0.0
32，17，21，0，2.1E11，3.66E－2，1.412E－3，0.0，0.0，0.0
33，18，22，0，2.1E11，3.66E－2，1.412E－3，0.0，0.0，0.0
34，19，23，0，2.1E11，3.66E－2，1.412E－3，0.0，0.0，0.0
35，20，24，0，2.1E11，3.66E－2，1.412E－3，0.0，0.0，0.0
36，21，22，0，2.1E11，1.89E－2，1.547E－3，0.0，0.0，0.0
37，22，23，0，2.1E11，1.89E－2，1.547E－3，0.0，0.0，0.0
38，23，24，0，2.1E11，1.89E－2，1.547E－3，0.0，0.0，0.0
39，21，25，0，2.1E11，3.66E－2，1.412E－3，0.0，0.0，0.0
40，22，26，0，2.1E11，3.66E－2，1.412E－3，0.0，0.0，0.0

41，23，27，0，2.1E11，3.66E－2，1.412E－3，0.0，0.0，0.0
42，24，28，0，2.1E11，3.66E－2，1.412E－3，0.0，0.0，0.0
43，25，26，0，2.1E11，1.89E－2，1.547E－3，0.0，0.0，0.0
44，26，27，0，2.1E11，1.89E－2，1.547E－3，0.0，0.0，0.0
45，27，28，0，2.1E11，1.89E－2，1.547E－3，0.0，0.0，0.0
46，25，29，0，2.1E11，3.66E－2，1.412E－3，0.0，0.0，0.0
47，26，30，0，2.1E11，3.66E－2，1.412E－3，0.0，0.0，0.0
48，27，31，0，2.1E11，3.66E－2，1.412E－3，0.0，0.0，0.0
49，28，32，0，2.1E11，3.66E－2，1.412E－3，0.0，0.0，0.0
50，29，30，0，2.1E11，2.03E－2，1.70E－3，0.0，0.0，0.0
51，30，31，0，2.1E11，2.03E－2，1.70E－3，0.0，0.0，0.0
52，31，32，0，2.1E11，2.03E－2，1.70E－3，0.0，0.0，0.0
53，29，33，0，2.1E11，4.04E－2，1.89E－3，0.0，0.0，0.0
54，30，34，0，2.1E11，4.04E－2，1.89E－3，0.0，0.0，0.0
55，31，35，0，2.1E11，4.04E－2，1.89E－3，0.0，0.0，0.0
56，32，36，0，2.1E11，4.04E－2，1.89E－3，0.0，0.0，0.0
57，33，34，0，2.1E11，2.03E－2，1.70E－3，0.0，0.0，0.0
58，34，35，0，2.1E11，2.03E－2，1.70E－3，0.0，0.0，0.0
59，35，36，0，2.1E11，2.03E－2，1.70E－3，0.0，0.0，0.0
60，33，37，0，2.1E11，4.04E－2，1.89E－3，0.0，0.0，0.0
61，34，38，0，2.1E11，4.04E－2，1.89E－3，0.0，0.0，0.0
62，35，39，0，2.1E11，4.04E－2，1.89E－3，0.0，0.0，0.0
63，36，40，0，2.1E11，4.04E－2，1.89E－3，0.0，0.0，0.0
64，37，38，0，2.1E11，2.03E－2，1.70E－3，0.0，0.0，0.0
65，38，39，0，2.1E11，2.03E－2，1.70E－3，0.0，0.0，0.0
66，39，40，0，2.1E11，2.03E－2，1.70E－3，0.0，0.0，0.0
67，37，41，0，2.1E11，4.04E－2，1.89E－3，0.0，0.0，0.0
68，38，42，0，2.1E11，4.04E－2，1.89E－3，0.0，0.0，0.0
69，39，43，0，2.1E11，4.04E－2，1.89E－3，0.0，0.0，0.0
70，40，44，0，2.1E11，4.04E－2，1.89E－3，0.0，0.0，0.0

这里，第 1 行表示结构顶层三根梁单元的信息，第 2 行表示结构顶层四根柱单元的信息；第 3 行和第 4 行表示结构第 9 层三根梁单元和四根柱单元的信息；以此类推。

5. 杆端极限弯矩

(I5，4F10.0) * 单元数

将单元单元号、杆端始端正值极限弯矩、始端负值极限弯矩、终端正值极限弯矩、终端负值极限弯矩输入如下。

1，1070038.17，1070038.17，1070038.17，1070038.17
2，1070038.17，1070038.17，1070038.17，1070038.17

3，1070038.17，1070038.17，1070038.17，1070038.17
4，1245999.75，1245999.75，1245999.75，1245999.75
5，1245999.75，1245999.75，1245999.75，1245999.75
6，1245999.75，1245999.75，1245999.75，1245999.75
7，1245999.75，1245999.75，1245999.75，1245999.75
8，1070038.17，1070038.17，1070038.17，1070038.17
9，1070038.17，1070038.17，1070038.17，1070038.17
10，1070038.17，1070038.17，1070038.17，1070038.17
11，1245999.75，1245999.75，1245999.75，1245999.75
12，1245999.75，1245999.75，1245999.75，1245999.75
13，1245999.75，1245999.75，1245999.75，1245999.75
14，1245999.75，1245999.75，1245999.75，1245999.75
15，1070038.17，1070038.17，1070038.17，1070038.17
16，1070038.17，1070038.17，1070038.17，1070038.17
17，1070038.17，1070038.17，1070038.17，1070038.17
18，1245999.75，1245999.75，1245999.75，1245999.75
19，1245999.75，1245999.75，1245999.75，1245999.75
20，1245999.75，1245999.75，1245999.75，1245999.75
21，1245999.75，1245999.75，1245999.75，1245999.75
22，1070038.17，1070038.17，1070038.17，1070038.17
23，1070038.17，1070038.17，1070038.17，1070038.17
24，1070038.17，1070038.17，1070038.17，1070038.17
25，1245999.75，1245999.75，1245999.75，1245999.75
26，1245999.75，1245999.75，1245999.75，1245999.75
27，1245999.75，1245999.75，1245999.75，1245999.75
28，1245999.75，1245999.75，1245999.75，1245999.75
29，1180705.88，1180705.88，1180705.88，1180705.88
30，1180705.88，1180705.88，1180705.88，1180705.88
31，1180705.88，1180705.88，1180705.88，1180705.88
32，1551665.67，1551665.67，1551665.67，1551665.67
33，1551665.67，1551665.67，1551665.67，1551665.67
34，1551665.67，1551665.67，1551665.67，1551665.67
35，1551665.67，1551665.67，1551665.67，1551665.67
36，1180705.88，1180705.88，1180705.88，1180705.88
37，1180705.88，1180705.88，1180705.88，1180705.88
38，1180705.88，1180705.88，1180705.88，1180705.88
39，1551665.67，1551665.67，1551665.67，1551665.67
40，1551665.67，1551665.67，1551665.67，1551665.67

41，1551665.67，1551665.67，1551665.67，1551665.67
42，1551665.67，1551665.67，1551665.67，1551665.67
43，1180705.88，1180705.88，1180705.88，1180705.88
44，1180705.88，1180705.88，1180705.88，1180705.88
45，1180705.88，1180705.88，1180705.88，1180705.88
46，1551665.67，1551665.67，1551665.67，1551665.67
47，1551665.67，1551665.67，1551665.67，1551665.67
48，1551665.67，1551665.67，1551665.67，1551665.67
49，1551665.67，1551665.67，1551665.67，1551665.67
50，1290366.00，1290366.00，1290366.00，1290366.00
51，1290366.00，1290366.00，1290366.00，1290366.00
52，1290366.00，1290366.00，1290366.00，1290366.00
53，1890847.59，1890847.59，1890847.59，1890847.59
54，1890847.59，1890847.59，1890847.59，1890847.59
55，1890847.59，1890847.59，1890847.59，1890847.59
56，1890847.59，1890847.59，1890847.59，1890847.59
57，1290366.00，1290366.00，1290366.00，1290366.00
58，1290366.00，1290366.00，1290366.00，1290366.00
59，1290366.00，1290366.00，1290366.00，1290366.00
60，1890847.59，1890847.59，1890847.59，1890847.59
61，1890847.59，1890847.59，1890847.59，1890847.59
62，1890847.59，1890847.59，1890847.59，1890847.59
63，1890847.59，1890847.59，1890847.59，1890847.59
64，1290366.00，1290366.00，1290366.00，1290366.00
65，1290366.00，1290366.00，1290366.00，1290366.00
66，1290366.00，1290366.00，1290366.00，1290366.00
67，1890847.59，1890847.59，1890847.59，1890847.59
68，1890847.59，1890847.59，1890847.59，1890847.59
69，1890847.59，1890847.59，1890847.59，1890847.59
70，1890847.59，1890847.59，1890847.59，1890847.59

这里，利用下列公式计算梁、柱构件杆端极限弯矩 M_{px}。

(1) 箱形截面：

$$z_{px}=Bt_2(b-t)+\frac{1}{2}(b-2t)^2t,\ M_{px}=\sigma_y z_{px}$$

(2) H形截面：

$$z_{px}=Bt_f(d-t_f)+\frac{1}{4}(d-2t_f)^2t_w,\ M_{px}=\sigma_y z_{px}$$

式中 σ_y——材料的屈服极限。

6. 有关荷载信息

将荷载作用节点号、作用在 IN 节点上的 x 方向、y 方向荷载以及力矩大小输入如下：

1，1100.0，0.0，0.0　　5，900.0，0.0，0.0　　9，800.0，0.0，0.0
13，700.0，0.0，0.0　　17，600.0，0.0，0.0　　21，500.0，0.0，0.0
25，400.0，0.0，0.0　　29，300.0，0.0，0.0　　33，200.0，0.0，0.0
37，100.0，0.0，0.0

7. 其他

最后要输入‘1000　0.0　0.0　0.0’。

11.3.2 运行结果处理

运行本书第 10 章静力弹塑性分析方法源程序以后，通过整理可以得到算例模型每层层剪力和层间位移（见表 11.5）。

表 11.5　　算例模型每层层剪力和层间位移

加载过程	1层		2层		3层		4层		5层	
	层间位移	层剪力	层间位移	层剪力	层间位移	层剪力	层间位移	层剪力	层间位移	层剪力
始点	0	0	0	0	0	0	0	0	0	0
加载第 1 次	0.012	2.38E+6	0.0165	2.34E+6	0.0169	2.25E+6	0.0183	2.12E+6	0.0176	1.95E+6
加载第 2 次	0.0125	2.46E+6	0.0173	2.42E+6	0.0181	2.33E+6	0.0194	2.2E+6	0.0185	2.02E+6
加载第 3 次	0.0132	2.55E+6	0.019	2.5E+6	0.0202	2.41E+6	0.0212	2.27E+6	0.0196	2.09E+6
加载第 4 次	0.0138	2.56E+6	0.0206	2.51E+6	0.0227	2.42E+6	0.0238	2.28E+6	0.0211	2.1E+6
加载第 5 次	0.0157	2.62E+6	0.025	2.57E+6	0.0282	2.48E+6	0.0292	2.34E+6	0.0249	2.15E+6
加载第 6 次	0.019	2.67E+6	0.0306	2.63E+6	0.035	2.53E+6	0.0354	2.39E+6	0.031	2.2E+6
加载第 7 次	0.0375	2.7E+6	0.0469	2.65E+6	0.0496	2.55E+6	0.049	2.41E+6	0.04	2.22E+6
终点	0.0549	2.72E+6	0.0621	2.67E+6	0.065	2.57E+6	0.062	2.42E+6	0.05	2.23E+6
加载过程	6层		7层		8层		9层		10层	
	层间位移	层剪力	层间位移	层剪力	层间位移	层剪力	层间位移	层剪力	层间位移	层剪力
加载第 1 次	0.0161	1.74E+6	0.0156	1.49E+6	0.014	1.19E+6	0.01	850000	0.007	470000
加载第 2 次	0.0172	1.8E+6	0.016	1.54E+6	0.014	1.23E+6	0.011	880000	0.007	480000
加载第 3 次	0.0178	1.86E+6	0.017	1.59E+6	0.014	1.27E+6	0.011	910000	0.007	500000
加载第 4 次	0.018	1.87E+6	0.018	1.6E+6	0.014	1.28E+6	0.011	910000	0.008	500000
加载第 5 次	0.02	1.92E+6	0.018	1.64E+6	0.015	1.31E+6	0.011	940000	0.007	520000
加载第 6 次	0.022	1.96E+6	0.019	1.67E+6	0.015	1.34E+6	0.012	960000	0.007	530000
加载第 7 次	0.028	1.98E+6	0.02	1.69E+6	0.016	1.35E+6	0.012	960000	0.008	530000
终点	0.035	1.99E+6	0.024	1.7E+6	0.016	1.36E+6	0.012	970000	0.008	530000

注　层间位移单位为 m，层剪力单位为 kN。

基于表 11.5 数据，绘出如图 11.2 所示层剪力-层间位移关系曲线，并从中可以确定算例模型的层剪切刚度以及相关参数。这些参数利用于弹塑性地震响应时程分析之中。这

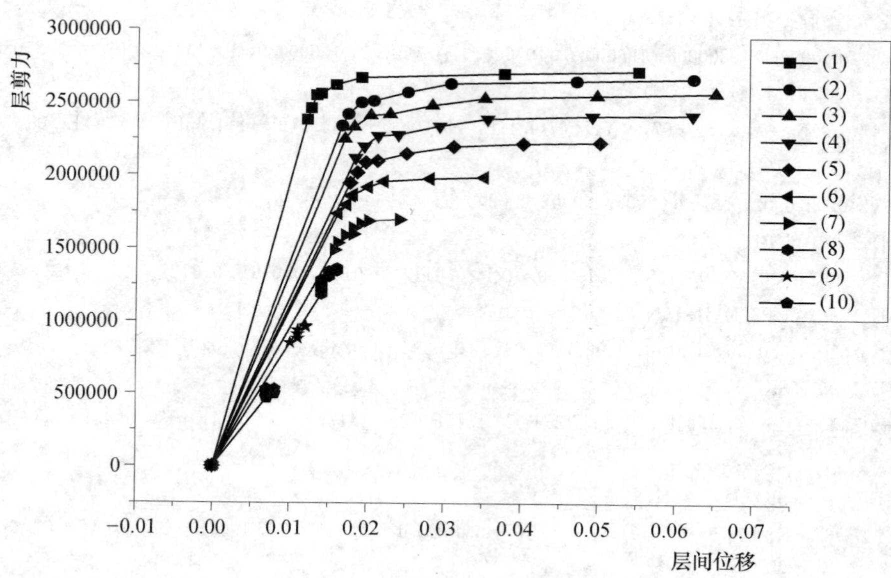

图 11.2　层剪力-层间位移关系曲线

里 sk_1、sk_2、sk_3 分别表示恢复力骨骼曲线的第一、第二、第三剪切刚度，up_1 和 up_2 分别表示第一和第二屈服位移。

利用静力弹塑性分析法计算的算例模型的侧移刚度如表 11.6 所示。

表 11.6　　算例模型剪切刚度和屈服位移

楼层	第一剪切刚度	第二剪切刚度	第三剪切刚度	第一屈服位移	第二屈服位移
1	2.05E+08	2.30E+07	1.17E+06	1.23E−02	1.90E−02
2	1.42E+08	3.09E+07	1.30E+06	1.65E−02	2.75E−02
3	1.43E+08	1.64E+07	1.33E+06	1.60E−02	2.82E−02
4	1.21E+08	1.65E+07	2.44E+06	1.77E−02	2.92E−02
5	1.17E+08	1.44E+07	3.19E+06	1.71E−02	3.10E−02
6	1.11E+08	3.45E+07	2.31E+06	1.59E−02	2.17E−02
7	9.75E+07	4.06E+07	6.00E+06	1.58E−02	1.90E−02
8	8.76E+07	1.08E+08	5.00E+07	1.37E−02	1.50E−02
9	8.27E+07	1.52E+08	3.00E+07	1.02E−02	1.07E−02
10	6.93E+07	3.73E+07	1.00E+07	6.93E−03	7.60E−03

注　剪切刚度单位为 kN/m，屈服位移单位为 m。

11.4　算例模型地震响应时程分析

利用参考文献［19］中的电子计算机程序（见文献［19］第 173 页），进行结构弹塑性地震响应时程分析所要输入数据如下。

①READ(1, *) (a_M(I),I=1,N)

108000.0, 108000.0, 108000.0, 108000.0, 108000.0, 108000.0, 108000.0, 108000.0, 108000.0, 108000.0

②READ(1, *) (a_K(I),I=1,N)

6.93E+07,8.27E+07,8.76E+07,9.75E+07,1.11E+08,1.17E+08,1.21E+08,1.43E+08,1.42E+08,2.05E+08

③READ(1, *) (H(I),I=1,N)

0.02,0.02,0.02,0.02,0.02,0.02,0.02,0.02,0.02,0.02

④READ(1, *) (UP1(I),I=1,N)

0.0069, 0.0102, 0.0137, 0.0158, 0.0159, 0.0171, 0.0177, 0.0160, 0.0165, 0.0123

⑤READ(1, *) (UP2(I),I=1,N)

0.0076, 0.0107, 0.0150, 0.0190, 0.0217, 0.0310, 0.0292, 0.0282, 0.0275, 0.0190

⑥READ(1, *) (SK1(I),I=1,N)

6.93E+07, 8.27E+07, 8.76E+07, 9.75E+07, 1.11E+08, 1.17E+08, 1.21E+08, 1.43E+08, 1.42E+08, 2.05E+08

⑦READ(1, *) (SK2(I),I=1,N)

3.73E+07, 3.75E+07, 3.80E+07, 4.06E+07, 3.45E+07, 1.44E+07, 1.65E+07, 1.64E+07, 3.09E+07, 2.30E+07

⑧READ(1, *) (SK3(I),I=1,N)

1.00E+06, 3.00E+06, 5.00E+06, 6.00E+06, 2.31E+06, 3.19E+06, 2.44E+06, 1.33E+06, 1.30E+06, 1.17E+06

由于篇幅有限，这里不予介绍时程分析过程。相关内容请见参考文献［19］。

附录A 求逆矩阵源程序

A1 程序功能、使用方法及源程序

A1.1 程序主要功能

采用全选主元高斯-约当（Gauss-Jordan）法求实矩阵的逆矩阵。

A1.2 方法说明

高斯-约当法求实矩阵A的逆矩阵的步骤如下。

首先，对于k从1到n作如下几步：

（1）全选主元。从第k行、第k列以下（包括第k行、第k列）的元素中选取绝对值最大的元素，并记下此元素所在的行号和列号，然后通过行交换与列交换将它交换到主元素位置上。

（2）$1/a_{kk} \Rightarrow a_{kk}$。

（3）$a_{kj} \cdot a_{kk} \Rightarrow a_{kk}, j=1,2,\cdots,n; j \neq k$。

（4）$a_{ij} - a_{ik} \cdot a_{kj} \Rightarrow a_{ij}, i,j=1,2,\cdots,n; i,j \neq k$。

（5）$-a_{ik} \cdot a_{kk} \Rightarrow a_{ik}, i=1,2,\cdots,n; i \neq k$。

最后，根据在全选主元过程中所记录的行、列交换的信息进行恢复，恢复的原则如下：在全选主元过程中，先交换的行、列后进行恢复；原来的行（列）交换用列（行）交换来恢复。

A1.3 子程序语句

SUBROUTINE INV（A，N，L，IS，JS）

A1.4 亚元说明

A——实型二维数组，体积为N×N，输入兼输出参数。调用时存放原矩阵；返回时存放逆矩阵。

N——整型变量，输入参数。存放矩阵的阶数。

L——整型变量，输出参数。若L=0，则表示原矩阵奇异，求逆失败，并在本子程序中印出信息“ERR * * * NOT INV”；若L≠0，则原矩阵的逆矩阵由二维数组A带回。

IS、JS——均为整型一维数组，长度为N。本子程序中的工作数组。

A1.5 子程序

文件名为 INV. FOR，源程序如下：

```
      SUBROUTNE INV(A,N,L,IS,JS)
      DIMENSION A(N,N),IS(N),JS(N)
      DOUBLE PRECISION A,T,D
      L=1
      DO 100 K=1,N
      D=0.0
      DO 10 I=K,N
      DO 10 I=K,N
      IF(ABS(A(I,J)).GT.D) THEN
      D=ABS(A(I,J))
      IS(K)=I
      JS(K)=J
      END IF
10    CONTINUE
      IF(D+1.0.EQ.1.0) THEN
      L=0
      WRITE(*,20)
      RETURN
      END IF
20    FORMAT(1X,'ERR * * NOT INV')
      DO 30 J=1,N
      T=A(K,J)
      A(K,J)=A(IS(K),J)
      A(IS(K),J)=T
30    CONTINUE
      DO 40 I=1,N
      T=A(I,K)
      A(I,K)=A(I,JS(K))
      A(I,JS(K))=T
40    CONTINUE
      A(K,K)=1/A(K,K)
      DO 50 J=1,N
      IF(J.NE.K) THEN
      A(K,J)=A(K,J)*A(K,K)
      END IF
50    CONTINUE
      DO 70 I=1,N
      IF(I.NE.K) THEN
      DO 60 J=1,N
      IF(J.NE.K) THEN
```

```
          A(I,J)=A(I,J)-A(I,K) * A(K,J)
          END IF
60        CONTINUE
          END IF
70        CONTINUE
          DO 80 I=1,N
          IF(I.NE.K) THEN
          A(I,K)=-A(I,K) * A(K,K)
          END IF
80        CONTINUE
100       CONTINUE
          DO 130 K=N,1,-1
          DO 110 J=1,N
          T=A(K,J)
          A(K,J)=A(JS(K),J)
          A(JS(K),J)=T
110       CONTINUE
          DO 120 I=1,N
          T=A(O,K)
          A(I,K)=A(I,IS(K))
          A(I,IS(K))=T
120       CONTINUE
130       CONTINUE
          RETURN
          END
```

A1.6 两个矩阵相乘子程序

文件名为 MUL.FOR，源程序如下：

```
          SUBOUTINE MUL(A,B,N,C)
          DIMENSION A(N,N),B(N,N),C(N,NH)
          DOUBLE PRECISION A,B,C
          DO 130 I=1,N
          DO 120 J=1,N
          S=0.0
          DO 110 K=1,N
          S=S+A(I,K) * B(K,J)
110       CONTINUE
          C(I,J)=S
120       CONTINUE
130       CONTINUE
          RETURN
          END
```

A2 求逆矩阵实例

设矩阵

$$A=\begin{bmatrix}0.236800 & 0.247100 & 0.256800 & 1.267100\\ 1.11610 & 0.125400 & 0.139700 & 0.149000\\ 0.158200 & 1.167500 & 0.176800 & 0.187100\\ 0.196800 & 0.207100 & 1.216800 & 0.227100\end{bmatrix}$$

求 A 的逆矩阵 A^{-1}，并计算 AA^{-1}。

主程序（INV0. FOR）如下：

```
      DIMENSION A(4,4),B(4,4),C(4,4),IS(4),JS(4)
      DOUBLE PRECISION A,B,C
      DATA A/0.236800,1.116100,0.158200,0.196800,
     *     0.247100,0.125400,1.167500,0.207100,
     *     0.256800,0.139700,0.176800,1.216800,
     *     1.267100,0.149000,0.187100,0.227100/
      DO 5 I=1,4
      DO 5 J=1,4
5     B(I,J)=A(I,J)
      CALL INV(A,4,L,IS,JS)
      IF (L.NE.0) THEN
      WRITE(*,10)((A(I,J),J=1,4),I=1,4)
      WRITE(*,*)
      CALL MUL(A,B,4,C)
      WRITE(*,10)((C(I,J),J=1,4),I=1,4)
      WRITE(*,10)
      END IF
10    FORMAT(1X,4D15.6)
      END
```

运行结果为

$$A^{-1}=\begin{bmatrix}-0.859208D-01 & +0.937944D+00 & -0.684372D-01 & -0.796077D-01\\ -0.105590D+00 & -0.885243D-01 & +0.905983D+00 & -0.991908D-01\\ -0.127073D+00 & -0.111351D+00 & -0.116967D+00 & +0.878425D+00\\ +0.851606D+00 & -0.135456D+00 & -0.140183D+00 & -0.143807D+00\end{bmatrix}$$

$$AA^{-1}=\begin{bmatrix}+0.100000D+01 & +0.975613D-17 & +0.721672D-17 & +0.849405D-17\\ -0.232977D-16 & +0.10000D+01 & -0.215417D-16 & -0.263834D-16\\ -0.277556D-16 & +0.218331D-16 & +0.10000D+01 & +0.413217D-16\\ +0.328649D-18 & +0.146215D-16 & -0.111537D-16 & +0.10000D+01\end{bmatrix}$$

附录B　FORTRAN 77 语言简介

本附录将以国家标准《程序设计语言 FORTRAN》（GB 3057—1996）为依据来介绍 FORTRAN 77 语言及其程序设计方法。

B1　FORTRAN 77 语言概述

B1.1　发展概况

FORTRAN 是"FORmula TRANslation"（公式翻译）的字首和词。它是 1954 年被提出来的，1956 年美国首先在 IBM704 型计算机上实现了 FORTRAN Ⅱ 语言的编译程序。

FORTRAN 是目前国际上广泛流行的一种高级程序语言，最初是为科学计算而设计的，至今仍然主要用于求解数学、工程与科学方面的问题。当前，FORTRAN 广泛地作为向学生讲授计算机应用和程序设计的一种工具，因为它不用太高深的数学基础且很容易掌握。

FORTRAN 语言问世 40 年来发展很快，先后推出了不同的版本。1966 年美国国家标准协会（简称 ANSI）公布了两个 FORTRAN 标准文本：

- 美国国家标准 FORTRAN X3.9－1966（习惯上称为 FORTRAN Ⅳ）。
- 美国国家标准 FORTRAN X3.10－1966（习惯上称为 FORTRAN Ⅱ）。

1972 年国际标准化组织在美国 FORTRAN 标准文本的基础上，稍加修改后公布了 ISO FORTRAN 标准，即《程序设计语言 FORTRAN ISO 1539—1972》，它分为以下三级：

- 基本级 FORTRAN（相当于 FORTRAN Ⅱ）。
- 中间级 FORTRAN（介于 FORTRAN Ⅱ 和 FORTRAN Ⅳ之间）。
- 完全级 FORTRAN（相当于 FORTRAN Ⅳ）。

1976 年 ANSI 对 FORTRAN X3.9—1966 进行了修订，在功能上做了许多改善和扩展，公布了一个 FORTRAN 新的标准草案。1978 年 4 月由 ANSI 正式公布作为新的美国国家标准，称为美国国家标准 FORTRAN X3.9—1978（习惯上称为 FORTRAN 77）。1980 年，FORTRAN 77 被接受为国际标准，即《程序设计语言 FORTRAN ISO 1539－1980》。

1982 年 5 月 12 日，我国公布了中华人民共和国国家标准《程序设计语言 FORTRAN》(GB 3057—82)，并于 1983 年 5 月 1 日开始实施。

为了适应社会发展的需要，FORTRAN 语言还在不断发展中。1985 年 8 月推出的是

Microsoft FORTRAN 77 V3.31，1989 年推出了 Microsoft FORTRAN 5.00，继之又推出 Microsoft FORTRAN 5.10。随着版本的不断更新，FORTRAN 语言的功能越来越强。例如，Microsoft FORTRAN 5.10 版本提供了丰富的图形库，支持 OS/2、Windows 系统；提供了丰富的接口，可以方便地进行混合语言编程；还提供了一些新的数据结构和若干新的控制结构。这些使得 FORTRAN 语言日臻完美。1991 年 5 月国际标准化组织（ISO）推出国际标准 FORTRAN 90。FORTRAN 90 对 FORTRAN 77 做了较大的扩充和完善，现在已经开始应用。

B1.2 FORTRAN 源程序基本结构

B1.2.1 FORTRAN 字符集

FORTRAN 字符集由 26 个字母，10 个数字和 13 个特殊字符，总共 49 个字符组成。

1. 字母

字母是下列 26 个字符之一：

A B C D E F G H I J K L M N O P Q R S T U V W X Y Z

2. 数字

数字是下列 10 个字符之一：

0 1 2 3 4 5 6 7 8 9

对数字串要解释为数值时，应解释为十进制数。

3. 特殊字符

特殊字符是下列 13 个字符之一：

# （本书中表示空格）	（左括号	）右括号
= 等号	，逗号	
+ 加号（正号）	. 小数点	
- 减号（负号）	' 撇号	
* 星号（乘号）	: 冒号	
/ 斜线（除号）	$ 币号	

在 FORTRAN 77 源程序中，除一些特殊规定的情况外，一般只使用这 49 个字符，而且字母的大小写不予区分，空格符也无意义。

B1.2.2 源程序的书写格式

用 FORTRAN 77 语言编写的程序称为 FORTRAN 77 程序，又称为源程序。FORTRAN 源程序必须严格地按照一定的格式书写。FORTRAN 源程序一行最多可以有 80 个字符。行中的字符位置称为列，一行中各列从左至右依次连续编号为 1 到 80。这 80 列分为四个区，分别书写不同的内容。第 1～5 列为标号区，用来给语句标上标号；第 6 列为续行标志区；第 7～72 列为语句区，第 73～80 列为注释区。

在一行的语句区中最多只能写一个 FORTRAN 语句。当一个语句在一行中写不下时，可以在下一行的语句区中继续写。一个语句的第 1 行称为始行，其他行称为续行。FORTRAN 规定一个语句不能多于 19 个续行，也就是说一个语句不能包含多于 1320 个字符。始行的第 1 列至第 5 列上可含有语句标号或全是空格符，而第 6 列必须是空格符或数字

0；续行的第 1～5 列必须全是空格符，而第 6 列上必须是除空格符或数字 0 以外的 FORTRAN 字符集的任意字符。始行与它的续行必须写在连续的行上，中间不允许插入除注释行之外的任何其他语句行。

若一行上的第 1 列是字母 C 或星号 *，则表示该行为注释行。注释行的内容写在第 2～72 列上。注释行的内容可以由处理系统能接受的任何字符组成。注释行完全不影响可执行程序，注释行可用于对源程序作一些说明，以增强源程序的可读性。注释行可以出现在源程序的任何地方，可置于一个语句的始行之前，也可置于始行和第一个续行之前，或两个续行之间。

语句标号提供引用语句的标志，或作为控制语句转向的目标。因此，FORTRAN 语句和作为控制语句转移到达的语句必须有标号，其他语句的标号可有可无，并不影响程序的执行。语句标号书写在始行的标号区中，可以由 1～5 位数字组成，可以是 1～99999 的无负号整数。在区分语句标号时，空格或前导零没有意义。例如，下列标号：

　　　　　　　　∪∪150　　1∪5∪0　　0150∪　　150　00150

编译系统认为是相同的标号。在程序中，语句标号出现在次序与它的数值大小无关。在一个程序单位中，同一个语句标号不得标志一个以上的语句。除程序执行控制转向外，程序是按可执行语句在程序单位中出现的次序执行的，与标号值的大小或出现与否均无关。

B1. 2. 3　源程序的基本结构

1. 程序单位

一个可执行的 FORTRAN 程序由一个或多个程序单位组成。程序单位由语句和任选注释行的序列组成。一个程序单位或者是一个主程序，或者是一个辅程序。一个程序单位的语句标号仅在该程序单位内有效。程序单位必须是以 END 语句结束。

2. END 语句

END 语句的形式是

```
END
```

END 语句是可执行语句，它一定是程序单位的最后一个语句，它表明一个程序单位的语句和注释行序列的结束。它必须写在始行的第 7～72 列上，END 语句不允许有续行。

3. 主程序

主程序一般是以 PROGRAM 语句开头，以 END 语句结束的一个程序单位。PROGRAM 语句的形式是

```
PROGRAM name
```

其中，name 是出现 PROGRAM 语句时主程序的符号名，它不应与其他被使用的名字相同。

主程序命名并不是必要的，所以主程序中 PROGRAM 语句可有可无。但是，如果要写 PROGRAM 语句的话，就必须是主程序的第一个语句，而且要起一个名字。

4. 辅程序

辅程序包括下列 3 种：

函数辅程序，它以 FUNCTION 语句开头，END 语句结尾。

子程序辅程序，它以 SUBROUTIN 语句开头，END 语句结尾。

数据块辅程序，它以 BLOCK DATA 语句开头，END 语句结尾。

一个可执行的 PROGRAM 程序，有且仅有 1 个主程序，但可以有零个到多个辅程序。程序的执行是从主程序的第一个可执行语句开始的。

B1.3 结构化程序设计

B1.3.1 结构化程序设计思想的产生

20 世纪 50 年代到 60 年代，一个程序员在掌握了程序设计语言和程序设计中的一些基本技巧之后，只要会是使用一些算法并经过一定的实践，就可以编出满足当时要求的程序来。当时编出的程序与程序员本人的业务水平关系极大，程序中使用的技巧越多越巧妙，运行速度就越快，所占用的存储单元就越省。因此，人们常称程序设计既是一门科学也是一门艺术。从 60 年代末期，越来越多的大型科研课题使用计算机，并陆续出现了大型软件系统，如操作系统、数据库等。这些都给程序设计带来了新问题。一个大的程序要花费众多的人力，有时需要几千人年的工作量，因而不能由一个人或少数几个人来编制。但是，当许多人分别编制的风格各异的程序联结在一起的时候，常常是可靠性差、错误多、维护和修改都很困难。隐藏的错误也不易被发现和纠正。为此，就促使人们开始研究程序设计中的一些最基本的问题：什么是程序的基本组成部分，应该用什么样的方法来设计程序，程序设计的主要方法和技术应如何规范化和工程化，等等。

1969 年，荷兰数学家 Dijkstra 首先提出了结构化程序设计的概念。他强调了从程序结构和风格来研究程序设计。一个程序结构好，是指程序结构清晰、便于编写、便于阅读、便于验证、便于修改和维护。结构好的程序从效率上看，并不一定是最好的程序。这里所指的效率是从时间和空间两个角度来衡量，即希望编出来的程序越短越好，运行速度越快越好。但是，结构好的程序能减少程序出错的机会、提高程序的可靠性和保证程序的质量。随着硬件技术的发展，当前计算机运行速度大大提高，存储容量也很大了，因而程序的可靠性和可维护性已成为第一要求。除了系统的核心程序及其他一些有特殊目的（如军事目的）程序外，在通常情况下，宁可降低效率，也要保证程序有好的结构。从此，人们开始研究、总结出一套程序设计的基本原理和方法，使程序设计尽可能减少对程序员个人的风格、技巧的依赖，而逐渐上升为一门科学性的学科。当然程序设计仍然是由程序员来完成的，还是保持着一定程序艺术的特点。目前，普遍使用的和比较成熟的程序设计方法，是结构化程序设计方法。

B1.3.2 结构化程序设计的主要内容

结构化程序设计方法主要包括以下两个方面的内容。

1. 模块化程序设计

程序中完成一种特定功能的指令集合称为模块。模块化程序设计的基本思想是在进行系统设计时，对总体方案采取自上而下、逐步细分的方法，把一个大而复杂的问题分解为若干个相对独立、功能单一的模块。继之，是对这些单一功能的模块的研制，因而使复杂的研制工作简化了。由于模块的相对独立性也能有效地防止错误在模块之间扩散蔓延，当许多模块连接在一起时，减少了相互之间的干扰和影响，从而提高了系统的可靠性。

考虑了总体方案的程序设计的结构之后，就对每个模块编制程序。那么，整个程序就由一些相对小的程序组成，而这些程序都具有一定的相对独立性，可以分别调试和修改。这样，一方面可以使许多人分头工作，缩短软件研制的周期；另一方面也使整个系统思路清楚，便于发现问题并及时纠正。一般地，整个系统的模块可用树形图表示。“树根”是主控模块，下连第一层子模块，各个子模块下还可以有更下一层子模块……直到最底层模块。最底层模块称为“树叶”。图 B.1 表示一个三层的模块结构。

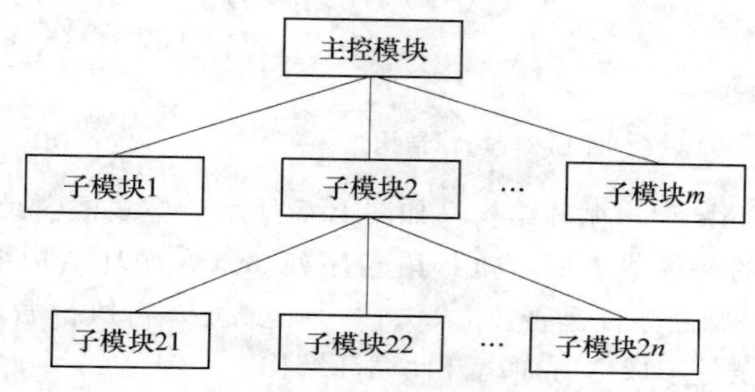

图 B.1 模块结构示意图

采用模块化程序设计的优点如下：

（1）由于模块相对独立，可以对每一个模块独立编制、调试和修改程序。这种修改只会对本模块发生影响，而不会产生涉及其他模块的连锁修改。

（2）由于模块本身只有一个入口和一个出口，于是模块内部的数据结构只有模块内部提供的操作才能给以改变，因而保证了模块内部数据结构的安全性和完整性。

（3）由于各模块只在上下级之间有接口，同层次之间无接口，因而程序结构清晰，模块的正确性就容易保证。

2. 三种基本结构

这里所说的结构化程序设计是指采用三种基本结构，就能使程序具有好的结构。

1966 年，伯姆（Böhm）和亚科皮尼（Jacopini）证明了程序设计语言中只要有三种基本结构，就足以表示出各种各样的其他形式的结构。这三种基本结构是顺序结构、选择结构和循环结构。

（1）顺序结构。如图 B.2 所示，虚线框内是一个顺序结构。顺序地执行语句序列 A 和 B，只有当 A 执行完成之后才执行 B。顺序结构是最简单的一种基本结构。

（2）选择结构。如图 B.3 所示，虚线框内是一个选择结构。此结构必包含一个判断框，当条件成立（YES，用 Y 表示）或不成立（NO，用 N 表示）时分别执行语句序列 A 或 B，二者择其一。不管执行哪一个语句序列，执行结束后都转移到同一出口的地方。A 或 B 两个语句序列中可以有一个是空的，即不执行任何操作，如图 B.4 所示。

（3）循环结构。循环结构又称为重复结构，即反复执行某个语句序列。这里介绍两类循环结构：

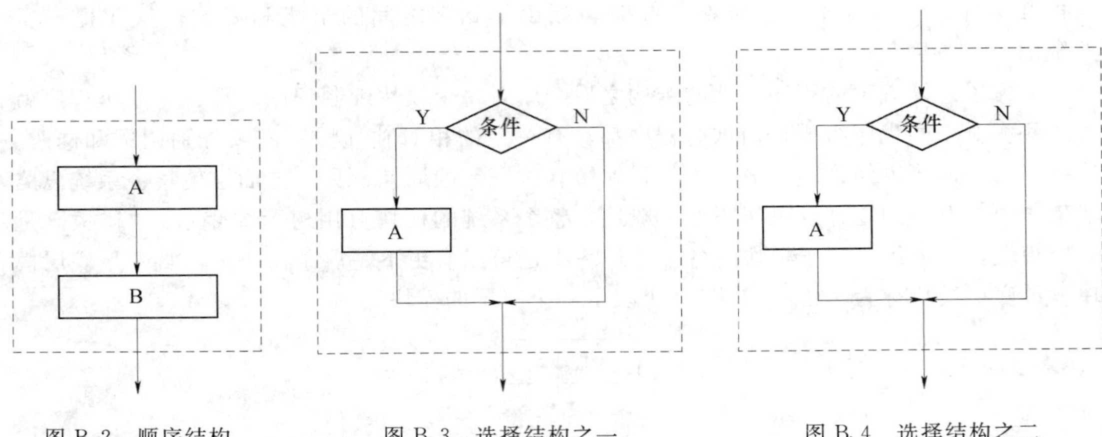

图 B.2 顺序结构　　图 B.3 选择结构之一　　图 B.4 选择结构之二

1）当型（loop-while 型）循环结构。如图 B.5 所示，虚线框内是一个当型循环结构。它的功能是：当给定的条件成立时，执行语句序列 A（在循环结构中语句序列称为循环体），执行完 A 后，再判断条件是否成立，如果仍然成立，再执行循环体，如此反复执行循环体，直到某一次条件不成立时而离开此循环结构。

2）直到型（loop-until 型）循环结构。如图 B.6 所示，虚线框内是一个直到型循环结构。它的功能是：先执行语句序列 A，即执行循环体，然后判断给定的条件是否成立，如果条件不成立，则再执行 A，然后再对条件进行判断，如果条件仍然不成立，又执行 A，…… 如此反复执行 A，直到给定的条件成立时而离开此循环结构。

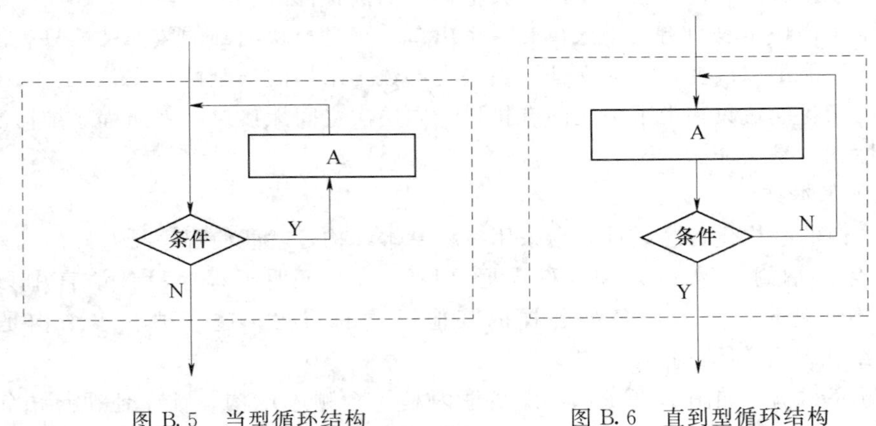

图 B.5 当型循环结构　　图 B.6 直到型循环结构

现在分析一下这两种循环结构的异同。

(1) 两种循环结构都能处理需要重复执行的操作。

(2) 当型循环是一种先判断后执行的循环结构，当条件不成立时停止循环，循环体可能一次也不被执行；直到型循环是一种先执行后判断的循环结构，循环体至少被执行一次，当条件成立时停止循环。

(3) 对同一个问题，如果分别用当型循环结构和直到型循环结构来结构处理，则两者结构中的判断条件恰为互逆条件。这是一条很重要的规律。

对于一个具体的问题，究竟采用当型循环还是用直到型循环可由编程者选定。由于直到型循环至少执行一次循环体，而当型循环之循环体可能一次也不被执行。所以，当事先不能确定是否至少执行一次循环体时，一般采用当型循环。

从图 B. 2～图 B. 5 可以看出，这三种基本结构有一个共同的特点，就是每种结构严格地只有一个入口和一个出口。当然，语句序列 A 或 B 的内部又可以包含这三种结构。如果组成程序的各个分结构都只存在如此简单的借口关系，那么就可以相对独立地设计各个分结构，静态地分析控制关系，并容易验证它们的正确性。同样，如果某一分结构需要修改，只要接口不变，就不会影响到其他分结构乃至整个程序。因此，这种程序具有好的结构。应当注意，一个判断框有两个出口，而一个选择结构只有一个出口，不要将判断框的出口和选择结构的出口混淆。显然，这种结构也不会出现“死循环”。

尽管已经从数学上证明程序设计语言只要具备上述三种基本结构就可以进行结构化程序，但为了用户方便，FORTRAN 77 允许使用 GO TO 语句来实现转移。由于 GO TO 语句破坏了语句顺序执行，不符合结构化原则，因此一般不提倡使用 GO TO 语句，通常把 GO TO 语句限制在一个基本结构内部使用。

B2　FORTRAN 数据类型与赋值

数据类型是程序设计语言所允许的变量种类，也就是说数据类型是变量可能取的值和可能进行的运算的总称。各种程序设计语言所能提供变量类型的多少决定了该语言功能的强弱。FORTRAN 77 提供了以下 6 种数据类型：

(1) 整型（INTEGER）。

(2) 实型（ REAL）。

(3) 双精度型（DOUBLE PRECISION）。

(4) 复型（COMPLEX）。

(5) 逻辑型（LOGICAL）。

(6) 字符型（CHARACTER）。

不同类型的数据有各自的内部表示形式、书写格式和取值范围。前面 4 种类型又称为算术型数据。类型对于数据所参与的运算可能有影响。

B2. 1　常数

FORTRAN 77 中常数指算术常数、逻辑常数和字符常数。常数的值是不变的。算术常数包括整常数、实常数、双精度常数和复常数。表示常数的字符串形式既指明了它的值也指明了它的数据类型。除字符常数外，出现在常数中的空格字符对该常数的值没有影响。

B2. 1. 1　整常数

整型数据是整数值的精确表示。它可以有正值、负值或零。下面是一些合法的正常数：

237

－82

＋1

000

0028

－0

＋0

28

其中，000、－0、＋0 的值是相同的，都表示零值，0028 与 28 是等值的。

下面这些则不是正常数：

23.0	（不允许有小数点）
－3，500	（不允许有逗号）
10^3	（出现了指数）
＄203	（＄作为前导）
3E4	（包含了非数字）

B2.1.2　实常数

实常数有三种不同的形式。

1. 基本实常数

基本实常数的形式是依次为 1 个任选的符号、1 个整数部分、1 个小数点和 1 个小数部分。整数部分和小数部分两者都是数字串。

下面是一些合法的基本实常数的例子：

2.163

＋0.

－.59

＋28.

－101.34

下面这些则不是基本实常数：

2，163.2	（不允许出现逗号）
59	（没有小数点）

2. 基本实常数后跟一个实指数

实指数的形式为字母 E 后跟任选带符号整常数。实指数代表 10 的方幂。所以基本实常数后跟一个实指数这种实常数的值为基本实常数乘以十进制指数的值。例如：

＋0.000285E＋5	（等于 0.00028×10^5）
－10135E－2	（等于 -10135×10^{-2}）
.002163E3	（等于 0.002163×10^3）

都是正确的实常数。而下面则都不是实常数。

E10	（不允许单个实指数 1E10，应写成 1E10）
.59E2.5	（E 后面不是整常数）

－4.9E4＋2　　　　(E 后面不是整常数)

3. 整常数后跟一个实指数

整常数后跟一个实常数的值是整常数乘以十进制指数的值。例如：

83900E－2　　　　(等于 83900×10^{-2})

79E5　　　　(等于 79×10^{5})

1E－8　　　　(等于 10^{-8})

B2.1.3　双精度常数

双精度常数的形式有两种：

(1) 基本实常数后跟一个双精度指数。

(2) 整常数后跟一个双精度指数。

其中，双精度指数的形式是字母 D 后跟任选带符号整常数，它表示 10 的方幂。双精度常数的值是 D 前的常数乘以 D 后整数表示 10 的方幂。

注意：除去字母 D 代替字母 E 外，双精度指数的形式和解释完全和实指数的相同。例如：

48.56D2

72D－7

B2.1.4　复常数

复常数的形式是左括号后跟一对由逗号隔开的有序实常数或整常数，后跟右括号。该对常数的第 1 个常数是该复常数的实部，第 2 个是虚部。即常数 (7.8，3.4) 表示复数 7.8＋3.4i。复数在计算机中是以两个实数（实部，虚部）的形式存放。

B2.1.5　逻辑常数

逻辑常数的形式和值表示为

.TRUE.　　　　真

.FALSE.　　　　假

应当注意，作为分界符的两个圆点切不可省略，以便有别于其他的标识符。

B2.1.6　字符常数

字符常数的形式是一撇号后跟非空字符串，再后跟一个撇号。字符常数的长度是分界撇号之间的字符个数，每个空格符也算一个字符，如表 B.1 所示。

表 B.1　字符常数的值与长度

字 符 常 数	字符常数的值	长 度
'3.14159'	3.14159	7
'FORTRAN77'	FORTRAN77	9
'FORTRAN 77'	FORTRAN 77	10

B2.2　变量及其类型说明

变量是在程序运行过程中其值可以改变的量。FORTRAN 77 中的变量与前面讲述的数据类型相应也有 6 种类型：整型、实型、双精度型、复型、逻辑型和字符型。

B2.2.1 符号名

变量名用符号名来标志。符号名采取 1 到 6 个字母或数字的序列的形式，其中第 1 个必须是字母。例如 B24AC，D，ALPHA，XEQ16，FNX1，FNX2，M4，K6X29Z 都是正确的符号名。而下面几个则不是符号名：

2X139　　　　（首字符是数字）

PRODUCT　　　（多于 6 个字符）

MK3/1　　　　（出现了不是字母或数字的其他字符）

顺便指出，在有些处理系统中符号名可以超过 6 个字符。建议读者还是遵守不超过 6 个字符的限定，以免出错。

FORTRAN 77 规定，一个变量名只在定义它的程序单位中有效。因此，在不同的程序单位中的变量可以同名，但它们的含义可以是不同的。

根据变量的类型在内存中开辟与之相应的存储空间。因此，一个变量只能存放一个值。这里必须强调，读变量的内容时，变量的值保持不变；如果写入新内容，则新值代替旧值。可记忆为“取之不尽，一挤就走”。

B2.2.2 变量的类型说明

FORTRAN 77 中变量的类型说明有如下三种方式：

1. 显式说明

用类型语句作显式说明，其形式为

```
INTEGER              X, Y, A1, B2
REAL                 NO1, NO2
DOUBLE PRECISION     LONG
COMPLEX              IMAG
LOGICAL FLAG, EOF, START
CHARACTER * 10 CH1, CH2, CH3 * 15
CHARACTER CH4, CH5
```

说明 X，Y，A1，B2 是整型变量；NO1，NO2 是实型变量；LONG 是双精度变量；IMAG 是复型变量；FLAG，EOF，START 为逻辑型变量；CH1，CH2，CH3 * 15，CH4，CH5 为字符型变量，CH1 和 CH2 的长度均为 10，CH3 的长度为 15，而 CH4，CH5 的长度为 1，对长度不加规定则默认长度为 1。

应当注意，类型语句应置于程序单位第一个可执行语句之前。类型语句所列变量只在该类型语句所在的程序单位中有效。而且，在一个程序单位中，一个名字用显式指明其类型不得多于一次。

2. 隐式说明

显式说明必须对各个变量加以说明，隐式说明则可对一批变量进行说明（只要符号名开头的字母相同）。用 IMPLICIT 语句作隐式说明，其形式为

```
IMPLICIT  INTEGER (R-T), REAL (I-L)
IMPLICIT  DOUBLE PRECISION (A-H), COMPLEX (O, P, Q)
IMPLICIT  CHARACTER * 5 (U-W, X)
```

语句 IMPLICIT INTEGER（R－T），REAL（I－L）表示除类型语句中被显式说明

的符号名外，凡以 R、S、T 开头的符号名都是整型的，凡以 I、J、K、L、M 或 N 开头的符号名都是实型的；语句 IMPLICIT DOUBLE PRECISION（A－H），COMPLEX（O，P，Q）表示凡是 A、B、C、D、E、F、G 或 H 开头的符号名都是双精度的，凡以 O、P、Q 开头的符号名都是复型的；语句 IMPLICIT CHARACTER＊5（U－W，X）表凡以 U、V、W、X 开头的符号名为字符型的，且长度为 5。

```
IMPLICIT REAL (I, J, K, L, M, N)
```

与

```
IMPLICIT REAL (I-N)
```

有同样的效果。而

```
IMPLICIT REAL (A-Z)
```

将保证它所在的程序单位中所有的符号名为实型的。当使用字母范围的形式，其首字母和末字母必须按照英文字母排列的顺序不可倒置。IMPLICIT 语句只适用于它所在的程序单位，必须置于除 PARAMETER 语句外的所有其他说明语句的前面。无论显式说明还是隐式说明均为非执行语句。

3. 预隐含规则（I－N 规则）

在程序中，若一个符号名不出现在类型语句中，它的首字母也不出现在 IMPLICIT 语句中，那么凡是以 I、J、K、L、M、N 为首字母的符号名都被认为是整型的；以其他字母开头的符号名都被认为是实型的。这就是预隐含规则，又称为 I－N 规则。此规则仅适用于整型和实型。因此，双精度型、复型、逻辑型和字符型变量在使用前必须显式或隐式说明方式来定义。

FORTRAN 77 提供了上述三种说明数据类型的方法，但优先级不同，类型说明语句最优先，而 IMPLICIT 语句又优先于 I－N 规则。

B2.3 赋值语句

赋值语句的作用是将一个表达式的值赋给一个变量。而表达式是用运算符和括号把操作数据按一定规则连接起来的式子。FORTRAN 77 有以下 4 种表达式：

（1）算术表达式。

（2）关系表达式。

（3）逻辑表达式。

（4）字符表达式。

赋值语句把算术表达式的值赋给一个数值变量（整型、实型、双精度型和复型），把逻辑表达式的值赋给一个逻辑变量，把字符表达式的值赋给一个字符变量。计算机的计算功能主要是通过赋值语句实现的。

B2.3.1 算术表达式与算术赋值语句

算术表达式中的操作数都是算数量，使用的运算符只能是算数运算符。算术表达式的求值产生一个数值。

1. 算术运算符

FORTRAN 77 可以使用的五个算术运算符如表 B.2 所示。

表 B.2 常用算术运算符

运算符	表 示
* *	指数
/	除
*	乘
—	减或负
+	加或正

表 B.3 算术运算符的用法和解释

运算符的用法	解 释
X* *Y	X 的 Y 次幂
X/Y	X 被 Y 除
X*Y	X 乘 Y
X−Y	X 减 Y
−Y	负的 Y
X+Y	X 加 Y
+Y	与 Y 的值相同

2. 算术表达式的形式

算术表达式涉及算术运算符和括号的用法。算术运算符的用法和解释如表 B.3 所示。

算术运算符的优先级是：* *为最高；*和/为中间；+和−为最低。

3. 算术赋值语句

算术赋值语句的形式为

V=e

其中，V 为整型、实型、双精度型、复型变量名或数组元素名；e 为算数表达式。

算术赋值语句的执行是先计算 e 的值，然后将 e 的值转换成 V 具有的类型，并将此结果赋值给 V。

B2.3.2 算术关系表达式

算术关系表达式用来比较两个算术表达式的值。

1. 关系运算符

关系运算符如表 B.4 所示。

表 B.4 常用关系运算符

运算符	所代表的数学符号	英语含义
.LT.	<（小于）	Less Than
.LE.	≤（小于或等于）	Less Than or Equal to
.EQ.	=（等于）	Equal to
.NE.	≠（不等于）	Not Equal to
.GT.	>（大于）	Greater Than
.GE.	≥（大于或等于）	Greater Than or Equal to

关系运算符中作为分界符的圆点是必需的，而且所有关系运算符的优先级相同。

2. 算术关系表达式

算术关系表达式的形式是

e1 Relop e2

其中，e1 和 e2 是整型、实型、双精度型或复型表达式；Relop 是关系运算符。

例如：

```
B*B-4.0*A*C.LT.0.0            (表示 B²-4AC<0)
SIN (X) .GE.0.5               (表示 sinx≥0.5)
X1.LE.X2                      (表示 x1≤x2)
I.NE.100                      (表示 I≠100)
```

以下几点应当注意：

(1) 若一个关系表达式中包括算术运算符，那么先进行算术运算，然后进行关系运算。

(2) 关系表达式是将两个数值量相比较，这两个数值量可以是不同类型的量。例如，常常会遇到一个整型量和实型量相比较，系统会先将整型量转换成实型量，然后再比较，例如：

```
A.LE.8
```

先将整数 8 转换为实数 8.0，然后与实型量 A 比较。

(3) 我们已知实数的存储与运算会产生一些微小的误差，因此用 .EQ. 和 .NE. 这两个关系运算符要特别注意，可能在数学上相等的量用关系运算符进行比较时，结果却是不相等。例如：

```
(1.0/3.0+1.0/3.0+1.0/3.0) .EQ.1.0
```

从数学上看，这个关系表达式应当成立，但实际上却不成立，这是由实数存储的误差引起的。左边的算术表达式的值为 0.9999999，而不等于 1.0。那么，如何来避免这种问题呢？例如，对于

```
X.EQ.Y
```

可改用

```
ABS (X-Y) .LE.1E-6
```

其中，ABS 为内部函数表示取绝对值，即当 X 与 Y 之差的绝对值小于 10^{-6}，则认为 X 与 Y 相等。

(4) 不允许连续进行关系运算。因此不等式 $0 \leqslant X \leqslant 10$ 不能写成 0.0.LE.X.LE.10.0。

B2.4　内部函数

在数学中，表达式不仅可以包含简单的操作数像 X 或 Y，而且也涉及诸如正弦和余弦这样的函数。由于这些常用函数在数学中用的很频繁，因而在 FORTRAN 程序中也经常用到。为此 FORTRAN 77 编译系统为用户提供了一些常用函数的计算程序，称为内部函数。编译系统定义了这些函数的函数名、函数值的数据类型，规定了参加运算的自变量的个数、次序和类型。程序可直接使用这些函数，使用时要符合系统定义的使用方法。

如果在程序中要计算变量 X 的平方根、正弦值或余弦值，那么就可以用 SQRT (X)，SIN (X) 或 COS (X) 来实现。这里 SQRT，SIN 和 COS 是函数名，而 X 是自变量。FORTRAN 77 提供的一些常用内部函数如表 B.5 所示。

表 B.5 常用内部函数

函数名	含义	应用例子	相当数学上的运算
ABS	绝对值	ABS (X)	$\|X\|$
EXP	指数	EXP (X)	e^x
SQRT	平方根	SQRT (X)	$\sqrt{x}$
SIN	正弦	SIN (X)	$\sin x$
COS	余弦	COS (X)	$\cos x$
LOG	自然对数	LOG (X)	$\ln x$
INT	转换为整数	INT (X)	int(x)，取 x 的整数部分
REAL	转换为实数	REAL (X)	—
MAX	选最大值	MAX (X1，X2，X3)	max(x_1，x_2，x_3)
MIN	选最小值	MIN (X1，X2，X3)	min(x_1，x_2，x_3)

B2.5 DATA 语句和 PARAMETER 语句

B2.5.1 DATA 语句

DATA 语句用于给变量、数组、数组元素和字串提供初值。DATA 语句是非执行语句。若在程序单位里有 DATA 语句，它可出现在说明语句后的任何地方。下面举个例子说明 DATA 语句的功能。

(1) DATA I，J，K，L/4 * 1/

这个语句表示 I，J，K，L 的初值分别为 1。

(2) DATA A，B，C/67.87，54.72，5.0/

等价于

DATA A/67.87/，B/54.72/，C/5.0/

这两个语句均表示 A，B，C 的初值分别为 67.87，54.72，5.0。

B2.5.2 PARAMETER 语句

PARAMETER 语句用于给常数一个符号名。

PARAMETER 语句的形式是

PARAMETER (P=e，…)

其中，P 是符号名，e 是常数表达式。

在 PARAMETER 语句中，每个 P 只能标识该程序单位中的相应常数，故称为常数符号名，这个符号名根据赋值语句的规则用等号右边的表达式 e 所确定的定义。例如：

PARAMETER (PI=3.14159)

那么在程序中要多次用到 π=3.14159 时，就不必每次重复写 3.14159，而用 PI 来代替 3.14159 即可。

B3 输入与输出

对于一个完整的 FORTRAN 程序，输入/输出语句是必不可少的。各种变动的原始数据一般要通过输入设备、如终端等传送给程序中有关的量。程序对输入的数据进行加工处理的结果要通过输出设备，如终端显示器、打印机等传送出来。

本节主要介绍通过终端显示器、打印机等这样一些设备进行输入、输出（包括文件形式）的基本方法。

FORTRAN 77 用于输入、输出的语句如下：

(1) 输入：READ 语句。

(2) 输出：PRINT 语句和 WRITE 语句。

输入/输出有三种格式：

(1) 表控格式（又称为自由格式）输入/输出。

(2) 有格式的输入/输出，按用户所要求的格式组织输入/输出数据。

(3) 无格式的输入/输出，即以二进制形式输入/输出，只适用于计算机内存与磁盘、磁带之间交换数据（本附录省略介绍）。

由此可见，要进行输入或输出，需要确定以下几个因素：

(1) 数据传送的方向，即指出是输入还是输出。

(2) 在什么外部设备上输入或输出。

(3) 用什么格式输入或输出。

(4) 从或向哪些量传送数据。

B3.1 表控格式输入

表控格式输入的一般形式如下：

```
READ *, 输入表
```

或
```
READ(*, *) 输入表
```

输入表中的各表项都用逗号相隔。

【例 B.1】 说明下面语句功能。

```
READ *, I, X, Y, D, J
```

解：这就是表控格式输入的一个例子。READ 语句是 FORTRAN 77 实现输入的手段，是输入语句的标志，而‘*’表示了输入方式是表控格式的（又称为自由格式）。表控格式输入是最简单的输入形式。所谓表控格式是指该输入是有格式的，但这种格式是由系统预先规定的。输入设备虽未指出来，但这种形式的 READ 语句隐含指定输入设备为系统预先指定的设备，一般是从终端上输入。所以在表控格式输入中，无论是格式还是输入设备都是由系统确定的，是被隐含地给出来。变量 I、X、Y、D 和 J 组成了输入表，这 5 个变量都称作输入表项。该语句表示了把数据读入到内存中去，并把它们分别赋给变量 I、X、Y、D、J。那么应该以什么样的形式输入数据呢？只要通过输入设备把数据按一定的形式依次输入即可。如果我们采用的是键盘输入，则可以从键盘上输入以下信息。在输入的各数据之间要用逗号或空格分隔，即

```
10, 10.78, 6.5, 6.5, 6
```

或

```
10 10.78 6.5 6.5 6
```

这样就把它们分别输入到 I，X，Y，D 和 J 中。

10⇒I，10.78⇒X，6.5⇒Y，6.5⇒D，6⇒J。

以下几点应当注意：

（1）输入的数据在个数、顺序和类型上应和输入表中相应的变量一致。如果输入数据的个数少于输入表中变量的个数，输入数据的最后又没有斜线，则程序仍等待输入，直到输入数据个数等于输入表中变量个数，才继续往下执行程序。如果输入数据个数多于输入表中变量的个数，则后面多余的数据等于没有输入，不起任何作用。

（2）可以利用一行输入所有的数据，也可以把输入数据分在几行来输入。

（3）每一个 READ 语句都是从一个新的输入行开始读数的。例如：

```
READ *, I, J
READ *, X, Y
READ *, A, B
```

如果输入为：

```
10, 4, 6, 7, -10.8        回车
50.1, 7.2                 回车
```

第一个 READ 语句读入 10、4 分别给变量 I、J。第二个 READ 语句并不是接下去从第一行剩余的数据中读数，而是从第二行开始读数，将 50.1、7.2 分别送到 X 和 Y。A 和 B 未被赋值。

（4）在输入设备上输入的数据必须是常数，不允许出现其他形式，如输入 X+2、X=1.0、1+4 等都是错误的。

（5）由于空格可用于分隔两个数据，所以在一个数据的中间不能插入空格。

（6）前面已提及，数据类型应与变量类型一致，如果变量为整型而输入数据为实型数，则按出错处理。如果变量为实型，输入数据为整型，许多系统是通融的，计算机将自动进行类型转换。如：

```
READ *, X, Y
```

输入

```
20, 37
```

是可以的，输入后 X 的值为 20.0，Y 的值为 37.0。

从以上所述可以看出，标控格式输入，使用起来是很方便的。在 FORTRAN 77 中增加了此功能，就不需要编程者规定每个输入数据的格式（如每个数据占几列，小数点后占几位等），因而容易掌握和接受，不易出错，建议初学者尽量使用这种自由格式的输入方式。

有的计算机系统不接受这种形式的 READ 语句，可改用 READ（*，*）形式，其中第一个“*”表示系统隐含指定的输入设备（一般指终端显示器的键盘），第二个“*”表示表控输入。

B3.2 表控格式输出

与表控格式输入一样，表控格式输出使用起来也是很方便的。所谓表控格式输出就是

按计算机系统隐含指定的输出数据的格式来进行输出。用这种方式输出数据时，系统自动地分别为每一个不同类型的数据规定所占的列数和表示数的形式（例如实数是用小数形式输出还是用指数形式输出，小数点位置在何处等）。

可以用两种语句来实现表控格式输出：

```
PRINT *，输出表
```

或

```
WRITE（*，*）输出表
```

B3.2.1　用 PRINT 语句实现表控格式输出

【例 B.2】　在某一程序单元中，有如下语句。变量的类型符合 I－N 规则。

```
M=3
N=5
X=30.6
PRINT *，M，N，X，M*N+X
```

解：这里的最后一个语句就是表控格式输出语句。PRINT 是输出语句的标志，“*”表示输出格式为表控格式，M，N，X，M*N+X 构成输出表，输出表表示输出的内容。该语句的作用是把输出表中的变量 M，N，X 和表达式 M*N+X 的值通过系统规定的设备以一定的格式输出出来，输出设备由计算机系统隐含指定，通常指终端显示器或打印机。该输出语句执行的结果为：

```
3        5        30.600000        45.600000
```

需要指出的是，表控格式输出并不是无格式输出，而是以系统规定的格式进行输出。不同的系统有不同的规定。

在 PRINT 语句中可以混合使用不同类型的变量，也可以输出表达式的值。

如果输出的内容在一行内打印不下，会自动换行再打印，直到把全部输出的数据打印完为止。

如果在 PTINT 语句中不出现输出列表，例如

```
PRINT *
```

则打印出一个空白行，所以，常利用它实现隔行打印。

B3.2.2　用 WRITE 语句实现表控格式输出

PRINT 语句只能在打印机（显示器）上输出数据而有时我们往往又需要将数据输出到其他外部介质上（如 U 盘）。WRITE 语句既可以用来将数据输出到打印纸上，又可以将数据输出到计算机所能使用的任何一种外部介质上。

WRITE 语句表控格式的一般形式为

```
WRITE（*，*）X，Y，N
```

这就是一个用 WRITE 语句实现的表控格式输出的例子，与 PRINT 语句不同，WRITE 后面的括号内有两个星号，第一个“*”表示在系统隐含指定的输出设备（一般指打印机）上输出，第二个“*”表示按系统隐含指定的格式输出，所以这第二个“*”和 PRINT 语句中的“*”作用相同，而“WRITE”和第一个星号的作用就相当于“PRINT”。

除了可以用“*”指出输出设备以外，还可以用“设备号”指定输出设备，设备号指

逻辑设备的编号，每一个计算机系统都与多个外部设备相连。而通过设备号的选择来指定某一个外部设备，不少系统以设备号“6”代表打印机或显示器，因此

```
WRITE (6, *) X, Y, N
```

的作用是指在打印机（或显示器）上以表控格式输出 X、Y、N 的值。如果需要在其他输出设备上输出，只需选择与此设备对应的设备号即可实现。

以上讲的表控格式输入/输出，使用起来很方便，编程者不必关心具体的格式安排。但是在很多场合下，表控格式无法满足人们各种各样的输入/输出要求。比如，人们希望把计算结果整齐清晰地输出出来，而使用表控格式输出在对输出的数据量较大时，打印出来的各个数据，往往不大整齐；而且不同类型的数据上下两行也不易对齐等，为了能让编程者自行控制给计算机输入数据，以及按自己的要求获得比较美观实用的计算结果，则需要采用另一种语句－格式输入/输出语句来实现。

B3.3 格式输出

前面我们所讲的表控格式输出是按系统隐含指定的格式进行输出，如果我们希望能按照我们所希望的格式来输出数据，例如一个数据占几列，输出一个实数要规定取小数点后几位，各行间要求小数点对齐等，这就需要用到格式输出。

格式输出的基本方法如下：

(1) 用格式语句来定义输出格式。

(2) 用输出语句来引用格式语句所定义的格式。

格式语句的书写格式包括三个部分：标号、格式语句的名字以及括号中的格式定义符。其形式如下：

```
标号 FORMAT (格式定义符)
```

它是一个非执行语句，本身不产生任何操作，只是提供输入或输出的格式。FORMAT 语句可以出现在程序中的 PROGRAM（此语句可以省略）语句之后和 END 语句之前的任何位置上。同一个 FORMAT 语句可由任意多个输入输出语句引用。

假如我们要将实型变量 A 的值输出，并希望在打印时，数字占 10 格，其中小数点后占 1 位，可以写成

```
WRITE (*, 20) A
20  FORMAT (1X, F10.1)
```

WRITE 语句中，括弧内的第一个“*”的作用与前面所讲的表控格式中的相同，即指定数据是在系统隐含指定的输出设备上输出；而括弧内的第二项不再是“*”，是数字，例如“20”。这个“20”是一个格式语句的标号，用它来指出 WRITE 语句中的输出项 A 是按标号为 20 的 FORMAT 语句指定的格式输出。

在 FORTRAN 77 中涉及数据输出的有两条语句，即 PRINT 语句和 WRITE 语句。从功能上看这两条语句都能完成同一格式要求的数据输出操作。

它们的区别在于 PRINT 语句的输出格式，在 PRINT 语句中给出；而 WRITE 语句的输出格式，可以在 WRITE 语句中给出，也可借助于 FORMAT 语句给出。因此在使用上，一般一次输出的数据量较少，且这次输出格式在程序中重复出现的次数较少的情况

下，则可采用 PRINT 语句。而对于输出量较大且该种输出格式在程序中出现次数较多时，为使程序简洁以及调试的方便，采用 WRITE 语句较为合适。

下列输出语句的结果格式是一样的。

```
PRITN '(1X,F6.1,3X,F6.1)',X,Y        WRITE(*,100) X,Y
                                     100 FORMAT(1X,F6.1,3X,F6.1)
```

FORMAT 语句中括弧内的内容是格式定义符（简称编辑符），它是用来制定输入/输出格式的，它的作用是对数据进行编辑加工，然后打印输出。FORTRAN 提供了多种编辑符，以适应各种不同类型数据的输入/输出，以及完成其他的输入/输出功能。下面将常用的编辑符进行介绍。

B3.3.1　I 编辑符

I 编辑符的功能是用于整型量的输入或输出。它的一般形式有以下两种：

```
IW
```

或

```
IW.m
```

IW 中的 I 代表 Integer（整数）；W 表示字段宽度，是非零无符号整常数。例如 I7，表示该整型数应占的列数为 7 列。

IW.m 形式中的 I 和 W 的含义同前；m 表示需要打印的数字的最少位数。例如：

```
M=-2769
WRITE (*, '(1X, I9, I9.6)') M, M
END
```

则输出结果为

```
∨∨∨∨-2769∨∨-002769
```

在利用 I 编辑符输出时，应特别注意域宽 W 的选择，不能选的太小以免出现“字段宽度不够”，如果输出的数的位数为 b，则应使 W≥b，如果输出的是负数，则应使 W≥b+1，事先要对输出的数的大小有个估计，以确保其完整的输出。

B3.3.2　F 编辑符

F 编辑符的功能是用于实型量的输入或输出。它的一般形式为

```
FW.d
```

其中，F 是 Float（浮点数）的缩写；W 为字段宽度，为非零无符号整常数；d 为该数的小数位数，为无符号整常数。W 一般至少应比 d 大 3。例如：

```
X=92.04
Y=-1687.56
Z=3240.08
W=645.83
PRINT '(1X, F6.2, F9.3, F9.4, F7.2)', X, Y, Z, W
END
```

此程序输出结果为

```
∨92.04-1687.5603240.0800∨645.83
```

用 F 编辑符输出时，由于难以事先确切估计出输出项的值，当出现太大的数据时，

就可能造成输出“*”；在相反的情况下，一旦输出数据的绝对值非常小时，则可能丢失有效数字。这是用F编辑符输出数据应该注意的一个问题。

B3.3.3 E编辑符

E编辑符的功能是用于实型量的输入或输出。用E编辑符输出的实数是指数形式表示的。它的一般形式为

```
EW.d
```

其中，E是Exponent（指数）的意思；W是整个字段宽度；d是数据的数值部分（即E前面的部分）中小数的位数。输出的字段中指数部分必占4列，其中“E”占1列，符号占1列，指数占2列。

在输入时，E编辑符与F编辑符作用相同，两者可互换。

在输出时，E编辑符输出的是以指数形式表示的实数。例如

```
X=92.04
Y=-1687.56
PRINT '(1X,E12.4,E15.5)',X,Y
END
```

输出结果为

```
∨∨∨.9204E+02∨∨∨∨-.16876E+04
```

对于指数形式的输出，一律以标准化的指数形式表示（即小数点前无非零整数，小数点后第一位为非零数字）。用E编辑符指定输出数据的格式，可以避免“大数印错，小数印丢”的情况，它能表示范围广泛的数。由此可见，在输出数据很大或很小时，E格式避免了F格式可能引起的麻烦。

在用E格式输出数据时，要注意字段宽度W应该大于或等于d+7。

B3.3.4 X编辑符

X编辑符的一般形式为

```
nX
```

其功能如下：在输入时将跳过外部介质上的n个字符；在输出时是n个空格。为了避免相邻的两个数据紧连在一起，可以用X编辑符在数据之间插入一些空格。在输出语句的格式说明中，一般第一个描述为1X，1X表示跳过一个空格。这是因为在输出时，每一输出行的第一个字符位被系统用于行控制（也叫做走纸控制）。因此在输出的格式说明中，应给系统空出这第一个字符位。否则，第一位若有数据则会被系统“吃掉”，从而影响输出结果的正确性。例如：

```
A=12.3456
I=123
J=-4567
PRINT '(1X,I3,2X,I5,2X,F8.3)',I,J,A
END
```

输出结果为

```
123∨∨-4567∨∨∨∨12.346
```

B3.3.5 撇号编辑符

撇号编辑符与H编辑符功能相同，但比H编辑符使用更方便些，不必计算出需要输

出的字符串位数。把要输出的字符串直接用一对撇号括起来就行。其形式为

'$h_1h_2\cdots h_n$'

其中，$h_1h_2\cdots h_n$ 为要输出的具体字符，允许为计算机处理系统所允许的任一字符。与 H 编辑符相同，撇号编辑符不需要与输出表元素对应。

撇号编辑符不许用于输入。

B3.3.6　H 编辑符

H 编辑符的功能是用来输出字符常数。其形式为

$nHh_1h_2\cdots h_n$

其中，n 为要输出的字符个数，即字符串宽度；$h_1h_2\cdots h_n$ 为要输出的具体字符。同 X 编辑符一样，H 编辑符没有变量与之对应。在实际应用中，有时除了希望打印出数值外，还需要插入一些文字说明，使输出结果更加易读。因此，H 编辑符被大量应用在输出时的格式安排中。

在使用 H 编辑符时，应特别注意：H 前的 n 的值必须与 H 后的字符数（$h_1h_2\cdots h_n$）相等；否则，FORTRAN 77 将认为出错。所以最好不用 H 编辑符，而用撇号编辑符，后者使用方便，不必计算字符个数。

B3.3.7　斜线编辑符

斜线编辑符的形式为

/

其功能是指出一个记录的传输结束。在输入时，结束当前记录的传输，准备对下一个记录传输。当两个斜线编辑符之间没有其他编辑符时，则表示跳过外部的一个完整的记录。在输出时，斜线编辑符表示结束现记录的输出，且准备输出一个新记录，使其后输出的信息出现在外部的一个新记录上（即新的一行）。当两个斜线编辑符之间没有其他编辑符时，则表示产生一个空记录。

B3.4　格式输入

我们学过格式输出，在这个基础上学习格式输入就不会感到困难了，格式输入就是按用户自己指定的格式来输入数据，一般是用 READ 语句和 FORMAT 语句实现格式输入。语句的一般形式为

READ（输入设备号，语句标号）输入表列

标号　FORMAT（格式说明）

和格式输出一样，一般用“*”代表系统隐含指定的输入设备。格式输入比表控格式（自由格式）输入麻烦，除了特殊情况以外，一般不采用。

B3.5　文件形式输入/输出语句

前面我们讨论了一些简单的程序，这些程序都有一个共性，程序的运行结果在显示器上输出，需要的原始数据从键盘上输入。这种方法在输入的数据和运行结果数据较少的情况下是可行的，但是若需要的原始数据量很大，程序的运行结果数据量也很大，而且需要长时间保存时，这种方法就很不可取了。因为，由键盘输入的数据有错不能修改，显示器

输出的结果很难保存。为此，程序设计语言一般都采用文件的方式存储输入输出的数据，程序运行时，从这些文件读入数据，并将运行结果存入文件中，以便长期保存。

文件是指存放在计算机外存上的，有名字的一组相关信息的集合。用于存放源程序的文件叫源文件，存放数据的文件叫数据文件。实际上，在 FORTRAN 程序中，数据的输入/输出操作都是以文件的方式进行的。

FORTRAN 语言中的文件是指数据文件，这些文件存放的是程序运行时需要的原始数据或程序的运行结果，是为程序服务的。根据文件中数据流动的方向，可以将数据文件分为输入文件和输出文件。输入文件是用来向程序提供数据的，输出文件是用来存放程序的输出结果。

FORTRAN 语言中，对文件的操作需要一些特殊的语句，这些语句都涉及设备号。FORTRAN 语言共设有 99 个逻辑设备，编号为 1～99，其中有几个是系统指定的设备，如设备号 6 是指计算机的显示器或键盘。

B3.5.1 文件的打开与关闭

FORTRAN 语言程序中若使用文件，必须要事先指明文件的名字、存储方式、存取方式等属性，另外还要说明文件与哪个逻辑设备相连。这个操作称为打开文件，使用打开语句 OPEN 来完成。OPEN 语句的一般格式为

OPEN（[UNIT=] 设备号，文件说明表）

其中，设备号指某逻辑设备号，它是不可省略的，而且只能有一个。文件说明表用来说明文件的属性。文件说明表中可以包含下面的说明符。

(1) 文件名说明符 FILE=fin。OPEN 语句使用 FILE=fin 来指定文件名。Fin 是字符表达式，此字符表达式的值去掉尾部后缀后就是与设备号连接的文件名。若用字符常量作文件名，文件名一定用单引号括起来。例如 FILE= ‘PEI.DAT’，这里 PEI 为文件名，DAT 为文件后缀，标明为数据文件。

(2) 文件状态说明符 STATUS=sta。文件状态是指文件的存在状态。文件可以是一个已存在的或不存在的或不确定的。sta 是用户给定的一个字符表达式，它可以是下列四种字符串之一：

‘NEW’：表示制定的文件尚不存在。执行 OPEN 语句时，计算机系统在外存储器上建立该文件，同时将文件的状态改为‘OLD’。此时的文件为空文件，没有内容。‘NEW’状态一般用于建立一个新的输出文件。

‘OLD’：表示制定的文件是一个已经存在的文件。指定输入文件时，文件的状态一定是‘OLD’。如果状态为‘OLD’的文件不存在，计算机系统会给出错误信息。

‘SCRATCH’：表示与设备号连接的文件在关闭时，将自动删除。

注意：此状态不能与说明符 FILE=fin 共存。

‘UNKNOWN’：表示由计算机系统根据实际情况来指定文件的状态。

除了上述两种说明符以外，还有存取方式说明符、记录格式说明符、记录长度说明符、出错处理说明符、出错状态说明符、空格含义说明符等，这里不一一介绍。

用 OPEN 语句打开的文件，使用结束后一般要关闭，使文件与设备的连接终止。这个操作要使用关闭文件语句 CLOSE。CLOSE 语句的一般形式是

CLOSE（［UNIT=］设备号，说明项表）

CLOSE语句中除设备号必须予以说明外，其他说明符都是任选的。例如：

```
OPEN (15, FILE= 'DATA10')
  ⋮
CLOSE (15)
```

与第15个逻辑设备号连接的文件被关闭后要保存。

如果不使用CLOSE语句，程序运行结束时，设备与文件的连接也会自动终止。

B3.5.2 文件的读写

一个文件用OPEN语句打开后，对其主要的操作是读写。文件的读写使用FORTRAN语言的标准输入/输出语句READ和WRITE。

1. 读文件

读文件使用输入语句READ，读入的数据来自输入文件。输入语句的格式为

READ（说明项表）［输入项表］

说明项表用来指定输入数据的来源，以及数据的输入格式等。说明项表中有若干说明符，各说明符之间用逗号间隔。常用的有如下两个：

(1) 设备说明符［UNIT=］设备号。设备号是与要读的文件连接的设备号，即用来打开输入文件的OPEN语句中的设备号。在READ语句中只能有一个设备号；如果省略'UNIT='，设备号必须在说明表的首位。

(2) 格式说明符［FMT=］格式说明。格式说明符可以是*号、程序语句标号或格式说明字符串。只有在对格式文件进行输入时才要格式说明；对无格式文件进行输入操作时，不允许出现格式说明符。

输入项表中各项可以是变量名、数组名、数组元素名。各项之间用逗号间隔。

2. 写文件操作语句

写文件操作用WRITE语句实现。写文件即建立输出文件。作为输出用的文件可以是新的文件，也可以是一个已存在的文件。写文件语句的格式为

WRITE（说明项表）［输出项表］

各说明项的具体作用和使用方式与READ语句中对应的各说明项相似。

输出项表中的各项可以是常量、变量、数组元素、数组名、表达式，各项之间用逗号间隔。

下面举例说明文件形式输入/输出语句常用形式。

【例B.3】试说明程序。

```
      OPEN (1,FILE='NRES.DAT',STATUS='OLD')
      OPEN (2,FILE='结果.DAT',STATUS='NEW')
      READ (1,*) N,DT,NN,ID1,ID2
      CLOSE(1)
      ⋮
      WRITE (2,10) T(M),EK(M)
10    FORMAT(1X,E10.4,1X,E10.4)
```

```
STOP
END
```

解:

第一行:文件名为“NRES”的数据文件已经存在。利用第1逻辑设备,把“NRES”文件和源程序连接起来。

第二行:打开一个新的输出文件,其文件名为“结果(数据文件)”,并利用第3逻辑设备,把“结果”文件和源程序连接起来。

第三行:通过第1逻辑设备号通道以自由格式(表控格式)从 NRES. DAT 文件中,与变量 N,DT,NN,ID1,ID2 对应的数据读进来。

第四行:关闭 NRES 数据文件,并保存其数据。

第五行:程序体。

第六行:按照标号10指定的格式将 T(M)和 EK(M)通过第3逻辑设备号通道写出来。

第七行:首先空一个格,按照 E10.4 格式将 T(M)写出以后,再空一个格,又按照 E10.4 格式写出 EK(M)。

第八行:程序运行结束。

B4 分支结构

FORTRAN 程序一般是按语句的书写顺序逐一执行的。但在针对实际问题编制程序时,往往根据具体情况要做一些判断处理。这就要在程序中加上控制语句来实现这些判断的完成。

B4.1 GO TO 语句

GO TO 语句有三种:无条件 GO TO 语句,计算 GO TO 语句,赋值 GO TO 语句。在学习 GO TO 语句之前,我们需要指出的是,按照结构化程序设计的原则,应尽量减少 GO TO 语句的使用,滥用 GO TO 语句会使程序结构混乱甚至引起错误。但也需要指出,GO TO 语句,特别是无条件 GO TO 语句,使用非常方便,只要使用得当,便可简化程序,提高程序效率。

B4.1.1 无条件 GO TO 语句

无条件 GO TO 语句的形式为

```
GO  TO  S
```

其中,S 是与无条件 GO TO 语句在同一程序单位中的可执行语句的语句标号。GO TO 语句用来改变程序的执行顺序。当程序执行到 GO TO 语句时,无条件地转去执行语句标号 S 所指定的语句,并从那条语句开始向下运行。

B4.1.2 计算 GO TO 语句

计算 GO TO 语句的形式为

```
GO TO(S1,S2,…)[ , ]I
```

其中,Si 是与该计算 GO TO 语句在同一程序单位中的可执行语句的标号。同一个语句标号可以在同一个计算 GO TO 语句中出现多次;I 为整型表达式。

该条语句在执行中,首先计算整型表达式 I 的值,然后根据这个值,进行控制转移。下一步执行语句标号表中的第 I 个标号标志的语句,规定 $1 \leqslant I \leqslant n$。其中,n 是语句标号表中语句标号的个数,若 $I<1$ 或 $I>n$,则执行下一个语句。

计算 GO TO 语句相当于具有分线开关的功能,根据 I 值的不同,来闭合不同的开关,接通不同的程序执行线路。需要注意的是,当计算 GO TO 语句执行之前,整型表达式中的变量必须预先被赋值。

B4.1.3 赋值 GO TO 语句(略)

B4.2 算术 IF 语句与逻辑 IF 语句

B4.2.1 算术 IF 语句

算术 IF 语句的形式为

```
IF(e) S1,S2,S3
```

其中,e 为算术表达式;S1,S2,S3 为同一程序单位中的可执行语句的语句标号。算术 IF 语句在执行时,首先计算算术表达式 e 的值,根据 e 的值作如下操作:

若 $e<0$ 时,转向 S1 所标识的语句执行;

若 $e=0$ 时,转向 S2 所标识的语句执行;

若 $e>0$ 时,转向 S3 所标识的语句执行。

B4.2.2 逻辑 IF 语句

逻辑 IF 语句的形式为

```
IF(e) S
```

其中,e 为逻辑表达式;S 为除 DO 语句、块 IF 语句、ELSEIF 语句、ELSE 语句、ENDIF 语句、END 语句或另一个逻辑 IF 语句之外的任何可执行语句。

在执行逻辑 IF 语句时,首先判断逻辑表达式的值。若 e 为真(e=.TRUE.),则执行 S 语句;若 e 为假(e=.FALSE.),则不执行 S 语句,而直接执行逻辑 IF 语句的下一条语句。

B4.3 块 IF 结构

结构化程序设计的一个基本出发点是使编制出来的程序模块化。即从整体问题出发,然后将整个问题划分成几个独立的逻辑部分,对每一个独立的逻辑部分编制成一个程序模块。在模块中涉及判定的逻辑结构,主要是用块 IF 结构来实现结构化。块 IF 结构在结构化程序设计中占有极为重要的地位,块 IF 结构的正确使用,可以使程序结构清晰、合理、易于阅读、便于维护。

B4.3.1 基本块 IF 结构

基本块 IF 结构的形式如下:

```
IF(e) THEN
BLOCK1
ENDIF
```

其中,e 为逻辑表达式;BLOCK1 为一语句序列,即为一条或多条语句;ENDIF 标识块 IF 结构的结束。基本块 IF 结构的执行情况如下:若 e 为真(e=.TRUE.),则首先执行 BLOCK1 中的语句,然后执行 ENDIF 的下一条语句;若 e 为假(e=.FALSE.),则不执行 BLOCK1 中的语句,而直接执行 ENDIF 的下一条语句。

B4.3.2 ELSE 语句

块 IF 结构中,当表达式 e 的值为假时,我们需要做另一部分的程序处理工作,这时就需要有 ELSE 语句。ELSE 语句的形式为

```
ELSE
```

块 IF 结构包含有 ELSE 语句时,呈如下形式:

```
IF(e) THEN
BLOCK1
ELSE
BLOCK2
ENDIF
```

其中,BLOCK2 也是一个语句序列(即一条或多条语句)。这时,块 IF 结构的执行过程是:若 e 为真(e=.TRUE.),则执行 BLOCK1 中的语句,然后执行 ENDIF 后的语句;若 e 为假(e=.FALSE.),则执行 BLOCK2 中的语句,然后执行 ENDIF 后的语句。

B4.3.3 块 IF 小结

块 IF 结构在结构化程序设计中占有重要地位。在结构化程序设计中,应尽量减少使用 GO TO 语句,对于条件判定则最好使用块 IF 结构,这样使程序结构清楚、易读、易调试。

在使用块 IF 结构时,应注意以下问题:

(1)块 IF 结构具有很强的整体结构性。BLOCK1 或 BLOCK2 以及 ELSE 是可省略的,但是 IF、THEN、ENDIF 是不能省略的。特别是,一个 IF 必有一个 ENDIF 相对应,否则块 IF 结构是不完整的。

(2)由于块 IF 结构的完整性,BLOCK1 和 BLOCK2 必须被看做结构中的两个整体,这两个整体对于进入来说是封闭的。也就是说,在块 IF 结构中,BLOCK1(或 BLOCK2)块不允许从 BLOCK1 块外向块内转移。但可以向外转移。

在处理许多实际问题时,常常需要对多个条件进行判定,以决定程序的执行。这种对三个或更多的条件判定问题,就称之为多路判定问题。解决多路判定问题,FORTRAN 77 提供了一条效率较高的语句,ELSEIF 语句。ELSEIF 语句处在 IF(e)THEN 语句和 ELSE 语句之间,其形式为

```
IF(e1) THEN
    BLOCK1
  ELSEIF(e2) THEN
    BLOCK2
  ELSEIF(e3) THEN
    ⋮
  ELSEIF(en) THEN
    BLOCKn
ELSE
```

```
    BLOCKn+1
ENDIF
```

其中，e1，e2，…，en 均为逻辑表达式；BLOCK1，BLOCK2，…，BLOCKn，BLOCKn+1 均为可执行语句序列。执行过程是，当 e1 为真时，执行 BLOCK1，然后执行 ENDIF 语句的下一条语句；若 e1 为假时，执行 ELSEIF 语句，判定 e2 的真假。若 e2 的值为真，则执行 BLOCK2，然后执行 ENDIF 语句的下一条；若 e2 为假，则执行下一个 ELSEIF 语句……当 e1，e2，…，en 均为假时，执行 BLOCKn+1，然后执行 ENDIF 的下一条语句。

由以上讨论可以看出，只要当 e1，e2，…，en 中的某一个 ei（1⩽i⩽n）为真值，程序执行相应的 BLOCKi，然后立即跳出块 IF 结构。这显然比对于所有的 ei 都用 IF－THEN－ELSE－ENDIF 结构的情况效率高得多。

B4.4 多路判定与块 IF 结构的嵌套

在处理实际问题中，不仅会遇到多路判定问题，而且还会遇到多层判定问题。FORTRAN 77 中可用块 IF 的嵌套来解决多层判定问题。

实际上，在块 IF 结构中，THEN 后的 BLOCK 块和 ELSE 后的 BLOCK 块均为可执行语句序列，当这两个块包含有另外的块 IF 结构，这时也就形成了所谓块 IF 结构的嵌套，这种嵌套的一般形式可描述如下：

```
IF(e1)THEN
   ……
 IF(e2) THEN
   ……
  IF(e3) THEN
   ……
   ELSE
   ……
  ENDIF
   ELSE
   ……
  IF(e4)THEN
   ……
   ELSE
   ……
  ENDIF
   ……
 ENDIF
   ……
   ELSE
   ……
ENDIF
```

这里我们只给出了三层嵌套的块 IF 结构。在处理实际问题时，这种嵌套产生多少层次，应根据实际情况由程序员自己实现。

在实现块 IF 的嵌套时，应特别注意：

(1) 每一层的块 IF 结构必须是完整的。

(2) 不允许从块外直接转移到块内。因此在使用 GO TO 语句时要特别小心。

(3) 使用 ENDIF 时应仔细判明嵌套的层次结构，以防止层次划分不当，导致程序逻辑过程的错误。

B5 循环结构与数组

B5.1 循环结构概念

在编制程序来解决一个实际问题时，常常遇到如下情况，即程序中某一段语句序列，按一定的规则而多次重复执行。类似这样的程序结构常被称为循环结构。循环结构由两部分组成：

(1) 循环体，即被重复执行的语句序列。

(2) 循环控制机构，即一般用以决定循环是否产生并判定何时结束的机制。

在处理循环问题时，循环体的循环次数有时是已知的，有时是未知的。对于循环次数未知的情况，通常分为两类来讨论，即"当……做循环"型和"做循环……直到"型。"当……做循环"型循环结构的特点是先判断后执行，即首先判定循环条件，当条件满足时，执行循环体。"做循环……直到"型循环结构的特点是先执行，后判定，即先执行循环体，再对循环条件进行判定。这种类型的循环结构与当"当……做循环"型结构不同之处在于，在"当……做循环"型结构下，当判定条件不满足循环要求时，循环体至少也执行一次。

B5.2 数组的定义及引用

在计算和处理问题时，常会遇到按一定顺序排列的具有相同性质的数据，一般我们采用数组来描述这些数据。

B5.2.1 数组及数组元素

1. 数组是数据的非空序列

数组有数组名，数组名同变量名的命名规则相同，并且也服从 I－N 规则。而表示数组中某一具体的数据，则需通过数组元素来指定，数组元素只需在数组名后加一括号，括号内注明下标。例如有 30 个实验数据，可定义一个 X 数组来存放这 30 个数据。这时，数组名为 X，且 X(1)，X(2)，X(3)，…分别表示 X 数组的第 1，2，3，…个元素，X(1)，X(2)，…中分别存放这 30 个数据的第 1，2，3，…个数据。如数组被定义为整型数组后，则该数组所包含的所有数组元素也为整型的。

2. 数组说明符

在一个程序单位内，数组说明符指明了标识数组的符号名，并且指明了该数组的某些特性。在一个程序单位内，一个数组名只允许有一个数组说明符。

下面举例说明数组说明符的形式。

一维数组 X(6)，有 6 个数组元素，即 X(1)，X(2)，X(3)，X(4)，X(5)，X(6)。

二维数组 A(2,3)，有 6 个元素，即 A(1,1)，A(1,2)，A(1,3)，A(2,1)，A(2,2)，A(2,3)。

B5.2.2 数组说明语句

数组在使用之前，必须先加以说明。FORTRAN 77 认为未被说明而直接使用数组是错误的。数组说明语句的一般形式为

```
DIMENSION a(d) [,a(d)] …
```

其中，每个 a（d）是一个数组说明符。例如：

```
DIMENSION A (5, 3), B (-3: 3)
```

这条语句定义了两个数组：

A 为二维数组，第一个下标范围为 1～5，第二个下标范围为 1～3，共有 15 个数组元素。

B 为一维数组，下标范围为－3～3，共有 7 个数组元素。

B5.2.3 利用 DATA 语句给数组赋值初值

FORTRAN 77 中，可以利用 DATA 语句方便地给一个数组赋初值。

例如：

```
DIMENSION   A (10, 20)
DATA   A/200*0.0/
```

该例中，将 A 中所有的元素赋零。

例如：

```
DIMENSION   X (3, 5)
DATA   X (1, 1), X (2, 1), X (3, 1) /3*1.0/
```

该例中，将 X 数组的第一列元素均赋值 1.0。

B5.3 DO 循环

在 B5.1 中已对循环次数未定的两种循环结构（“当……做循环”型和“做循环……直到”型）给予说明。这里将循环次数已知的情况进行讨论。

B5.3.1 DO 语句

FORTRAN 77 对处理循环次数已知的循环结构，提供了一条专门的循环语句结构：DO 语句结构，其形式如下：

```
DO S[,] I=e1,e2[ ,e3]
```

其中，S 为一可执行语句标号。该标号所标明的语句即为循环体的最后一条语句。这条语句通常为继续语句，格式如下：

```
CONTINUE
```

I 为一整型、实型或双精度变量名，称为 DO 变量（也称作循环控制变量）。e1、e2 及 e3 均为整型、实型或双精度型表达式。其中：

e1 的值（M1）称为初值，即循环开始时，DO 变量所具有的值。

e2 的值（M2）称为终值，即循环要结束时，DO 变量应具有的值。

e3 的值（M3）称为步长，即每循环一次，DO 变量的增值。当 M3＝1 时，e3 可以省略。

在 DO 循环中，循环的次数分别由 M1，M2，M3 来确定，增量 e3 可以大于零也可以小于零。

B5.3.2 DO 循环的执行过程

DO 循环的执行过程可分为以下三步：

第一步，计算 e_1、e_2、e_3 的值 M_1、M_2、M_3，并将初值 M1 送入 DO 变量，即M1→I；同时计算出循环次数 MAX（INT（（M2－M1＋M3）/M3），0）。

第二步，循环次数若大于零，则执行循环体一次；否则，不执行循环体，而执行循环终止语句标号标明的语句的下一条语句，也就是结束循环。

第三步，执行循环体一次后做增值处理，即 DO 变量加 M3→DO 变量，同时循环次数减 1，转移到第二步执行。

B5.3.3 DO 循环使用的限制

（1）DO 循环的终止语句不得为无条件 GO TO、赋值 GO TO、算术 IF、块 IF、ELSEIF、ELSE、ENDIF、RETURN、STOP、END 以及 DO 语句，但逻辑 IF 语句是可以的。

（2）DO 变量在循环体内只能被引用，而不能被赋值。

（3）循环体内的判定结构必须是完整的，但要注意转移时不得以 DO 语句本身作为转移目标。

（4）在循环体外不得用转移语句不经过 DO 语句而进入循环体。但由循环体内可转移到循环体外。

B5.3.4 多重循环

当 DO 循环的循环体内包含有另外一个 DO 循环时，就称为多重循环或循环的嵌套。

【例 B.4】 打印乘法九九表。

解：

程序如下：

```
          DO  100  I=1, 9
          DO    200  J=1, 9
          M=I*J
          PRINT '(1X, 5X, I2, 1H*, I2, 1H=, I2)', I, J, M
200       CONTINUE
100       CONTINUE
          STOP
          END
```

在例子中，语句（DO 100 I＝1，9）和语句（100 CONTINUE）形成外循环，在外循环内又有内循环（DO 200 J＝1，9 ；200 CONTINUE)，这就是循环的嵌套，这个例子反映了二重循环的情况。在 FORTRAN 77 中，允许使用多重循环，但多重循环的层次太多将会降低计算机的运行速度。

多重循环使用时的规定如下：

（1）循环的嵌套不得产生交叉。

(2) 多重循环中，各个层的循环变量不得同名。

(3) 多重循环根据实际的问题可共用一个终端语句。

(4) 各层的循环体都应是完整的，且均不允许从循环体外直接转向循环体内。

B6　主程序与子程序

在日常工程设计、科学计算以及事务处理中，经常涉及一些功能相对独立，处理过程大致相同的问题。有时候即使在某一个问题的求解过程中，也可能前后多次涉及某一表达式的计算或多次用到某一算法。为了使程序的逻辑结构比较清晰，便于阅读、理解和调试，便于程序功能的扩充和修改，减少程序的书写量，提高编程的效率，我们把程序中那些逻辑功能比较独立的部分分离出来，编写成一个个程序模块。上一级程序通过调用相应的功能模块，以实现其特定的操作。这样编写的模块程序称为子程序。

一个 FORTRAN 应用程序往往由一个主程序和若干个子程序组成。FORTRAN 程序中可以只有主程序而没有子程序，但是不能没有主程序而只有子程序。FORTRAN 程序在运行时，总是从主程序开始执行，所以如果没有主程序，程序就无法运行。

B6.1　主程序

主程序一般是以 PROGRAM 语句开头，以 END 语句结束的一个程序单位。PROGRAM 语句的形式是

```
PROGRAM name
```

其中，name 是出现 PROGRAM 语句时主程序的符号名，它不应与其他被使用的名字相同。

主程序命名并不是必要的，所以主程序中 PROGRAM 语句可有可无。但是，如果要写 PROGRAM 语句的话，就必须是主程序的第一个语句，而且要起一个名字。

一个可执行的 PROGRAM 程序，仅有 1 个主程序，但可以有零个到多个子程序。

B6.2　子程序

FORTRAN 语言的子程序有两大类：一类是内部函数，这类子程序是计算机软件生产厂商提供给用户的，用户可以直接调用，不必自己编写，成为内部子程序；另一类是用户自己编写的子程序，这类子程序有函数子程序、子例行程序和数据块子程序三种，称为外部子程序。数据块子程序仅用来给公用区中的变量赋初值，这里不介绍。

B6.2.1　函数子程序的结构

一个程序中若用到函数子程序，必须事先按照函数子程序的结构编写子程序。函数子程序的结构为

```
FUNCTION 函数子程序名（[虚拟参数表]）
函数名的类型说明
其他说明部分
可执行部分
END
```

FUNCTION 和 END：函数子程序必须以 FUNCTION 语句开头，以 END 语句结束。FUNCTION 语句是函数子程序的第一条语句，它通知编译程序，从这条语句开始是一段函数子程序。

函数子程序名：又称函数名或子程序名，命名规则与一般变量名的命名规则相同。

虚拟参数表：设置虚拟参数主要是用来在调用程序和函数子程序之间传递数据，虚拟参数可以是变量名或数组名。函数子程序可以没有虚拟参数，但这时括号不能省略。

函数名的类型说明：函数名除标识一个函数子程序外，还代表函数值，因此，函数名存在类型问题。函数名的类型说明用来指明函数名的类型，可以是 REAL、INTEGER、LOGICAL、CHARACTER 等类型说明语句。若未加说明，函数名类型根据函数名，按隐含规则确定。

【例 B.5】 用函数子程序计算 $f(x)=\begin{cases} 1 & x>0 \\ 0 & x=0 \\ -1 & x<0 \end{cases}$

解：

```
FUNCTION F(X)
REAL F
IF (X. LT. 0) THEN
Y=-1
ELSE IF (X. EQ. 0) THEN
Y=0
ELSE
Y=1
ENDIF
F=Y
END
```

函数子程序的调用形式与内部函数、语句函数的调用形式相同，一般形式为

函数子程序名（[实在参数表]）

实在参数表：由调用程序中的变量名组成。实在参数表中的实参、应该在个数、位置、类型上与虚参一一对应。实在参数表中的实参用逗号间隔。若调用一个没有虚参的函数子程序，不应该有实参，但函数名后面的括号必须保留。

【例 B.6】 编写求 $\sum_{i=1}^{n} i$ 的函数子程序，调用此函数求出以下表达式的值。

$$y=\frac{(1+2+3)+(1+2+3+4)+(1+2+3+4+5)}{(1+2+3+4+5+6)+(1+2+3+4+5+6+7)}$$

解： 程序中，用 SUM（X）函数子程序来求出 $\sum_{i=1}^{n} i$ 的值，函数名为实型，函数中虚参 X 说明为整型。主程序用

Y=(SUM(N)+SUM(N+1)+SUM(N+2))/(SUM(N+3)+SUM(N+4))

来求出所要求的表达式值，这里 N=3。

```
        PROGRAM PEI1
        N=3
        Y=(SUM(N)+ SUM(N+1)+ SUM(N+2))/(SUM(N+3)+ SUM(N+4))
        WRITE (*,100) 'Y=',Y
        100 FORMAT (1X,A,E13.6)
        END
        FUNCTION SUM(X)
        INTEGER X
        SUM=0
        DO 10 I=1,X
        SUM=SUM+1
10      CONTINUE
        END
```

以下是程序运行的结果。

```
Y=0.632653E+00
```

B6.2.2 子例行程序

FORTRAN 77 除了允许使用函数子程序外，还允许使用子例行程序。子例行程序和函数子程序都是子程序，它们的区别在于：函数子程序的名字是代表一个值的，在函数子程序中求出的函数值存放在函数名中。因此，函数名是函数值的体现，对函数名应作类型说明。而子例行程序的名字只提供调用，它不代表某个值，当然也不属于某个类型。在子例行程序中求得的值不是由于子程序名带回调用单位，而是通过实参与虚参的联系带回调用单位。

子例行程序必须以 SUBROUTIN 语句开头，以 END 语句结束。SUEROUTINE 语句的形式如下：

SUEROUTINE 子例行程序名（虚拟参数）

以下做几点说明：

(1) SUEROUTINE 语句是子程序开始语句。子例行程序名的取名方法与变量名相同，但是子例行程序名只是用来标识一个子例行程序，不代表任何值。

(2) 子例行程序名后一对括号内的虚拟参数是子例行程序与调用单位之间进行数据传递的主要渠道。

(3) SUEROUTINE 语句之后，END 语句之前的语句构成子程序程序体。该程序的说明部分应包括对虚拟参数和子程序中所用变量、数组的说明；其执行部分完成子程序的运算和操作功能。

子例行程序中的 END 或 RETURN 使程序执行流程返回到引用单位去继续执行引用语句后的语句。

(4) 子例行程序的符号名仅标识子程序，没有值的意义，所以没有数据类型之分。也不能在本子例行程序体内出现，而且它是全局名，不能与程序中任何其他项目的符号同名。

子例行程序一旦被定义之后，便可在其他程序单位中进行调用。子例行程序由专门的CALL语句调用。

CALL语句的形式是

CALL 子例行程序名（实在参数）

调用子例行程序的实在参数必须在次序、个数、类型上与被调用的子例行程序的虚拟参数相一致。

CALL语句的执行触发子例行程序的执行，其调用过程如下：

（1）若实在参数是表达式，则先求该表达式的值。

（2）实在参数与对应的虚拟参数相结合。

（3）执行子例行程序体，直到遇到RETURN语句或END语句后再返回到调用它的CALL语句的下一条语句，继续执行原来的程序。

【例 B.7】 利用子例行程序，计算 y 的值。

$$y=\frac{(1+2+3)+(1+2+3+4)+(1+2+3+4+5)}{(1+2+3+4+5+6)+(1+2+3+4+5+6+7)}$$

解：

```
    PROGRAM PEI2
    CALL SUM (3, Y1)
    CALL SUM (4, Y2)
    CALL SUM (5, Y3)
    CALL SUM (6, Y4)
    CALL SUM (6, Y5)
    Y= (Y1+Y2+Y3) / (Y4+Y5)
    WRITE (*, 100) 'Y=', Y
100 FORMAT (1X, E13.6)
    END

    SUBROUTINE SUM (N, S)
    INTEGER N
    REAL S
    S=0
    DO 10 I=1, N
    S=S+I
10  CONTINUE
    END
```

运行结果为

```
    Y=0.632653E+00
```

B7 公用语句（COMMON语句）

通过学习我们已经知道，程序中不同程序单位之间的数据交换是通过虚实结合来完成的。此外，FORTRAN 程序中各程序单位之间的数据交换还可以通过建立公用区的方式来进行。

按照结构化程序设计的指导思想，通常主张通过虚实结合的途径来传送数据而不主张使用公用区。因为前者使程序有较好的可读性，而且容易跟踪数据的流向，便于对程序进行调试和维护。但是虚实结合的传送方式速度较慢，特别是在各程序单位之间有大量的数据需要传送时速度问题就更为突出。不同程序单位利用公用区交换数据的速度却比虚实结合的方式传送速度快得多。所以在很多应用程序中如果各程序单位之间有大量的数据要传送时，程序员一般仍然采用开辟公用区的方式。

FORTRAN 程序中有两种公用区。一种是无名公用区，任何一个程序中只可能有一个无名区。另一种是有名公用区，一个程序中可以根据需要由程序员开辟任意多个有名公用区，程序中通过 COMMON 语句来开辟无名和有名公用区。

B7.1 无名公用区

在介绍子程序时，我们曾经指出各个程序单位中的变量名是各自独立的，它们并不会因为名字相同而建立起数值的联系。例如主程序中名为 IX 的变量和函数子程序中的 IX 变量虽然同名，但它们各有自己的存储单元，互不相关。但是如果我们在主程序和子程序的说明部分各自都增加一条以下的语句：

```
COMMON IX
```

则 FORTRAN 编译程序在存储区中开辟了一个公用数据区，主程序和子程序中，COMMON 语句中的第一个变量共同占用公用区的第一个存储单元。因为主程序和子程序中的 IX 都是 COMMON 语句中的第一个变量，所以它们共用一个存储单元，因而使得两个程序单位中的 IX 变量总是具有同样的数值（注意：并不是因为名字相同）。

开辟无名公用区的 COMMON 语句一般形式如下：

```
COMMON a1, a2, …
```

其中，a1、a2、…允许是普通变量名、数组名和数组说明符，它们之间用逗号隔开。

例如：

在主程序中写：

```
COMMON X, Y, I, Z (3)
```

在子程序中写：

```
COMMON A, B, J, T (3)
```

于是，在无名公用区中变量 X 和 A、Y 和 B 分别被分配在同一个存储单元中。数组 Z 和 T 同占三个存储单元。占同一个存储单元的那些变量在不同的程序单位中，它们的名字不需要相同。

COMMON 语句开辟公用区的主要用途就是使不同程度单位的变量之间进行数据传送。在 FORTRAN 程序中，调用程序单位和被调用程序单位之间除了通过虚实结合的方式传送数据外还可以把需要传送数据的变量按顺序分别放在各自程序单位的 COMMON 语句中，也就是说按一一对应的关系放在公用区中，从而使两个不同程序单位之间变量建立起数据联系。

以下三个例子都是利用子例行程序解一元二次方程的两个根，虽然主程序和子程序之间数据传送的方式不同，但它们的效果都是一样的。

（1）完全通过虚实结合交换数据。

主程序：

```
READ(*,*) A1,A2,A3
CALL QUAD(A1,A2,A3,Z1,Z2)
WRITE(*,*) Z1,Z2
END
```

子程序：

```
SUBROUTINE QUAD(A,B,C,X1,X2)
P=-B/(2.0*A)
Q=SQRT((B*B-4.0*A*C)/(2.0*A))
X1=P+Q
X2=P-Q
END
```

（2）通过虚实结合和公用区两种方式交换数据。

主程序：

```
COMMON Z1,Z2
READ(*,*) A1,A2,A3
CALL QUAD(A1,A2,A3)
WRITE(*,*) Z1,Z2
END
```

子程序：

```
SUBROUTINE QUAD(A,B,C)
COMMON X1,X2
⋮
END
```

（3）完全通过公用区交换数据。

主程序：

```
COMMON Z1,Z2,A1,A2,A3
READ(*,*) A1,A2,A3
CALL QUAD
WRITE(*,*) Z1,Z2
END
```

子程序：

```
SUBROUTINE QUAD
COMMON X1,X2,A,B,C
⋮
END
```

在程序设计中，通常采用第 2 例所示的方法，通过虚实结合和公用区两种方式传递数据。

B7.2 有名公用区

我们已经知道，无名公用区中各程序单位之间数据传送按公用区中变量名的排列顺序一一对应进行。这虽然解决了程序单位之间的数据迅速传送，但也带来了麻烦。例如，某主程序与四个子程序通过公用区传送信息，在主程序中把 11 个需传送数据的变量名放在 COMMON 语句：

```
COMMON R, X, Y, Z, A, B, C, U, V, W, I
```

如果第一个子程序需要与主程序传送 R、X、Y、Z 四个变量的数据；第二个子程序需要与主程序传送 R、A、B、C 四个变量的数据；第三个子程序需要与主程序传送 R、U、V、W 四个变量的数据；第四个子程序只需要与主程序传送 R、I 两个变量的数据。如果我们在第四个子程序写一下 COMMON 语句：

```
COMMON R4, I
```

根据一一对应的原则，R4 与主程序中 R 共占存储单元，但此语句中的 I 绝不会因与主程序 COMMON 语句中的变量 I 同名而公用存储单元，此语句中的 I 必然与主程序中 COMMON 语句的 X 相对应，这时 I 与 X 不仅变量类型不同（按规定不允许），而且也不是程序设计者的本意。为了正确地进行数据传送，第四个子程序中的 COMMON 语句必须写成：

```
COMMON R4，XX (9)，I
```

其中 XX 数组的九个元素是多余的，但又必写不可。同样，对于第三个子程序中必须写以下 COMMON 语句：

```
COMMON R3，XX (6)，U3，V3，W3
```

其中 XX 数组的六个元素也是多余的。对于这种情况，如果公用区在大些就更显得十分繁琐，而且容易发生错误。

针对这种情况，FORTRAN 提供了有名公用区。我们可以把各程序单位之间需要传送数据的变量放在某个名字的公用区中。例如上面所举例子，我们可以把主程序中的 COMMON 语句改写如下：

```
COMMON R，X，Y，Z/C2/A，B，C/C3/U，V，W/C4/I
```

R、X、Y、Z 仍放在无名公用区；A、B、C 放在名为 C2 的公用区中；U、V、W 放在名为 C3 的公用区；而变量 I 则放在名为 C4 的公用区中。

这时第四个子程序中的公用语句应写成：

```
COMMON R4/C4/I
```

第三个子程序中的公用语句应写成：

```
COMMON R3/C3/U3，V3，W3I
```

第二个子程序中的公用语句应写成：

```
COMMON R2/C2/A2，B2，C2I
```

第一个子程序中的公用语句应写成：

```
COMMON R1，X(3)
```

这样一来，利用有名公用区就避免了无名公用区的弊病，使之做到公用之中有“专用”，人们只需在各个程序单位中做到同名公用区中数据顺序一一对应就行了。有名公用区的使用不仅保留了各程序单位之间数据的快速传送，也使程序得到了简化。

COMMON 语句说明有名公用区的形式如下：

```
COMMON/N1/a1，a2，…/n2/b1，b2，…，…
```

其中，n1、n2 为公用区名，它们放在两个斜杠之间。公用区名的取名方法与变量名同。

说明有名公用区的规则与说明无名公用区的规则基本相同。利用有名、无名区语句上述例子可以写成：

```
COMMON R，X，Y，Z
COMMON /C2/A，B，C
COMMON /C3/U，V，W
COMMON /C4/I
```

这样的说明使人一目了然。

主要参考文献

[1] 谭文辉，李达文．高层建筑结构设计［M］．北京：冶金工业出版社，2011.

[2] 戴葵，齐志刚．高层建筑结构设计［M］．北京：中国水利水电出版社，2011.

[3] 沈小璞，胡俊．高层建筑结构设计［M］．合肥：合肥工业大学出版社，2006.

[4] 张仲先，王海波．高层建筑结构设计［M］．北京：北京大学出版社，2006.

[5] 黄林青，李元美，胡志旺．多层建筑结构设计［M］．北京：中国电力出版社，2004.

[6] 张仲先，王海波．高层建筑结构设计［M］．北京：北京工业大学出版社，2006.

[7] 黄林青，李元美，胡志旺．多高层建筑结构设计［M］．北京：中国电力出版社，2004.

[8] 沈蒲生．高层建筑结构设计例题［M］．北京：中国建筑工业出版社，2011.

[9] 高层建筑混凝土结构技术规程（JGJ 3—2010）［M］．北京：中国建筑工业出版社，2011.

[10] 建筑结构荷载规范（GB 50009—2012）［M］．北京：中国建筑工业出版社，2012.

[11] 建筑抗震设计规范（GB 50011—2010）［M］．北京：中国建筑工业出版社，2011.

[12] 龙驭球，包世华．结构力学教程（Ⅱ）［M］．北京：高等教育出版社，2004.

[13] 包世华．高层建筑结构设计和计算（上册）［M］．北京：清华大学出版社，2006.

[14] 梁兴文，史庆轩．土木工程专业毕业设计指导［M］．北京：科学出版社，2006.

[15] 周坚．高层建筑结构力学［M］．北京：机械工业出版社，2006.

[16] 王肇荣，姚全珠．FORTRAN 语言程序设计（第二版）［M］．西安：西安电子科技大学出版社，2005.

[17] 谭浩强，田淑清．FORTRAN 语言——FORTRAN 77 结构化程序设计［M］．北京：清华大学出版社，2000.

[18] 青山博之，上村智彦．マトリックス法による構造解析［M］．東京：培風館，2003.

[19] 裴星洙，张立，任正权．高层建筑结构地震响应的时程分析法［M］．北京：中国水利水电出版社，2006.

[20] http：//www. baidu. com/百度网站．